U0829900

欧洲顶尖建筑学院

基础实践教程（上册）

瑞士苏黎世联邦理工大学（ETH）建筑学院权威精品教程

Designing Architecture/A Manual

（德）马克·安吉利尔（Mack Angélil),德尔克·黑贝尔（Dirk Hebel）编著

祁心 苏文婷 王云石 译

天津大学出版社
TIANJIN UNIVERSITY PRESS

图书在版编目（CIP）数据

欧洲顶尖建筑学基础实践教程 ： 全2册 / （德）安吉利尔（Mack Angélil），（德）黑贝尔（Dirk Hebel）编著；祈心，苏文婷，王云石译。 — 天津 ： 天津大学出版社，2011.9（2015.10重印）

ISBN 978-7-5618-3987-4

Ⅰ. ①欧… Ⅱ. ①安… ②黑… ③祈… ④苏… ⑤王… Ⅲ。①建筑学—教材 Ⅳ. ①TU

中国版本图书馆CIP数据核字(2011)第163345号

天津市版权局著作权合同登记图字第02-2009-148号

出版发行 天津大学出版社
地　　址 天津市卫津路92号天津大学内（邮编：300072）
电　　话 发行部：022-27403647
网　　址 publish.tju.edu.cn
印　　刷 天津市豪迈印务有限公司
经　　销 全国各地新华书店
开　　本 170 mm×235 mm
印　　张 25.5
字　　数 222千字
版　　次 2011年9月第1版
印　　次 2015年10月第2次
定　　价 120.00元（全2册）

Marc Angélil, Dirk Hebel

Birkhäuser
巴塞尔 · 波士顿 · 柏林

致 谢

《新突破》是一本使用手册和参考书。它记录了瑞士苏黎世联邦理工学院（ETH）一年级建筑设计课程的内容，同时还可以作为一本教学工具书。没有学生们的无私帮助和极富创新的建议，这本书是没有可能成功出版的。因此，我们首先要感谢这些学生。还要感谢我们的教师团队，是他们让这些指导性文字充满生气与活力、饱含热情地引导学生迈入对他们来说陌生的领域。同样要感谢我们的特约评论家，定期和他们进行研讨使我们获得了宝贵的经验。他们——从极为必要的外部优势来看——能够支持教育事业的发展，他们的参与和真知灼见推动着教育事业的前进。

我们还要感谢以下作者：Jesse LeCavalier、Jørg Himmelreich、Jørg Stollmann和Deane Simpson。他们进一步加深了重点内容，完善了教学方法。受助于Ferdinand-Möller基金会的Wolfgang Wittrock及Oskar Matzel的慷慨资助，与Reto Geiser、Jürgen Mayer H、Andreas Ruby及Mark Wasiuta展开的研讨才成为可能。他们讨论的是位于德国诺伊鲁平市Zermutzel地区的Scharoun的作品“Haus Moller”。Gundula Kalmer在图解概念的发展和实现方面非凡的研究成果的帮助下形成了这本手册的风格，深化了其中的内容。Jørg Himmelreich以他出色的职业水准及永不枯竭的热情推动了这个项目的进行。他绝对是这个项目的灵魂人物。

这本手册如果没有联邦理工学院建筑系的鼎力支持是不会得以问世的，在这里尤其要感谢Andrea Deplazes教授及Andreas Tönnesmann教授。对于这个教学项目大力的资金支持，我们还要感谢联邦理工学院执行董事会及院长Heidi Wunderli-Allenspach教授、FILEP基金会及其领导Hans Rudolf Heinimann教授和Christoph Niedermann教授。还要特别感谢来自巴塞尔Birkhäuser出版社的Andrea Wiegelmann和Ulrich Schmidt以及所有的翻译和编辑人员，谢谢你们完成了这个项目的最后工作。

Marc Angélil 和 Dirk Hebel

目录
Contents

秋季学期（上册）

学期纵览
春季学期

1
设计方法
讲座
空间想象
折叠和展开
练习
硬件

2
空间法则
探戈表演
间隙中的空间
FormZ

3
物理上的和概念上的透明
开放的课本
解释性空间分析
Photoshop

4
多元联合
空间集合
从物体到区域
PowerPoint

5
图解规划
规划图解
日常生活中的明信片
Illustrator

研讨会周

6
形式和功能
多维分区
理清分区
FormZ 动画

>Start 起点

空间

规划

期末复习

7

动态空间

一台运动机器
流动的空间

Vectorworks

8

混杂用途

分层的设计图
从图表到地图

Cinema 4D

9

形式和结构

结构对结构
具体的抽象

Final Cut

10

深层结构对表层结构

围护
表层包裹

Digital Workshop

11

隐藏的空间

细节中的故事
显微镜下的建筑

演示方法

12

反馈环
过程到产品

终点

技 术

探索突破

变化的过程

Marc Angélil, Dirk Hebel

> MA：由于我们在建筑学教学方面的试验可能是一项需要不断完善的工作，因此我们决定引入一系列对话——一种在合作者之间的谈话形式——以获得新的观点。更重要的是，打破由我们创造的运行良好的教学机器的正常运转。可以说这台机器一直在靠自己的动力运行，所以我首先来挑战。几年之前在你刚加入我们团队的时候，你谦逊地暗示是时候开拓一条新思路，突破我们的第一本教材《探索：建筑学教育的试验》（*Inchoate. An Experiment in Architectural Education*）中罗列的方法。你当时提出了两个问题。第一，我们实践的理论框架好像在支持一类特定的学院研讨，即所谓的批判性研究的领域——偏向于支持理性解释、分析方法和学术论证；而你赞成运用联想作为教学的潜在路线。第二，学生的作品——尽管考查重点放在了过程的设计上——让人们认为特定的规范性词汇或格式是被积极提倡的；而你设计了一种案例，提出一种更富实践性的学习建筑学的方法，而不是只注重形式。虽然起初过程是痛苦的，但这两条意见的确触及了一些我们无意中采用的错误的教学方法。最麻烦的是，正当我们试图逆流而上时，我们已经掉进了陷阱，这个批判指出了这一点。我们的教学无意中宣扬了两个专有名词："建筑学"和"建筑学专业"。而这正是我们想避免的。正如你指出的那样，我们的教课模板误导学生将建筑理解为学院的一个专业、一个规范的学科，并无意中加强了这种理解。难道我们遇到了一个难以逾越的障碍、走到了死胡同？难道我们要原地画圈？既然缺口已经被打开，我们就应该启用一系列新的教学方法——这个过程是不会一帆风顺的。摆脱我们的困境乍看上去很简单。可我们不是要全盘否定已有的秩序，而是全心全意拥抱它，辩证地拥抱：利用或摒弃已有秩序的相关程序。这些程序——日常事务赖以正常进行的

机制、一个中间标准和规范化的行为——总体上来说都被规范性的研究忽略了。因此，人们越来越强调“建筑学兼修(architetture minor)这一概念，使教和学处于掌握操控权的地位[1]。虽然有很多途径可以进入建筑学领域，但这一方法采用了特洛伊木马的隐蔽战略：渗透到一个特定系统的实践活动中，最终推翻这个系统。有人会说我们的工作已经进入了一个不同的政治范畴。说到这个批判，一个新的问题出现了：什么是建筑学教育的政治暗流?

>> DH：我认为首先要承认我们的确处于一个政治体系中，这是很重要的。建筑学教育有它公开的一面。通过讨论、评估、展示等活动，指导教师和学生必须不断表现出他们自己的信念，同时还要做好维护这种信念的准备。指导教师的责任还有一项就是给予学生这样做的勇气，培养他们自己的信念，必要时站出来维护他们自己的信念，鼓励他们敢于冒险，即使这种冒险可能意味着失败。我们作为建筑师需要鼓励这种积极的参与，坚定这种信念——我们应该主动作为，而不是被动反抗。因此我们应该有意愿去改变一个体系，即便这个体系是我们自己建立起来的。然后再次主动行动起来。我们的讨论还应考虑到，每年有一大批学生在建筑系开始他们的学业。面对每年将近300名的新生，我想到的问题是，如此巨大的一个数目背后的潜能会是什么? 我认为我们应该鼓励和培养学生的“天真”。为了达到这个目的，我觉得重要的是不要带领学生从外部来认识这门学科，而是从这300名学生都熟悉的、已掌握的内在的东西开始。因此我们的角色便是挖掘这些东西，然后鼓励他们运用自己的知识背景。根据学生在这个世界上获得的经验，我们可以设计出特定的过程，这些过程的逻辑是合理的、可控的，其结果是不可估量的。我对《探索》出版时期课程的评论更多地是围绕一个事实，那就是寓教于乐是十分重要的，它可以激发和培养学生对这门学科的热爱，使难以理解或区分的内容更容易被接受。学习无意中变得只注重质量，反过来质量成为评估的唯一标准。这样的教学方式实际上抛弃了原来设计的研讨活动，因为个人喜好的话题只能采取对话的形式。这使得教学完全不同于一个客观的研

讨。另外，我们还需要建立起一种与校园以外日常生活中的各种困难、问题的联系。我认为建筑学的学习很可能脱离日常生活，成为局限于教室中的学问。这一点也造成了你提到的专有名词“建筑学”的问题：建筑学成为一个单纯的学术学科、学院的一个专业。这样的需要使我们不由自主地以一种娱乐的心态去看待生活的方方面面。学生们现在已经在这样学习，换句话说，《探索》基本上是正确的!

>>> MA：“探索”意为“刚起步”、“不完善”或“发展中的”，预示着开始。在苏黎世联邦理工学院建筑系的教育结构中，我们的任务是教授建筑设计的基础知识，这是游戏的序曲，或者说是游戏的开局。正如你所发现的，这个课程还受学生人数多、课时却有限的现实条件的约束。换言之，我们必须解决量与质的关系问题带来的挑战——这是一个现实问题，是当代大众文化的核心问题。正如Friedrich Engels所说，数量在急剧增长，突破某个限度后，就会诞生出新的组织形式[2]。相比之下，其他大学的设计课程通常建立在大师培养班系统之上，学生数量也相对较少，这是另一种教学规模。这两种教学规模间存在着从个人到集体的转变，因此需要不同的教和学的方法。Robert Somol说过，“几百名学生，课时压缩到几周，这种情况下真正需要的是一种特殊的组织思维形式”——即他提出的“教育的建筑学”或“实践的建筑学”的概念[3]。对传统模式的挑战引发了对正确方法的热烈讨论。重点在于过程的设计和“如何做”的问题，同时仍关注对“什么”和“为什么”的解释。因此，我们现在要讨论实践的问题。考虑到建筑生产的紧急性，过程设计形成并改变了隐含的设想和预期的目标。我现在所提到的是在工作室或实际项目中，既迎合了实际需要，同时又在具有时间约束和师生人数众多特性的框架下进行的设计。

>>>> DH：为什么提到“实践”？你的意思是教学是为专业实践所做的一种彩排?

>>>>> MA：在过去的10年中，我们建筑系一直饱受来自专业人士的批

判，认为我们学院作为一所职业学校脱离了建筑实践活动。起初我们还进行反驳，坚持我们的自主性，解释说教学和研究不能单从在建筑行业市场上的表现来判断。而在这之后我们开始从战略高度调整我们系的教学计划，试图建立与专业的潜在联系。为了避免发展成为“专业主义”，传统的实践模拟被实际操作所取代。我们训练我们的学生学会处理各种不确定的情况，运用智慧周旋于充满变数的环境——在危机下生存。这也使我们回到我们的课程，回到我们设计的规范模式问题上，但要扭曲、拉扯、推翻它们。

>>>>>> DH：在我们这一领域，研究与“日常生活”这个概念相关的现象当然已不再是新鲜事物。我们和学生都读过Deborah Fausch写的《丑陋与普通：日常生活的表现》（*Ugly and Ordinary. The Representation of the Everyday*）[4]，文中指出需要考虑两个层次：首先是我们如何建造日常生活中的建筑；其次是我们如何去理解它。然而我们真正关心的不是认识和复制这些标准化的环境，而是在了解之后改变它们。同样，对“日常生活”的批判也不应仅仅简单地揭露缺点，而必须运用这种理解去寻找别的解决方法。“为什么”的问题应成为确定设计过程的中心问题，最终完成一个建筑学上可理解的项目。这样的项目听不到讥讽和争议，可仍必须用批判的眼光考虑当前的情况然后超越它，找到超越常规、超越日常生活和平庸的解决方法。否则，我们注定只能简单地提出不同的表现形式，但仍没突破惯例。一种可行的方法是从系统中被认为是错误的或失败的事情上着手，比如特例的、不合适的和不正常的事情。

>>>>>>> MA：你所说的一个系统中“错误的”或“失败的”事情具体指什么?

>>>>>>>> DH：从20世纪开始，一系列抽象的、分化的概念出现在我们的这个学科中，如“好的”建筑、“干净的”或是“整洁的”细节设计、“健康的”城市设计等等。Geroges Canguilhem在他的著作《常态和病态》（*The Normal and Pathological*）[5]中提倡一种理论，那就是不存在这种

绝对的标准。他认为，一个主体有能力适应各种危机或剧变才是健康的。我认为这个理论才是我们应该教授给学生的。我们必须教会他们实践的技能，而不是寻求规范化的结果或形式。我们必须培养他们的危机意识，虽然我们并不知道危机何时会降临、会有什么样的危机。作为未来的设计者，学生们必须灵活面对各种意想不到的挑战。只有拥有各种方法和技能的宝库，才算做好面对未知情况的准备。根据不同情况选择不同处理方法，会产生各自不同的结果。这就是我所说的运用掌握的内在知识。如果你带着常规的预想开始你的设计过程，你只会做出那些你早已知道的事情。我们必须不断要求自己，还有学生，思考一个系统的例外情况以及滥用标准技术的情况。只有考虑好这一点，我们才算开始运用自己的内在知识在这门学科上取得发展。因此，教学应是一个自下而上的过程，其结果是无法预料的，因为犯错和偏离常规成为了实践的工具。要这样做，就得清楚社会学、经济学、生态学、技术及美学等领域各自的出发点。作为教育者，我们必须设法培养我们的学生有这样的意识并这样行事。建筑学的学习必须和他们在早期教育中获得的重要工具相接轨，不应该贸然地切断这种延续。他们必须发现自己的兴趣以及设计令其迷恋的所在——不论是在早上读的报纸上、中午浏览的网页上抑或晚上看的电影中。一个人必须不断寻找设计灵感和机遇。这是一个自发的主动行为，有着无限的潜能。

>>>>>>>>> MA：看起来你强调的是“为什么”，而我则关注“如何做”。这样的话，也许我们的课程设置可以在两者间达到一种平衡。不过，考虑到一个过程采用的方法决定了整个结果，我认为方法的问题必须是教学首要解决的问题。这并不是要搁置关于意义的问题。考虑到应谨慎地对待后设叙事（meta-narratives）方法，我认为我们需要强调的是意义形成过程中的运行机制，也就是对一个正常秩序进行划分的整个程序。因此，我不赞成关注已建立起的规范准则。它们肯定要受到无情的挑战，挑战形成它们和它们内在价值观的一系列行为。

>>>>>>>>>> DH：这听起来太抽象了。你能举个例子吗?

>>>>>>>>>>> MA：我们对规范的讨论引出一系列对典型郊区房屋所做的实验。学生们对这个改造设计表现出极高的热情，研究也很彻底，在给定的标准下自下而上地展开工作，却没有人对单个家庭住房的本身提出任何质疑。工作室似乎在制作一个三口之家的案例，选择了这类居住环境常用的方式：绿色草坪上建起的独立房屋。我们的现状其实岌岌可危，那就是如果不依赖考试，惯例性的东西无意中便传播开了。换句话说，我们的方法其实十分肯定了原本我们要提出疑问的东西。一个批判能否真正脱离它所批判的惯例[6]? 工作室的教学框架需要解决这个困境，而不是回避它。

>>>>>>>>>>>>> DH：是的，我觉得你提到的这一点很重要。我们希望能将批判的思维方式灌输给学生，希望这种思维方式能引导他们抛开常规惯例，或者是重新思考这些惯例。我把单个家庭住房的设计活动更多地看做一次给定范围的情景测试，从中运用新掌握的方法和工具。但你的评论是十分正确的：在这个过程的最后必须要有一个对初期状况重新考察的环节。我们必须问这样一个问题：关于单个家庭住房的老生常谈的论调从社会学、生态学及经济学的角度来看是否在根本上站得住脚? 只有当我们去思考这个问题，并且不把单个家庭住房完全抛开，我们才能首先提出这样的问题。换言之，我们需要首先接受现实状况，然后去战胜这种状况。第一学期的教学要求和目标仍主要由教学人员做出规划，在第二学期里，希望学生可以自己制定这些目标，在他们的实践中运用之前掌握的知识完成目标。这些目标反过来成为他们自我评估的标准。我相信总结出属于自己的概念和论题是另一种让学生认识和处理这种“困境”的方法或工具。因此我们希望我们的学生不仅学会这些“职业技能”以便从事建筑行业，而且能不断向这门学科发问，形成他们自己的技能。

>>>>>>>>>>>>>> MA：事实上，这门课程的基础结构提供了解决这个问题的框架。一系列功课——秋季学期设有12个练习，春季学期设有5个练

习——以两条路线铺开，一个是关于“如何”的问题，另一个则是“为什么”的问题。两条路线同时进行，最初并不相互介入——维护自己的独立性——但并不意味着两者完全相互独立。正相反，一旦确认了它们特定的内在机制，两者之间的关系就可以用Niklas Luhmann提出的“结构耦合”概念来考察。这一概念强调了系统间的相互独立性[7]。第一条路线侧重于建筑设计中会用到的过程、工具、技能和方法。可以是一个图表、一张设计图、一种模型制作的技能、一个组织战略，或是一个空间布局的方法。这些实用工具常常隐含某些概念，这就把我们带到第二条路线上。每个练习都提供了一个用以讨论明确的观点、概念或理论的平台——在工作室中进行由教材内容引发的对话，这些教材选择的文章有助于培养学生的推理能力，建立起批判性的框架，因此要求学生阅读。我们的教学提倡讨论对概念的理解，使学生参与关于方法的辩论。我们的学生将获得双重能力：在学习职业技能时——这点对我们来说至关重要，因为我们有责任培养他们的职业能力——他们也学会了以批判的眼光看待各种标准。这为他们离开联邦理工学院之后的生活打下了基础，即在一个事实上很残酷的环境里从事建筑业。

>>>>>>>>>>>>>>> DH：第二个能力尤其宝贵，特别是想到在接受第一年课程训练的学生中只有40%在毕业时能获得建筑学硕士学位。这其中又只有一部分能真正地在建筑行业工作。如果进行的培训不是基于建筑类型学，而是建筑方法论，那么对于我来说将培训作为一个目的更为重要。让我们举一个对待新技术的态度的例子。第一批电脑进入我们建筑系是在20世纪80年代后期，那时它们只被当做电子画笔而已。然而到了90年代末，钟摆完全摆到另一端，我们已开始讨论“无纸化工作室”。这就意味着授课完全依靠数字媒介，不再需要手绘的图稿、不再需要做实物模型。我记得评判在电脑屏幕前进行。但是在这里，我认为也有必要将对数字媒介的质疑也纳入教学概念中。学生们必须获得在各种媒介中转换的能力，学会手绘，掌握用电脑完善手工绘图，反之亦然。因此我们在第一周就开始手工绘图的训练，在

第二周以“在实践中学习”的理念向学生介绍电脑程序。这里还要强调，寓教于乐的方式和独立的操作是十分重要的。同样，数字模型的制作也应进行再定位。第一波狂热的数字模型设计浪潮已经过去，现在的趋势是有技巧地结合数字和手绘模型的要素，更好地利用每种设计技术的优势。有技巧地结合数字和手绘模型的要素，更好地利用每种设计技术的优势。

>>>>>>>>>>>>>>> MA：结合多种技术是“结构耦合”的另一个例子，是建筑过程中运用的工具之间一种相互启发、相互关联，汇集了模拟和数字工具、绘图和模型、图表和平面图。Michel de Certeau提出的“异质学”（heterologies）理论包含了这种观点[8]，他对“日常生活”研究颇深，质疑对特定研讨的依赖性。De Certeau和Henri Lefebvre都认为日常生活中的常规是对抗“神秘意识”（mystified consciousness）的一种方式[9]。他们反而强调日常生活中肮脏的、被污染的迫切需要。因此，我们的教学不仅应该教授理论和实践的相互作用，还应涉及面对各种“不相配的”设计模式时所需的协调性。在这里，设计成为相互冲突的参数、方法、利益、意识形态等等不断博弈的过程——赋予了参与其中的设计者重要的角色和责任。这为我们教学的核心问题提供了另外一个课题，也是我们目前的讨论一直没有涉及的问题。那就是设计者在当代文化环境下扮演的角色问题：一个设计者应是一个艺术家、专家、调解人、剧团经理，还是一个修理匠？虽然人们宣称作家身份结束了，或如Roland Barthes所说的“作家之死”，我们已经明白这种主张——注重工作结果而非实施劳动的人——最终迫使建筑工程的作者们付出更多的努力[10]。事实上，为了培养在各种相互矛盾的限制和要求中设计的能力，我们要求学生以小组为单位进行工作，小组可大可小，以此让他们更加清楚建筑是一个集体合作的事业。这种团队活动经常会有复杂的讨论。这样的活动少不了沟通交流。借用JürgenHabermas提出的一个概念，设计可以算是一种“交流活动”，一种需要在对所有观点进行深思熟虑的理解之后得出的结果。Habermas写道：“这并不是说在所有情况下这种理解都一定要达成

不变的、明确区分的协定。不变的和完全明确的事情在日常生活的交流过程中是极为少数的情况。更加现实的画面是，交流是分散的、脆弱的、不断修正的，只有片刻成功；参与者带着疑问和不清晰的预想，借助一个个偶然相关的常识摸索前进。”[11]

1 **Gilles Deleuze and Félix Guattari**, *Kafka. Toward a Minor Literature*, Minneapolis: University of Minnesota Press 1986, p. 16.

2 **Friedrich Engels**, *Landmarks of Scientific Socialism. Anti-Duehring*, Chicago: Charles H. Kerr & Company 1907.

3 **R. E. Somol**, "Operation Architecture," in: Marc Angélil (ed.), *Inchoate. An Experiment in Architectural Education*, Barcelona: Actar 2003, p. 10.

4 **Deborah Fausch**, "Ugly and Ordinary. The Representation of the Everyday," in: Steven Harris and Deborah Berke (eds.), *Architecture of the Everyday*, New York: Yale Publications on Architecture and Princeton Architectural Press 1997, pp. 75–106.

5 **George Canguilhem**, *The Normal and Pathological*, originally published in 1966 as: Le normal et le pathologique, New York: Zone Books 1991.

6 **Jacques Derrida**, *Writing and Difference*, Chicago: The University of Chicago Press 1978, p. 279.

7 **Niklas Luhmann**, *Social Systems*, Stanford/CA: Stanford University Press 1995, pp. xxviii and 222.

8 **Michel de Certeau**, *Heterologies. Discourse on the Other*, Minneapolis: University of Minnesota Press 2000.

9 **Mary McLeod**, "Henri Lefebvre's Critique of Everyday Life," in: Steven Harris and Deborah Berke (eds.), *Architecture of the Everyday, p. 11.*

10 **Roland Barthes**, "The Death of the Author," 1968, in: *Image. Music. Text.* London: Fontana Press 1977.

11 **Jürgen Habermas**, *The Theory of Communicative Action*, 1981, vol. 1, Boston: Beacon Press 1984, p. 100.

关于规范

建筑学起点价值的测试

Dirk Hebel，Jörg Stollmann

建筑学的历史也是人类安居的历史。从外延看，还是人类制定规范、规范塑造人类的演化史。

关于这个论题，第一年的课程将建筑规范这一主题作为一个新的教学工具和总体论题的焦点。目标是研究调查这一学科的标准及标准的形成，最终提出质疑。学生在日常生活中接触的各种规范的积累是这门课程的教学基础。这种方法借助学生熟悉的环境，在学生刚开始学习建筑学时，可以检验重要的潜力是否能在建筑领域得到发挥。要让学生明白，建筑设计是社会体系、政治体系、美学体系的各种规则、规范不断博弈的过程。在秋季学期，通过“空间”、“方案”和“技术”三部分课程设置，学生可以自由定义自己的常态概念。

常态系统可以被理解成频数（frequency distributions）、行业规范分类或是社会行为模式。前12个练习中要学会的工具帮助学生理解和运用之前积累的日常经验。其中需要讨论一些规范，如正确的角度、家庭结构及其空间暗示、预算限制和建筑标准等。每一个常态系统都必须联系学生的设计目

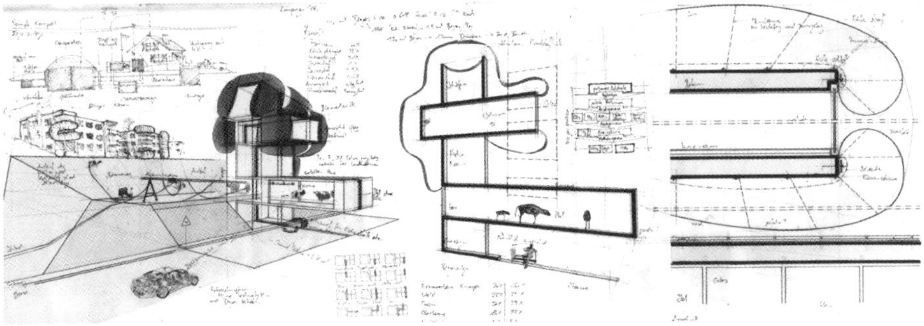

标，并重新加以分析。

为了贯彻这个教学实验，在春季学期要进行三个步骤：从现象上重新认识日常生活环境（清楚存在的问题），重新认识形成常态的规则系统（质疑这一机制），以及从实现建筑潜力的观点出发，对这些规则进行创新性改变（做出颠覆性改变）。这三个步骤贯穿始终，指导学生完成自己第一学年的项目。

我们的目标是把灵活的常态系统作为一个开放的过程，以我们熟悉的问题作为出发点，并发展一个自己的论题。检验结果从城市设计的规模，具体到结构和设计的细节。最终的外观不是过程中的重点——这不是说要忽略美学考虑，这也确实不能忽略。重点在于学生将其论文在建筑结构上进行应用的效果，建筑结构的比例范围从1 : 500到1 : 1不等。

图解案例介绍的是一个主题为“关于危机中的常态系统”的项目。这个关于危机的主题由32个学生共同进行深入的调查研究。目标是考察危机的各种现象，根据现象开发出一个建筑设计规则，而不再依据常态系统所认为的好的或坏的、健康的或不健康的、干净的或脏的等已有的看法。学生将危机理解为我们生活中必不可少的部分，建筑学也同样少不了危机。他们证明了从危机的各种现象中改进的建筑，虽然包含了不好的、不健康的、或是不洁的元素，

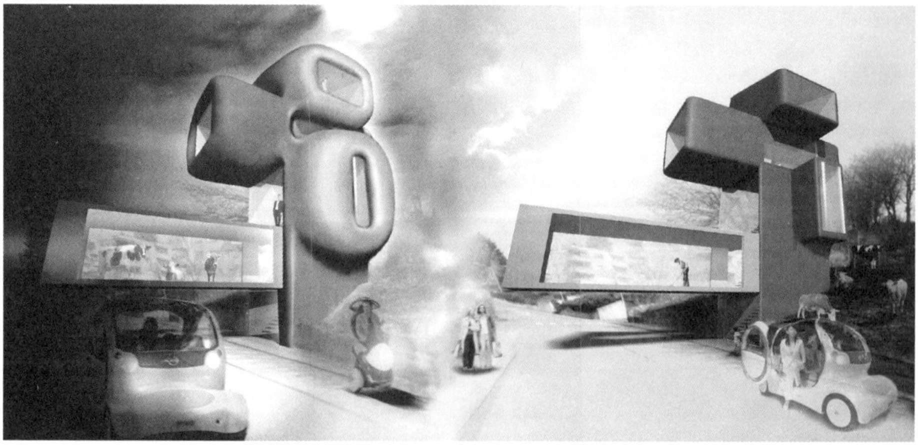

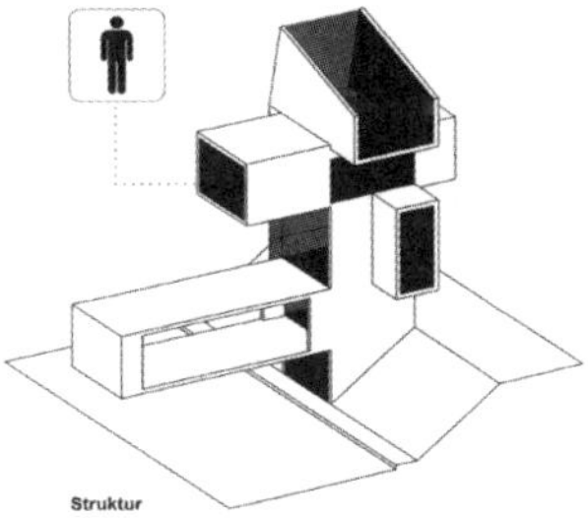

Struktur

可是不一定就是反常，而是完全可以建立起自己的常态系统。通过有意地处理危机问题，建筑物或许会生成一种新的免疫力以应对未来的各种挑战，成为具有抗体的建筑物。

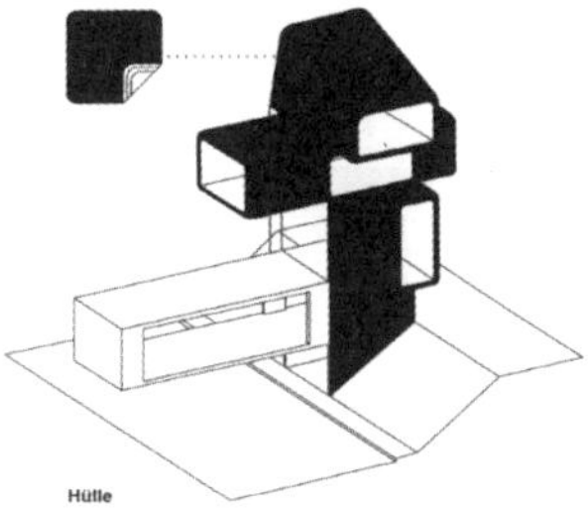

Hülle

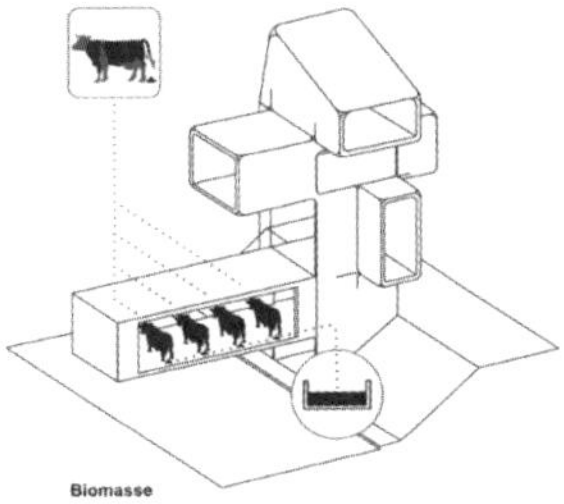

Biomasse

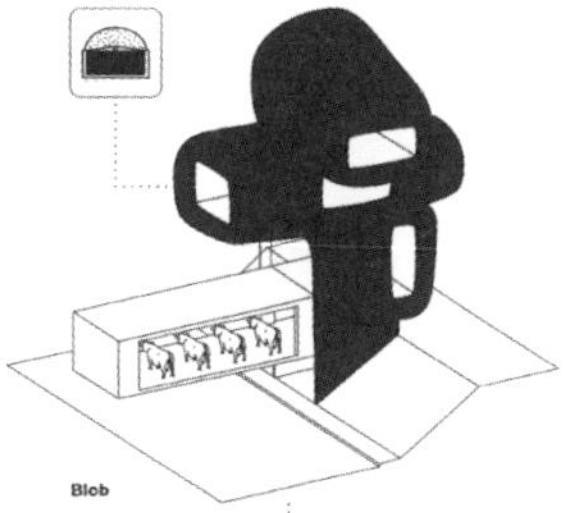

Blob

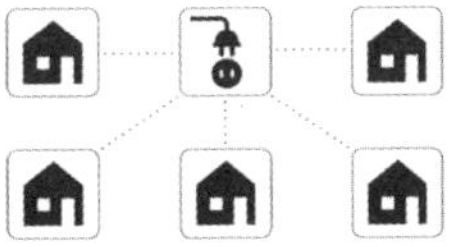

fBlob（Simon Kraus/Michael Reiterer）

2036：由于矿物燃料短缺，这个独立家庭住宅设计有一个完整的生物燃气发生和存储装置，设置于可膨胀的外壳中。为了获取必需的生物燃料，一个小型槽厩被整合到住宅中，厨房垃圾也得以回收利用。

跳跃

设计的技术和技术的设计

Jesse LeCavalier

1968年是一个政治和社会剧烈动荡的一年，同时也是在全球事件中一个意义重大的历史转折点——跳高就是其中之一。在墨西哥城奥林匹克运动会上，“福斯贝里跳”（Fosbury Flop）首次登场，创造了历史。迪克・福斯贝里是美国一个年轻的跳高运动员，他所展现的这个十分奇怪的新技术革新了跳高运动，很快被命名为“背越式跳”。“福斯贝里跳”抛弃直线接近横杆、内侧脚跳起的方法，转而让运动员以弧线路径靠近横杆，外侧脚起跳，背部先越过横杆。福斯贝里的技术简直可以说颠覆了跳高运动的形式，虽然起初并没有被接受，可很快便成为最为普遍采用的跳高技术。“福斯贝里跳”的“设计”方法为第一学年的课程提供了灵感，因为像“背越式跳”一样，我们的课程设计出的应是一系列可以完善性能的技术，而不是一系列待解决的问题。

福斯贝里的方法是在其他跳高技巧占统治地位的情况下发展起来的，像“剪式”、“俯卧式”和“滚式”。这些业已存在的规范和这项运动的规则既是新技术的起点，同时也束缚了技术的发展。有些人没有把这些束缚当成限制，反而实现了创新。从“跳”这个名称还可以清楚地看出，新技术超越了原来的审美规范——“背越式跳”起初看上去太古怪，但经过研究，复杂的东西逐渐清晰。它的改良以及最终形式需要经过一系列以目标为导向的过程、研究和试验。

剪式跳、滚式跳、福斯贝里跳

第一学年的设计课程以学习设计技术开始，主要考查通常条件和一般标准。然而，如福斯贝里的例子一样，我们的目标不仅是学习这些技术之后运用它们，而是要理解它们之后进行改革。为了追求这一点，这门课程强调一种通过研究和讨论、在掌握和运用这些规范的基础上进行设计的过程。形式不是预先给定的，而是被允许通过实践进行创造的。结果是无法预知的，要依据作者自己设立的标准进行评估。因此重点在于技术创新而不是简单地学习运用。

“背越式跳”是一个很有帮助的例子，因为它的创造者不单试图解决一个问题，更重要的是他把挑战看做创造新技术的起点。不管创新的效果如何，“问题”仍然存在，就是那根杆。因此设计者的任务不是消除那根杆，而是设计出更为有效的跨越横杆的技术。建筑设计也同样。建筑的“横杆”仍旧存在而且会不断被加高——设计者面对的挑战就是努力做出更好的表现——在结构设计、城市建筑等方面。

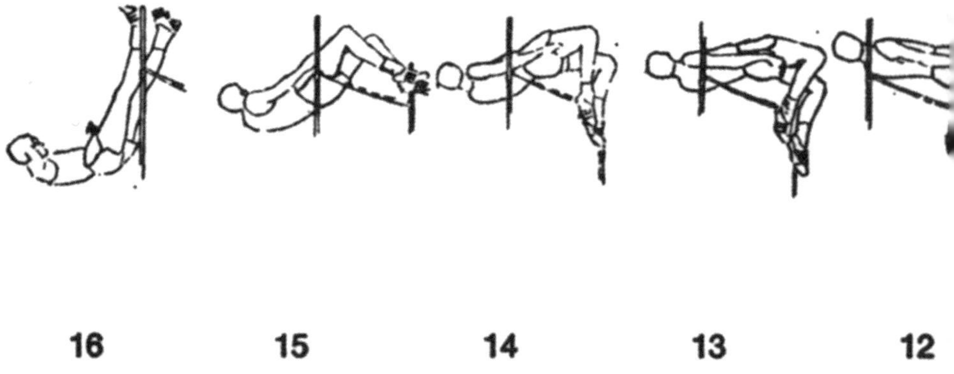

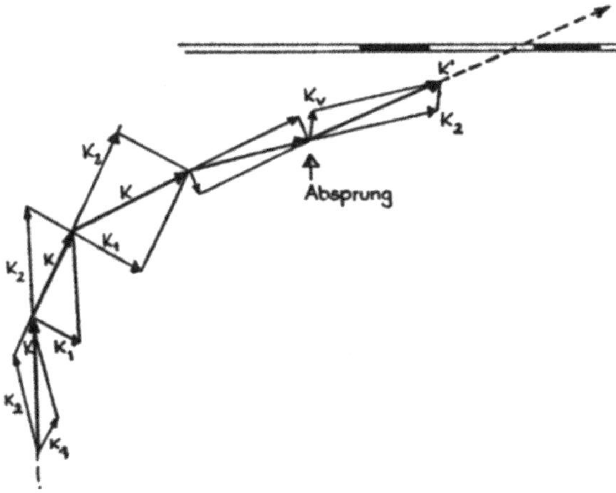

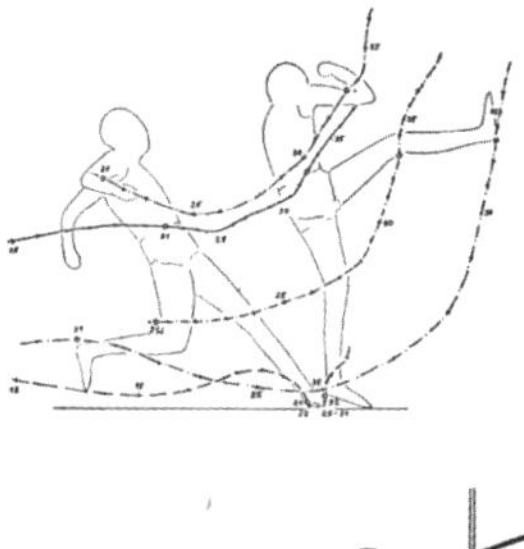

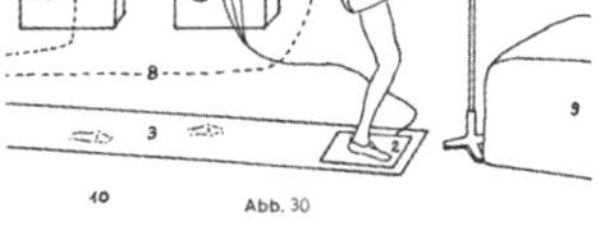

10 Abb. 30

福斯贝里跳

学科性和方法论

在狭隘的自治和浅尝辄止之间

Deane Simpson

每个学生都避免不了要面对学科性和方法论的相关问题。在学生学习建筑学的学科性及相关工具和方法的同时，要鼓励他们大胆地质疑和挑战这些已有的规范——一种激发主动性的形式（auto–reflexive agitation）。这个行为可能有风险。对第一学年教育任务一贯的理解是，提供一个庇护场所，把业已存在的学科规范和方法的基础传授给学生，而这个行为则背道而驰。传统的方法主要侧重于通过传统的练习来发展空间形式和正规思维模式。

阅读Paul Feyerabend的著作《反对方法：无政府主义理论知识论概要》（*Against Method. Outline of An Anarchistic Theory of Knowledge*）是学生首次参与学科性方法的讨论。讨论不是要拥护他的惯用语“什么都行”，而是要让学生理解可以在两个极端情况中走出一条实践的道路：一个是狭隘的学科自治，另一个是散漫的浅尝辄止。这不是要分散建筑手段，而是要加强和扩大这种手段。

下一页的图表介绍了建立与学科外联系的不同方法。每种方法都列出了各自的潜能和局限，解释了不同的学科倾斜如何影响更大规模项目的探索。不要依据完全内在化的建筑设计工具将单个建筑单元隔离开，一个可行的方法是战略性地运用面谈、绘图或在过程中加入相关经济数据等技术和方法。在这个背景下，我们提倡的风气是“用正确的工具做正确的事情”。

学科外联系模式

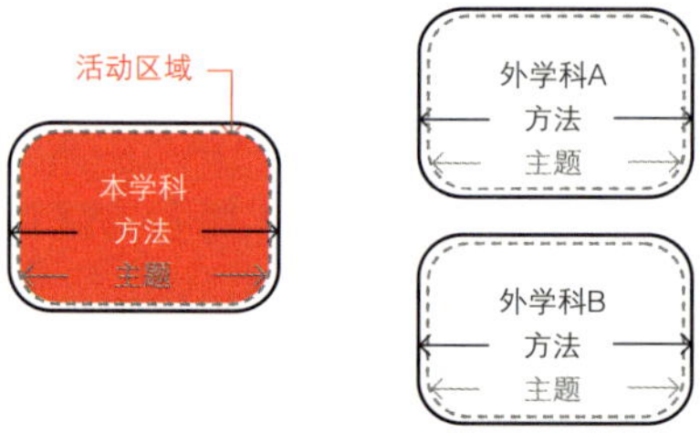

学科自治

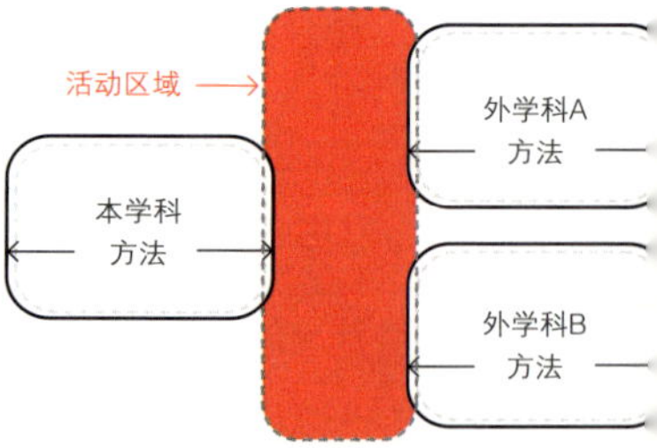

学科内

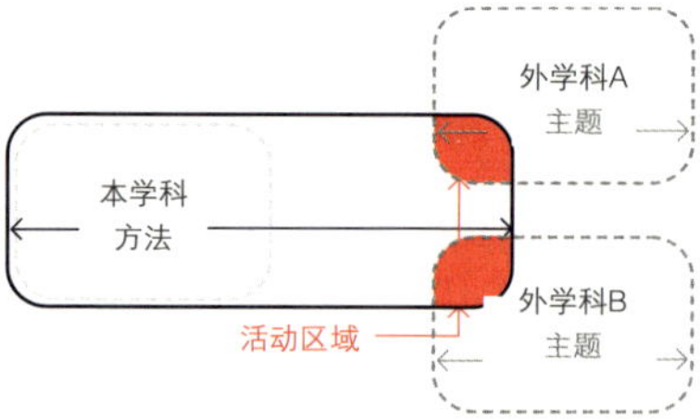

多学科

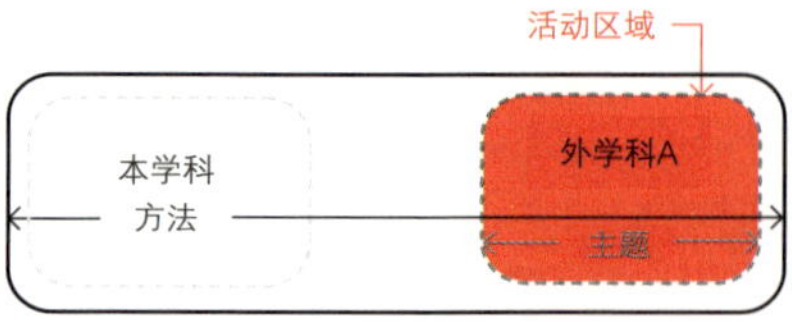

交叉学科

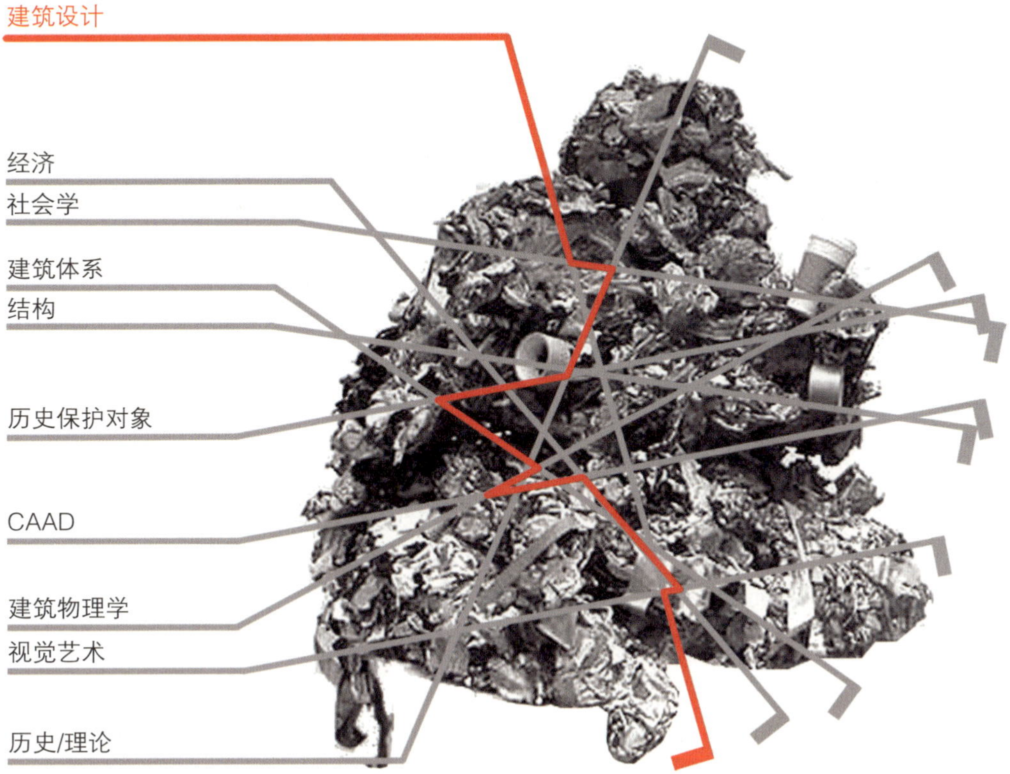

多种方法的运用

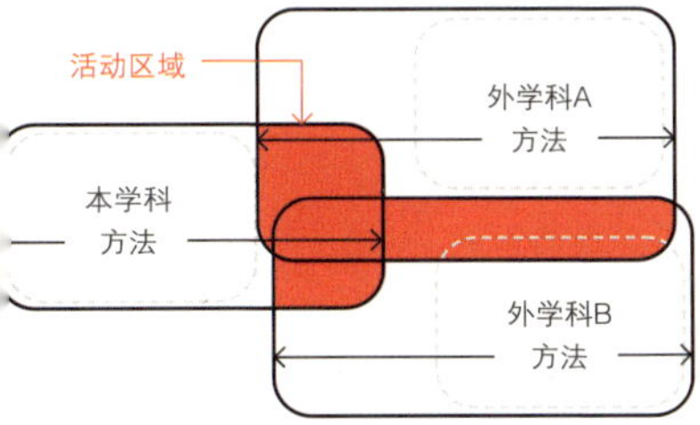

跨学科

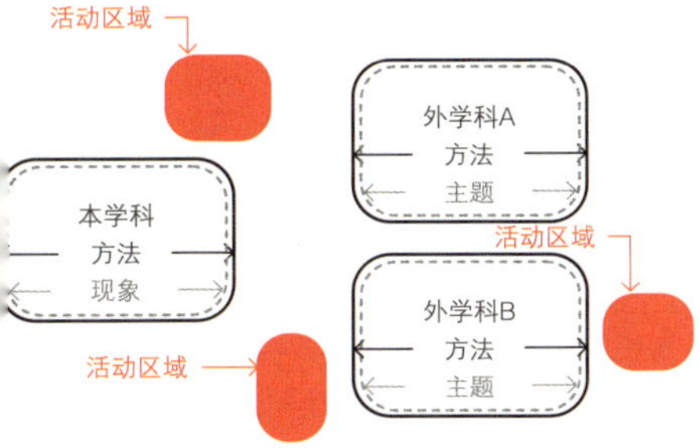

非学科

本书导读

1 2 3 4 5 6

旁注图片表明一个项目的发展贯穿在全书相关练习题中。这样可以跟踪了解项目的演变状况，帮助读者找到项目所在的相关章节。

本页提供了本书的阅读方法。这种颜色的文字是编辑评论。其他所有图片和文字是选自学生的作品，有的直接取自学生学年结束前上交的作品集。

32

本书页码

在秋季学期，这个活动时间表表明了项目的进程。加亮的数字帮助跳读的读者确定阅读到的作品属于哪个练习。

规划
表示练习属于计划中的哪个阶段。

这些方框内文字是编辑的评论。

7

33

这个数字代表的是哪个练习。随着学年的进度，彩色条的位置随之改变。表示练习1的彩色条在页面的最下面，到最后一个练习时，这个条移动到了最上面。

0

学生在开始一周的练习之前，在开学的第一周有时间熟悉他们工作室的工作环境，准备好他们学习所需的材料。

材料

模拟与数字

对于在设计工作室中进行的练习，你需要准备好以下工具和材料：

模拟

- > 切刀
- > 剪刀
- > 尺子：30~50cm
- > 塑料绘图三角尺：30cm
- > 活动三角尺
- > 铁尺（切割用）：50cm
- > 白胶
- > 遮挡用胶带：12mm
- > 切割垫：A3规格（最小）
- > 水平尺：120cm
- > 笔杆（绘图用铅笔）
- > 不同硬度铅笔芯：4H、2H、HB、2B
- > 铅笔刀
- > 橡皮
- > 绘图针笔：0.25mm、0.35mm
- > 卷筒描图纸：42cm宽
- > 图画本：A5或A4大小

数字

在秋季学期会学习应用以下软件：

- > FormZ
- > Photoshop
- > PowerPoint
- > Illustrator
- > VectorWorks
- > Cinema 4D
- > Final Cut

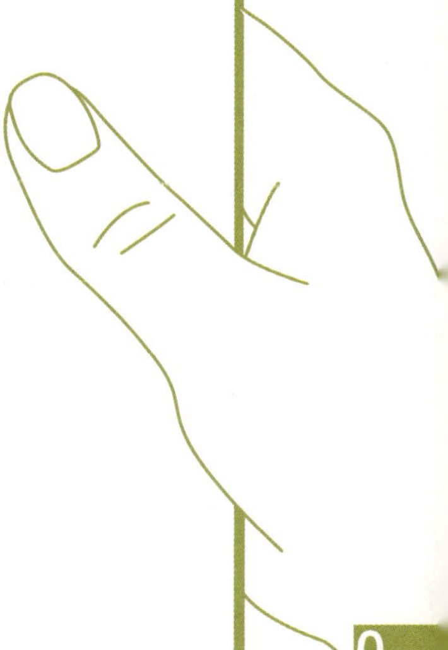

1

"巴洛克风格所指的并不仅是一种本质，更是一种实用功能、一种特性。它不断制造折叠。可它不是在虚构事物：世界上有各种不同的折叠，来自东方的、希腊的、罗马的，还有罗马式的、哥特式的、古典式的……巴洛克风格扭曲、颠覆折叠，把它们推向无限，折了又折，层层叠叠。巴洛克折叠展开了一条通向无限的道路。首先，巴洛克建筑的折叠分为两种，走向各自的无限，仿佛无限由两个阶梯或平台组成：事物的褶皱和灵魂的折叠。" **Gilles Deleuze**, *The Fold. Leibniz and the Baroque*, Minneapolis: University of Minnesota Press 1992, p. 3.

1 空间想象
折叠和展开

在工作室或实验室条件下，对具体主题的检验是沿着建筑设计工作运用的技术、理性及直觉的方法进行的。调查研究是在累积的一系列划界清晰但又可以相互渗透的练习中展开的，一个练习在另一个练习的基础上进行改动，模糊了相互间的界限。这些承前启后的练习建立起一种理解，即建筑设计是一个永久变化的过程。每一个练习都是多方位的、内在多样的、接受一系列观点的各种考验。在避免评估制度侧重一种构想而忽略其他构想的同时，每个练习建立了一种安排：对主题和材料的需求性进行分类，再通过许多有时对立的前提将他们联系起来。这些前提勾勒出一个能够展开工作的有效平台。

前四个练习的重点是建筑空间的概念。各种认识空间的方法摆在学生面前用以比较。建筑空间的概念是需要去想象、感知、体验、创造和虚构的。对空间定义的策略研究兼顾概念设想以及过程中使用的技术技巧。必须要完成模型。相关结果可能没有成形，但为研讨建立了一个平台。

练习1任务是要培养理解抽象空间的能力。想象出一个梦境的空间作为模型，用纸做模板材料。出发点似乎很荒谬，在清醒的状态下怎么可能做梦？这要依靠一个在有意识和感知到的无意识之间徘徊的过程。每个设计者的主观性就这样被挖掘、展现，最终接受检验。这一工作从一个表面看似主观的角度出发，最终发展为看似客观，要实现的建筑设计目标成了评价的依据。由于这项工作是和其他人合作完成，因此给这个练习又带来一个困难：在客观的基础上协调两个主观立场。因为两个学生只是一个大团队的一部分，所以他们的工作要在最后进行组合，首次形成临时拼合的模型。

在这个练习中，空间在折叠和展开的过程中被创造出来，沿着两个方向进行，仿佛建筑——借用Gilles Deleuze的话——是由“两个阶梯或平台组成：事物的褶皱和灵魂的折痕。” **1 Gilles Deleuze,** *The Fold. Leibniz and the Baroque*, Minneapolis: University of Minnesota Press 1992.

1

想象

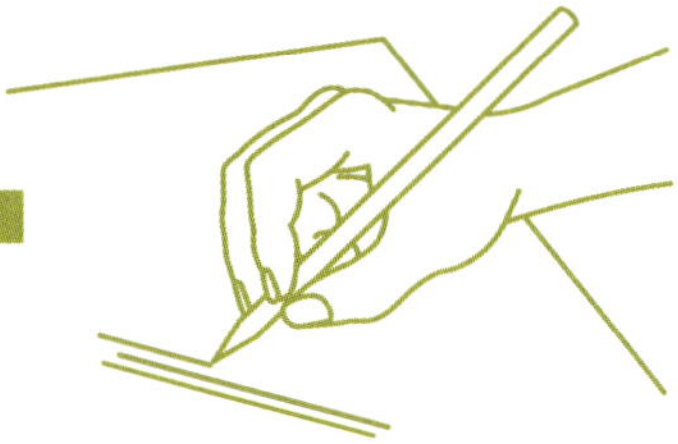

绘图

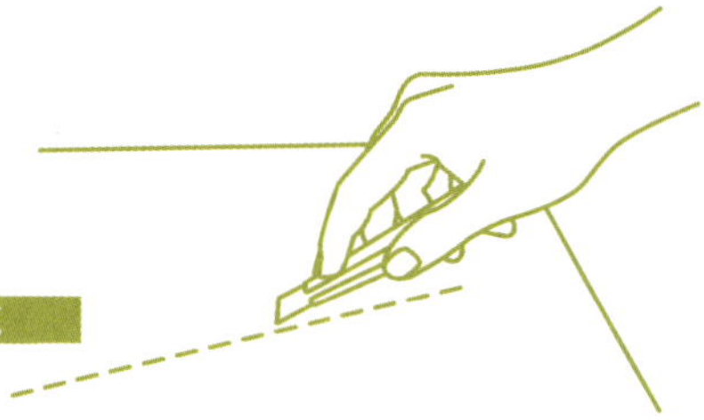

剪裁

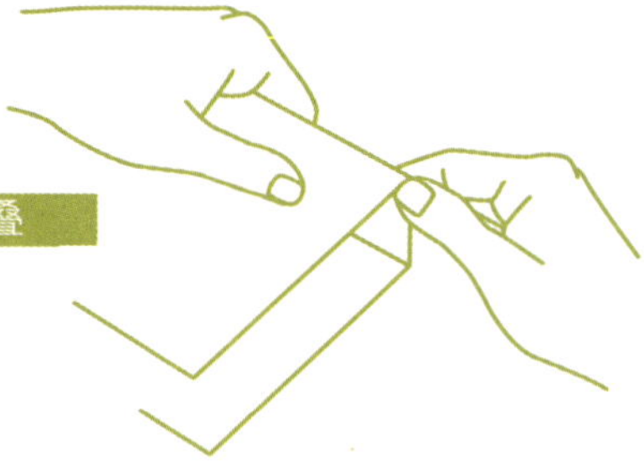

折叠

练习1——课堂说明

指南

空间问题是前四个练习的主题。这些练习涉及对建筑空间的想象、体验和创造，从而了解空间制作的不同方法和技巧。在第一个练习中，我们希望你们能够发挥想象。

天马行空地想象一个空间，之后用三个形容词对它进行描述。选择一个可行的方法将你的想法变成实体的东西，建立起你梦想的空间。

输入>A3大小的平面图

输出>在A3大小的平面上折叠出空间结构

步骤>想象一个空间（分成两组），试着在头脑中想象出空间结构以便把它折叠出来。用三个形容词描述这个空间的特点。在电脑上用小字号（比如用宋体小五号）输入这几个词并打印出来。在所给的A3纸上选择合适的位置排列这几个词。>这是一个过渡步骤，之后将平面图的主要线条转移到A3大小的厚实的绘图纸上。这需要你使用不同硬度的铅笔（像4H、2H、HB、2B），结构线浅一点，空间轮廓线重一点，创造出有层次的绘图。>之后将纸裁剪三次并仔细折叠。用这三个形容词发现适当的制作技巧，力求提高空间的清晰度和准确度。>限制自己仅使用A3纸1/4的表面，并且留两条边不动。折叠而成的空间的高度在上、下都不应超过纸张平面1.5 cm。完成后按平面图的布局将自己的纸张放到小组框架中。

评判标准>空间想象的能力>形容词和空间构架的关系>制作技巧的选用>模型的精确性>方法的易理解程度

数字化>策略：硬件和服务器环境

演示>当天下午6点>一分钟项目演示

每周练习>针对演示中的反馈重新制作模型

参考阅读>前言和第一章：Paul Feyerabend,《反对方法：无政府主义理论知识概要》，伦敦：Humanities出版社，1975

电路图 912

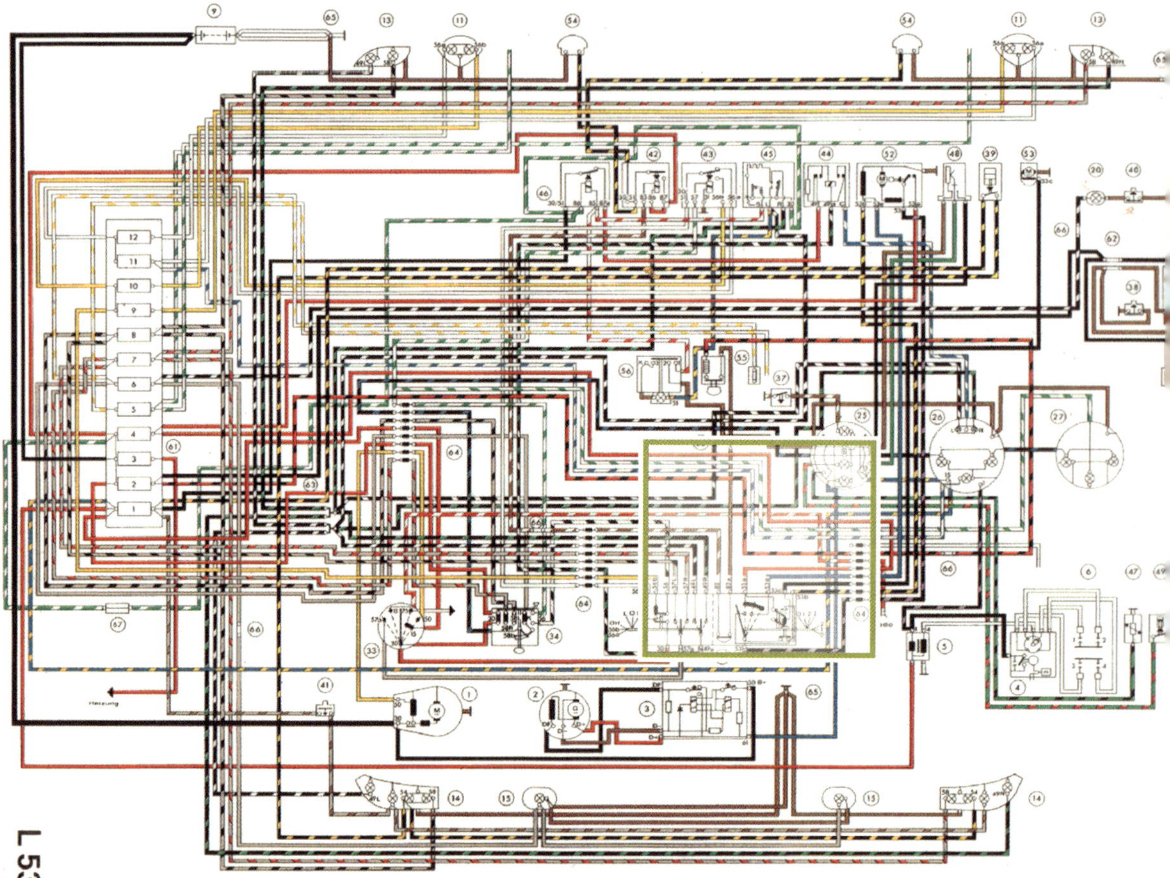

L53

原始图

电路图划定了一个公共领域，所有学生都应在这个范围内开展活动。每个单元被划分为12等份，每个小组分得42 cm × 30 cm的活动范围。

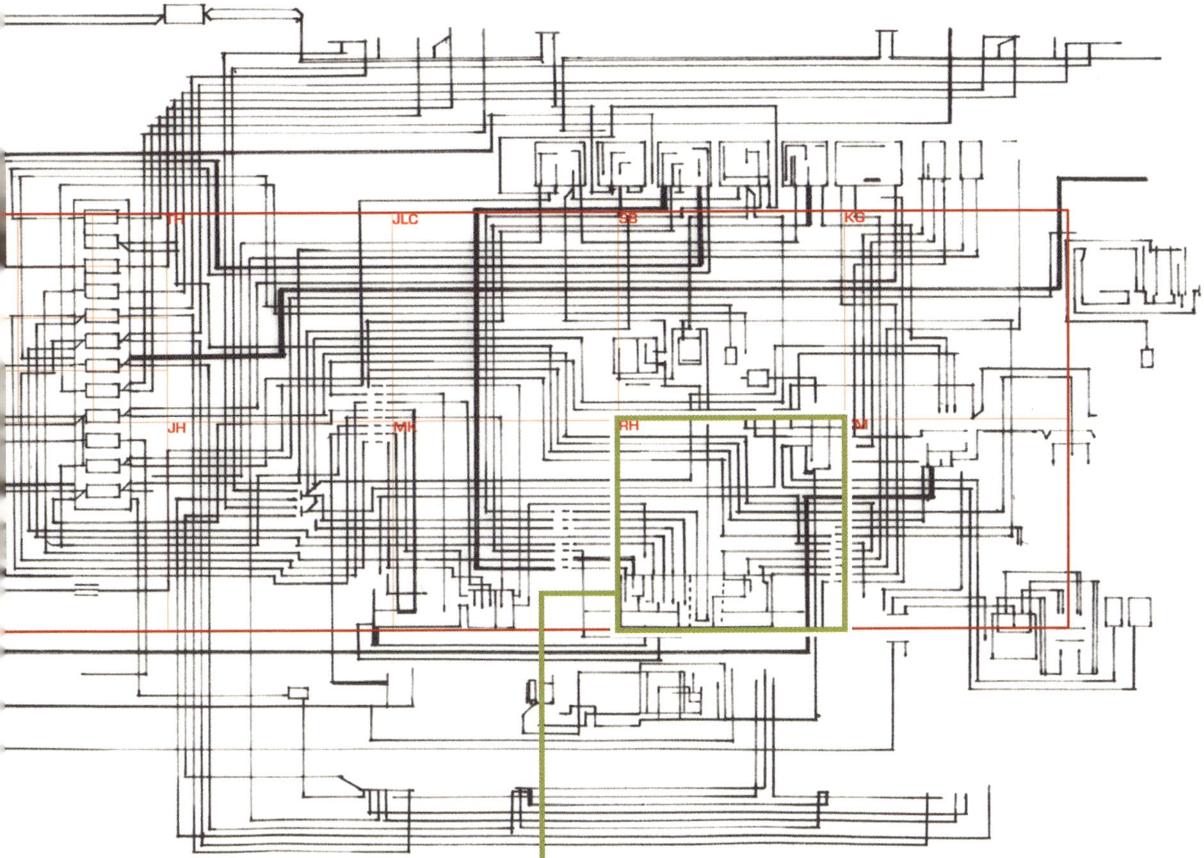

绘图

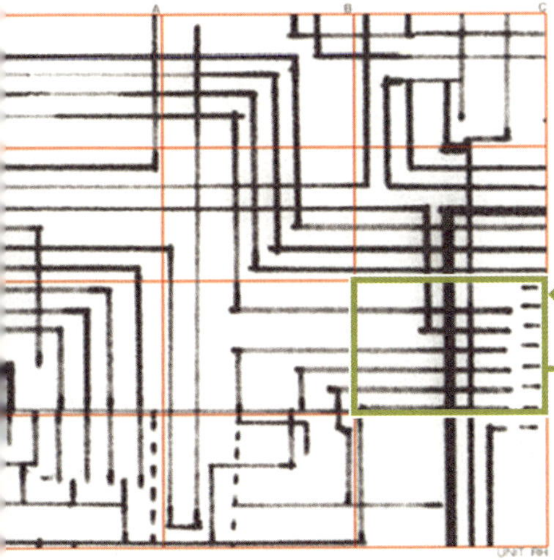

大：一个单元

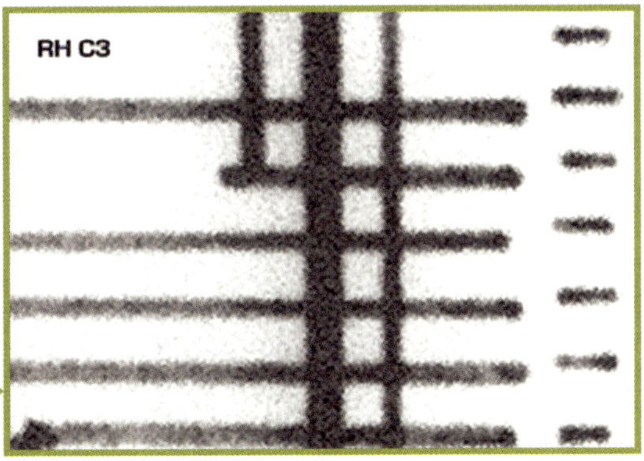

放大：一个小组

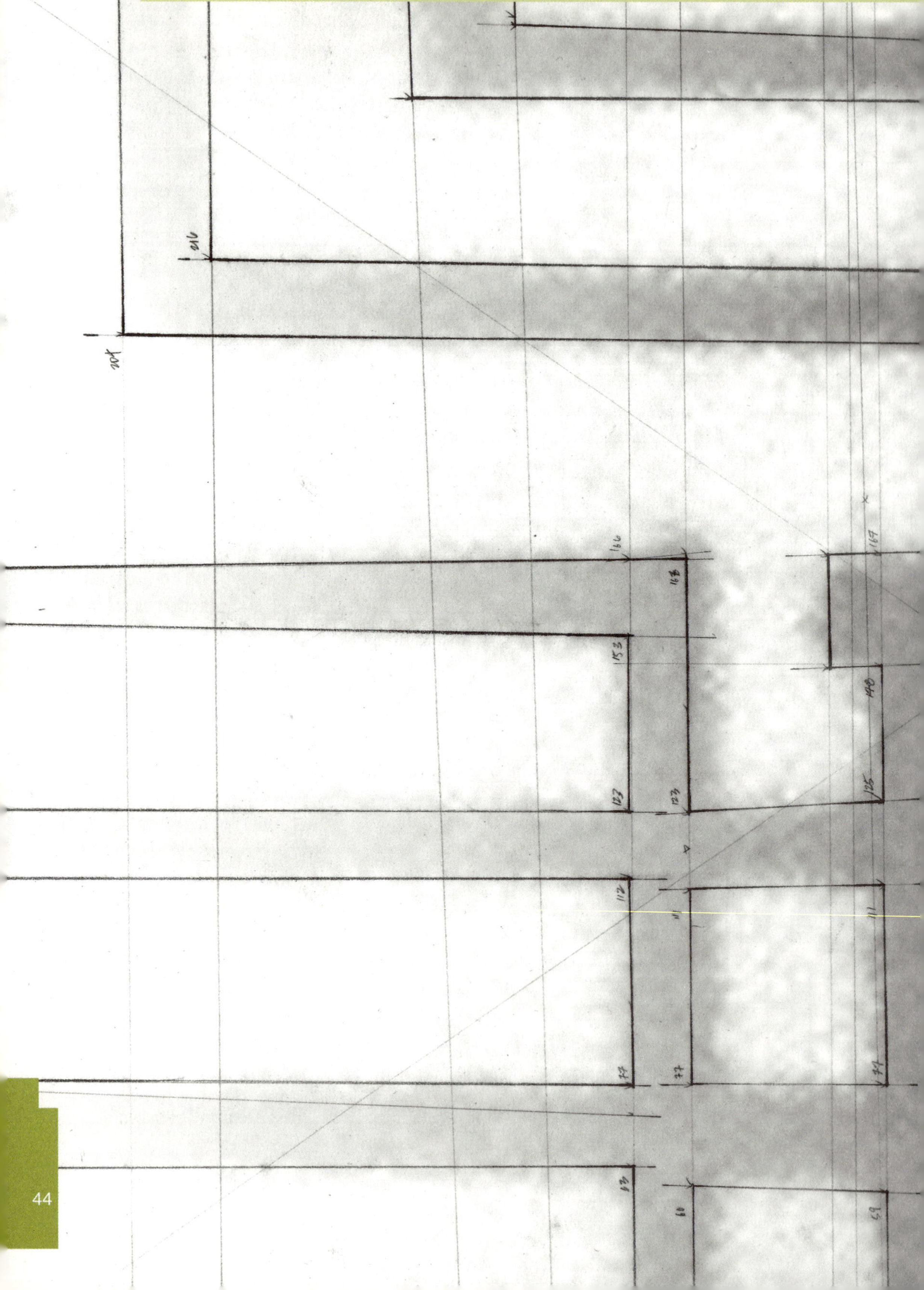

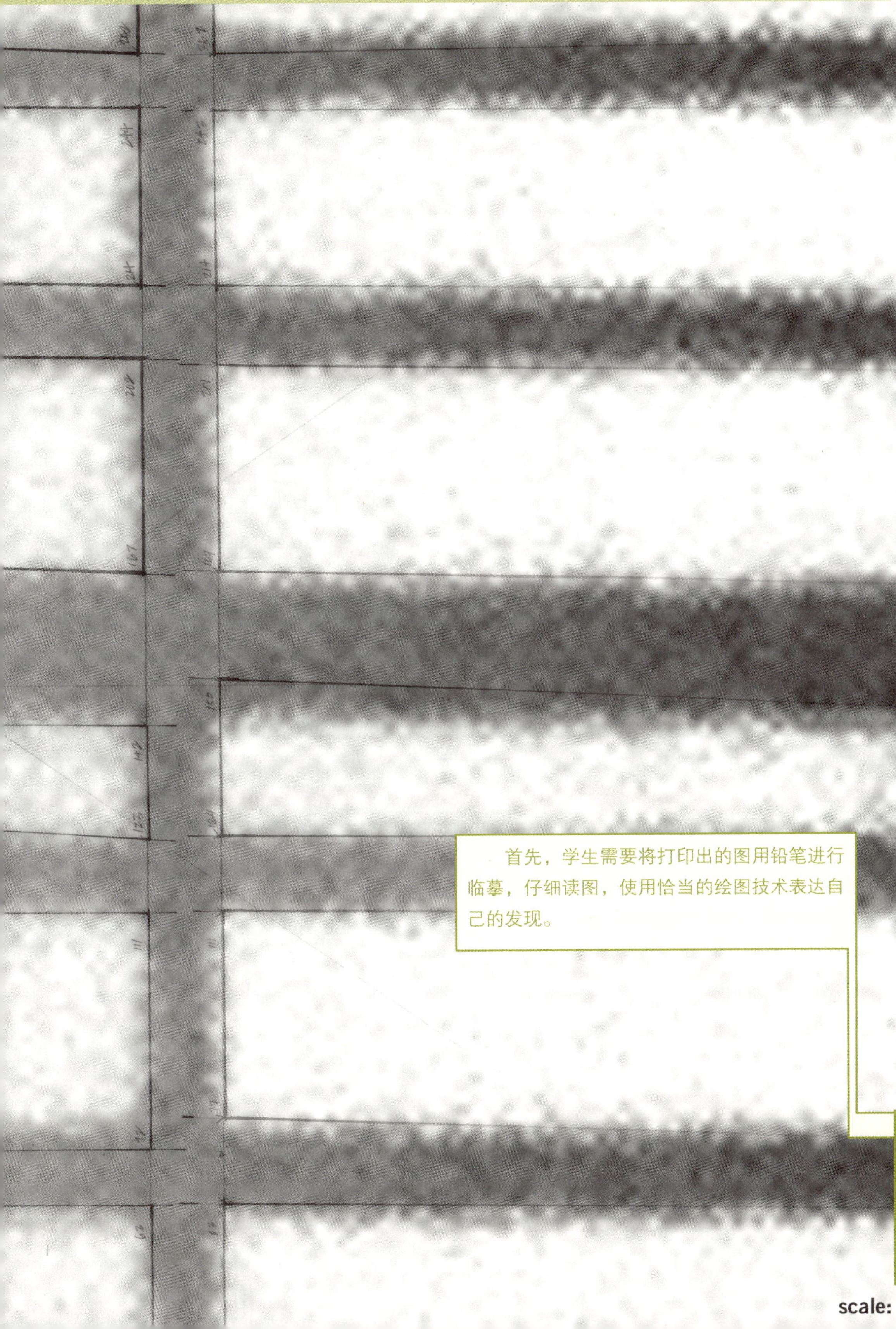

首先，学生需要将打印出的图用铅笔进行临摹，仔细读图，使用恰当的绘图技术表达自己的发现。

scale: 1:1

直线和直角代表了业已存在的一种“常态”，而曲线轻微偏离的角度通常被认为是错误的。我们鼓励学生剪出、折出这些不同的角度，以创造出一个新秩序。通过折叠，随着平面不断脱离原始模样，这些偏离也愈加清晰。这种处理为解决图底关系问题创造了机会。

DS
SARETTA

参考模型的使用贯穿于当天的学习中，以探究最终模型的潜在特征。这些演进是最终展示墙的一部分。学生需要尽可能清楚地展示他们的工作过程。

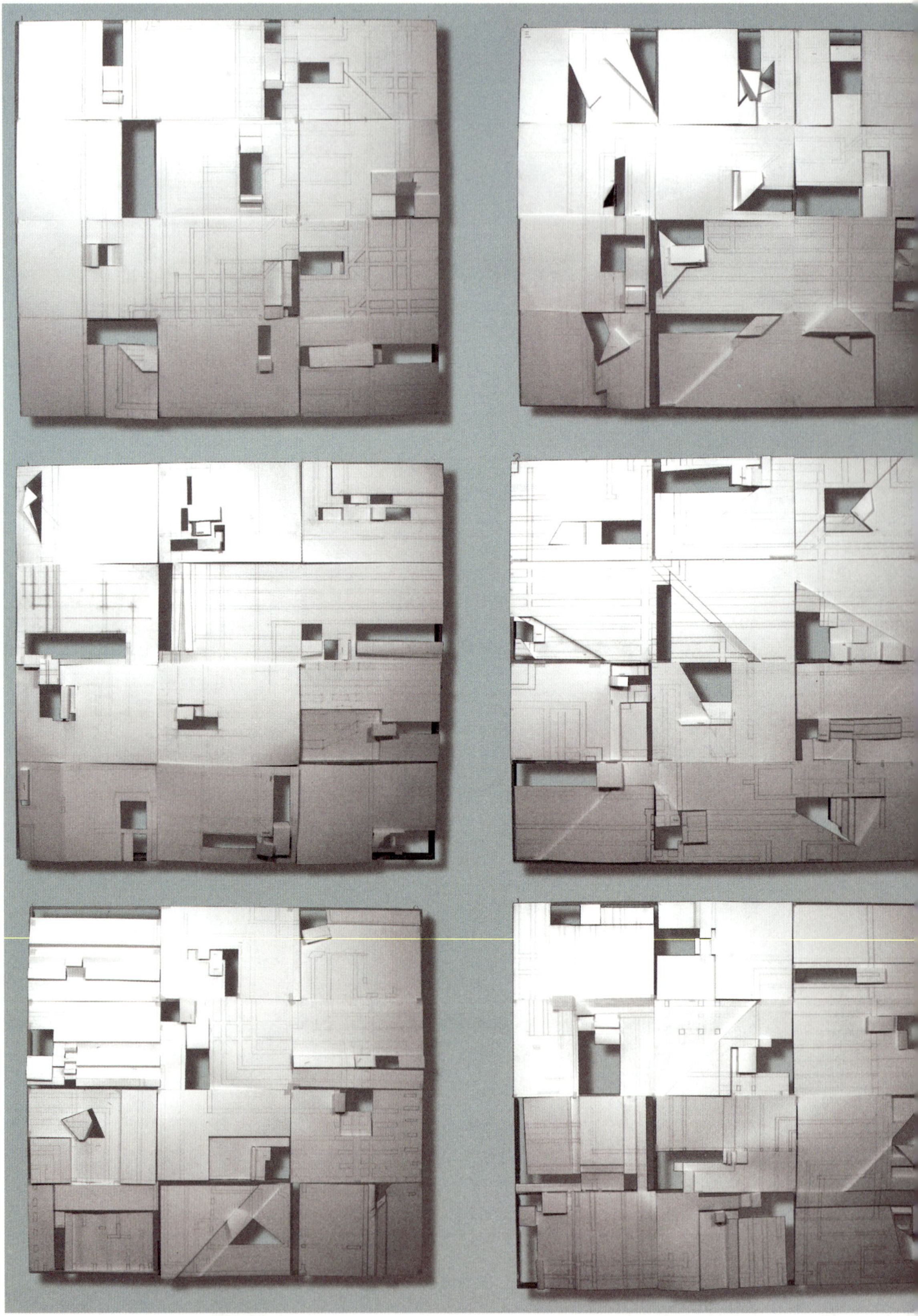

组合起来的小组模型

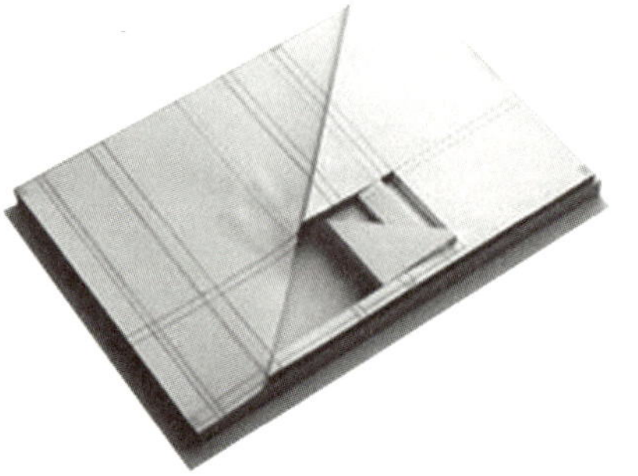

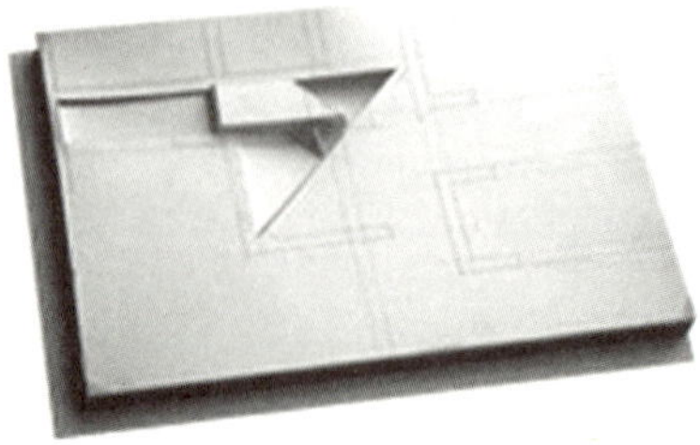

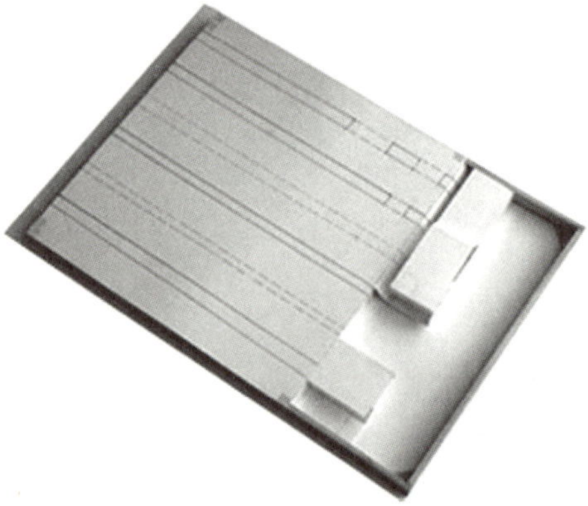

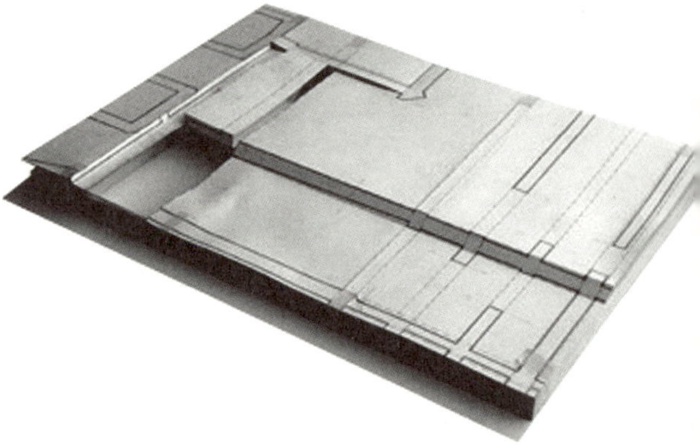

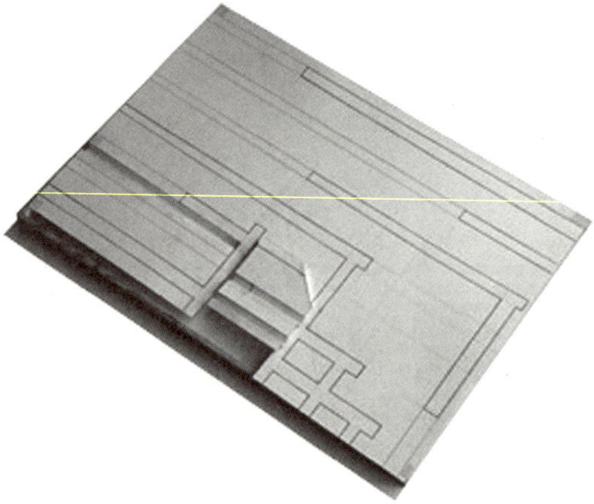

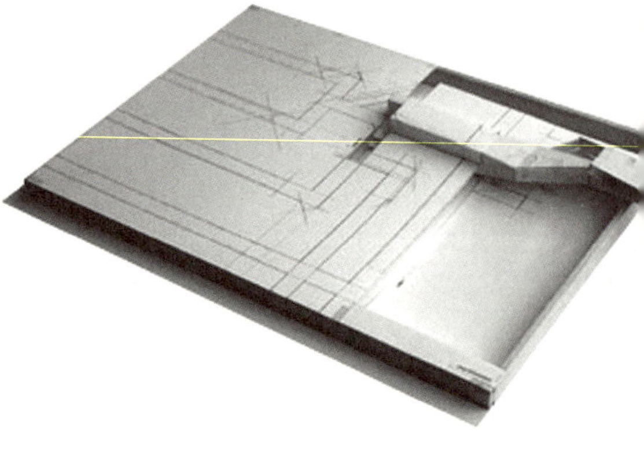

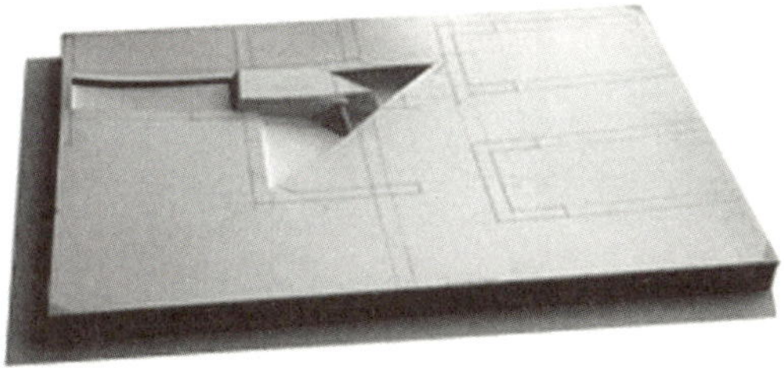

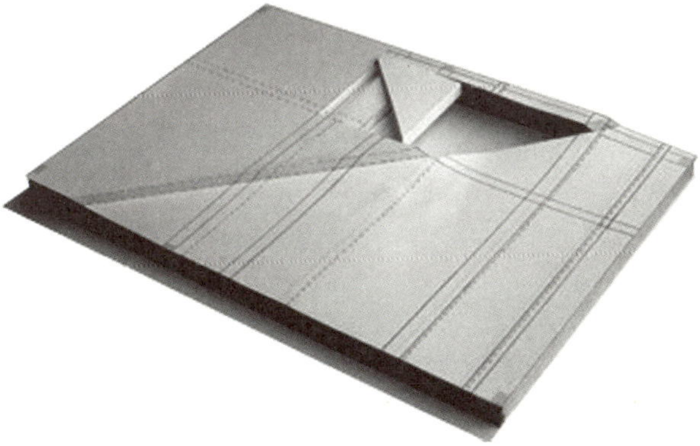

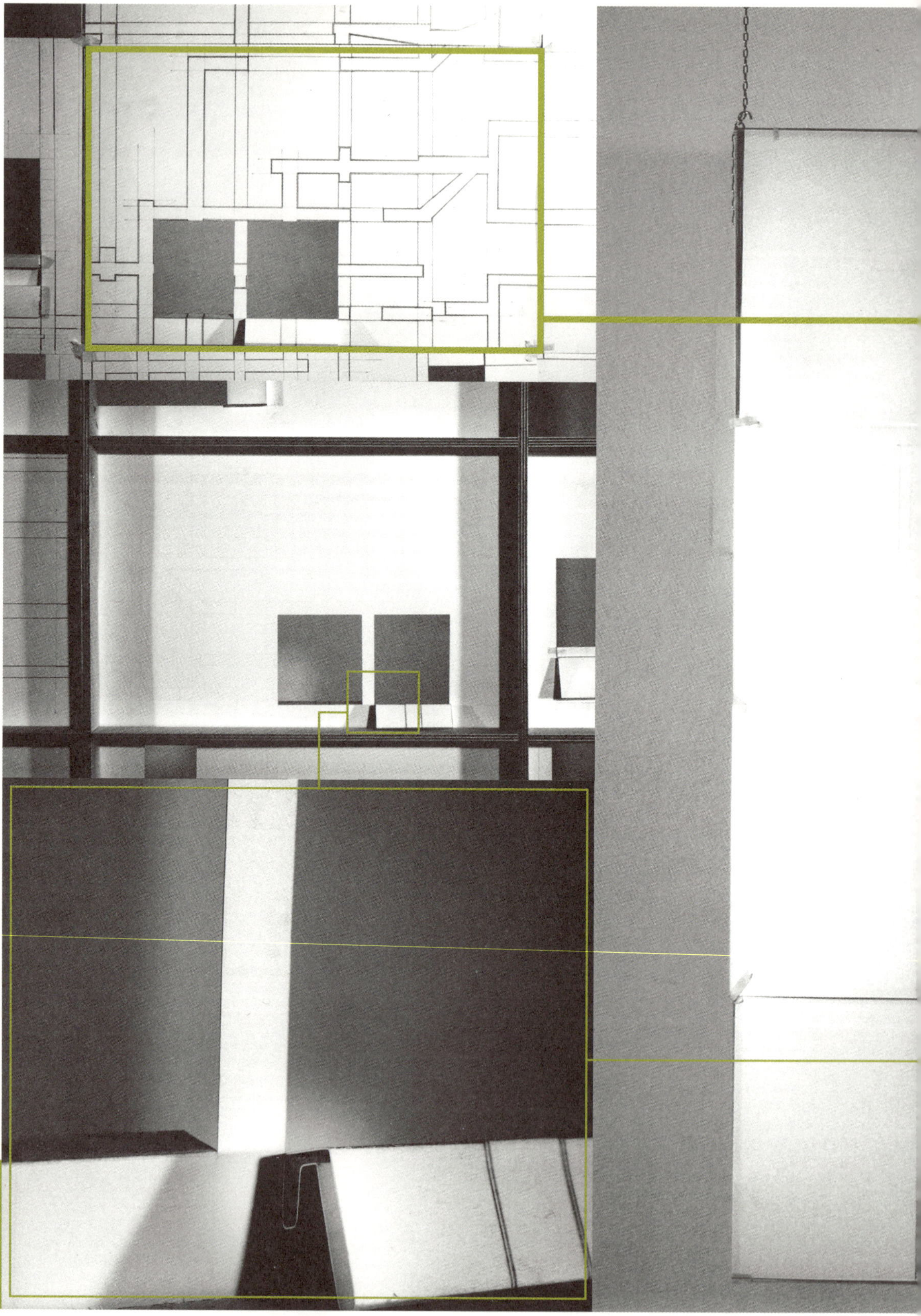

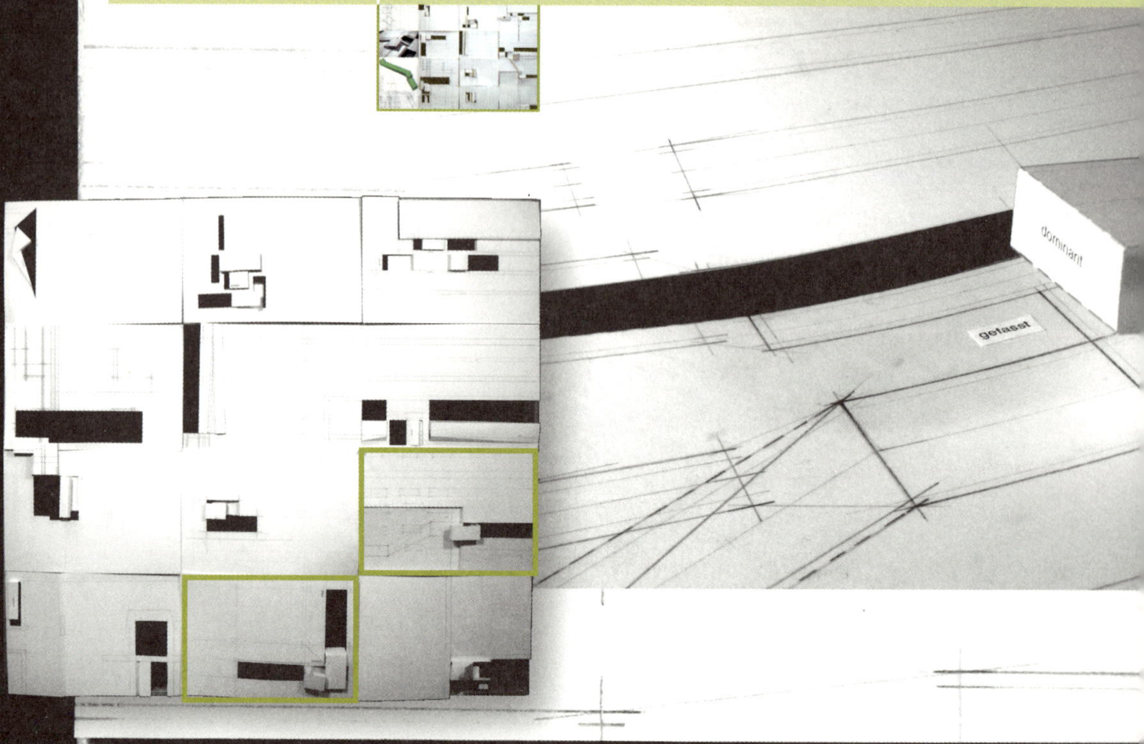
dominant
gefasst

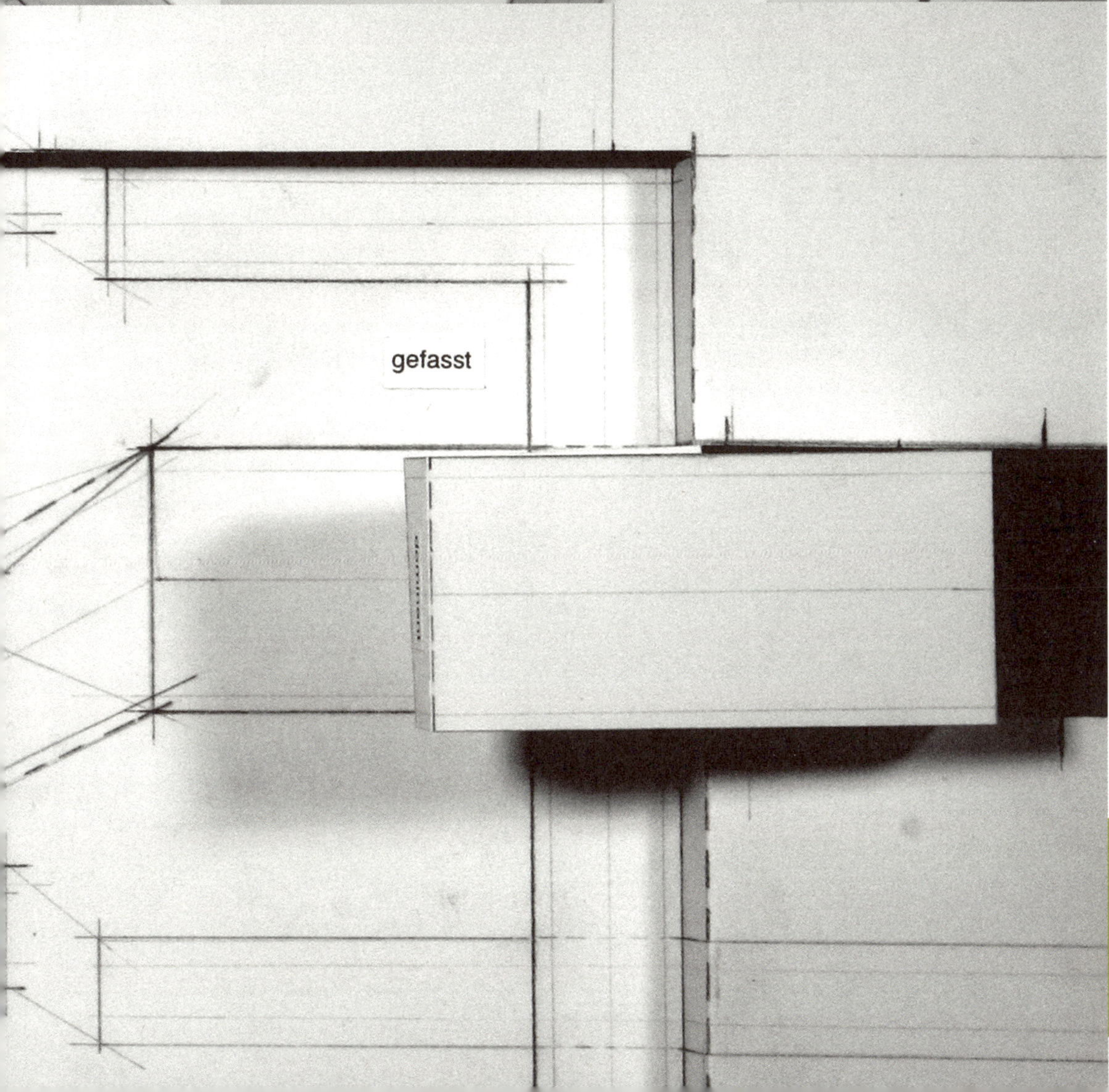
gefasst

2

"1965年的某一天，Bruce Nauman用椅子下面的空间做了一个石膏模型。Nauman的模型采用了当时极简主义雕塑的典型外形，不管是Morris、Tony Smith还是Judd自己的作品，都或多或少是立方体、以浅灰色为主、结构简单……从而使它成为反极简主义抨击的对象。几年之后，反极简主义的浪潮卷土重来，充斥着对极简主义工业象征的批判——批判其信奉匀称的结构，展现理性的构造学和材料的强度。这种反对浪潮打着"反形式主义"的旗帜前进着，即"打碎构成的整体，选取其中碎片"的一套策略。但Nauman的模型……在"反形式主义"出现前一直表现很好，没有选择这条被炸碎、撕裂或散播的路线……而是选择内爆或冻结的道路。静止的束缚并不重要，重要的是表达和限定它的东西：空间本身。"

Rosalind Krauss,"X Marks the Spot," in: Yves-Alain Bois and Rosalind Krauss (eds.), *Formless. A User's Guide*, New York: Zone Books 1997, p. 214.

2 探戈表演 间隙中的空间

练习1侧重直觉在建筑设计中的运用，练习2要介绍另一个完全不同的方法。意识形态需要转变。现在的重点在于每个设计者眼和手的协调能力，帮助他们在设计过程中发掘感知的偶然性和组织视觉的方式。空间被看做是一个实际现象，有其实在的品质，需要我们观察和利用；空间提出一个现象学框架，在这个框架基础上去构造建筑。

探戈表演为这个练习提供了出发点。学生们需要观察两个舞者之间的空间，虽然这个空间不停地变换着形状，但是学生们要把这种空隙理解为固定的实体。先画出空间的草图，之后用木头做模子铸成一个石膏模型。舞者间的空间处于一个流动的状态，不像一个固定的、静止的实体那样可以捕捉，因此挑战这种一对一的互动，要进行观察、制作出模型。从这个意义上看，本练习支持的表现形式超越了对物质存在的现实表达。对动态空间特点的捕捉和综合最终要体现在一个建筑模型上。

本练习中介绍了图底关系这一构思建筑空间的独特方法，它源于格式塔理论，偏爱发现正规构造的特点[1]。它由三个要素组成：背景是一个空间化了的区域，图形是这块区域内的物体，轮廓线画出二者共同的界限。这个练习压缩了整个运动，从对空间的二维平面理解（图形和背景处于同一个视觉平面），到空间的三维构图（由舞者的身体决定，对其轮廓的追踪作为被调整的表面），再到对时间中的空间的四维阐释（这是舞蹈动作赋予的）。此外，还应加入一个感官维度，正如探戈表演所展现的，暗示建筑可能证实的另一个领域。

为了让学生更好地完成这个高强度的练习，我们引入了逻辑问题和程序问题。虽然从原始的画稿到最终的模型这样一个线性前进的过程是有逻辑地一步步进行的，但会有一部分是无效的。这个过程需要在工作的不同阶段转换——有时颠倒事件的顺序，或者偶尔选择从中间开始。一种贯穿的方法就被提出来，得以在发展过程中的不同阶段之间建立起了对话。**1 Rudolf Arnheim**, *Art and Visual Perception. A Psychology of the Creative Eye*, Berkeley: University of California Press 1954.

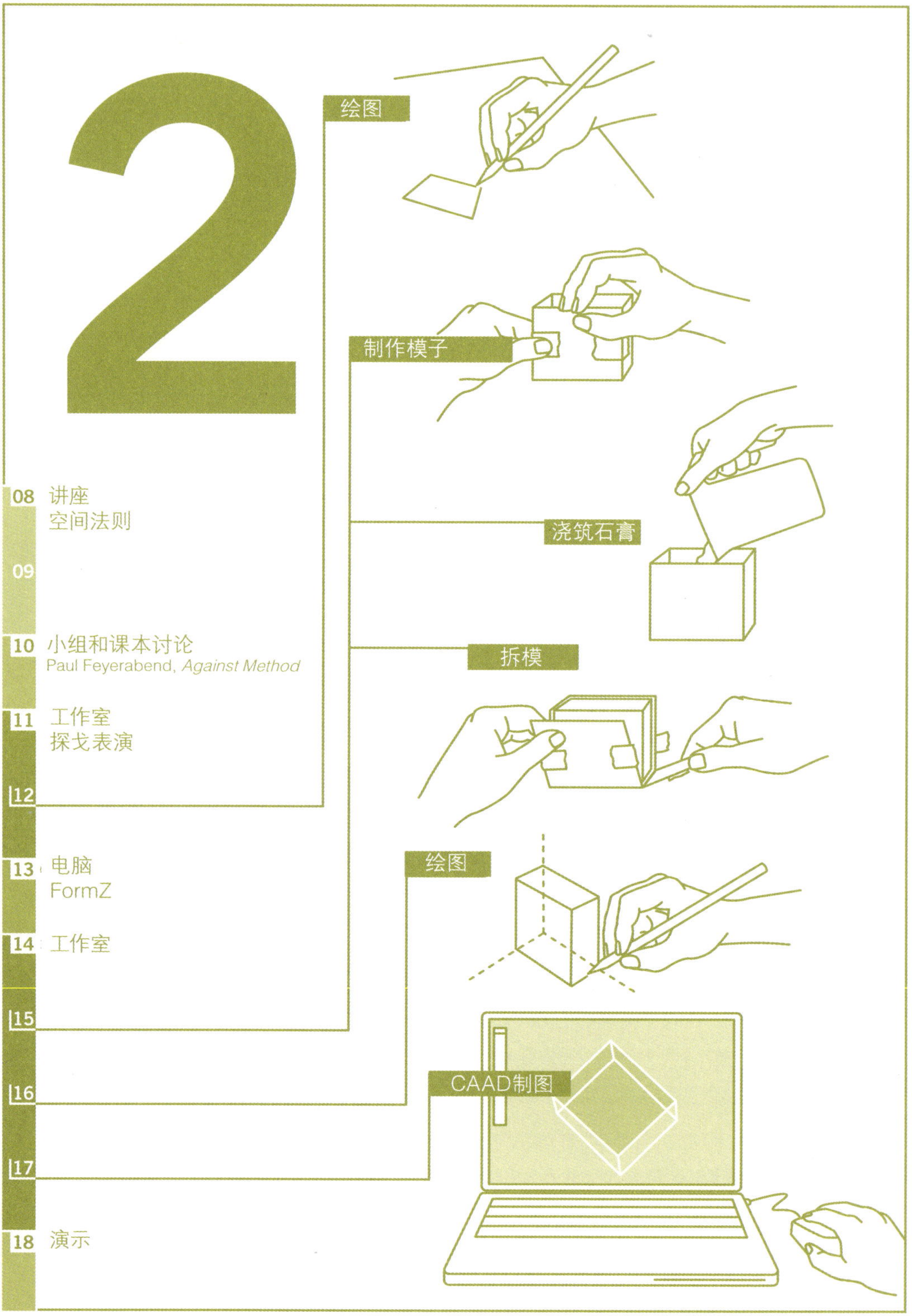
2
绘图
制作模子
浇筑石膏
拆模
绘图
CAAD制图
08 讲座
空间法则
09
10 小组和课本讨论
Paul Feyerabend, *Against Method*
11 工作室
探戈表演
12
13 电脑
FormZ
14 工作室
15
16
17
18 演示

练习2——课堂说明

指南

第二个练习通过两个探戈舞者间的空间探究建筑空间中图底的关系。

记录在舞者舞动时由身体所构成的空间不断变换的过程。虽然这个空间不停变化，但是分解地记录下过程能为洞察空间的本质和法则创造条件。依照这些记录，运用建筑设计方法构造出舞者间的空间。

输入>一场探戈舞表演

输出>模子的设计图、构造分解图、水平部分、垂直部分>间隙中的空间的原始模型>木质模子>间隙中的空间的石膏模型（大小不要超过4块巧克力）

步骤>速绘出这对舞者间形成的空间。身体的轮廓构成空间的界限。在速绘本上记录下身体移动的顺序，尤其要注意实体与空隙之间的互动。>按“快速前进”的原则——迅速且流畅——用纸制作出这个间隙中的空间的原始模型。>根据这个参考模型用木材制作一个石膏模型的模子。>在一张A2大小的厚实绘图纸（纵向的）上用铅笔画出模子的制作图。首先回忆练习1中所想像出的空间，画出勾勒空间轮廓的元素。根据你创造出的空间放置你的模子设计图。考虑能否利用这个位置安排创造出新的间隙中的空间。>木质模子做好后，搅拌并倒入石膏制作自己的模型。当石膏固化以后，小心地揭下模子并保存好。按照你的设计图，根据练习1中创造的空间结构的位置摆放做好的石膏体。

评判标准>通过速绘理解空间>对间隙中的空间的转化>绘图（设计图）清晰>石膏模型的准确度

数字化>策略：FormZ——基础>本周用FormZ制作自己的石膏模型，将透视图用A3纸（水平的）打印出来。

演示>当天晚上8点>小组围桌讨论

每周练习>阅读一份计划（从图书馆得到背景知识），根据小组讨论的反馈重新做练习。

参考阅读>第1章和第2章： Colin Rowe and Robert Slutzky, *Transparency*, Basel: Birkhäuser 1997.

Exit

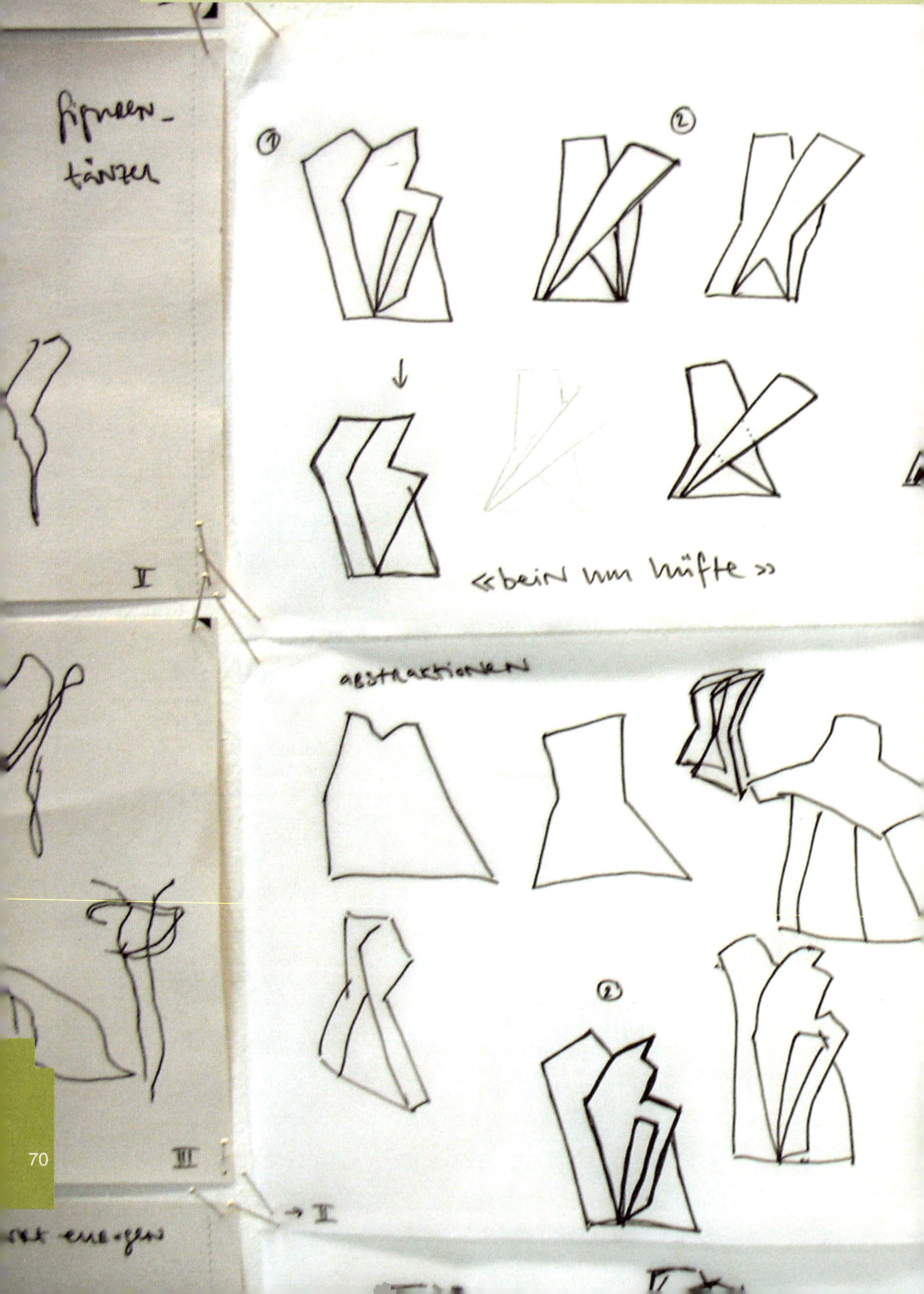
figuren-
tänzer
①
②
II
«bein um hüfte»
abstraktionen
②
III
→ II

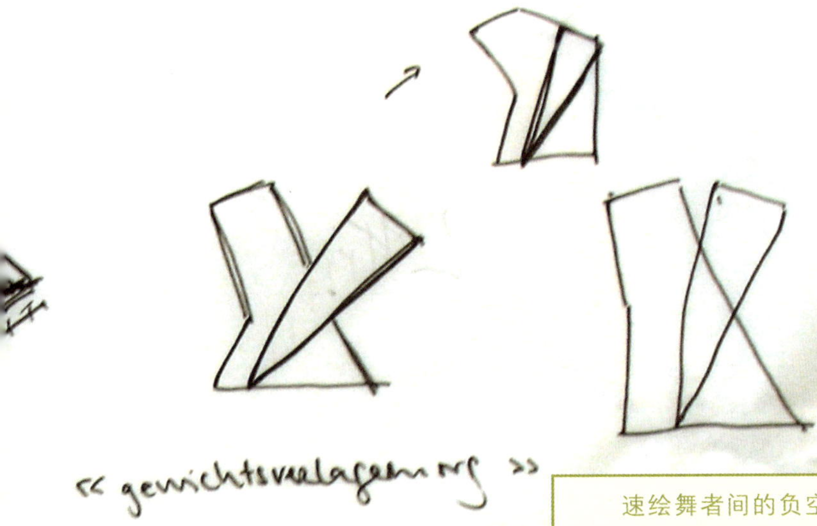

速绘舞者间的负空间是理解时空关系的第一步。由于舞者间的空间不停变换，学生需要培养将时间引入一个静止模型中去的技巧。

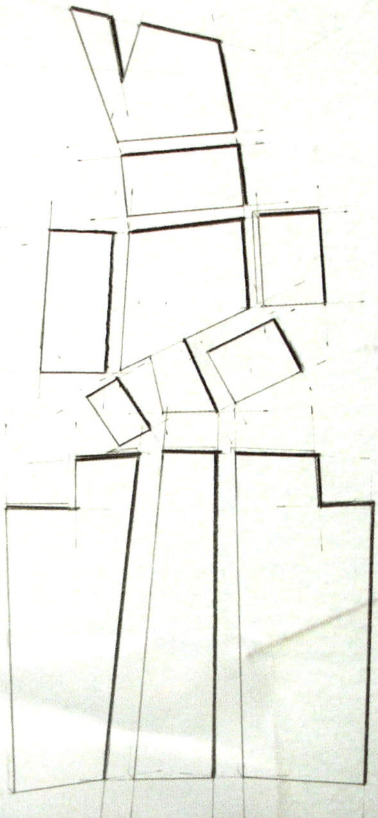

由于任务的时间紧迫，因此安排好工作就是当天的重要任务。学生们必须学会团队合作，做好分工。

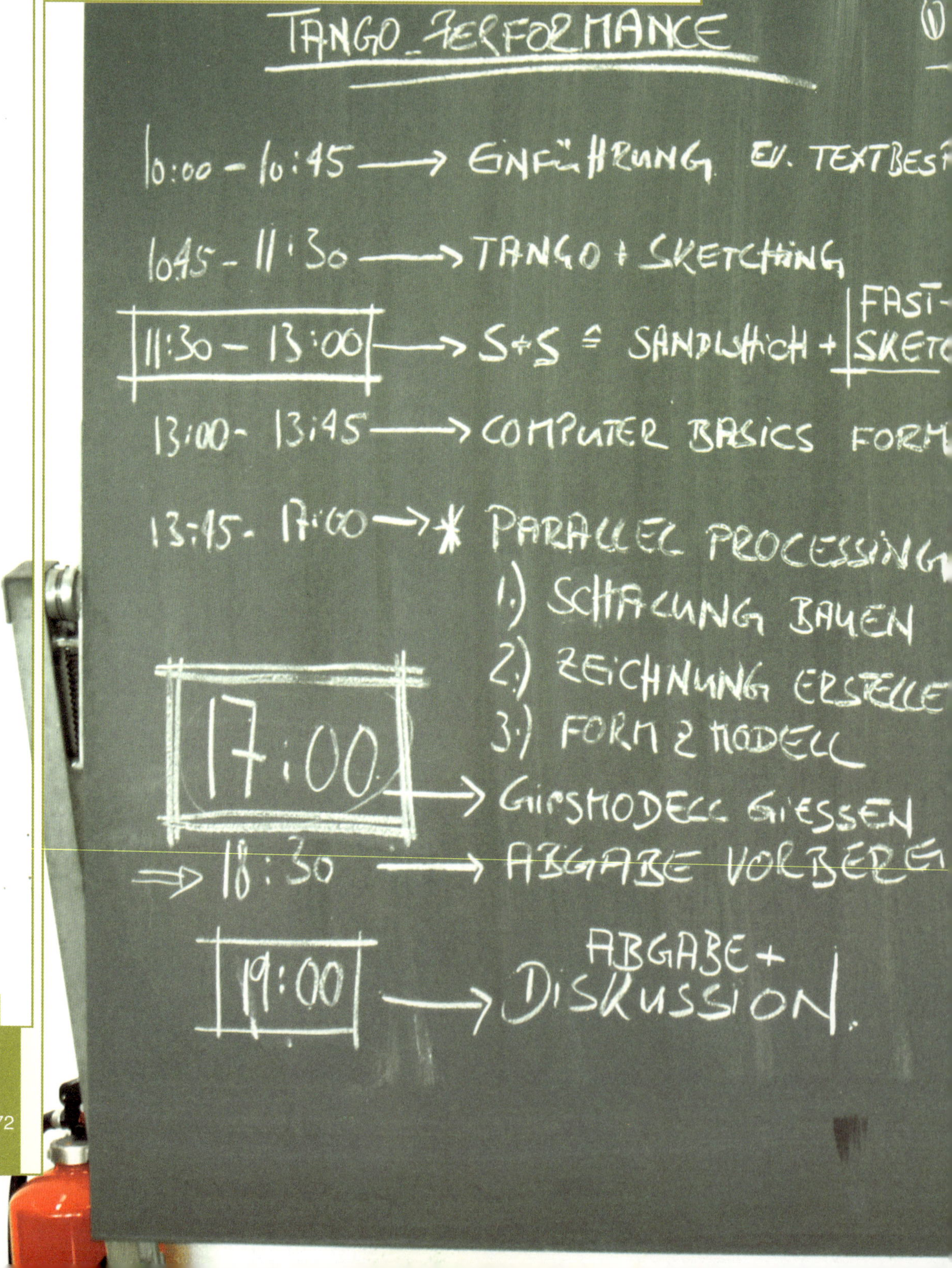

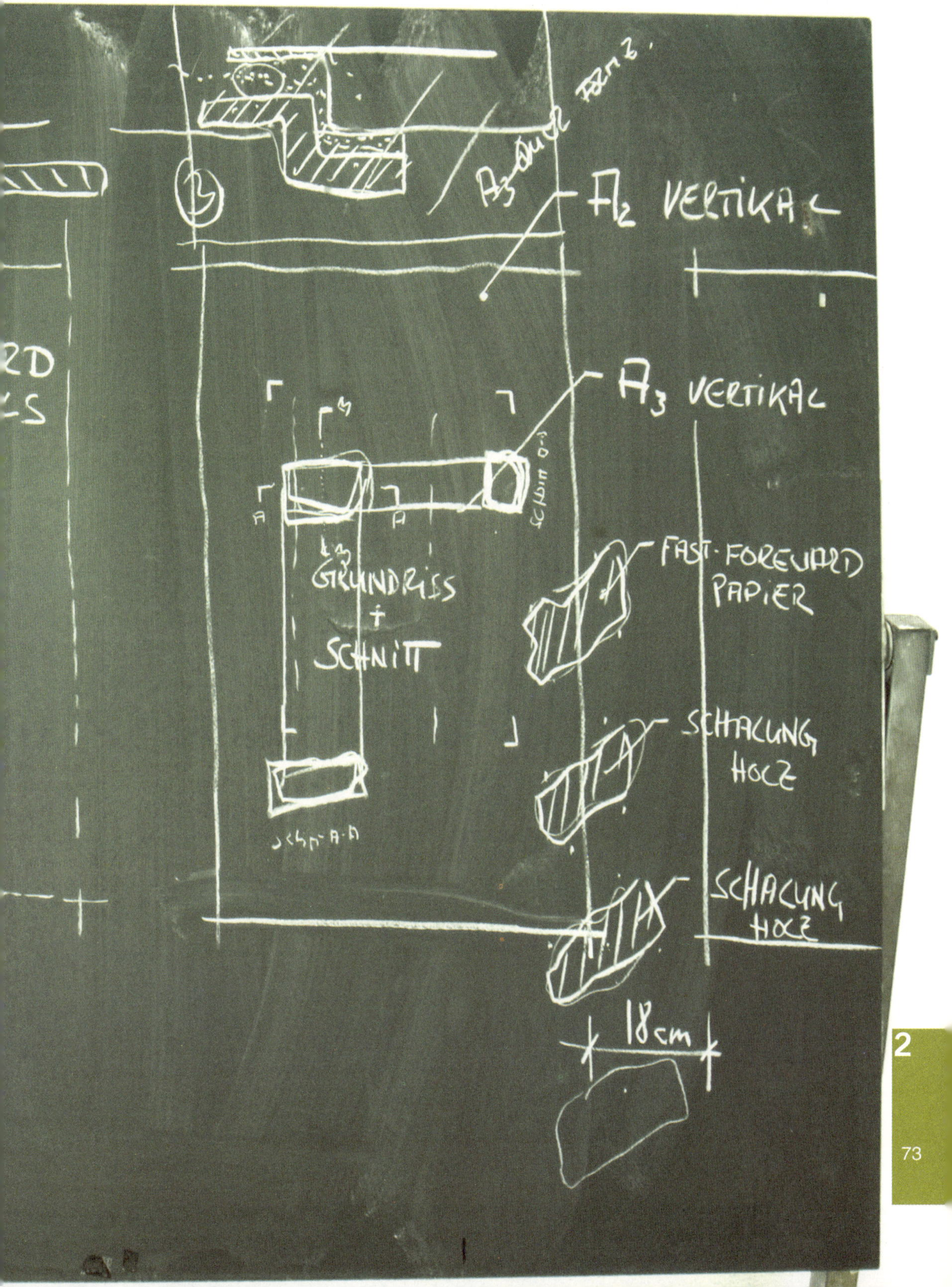
A2 VERTIKAL
A3 VERTIKAL
GRUNDRISS
+
SCHNITT
FAST·FOREWARD
PAPIER
SCHALUNG
HOLZ
SCHALUNG
HOLZ
18cm

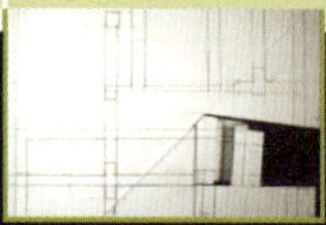

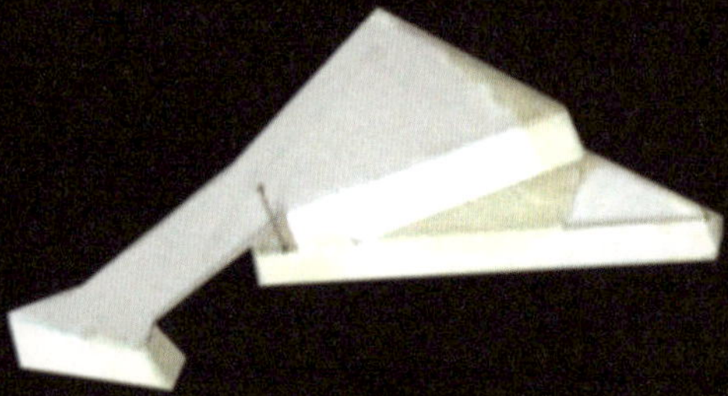

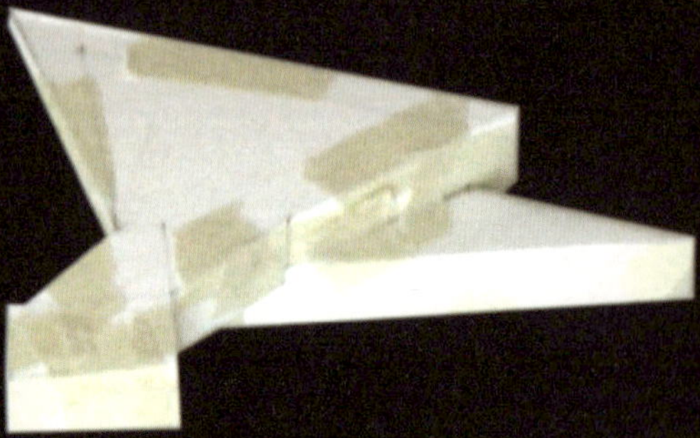

> 参考模型1:200
> 模子模型1:200
> 石膏模型1:200

原始模型有助于理解最终的作品。对它们所做的提炼为制作石膏模子打下基础。

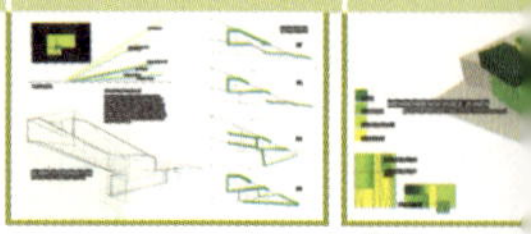

SKIZZ 参考模型

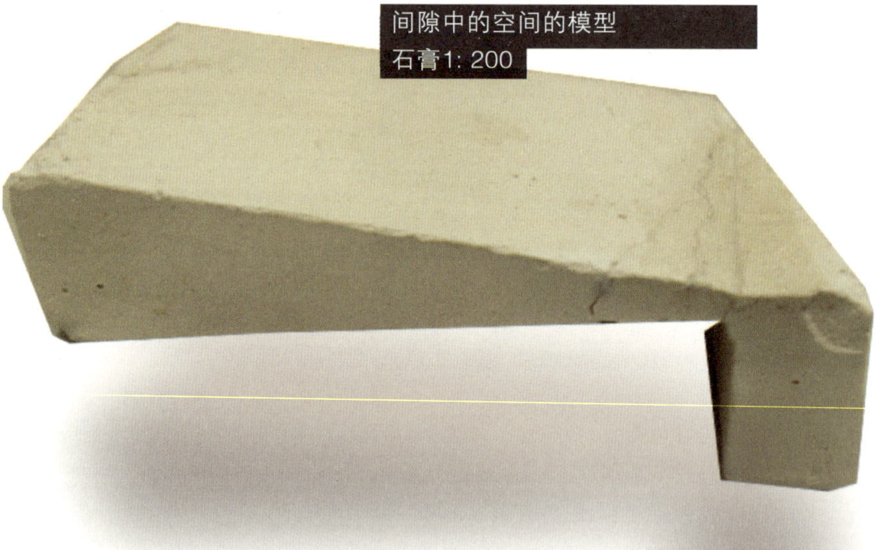

间隙中的空间的模型
石膏1: 200

通过练习2中的各个步骤，“间隙中的”空间的特征和可能性得到了探究。例如，保留石膏模型的模子，使我们既可将石膏模型理解成正空间，也可理解成负空间。同样，把石膏模型引入练习1，为布局间隙中的空间创造了又一个机会。

HOLZ 木质模子

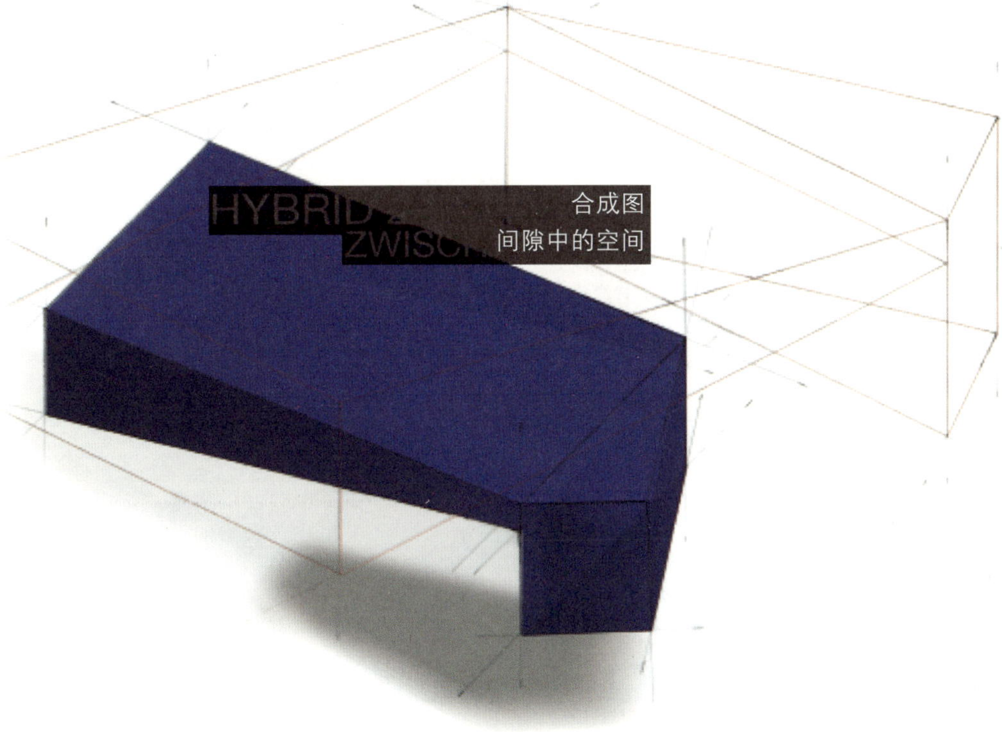

HYBRID 合成图
ZWISC 间隙中的空间

通过对舞者间的空间进行速写，了解了一种处理头与脚动作的平衡和关系的形式。运用计算机模型、铅笔绘图及照片生成的图像记录了一整天工作的不同阶段。

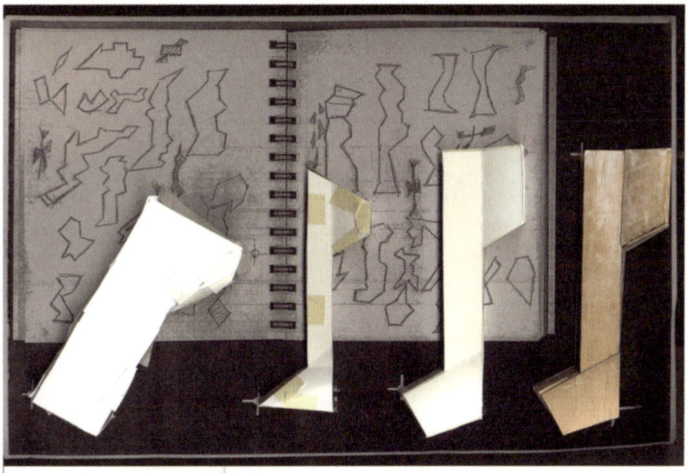

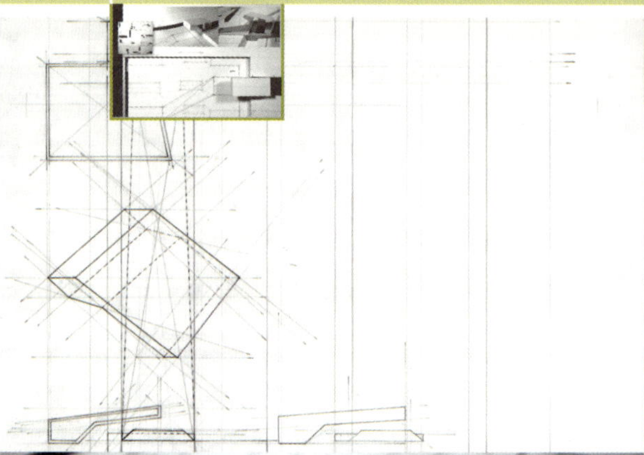

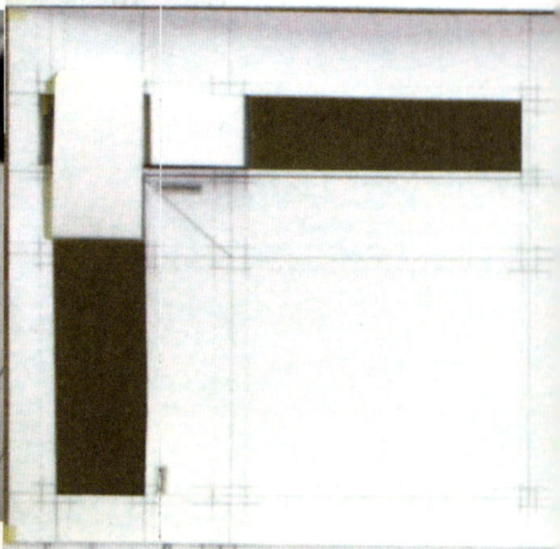

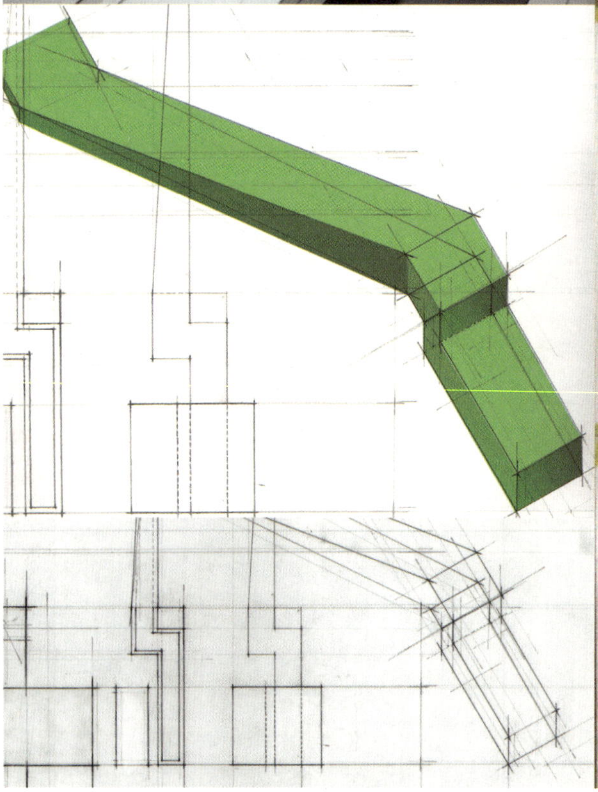

在练习1中的单元布局范围内展示石膏模型，让学生们认识正、负空间的空间关系。同时他们必须根据练习1中的纸张平面，决定石膏模型的位置。

物体间隙中的负空间可以成为日后进一步研究的对象。

将动态的空间结构转化为静态的形式是该练习的难点之一。这个项目描绘了两个瞬间的运动，其中一个悬在空中。

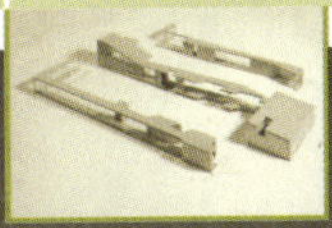

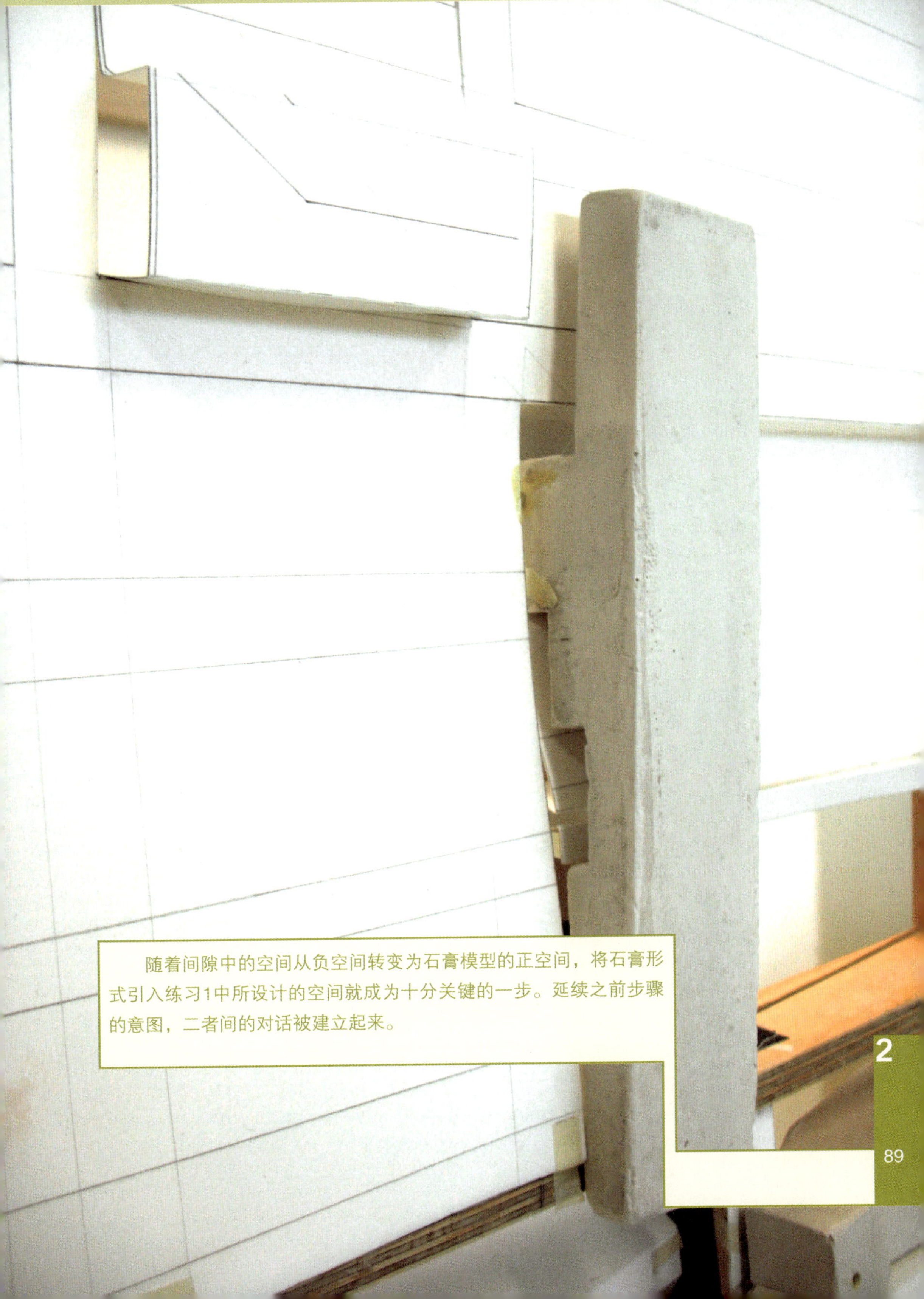

随着间隙中的空间从负空间转变为石膏模型的正空间，将石膏形式引入练习1中所设计的空间就成为十分关键的一步。延续之前步骤的意图，二者间的对话被建立起来。

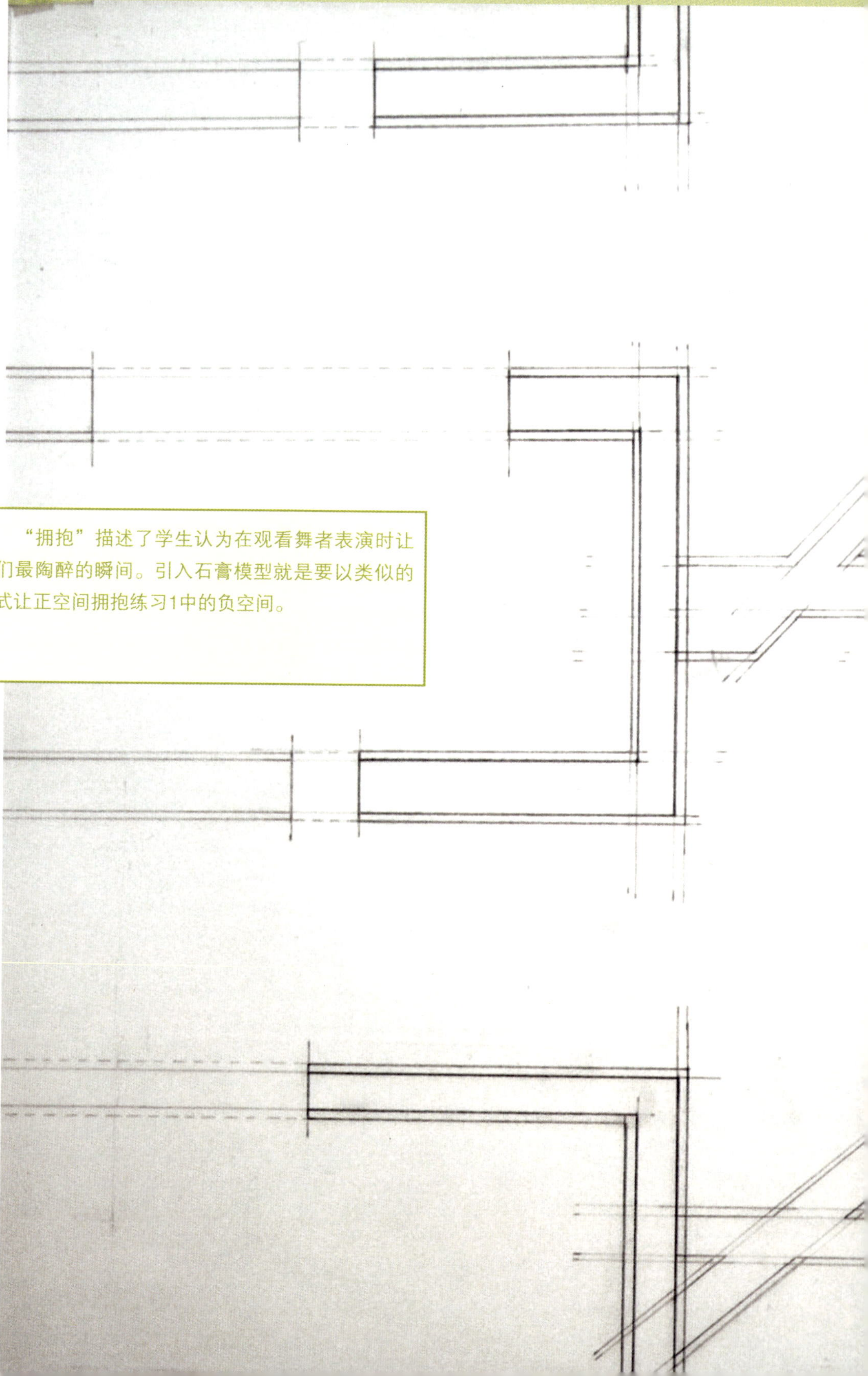

“拥抱”描述了学生认为在观看舞者表演时让他们最陶醉的瞬间。引入石膏模型就是要以类似的方式让正空间拥抱练习1中的负空间。

zurückgezogen
exponiert

linear

学生们会发现，对空间布局起重要作用的不只是他们自己的领域，在决定内容和形式时还要考虑周围的元素。

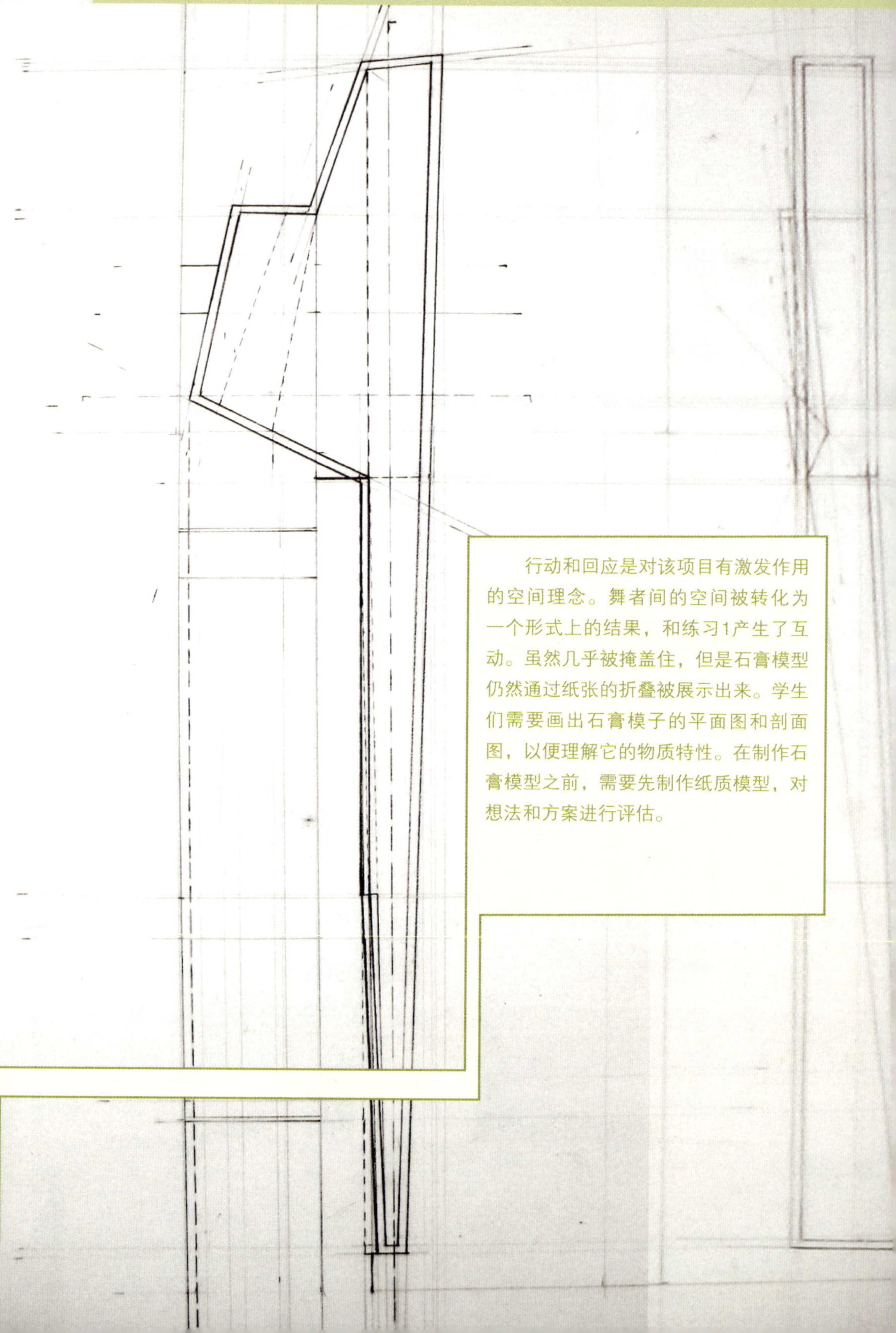

行动和回应是对该项目有激发作用的空间理念。舞者间的空间被转化为一个形式上的结果，和练习1产生了互动。虽然几乎被掩盖住，但是石膏模型仍然通过纸张的折叠被展示出来。学生们需要画出石膏模子的平面图和剖面图，以便理解它的物质特性。在制作石膏模型之前，需要先制作纸质模型，对想法和方案进行评估。

练习1和2的合成图

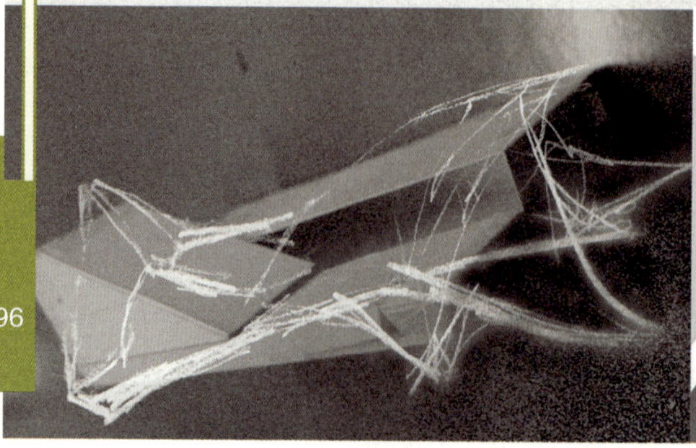

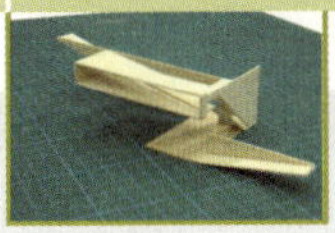

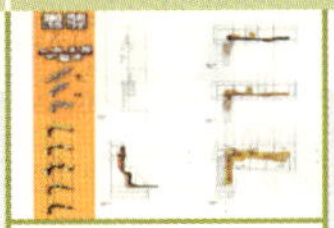

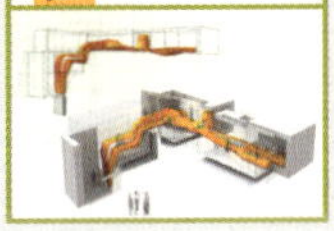

电脑可以帮助学生理解折叠的纸张和石膏模型之间的空间关系。

3

"Pousseur观察到开放的作品的创作章法会鼓励表演者"有意识地自由表演"，使表演者成为无限的、相互联系的关系网中的焦点，在不受那些决定手中作品的组织结构的外界需要干扰的情况下建立自己的形式……在听Scambi的过程中，听众需要对这个乐章进行组织、构造，和作曲家共同完成这个曲子……很明显，像Scambi这样的音乐作品引出一个新的问题。它要求我们在开放的作品范畴内了解分类更细致、更狭窄的作品——可以定义为"运动中的作品"，因为它们表现出这样的特点：由随意的、不完整的结构单元组成的……作品的开放性总是要在一定的关系范围内才可行。在"运动中的作品"中，我们也可以有力地否认只存在一个规定好的角度的说法。但这并不意味着完全的混沌存在于内部联系中。它真正的意义在于指出了统领这些联系的组织原则。因此，我们可以概括地说，运动中的作品创造了无数不同的个体参与的可能性，但不是无组织地邀请那些不加选择的参与……换而言之，作者给解说者、表演者及听众提供了一个需要去完成的工作。" **Umberto Eco**, "The Poetics of the Open Work," in: *The Role of the Reader*, Bloomington: Indiana University Press 1984, pp. 50, 56.

3 开放的课本
解释性空间分析

在练习3中，学生需要进一步转变意识形态。之前的练习涉及的是视觉表现领域，现在重点转到对建筑空间句法或者说结构上的解读。在这里，分析工作是设计的基础，它主张把建筑当做一个抽象的、智慧的结晶来理解。还介绍了一系列不言自明的规则，这些规则决定了各个部分在空间定义的可能性上的相互作用。通过回忆语言学及建筑学上对句法和结构主义研究，我们要强调一种本质上为非图示的方法，这种方法远离了具有各种联系的直观物体的概念。

这个练习基于对具体结构的分析，从分析一个给定建筑开始。学生们需要学习或阅读一个建筑的平面图，之后指出具体的发生转变的地方。要认识空间设计的原则，并运用这些原则制作一个树脂玻璃建筑模型。三步法贯穿整个过程：第一，整个工作要以平面图来展开；第二，将平面图发展成一个剖面图，把焦点从水平的基准面移到垂直的基准面上；第三，根据剖面图制作出模型。这个项目的目标是创造一个开放的课本，使已经成型的作品结构保持开放的状态，使其能够引发其他形式的解读和阐释[1]。在这个过程中，分析并不脱离设计，但在整个工作进展中开始扮演一个决定性角色。阅读成为一种写作[2]。

Colin Rowe和Robert Slutzky的文章《透明》（“Transparency”）——研究了艺术和建筑领域中不断变化的空间界限——在这里要作为工作的辅助阅读内容[3]。这个练习重要的一点是明显地侧重对建筑要素的解读，引入空间渗透和对空间的一种相对理解——不论是字面上的还是现象上的。深入研究这篇文章，学习理论结构和自然结构的交集的潜在形式。理论不是一个预先描绘好的、让实践服从规则的系统，也不是将实践作为它的基础，而是要追求一种思想和行动间的游戏。

这里对多种解释方法进行了讨论，比如阅读可以证实或否定一个原先阐明的意图——阅读的同时发现对课本肯定或反对的地方——意味着从结构主义向后结构主义实践又迈进了一步。**1 Umberto Eco**, “The Poetics of the Open Work,” in: *The Role of the Reader*, Bloomington: Indiana University Press 1984. **2 Roland Barthes**, *S/Z*, Paris: Editions du Seuil 1970. **3 Colin Rowe and Robert Slutzky**, *Transparency. Literal and Phenomenal*, Basel: Birkhäuser 1997.

3

08 讲座
物理上的和概念上的透明

09

10 小组和课本讨论
Colin Rowe/Robert Slutzky,
《透明》

11 工作室
一个开放的课本

12

13 电脑
Photoshop

14 工作室

15

16

17

18 演示

分析

修改

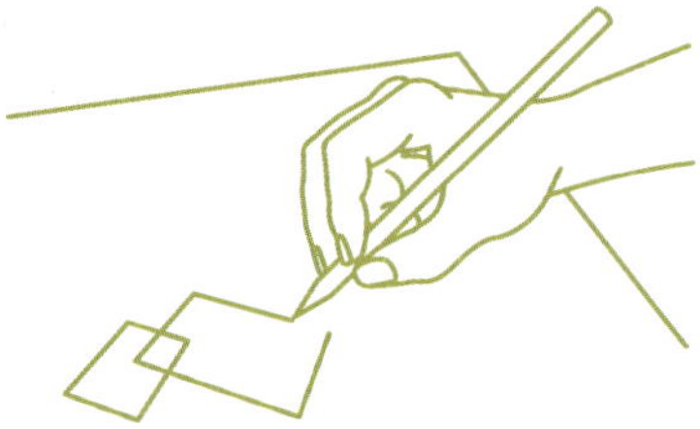

解释

倾斜

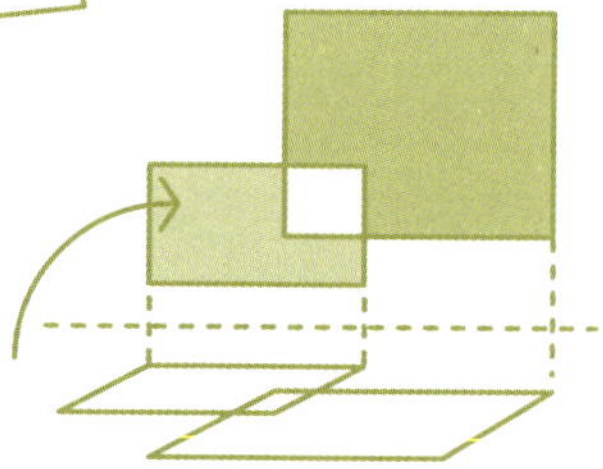

建模

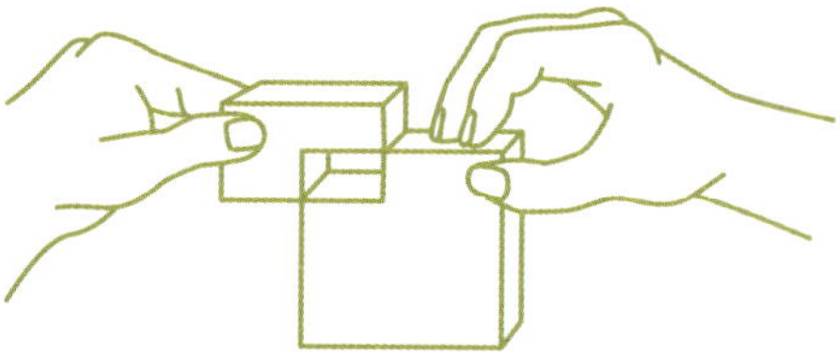

练习3——课堂说明

指南

在练习3中，要对所阅读的平面图作出分析、解释，之后将其转化为一个建筑物。

分析你拿到的平面图，是为了进行空间转化。分析成为建筑设计的一种形式是因为你对平面图的解释决定了你所设计的空间的特征。

输入>练习1和练习2中作品的组合（你的项目）>练习2结束时的平面图

输出>画出分析平面图（A2纸，纵向）>对分析进行解释（A4透明纸）>树脂玻璃模型

步骤>分析：在练习1和练习2中制作的A2纸上，用铅笔画出你所分析的平面图上用来定义空间的元素。>解释：将一张A4大小的透明纸盖在你的图上。在平面图上选择一块（大小约为9 cm × 12 cm），用背面有黏性的带不同密度的点矩阵的薄片来构造你对空间的解释。这种解释要分层次，尤其要注意创造重叠的空间关系。>转变：你的解释为从二维向三维转变打下了基础。将A4纸从水平方向抬起到垂直方向，将它读作为剖面图。用亚克力材料制作一个模型，将你的解释变成三维形式。在这一过程中要不断地分析，在材料的选择和运用上一定要慎重。

评判标准>分析的表达力>对透明概念的把握>平面图的质量>从图到模型的转变

数字化>策略：Photoshop——基础

演示>当天下午6点>对分析及模型进行小组讨论

每周练习>用相机拍下目前为止你所完成的工作，要求为实际尺寸的黑白照片

参考阅读>第1~3章: Robert Venturi, *Complexity and Contradiction* in Architecture. New York: Museum of Modern Art 1966.

学生们需要分析一个给定的平面图，为练习做准备。

维特根施泰因住宅，1926年

Ludwig Wittgenstein, Paul Engelmann

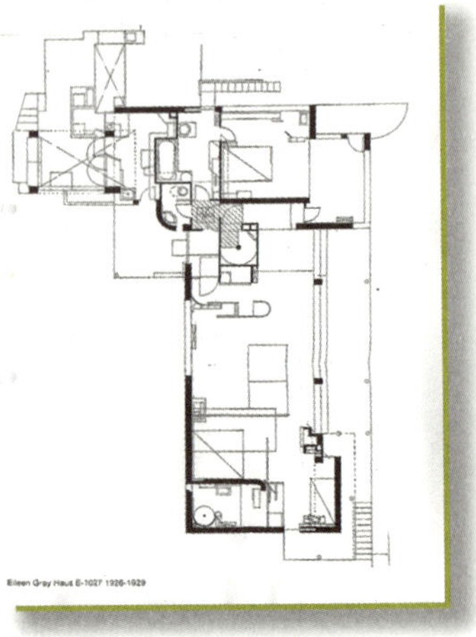

住宅E-1027,1926年—1929年

Eileen Grey

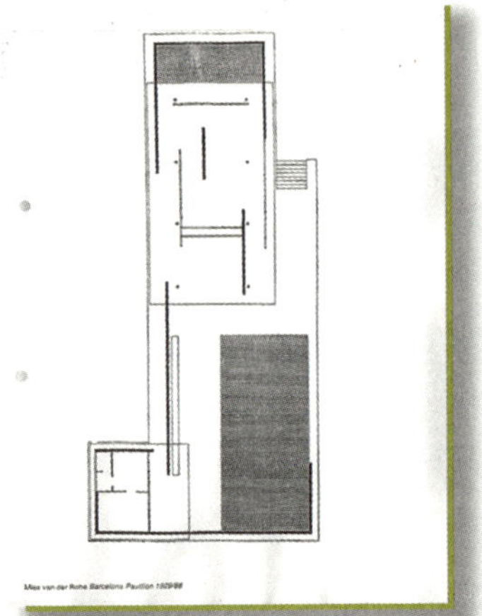

巴塞罗那阁，1929年

Ludwig Mies van der Rohe

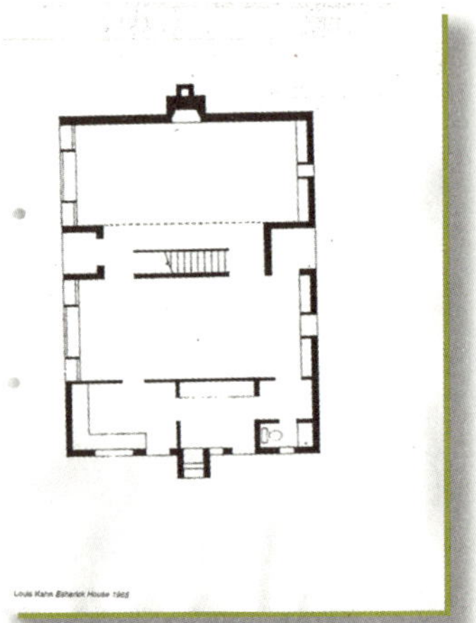

Esherick住宅,1965年

Louis Kahn

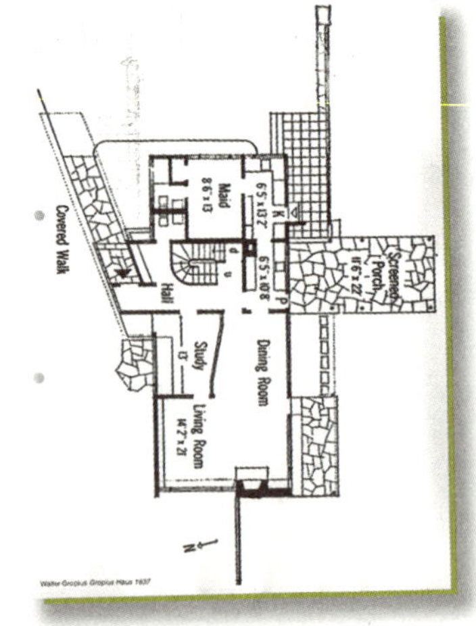

格罗皮厄斯住宅，1937年

Walter・Gropius

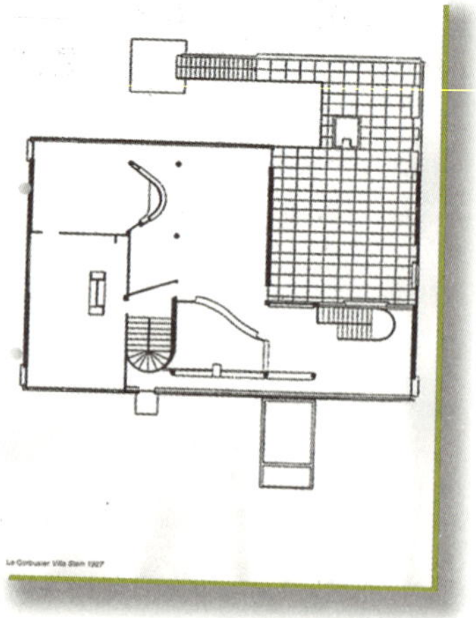

斯坦别墅，1927年

Le Corbusier

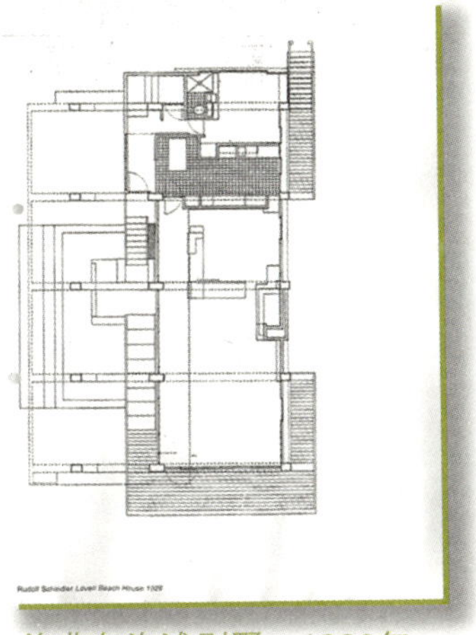

洛弗尔海滩别墅，1926年

Rudolf Schindler

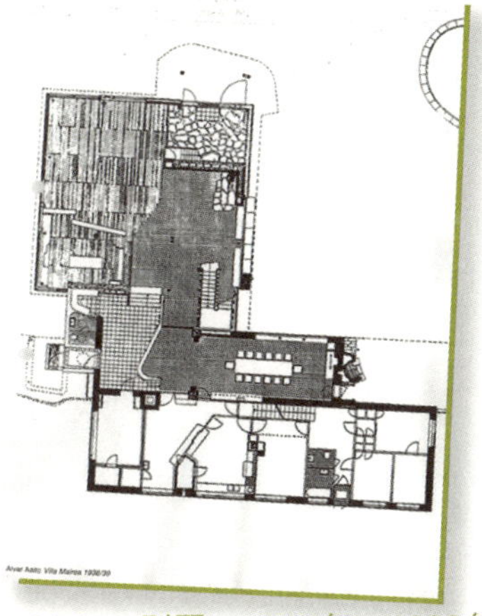

Mairea别墅，1938年—1939年

Alvar Aalto

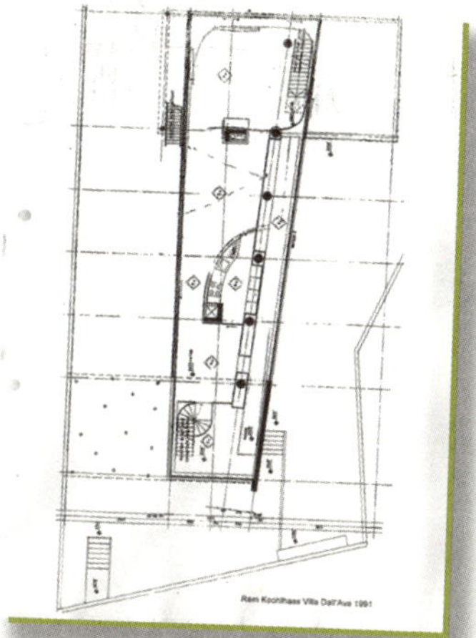

Dall´Ava别墅，1991年

Rem Koolhaas

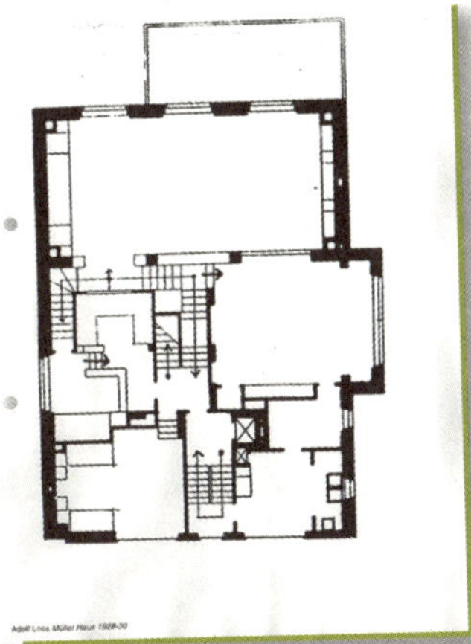

Müller住宅，1928—1930年

Adolf Loos

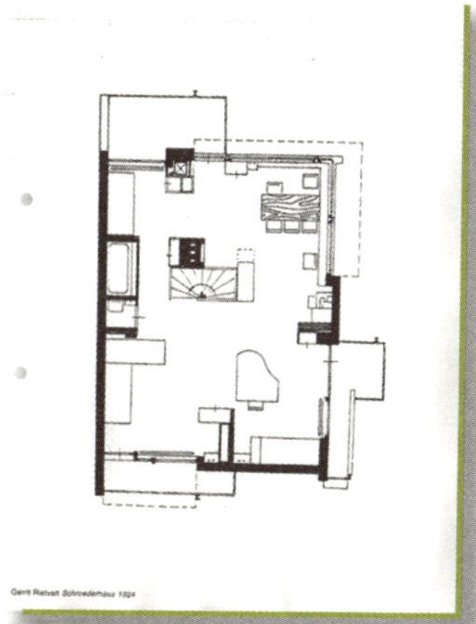

Schroeder住宅，1924年

Gerrit Rietvelt

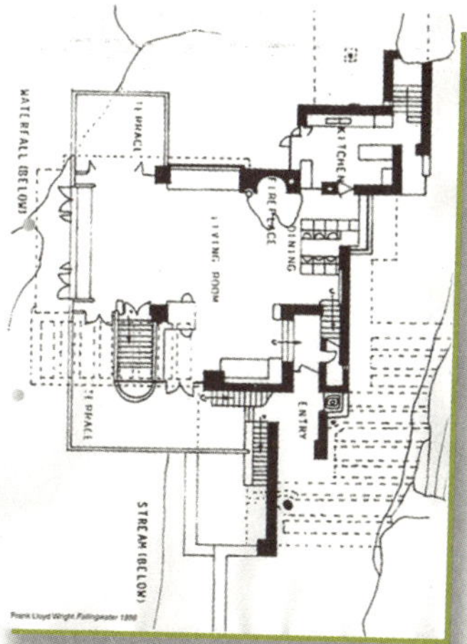

Falling water流水别墅,1936年

Frank Lolyd wright

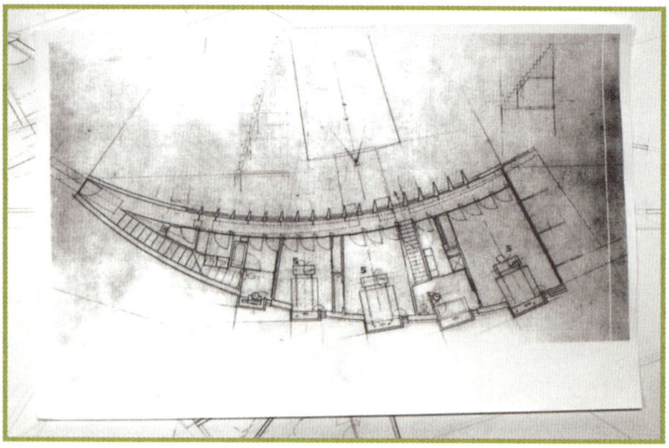

>案例学习，Slow住宅

Diller+Scofidio,1980年

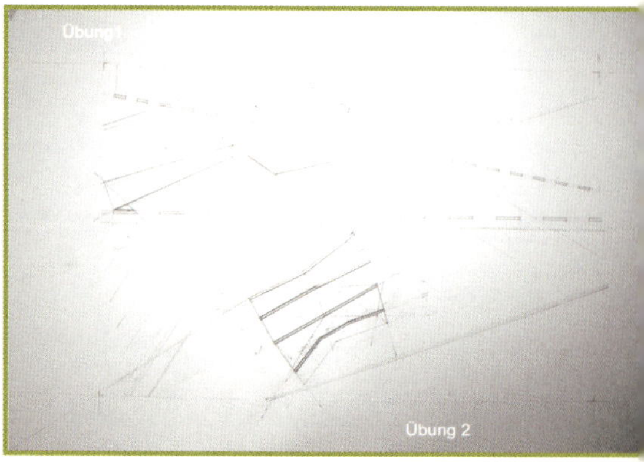

> 练习1和练习2中的底图

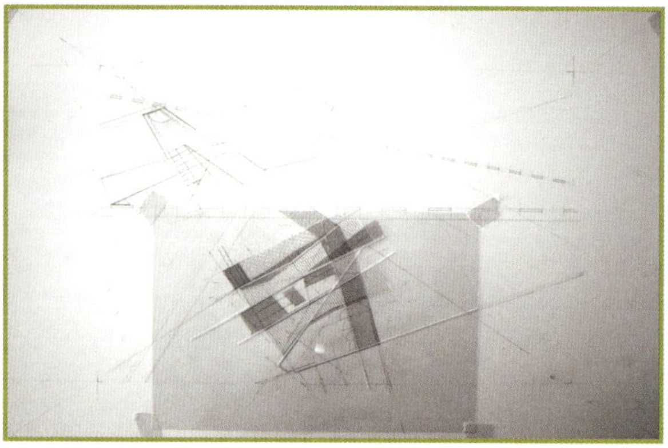

> 分析空间特性

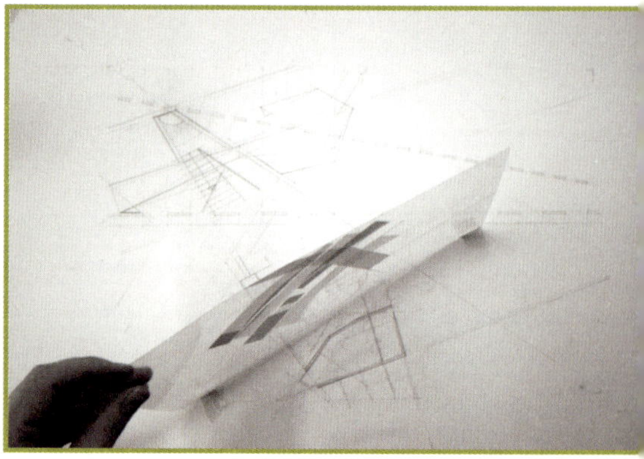

> 从平面图到剖面图的再定位

给定平面图中最重要的空间元素被画入练习1和练习2中制作的平面图。根据“透明”的字面意义及概念意义，学生们需要借助带黏性的薄片分析平面图中存在的空间关系。然后将这种分析从平面图转为剖面图，为之后要完成的新的结构打下基础。

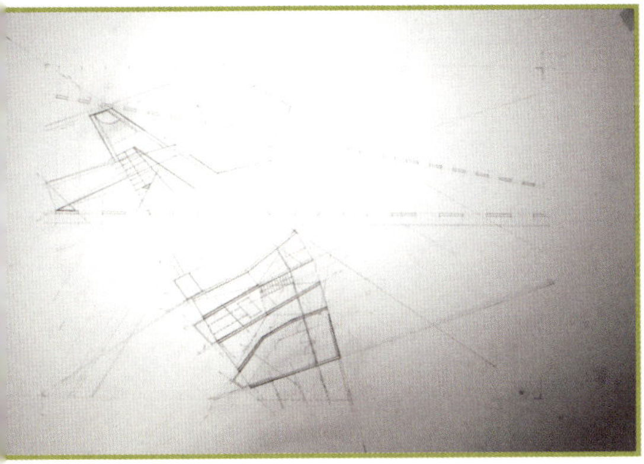

案例研究基础上做的转化

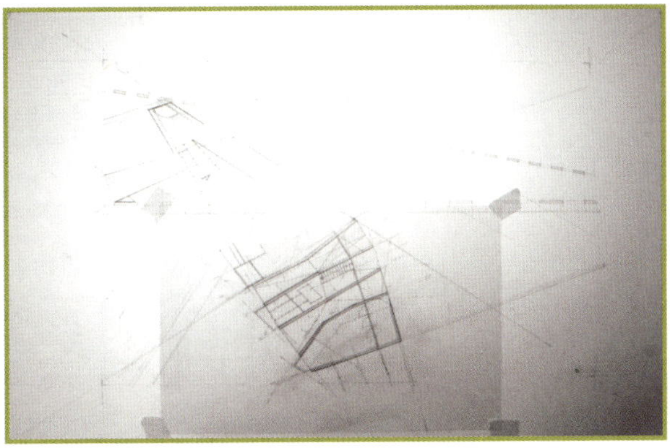

> 为分析做准备

剖面图的空间解释

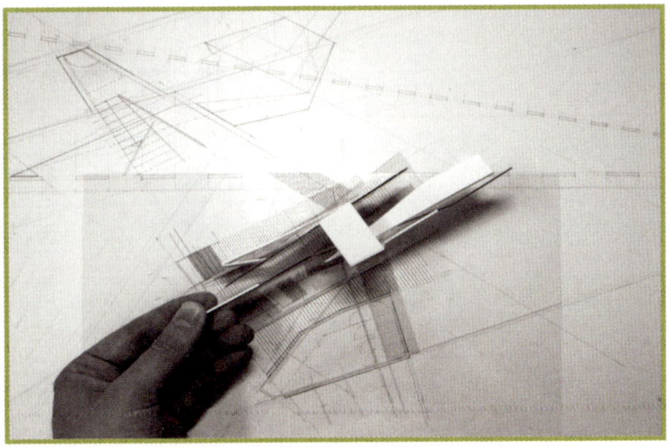

> 重新放回原平面图

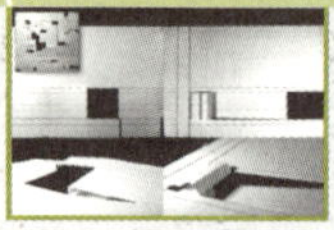

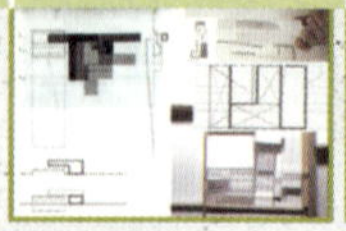

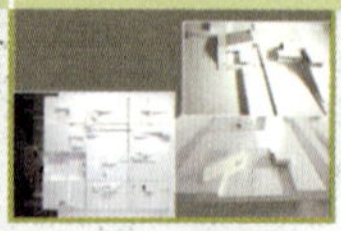

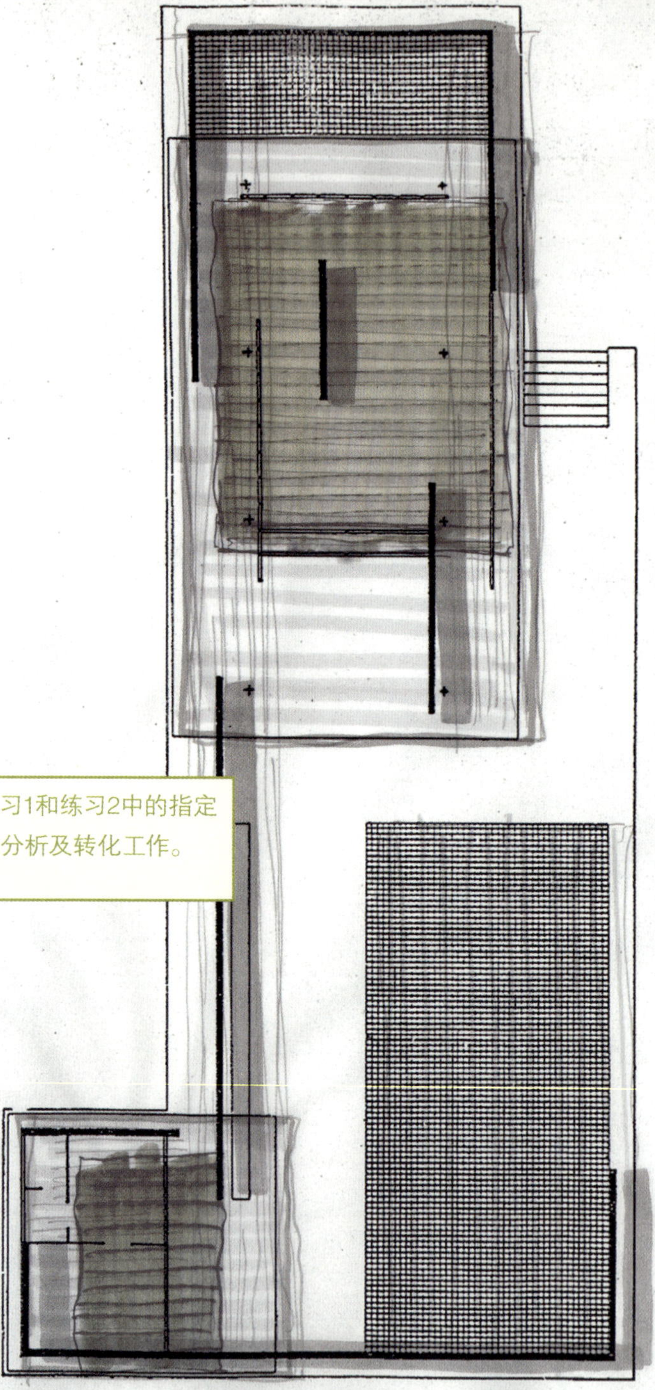

首先在练习1和练习2中的指定区域进行空间分析及转化工作。

Mies van der Rohe *Barcelona Pavilion 1929/88*

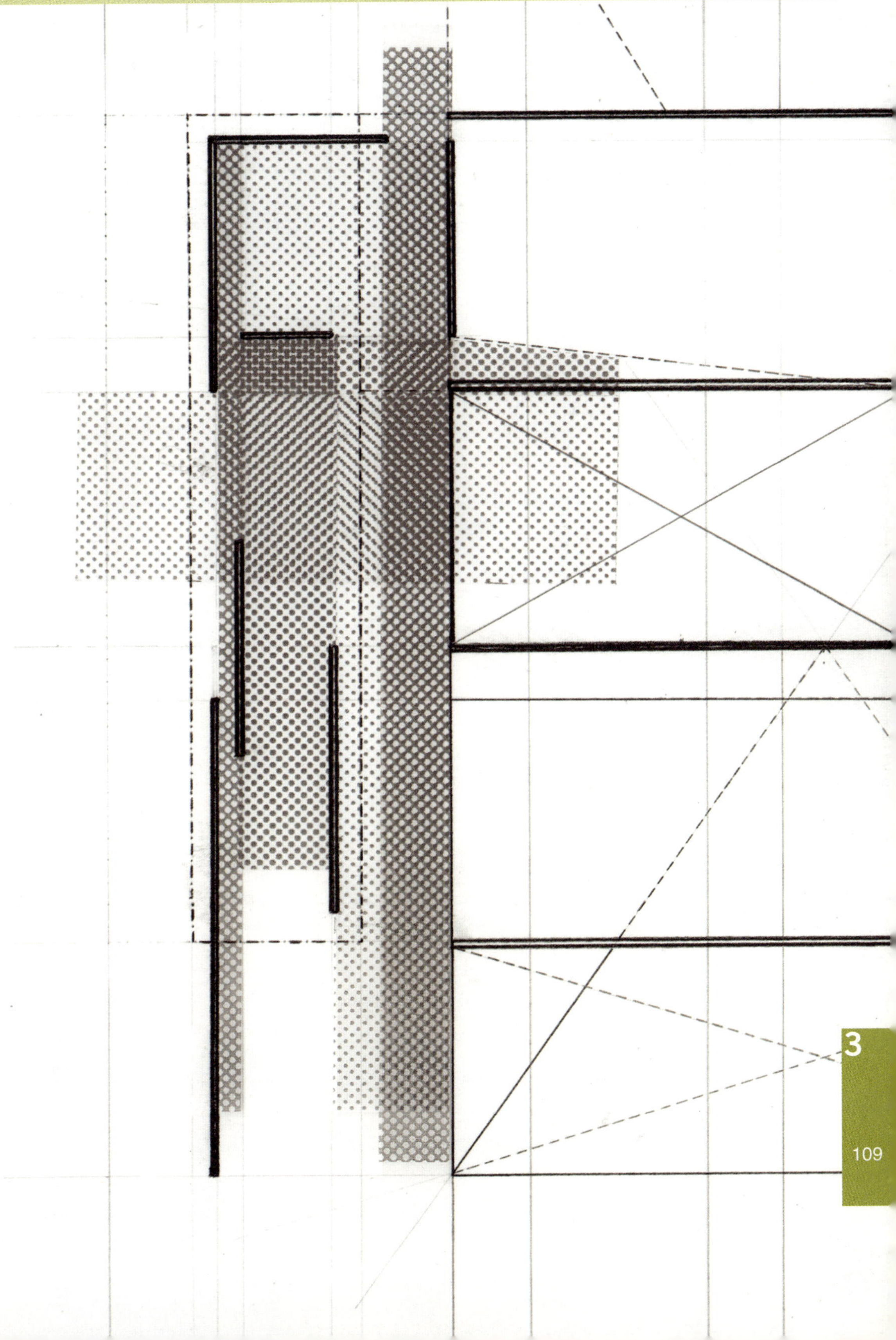

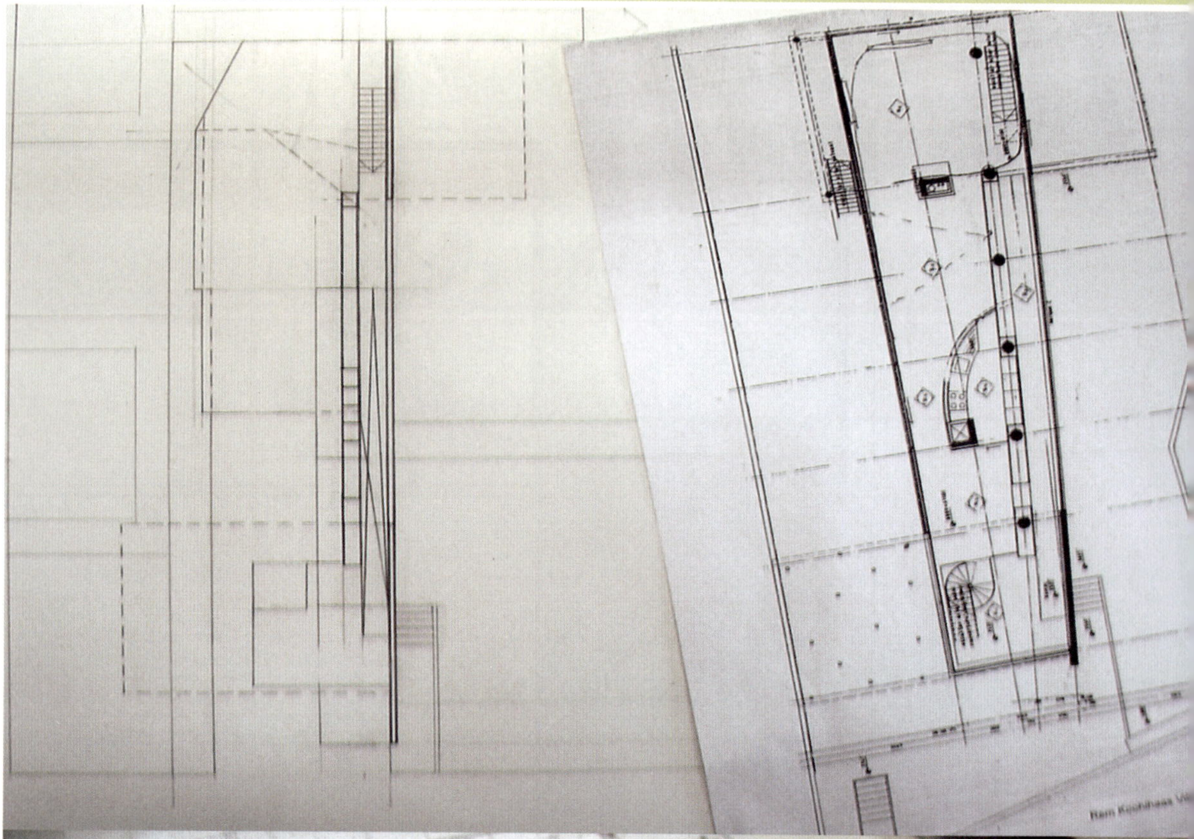

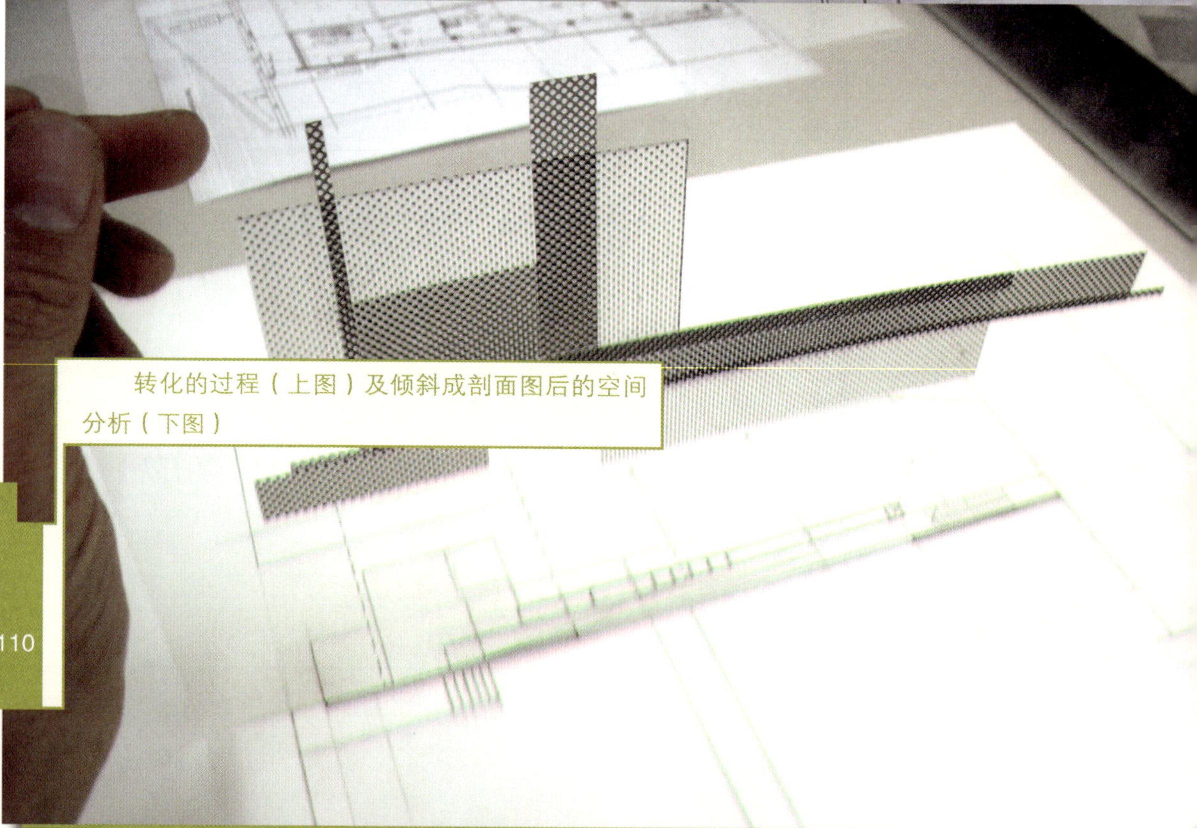

转化的过程（上图）及倾斜成剖面图后的空间分析（下图）

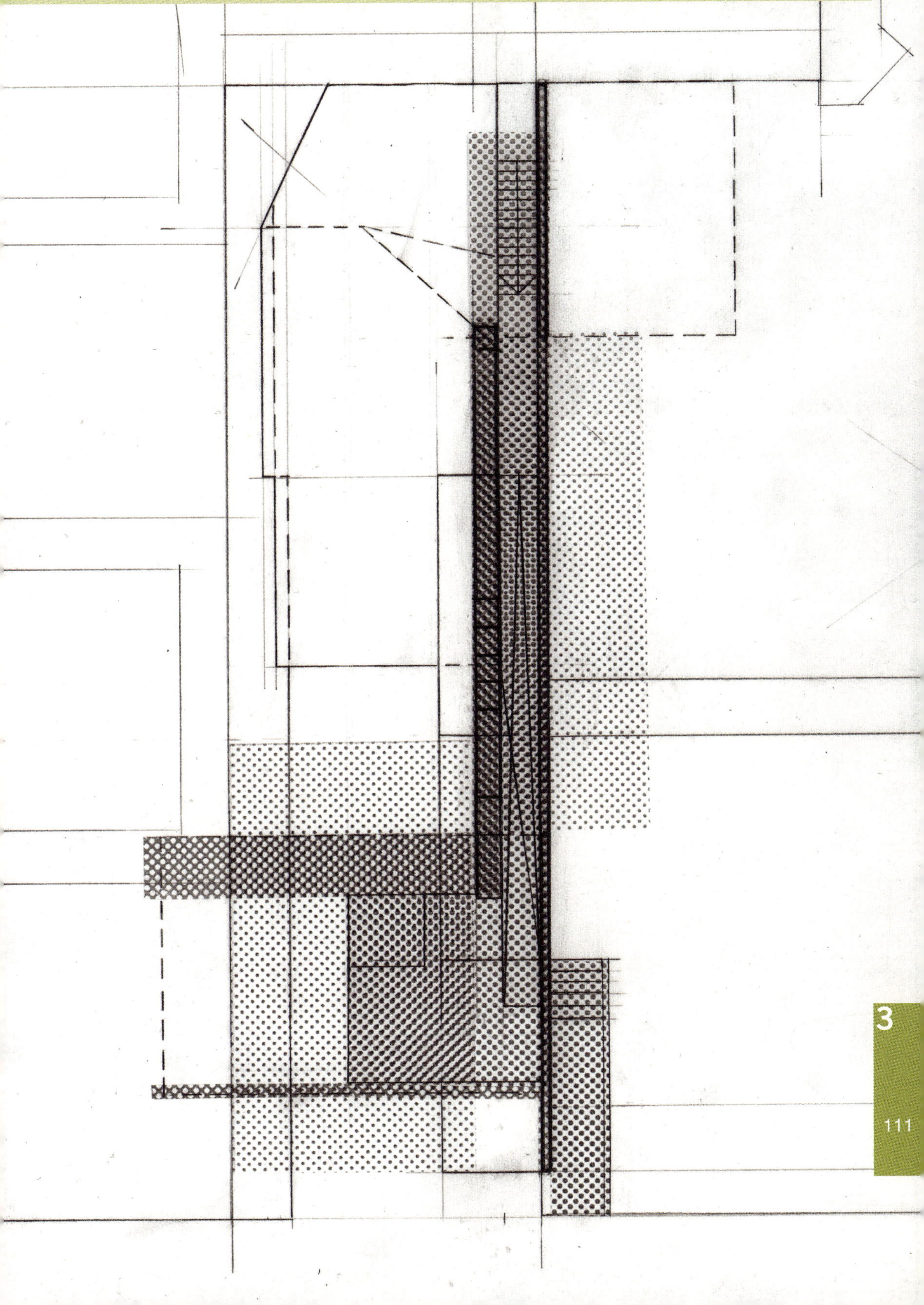

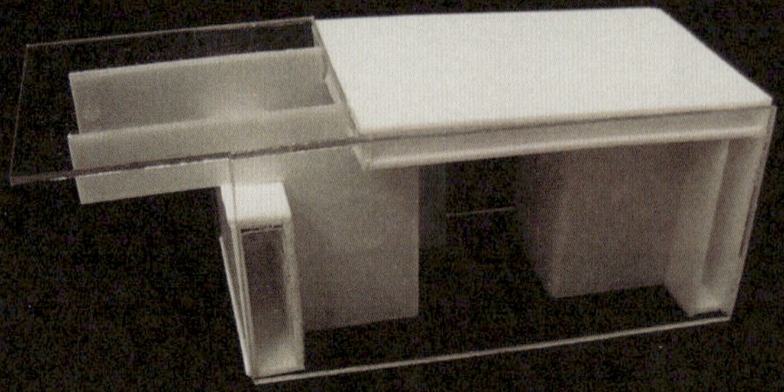

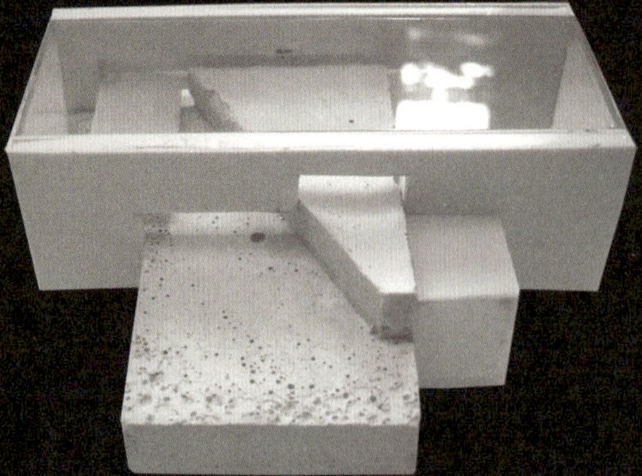

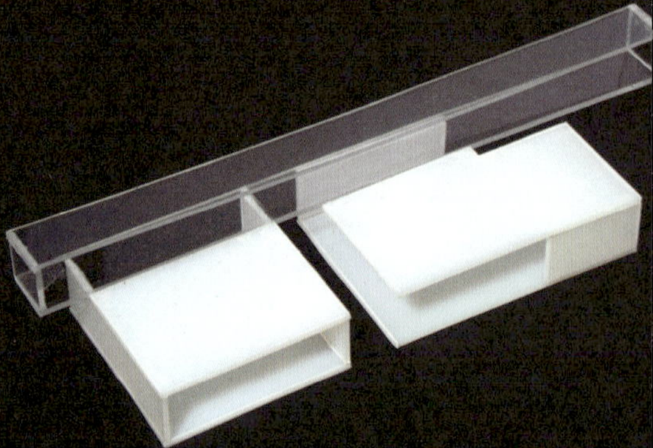

模型及透明分析的示例

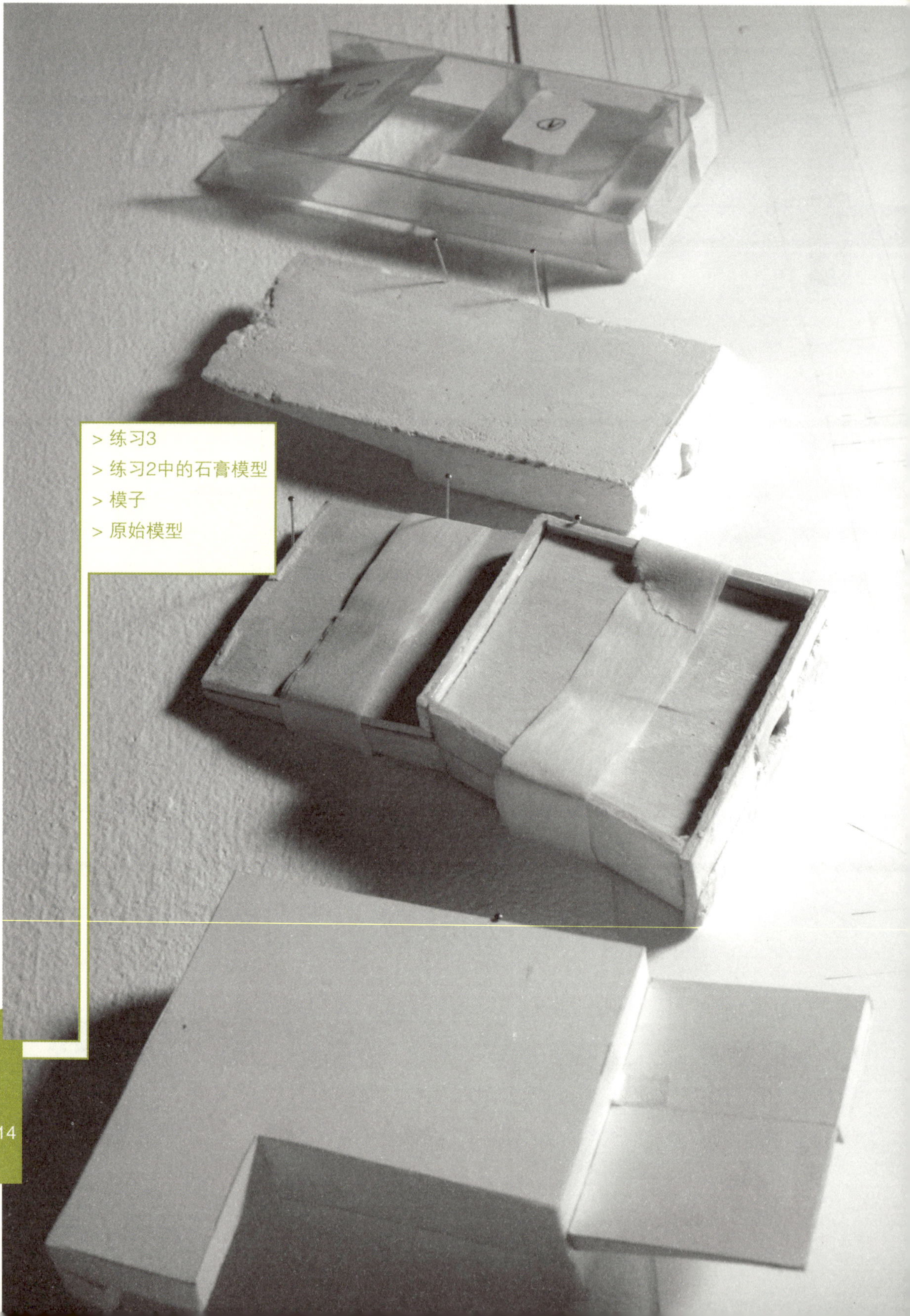

> 练习3
> 练习2中的石膏模型
> 模子
> 原始模型

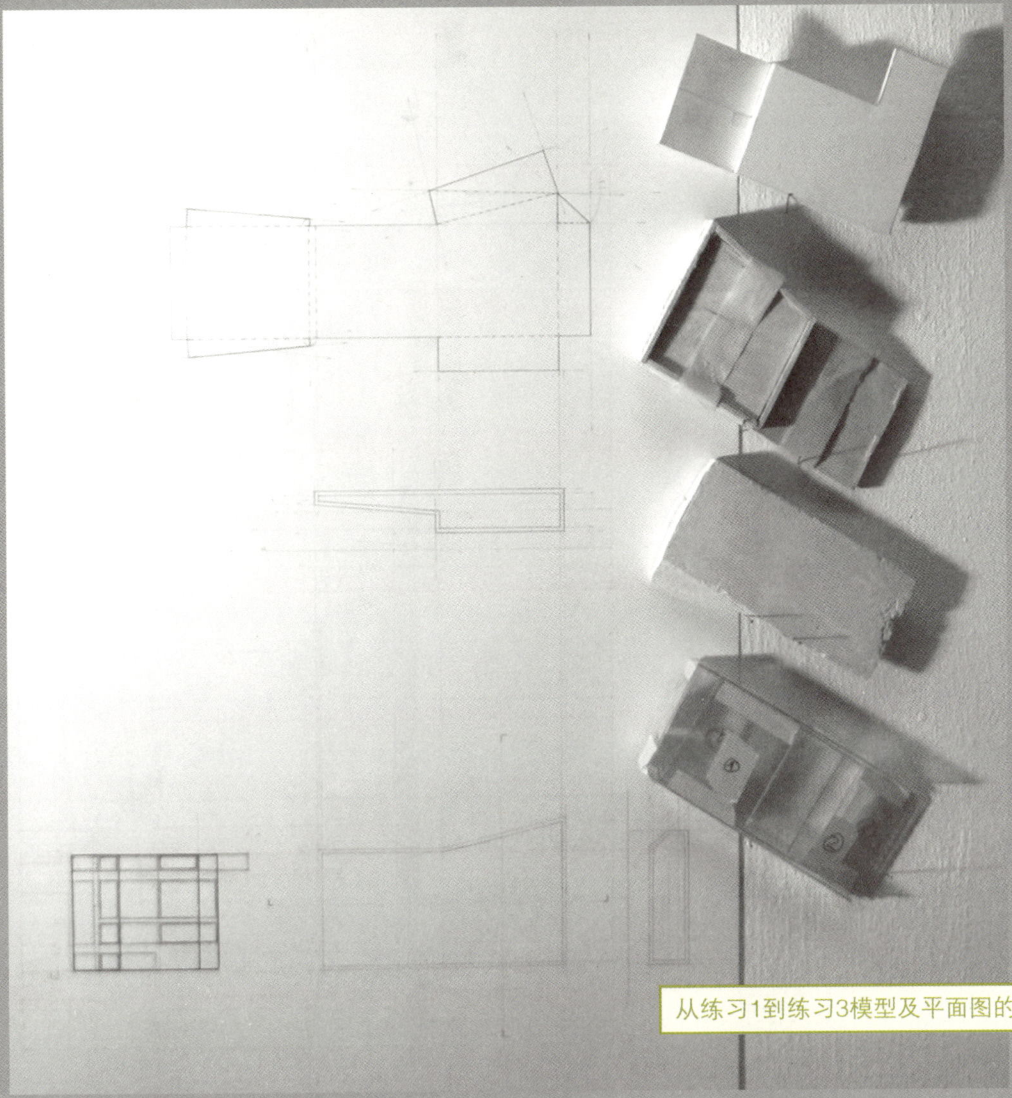

从练习1到练习3模型及平面图的演化

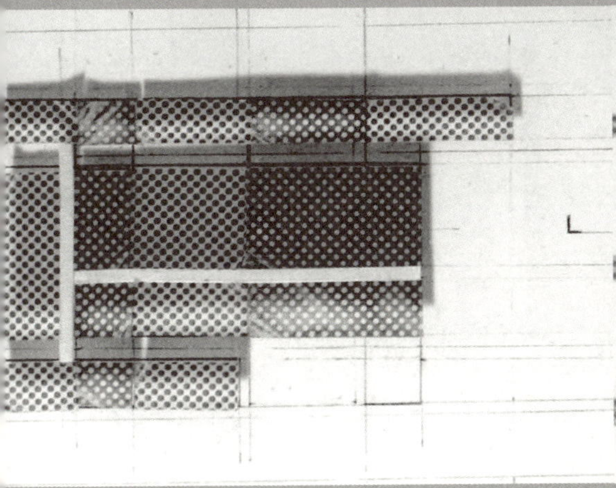

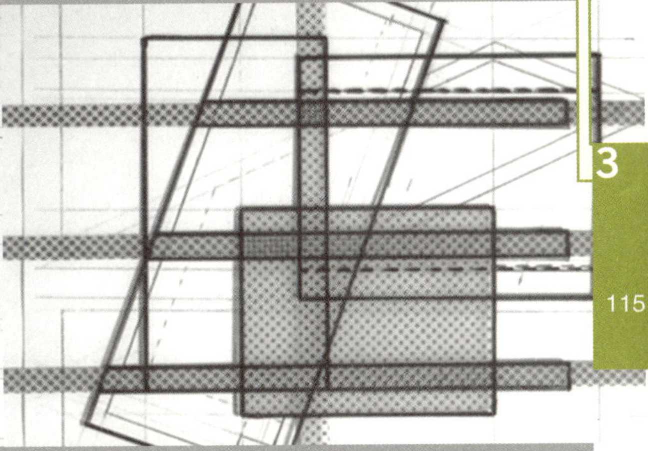

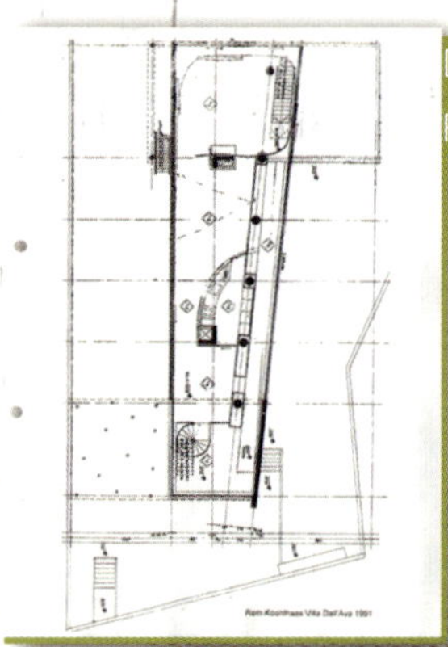

Dall´Ava别墅，1991年
Rem Koolhaas

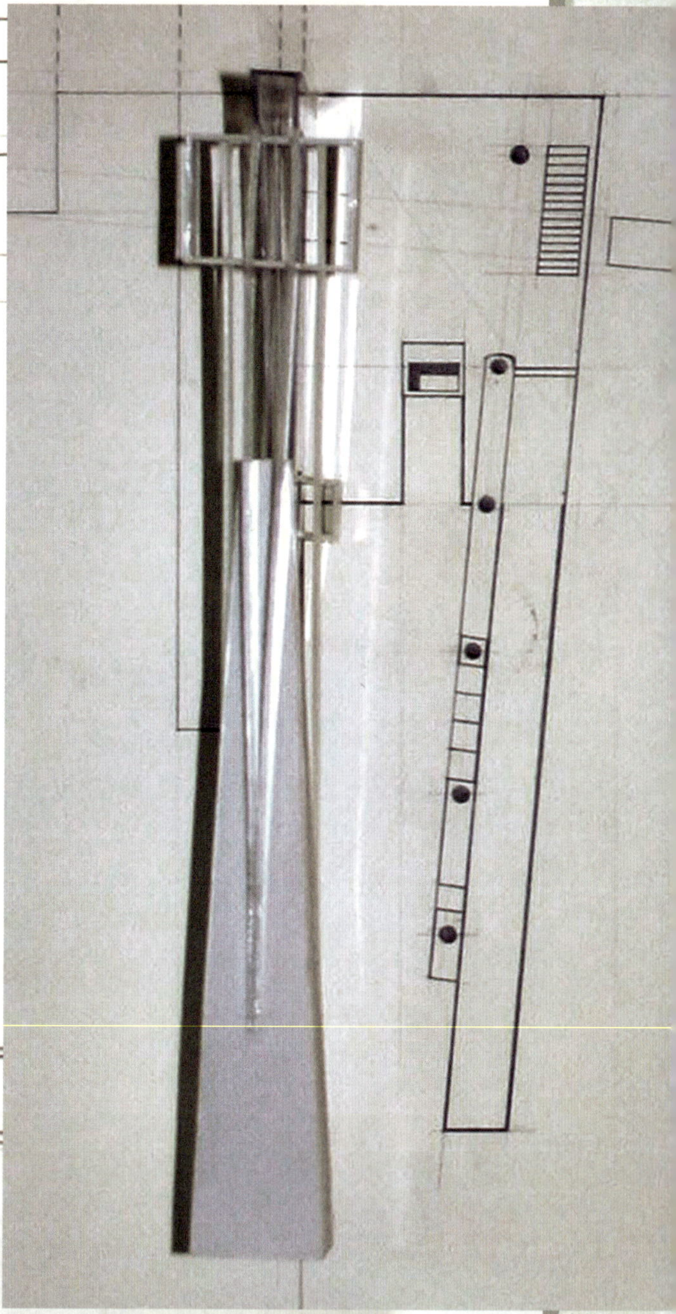

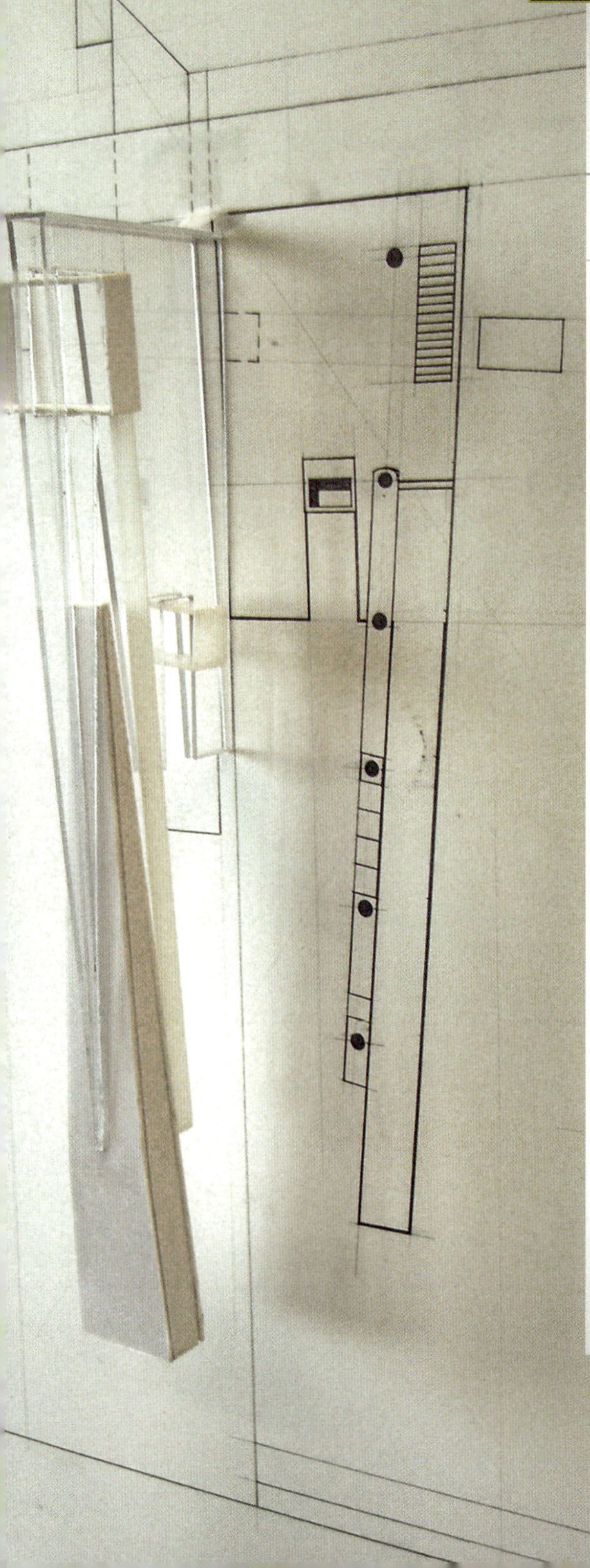

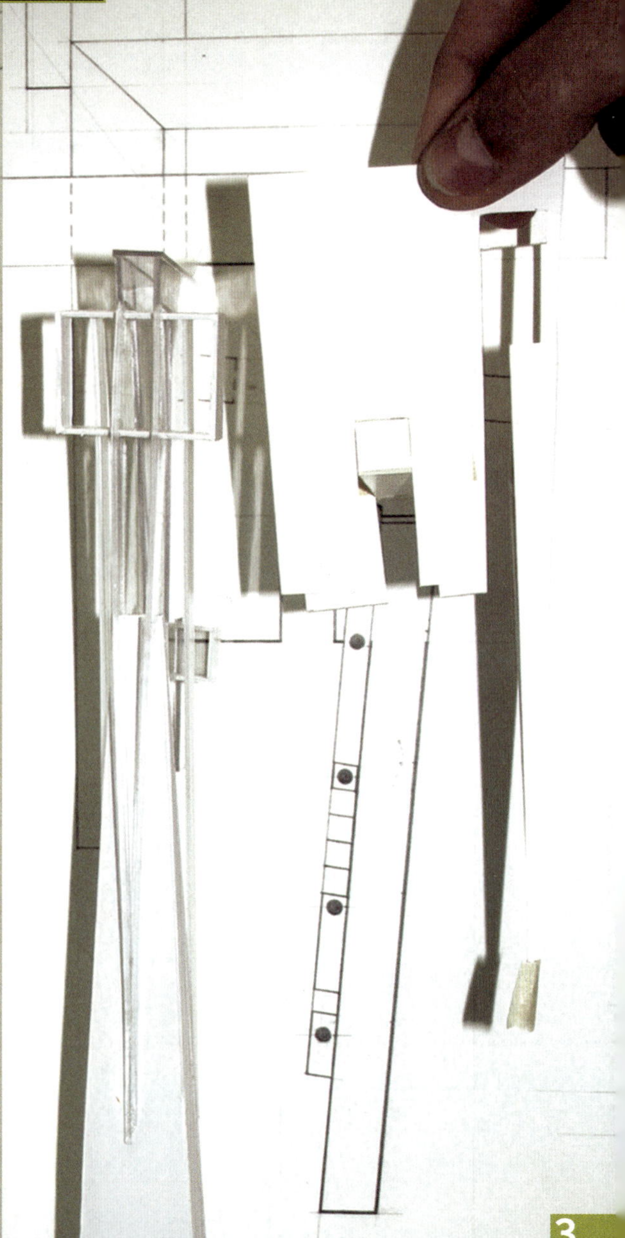

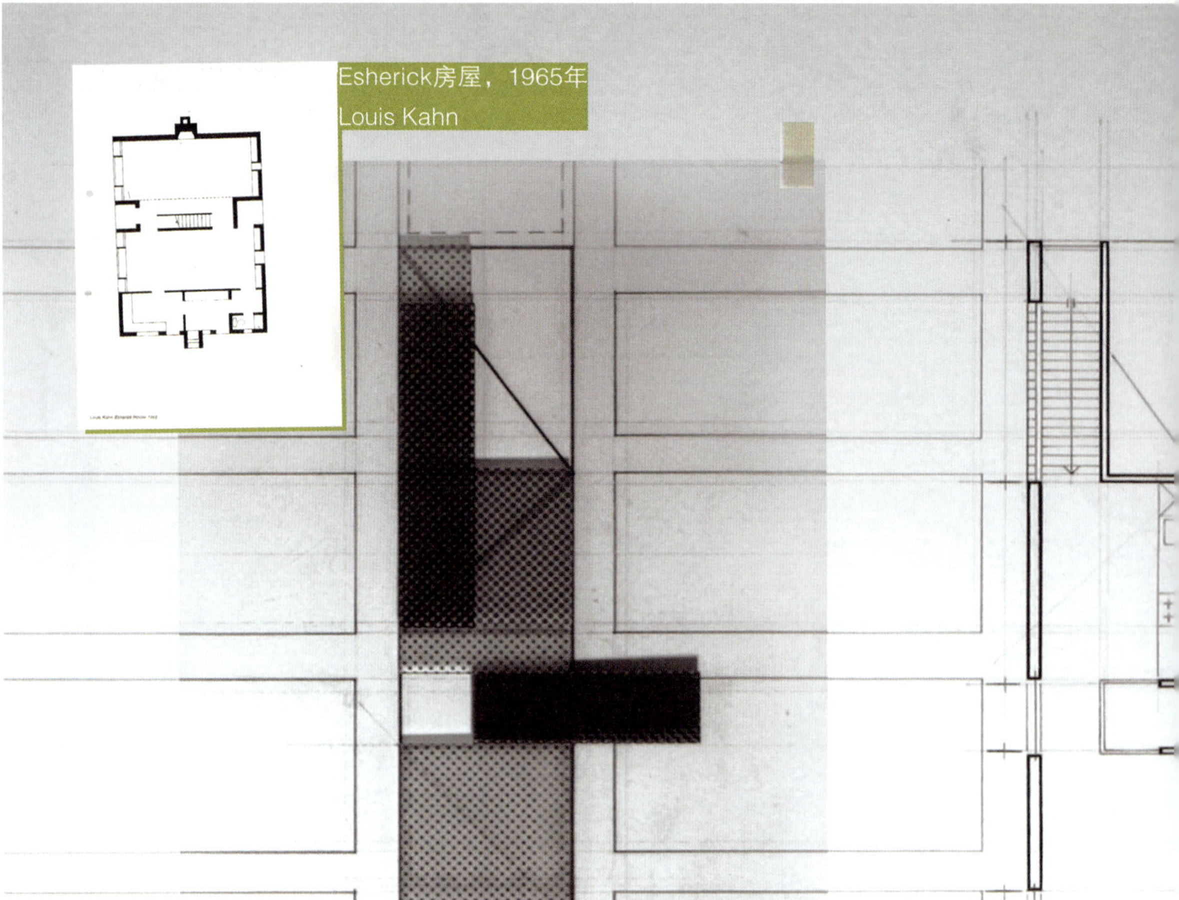

Esherick房屋，1965年
Louis Kahn

模型及平面图间的关系

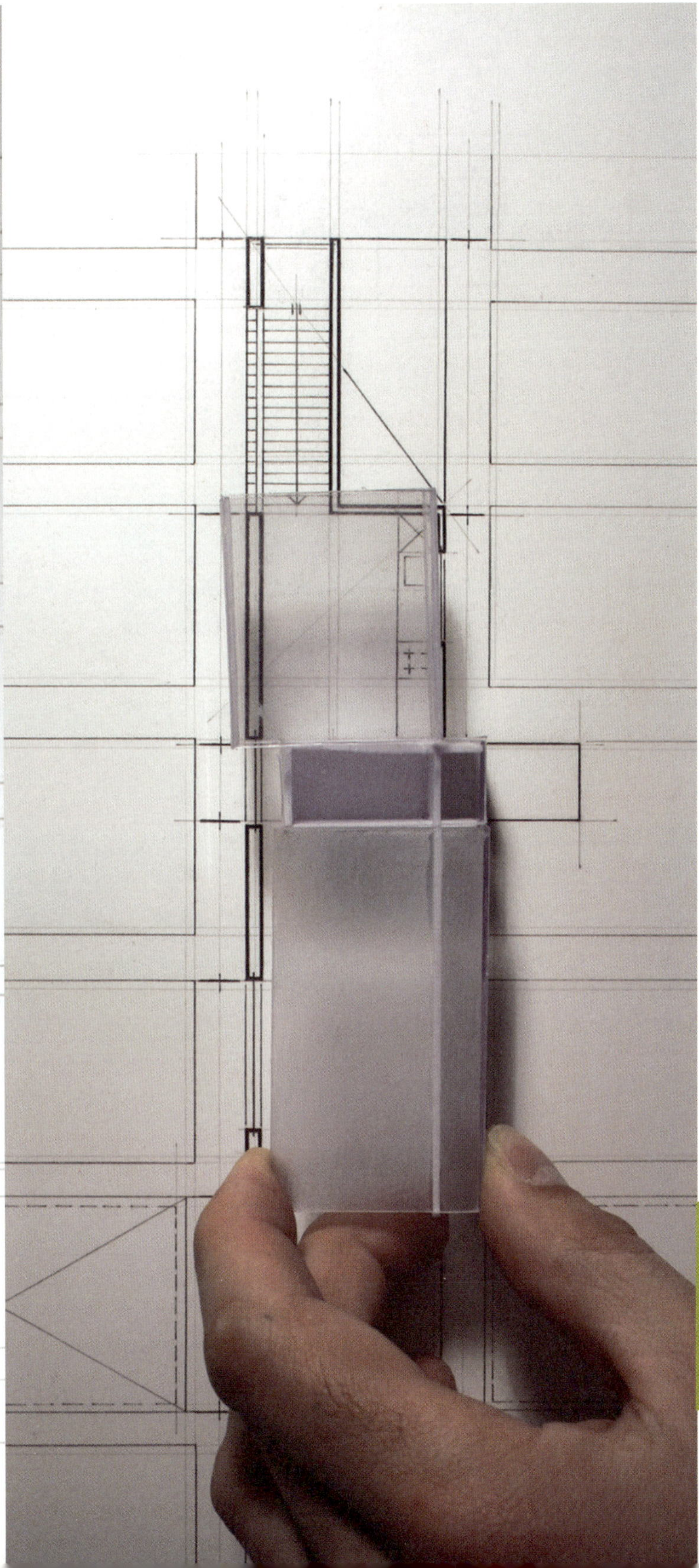

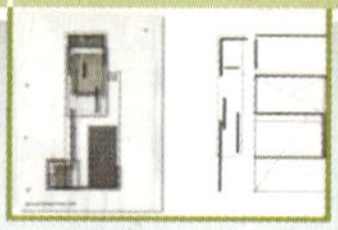

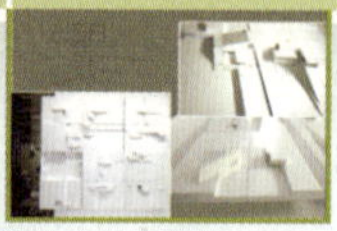

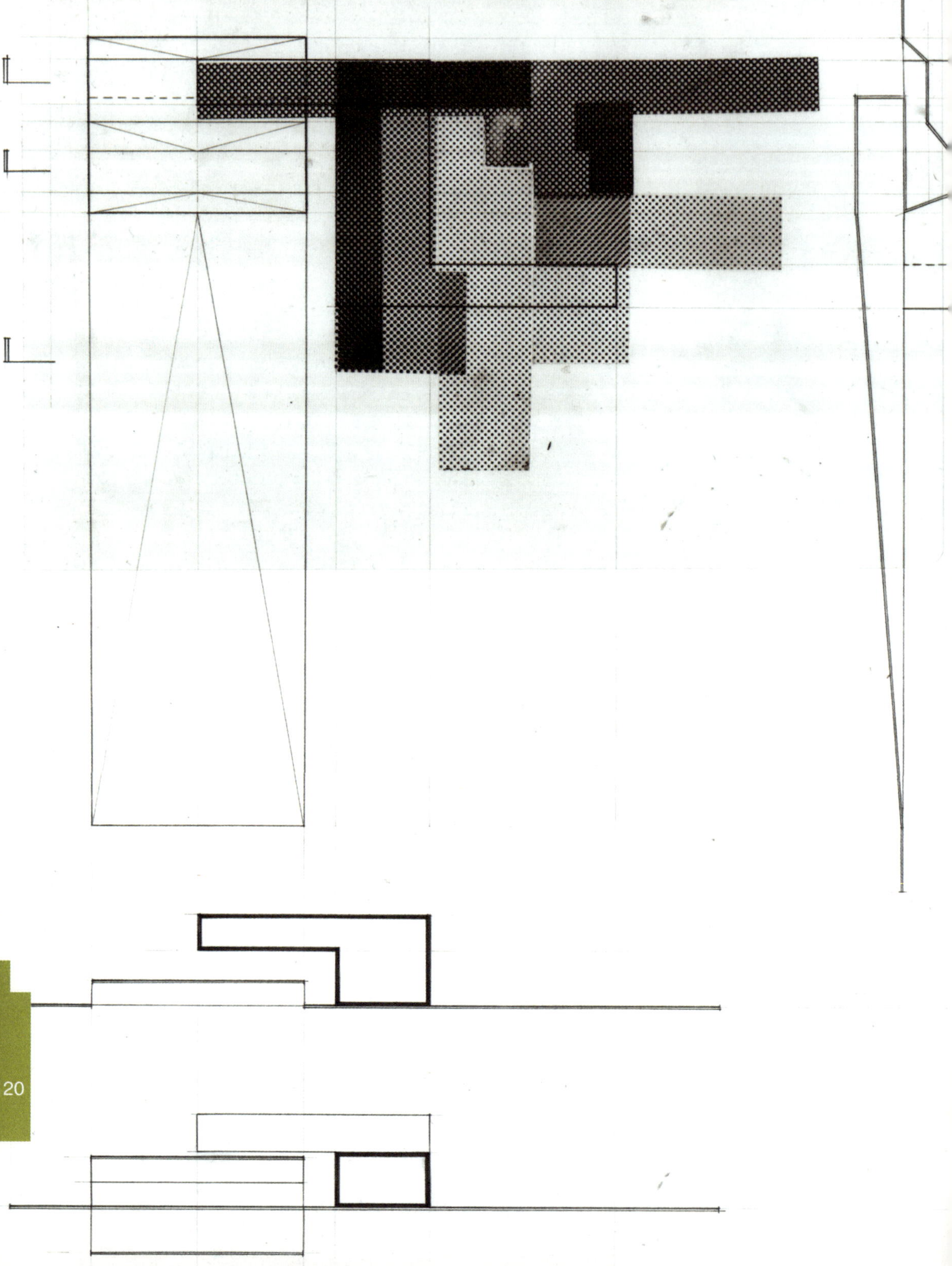

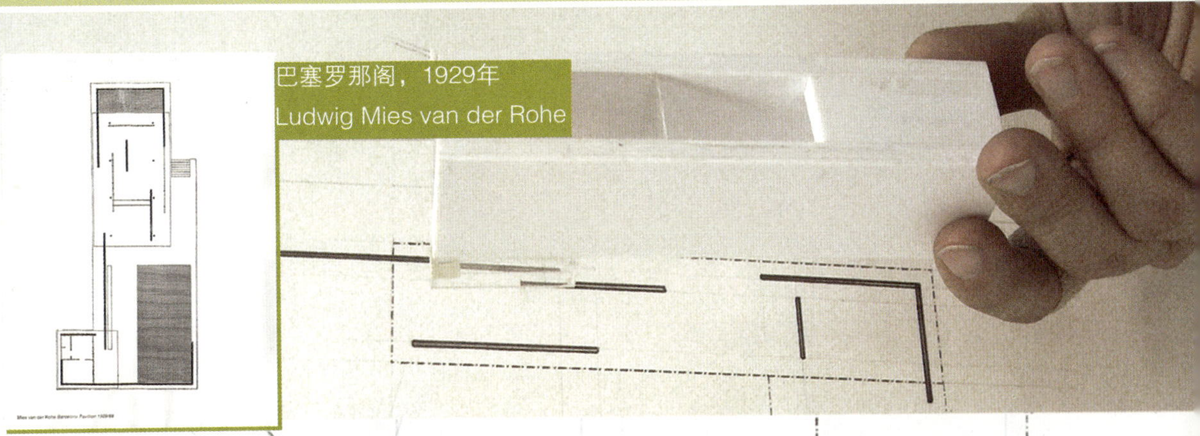

巴塞罗那阁，1929年
Ludwig Mies van der Rohe

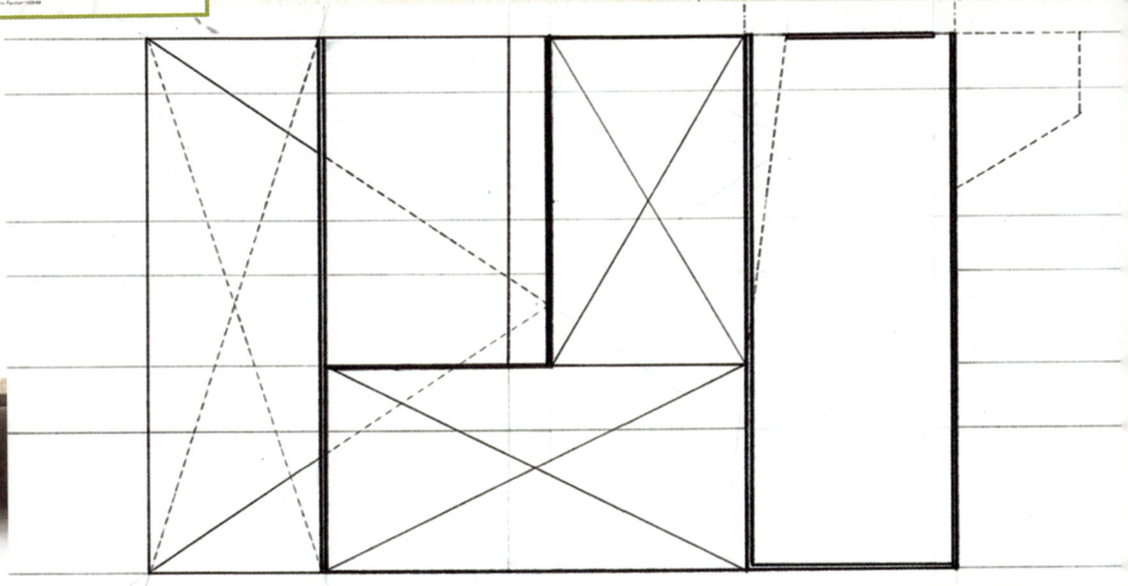

由剖面分析发展来的模型具有给定平面图和练习1、练习2中所涉及的最重要的空间概念。第一个透视图在此基础上诞生了。

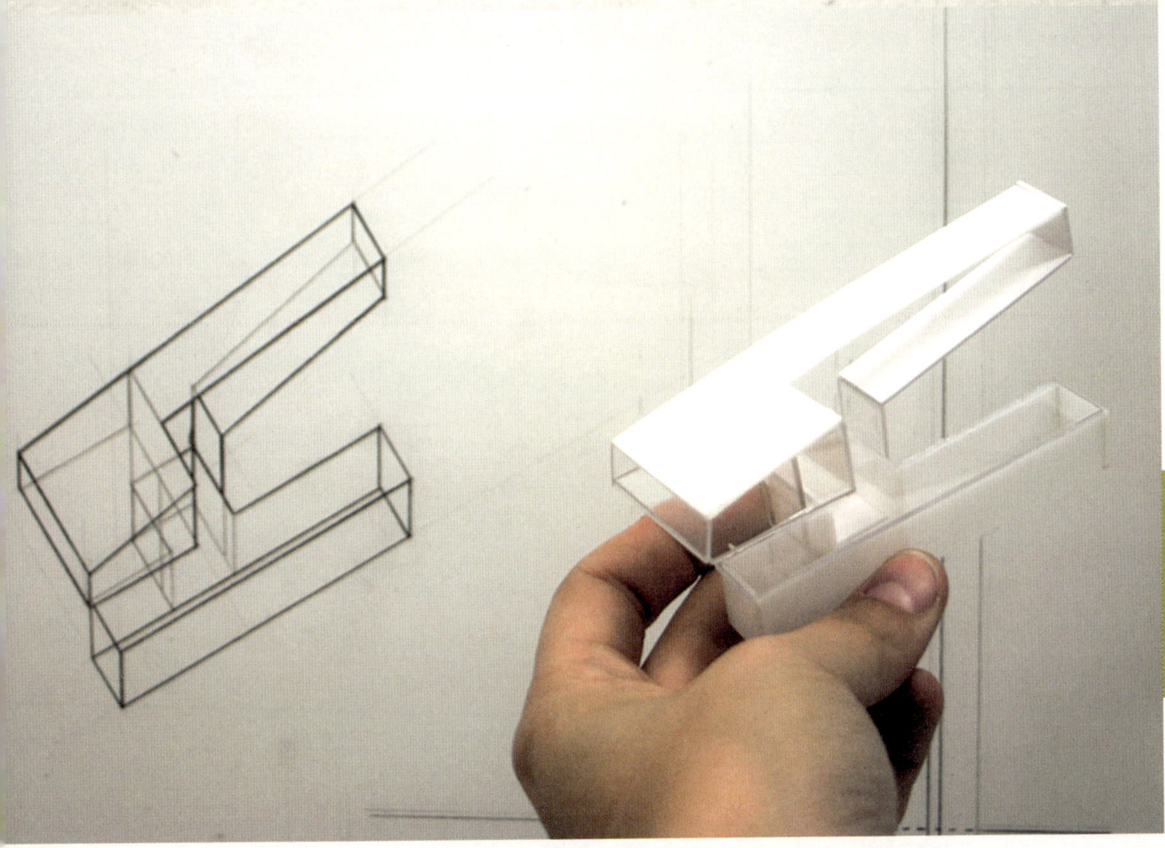

原始模型有助于完善最初的想法。最终的石膏模型要做出三个级别的透明度，即由透明到不透明。学生们要根据他们概念的需要决定如何使用这些材料。

4

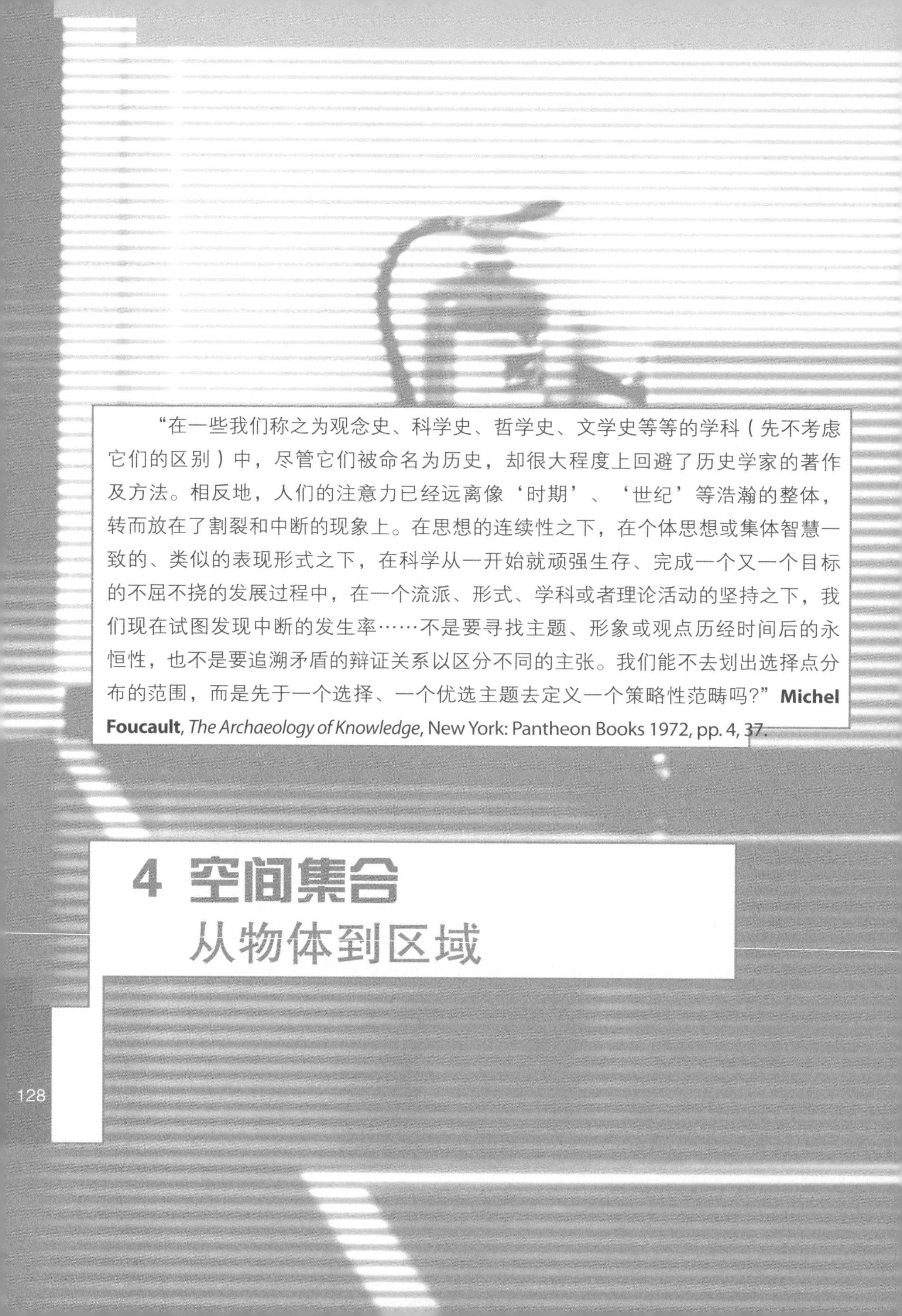

“在一些我们称之为观念史、科学史、哲学史、文学史等等的学科（先不考虑它们的区别）中，尽管它们被命名为历史，却很大程度上回避了历史学家的著作及方法。相反地，人们的注意力已经远离像‘时期’、‘世纪’等浩瀚的整体，转而放在了割裂和中断的现象上。在思想的连续性之下，在个体思想或集体智慧一致的、类似的表现形式之下，在科学从一开始就顽强生存、完成一个又一个目标的不屈不挠的发展过程中，在一个流派、形式、学科或者理论活动的坚持之下，我们现在试图发现中断的发生率……不是要寻找主题、形象或观点历经时间后的永恒性，也不是要追溯矛盾的辩证关系以区分不同的主张。我们能不去划出选择点分布的范围，而是先于一个选择、一个优选主题去定义一个策略性范畴吗？” **Michel Foucault**, *The Archaeology of Knowledge*, New York: Pantheon Books 1972, pp. 4, 37.

4 空间集合
从物体到区域

之前的练习都是和一系列明确的意图有关的，本质上是一致的，接下来的工作在方法上就有些不同了。练习4支持多元性而不是单一性，不再讨论建筑空间的统一概念，而是转而将空间理解为形形色色、多种多样的现象。现在的重点变为空间的组合。在这种组合中，单一元素融入了包含不同关系的领域。这些组合物形成一种特殊的、诠释多维度的的空间性。这是一个结构共生的空间，在所有的差异中提供一种凝聚力、一种和谐的形式，它不依附于单一的理想，而是融合各种差异。

将之前的练习中完成的作品进行比较。现在，它们失去了作为独立物体的自主性，而成为一个大组合体的一部分。有着不同渊源的各个部分组成了一个全新的实体，每个部分——不论源于知觉、感性还是句法——都代表另一种构造空间的方法。

这个练习分两步进行。通过之前工作中的素描、精确的绘图或照片再现，运用蒙太奇技巧考察部分和整体的关系的可能形式。之后将二维蒙太奇转变为一个使用单一材料的模型，这样的材料包括卡片纸或PVC材质，以克服原来纸张的个体性。

在这个练习的开始，要并排排列每个部分，就像超现实主义的惯用语所描述的“一把雨伞和一台缝纫机在手术台上的不期而遇”[1]。随后这个工作发展为一个各种元素相互融合、介入和交流的过程。一个物体结构与另一个物体结构相交叉，发生了混合和变异。模糊的界限不仅强调了元素的融合，而且引入了间隙中的空间。物体被分散在一个空间区域。在不分割整体的基础上制造差别，同时还要实现整体的聚合。

在练习过程中，实践领域扩大到需要小组合作完成的工作。单个的组合要整合到更大的组合中，从而出现了一种新的情况——该项目可能发生其他转变。**1 Comte de Lautréamont** (Isidore Lucien Ducasse), *Les Chants de Maldoror,* Paris/Brussels: De E. Wittmann 1869.

4

分析

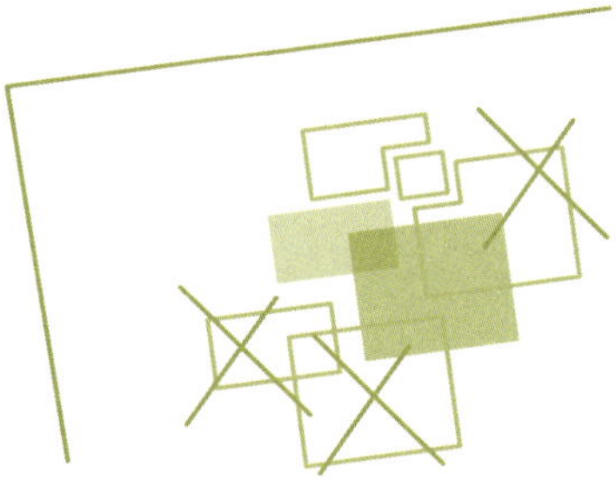

修改

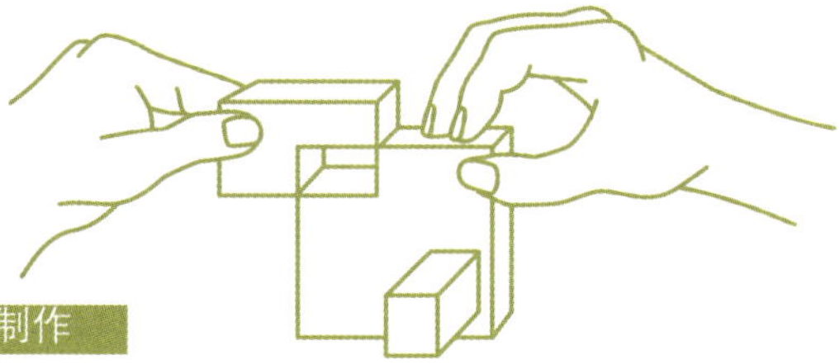

制作

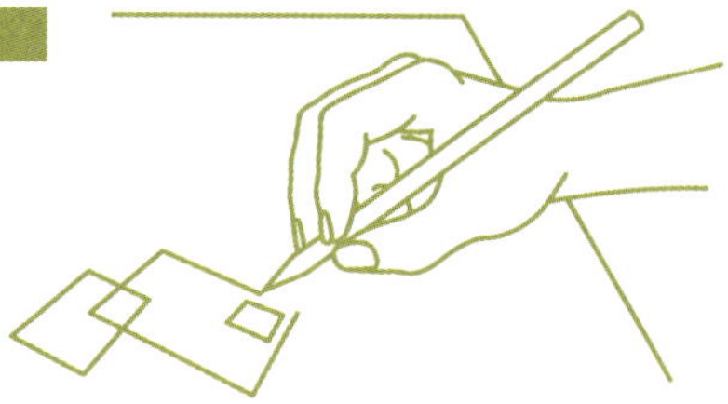

制图

08 讲座
多元联合（Unitas Multiplex）

09

10 小组和课本讨论
Robert Venturi, *Complexity and Contradiction in Architecture*

11 工作室
空间组合

12

13 电脑
PowerPoint

14 工作室

15

16

17

18 演示

练习4——课堂说明

指南　　这个练习要将之前所做的工作放到一个新的环境中。目标是创造一个空间组合，在这个组合中整体和部分的关系将被质疑。

在通过之前的练习形成整体时，图和底的界限也随着单个物体融入空间领域中而变得模糊。

A3大小平面图>练习1到练习3完成的绘图及模型

白纸板模型，比例1 : 200

新空间区域的“场地平面图”，A2大小，纵向，比例1 : 200

之前的练习所做的工作应该已经建立起相互的联系。分析这种联系，把结构、节奏、图底关系、内外关系及规模等因素考虑进去，从而明确最重要的定义空间的元素及组织原则。快速制作一个将这些重要元素统一起来的参考模型，同时试着对它们进行转变和清晰化。在该步骤中，通过专注于一个基本设想并分析其空间，形成并简化设计方法。前几个步骤中的质量和规则需要被进一步发展。通过这个练习使用你已掌握的内容并阐明它，而不是去创造新的东西。>这个（些）参考模型是之后构建白纸板模型的基础，比例为1 : 200，之后它们要被安置到更大的区域中。对照模型制作，画出新空间区域的平面图，要包含“总平面图”及新空间区域的剖面图。

各部分的相互关系>对间隙中的空间的清晰表达>空间区域的空间品质>组合成整体

策略：PowerPoint——基础

当天下午6点>小组决定

根据反馈完善练习，准备一个3分钟的图文并茂的主题研究演示

Umberto Eco, “The Poetics of the Open Work” in: *The Role of the Reader,* Bloomington: Indiana University Press 1984.

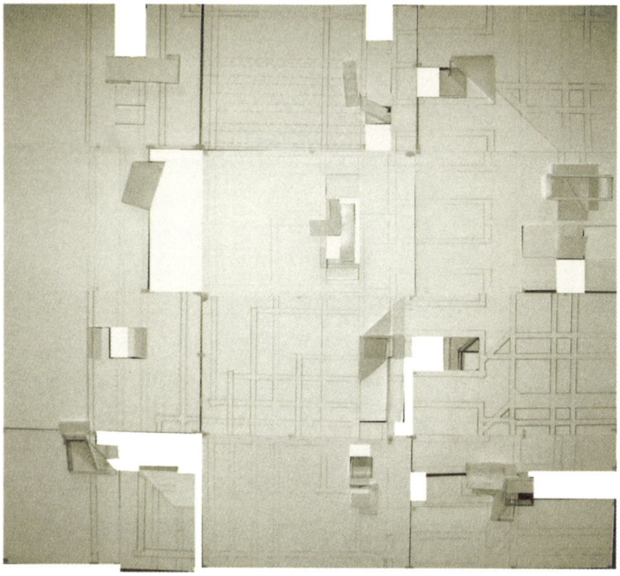

> 练习1到练习3中制作的小组模型
> 修改的过程，原始模型
> 练习4完成的最终模型

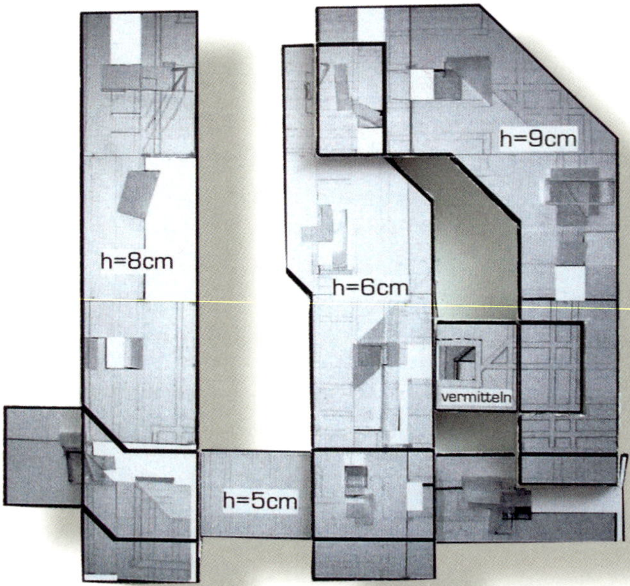

修改的过程是第一个步骤，由指导老师介绍给整个小组。为了强调与邻居的关系，学生们需要缩小并用自己的方法重新定义各自的区域。这块区域渗透着地形学的特点，规定比例为1：200。

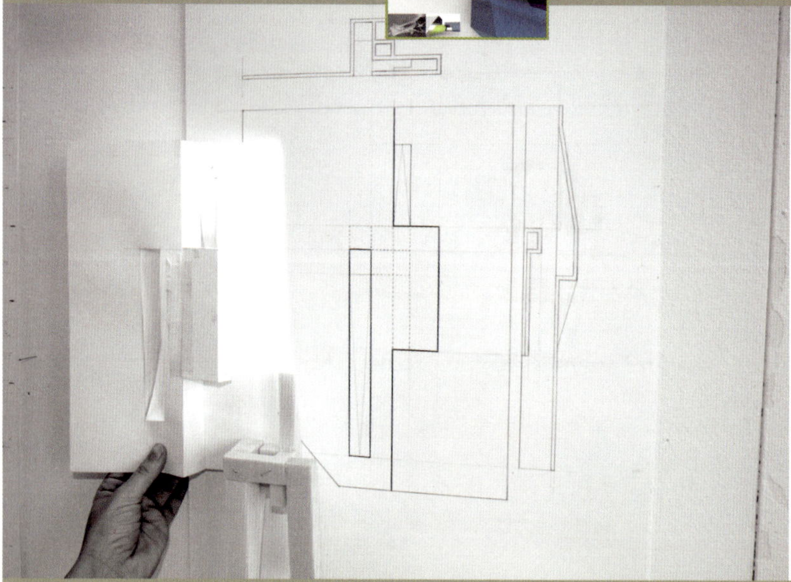

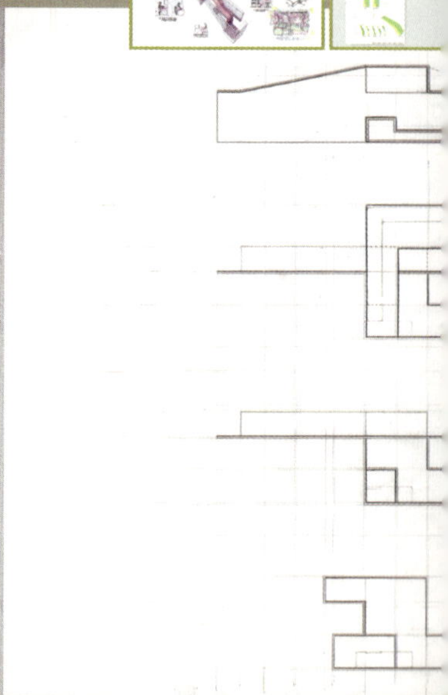

平面图和参考模型

剖面图

从练习1到练习4的演变

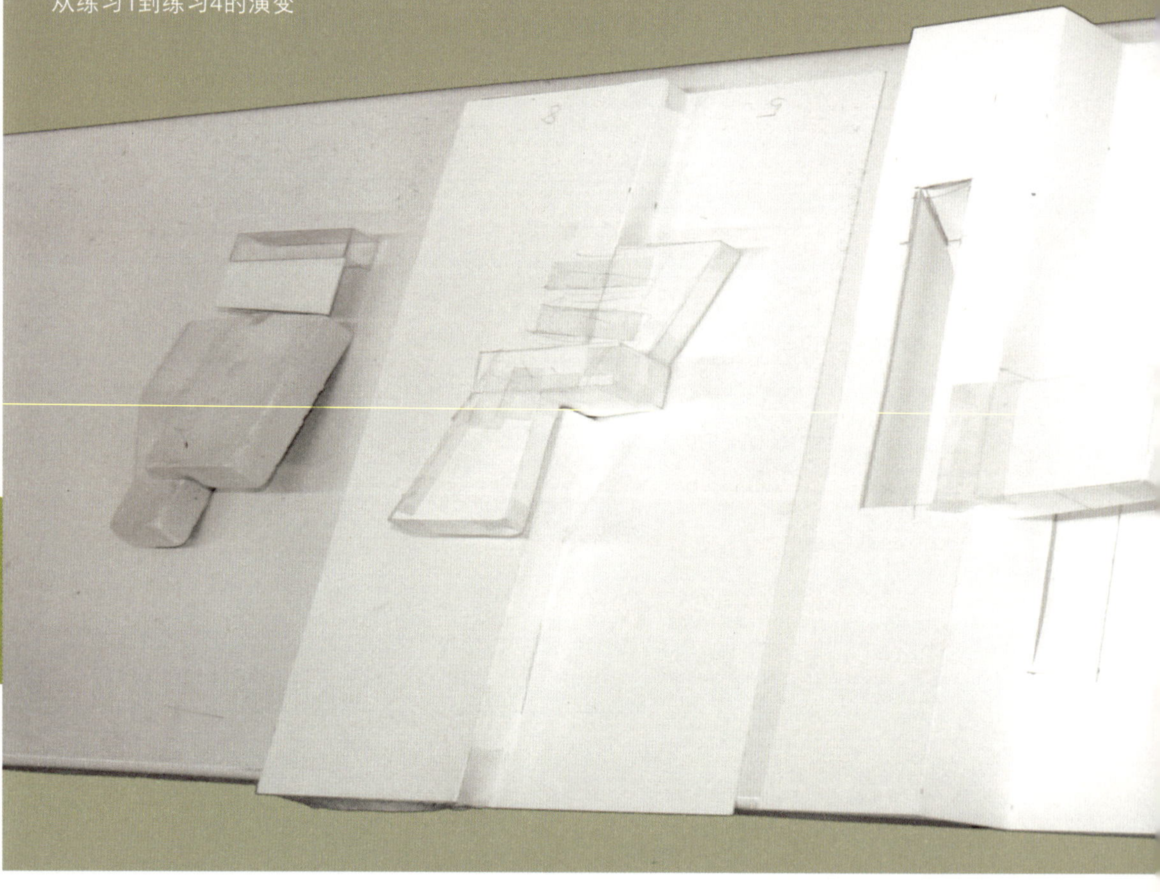

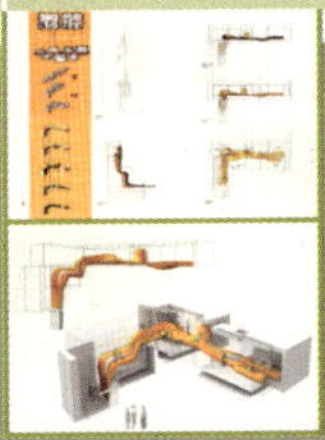

练习4要求学生通过修改精简他们的作品。看看前三个步骤中制作的模型和平面图，它们演变为一个新的、形式上简化的模型，具备最为重要的空间特征，并且由一种材料做成——在本案例中是白纸板。这种形式上的精简需要物理上的精确性及概念上的清晰性。由于区域已被重新定义，各小组都有机会与相邻的项目小组进行讨论，以便建立新的联系和共同的空间。

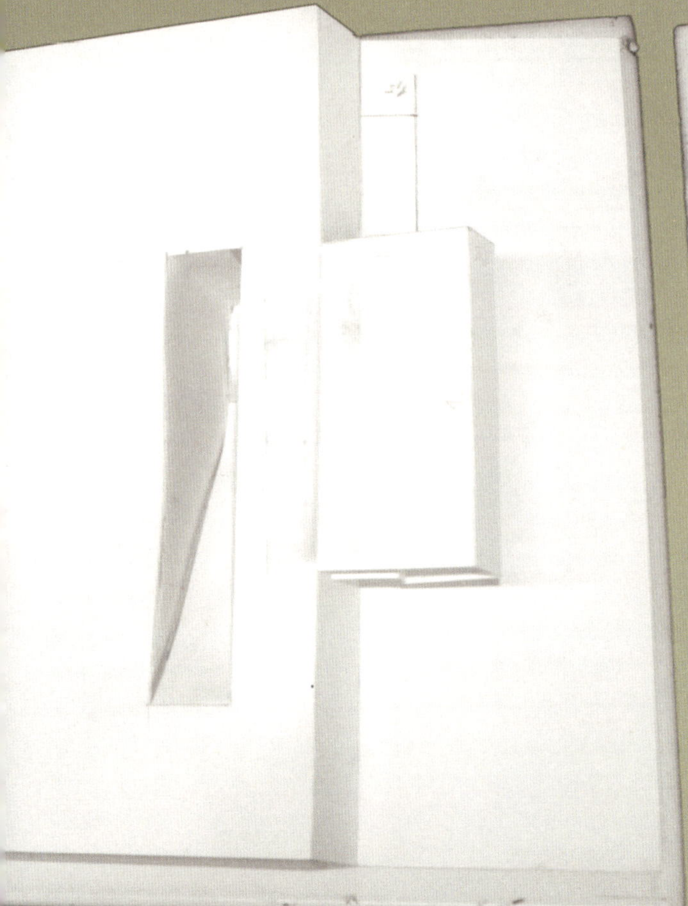

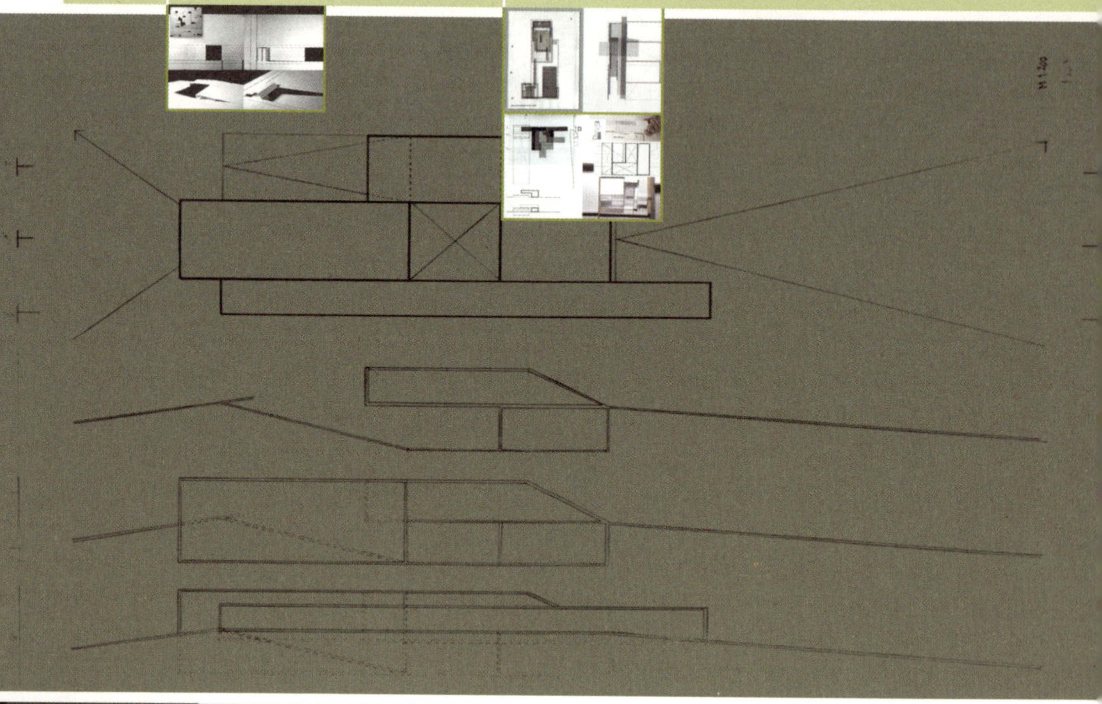

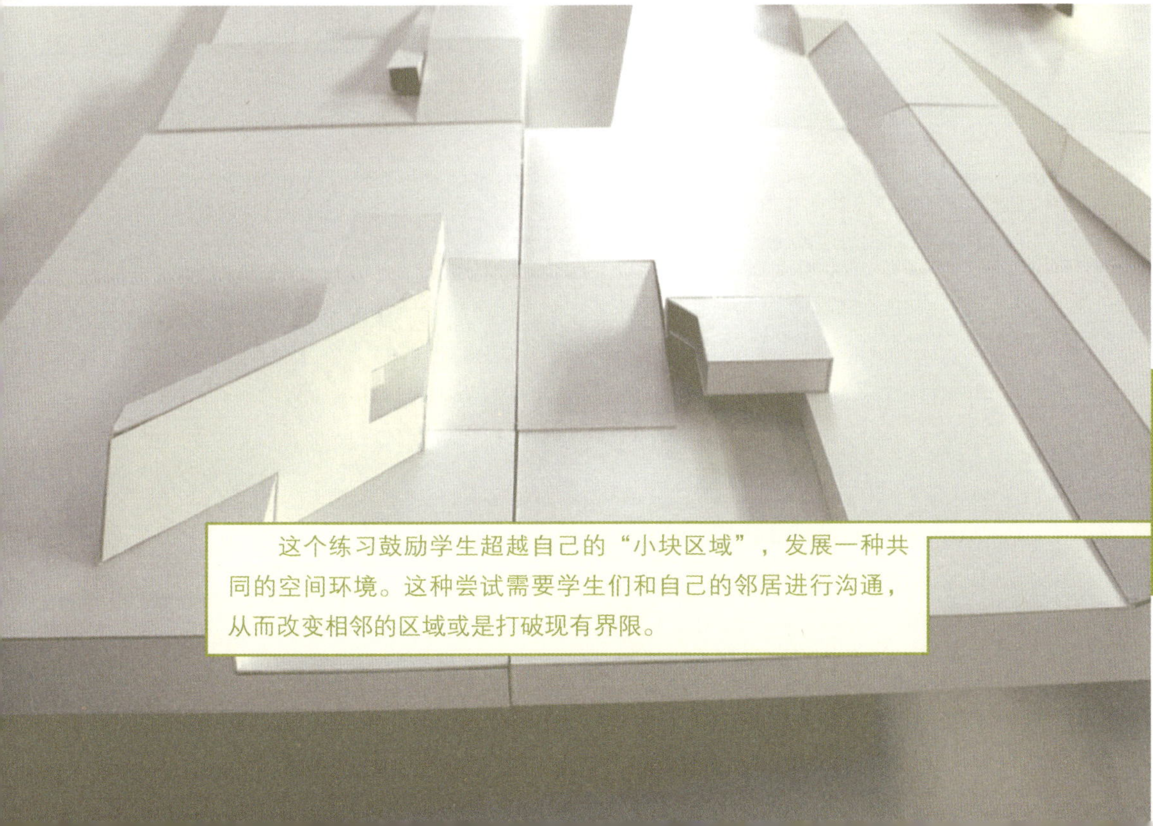

这个练习鼓励学生超越自己的“小块区域”，发展一种共同的空间环境。这种尝试需要学生们和自己的邻居进行沟通，从而改变相邻的区域或是打破现有界限。

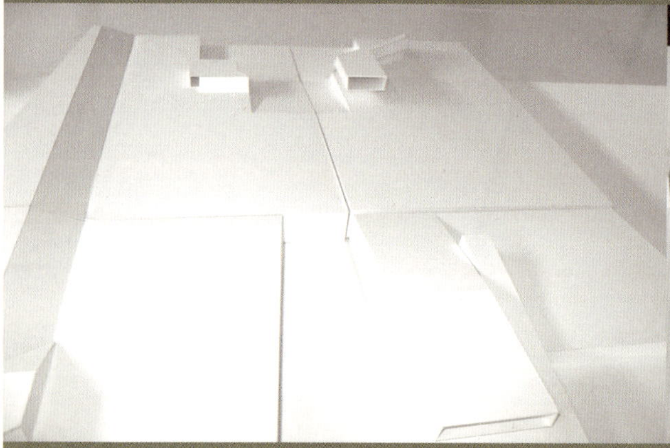

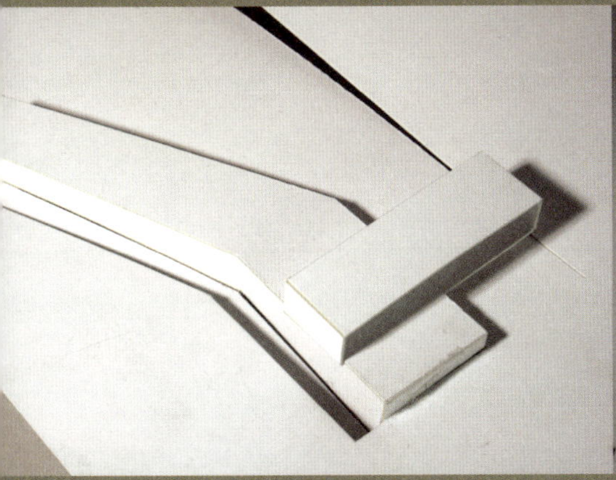

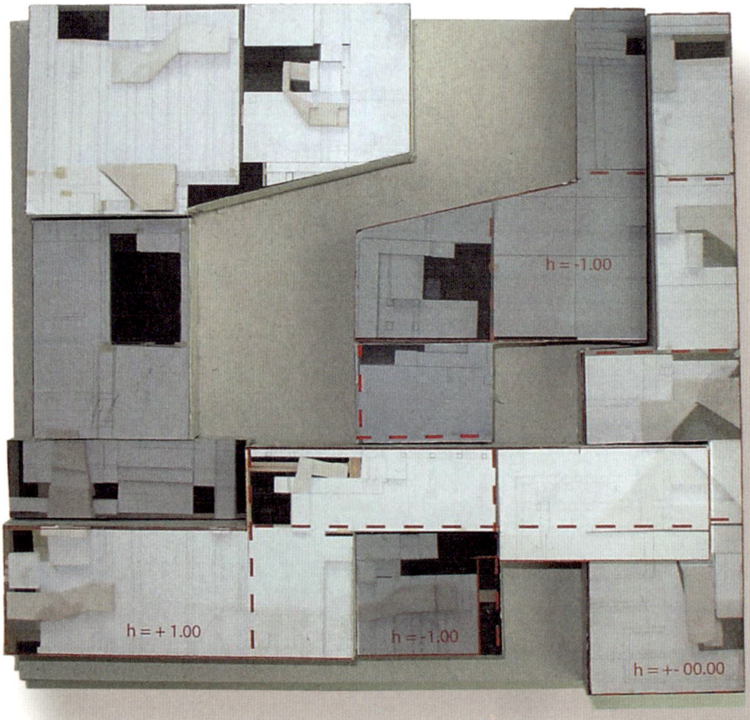

原始模型1：1000

区域（最终）模型1：100

>坑道模型的演化

空间构造的演化是在前四个练习的进行中发生的，经过修改得到的结果在由单一新材料制作的模型中得到体现。每个小组需要寻找并建立和周围区域的空间关系。

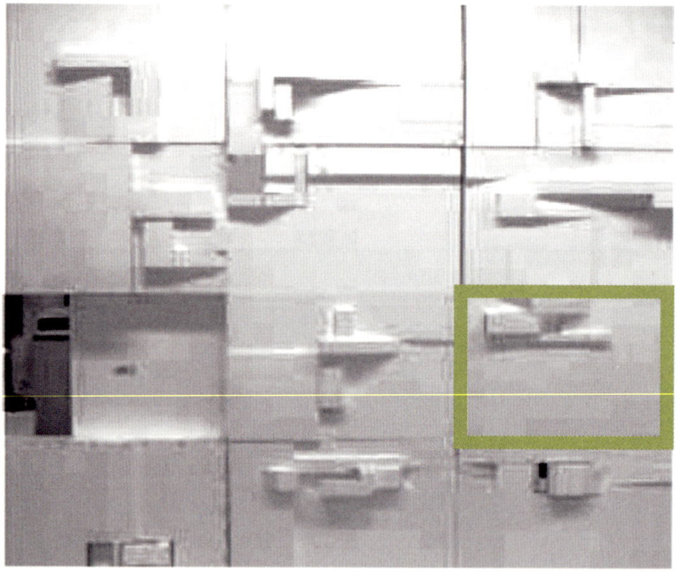

周围区域

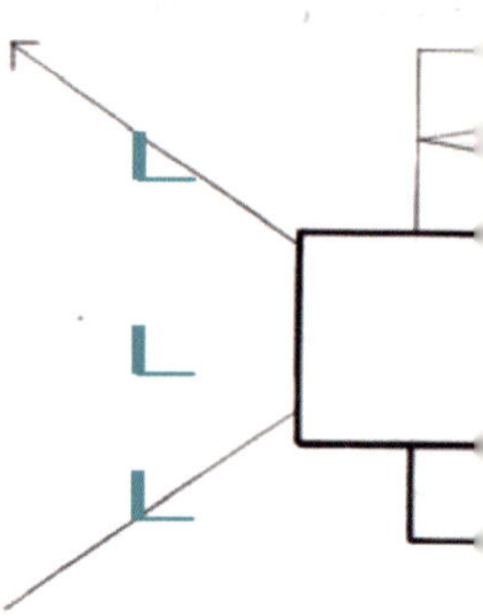

剖面图1

剖面图2

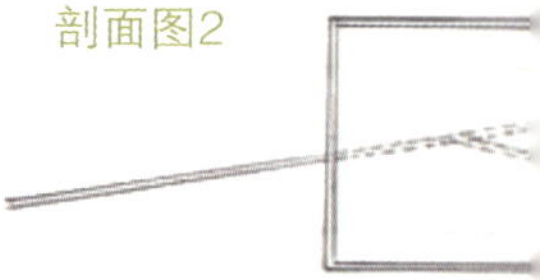

剖面图3

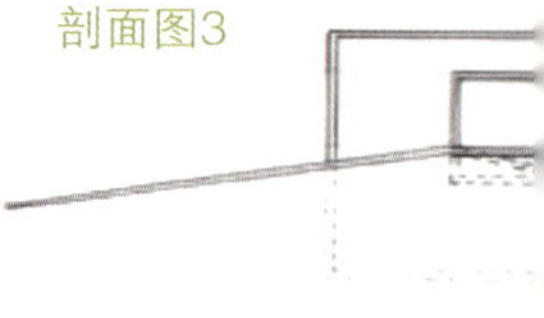

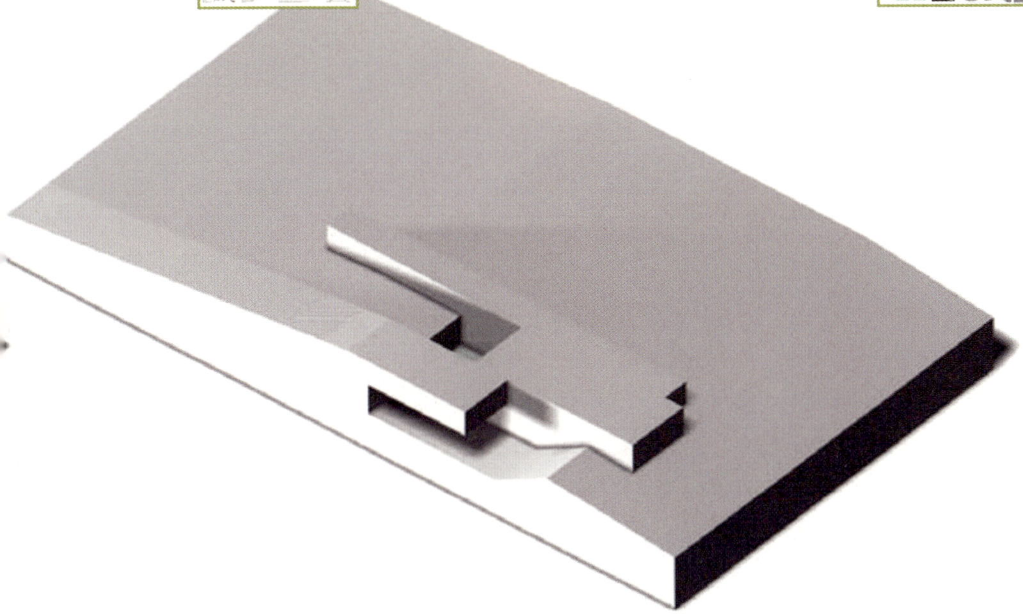

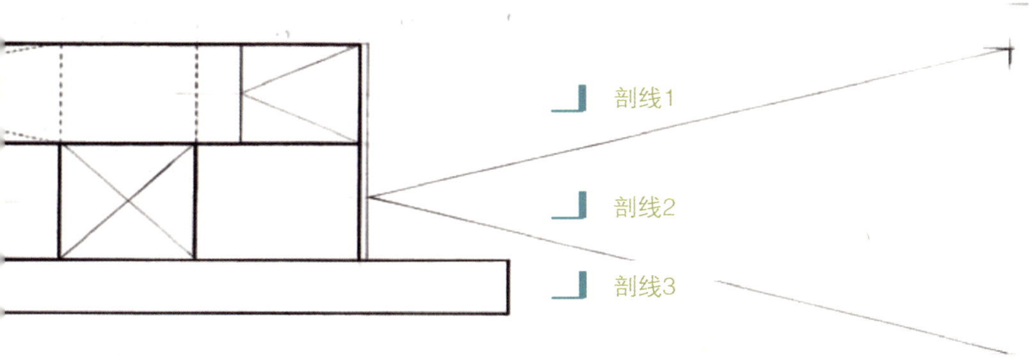
剖线1
剖线2
剖线3

修改的过程也要建立和周围区域的关系。在本案例中，项目的放置是沿着区域水平移动的。负空间因此变得和正空间一样重要，二者互相作用。

小组模型展示了区域空间的相互关系。

灌输背离

关于建筑教育的悖论

以下是与Jürgen Mayer H.、Reto Geiser、Andreas Ruby和Mark Wasiuta之间的对话，由Dirk Hebel主持，有关瑞士苏黎世联邦理工学院建筑设计入门阶段教学的方法问题。

>第一部分

Dirk Hebel

在过去的几年中，我们联邦理工学院一年级的课程经历了微妙但意义重大的转变。我们仍旧致力于近年来的实验教学，但没有脱离常规，尤其是与建筑有关的惯例，我们引入了与日常生活及其相关规范联系密切的练习。我们的目标是建立一个参考系统、一个共同的平台，以帮助学生在设计过程中进行决策——从这个学科的基本原则开始，之后要逐渐改变这些原则、扩大它们的范围。对规范化条件的学习贯穿这一学年课程的始终，它借助对情况的解释分析，内容涉及规范的、类型学的、计划性的、技术的及社会的方方面面。因此，我们从最为老套、最容易预见的建筑学常规开始——直角。在第一个练习中，学生们分到一个复印在纸上的矩形，他们要通过重新手绘一遍来分析这个图形。在这个过程中，他们需要仔细观察这个图形，注意所有的细节。他们会发现，这和“传话”游戏的情形类似，信息在传递的过程中被不断改变，原始内容的品质在持续的再生产过程中逐渐地衰减。在这个案例中，反复临摹一个图形会产生线条的扭曲。有人会争辩说由于直线和直角代表一种业已存在的“常态”，因此偏离的角度和线条会被看做“错误”。这些偏离的出现使得新的空间环境出现了——可以说是崛起于“错误”中。这引出了我们称之为“生产性扭曲”（productive distortions）的概念——反映了常态系统的普遍性质。

Reto Geiser

作为建筑师，我们通常热爱精准并努力做到完美，有时甚至不顾一切。重新考虑错误的或“不合适”的情况的本质，可以改变这种迷恋或者说是着魔。它还可能促使人们重新考虑建筑生产的历史条件。伴随着大规模工业化生产，生产无限多的、一模一样的系列产品不仅成为一种可能，而且已经成为被社会普遍接受的标准。对品质和美感的理解也随着这种技术进步发生了变化。突然间，艺术家的竞争对手不再是其他艺术家，而是在精准度和效率上都有明显优势的机器。眼下的问题是我们如何定义错误。错误是相对的概念，对它们的定义来自一个普遍接受的规范。它们是经过社会认同而被定义的文化惯例，随时代变迁而变化。当代的零错误文化思潮难以接受错误的出现。然而，从错误和失败中诞生的所有创造和发展都是值得被重新提起的，如玻璃纸、糖精、枪棉，还有青霉素。错误能够引发不同的、意想不到的观点，多样化的解读和阐释。

因此我赞同将创造性地对待瑕疵这一方法纳入建筑学的教学结构中。错误和缺陷产生的潜在性可以作为课程固有的部分。我们要学习将瑕疵、偏差和错误理解成又一个机会。

Jürgen Mayer H.

我个人对复制品的关注更倾向于它们的出处和真实性。这样说来，复制品没有好坏之分。任何占用和再加工的行为都有一个新的背景、一个新的时间段和一个不同的制作过程。重做是一种对环境的重新考虑，自然而然的，在选择什么、改变什么的问题上需要一种批判的态度。在用新的参数进行重复时，这种“错误——获得”可以作为自我创造的第一步——一种“真实的决策”行为——采用和故事流传类似的很传统的策略，通过重述将故事由一个人传给另一个人、从一代人传给另一代人、从当地的文化背景传入另一个文化背景。我想我们无法逃避复制，它本身带着希望、富有成效而且带有批判性。

Reto Geiser

还有一种对瑕疵造假的着迷。由于典型的数字化设计和制作过程没有给缺陷留下任何出现的机会，而现在图形上和文字上的瑕疵可以通过Adobe Photoshop滤镜功能及其他表现效果准确地制作出来，满足一种对“烟熏”、“尘土”、“伤痕”等的怀旧情结。当代数字化技术，像CNC制作方法，潜在地使大规模制作这些错误成为可能。然而这种娴熟的设计叠加一系列“精心设计”的瑕疵，应被理解为设计过程中的一种视觉选择，而不是组成要素。

Andreas Ruby

制造瑕疵和“错误”对设计来说可以创造新的东西，但同时也有一些对建筑曲解的优秀描述。在Jacque Tati的作品《我的舅舅》（Mon Oncle）中，他想躺在一张20世纪50年代的长椅子上。由于椅子是凹面的，他无法躺平。他尝试各种方法，最后他把椅子旋转了90°，凹下的前表面因此成为座椅表面，舒服多了。一个简单的曲解便将一个很硬的长椅子变成了一个躺椅，看上去像是动手仿制了Le Corbusier的杰作。无意中错误地使用一件物品，创造出了一个自由的空间。

Buster Keaton将这种故意做错的原则用到了他的电影《一周》（*One Week*）中的整座房子上。他展示了如果用错误的顺序组装一个活动板房时会发生什么情况。Buster建了一座房子，厨房的水槽从里面翻到了外面——它像一个小花坛一样挂在正面——二楼浴室的出口直接落到了花园里。这座房屋可以算得上是第一个解构主义房屋。但正如Frank Gehry研究的是将形式的不正常运用作为解构建筑中体现秩序和功能的东西反对的那样，Buster Keaton的房子完全是从制造错误中产生的。从这种意义上说，建筑在使用者（有意识地）错用过程中需要注入很多智慧。建筑只有在运行这些错用时，才能获得这种使用者智慧。

Dirk Hebel

所以你认为寻找并利用这些“错误”或偏离的规范是有价值的?

Andreas Ruby

对我来说，最重要的一步在于将规范看做一个刺激条件，而不是一种抑制。你在下棋或玩柔道时遵守规范，因为它们能帮助你想出你不会想到的想法。

Mark Wasiuta

将常态看做是一种需要被重新创造的情况、一种需要被打破的常规，或者说一种引入平凡之美的途径，这种看法重要吗？对于规范、常态、规范化——它们相同和相异的地方，我在考虑，如果区分它们很重要的话，那么它们的相互作用如何影响你？这些练习提出了建筑惯例的规范问题、社会行为的规范化或一致性的问题以及直角规范和教学的一般程序问题。

也许由于存在这样的联系，对一年级学生来说，遵照常态行事可能是一种富有成果的策略。常态思想好像很容易让人回忆起战后的项目，尤其是那些通过建筑形式和程序表达社会习俗和惯例的项目，比如说Dan Graham的作品。但这个问题同样引用其他有用的、重要的涉及重复、连续和平凡的作品，不论这个作品是否严格符合常态。

但是当你讨论直角这个例子和它的偏差时，我在想你们是否太容易地就在这种偶然、错误或形式改变与规范化标准或社会惯例之间做出类比。这可能是一个弱点或一个有用的转折点，但在正式的项目和其他一些方向之间有一大块区域，你需要解决其中的这些问题。当这个区域必须被穿越时，如何对待它不会总是清晰明了的，我认为会有帮助的一种方法是将这些理解、规则、控制和错误的难题放到有关直角的、明确的、可以解决的问题中去理解。规避几何学误区的一种方法是要综合分析线条及其偏差的问题，从形式入手、将其等同于畸形或异类是远远不够的，而且还要将建筑物的线条放在正规的社会规则下进行讨论。通过介绍分区控制、法律限制、视准线、观景廊和其他几何形状，你们可以为学生提供易掌握和利用的空间设备和系统。这就是说你们已经让学生们议定形式的变化和社会规则的界线。

Andreas Ruby ::

我认为练习的变化也对教研组理解教学法的转变有重要的意义。我们不需要反对规范，而是可以遵照它。你可以策略性将地它正式化。这个练习像尼采所说的nützlicher Vorwand——一个测试可能性的有用借口，借此遵守规范或是反对它。

Jürgen Mayer H. ::

但最终，不同的工作室处理这些规范是非常多样化的。或者我们可以说每个老师都有自己的自由。这可以是对规范的一种理解——也许我们更应该称之为惯例而非规范。学生们在自己的日常生活和家庭结构范围内理解各种不同事物，像他们如何利用汽车，或他们的日常生活模式，虽然这些事都被认为是种常态。常态是不断被讨论的；它是一个动态的话题。教学方式不是过分强调某些惯例和困扰的一种追溯的方式，更不是讽刺，而是展开各种可能性，让我们知道很多我们看不到的东西，因此我们不应只注重一种解释。

Dirk Hebel ::

关于工具和方法的问题呢？我们选用的工具和方法对于挖掘这些可能性

是否有所帮助？如何理解它们包含了具体的规范这样一个事实呢？

Mark Wasiuta

这个问题包含一种无限的倒退。教学中最重要的工具就是常态工具；它是一个概念化的工具，贯穿整个学年。如果你问这些工具的规范化功能，那么你还要问常态的规范化功能。我们倾向于依照自己的习惯来进行这种穿插着惯例、规章和很多时间项目所体现的反常操作吗？如果反常成为唯一的或几乎是另一种正式的程序，它不太可能实现你想要的。但即便没有这个问题，我想很容易看出正式的操作方法是潜在的规范化的东西。它们有限定规则、内部代码和自己的惯例，它们都有自己对这个学科和教学在政治性的、意识形态上的和概念上具体的解释。你对方法和工具的组合像是一个进程单元。你可以引入一个瑞士单个家庭住宅的例子，或引入萨伏依别墅。然后你测试输出的结果。如果你发现这些方法——练习1到练习12——有明确的规则、偏好、结构和假定，而在你输入多种类型的数据后上述东西就会表现出来，这时你会怎么办？如果加工之后，发现萨伏依别墅仅仅是更加现代的脱离了瑞士郊外住宅形式的建筑，这样又如何改变常态的地位呢？

我还在考虑，如果有不能被处理的情况，那将会抵制这些操作。学生们不应只是用工具去制造或发现偏差，而应该在操作范围内对待反常现象，发掘误用和反常的能力。作为一个已知的明显的例子，你可以传授这样一种观念，不要重复视觉空间的熟练掌握，而是分析它的复杂结构，找出并理解它的缺陷、局限和错误。

Jürgen Mayer H.

那么学生们从中能学到什么呢？我们是在讨论科技的不完美之处吗？这可能是一个根本性的，也许有益的改变。

Andreas Ruby

如何实现它也许并不那么重要——效果才是至关重要的。意向性对于激发行动来说是件好事，但却不能定义它实际的路线。我们知道在许多情况下设计的效果推翻了意图。这是一个充满诗意的时刻，学生们需要去发现。他们需要发现创造过程的价值，在这个过程中，你以某个意图开始，之后有了创造的冲动，接着发现你自己置身于一个之前不曾知道的领域。我认为在第一学年的计划中，你们应设置几个技巧或练习，培养学生们去发现不可预见的事物。

Mark Wasiuta

我们已经讨论了错误和偶然所带来的开放和意外收获，但需要承认的是对这12个练习的选择并不是偶然行为。它们都有各自的日程安排和意图，由12步计划组成的整个过程也同样。毕竟，这是一个打基础的学年而不是写论文的一年。因此有个问题：我们如何设计一套能让学生们足够宽松地发展自己项目的练习，同时还能帮助他们继续在像联邦理工学院这样对能力要求严格的学校中深造。设计这样的处理方法其中一个难点看起来是如何允许两个潜在矛盾的结果同时存在。

Andreas Ruby

这一点非常有趣。如果你将联邦理工学院的教学计划和其他大学的基础学年的课程相比，基本上你会发现这些计划中涉及大量的建筑技术和知识，包括绘图技巧、模型制作技巧以及概念性技巧和严格的精准性。学生们被训练在过程开始前提出一个假定，之后将假定融入一个项目中。这对于一年级课程来说是非常好的安排。为实现它，你们需要严格遵守教学规范。你们需要创造一个信条以便把学生带到这个层次。然而，从哲学角度、甚至从道德角度来说，老师们实际上热衷于推翻这些规范。因此你们需要先教授他们这些规范，最终要让他们放弃规范，或至少将其相对化。规范的一个重要反映能体现在第一学年课程的理想结果上。你们想对学生进行一种建筑学启迪，但首先要教授黑格尔的哲学理论以便在之后将其解构。

Mark Wasiuta

但是联邦理工学院的矛盾在于，在将黑格尔的哲学理论解构之后还要学习它。开始时你们将当地的住宅建筑作为规范的例子，但后来用另一个明显的研究目标取代了它——第二至第五学年的工作室，或者校园中的现代建筑。每个建筑学院都有自己独特的语言，可以看做是自己的规范。其他学校没有像联邦理工学院这样将平台充分地内在化。最终如果你们成功了，学生们会认知其他教学方法，在学校中运用自己的制约条件、规范形式以及含蓄的反常和脱离常规的时刻。结果可能会在学校内形成一种更丰富的、或更加公开的批判设计文化。由于你们和你们的学生重视规范和常态，所以很显然，你们学校规范社会及建筑科学的行为将会成为众矢之的。

::: 第二部分（转251页）

5

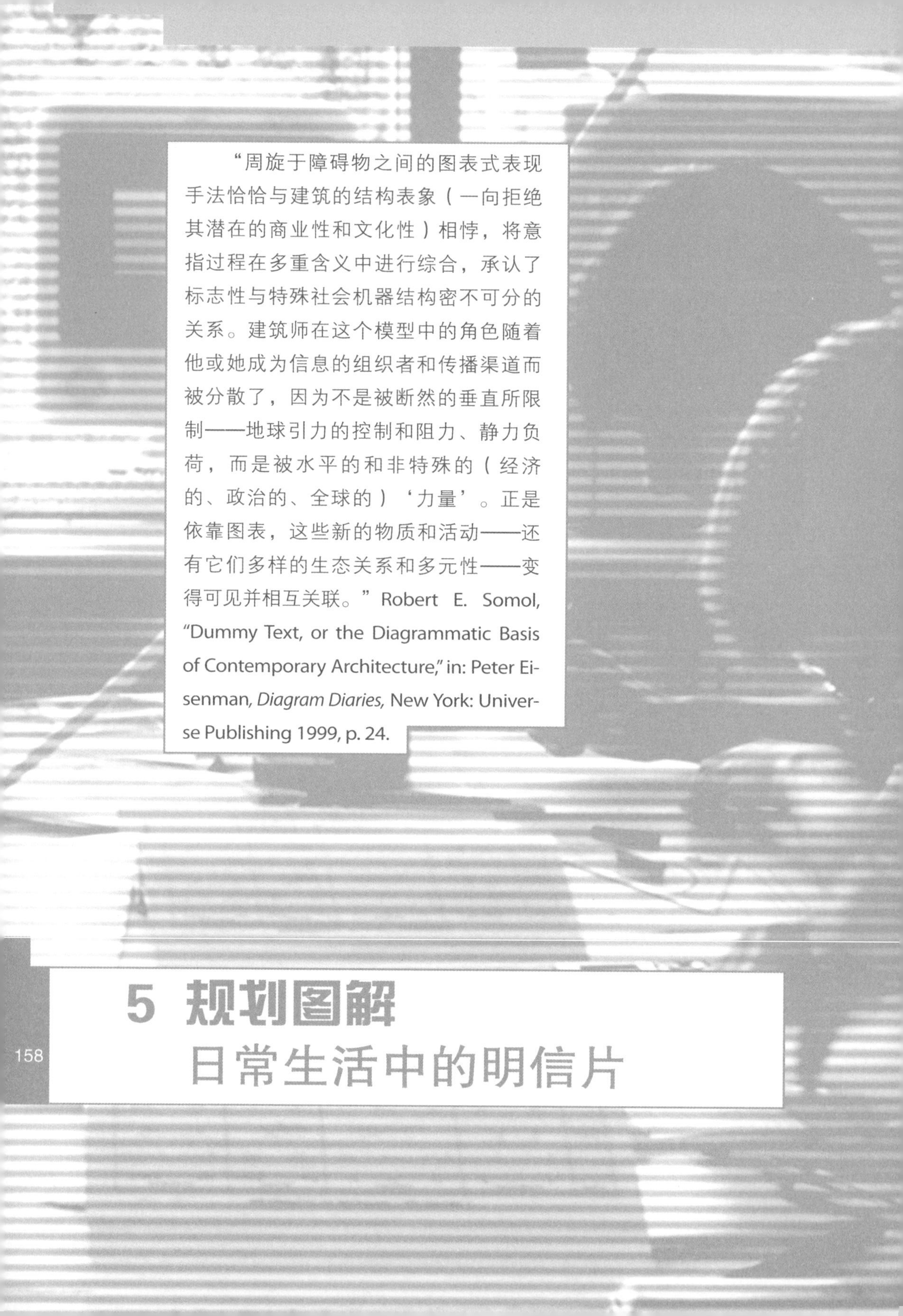

“周旋于障碍物之间的图表式表现手法恰恰与建筑的结构表象（一向拒绝其潜在的商业性和文化性）相悖，将意指过程在多重含义中进行综合，承认了标志性与特殊社会机器结构密不可分的关系。建筑师在这个模型中的角色随着他或她成为信息的组织者和传播渠道而被分散了，因为不是被断然的垂直所限制——地球引力的控制和阻力、静力负荷，而是被水平的和非特殊的（经济的、政治的、全球的）‘力量’。正是依靠图表，这些新的物质和活动——还有它们多样的生态关系和多元性——变得可见并相互关联。” Robert E. Somol, “Dummy Text, or the Diagrammatic Basis of Contemporary Architecture,” in: Peter Eisenman, *Diagram Diaries,* New York: Universe Publishing 1999, p. 24.

5 规划图解

日常生活中的明信片

在着重研究了建筑空间之后，现在的任务是处理规划的问题。接下来的四个练习需要学生进行一系列研讨，内容涉及建筑学的形式和内容之间错综复杂的相互关系，还有建筑工作通常要遵循的实用主义的迫切需要这样的问题。因此，对本学期规划的理解包含项目的概念构架以及根据功能需要对规划做出更为具体的指定。

现在也是时候开始介绍“常态”的经验概念了，以便指引该课程设计工作的进展方向。这里，“常态”被解释成为一套文化、社会、经济和建筑方面的延续的概念，实践者必须理解它，才能在这个学科中参与竞争。这些东西被认为是建筑的基本背景，前提是实践者必须有具体的战术而不单单是战略，这是因为他们必须在一个限制越来越多的领域内工作。以这种方式探寻惯例的概念，可以鼓励学生首先理解它们，然后颠覆它们并利用它们。

练习5假定设计过程中选用的方法对最终作品会有决定性的影响，在这个基础上把图表作为一种注解的形式和转变的方法。通过绘图引发思考，绘制图表的技巧因此成为行动性的，而不是一个代表性工具。在工作过程中，利用它作为一个抽象的分析工具。但正如Peter Eisenman所说：“图表不能在其内部自我产生。”它需要一个外部环境，“一个有变革能力的作用剂”插入“图表层”成为其中一层[1]。

为了完成这个练习的目标，在图表矩阵中要添加两个层，一个在设计顺序的外部、另一个在其内部。第一层——理解为一个新的输入——从文化角度分析建立起使用惯例的问题——和每天、平凡、或日常活动息息相关[2]。学生们需要从一系列明信片中选择一个与日常生活有关的专有词汇：一个家庭物品（像电视机、床、车库等等），一种活动顺序（像每天早晨的活动、一个特百惠聚会、准备一顿饭……），或一种会引发一套行为标准的现象（天气、变老、卫生保健等）。围绕所选词汇开始一项调查，学生们必须将自己置身于所获得的相关信息中去。从这个角度出发制作有效的图表，并用它改变前一个练习中完成的空间组合，从而形成矩阵的第二层。这两层需要结合到一个绘图中。通过这个合成开始了一个商讨，合并、清除或者转化两个系统的界限。

上一个练习中的空间区域要遵照学生们研究出的制作技巧，之后要经过辩论最终提出一个清晰、具体的建议。在图表注解的基础上运用图表语言，之前缺乏活力的区域现在由工作中相互作用的力量来给它充电——规范化或者相反。**1 Peter Eisenman**, “Diagram. An Original Scene of Writing,” in: Peter Eisenman, *Diagram Diaries*, New York: Universe Publishing 1999. **2 Henri Lefebvre**, *Critique de la vie quotidienne I-III*, Paris: L'Arche 1947/1962/1981.

5

研究

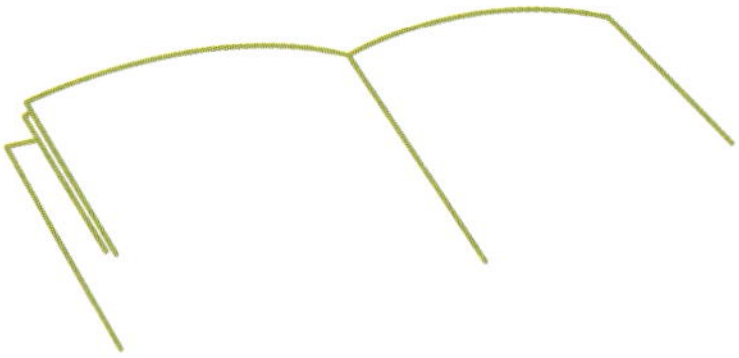

08 讲座
图解规划

09

10 小组和课本讨论
Umberto Eco
“The Poetics of the Open Work”

11 工作室
规划图解

12

13 电脑
Illustrator

14 工作室

15

16

17

18 演示

发展一个图解

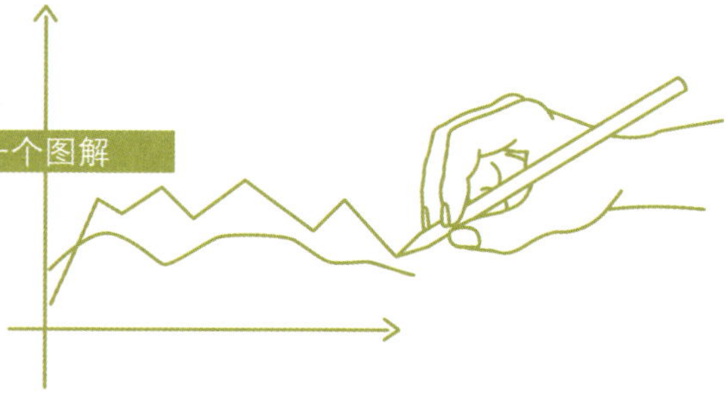

绘图

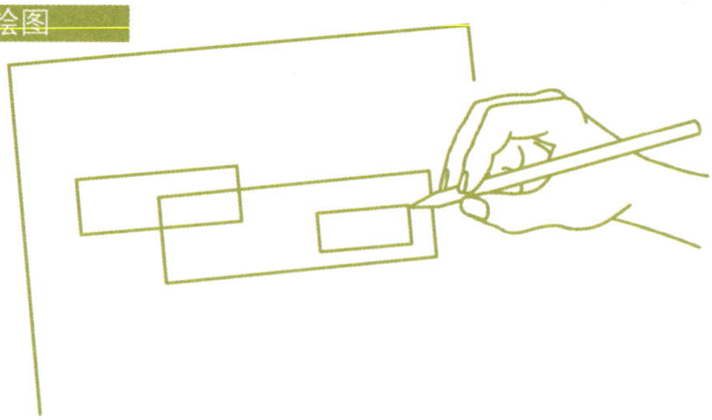

练习5——课堂说明

指南

接下来的四个练习和“规划”有关。本学期的规划被理解为包含项目的概念构架及其功能需要。通过这些练习研究规划和空间的紧密联系。

在秋季学期结束之前，学生们需要设计一个为“普通收入”家庭准备的“一般”住房。通过研究和讨论，要给这些词汇下定义，并发展一种建筑学语言。

在今天的练习中，学生们要将自己的项目看做一块要按规划需要进行改造的区域。首先要展开对日常生活中的一个活动、一个物品或一种现象的研究，这是设计工作的基础，以便可以对空间和规划之间的相互作用进行阐明、图表制作及研究记录。

输入>一张明信片，写有一个有关日常生活中的活动、物品或现象的词汇>练习4中完成的作品

输出>将研究结果和目前发展起来的空间区域相结合，制作一张建筑绘图。利用对明信片主题的研究结果，将调查结果与明信片主题风格相协调，以找到一种适应整个项目风格及解读主题层次的方法。

步骤>最初定位：通过收集到的数据和信息研究明信片中的元素。利用自己的发现发展一个和自己的主题相关的定位，还要发展改造练习4中完成的空间区域的结构的方法。图表在这个过程中会起很大帮助。>过渡步骤：将研究结果运用到自己的空间区域中以转化它。选择练习4中最重要的元素，用铅笔画出它们，完成细线条的平面图。借助描图纸研究由于使用了所发展的技巧或图表而带来的可能的转变。>最后一步：将草图变成一个精准的建筑绘图，可选择铅笔或水笔。在图中试着考虑增加一个和日常活动有关的概念层次。

评判标准>空间和行动间的相互作用>图解和概念的清晰表达>绘图的技法质量和美学质量

数字化>技法和战术：Illustrator——基础

演示>当天下午6点

每周练习>根据反馈完善练习

参考阅读>Michel Foucault, “Of Other Spaces” (lecture 1967), in: James D. aubion (ed.), *Aesthetics, Method and Epistemology*. New York: New Press 1998.

卫生
天气
镜子
TUPPERWARE
特百惠保鲜盒
宠
做饭
床

从练习5开始进入本学期的“规划”阶段。这个阶段学生们都要进行这个规划，直到练习12结束，完成最后的建筑项目为止。学生们需要设计一个为“普通收入”家庭准备的“一般”住房。这两个词不需要从字面意义上去理解，每个小组需要对其进行研究并给出自己的定义。为此，要向学生们介绍研究的范围，解决日常生活中的现象、物品和活动的问题。在这个练习中，学生们完善了将发现转变为最初概念和程序化结构的图表和图解。

车库

BENUTZUNGSHÄUFIGKEIT DER EINZELNEN BEREICHE DES BEWEGUNGSRAUMES

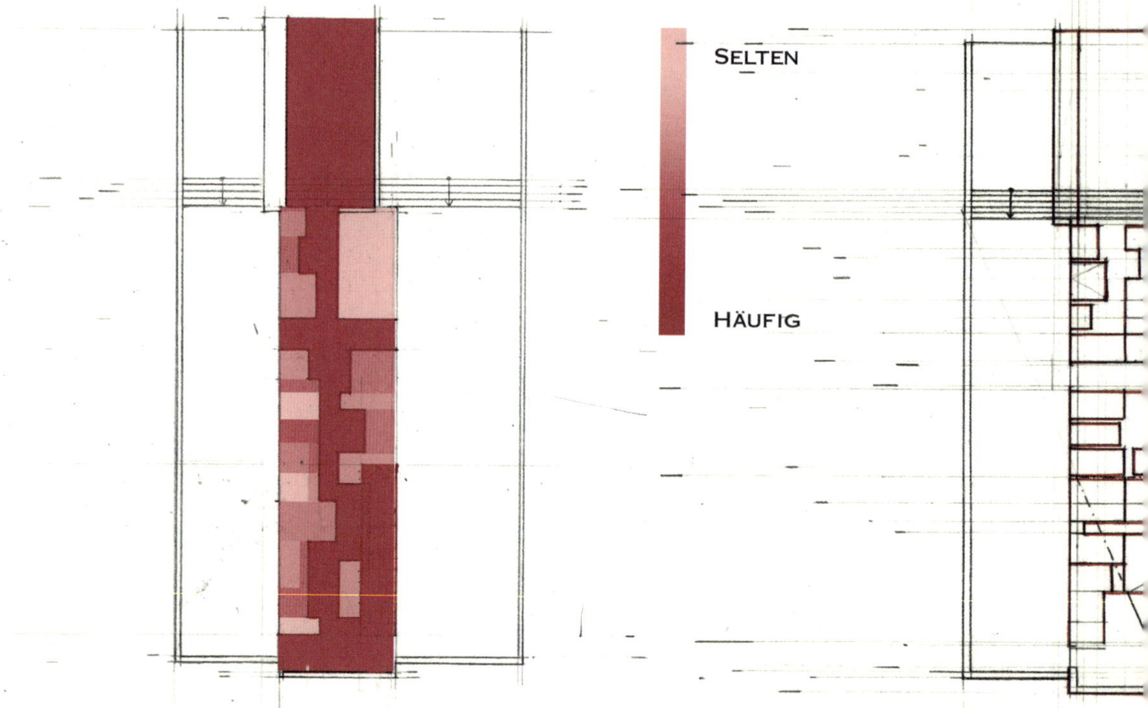

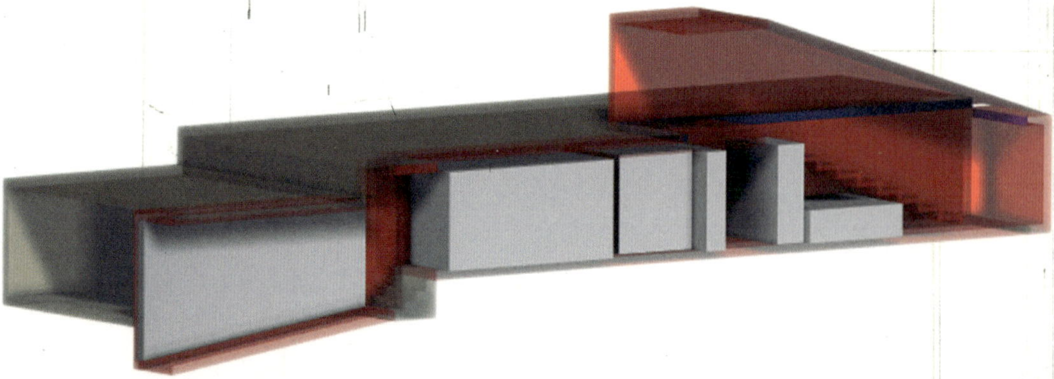

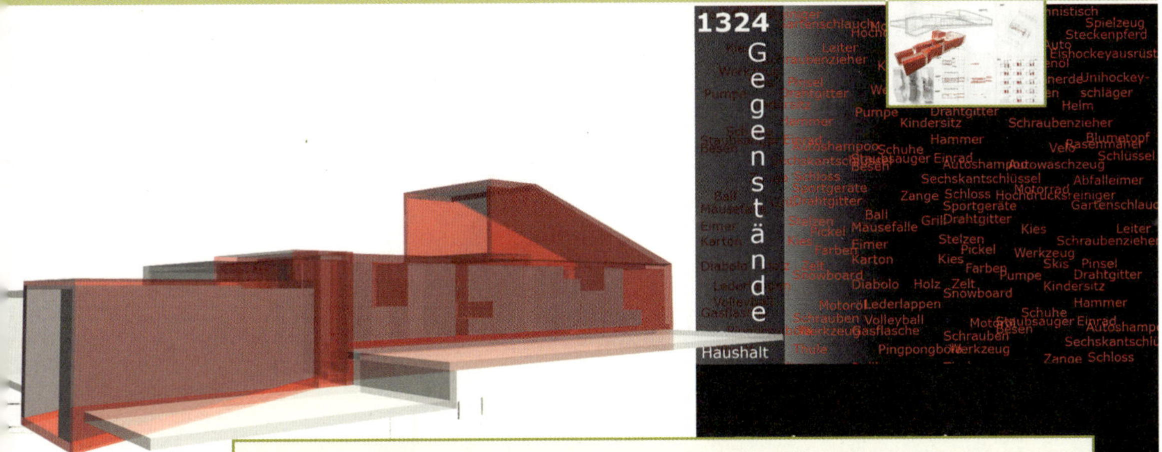

在这个项目中，车库是研究的主题。通过调查，学生们发现一个单个家庭住房的车库平均存放有1,324种元素。他们认为这个结果表明，车库不仅是一个存车的地方，还是一个多功能储藏空间。从这一点出发，设计者们为整个住宅发展了一个概念：在该概念中，一个中心的、混合的储藏空间将日常生活中的所有物品统一起来。

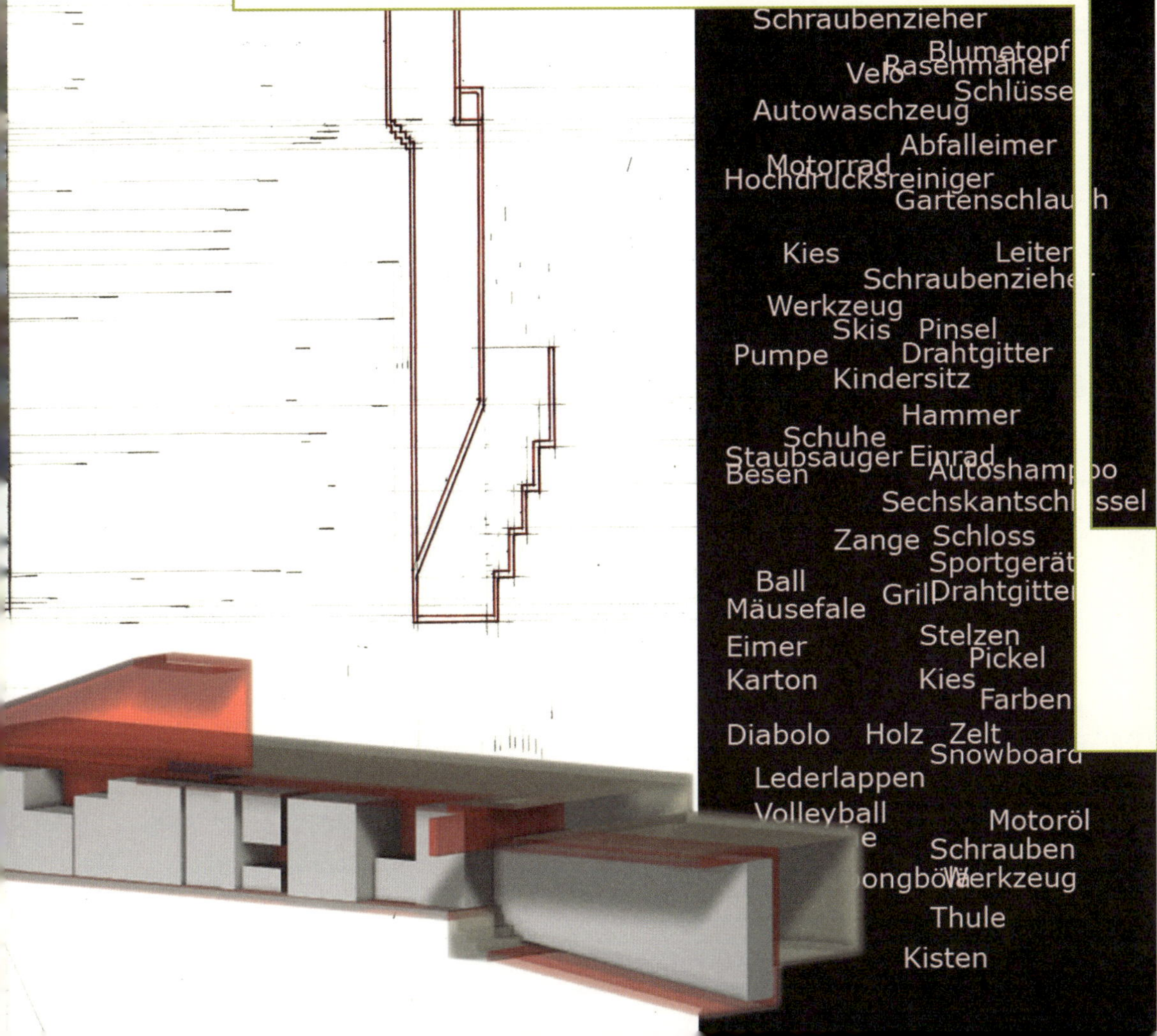

5

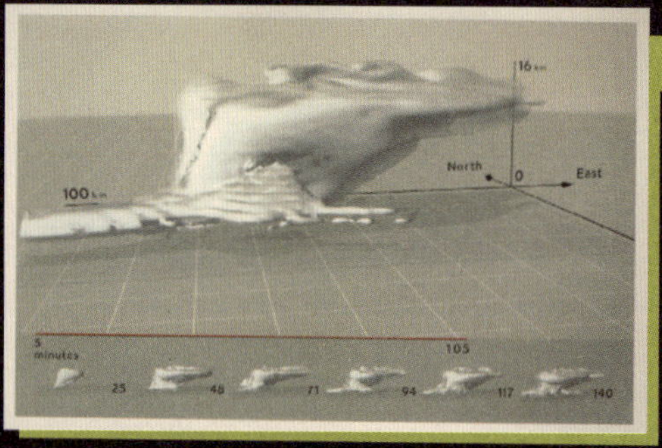

天气

天气住宅

一个血清素厂

因为全年超过一半时间的阴雨天气和较少的光照使得远离赤道附近居住的人们体内用于调节情绪的荷尔蒙血清素的含量较低。血清素的产生受到以下因素的影响：

- 全谱充足光源的照射能够促进身体中血清素的产生。
- 空气湿度：已知当空气湿度低于30%时，血清素的产生会受到影响。
- 热量：血清素产生的最佳气温为摄氏22.1℃。

1.完全受控的环境:仔细优化血清素的产生。

2.半控环境：处于外立面和主建筑之间的封闭空间。这部分空间形成了一个半控环境，因为它提供了一个基本的遮风挡雨的功能，但仍然受到外界天气带来的光照和温度的影响。

3.住宅的周边：这部分空间完全暴露在外。

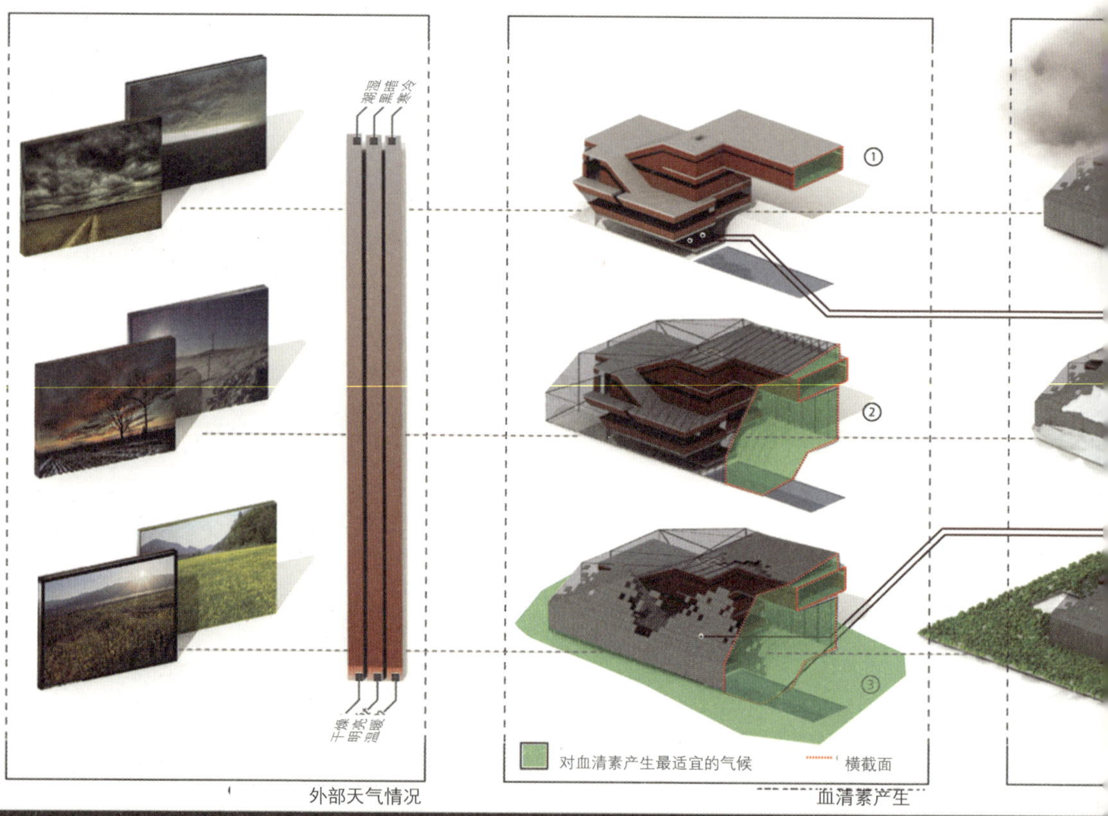

这里所采用的方法是区别对待各种天气现象。作者没有强调室内空间不受天气现象的影响，而是寻找利用它们改变日常生活方方面面的方法。在这个案例中，建筑物成为一系列从暴露在外的到完全受控制的环境。这个建筑在构造上不被动，而是很活跃地参与到制造能量、布置空间及生成血清素的活动中。通过这种途径，通常是在事实已定之后才得以运用的技术扮演了生产力的角色。

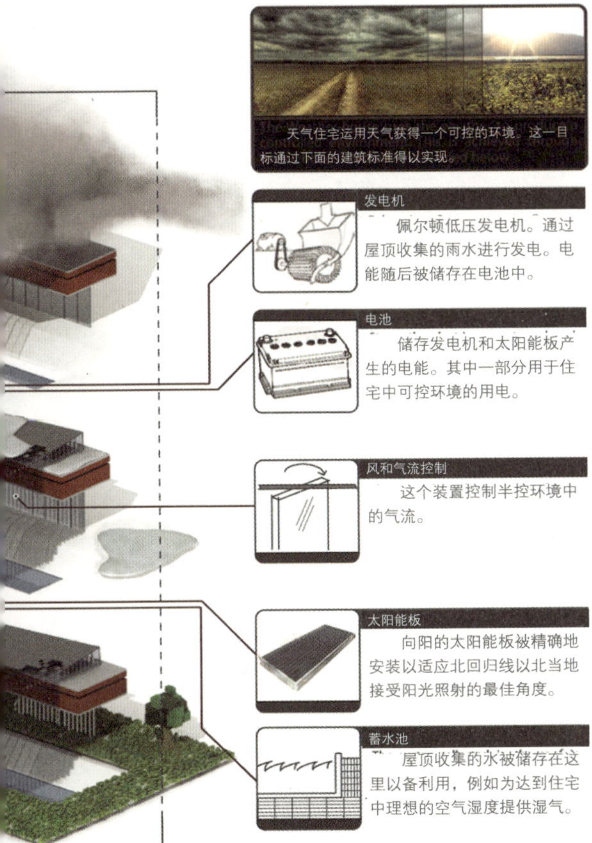

天气住宅运用天气获得一个可控的环境。这一目标通过下面的建筑标准得以实现。

发电机

佩尔顿低压发电机。通过屋顶收集的雨水进行发电。电能随后被储存在电池中。

电池

储存发电机和太阳能板产生的电能。其中一部分用于住宅中可控环境的用电。

风和气流控制

这个装置控制半控环境中的气流。

太阳能板

向阳的太阳能板被精确地安装以适应北回归线以北当地接受阳光照射的最佳角度。

蓄水池

屋顶收集的水被储存在这里以备利用，例如为达到住宅中理想的空气湿度提供湿气。

情况总览

示意图的纵向剖面

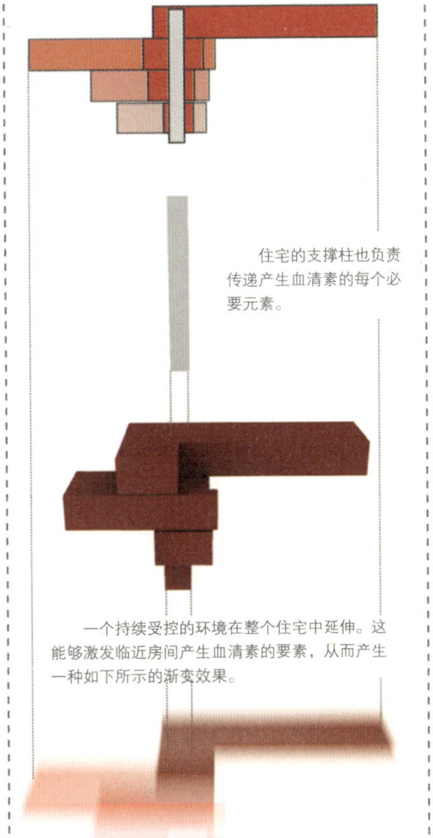

住宅的支撑柱也负责传递产生血清素的每个必要元素。

一个持续受控的环境在整个住宅中延伸。这能够激发临近房间产生血清素的要素，从而产生一种如下所示的渐变效果。

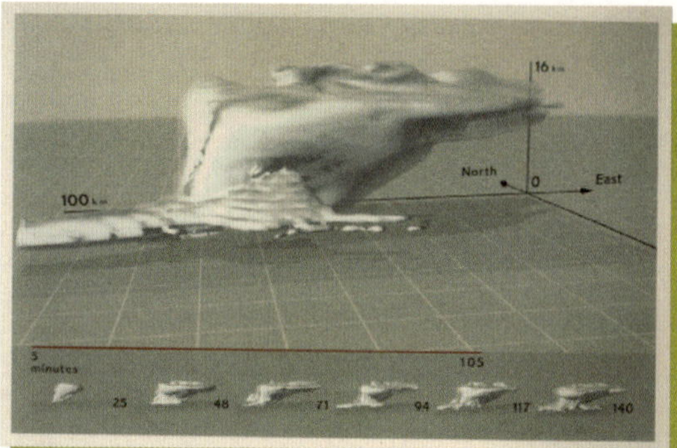

天气

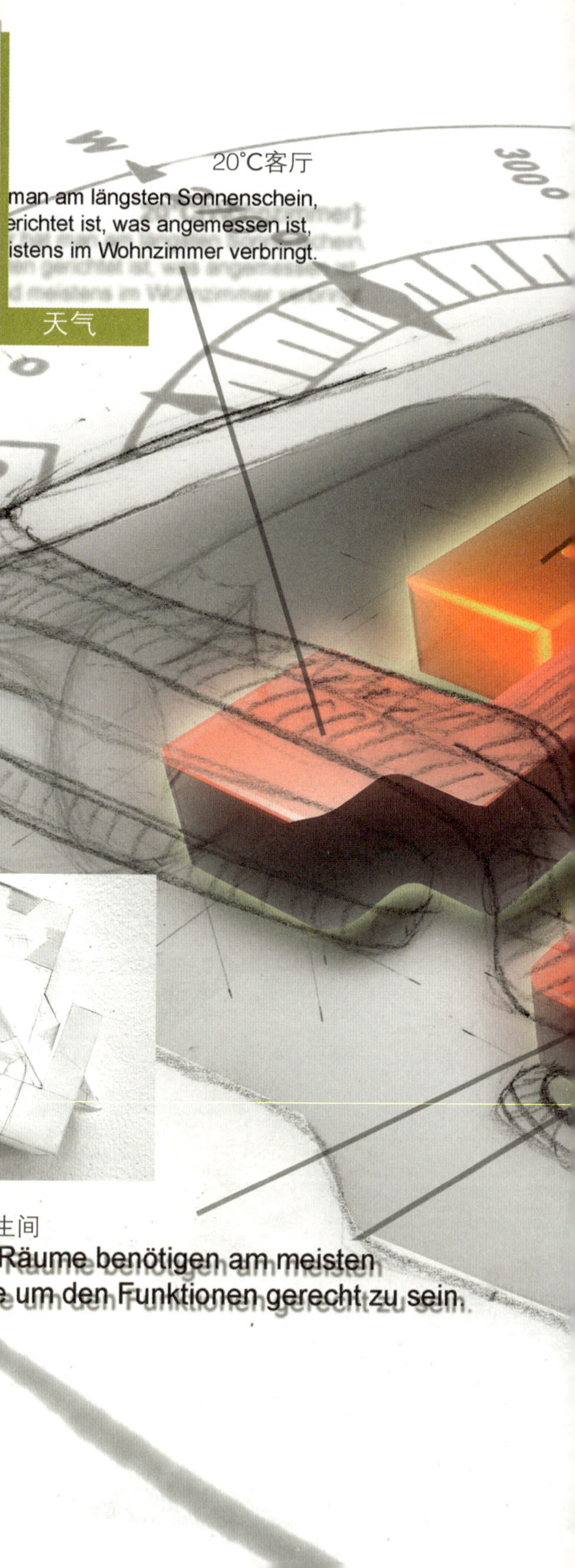

20°C客厅

man am längsten Sonnenschein,
erichtet ist, was angemessen ist,
istens im Wohnzimmer verbringt.

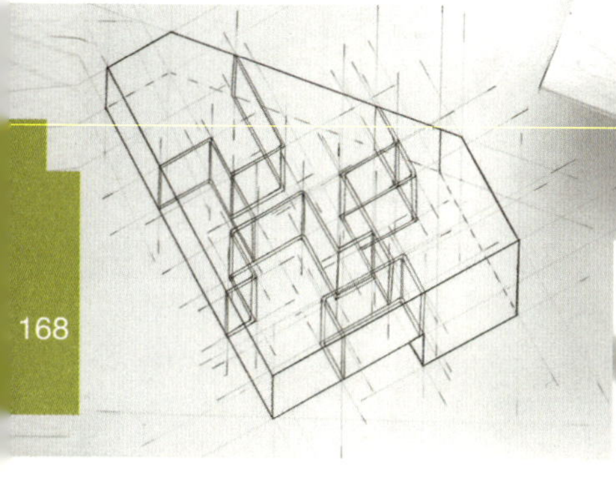

22°C卫生间

Diese Räume benötigen am meisten
Wärme um den Funktionen gerecht zu sein.

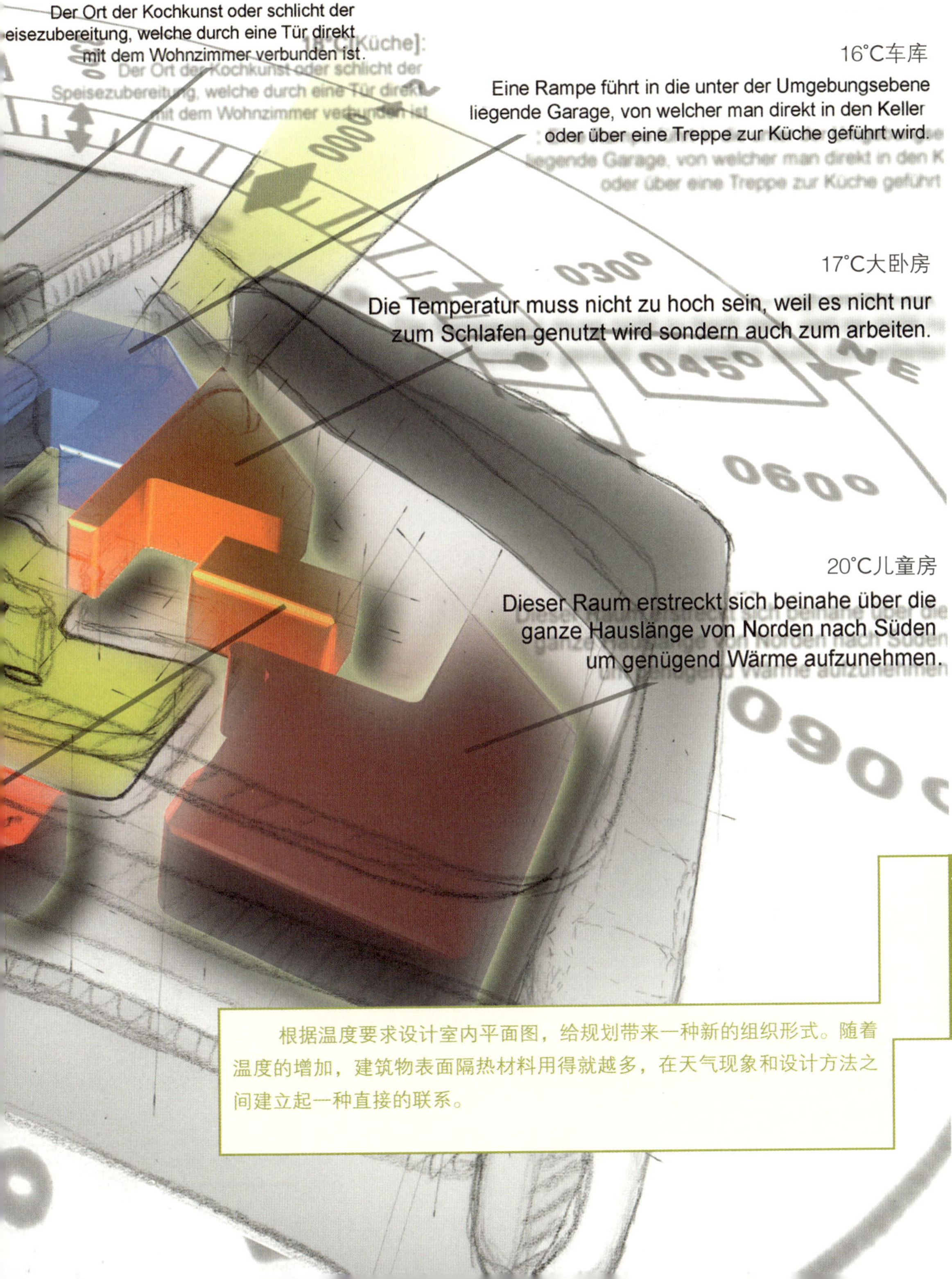

18°C 厨房

Der Ort der Kochkunst oder schlicht der Speisezubereitung, welche durch eine Tür direkt mit dem Wohnzimmer verbunden ist.

16°C车库

Eine Rampe führt in die unter der Umgebungsebene liegende Garage, von welcher man direkt in den Keller oder über eine Treppe zur Küche geführt wird.

17°C大卧房

Die Temperatur muss nicht zu hoch sein, weil es nicht nur zum Schlafen genutzt wird sondern auch zum arbeiten.

20°C儿童房

Dieser Raum erstreckt sich beinahe über die ganze Hauslänge von Norden nach Süden um genügend Wärme aufzunehmen.

根据温度要求设计室内平面图，给规划带来一种新的组织形式。随着温度的增加，建筑物表面隔热材料用得就越多，在天气现象和设计方法之间建立起一种直接的联系。

床

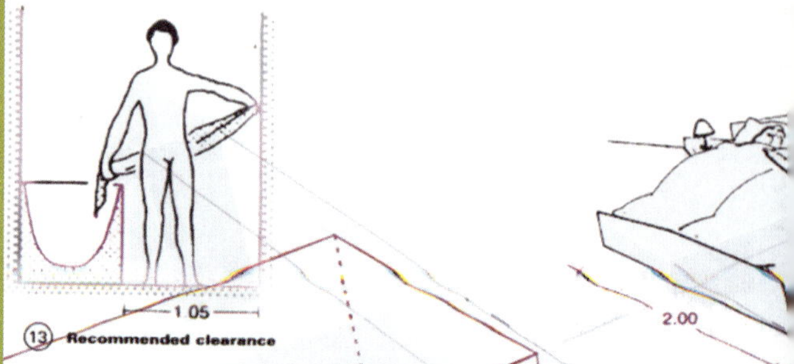

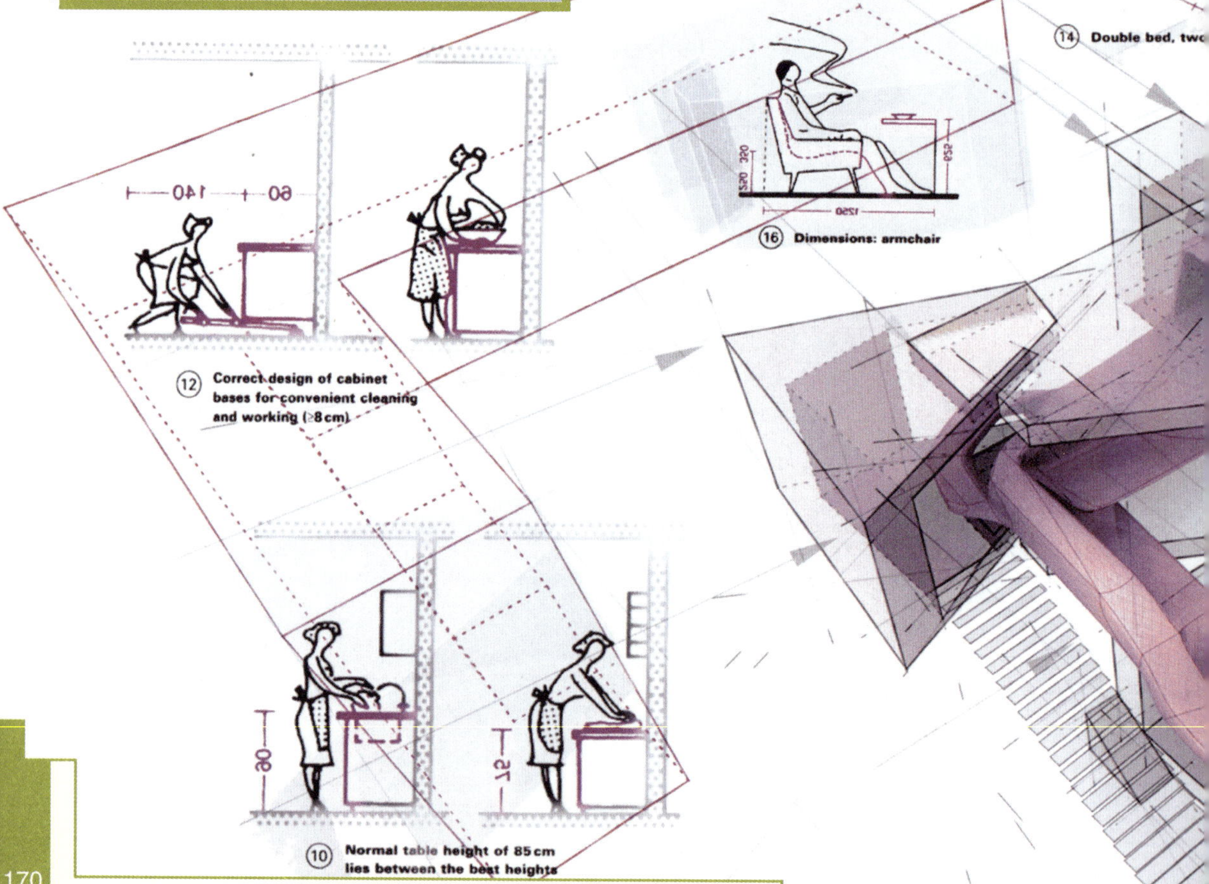

根据温度要求设计室内平面图，给规划带来一种新的组织形式。随着温度的增加，建筑物表面隔热材料用得就越多，在天气现象和设计方法之间建立起一种直接的联系。

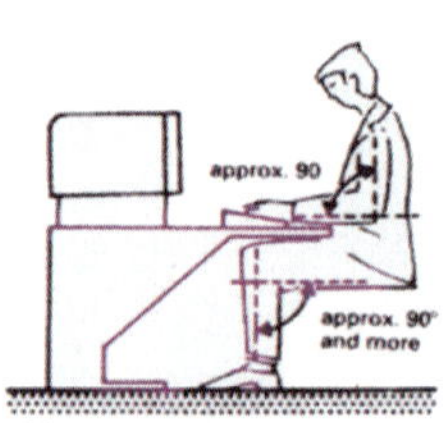

4 Correct ergonomic position

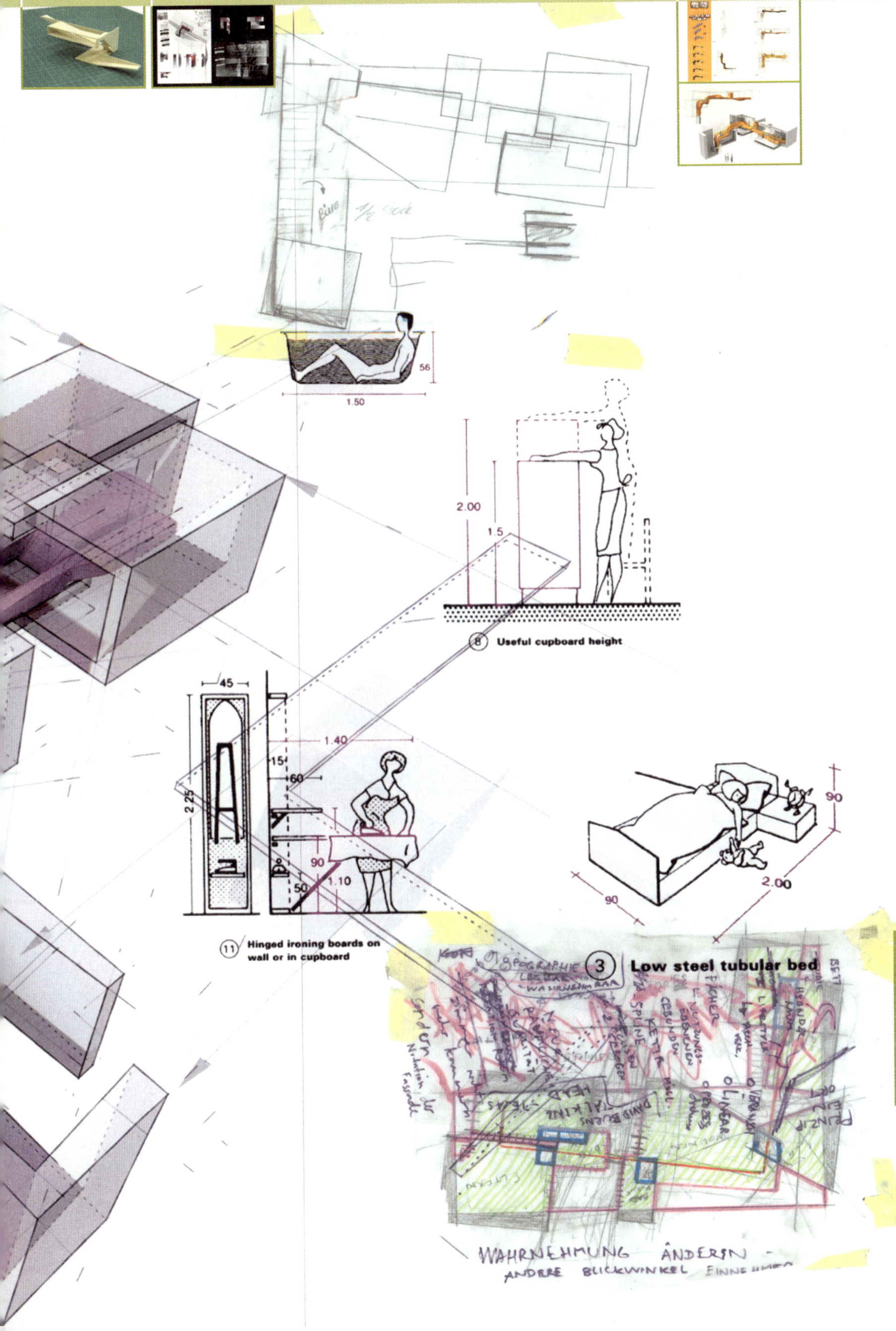
56
1.50
2.00
1.5
8 Useful cupboard height
45
1.40
15
60
2.25
90
1.10
50
11 Hinged ironing boards on wall or in cupboard
90
2.00
90
3 Low steel tubular bed
WAHRNEHMUNG ÄNDERN
ANDERE BLICKWINKEL

标准

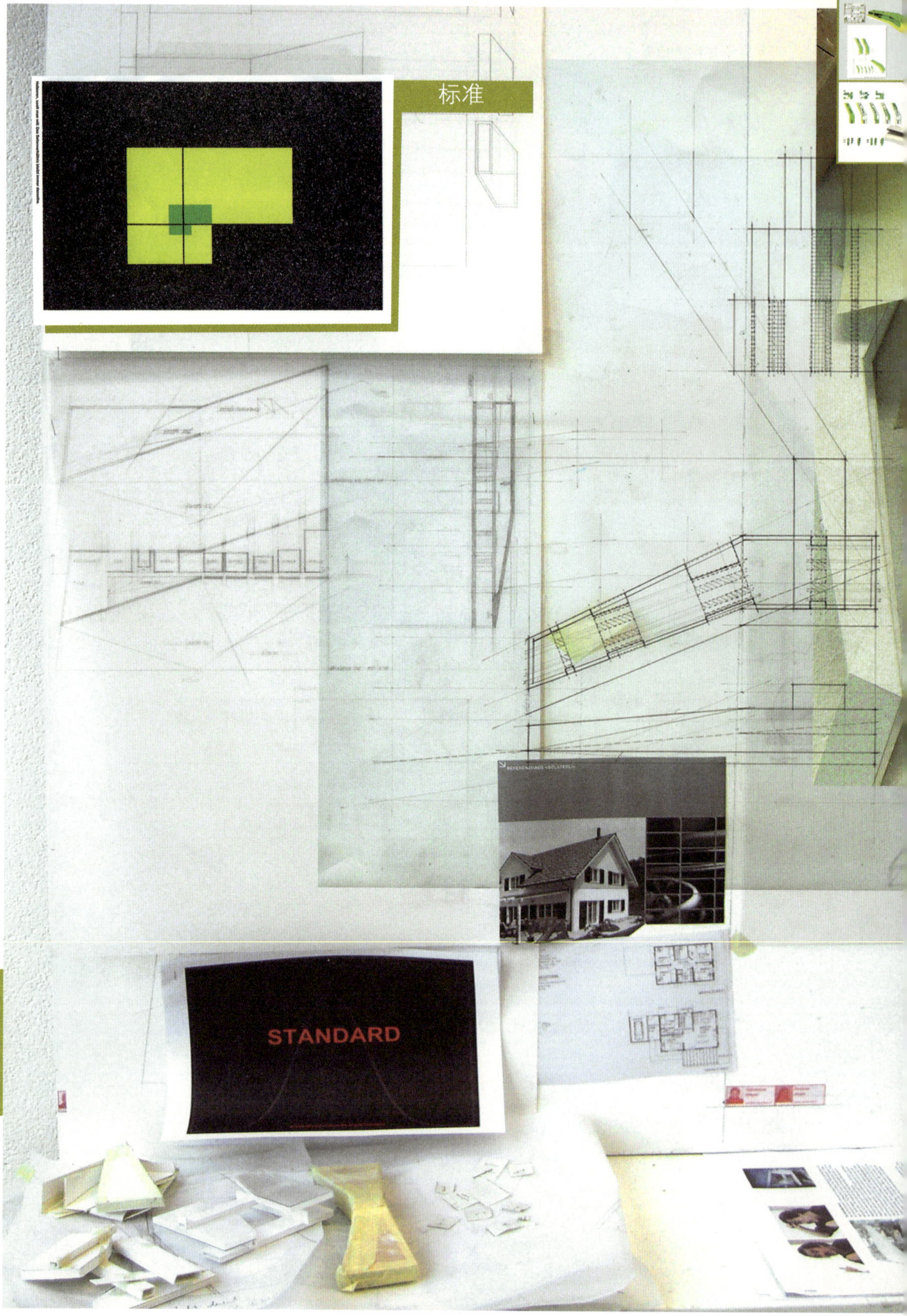

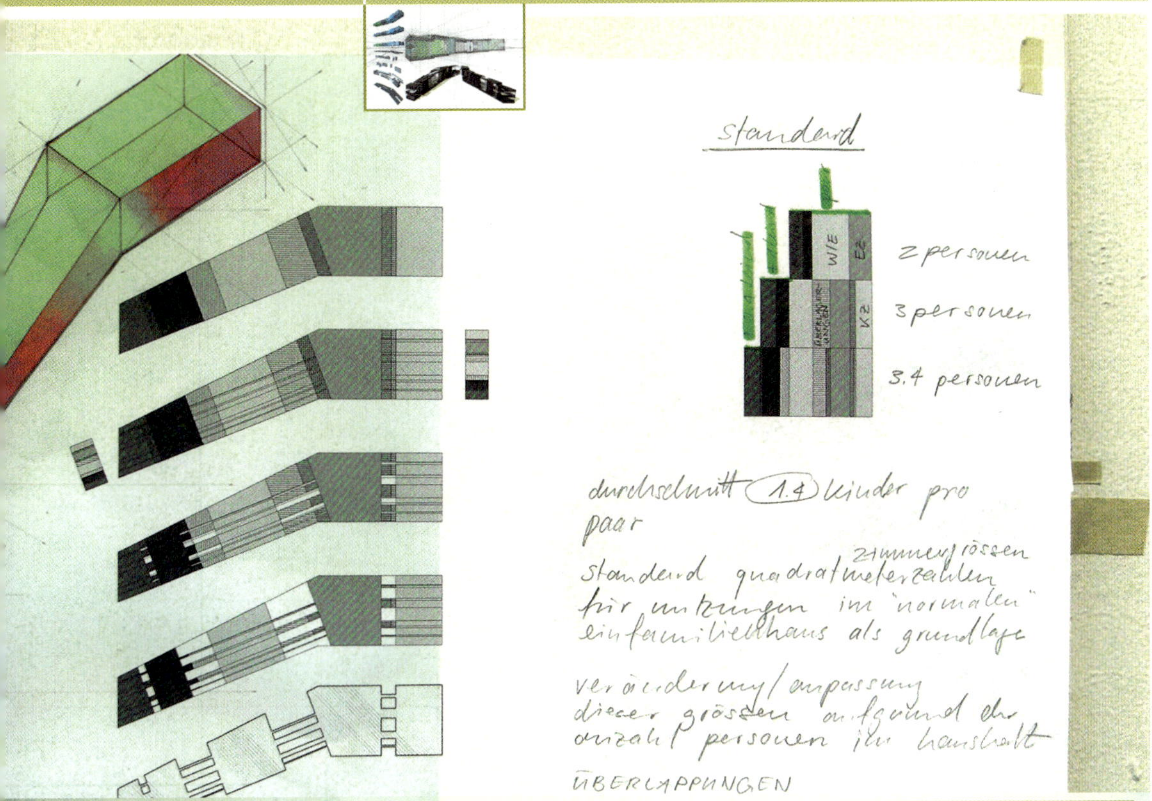

这个项目对卫生规范提出了质疑。看看几个规划的空间会发现定义和组织了不同的卫生级别。随之出现的是居住空间的重新划分。

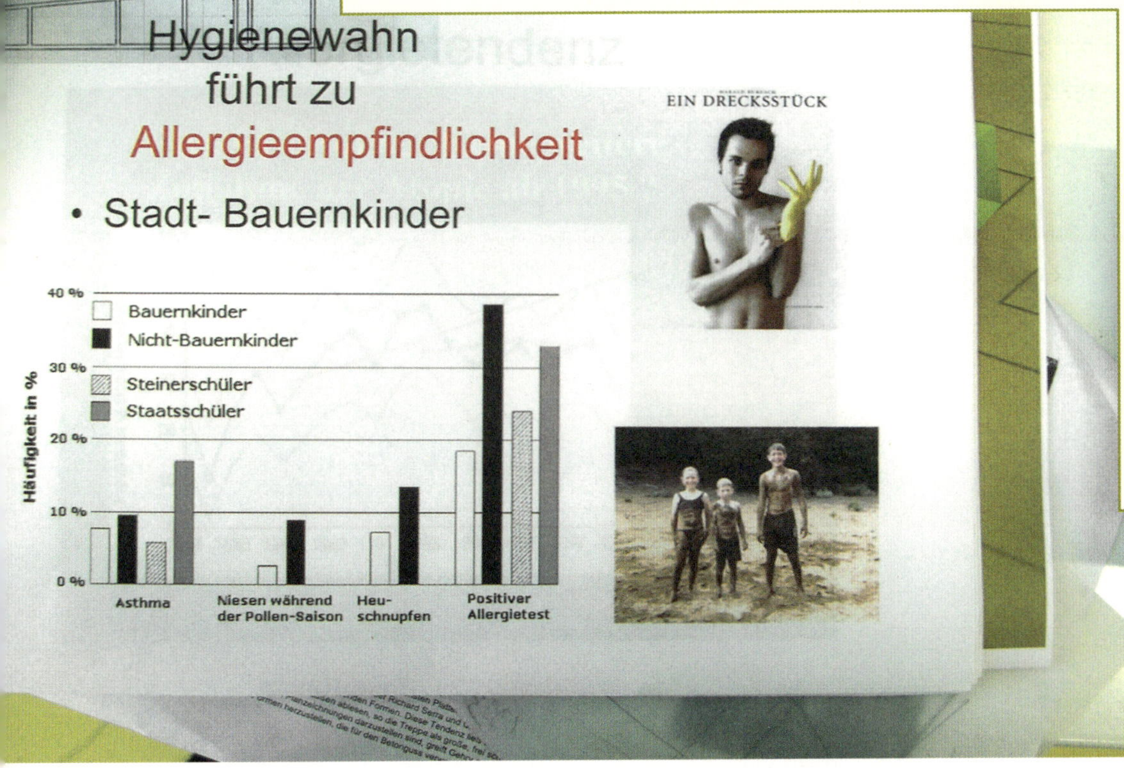

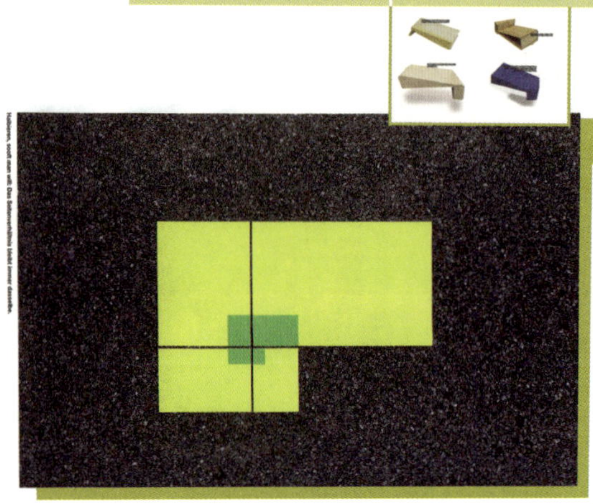

标准

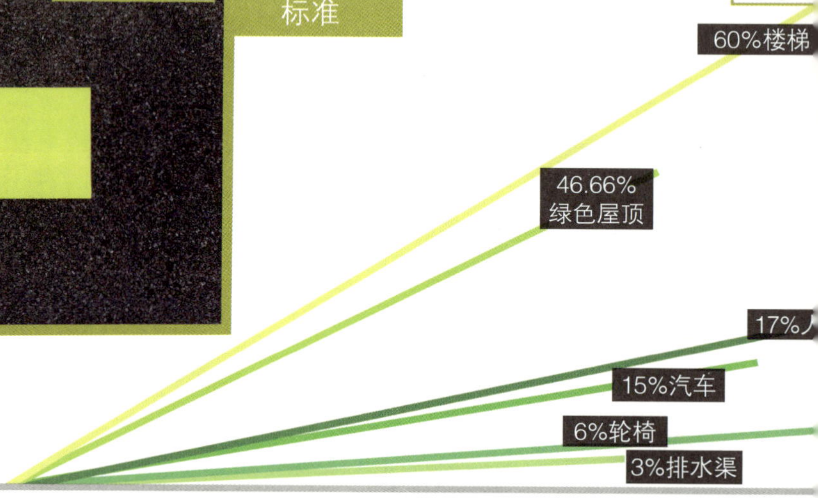

分区

在不同的区域，外部表面被折叠进来产生了“内部（Innies）”。其相对的“外部（Outies）”是周围地形作用的产物，在内部空间形成了空间顺序。这种结果是三个不同的空间品质：“内部（Innies）”、“外部（Outies）”和二者之间的空间。“内部（Innies）”和“外部（Outies）”定义了这个项目的形式。

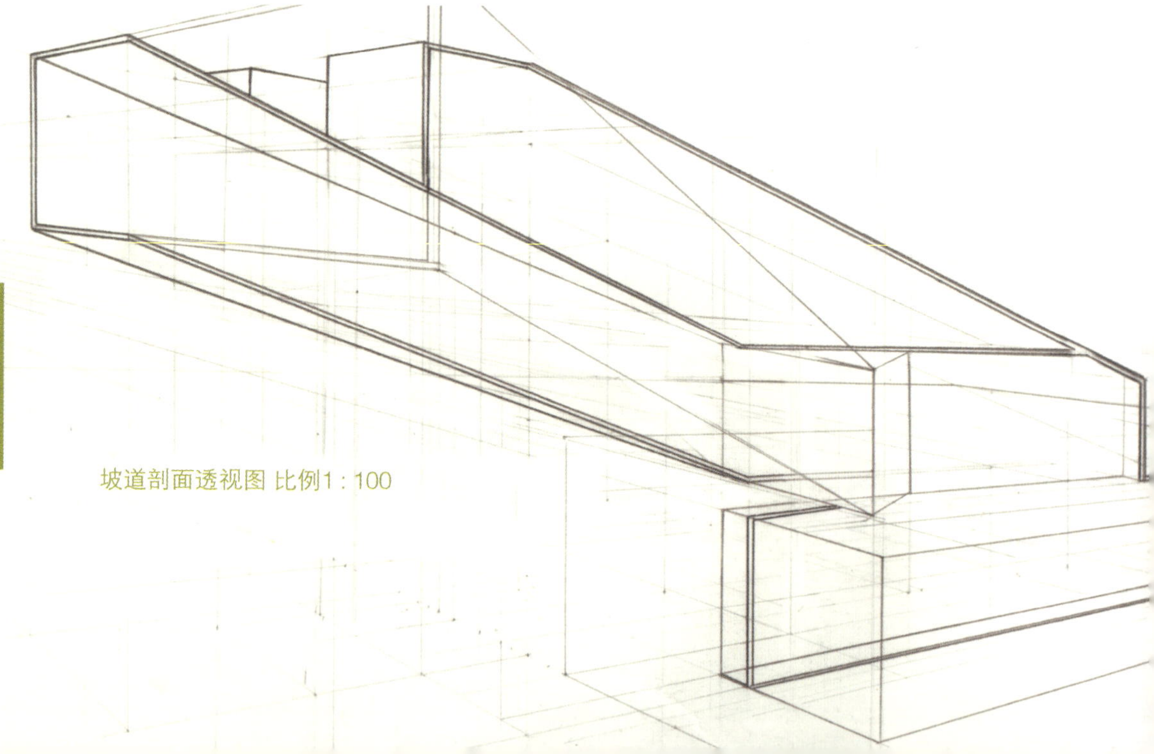

坡道剖面透视图 比例1：100

不同的斜面：

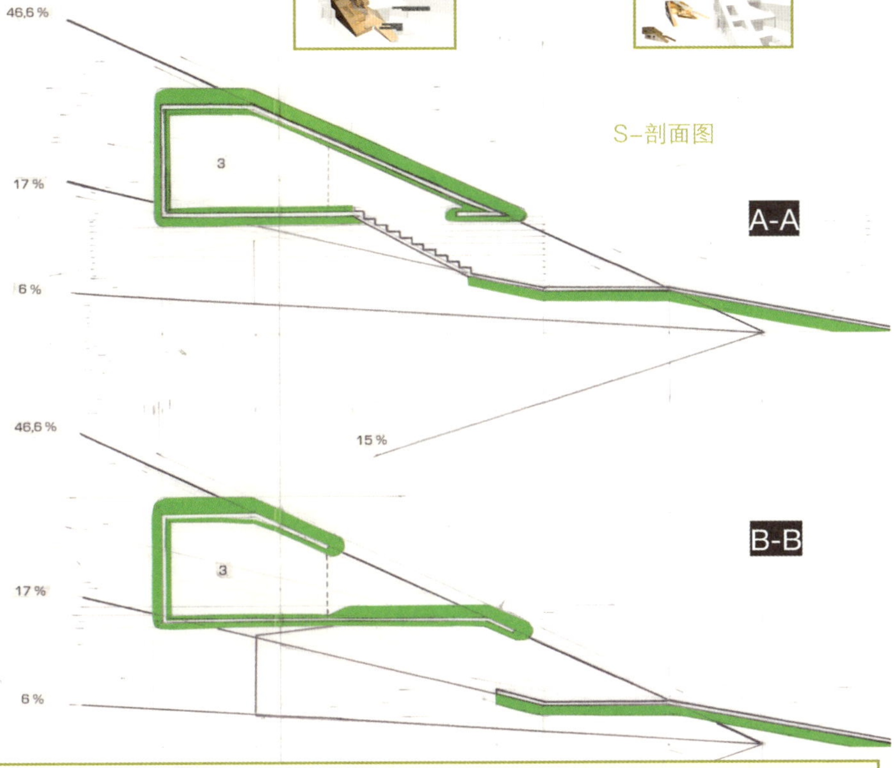

楼梯到坡道，倾斜的空间被标准化以满足不同使用者的需要。这些角度是研究这类空间和表面如何得到再利用的出发点。通过这种研究，该项目创造了运用此类标准的新类别和新方法。

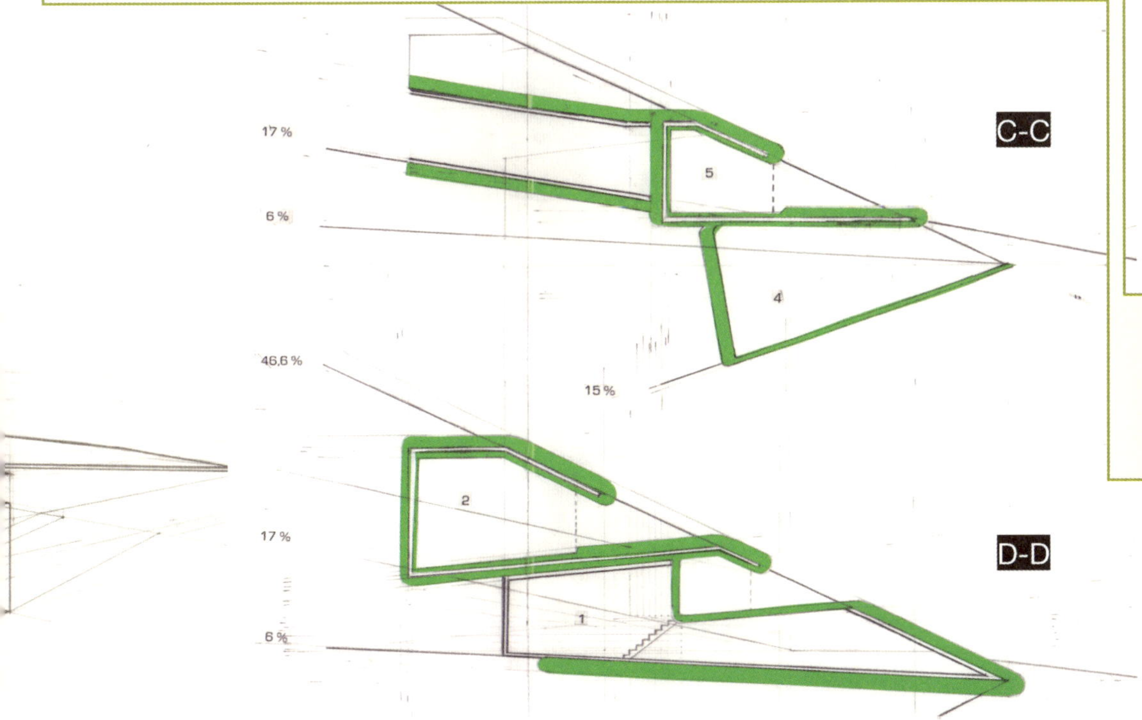

镜子

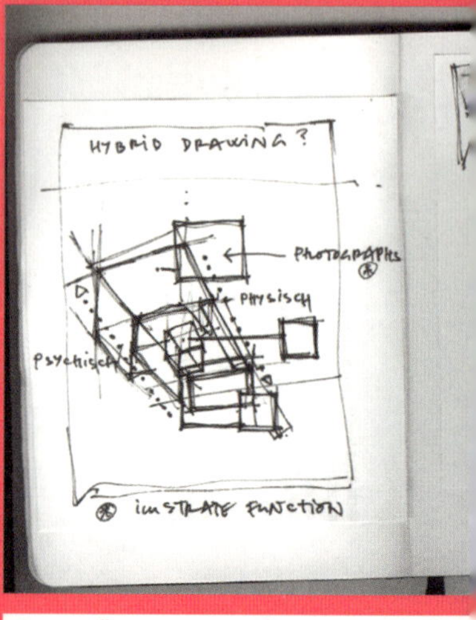

Auszüge aus dem Projekt

EVOLUTION VON DER SKIZZE ZUM HAUS

1. Physische Reflektion

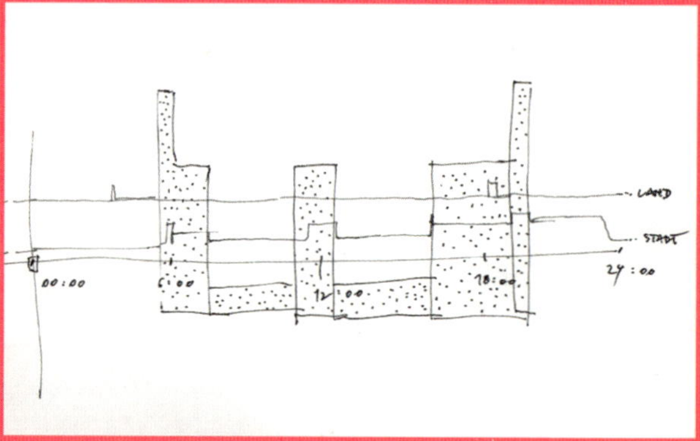

4. Weiterentwiclung

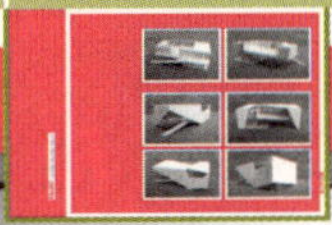

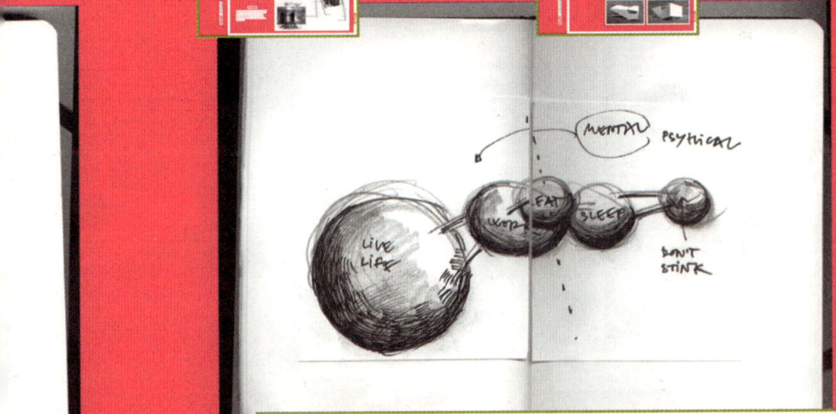

对镜子在室内空间作用的研究引出了对它们的物质和心理方面的思考。这些反过来成为这个项目室内组织的新工具。根据物质和心理方面不同层次的思考，创造出新的适于居住的空间区域。

sche Reflektion

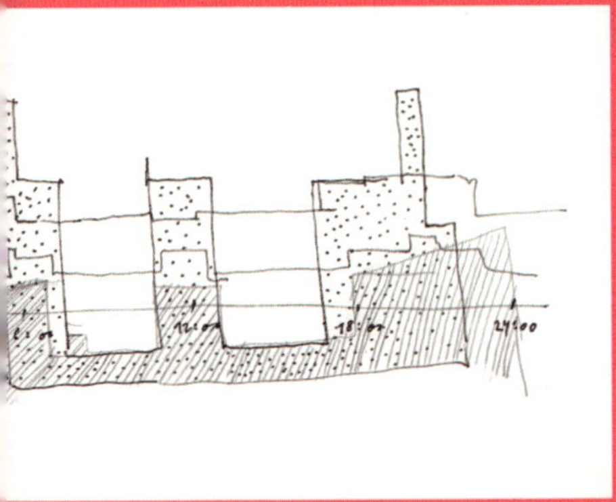

3. Überlagerung

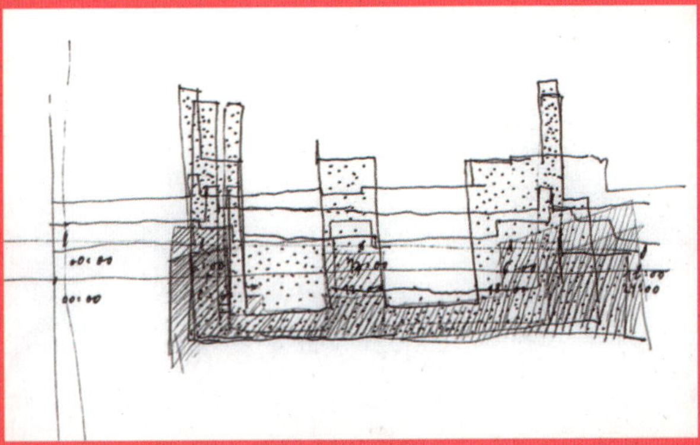

tzung in den Grundriss

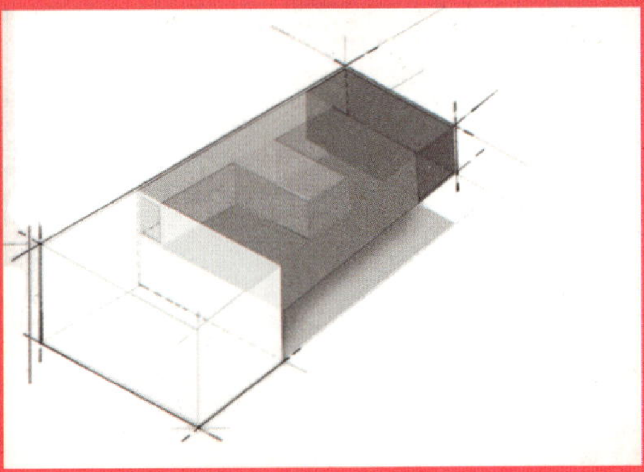

6. Übersetzung in den Raum

DIE SICHERHEITSPOLITISCHE LAGE
SICH SEIT DEM ENDE DES KALTEN
ELLE UND SICH ABZEICHNEND
DER LUFTSCHUTZK
Der Keller ist der einzige
地下室
in in
nfunktio
r Indus-
a) versione 13+4
b) versione 31+8
IN IHREM HAUS STECKT VIEL KAPIT
1:200

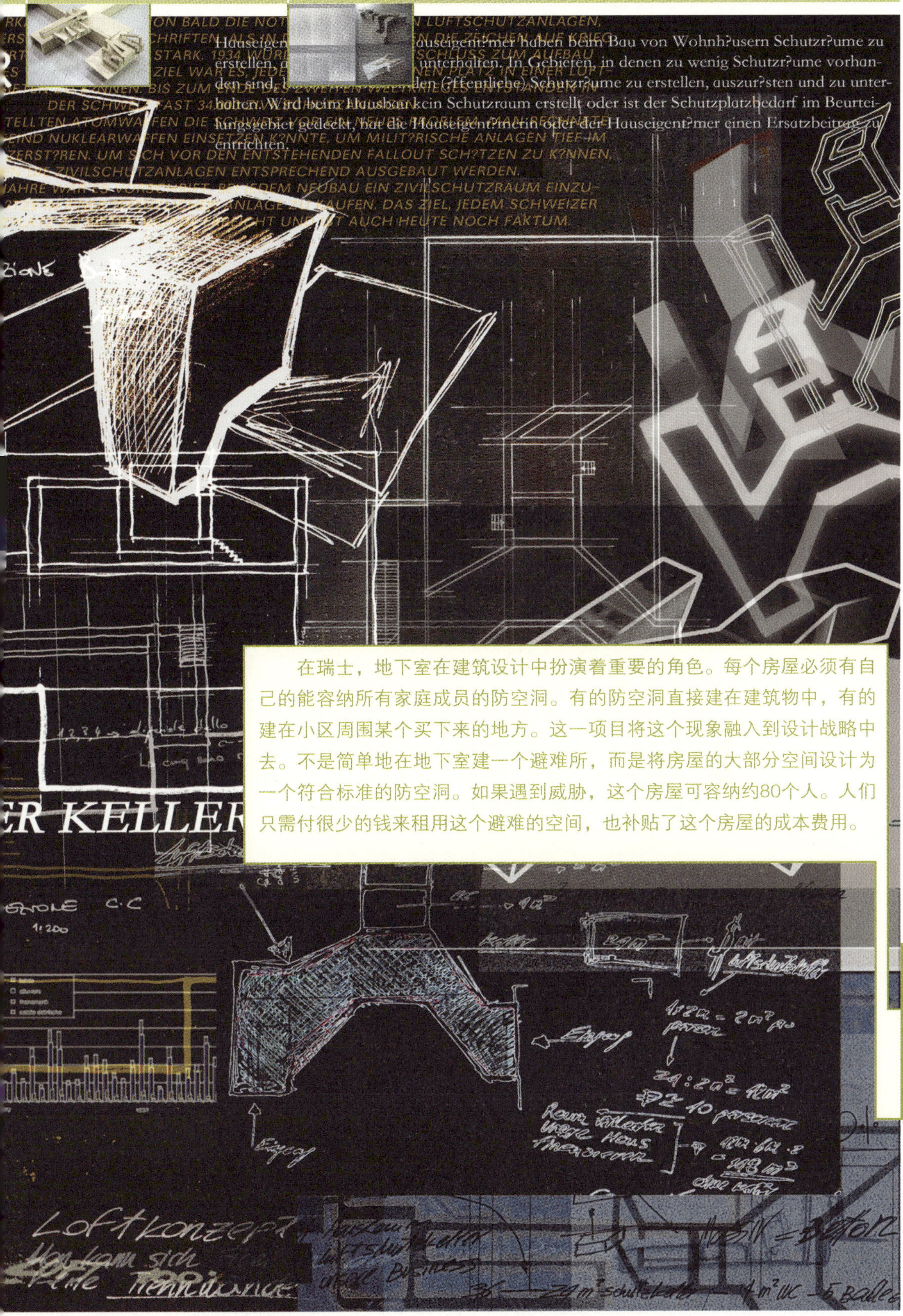

在瑞士，地下室在建筑设计中扮演着重要的角色。每个房屋必须有自己的能容纳所有家庭成员的防空洞。有的防空洞直接建在建筑物中，有的建在小区周围某个买下来的地方。这一项目将这个现象融入到设计战略中去。不是简单地在地下室建一个避难所，而是将房屋的大部分空间设计为一个符合标准的防空洞。如果遇到威胁，这个房屋可容纳约80个人。人们只需付很少的钱来租用这个避难的空间，也补贴了这个房屋的成本费用。

6

“如此之多的两重性、如此之多的对立类型，当对立面，尤其是二元逻辑被引入的时候，这些看起来变得很古怪。二元论被认为是权力逻辑的特征。但这是一个陷阱，是一个策略问题。说是陷阱，是因为毕竟人们无法逃脱对立逻辑。人们必须依据差别进行思考。假设甚至连这也要尝试，只是得出我们无法脱离理性体系并且在继续思考这一结论的第一步。我们已经掉入陷阱了，在观念上、在现实中、在权力编织成的网中。因此真正的问题就是策略。重要的是，这不是一个‘批判’树逻辑的问题。Deleuze和Guattari从来不用“批判”这个动词。这也不是一个逃避二分法的问题，应该说是一个如何对待它们的问题。任何上述异议都是不确定的，都不应该被认为是应该花大力气进行论证的。哲学就像Althusser说的那样，不是一场关于立场的战争；它是一场游击战，一种运动战。因此对立事物就极为必要，但仅仅是一个补给站、一个藏身之所或袭击据点。‘我们只引用一个二元论去反驳另一个’。这样，即便是我们最尊重的二元论也只具有相对的稳定。” Paul Patton, “Notes for a Glossary,” in: Gary Genosko (ed.), *Deleuze and Guattari. Critical Assessment of Leading Philosophers*, London: Routledge 2001, p. 1095.

6 多维分区
理清分类

练习6介绍了由功能需求决定的空间属性的概念。由于本学期的计划是要对分类进行介绍，因此首先要讲解建筑学上惯用的分类法，确定功能性推论的空间特征。这种区别包括内部的或外部的空间、公共的或私有的领地、运动的或静止的空间、隐藏的或展露的空间。

虽然目标倾向于实用主义，但这个练习同时对将二项式对立作为维持分类思考的一种方法提出了质疑。从形式和结构的角度看，由于要考虑到不确定性和梳理归类，因此对建筑进行规划的可行性是受到质疑的。在探索设计规划战略的同时，也研究了无法充分维持区分的情况。

没有回避二项式对立问题，而是直接利用它进一步勾勒出工作规划的层次。在这里，规划从一系列抽象的二分法中发展起来，通过内部、外部，单个、集体，静止、动态，服务的、被服务的，以及有意识的、无意识的这些词汇来表明。这几组词汇被当成额外的层插入之前练习中所完成的图表。用不同颜色的纸板作出空间分区，像Andy Warhol的“用颜色绘画”的系列作品。要完成一种标明区域及其相关属性的多维分区图，之后要将它做成模型。原始的图表现在加入了额外的信息代码，要将它转变为空间结构。

现代主义对分隔的功能的声明，比方说像雅典宪章中根据功能不同对区域进行明确的细分，展现了一种和本章练习目标相反的意识形态[1]。虽然工作室的工作源于一个固定种类的矩阵，但它的最后分类开始被打破、向一种组合发展，规划的组成部分在这个组合中混合起来。在这个背景下，规划被视为一种战略，在含有大量参照的领域发掘那些潜在的组织形式。

肯定又抵制的做法不是一个协调对立面的方法。它也不是建立在条件辩证并列的基础上，而是需要在更高的层面上解决。它应该作为建立模糊关系系统的方法，接受组成部分间的一致和矛盾。**1 Le Corbusier,** *La Charte d'Athènes*, Paris: Seuil 1971.

6

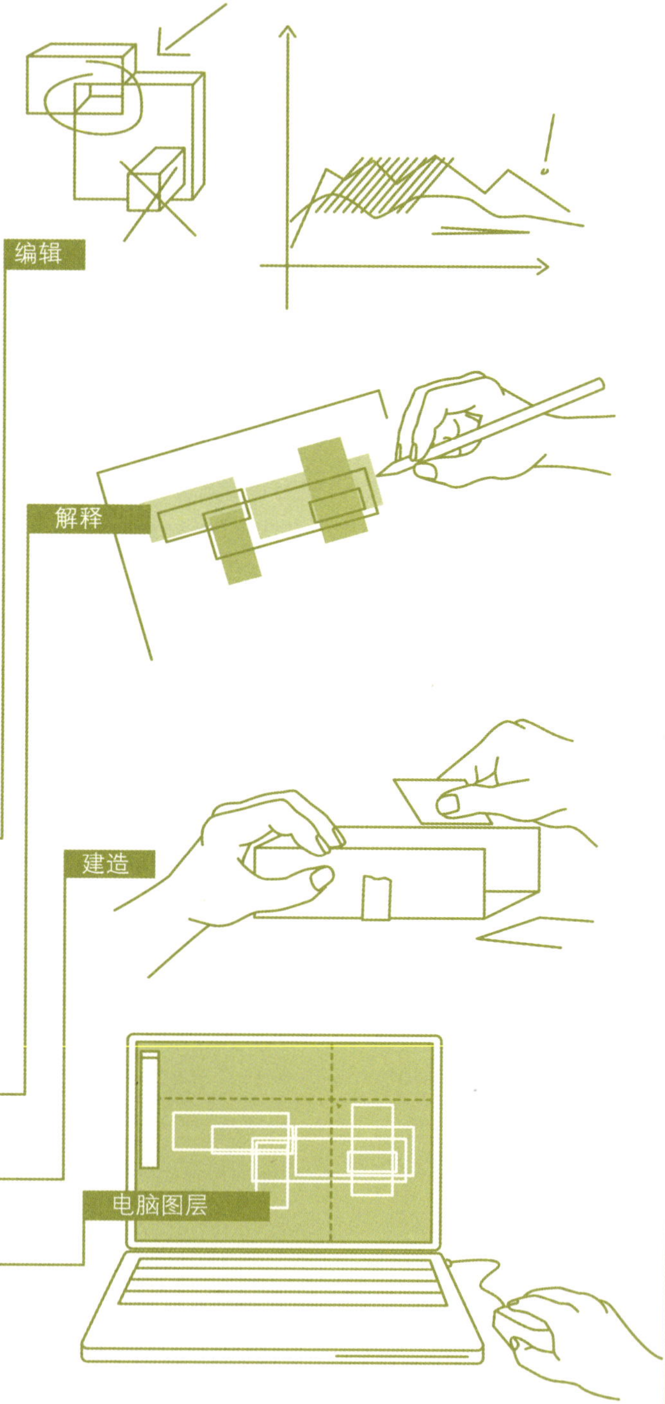

08 讲座
形式和功能

09

10 小组和课本讨论
Michel Foucault
"Of Other Spaces"

11 工作室
多维分区

12

13 电脑
FormZ

14 工作室

15

16

17

18 演示

练习6——课堂说明

指南

对建筑的规划要求越来越排斥纯粹的线性、单一功能的秩序，转而支持复杂的、类似的混合条件，在这个条件下，空间进行互联、交织和重叠。

在这个练习中，有各自特点的分区在一个空间系统内得以发展。

输入>条件：私有的（深绿）—半私有的（绿色）—半公共的（浅绿）—公共的（黄色）

输出>2D分区图，A2纸纵向格式，比例1 : 200（扫描这张图纸，用软件显示出不同分区半透明的重叠层，之后打印出来）>3D分区图（模型），比例1 : 200

步骤>要使用练习4中完成的空间组合及练习5中完成的图解。学生需要用上面所列的条件重新阐述自己的项目，以此进一步发展程序规划方面的关系。>2D分区图：将上述条件分配给项目的不同分区。借助电脑给自己的项目分区，考虑规划可能的层次。使用Photoshop或Illustrator制作层次和透明效果。>3D分区图：将自己的2D分区图转变成模型。不同分区的关系应清晰可辨，同时也要考虑它们是如何相互影响和重叠的。用彩色的纸板制作这些分区，留意对每个表面进行不同编码可能出现的情况。模型应该形成一个独立的新单元，但周围地形区域也应该囊括进来，使用白色纸板制作。

评判标准>空间关系>系统的复杂性>属性的一致性>从2D到3D的转变

数字化>技巧和策略：FormZ——透视图、漫游、电脑演示

演示>当天下午6点>由另一个小组用1分钟时间进行项目演示

每周练习>根据反馈完善项目

参考阅读>Deborah Fausch, “Ugly and Ordinary. The Representation of the Everyday,” in: Deborah Berke and Steven Harris (eds.), *Architecture of the Everyday*, New York: Princeton Architectural Press 1997.

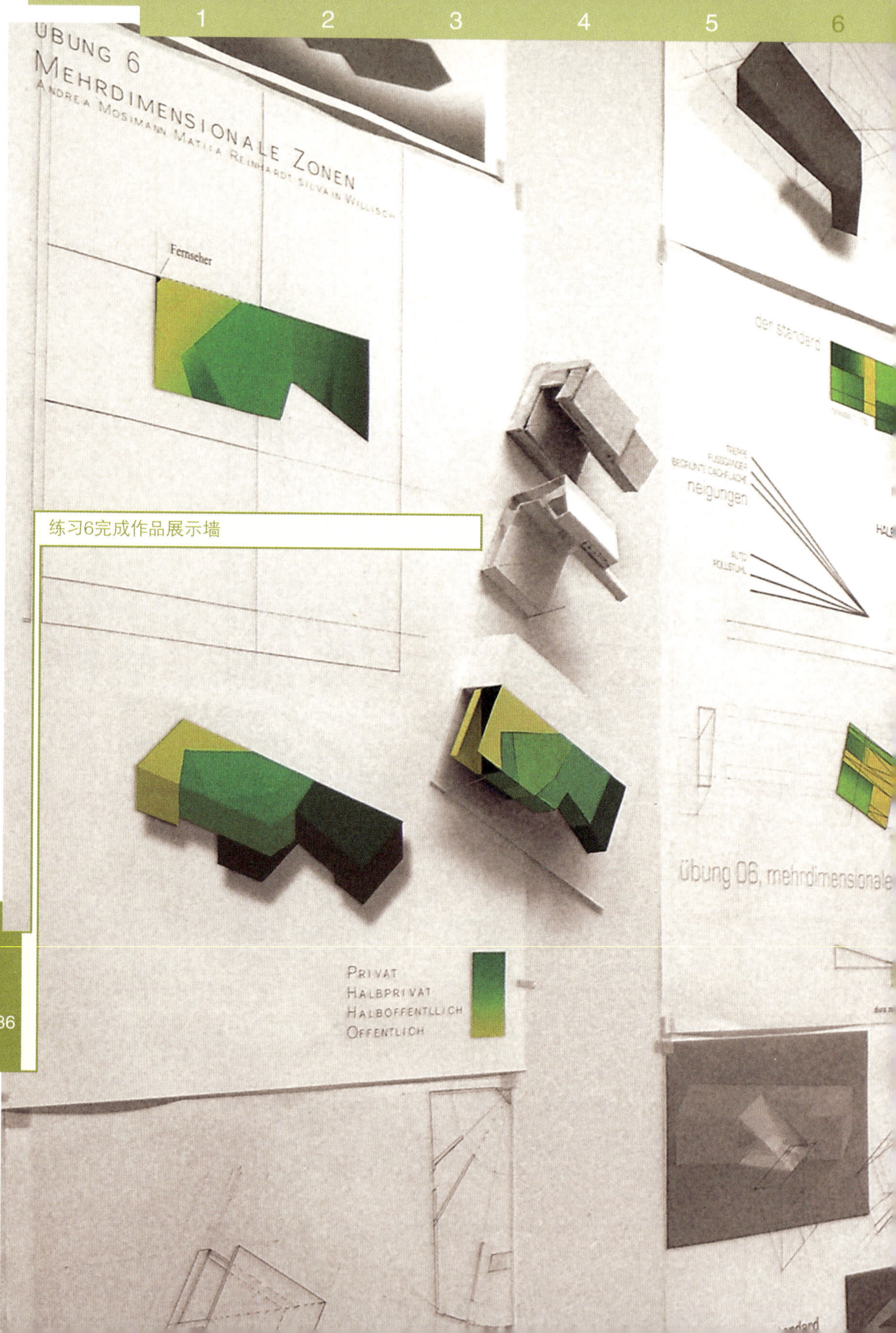
ÜBUNG 6
MEHRDIMENSIONALE ZONEN
ANDREA MOSIMANN MATTIA REINHARDT SILVAIN WILLISCH
Fernseher
der standard
neigungen
übung 06, mehrdimensionale
PRIVAT
HALBPRIVAT
OFFENTLICH

练习6完成作品展示墙

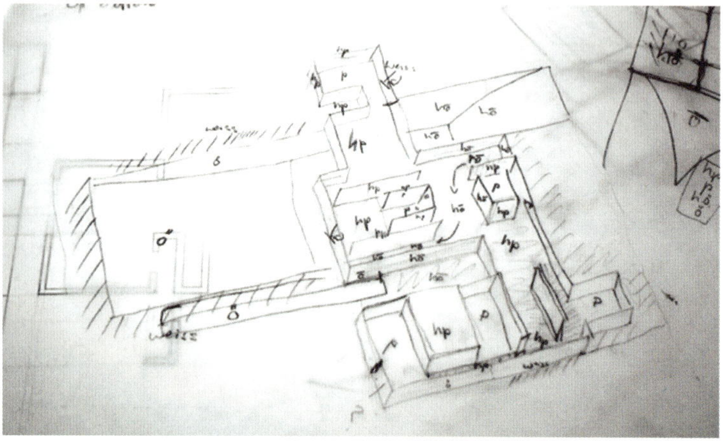

>草图

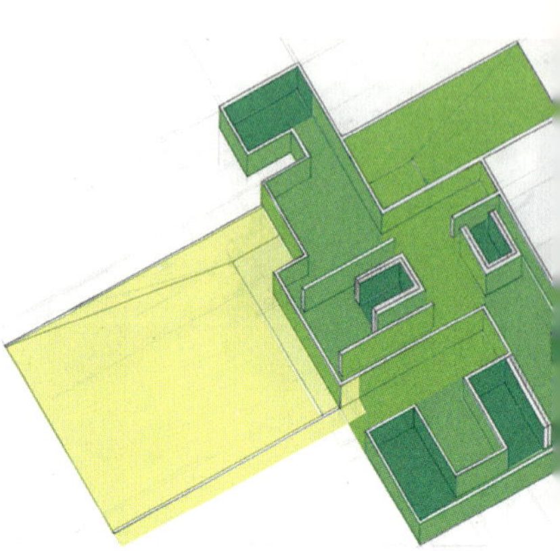

>绘图

公共空间 半公共空间

4种颜色不同的纸张——从深绿到黄色——分发给每个小组，让他们制作项目的一个分区模型。深绿代表私密区域，黄色代表公共区域。通过对那些设计有不同私密或公共程度的空间进行编码，学生们得到鼓励去发展可以在这两个范围之间同时活动的混合区域。学生们还需挑战发展新的重叠技巧，例如深入研究表面处理的作用等。

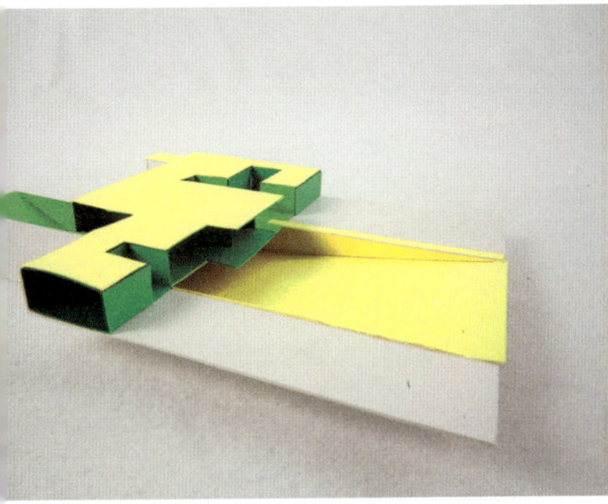

>模型

>模型

半私有空间

私有空间

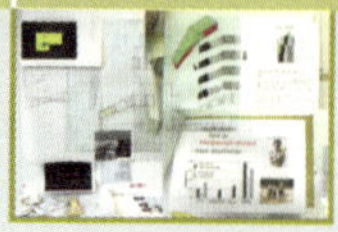

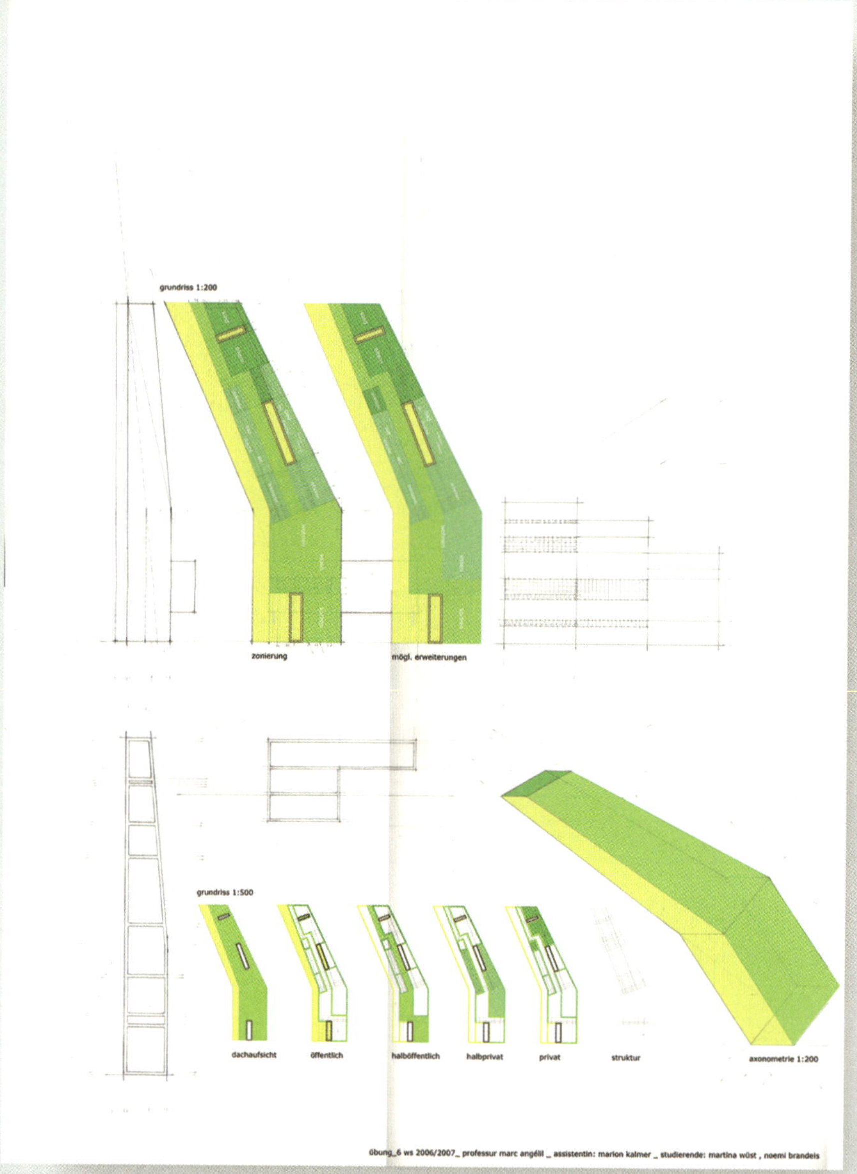
grundriss 1:200
zonierung
mögl. erweiterungen
grundriss 1:500
dachaufsicht
öffentlich
halböffentlich
halbprivat
privat
struktur
axonometrie 1:200
übung_6 ws 2006/2007_ professur marc angélil _ assistentin: marion kalmer _ studierende: martina wüst , noemi brandeis

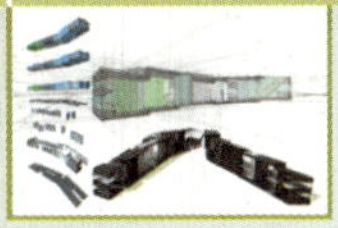

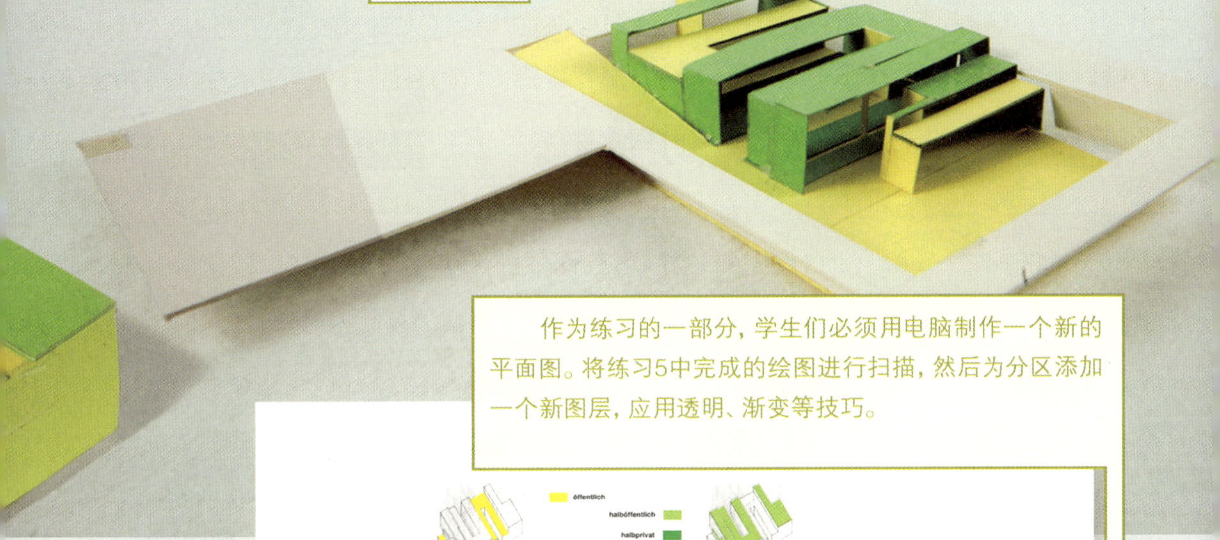

作为练习的一部分，学生们必须用电脑制作一个新的平面图。将练习5中完成的绘图进行扫描，然后为分区添加一个新图层，应用透明、渐变等技巧。

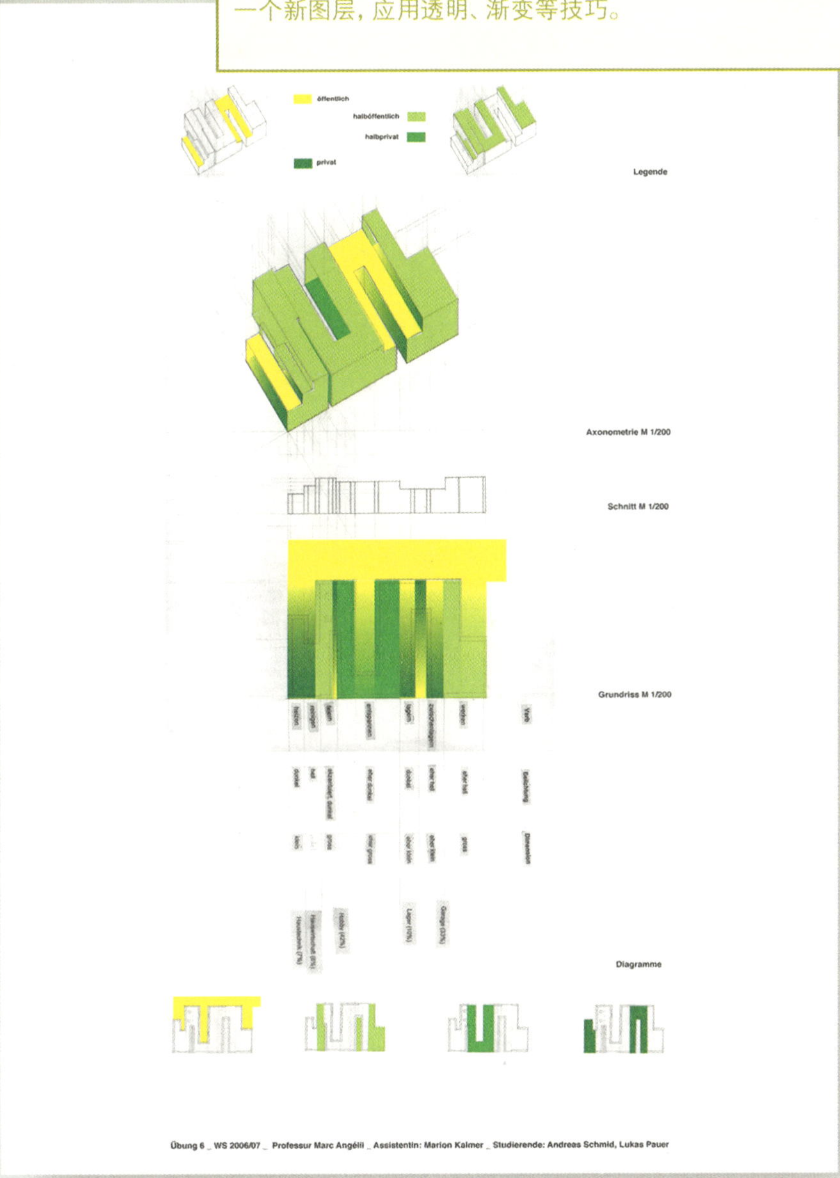

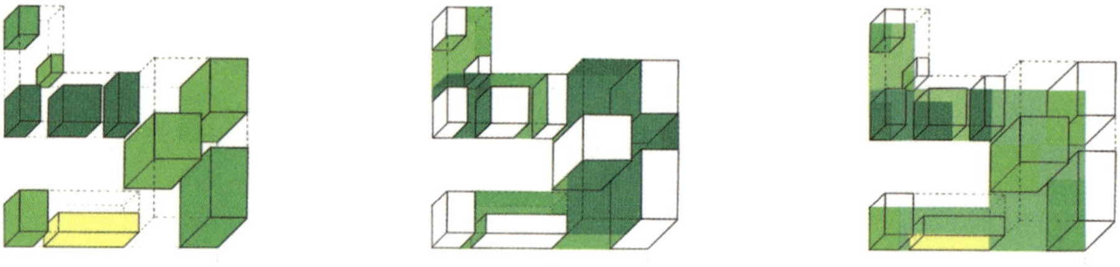

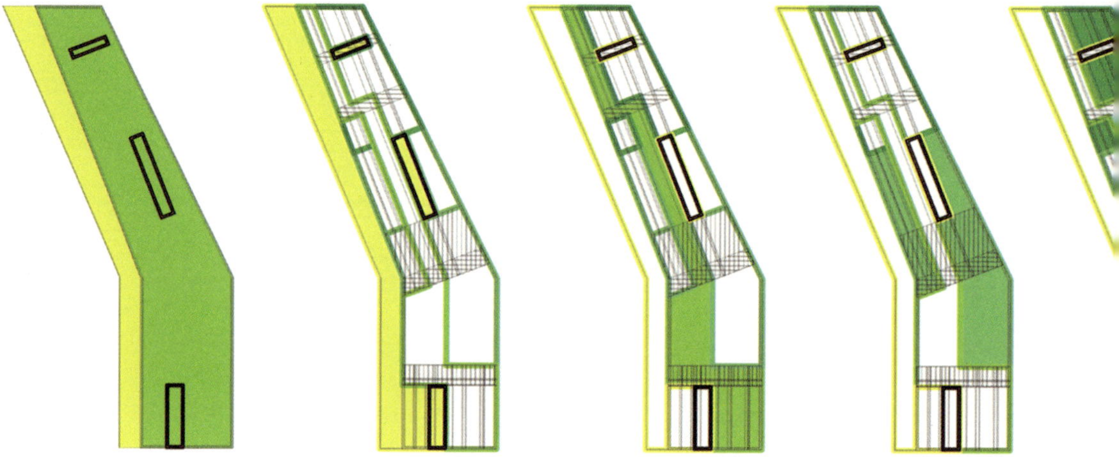

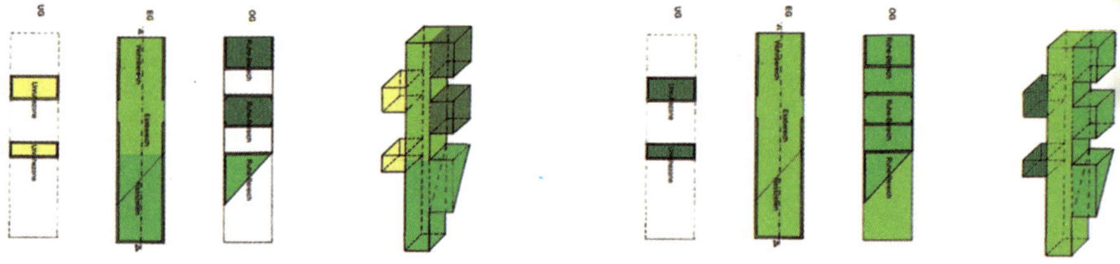

前一个练习中空间和规划的组织结构为研究项目的公共方面和私密方面之间的相互关系做了铺垫和指导。

severin berchtold, katharina kiesbauer, theres hollenstein

die berührungsfläche des objektes hängt mit der resultierenden der raumausdehnung zusammen

这个建筑物的入口选用黄色的纸张是要严格定义它为最开放的公共空间。随着人们走进这里，会遇到更为私密的空间。

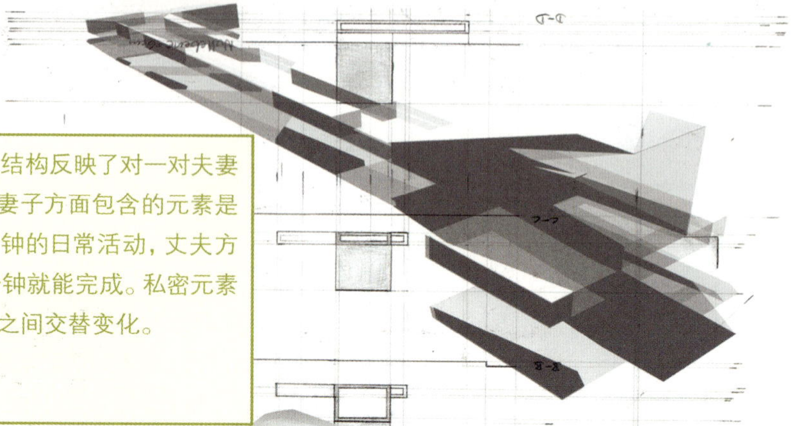

这个建筑的线性组织结构反映了对一对夫妻早晨的例行活动的解释。妻子方面包含的元素是一条蜿蜒的、时长为23分钟的日常活动，丈夫方面被设计成一条捷径，8分钟就能完成。私密元素和公共元素在这两个极端之间交替变化。

DAS DURCH DIE RÄUME HALLENDE A

CHRISTOPHER ROFE & PAULA STEIGER

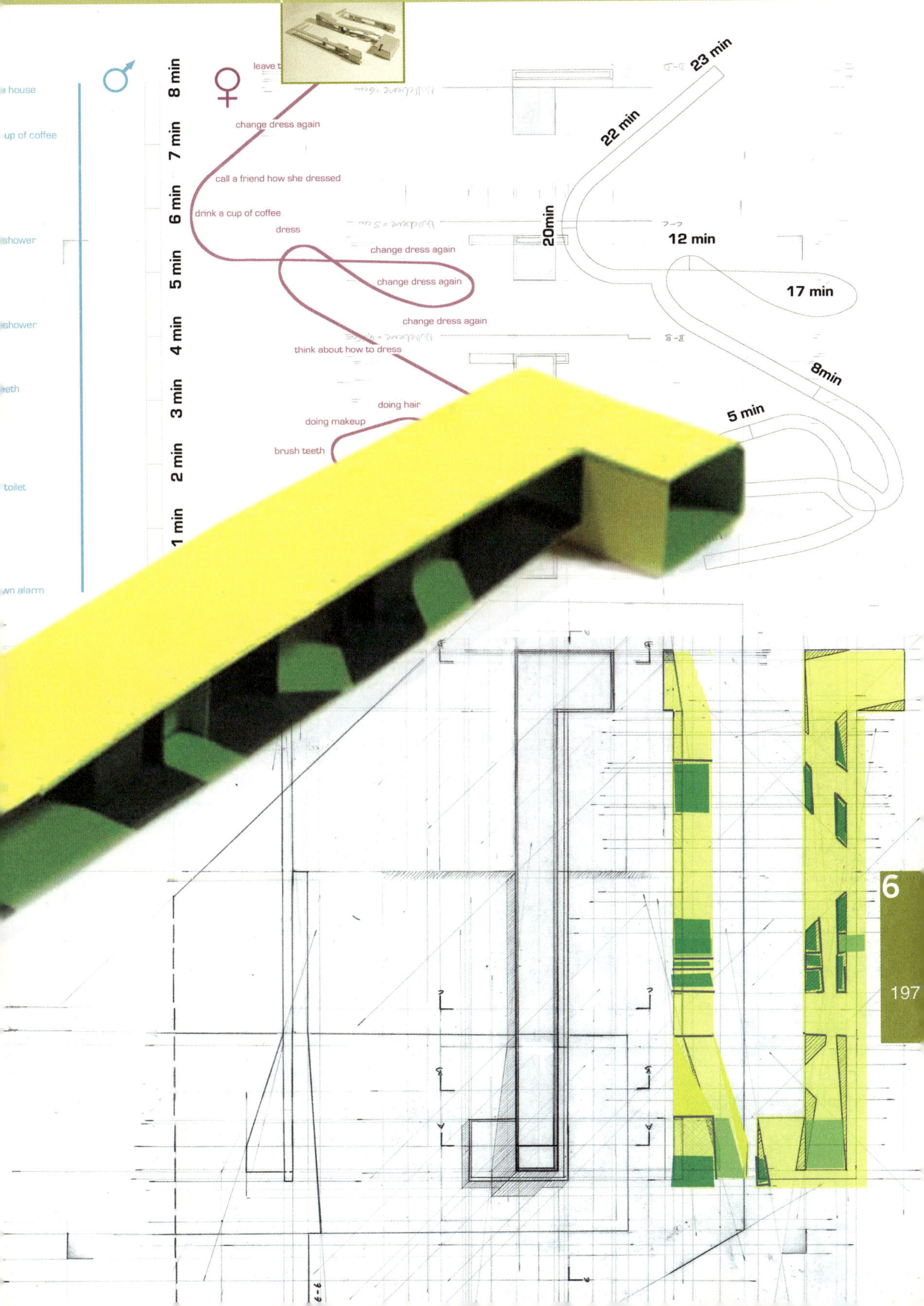
house
up of coffee
shower
shower
eeth
toilet
wn alarm
8 min
7 min
6 min
5 min
4 min
3 min
2 min
1 min
leave t
change dress again
call a friend how she dressed
drink a cup of coffee
dress
change dress again
change dress again
change dress again
think about how to dress
doing hair
doing makeup
brush teeth
23 min
22 min
20min
12 min
17 min
8min
5 min

06_MEHRDIMENSIONALE ZONEN

tomas polach, thomas keller, flavio schnelli. UNIT DIRK 04.12.06

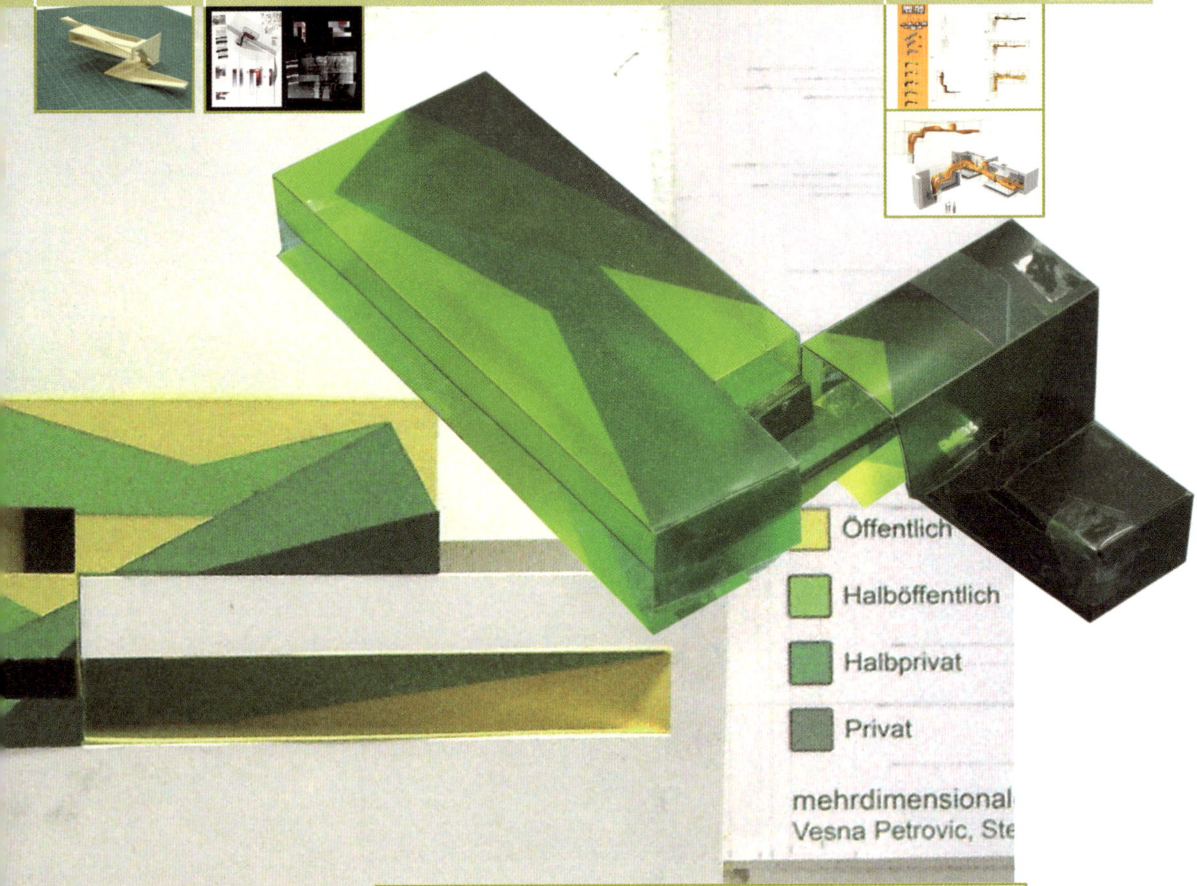

这里，床被理解为房屋中私密程度最高的元素，成为建筑物的脊梁，其他空间围绕它进行设计和规划。

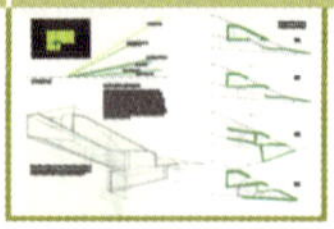

多维分区
理清分类

私有

半私有

半公共

公共

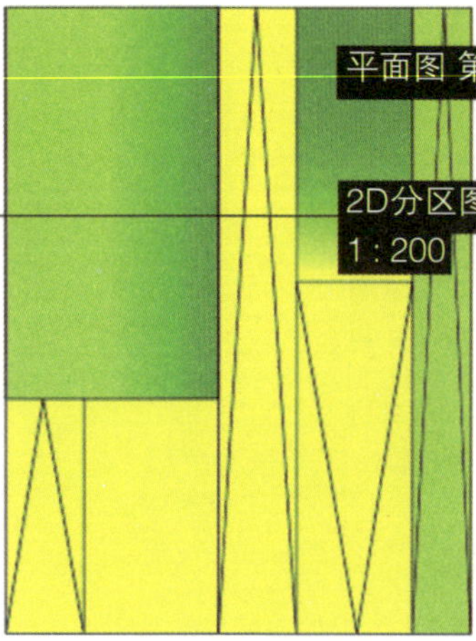

平面图 第一层

2D分区图 比例
1 : 200

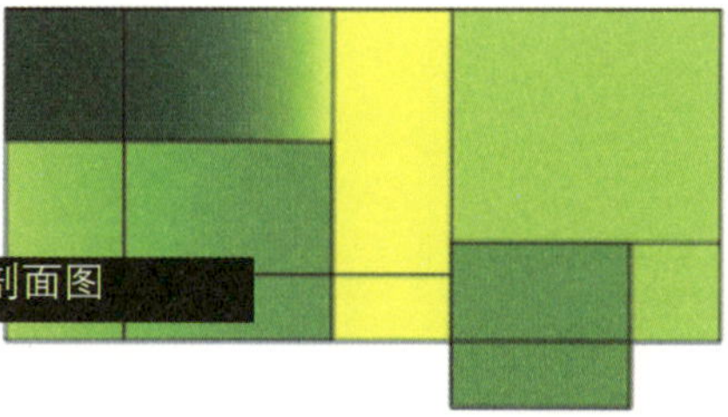

剖面图

3D分区模型
比例1：200

在练习5设计的坡道中有一个成为了公共空间，穿过了私有的房屋。以这个公共区域为起点，建筑物的其他部分是垂直建造的，上部是最为私密的空间，下部则是更加开放的区域。

7

“相对论与时空理论密切相关……在相对论前的物理学中，空间和时间是分离的实体。当推翻了时间绝对性质的假设，四维的时空概念立刻得到认可。它既不是有物质本体的事件发生时间中的一点，也不是时间中的一瞬间，而只是事件本身。从这个角度理解，我们必须将x_1、x_2、x_3和t看做一个事件在四维统一体中的四个坐标。” **Albert Einstein,** *The Meaning of Relativity*, Princeton: Princeton University Press 1966, pp. 1, 25.

7 一台运动机器
流动的空间

之前练习中的图表或注释“工具”现在要开始运行了。练习7的任务是研究建筑学中运动的现象。项目的规划需要研究运动在物理上及概念上对空间的影响。一个建好的结构虽然通常被看作一个静止的实体，但它还是包含了动态成分，这源于其本身的通行系统、它所蕴涵的运动性以及空间穿行方式。

由这种迫切需要得出的结论可能建议将建筑暴露在一个时间维度里[1]。暂时性不应被描述为一种叙述结构或运动的表现，时间的元素应是一种潜在的无限流动，开放性过程的固有条件。因此暂时性以静止的状态向建筑发起挑战。包含运动的建筑支持一种具有流动性特点的、独特的空间概念[2]。另一方面，对连续性的追求还需要持怀疑态度，只要运动减慢，就可能发生中断或完全停止。

这个练习沿两条路线进行。第一个研究领域包含规划需考虑的因素，它受到功能和规范方面的约束。运动的线路和轨迹被从组织结构标准的角度加以认识。重点被放在了对通行体系的认识问题上。现有术语一般提出了事件的线性次序，像连贯、套房、过道、建筑长廊等等，它们被视为不分等级的组织的其他潜在形式。第二条路线与空间概念有关，由运动的可能性及建筑在时间中的构架来支撑。建筑空间通过这个优势发现了与电影拍摄中使用的空间形式的相似之处。变换镜头的角度、剪辑的顺序及借助褪色技巧完成的透视叠加，表达了物体及其活动可能发生融合的空间[3]。

这个设计过程支持两条路线间的沟通——这被理解为研究相互关联的领域。通过利用轴测图及木质模型，建筑元素得以形成，并依据组织结构和空间界限的相互作用来安排。

这个练习中还提到了另外一个主题。它不再维持被观察的主题和研究的建筑对象间的传统并列，另外还出现了一种主张——主题被视为建筑的另一个组成部分，不是占据一个中心位置，而是分散在空间中。**1 Sigfried Giedion**, *Space, Time and Architecture. The Growth of a New Tradition*, Cambridge/MA: Harvard University Press 1967. **2 Rosalind Krauss and Yves-Alain Bois**, *Formless. A User's Guide*, New York: Zone Books 1997. **3 Bernard Tschumi**, *Architecture In/of Motion*, Rotterdam: NAI Publishers 1997.

7

08 讲座
动态空间

09

10 小组/课本讨论
Deborah Fausch
Ugly and Ordinary

11 工作室
一台运动机器

12 编辑

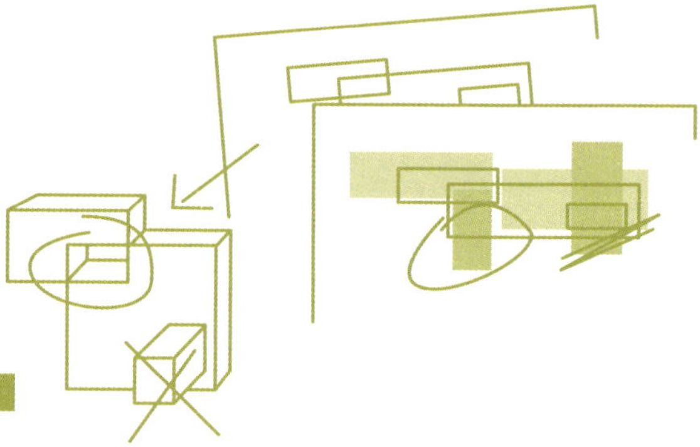

13 电脑
Vector Works

14 工作室

15 绘图

16 制作

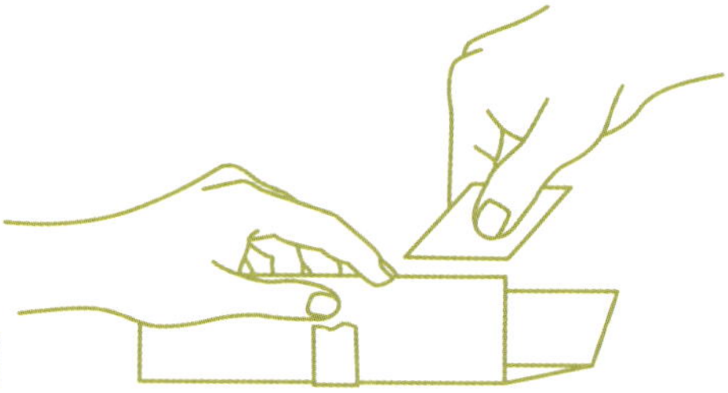

17 绘图

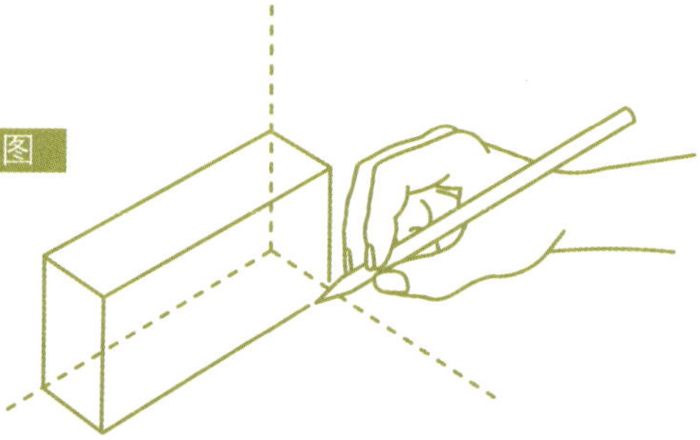

18 演示

练习7——课堂说明

指南

规划和循环有着紧密的联系。运动的顺序及这些运动之间的联系是建筑设计的构成元素。

在练习7中，到现在为止完成的区域将通过分析建筑空间中的运动方向得到更精确的完善。发展所设计运动的顺序，以设计步行栈道为例，功能和通行体系相互影响。通过这个练习研究定义空间的元素及运动二者之间相互决定的方式。

输入>3D分区模型

输出>通行体系的轴测图，比例1：200>“运动机器”——通行体系的木质模型，比例1：200

步骤>轴测图：在A2纸上画出项目最重要的流动空间。用轴测投影记录流动系统及其空间顺序。用铅笔和水笔绘图。>运动机器：用指定的木头制作通行体系的三维模型。模型应是一件独立的手工制品。

评判标准>空间顺序、空间定义方法>与各分区的关系>通行体系的一致性>绘图及模型的质量

数字化>技巧、策略：VectorWorks——基础

演示>当天下午6点

每周练习>根据反馈完善项目

参考阅读> Bernard Tschumi, “Spaces and Events,” in: *Architecture and Disjunction*. Cambridge/MA: MIT Press 1994.

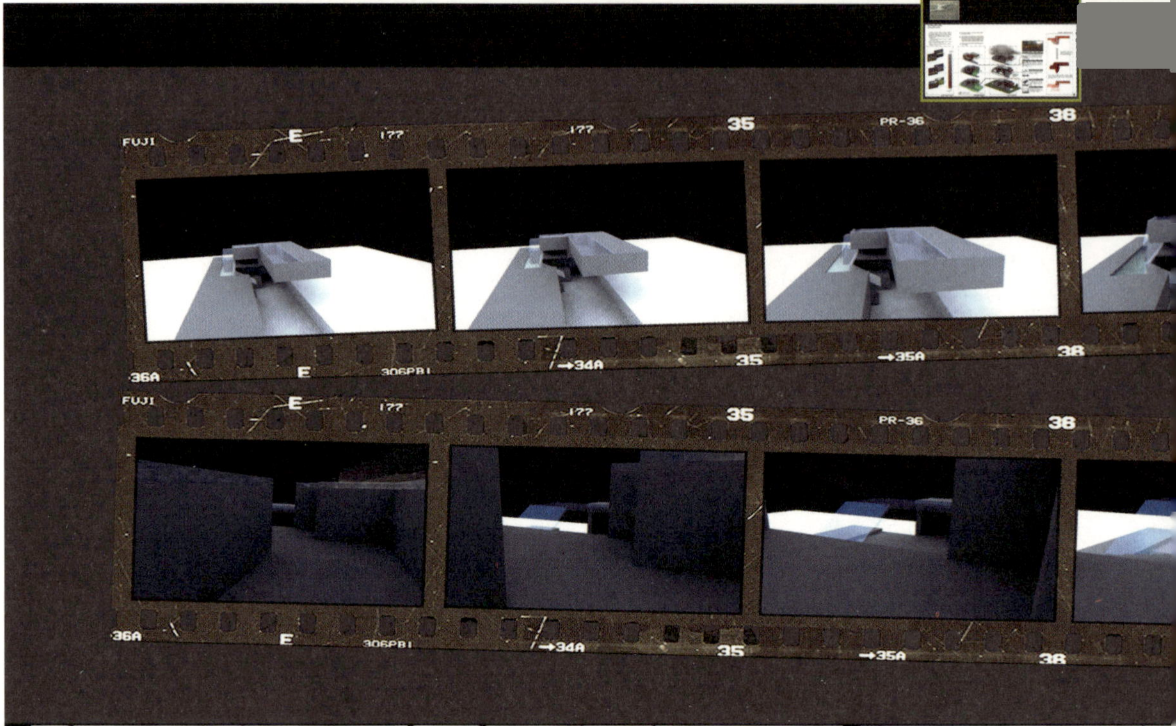
FUJI
E
35
PR-36
36
36A
306PBI
→34A
→35A

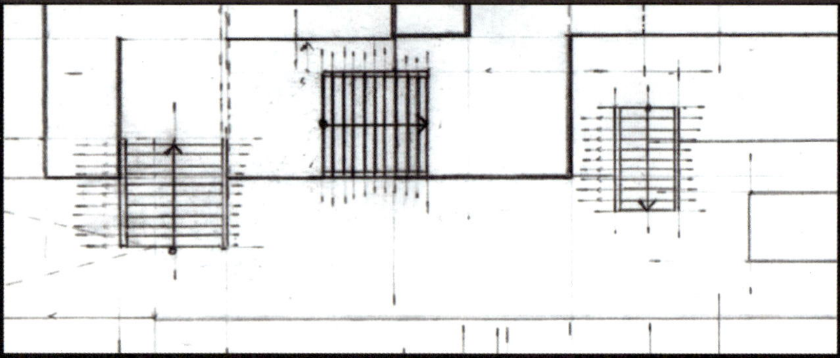

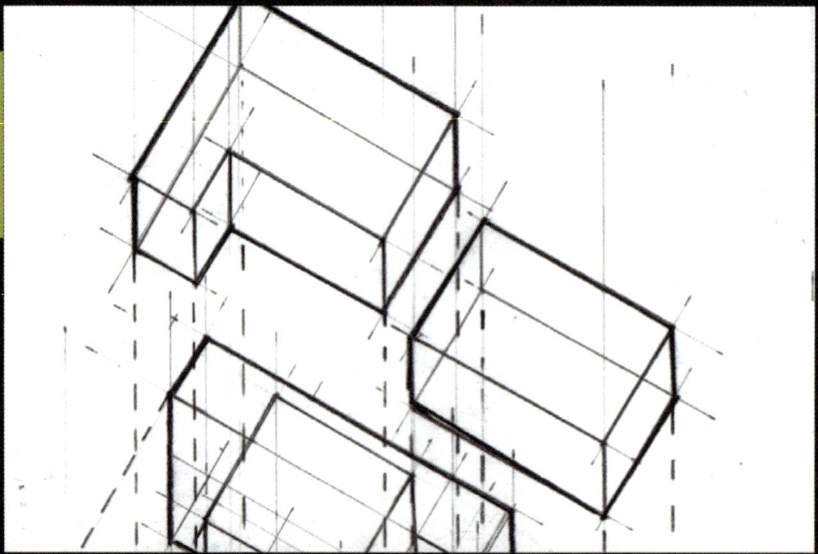

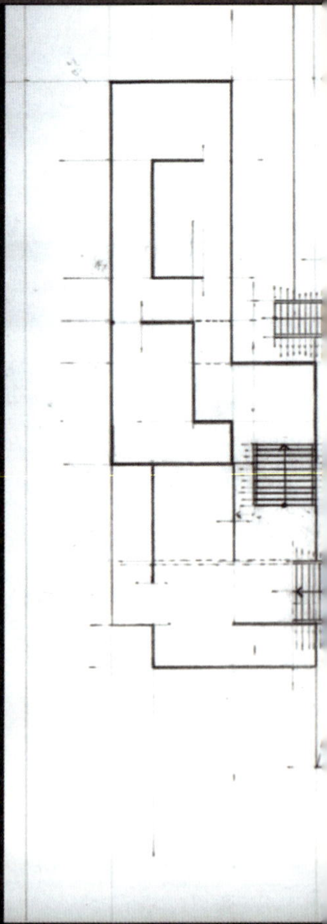

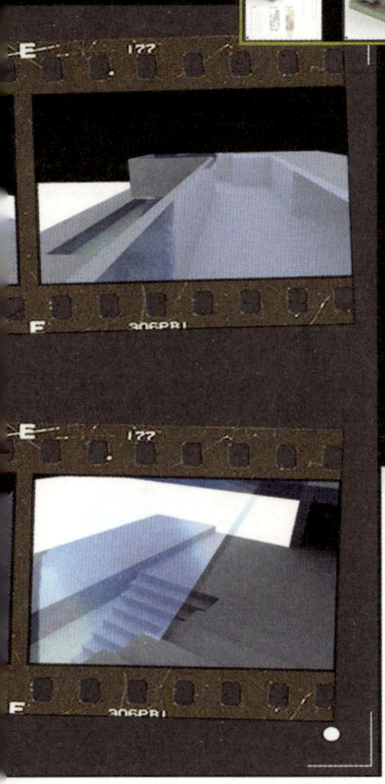

记录在项目内部组织结构的原始运动会引起规划的改变。电脑技术可以帮助将这些最初概念视觉化，模拟在空间穿行。

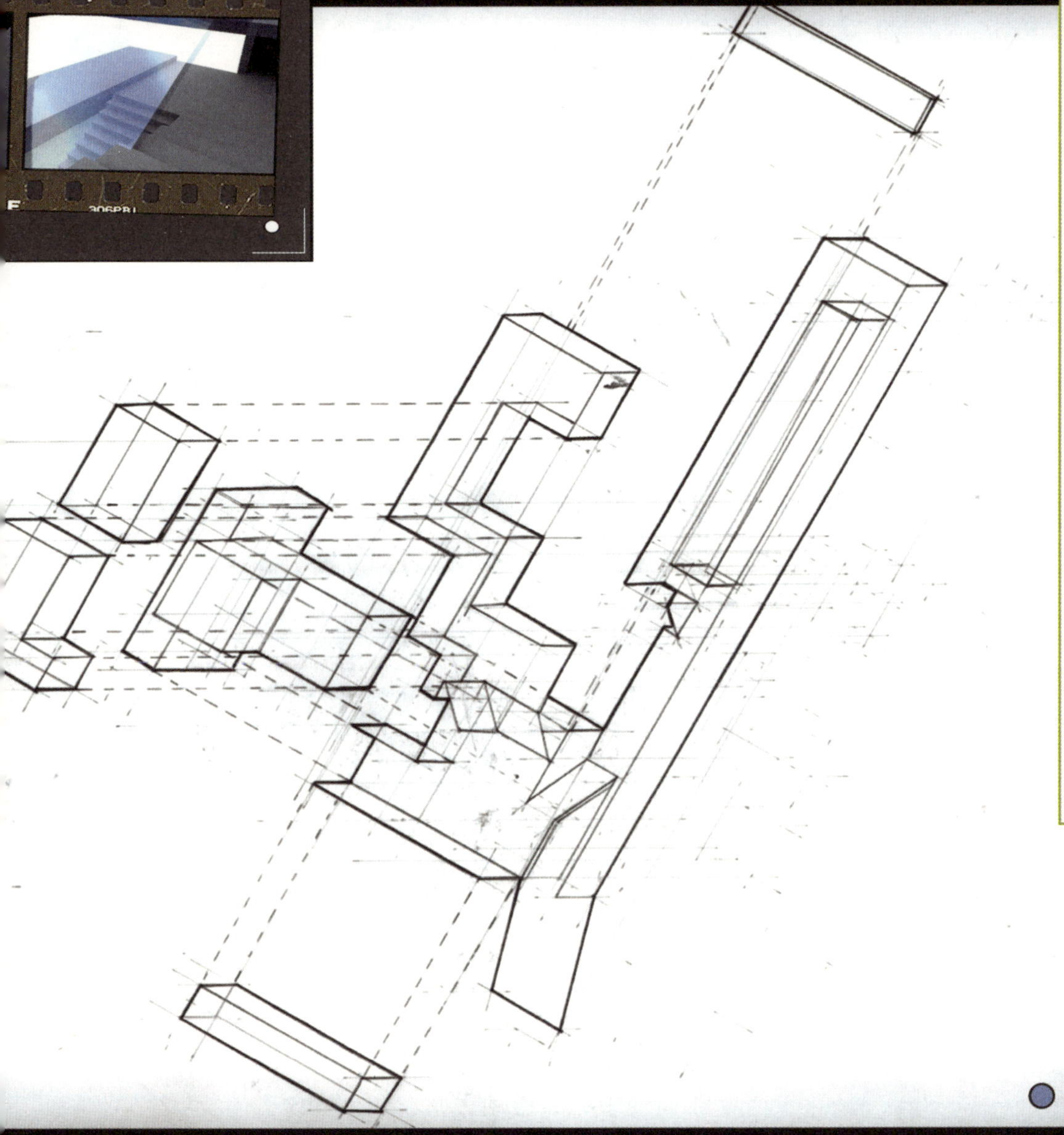

1 2 3 4 5 6

结合数字和人工技术，连环画给学生们提供了一个描述他们项目中的运动的方法。

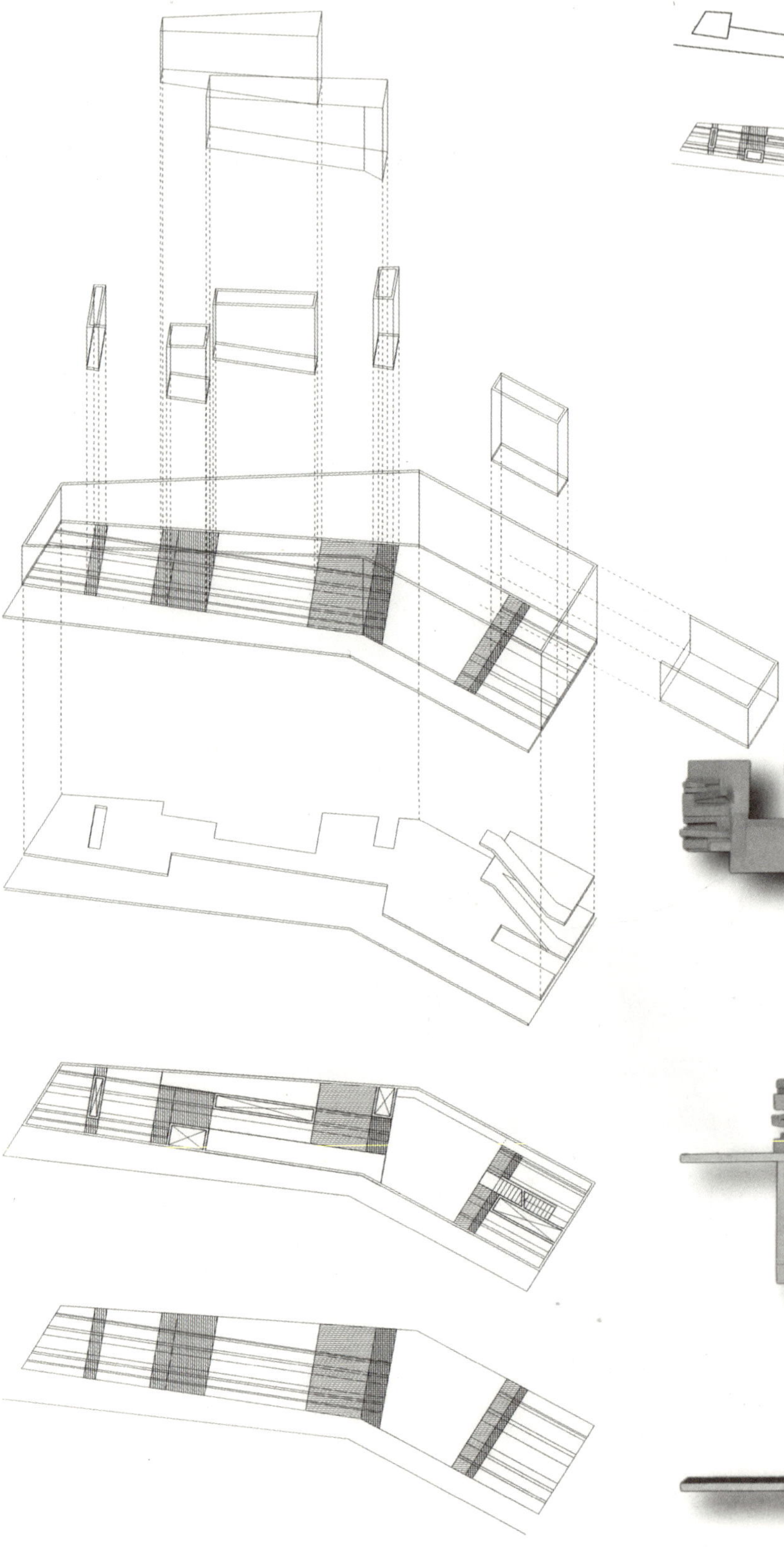

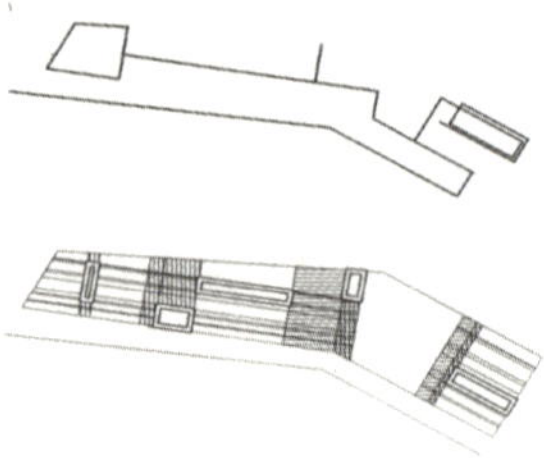

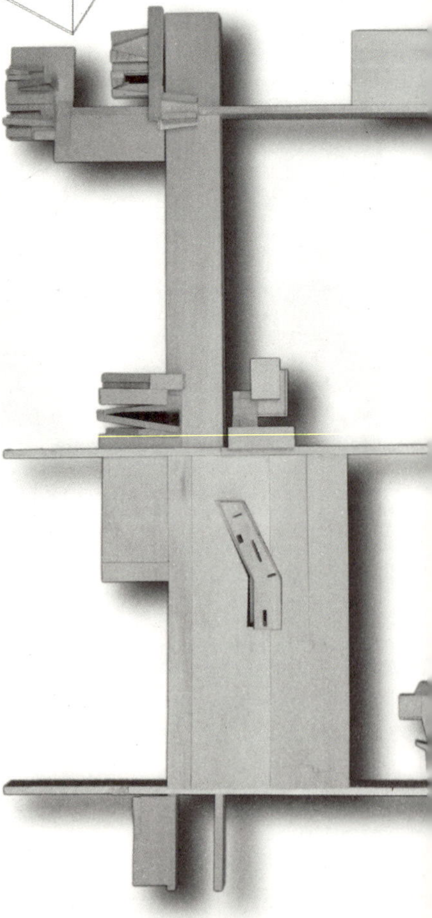

übung_7 ws 2006/2007_professur marc angélil_assistentin: marion kalmer_studierende: martina wüst, noemi l

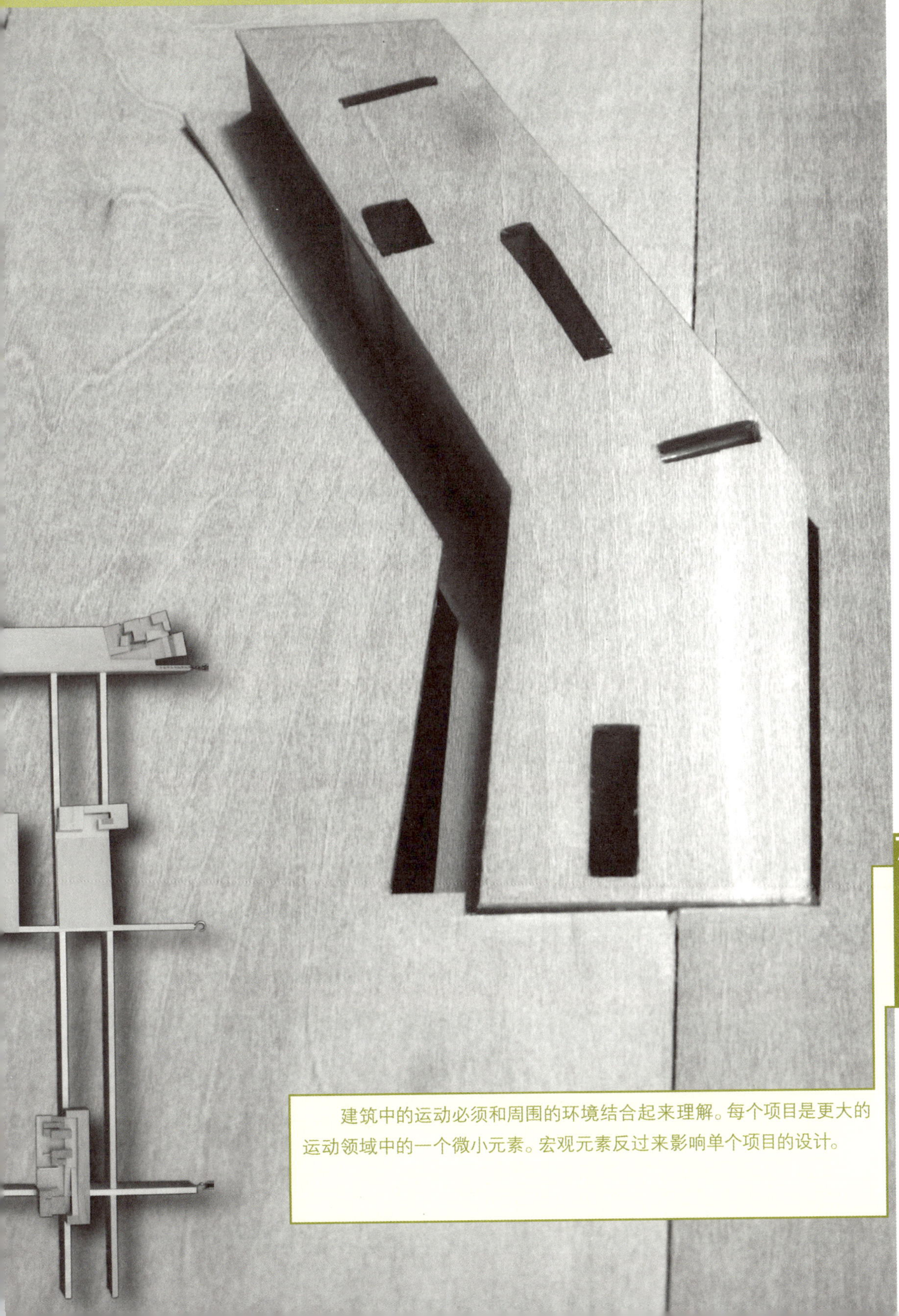

建筑中的运动必须和周围的环境结合起来理解。每个项目是更大的运动领域中的一个微小元素。宏观元素反过来影响单个项目的设计。

宏观及微观结构创造出一个基础性领域。

...cht nur sauber, son...

...ufigkeit allergischer Erkrankun-
... der Bevölkerung hat in den letzten
...en dramatisch zugenommen!

...hwerden wie zum Beispiel Er-
Husten oder Durchfall.

Hygiene kommt aus dem Griechischen
...ιή [τέχνη], *hygieiné [téchne]*) und
... Gesund und Heilsam“

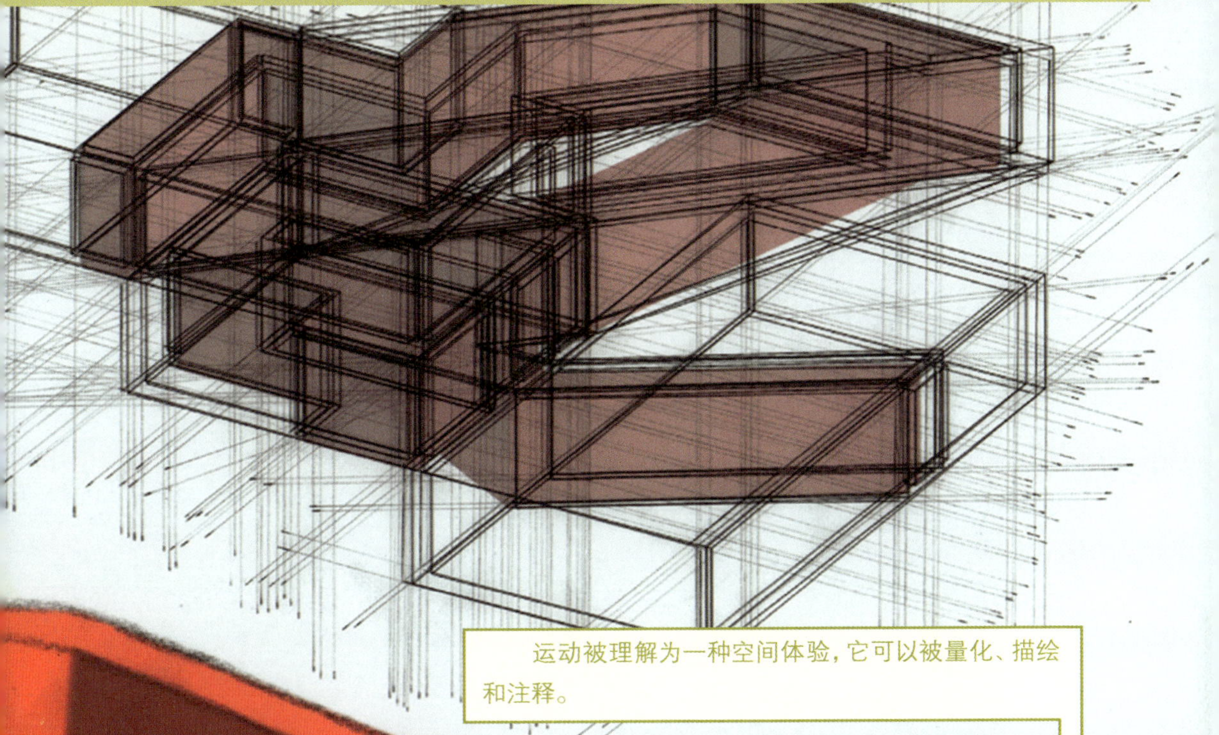

运动被理解为一种空间体验，它可以被量化、描绘和注释。

hygiene vs
gesundhei

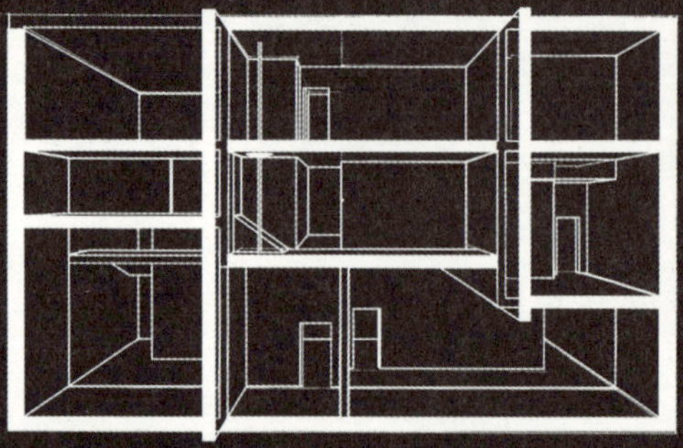

剖面透视图

在考虑建筑中的通行体系的同时，各个空间元素间的协商开始，在追求空间概念的过程中完成了决策。这个练习还有一个重点，就是提高项目组成部分的质量。

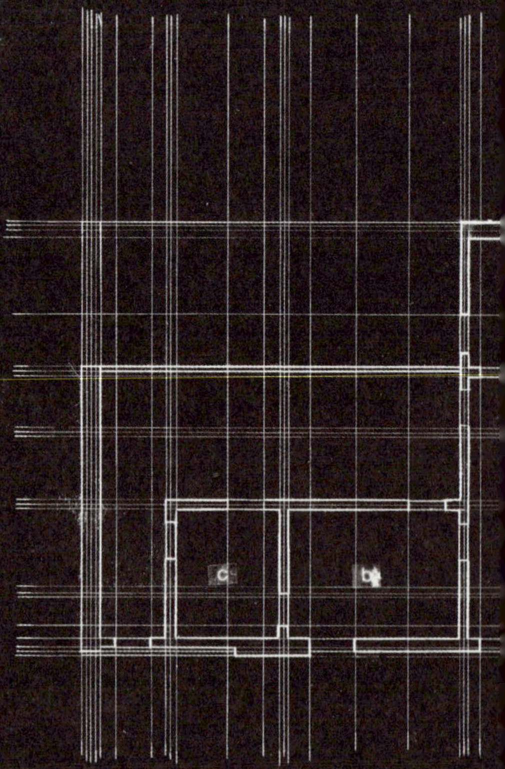

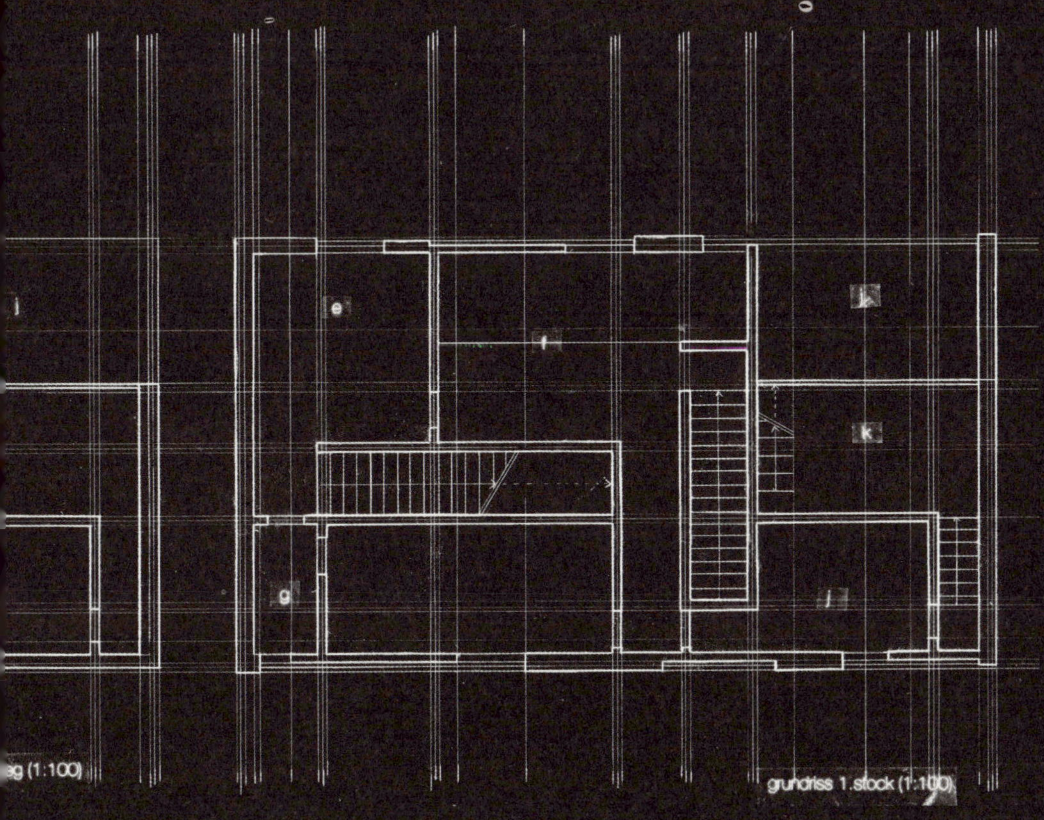
e
f
k
g
eg (1:100)
grundriss 1.stock (1:100)

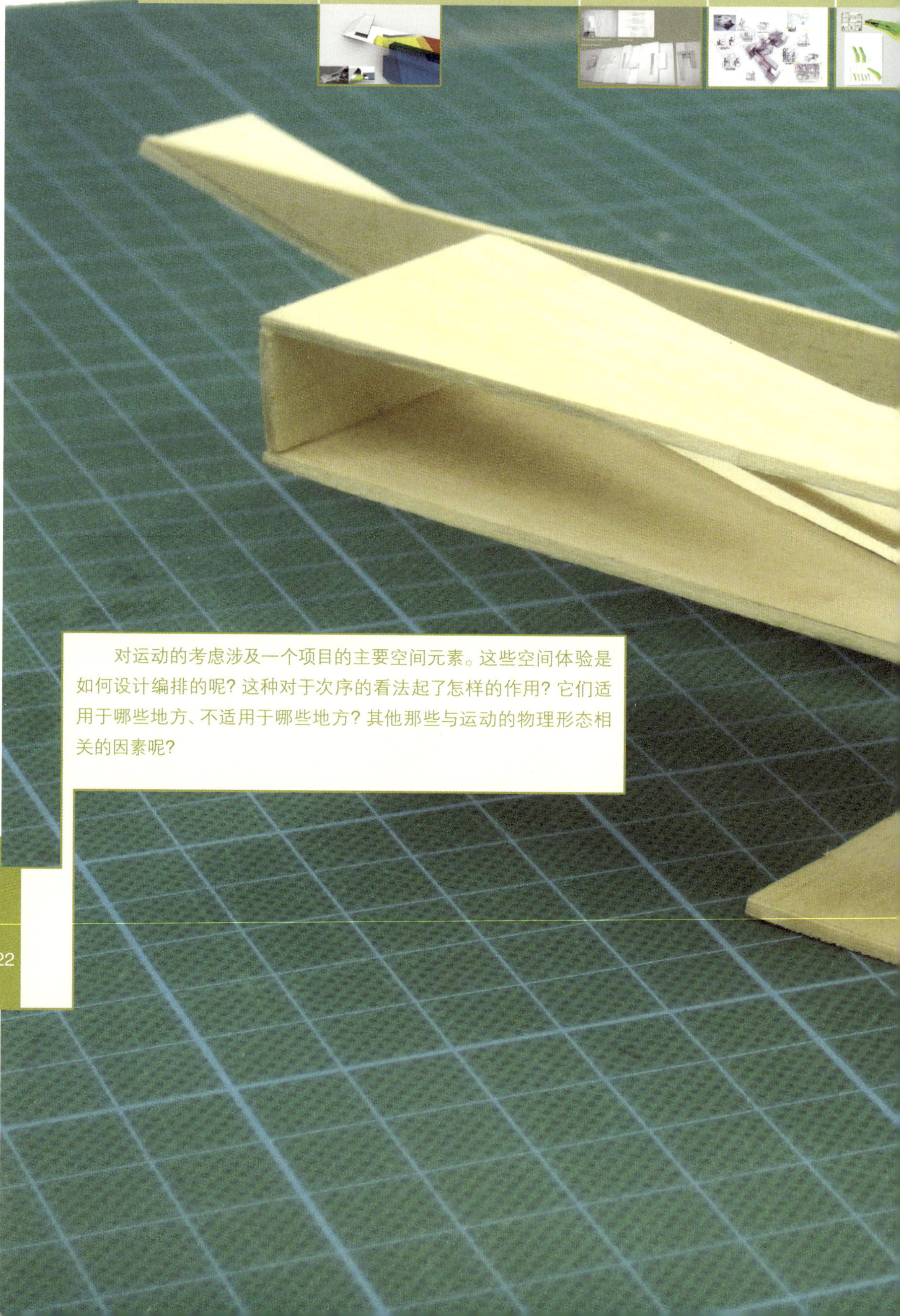

对运动的考虑涉及一个项目的主要空间元素。这些空间体验是如何设计编排的呢？这种对于次序的看法起了怎样的作用？它们适用于哪些地方、不适用于哪些地方？其他那些与运动的物理形态相关的因素呢？

单元模型展示了与单个基础设施相关的区域间的通行体系。

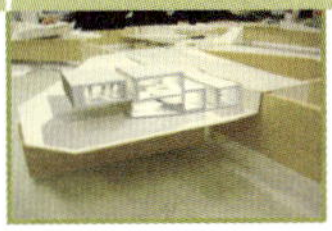

运动的概念可以决定房屋的整个设计。在这个例子中，流动的空间在内部和外部之间形成了一种互惠的关系，因此也造就了一种形式。

8

"制作一张地图而不是描摹……地图不同于描摹之处在于它完全以基于真实情况的实验为方向。地图不是围绕自己来复制一种无意识，而是构建这种无意识。它在各领域间培养联系……它本身就是源头的一部分。地图是开放的，其内部的各个方面产生相互联系；它可分离、可逆转、可随改变不断变化。它可以被撕碎、被颠倒、适合任何装帧，可以由一个人、一个组织或社会因素完成重组。它可以画在墙上，作为一件艺术品、一种政治行为或一种沉思。" **Gilles Deleuze and Félix Guattari**, *Capitalism and Schizophrenia*, vol. 2: A Thousand Plateaus, Minneapolis: University of Minnesota Press 1987, p. 12.

分层的设计图
从图表到地图

什么是设计图的设计图？或者正如Barbara Kruger的问题：“谁是总体规划设计图的总设计者？”[1] 练习8涉及的问题是设计图，一种一直受认同的建筑表示。设计图通常画在白色的素净平面上，极具权威性。它遵照已有的规则、根据所要达成的意图将各部分组织在一起，从而维护了形式和内容之间看上去稳定的关系。这种定义虽然历史悠久，却与我们工作室的教学框架所追求的目标背道而驰。直接引用勒·柯布西耶的名言“设计图是发电机”，强调了其行事功能方面的作用[2]。工作室没有依赖业已存在的建筑形态，像别墅、圆形建筑或城市等，而是追求一种能够使设计图释放一连串行动，使设计成为一种研究的实践。

这里的设计图从图表中发展而来，向地图演变。借用当代哲学的一个概念，建筑的注解表现为一种图层制图法，类似地质沉积形成的分层。层与层之间相互作用：有些出现在最前面，其他则退到了后面。

前面的练习结果加上现在具体的功能要求，为工作提供了基础。信息被插入到绘图的背景中，使相关各部分能够相互协调。一份指南列出了制作地图的操作顺序。它区分出五个层次：第一层绘出项目的基准线或几何矩阵；第二层是黑色的覆盖图，描出空间定义的建筑元素的轮廓；第三层使用彩色区域的半透明覆盖图，划分有带有不同空间及功能特点的区域；第四层由灰色阴影构成，显示空间中光和影的漫射；第五层将文本引入图中，在地图地形的范围内分配潜在用途。这个步骤要在一系列相似图层中被大体勾勒出来，之后这些图层会被转换为一个数字绘图。

这种图层的堆积产生一个密集的构造、一个多层叠的网络，勾勒出可能的建筑形态、一个足够密集能引发实验的区域。“地图”，正如Guattari所说，“像个博物馆”，它们是“实验发生相互作用的”核心所在[3]。虽然这个练习组织机械，信息处理看似理性，但地图作为一种设计工具，不仅要解决问题，还应开始培养想象力。从这一点来讲，设计图要加入主观思维，部分显露所谓的无意识地图。**1 Barbara Kruger**, “Who put the Master in the Master Plan,” in: *Assemblage* (1989), no. 10. **2 Le Corbusier**, *Vers une architecture*, Paris: Crès et Cie 1923. **3 Félix Guattari**, *L'inconscient machinique. Essais de schizo-analyse*, Paris: Recherches 1979.

8

08 讲座

混合用途

09

10 小组和课本讨论

Bernhard Tschumi,

Architecture and Disjunction

11 工作室

一个分层的设计图

12

13 电脑

Cinema 4D

14 工作室

15

16

17 打印

18 演示

练习8——课堂说明

指南

在练习8中，我们要对规划的各个方面做更深入的研究。日常生活中的各种功能将通过塑造空间的元素及设定的运动编织在一起，创造一种空间次序。

在设计过程中，学生们的工作不仅由规划背景决定，还离不开概念上和创作章法上的假设。这些应该会拓宽对建筑功能要求的理解。目的是制作一个有几个层次的设计图，作为项目的绘图注解。

输入>之前练习中得出的项目数据>练习5中设定的规划(“为普通家庭设计的普通住房”)

输出>多层设计图：电子版设计图打印稿，A2纵向，比例1 : 200

步骤>决定项目的基本结构及空间定义元素。根据空间和规划间的相互作用发展出一个空间顺序。将你的绘图想象成一个有多个层次的设计图，使用电脑和不同的表达方式制作这个设计图。

>层1：用红色及黑色线条画出项目的基本结构

>层2：在你的系统中指出最重要的塑造空间的元素，用蓝色和黑色线条做标记

>层3：在空间系统中标明主要功能及二级功能、基础结构的分区

>层4：考虑空间次序中光和影的影响，用半透明的白色和灰色区间做标记

>层5：用文本层指明空间、规划及用途的不同（HELVETICA字体，小四或六号）

评判标准>空间质量>功能间的相互影响>多层设计图的质量

数字化>技巧和策略：Cinema 4D——基础

演示>当天下午6点>由小组决定

每周练习>由小组决定

参考阅读>Roland Barthes, *The Eiffel Tower, and Other Mythologies*. New York: Hill and Wang 1979.

可居住的车库

车库嵌入式住宅

从广义角度来看，“车库”这个概念应包括存放新车的仓库和大型停车场，而车库与住宅融合在一起就产生了一个新的概念——“车库嵌入式住宅”。

一般来说，停放车辆是车库的首要功能，而将居住区的部分空间与车库融为一体就扩展了车库的这一首要功能。只要实现这些空间的合理利用，那么车库和居住区就会形成一个密不可分的整体。

除此之外，车库还可以为房主的爱好提供必要的空间，成为房主的业余工作室——我们可以将这个空间设计在车库的底层。

只要我们在空间设计上多下些功夫，那么汽车便可在住宅中出入。车库的墙壁是透明的，这样从住宅的多个角度（住宅内与外）都可以看到爱车。而这正突出了车库重要地位，是所谓“车库嵌入式住宅”的定义之所在。

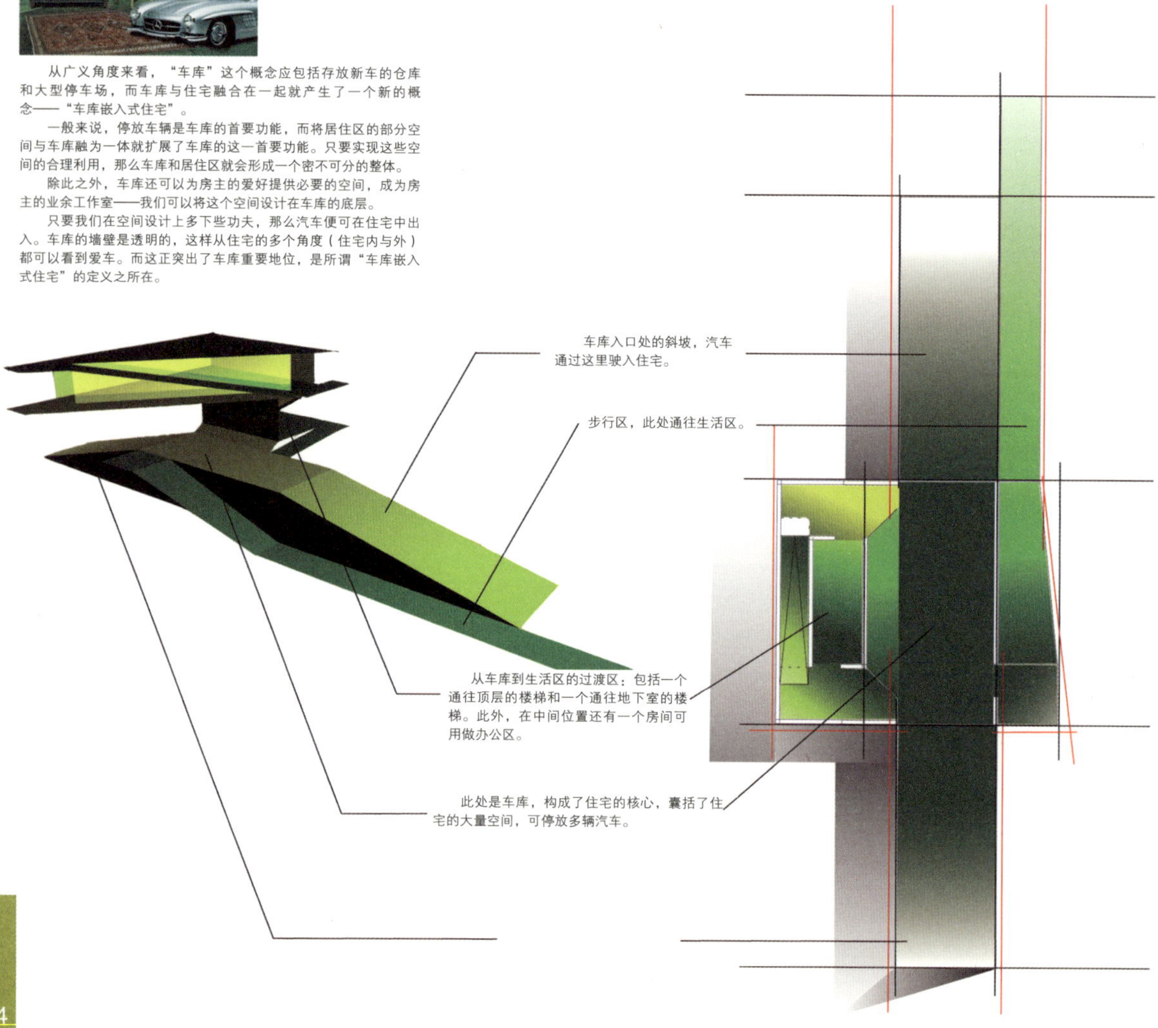

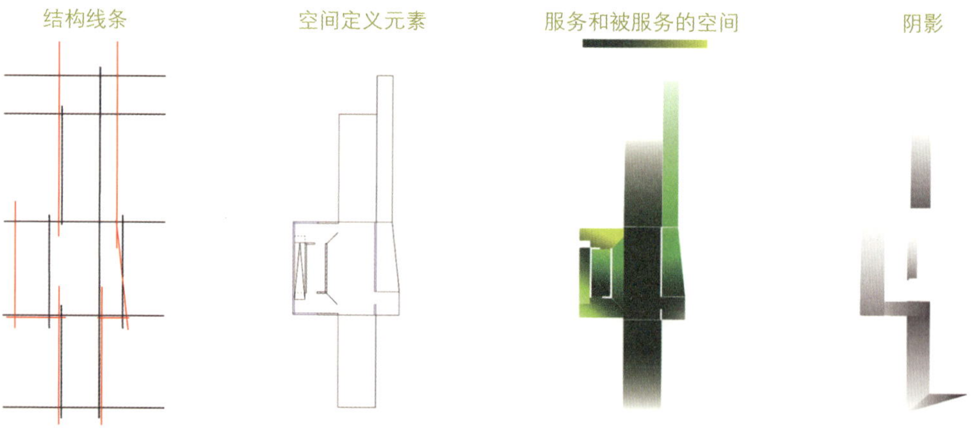

patrick Erni, michael Adamina 1sem 06/07 assistent: rainer hehl

个典型地下室具有多种功能，这恰恰体现了现代
点：业余活动多种多样、日常生活丰富多彩。

果对地下室的不同用途稍作分析，那么我们就会
发现这些用途和日常生活息息相关。例如，一个
下室所具有的功能及其所占比例如下：

功能	所占比例
业余工作室	19.8%
临时储存室	13.2%
储存室	10.0%
休闲区	33.6%
活动区	8.4%
清扫工具	8.0%
暖气以及加热设备	7.0%

根据这些数据，我们可以将一个矩形按照上述百分比加以分割。在分割出的这些部分上再根据窗口的大小和高度来确定照明的方式和空间的大小。此外，有一种地下室很值得我们关注，那就是所谓的“爬行地下室”，这类地下室由于高度较低，所以在里面的活动就相对迟缓。参照此前确定下来的空间大小，我们可以将分割出来的不同部分按照在里面的行动速度进行分类。

Axonometrie

练习8是开始用数字技术制作更加真实的建筑设计图的第一步。类似于手工技巧，这种制图也是由几个层次组成，包括从总的组织结构几何学到具体细节。借助于剖面图、轴测投影及文本等工具，设计图得以表达项目的主要概念。

Grundriss M 1/200

hybrid program _ layered plan
WS 2006/ 2007
Professur Marc Angélil
Andreas Schmid _ Lukas Pauer

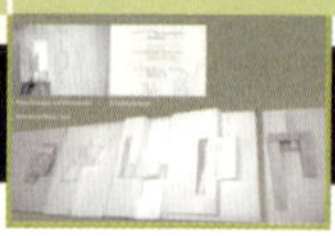

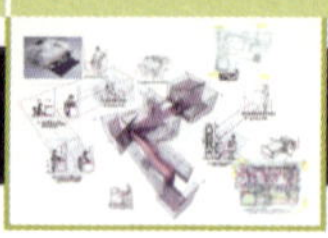

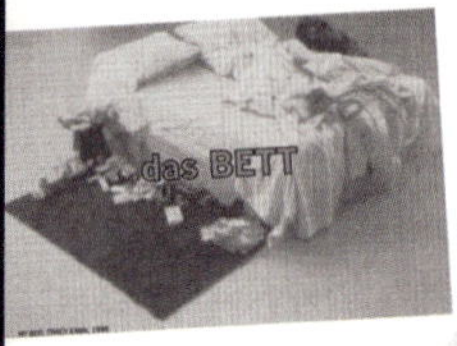

National News, UK News
http://www.lse.co.uk/ShowStory.asp?story=BY1497123
Tacatid=5
Friday, 14th July 2006

The research, conducted across the UK in April and May this year, found that on average over two hours a night are spent lying in bed without actually sleeping, a total of 570 hours each year.

...with the frantic pace of 21st century life the bed could be taking over from the lounge.

"The 21st century BED MAY TRANSFORM into the business arena too. As well as doing more work in bed, due to wireless communication, beds may take up re sidency in our offices. LARGER PURPOSE BUILT BEDS MAY ALLOW LESS INTIMIDATING and tiring versions of meetings. Horizontal meetings with ceiling projectors could even give birth to lateral conferencing."

"I'm relieved to say that we are still having sex in bed, but we are becoming more adventurous and sex is no longer a bedroom only activity. Many couples cherish their TIME IN BED TO CATCH UP ON THE DAY'S ACTIVITY and discuss pressing issues without being disturbed."

"People are using their bedroom for things they ought to be doing outside the bedroom.

PEOPLE NEED TO BE RE-EDUCATED really because people aren't taking sleep seriously enough."

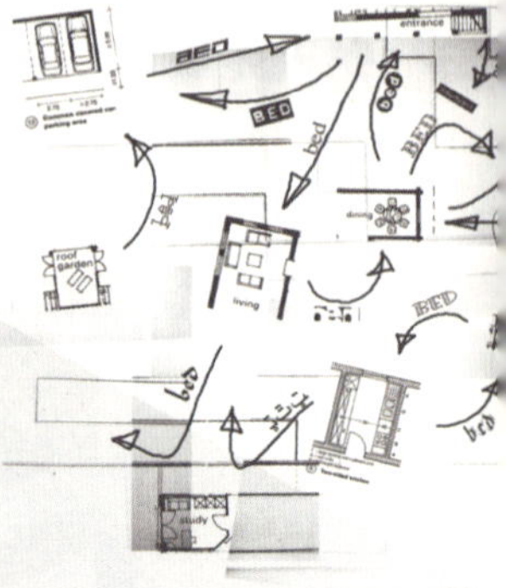

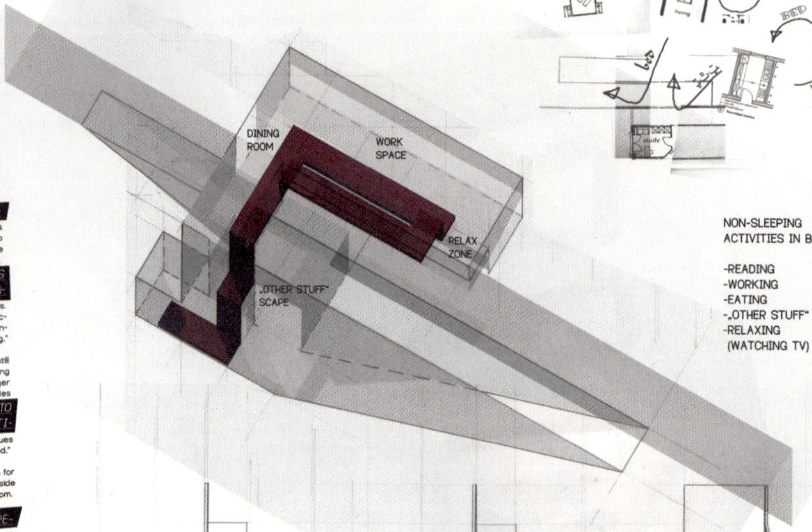

NON-SLEEPING ACTIVITIES IN BED:

-READING
-WORKING
-EATING
-„OTHER STUFF"
-RELAXING (WATCHING TV)

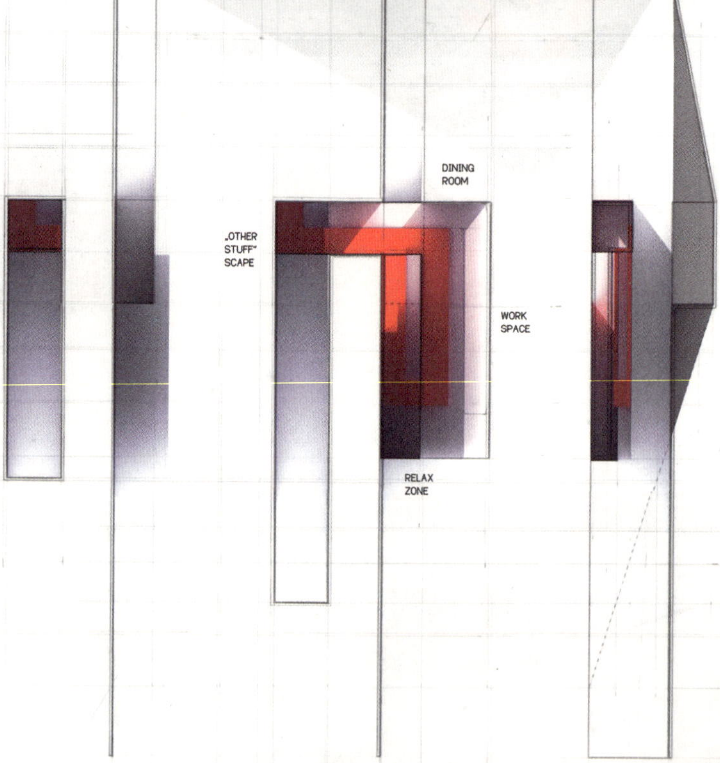

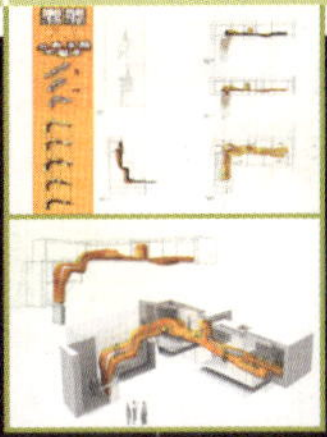

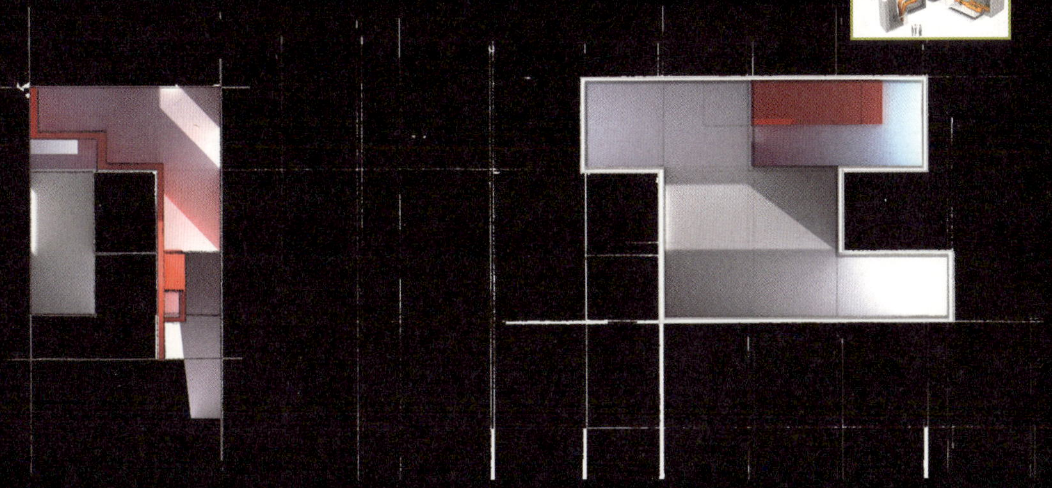

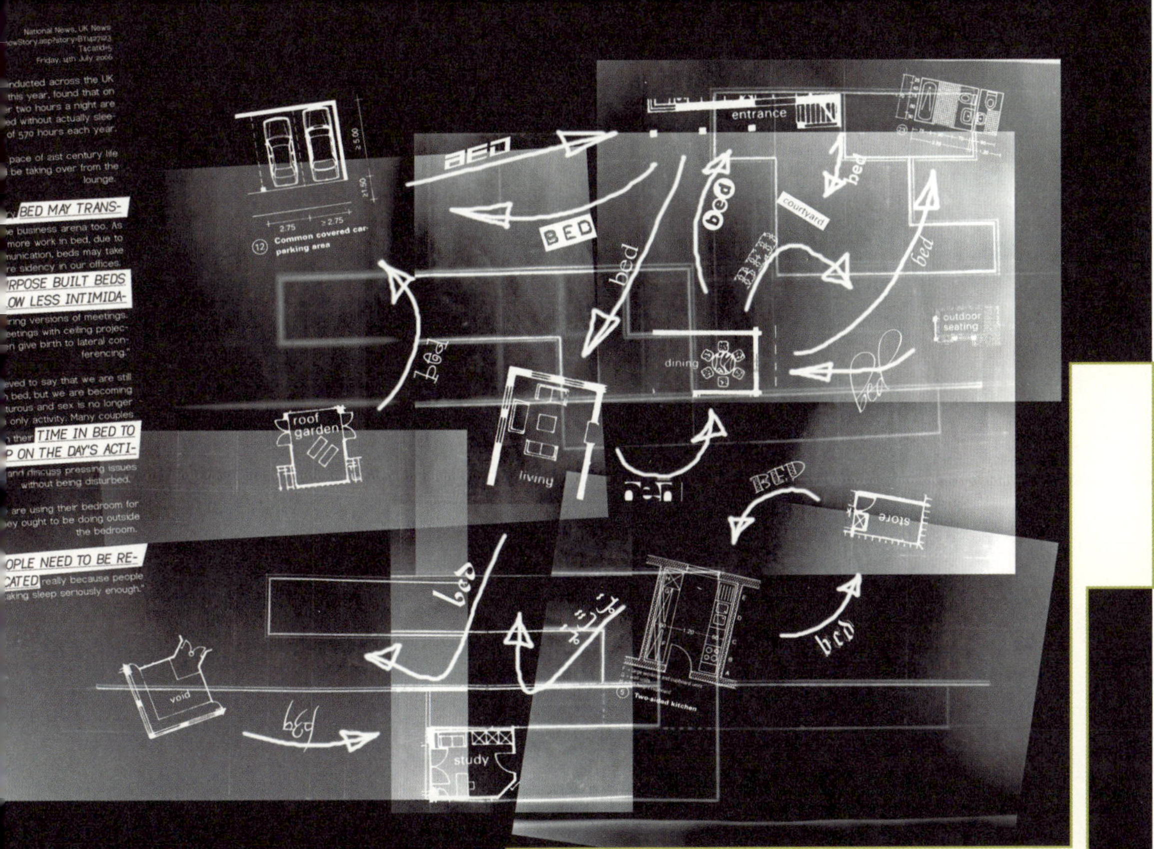

为了对各种技巧的混合使用进行研究，可以将草图整合到设计图中。

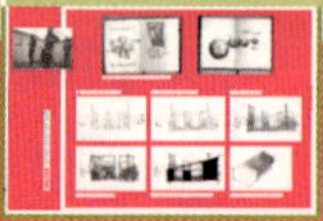

客厅

客厅成为一个大“陈列室”，居住者在其中可以把自己展示给到访者。这个公共空间有自己的入口。这是一个接待到访者的地方，还可以举行聚会或在此休息。

工作、进餐、睡觉

楼上是一个结合了三种规划的混合空间。中间的厨房区域隔出工作、做饭和睡觉的空间；这块区域成为一个半私密的房间，居住者可以在此休息。

卫生

浴室是这个房屋中私密感最强的房间。里面装有很多面镜子，是一个日常洗漱的理想环境。

WOHNEN

Der grosse Wohnraum ist der showroom des Hauses, wo sich der Bewohner präsentiert. Der öffentlichste Raum verfügt über einen eigenen Eingang für Gäste. Der Ort, wo der Bewohner Gäste empfängt, Partys feiert oder einfach einen gemütlichen Abend verbringt.

ARBEITEN ESSEN SCHLAFEN

Der grosse hybride Raum in der Mitte vereint drei verschiedene Nutzungen. Er wird nur durch Küchenelemente in der Mitte in den Arbeits-, Koch- und Schlafbereich unterteilt. Ein halbprivater Bereich, in den sich der Bewohner zurückziehen kann.

HYGIENE

Das Badezimmer ist ein grosszügiger privater Raum des Bewohners. Ausgestattet mit sehr vielen Spiegeln ist er ideal für die morgen- und abendliche Hygiene.

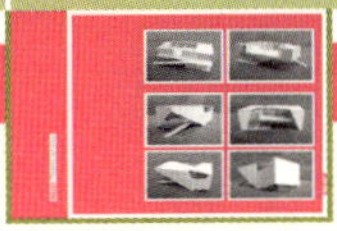

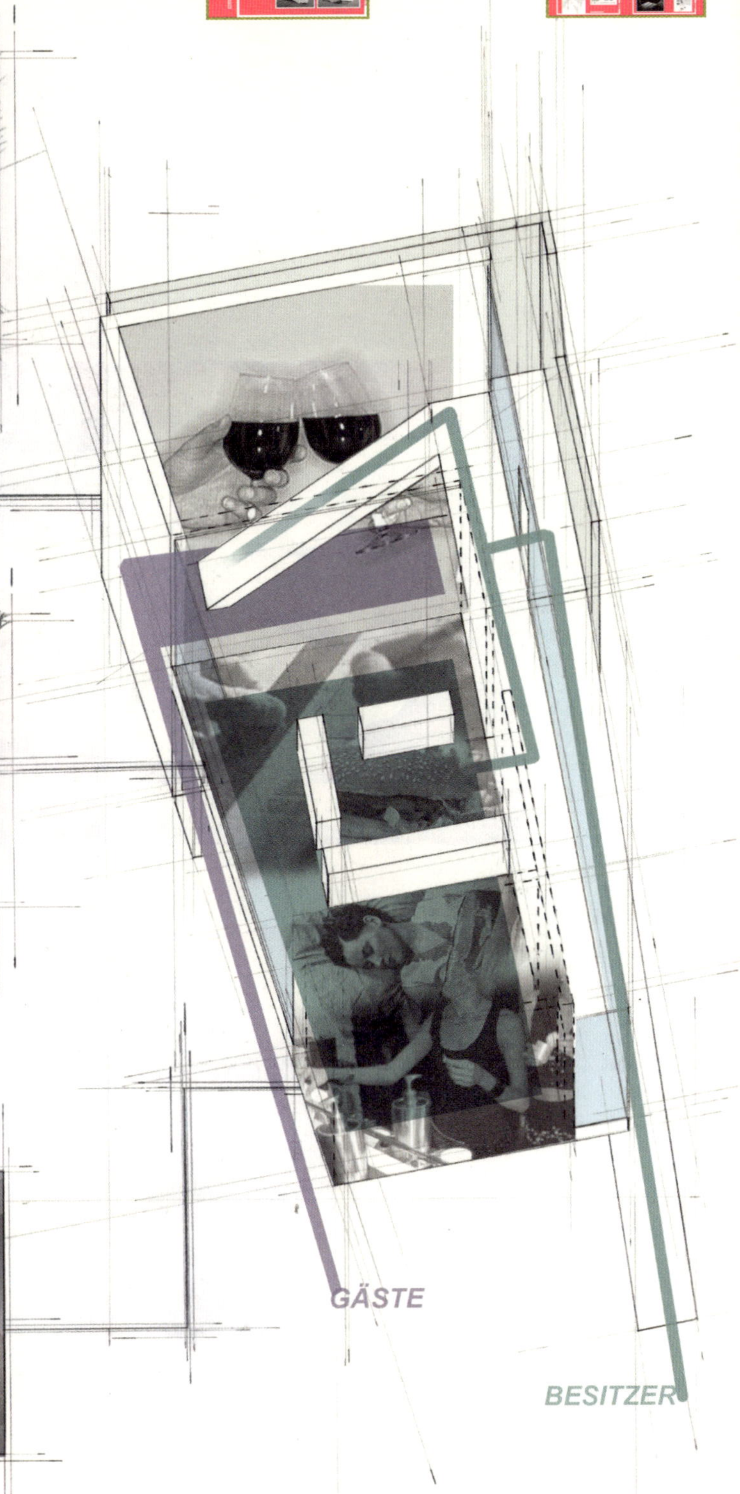
GÄSTE
BESITZER

花园

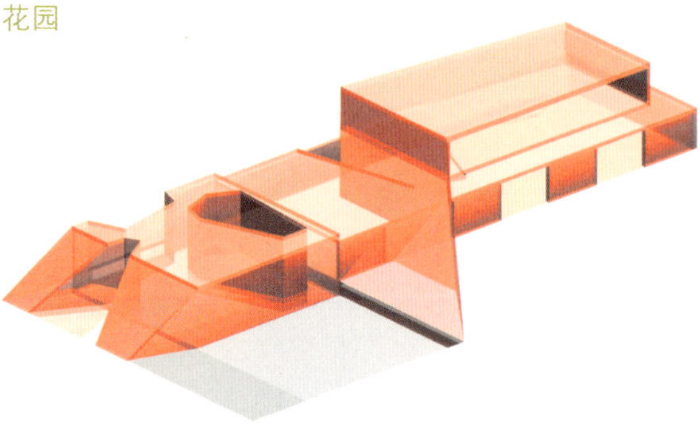

项目计划：

此项目的主题是“天然花园”。我们在此提的一个设计理念是：应尽力建造一个遵循自然界准的花园，而不是那种为迎合人的感受而拥有华外表的人造景观。我们这个项目的基本出发点在尽可能使花园与住户零距离接触。在设计过程中我们一直努力解决一个主要问题，那就是如何处住宅与花园之间的关系。我们考虑以图示的方式解答这一问题。我们选用了一种简图来展示设计住宅的主要轮廓：花园从两侧嵌入住宅之中，这设计促使住宅的其他房间必须设计在花园的旁边于是每一个房间至少有两边与花园相接。这样，园就成了该套住宅的核心部分。

项目描述：

生活区

生活区朝南，面向花园。虽然生活区有三面放，但是通过垫高地面和缩小房屋宽度，生活区比厨房等其他房间更安静、更私密。

睡眠

卧室与浴室等房间都建在楼上，通过楼梯与下相连。这些房间与一楼分开，这正体现了生活的私密性。此外，生活区地势较高，能很好地享外面的风景。

卫生间与洗衣间

卫生间与洗衣间位于住宅侧翼的中央。

花园

在住宅中央有一个“嵌入式花园”（可用于放房间里的植物），通过这里能够进入一楼四个住区中的一个，也可以作为迎宾区。此外还可以过一个楼梯穿过住宅中心进入楼上。

书房

书房与隔壁的其他房间没有通道，这样保证书房的安静与私密性。

厨房

厨房面积很大，直接与前厅相连。厨房与生区在同一轴线上，这样使日常使用变得尤为方便厨房在房间架构中的位置很好，配备的窗户很大因而也非常适合当做迎宾区。

花园作为一个空间定义元素，被用来在内、外部之间建立最大化的联系。

Unit Tanja : Nathanael Müller, Stephan Pfeiffer

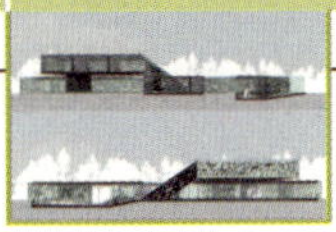

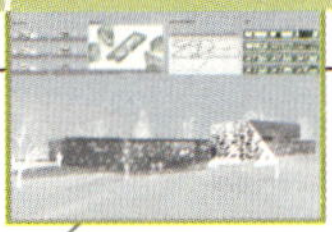

设计普通单个家庭住宅、规划住宅空间的时候，我们
个轮廓重合在一起。
我们的创意在于，不把标准化了的组件平均分配于图
上，而是致力于在标准化形式和反传统思维之间寻找
的结合点。
此项设计的基础数据以瑞士住宅中各房间平均面积的
数据为依据，此外我们还能够依靠这些数据来确定整
间的总面积和净面积。

戏：

半私密

半开放

私密

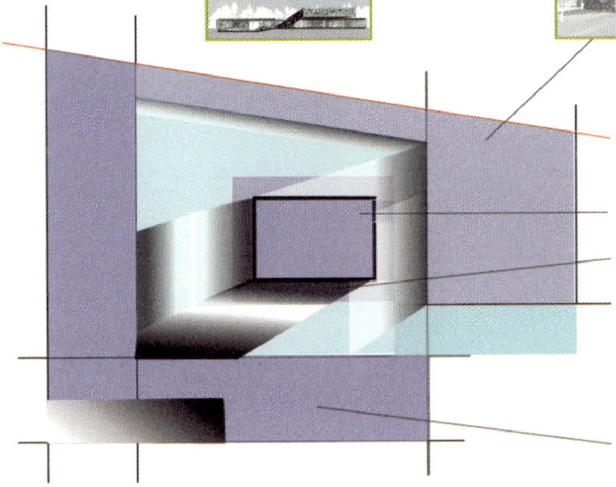

比例1：100

平均数据：每个家庭至少有一辆汽车

浴室和卫生间

平均面积：4~6 m²

个性化与私密化是设计浴室和卫生间的主要指导思想。

厨房和饮食区

平均数据：嵌入式厨房，9个组件和一个餐桌。

通过对餐桌等各个组件的布置，厨房成为私密空间与公共空间的过渡区。

卧室

平均面积：

儿童卧室：12~14 m²

卧室：16~20 m²

一个普通家庭平均拥有1.2个孩子，这与过去相比有所减少，因而可以将儿童房的空间设计得小些。

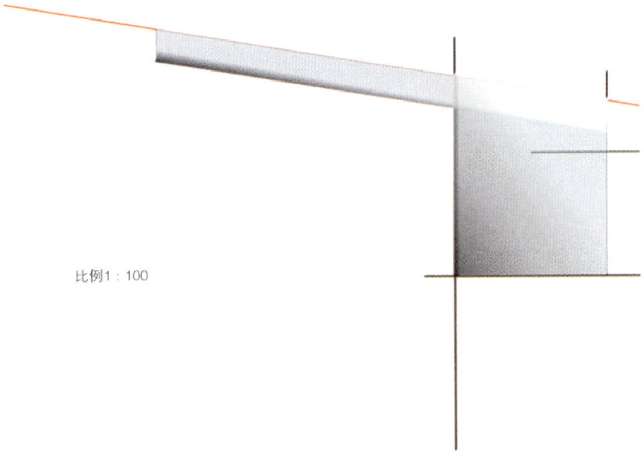

比例1：100

生活区

平均面积：大于25 m²

生活区与住户的日常生活息息相关，既属于私密空间，也属于可以向客人展示的部分。

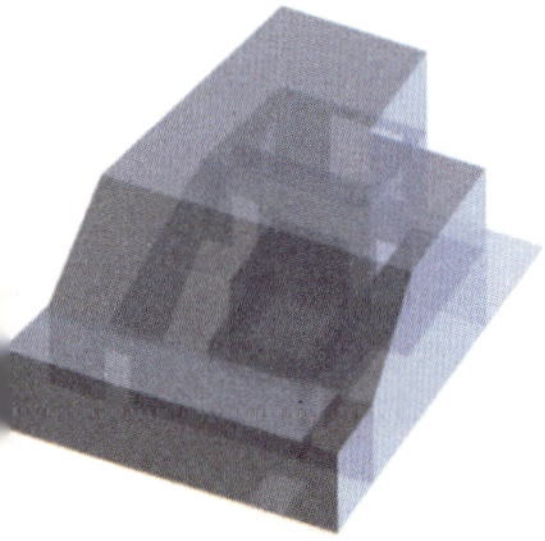

普通结构

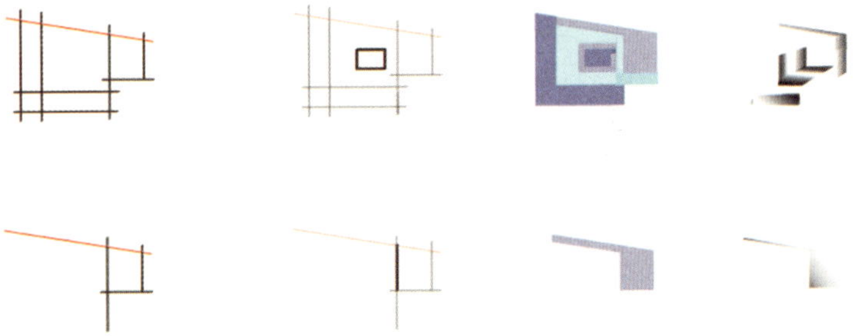

基本结构　　因空间而定的组件　　区域　　光与影

jekt: H.Jeker G.Sonder

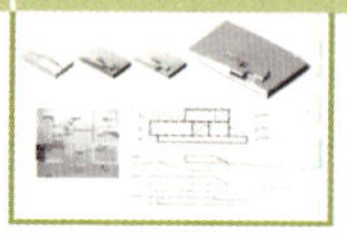

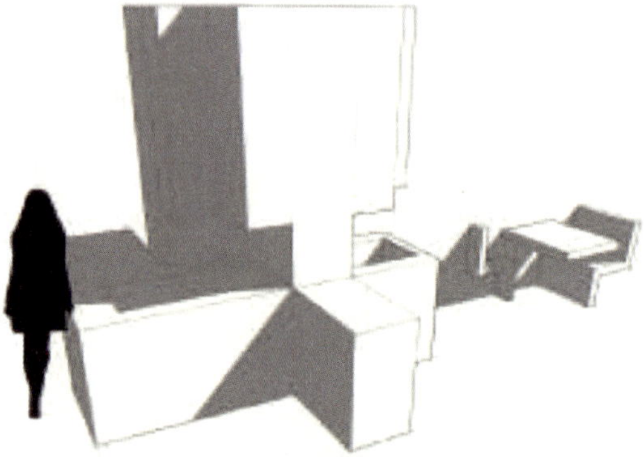

07:30 - 08:00
BREAKFAST AREA
second floor
toaster, coffee machine, egg b
juice machine, dishes, sink, fri
bar

07:30
Woman going to bathroom

日常活动和物品的空间安排贯穿项目始终，形成更广泛的联系和组织结构。

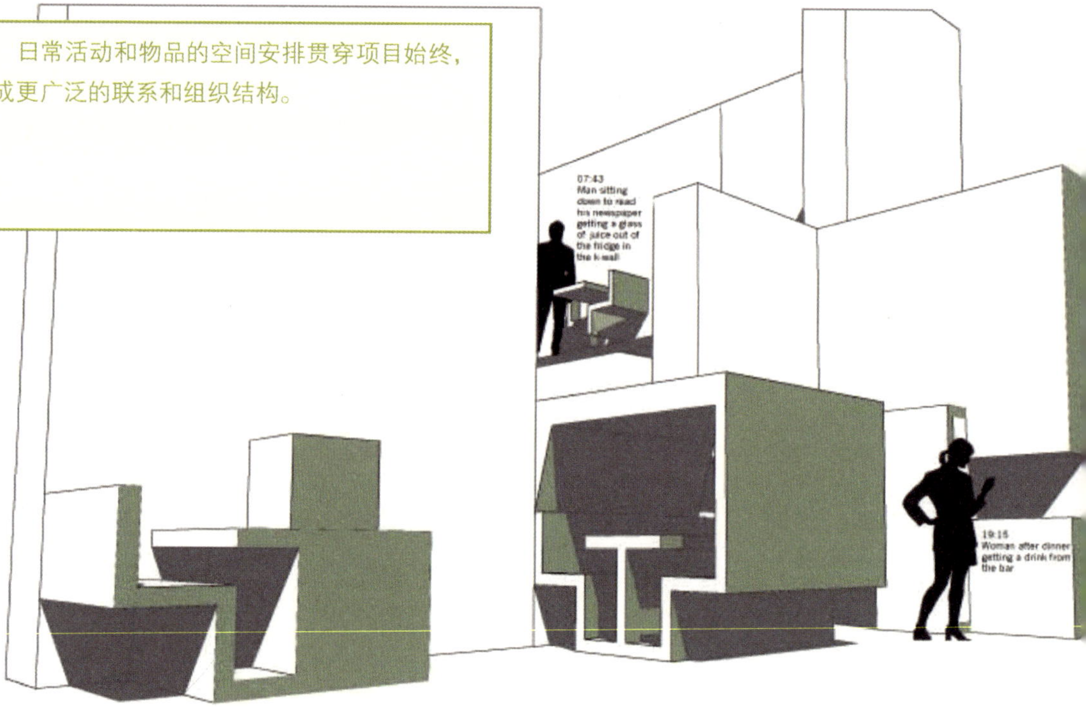

12:13
Woman rushing in to get some lunch uses microwave on combination

12:15 - 12:45
LUNCH AREA
first floor
stove, microwave, sink, fridge
dishes, table and chairs

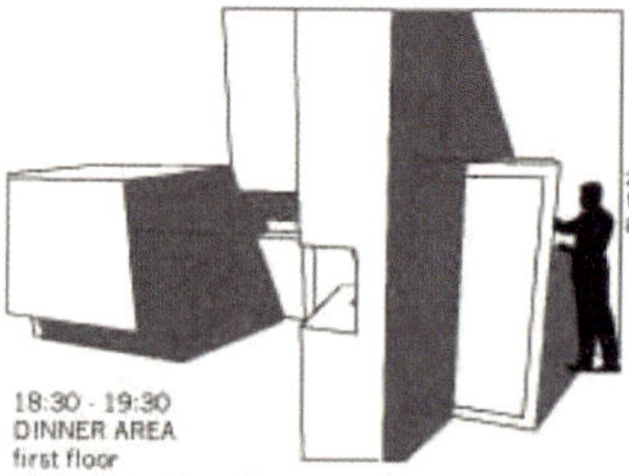

21:30
Man during break from late work getting a snack out of the movable

18:30 - 19:30
DINNER AREA
first floor
stove, oven, fridge, sink, different kitchen tools, dishes, eating booth, dishwasher

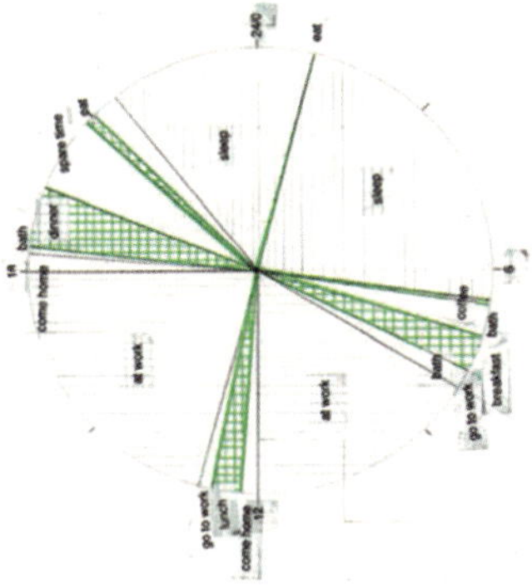

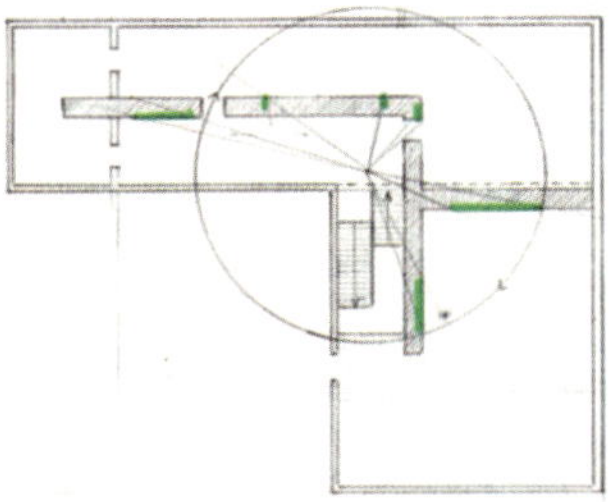

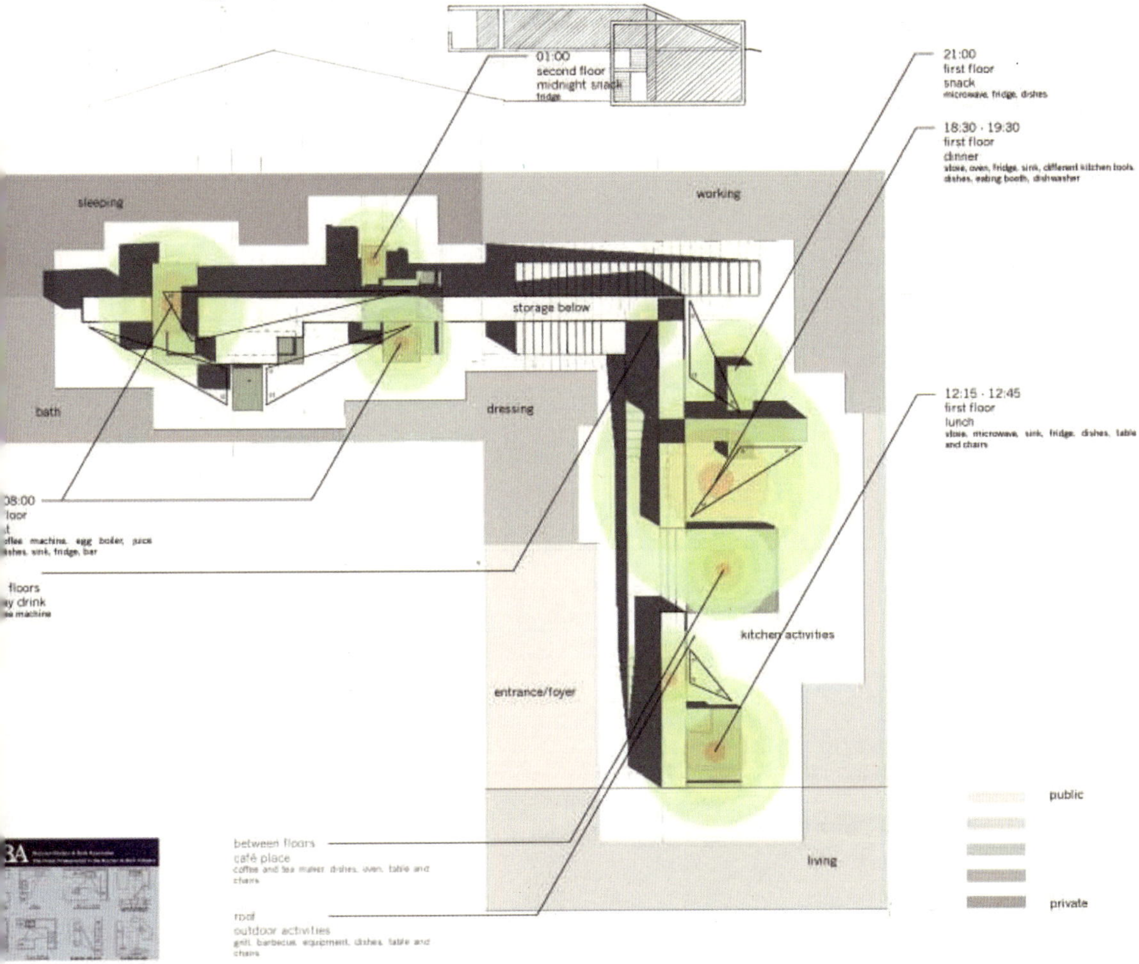

TRIANGLE EFFICIENCY by NKBA

k triangle is comprised of the distance between your refrigerator, stove and sink
ose is to create an efficient work area that saves you time and energy.
ional Kitchen and Bath Association recommends:

g of the work triangle should be between 4 and 9 feet in length;
l length of all 3 legs should be between 12 and 26 feet;
s shouldn't intersect any leg of the triangle by more than 12 inches;
raffic flow shouldn't move through the triangle.

these simple guidelines and the work triangle can help you plan your space for
m efficiency, saving you time and many, many extra steps.

COOKING	STORAGE	CLEANING
stove	cupboards	dishwasher
oven	fridge	sink
microwave	freezer	trash disposal
juice maker		cooker hood
coffee machine		
toaster		
water boiler		
egg boiler		

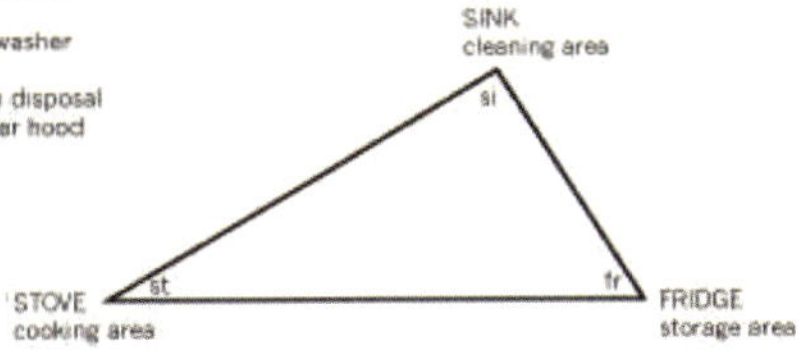

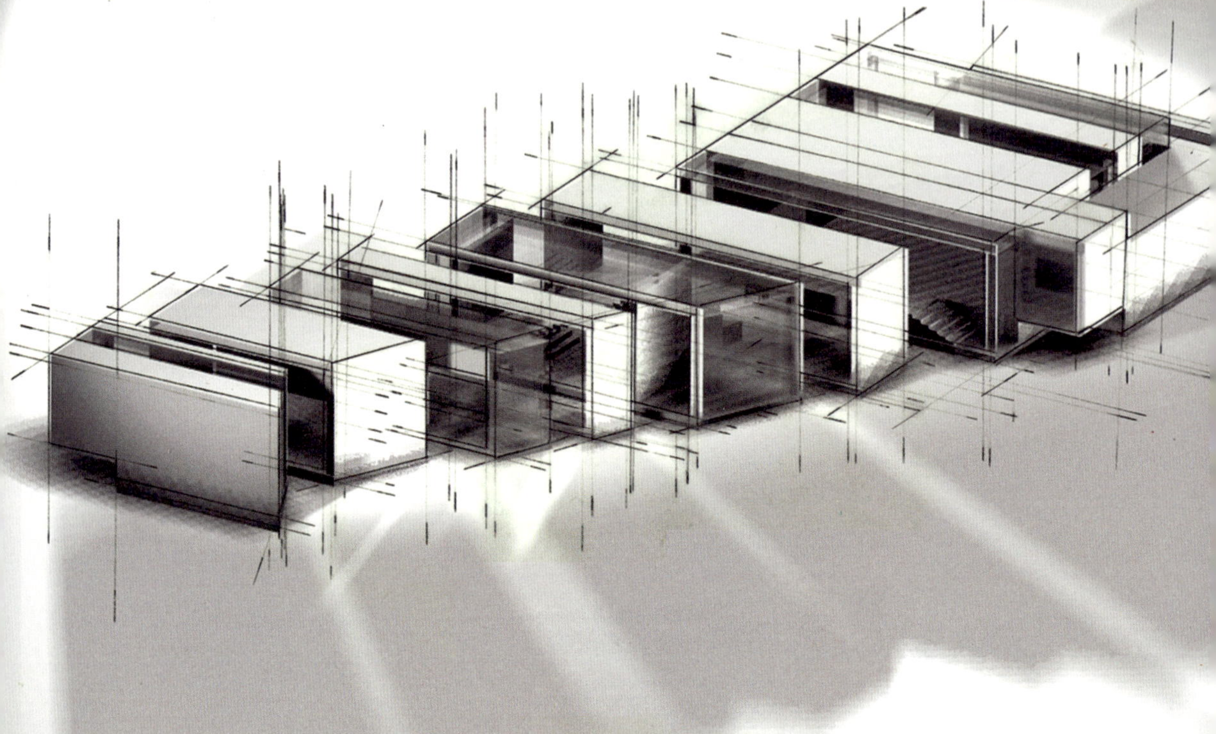

采用透视法的轴测图

早期的透视图和剖面图帮助理解平面规划及提案的概念。

竟平均每个人需要多大的居住面积?
下项目正是为了回答这一问题:
据网上资料，平均每个人需要的居住面积为42 m²。
照这种计算方法，一个面积为511 m²的住宅可容纳12.2个人。该
宅的空间将被划分为浴室、厨房、公用空间、卧室和起居室，其
例如下:
室占总面积的16.7% -> 84 m²
房占总面积的18.5% -> 95 m²
用空间占总面积的16.4% -> 84 m²
室占总面积的19.5% -> 100 m²
居室占总面积的28.9% -> 148 m²
于这些数据，我们需要解决如下重要问题—如何在设计中以这些
计数据为出发点使住宅的空间划分更符合逻辑，更加合情合理。
具有不同功能的空间相连，虽然各自构成了各自的模块，但是它
仍旧属于一个整体。
两个相似的、外表很平庸的主体重合起来，我们会得到一些特殊
内部空间，这些空间在高度和宽度上是可变的。

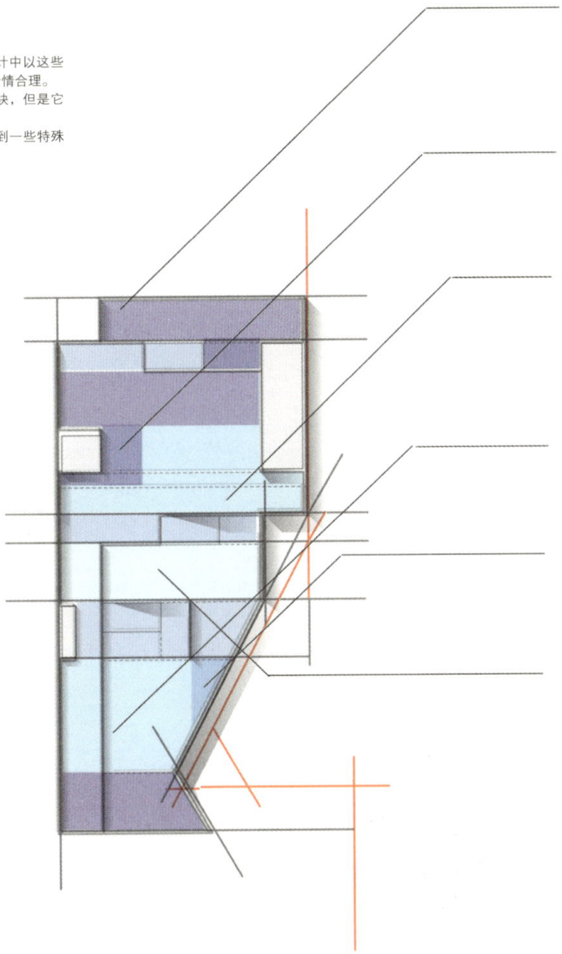

卧室：卧室属于私密房间，如此设计能够给住户带来安静、安全的环境。

浴室：浴室与私密的卧室和半私密的书房相连，为住户提供了一个安静的、备受呵护的私人空间。

公用空间：公用空间起到连接其他各房间的作用。

起居室和书房：这两个房间为住户提供发挥自己创意的空间，住户可以依据自己的喜好来布置。此外，这里还横跨多个楼层，是卧室和客厅的“中介”。

客用卫生间：客用卫生间位于住宅的入口处，位置十分便利。

公用空间：公用空间起到连接其他各房间的作用。

结构线条　空间定义元素　分区　阴影　重叠

INa Stoeck & beat Lengen

专题研究：电视

在一个普通家庭中，电视扮演着越来越重要的角色。一方面，按照现代的生活方式，每个家庭成员都应该有属于自己的电视；另一方面，电视也是连接家庭各成关系的纽带。

1.专题：电视

2.专题研究的来源：

第一：20世纪50年代的社会环境与社会关系的地位与现在相比更加突出。

第二：电视的数量飞速增加。

应达到的目的：避免给每一个房间配备电视，而应该使装有电视的房间成为各个成员的共同活动室，同时还要使每个成员都能够看到自己喜欢的节目。

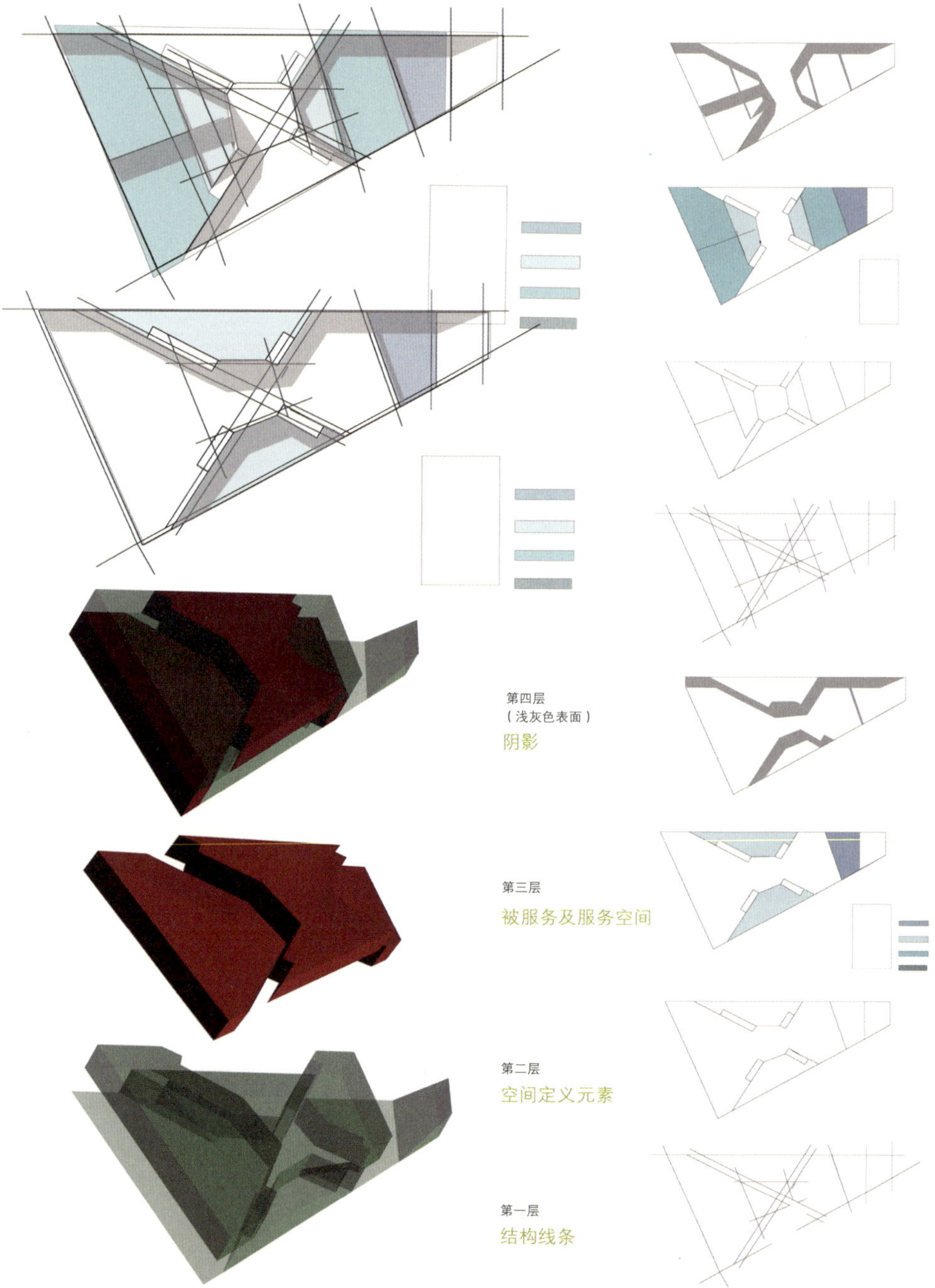

专题研究：年龄与衰老

案例文章：一对年轻夫妇搬入了一座新房子，当孩子长大后搬出父母的家，建立属于自己的家庭。留下的父母不久变成了祖父母，同时也越来越感受到年龄的重量和生活的孤单，他们逐渐无法自己照顾自己的生活。如果其中一个去世，那么另一个则不得不搬入养老院。这样的问题在一代又一代的家庭中不断重演，我们对此进行了仔细的研究，并且为在建筑设计方面寻找相应的解决方案而努力。

1.专题：年龄与衰老

2.专题研究的来源：实际年龄、推荐年龄与希望年龄之间的矛盾/zdwa图形/来源：Mayer und Balles (1996)

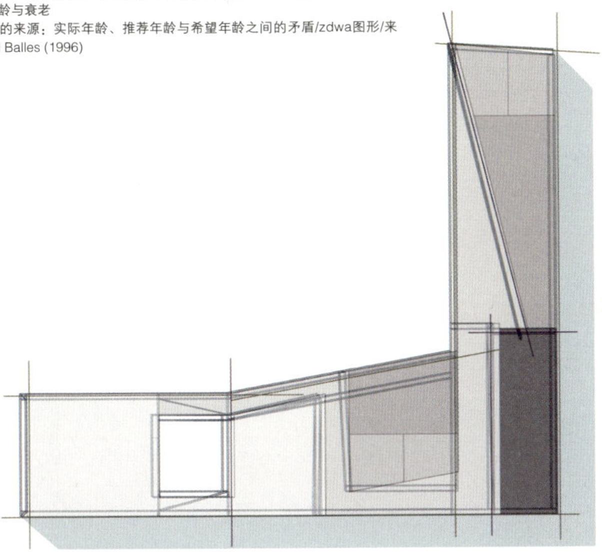

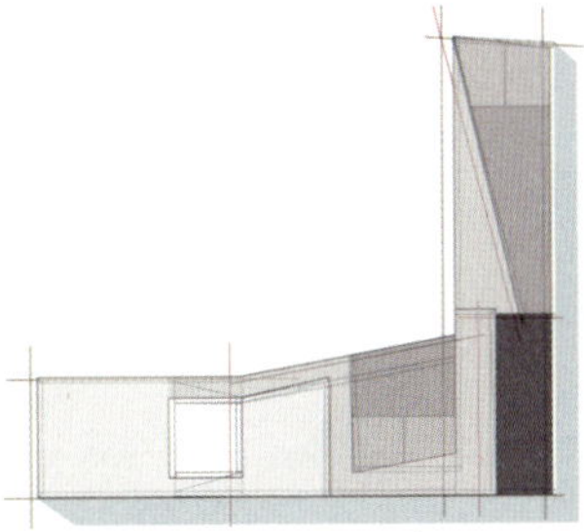

第五层

文本

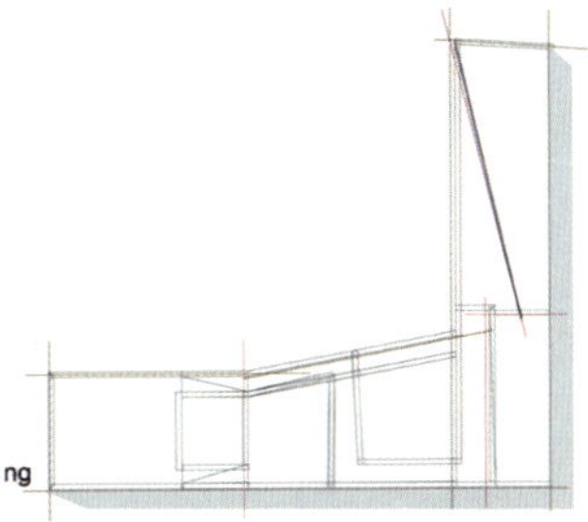

第四层

阴影

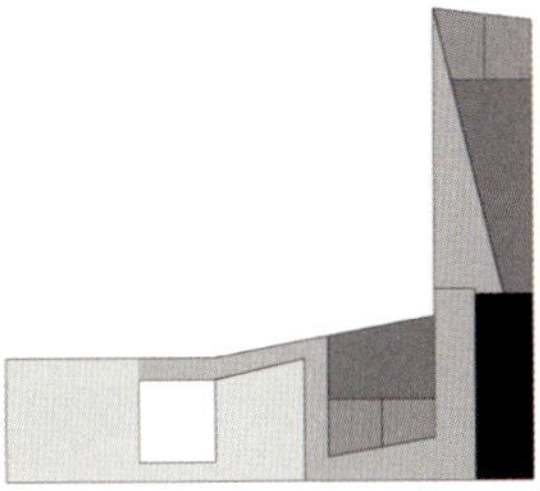

第三层

被服务及服务空间

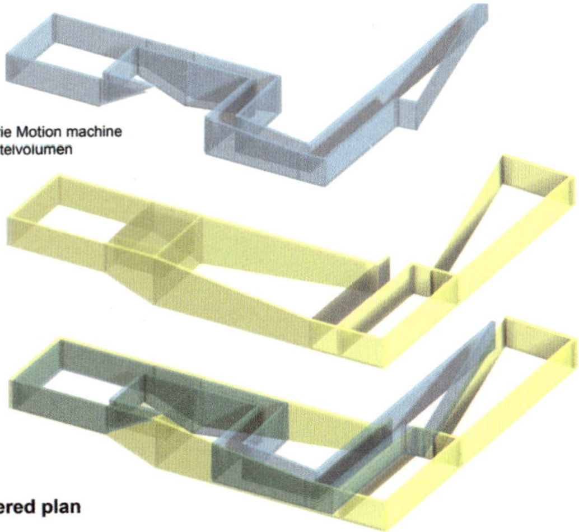

Isometrie Motion machine
im Mantelvolumen

a layered plan

UNIT:
Benjamin Theiler
Michael Hirschbichler

STUDENTS: Jana Vollmers, Daniela Sigg

Mst. 1:200
Nord

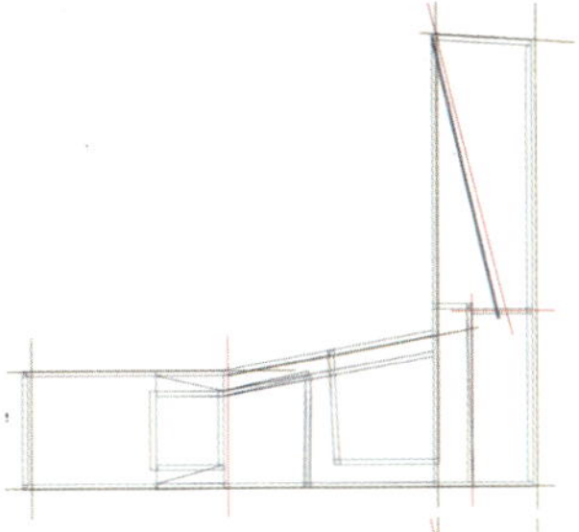

第二层

空间定义元素

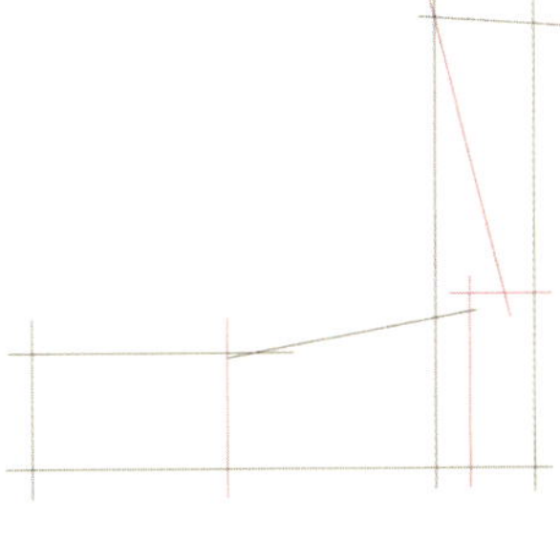

第一层

（左侧图）

结构条线

天气住宅

这座建筑的概念在于振作住在多雨地带的人们，他们的情绪经常因为坏天气而低落。

这个目标将通过下列建筑概念达成：

-通过收集的雨水转化的电能驱动佩尔顿低压发电机来为照明供电。

-雨水在屋顶滑落的路线被认为对人的精神有舒缓作用，所以屋顶被做成玻璃的，以便让人们能够看到上方的流水。

多数照明灯通过水力发电机驱动，它们帮助创造柔和舒适的室内环境，也是对阳光的一种补充。

发电机产生电能。这些电能或被储存在蓄电池中，或被直接用于住宅上层的灯光照明。

雨水通过螺旋状倾斜的屋顶被收集到一个蓄水池中，为一台发电机提供动力。

流动性是这座建筑主要的概念之一。除此之外，也有其他建筑设计方面的可能，如水流、人流、热流、信息流等。

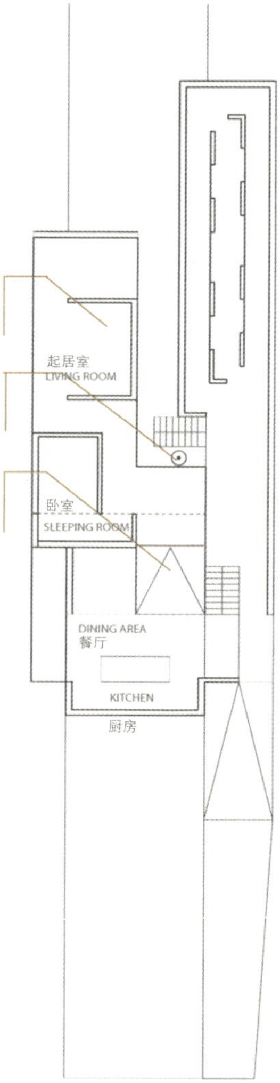

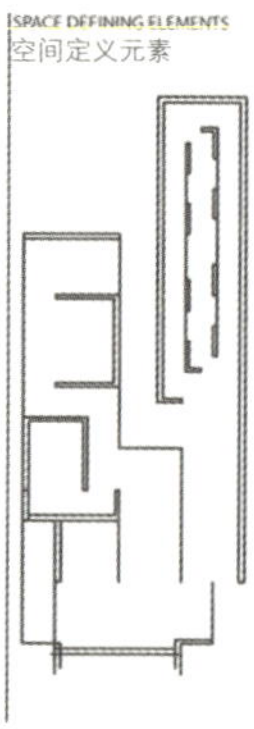

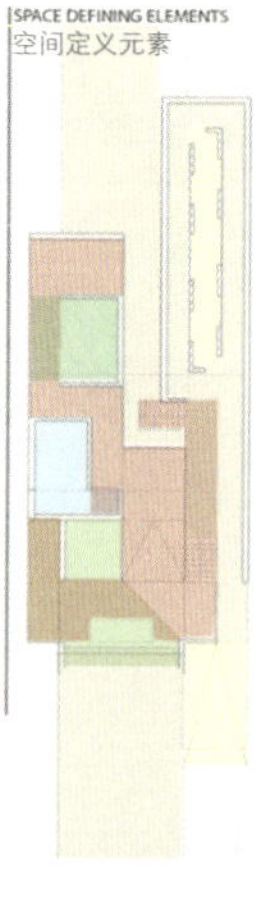

由于这个项目的研究主题和天气现象有关，因此这个设计图试图表现空间非视觉的方面，比如它的热性质。这个模糊的图层将新的可能性引入到这个项目中。

灌输背离

关于建筑学教育的悖论

以下是与Jürgen Mayer H.、Reto Geiser、Andreas Ruby和Mark Wasiuta之间的对话；由Dirk Hebel主持；这是有关瑞士苏黎世联邦理工学院建筑设计入门阶段的教学方法的问题。

>第二部分

Dirk Hebel

现在的问题是学生们是否能在任何情况下都具备良好的批判能力。你们真的认为可以教会学生怎样颠覆吗?

Jürgen Mayer H.

作为一个局外人，我观察到联邦理工学院有一套明确的教育方法。学生们学习如何在一个工作室的工作日程中准确地行动。学生对第一年里学到的东西印象深刻，但却没有太大空间让这些所学发展为他们自己的思想。要在接下来的几年中维持第一年所学的知识好像很困难，因为没有足够的空间来审视自己、发展一种思维过程，然后审视惯例的谬论并形成自己的论点。

Reto Geiser

我认为，困难在于时间因素。有些批判性处理是潜在进行的，但每周练习的时间安排得很紧张，因此很难对过程、技巧及最终作品进行透彻的思考。我认为基础课程的目标必须是撒下理论的、批判的、方法论的种子，之后希望它能继续成长并最终开花结果。我念书时，许多一年级接触到的知识并没有得到正确的、理性的处理。不过它们还是在我脑中留下了印象，其中一些思想在我们日后的学习或建筑实践过程中再次出现。

Jürgen Mayer H.

肯定总会有例外。我在想，第一年中那个时刻后的五年时间中会发生些什么呢?我没有看到太多的种子发芽。我没有在毕业作品中看到多少这种思想。如果学生们真的有能力重新思考惯例，他们应该同样有能力在他们的毕业设计中做到这一点。

Mark Wasiuta

也许问题不在于你是否能教会颠覆，而在于你是否有能力教课，并做到颠覆。如果你有兴趣寻找策略可以破坏这门学科的一些假设和方法或制度，你又如何评定这种颠覆呢?你们第一学年的规划有没有制造出能够影响学校其他地方的冲击波呢？这可能很难去评价，但学习它却会很有意思。

你先描述教学工具、技能或方法，之后在同一天让学生们忘掉它，仿佛他们的功课是一个无尽的开始或者说摇曳不定，是对原则的重复和撤销。你可能认为这会导致挫败感的产生，然而当我看到这些作品时，我看到了一年级学生令人难以置信的创造力。一些很有效的、规划好的东西在这里发生，尽管这个过程有困难或好像有谬误循环。因此也许颠覆和荒谬并不一定是相关的。或者如果存在谬误，那也是积极的，可以指引对建筑进行批判性设计。建筑由各种权威形式管制，这本身就是一个谬误，但我们在思考和实践的时候要适当地忽略这些权威的影响。

Dirk Hebel ::

一个批判课程的安排和项目有关。如果我们不想遵守复制或重建现状的常规法则，那么我们需要以多大程度去考虑社会现实呢？

Reto Geiser::

我当然赞成必须批判地对待建筑设计，而且要在社会和政治环境的背景下来进行。然而，如果研究的结果显示的是统计信息的实际意义，那么我担心这些项目会是愤世嫉俗的，而非批判性的。如果有占人口总数55%的人离婚，那么一个屋檐下就要容纳两个家庭——我会觉得这是一个很有趣的空间练习，然而它又像正式的社会干预一样复杂。学生们开始根据统计信息的结果创造表达讽刺的建筑。我个人不认为这是一个对常态富有成效的思考。

Andreas Ruby :::

我认为这不是讥讽。对此讥讽的人不会理会这个情况，只会考虑做一辈子夫妻的情况设计单个家庭住房。我认为这是试图解放被压抑的常态——事实是大部分婚姻以离婚告终——更多的开放性能够存在。

Reto Geiser

但离婚后简单地把这个房子劈成两半就是一种“常规”处理方式——你们一辈子生活在一个屋檐下。你同样可以质疑这种假设。

Andreas Ruby

这就是为什么我要说，设计单一家庭住房时考虑庞大的离婚数字不是一种带有讽刺意义的做法，而是在试图让学生们有批判的意识，也就是每个规划都需要进行反复考虑。这正是我们为什么写到太多的建筑师仅仅将大纲、建筑规划、课堂时间表作为一种制度议定书，而不是将这个规划作为自己的设计说明。规划是一个用来讨论常态问题的完美例子。然而，在一个建筑的一生为其预期新的规划，你会很容易明白任何可以作为规划的东西永远不会是一个100%的建筑设计指导方针。对我来说，教授如何做规划是像联邦理工学院这样的学校第一学年一个至关重要的问题，学生们不能选择自己的规划和场地，因为这些都由各系定义。

这几乎像是建筑设计领域的非暴力反抗。一方面，学生们需要了解作为制度性常规的规划的已确定的社会角色，正如在建筑竞赛中，总有你需要遵守的规划原则。另一方面，学生们同样需要理解一点，如果你希望做出的项目是可持续性的——这个词更有意思的意义就是说建筑可以适应任何出乎意料的环境——你需要思考既定规划的种种限制。

我记得来自阿姆斯特丹Berlage学院的Jan Kapsenberg所做的一个项目。他将Peter Zumthor建造的Vals温泉spa重新规划为一个同性恋俱乐部。这显然是很有趣的事情，因为他背离了既定常态。这就像穿着别人的衣服而因此要学习如何用不同的方法行进一样。因此这也是规划本身的灵活性概念。如何在不改变这种既定的、具体的项目的前提下使同性恋俱乐部适合这个项目并融入其氛围？我觉得对这种空间的功能进行重新定义是一个新的尝试——比方说可以将房间改为酒吧。

Jürgen Mayer H. ::

一个十分有效的设计方法是将某个背景下的空间环境放到另一个背景中去，以便重新定义一个既定规划及其惯例。这里你们在讨论对一个既定项目的重新解读。Sadar Vuga的作品中被描述为“创造新氛围”的建筑可能就是这个意思。这是关于“像什么”的问题。每当你面对一个有着特别特征和氛围的空间时，想象出不同的规划是很容易的。在Vals这个项目中想到一个同性恋俱乐部不是件困难的事。这个想法很容易就在脑海中蹦出。

Andreas Ruby ::

对于一个一年级工作室来说，你可以先给他们一个单个家庭住房的规划，然后当设计完成后你再告诉他们，他们被骗了。我们都听说过纽约的一个教堂现在成为了迪斯科舞厅，我们也知道科隆的一个游泳池最后成了一个饭店。用这种方式思考，规划可能只是工作室中用到的一个临时工具，促使一系列重新设计的产生。它可以说明一个方案并不是一个既定的终点，而是一个不断修改的过程。在某种程度上，这反映了一种和分时享用的概念及对空间的部分时间占有相关的不同的逻辑。我们还需理解或寻找一种新的理解，来认识灵活性、灵活的空间或通用的空间。

:: 第三部分（下册第268页）

9

9

“19世纪，在铁塔建成50年之前，有两部文学作品使全景视觉的奇异景象得到了主流的诗歌创作的肯定：一个是《巴黎圣母院》，其章节展现了巴黎的鸟瞰图，另一个则是米什莱的《法国史》。现在，书中描绘的巴黎和法国的伟大的全景视角让人惊叹之处在于，雨果和米什莱清楚地明白，全景视角给和缓的高度带来无法比拟的思考力量：每个参观铁塔的人会立即俯瞰四周，以便能够去了解、感知这个世界。这就是为什么它相当于一种全新的视觉感受力：在过去，旅行……是被强行塞入各种感觉之中，只是觉得各种事物像潮水般涌来；鸟瞰则相反，我们浪漫的作家对它的描绘好像他们既期望铁塔的结构又希望航空的诞生，使我们能够超越感情、看清结构性的东西。这些文学作品及视觉建筑所描述的对知性论模式的全新理解因此而诞生……巴黎和法国成为雨果笔下及米什莱的（还有铁塔一瞥下的）可理解的对象，然而并没有——这也是新的内容——失去任何物质性；一个具体的抽象的全新范畴出现了；而且，这就是我们今天可以赋予“结构”一词的意义——智慧形式的文集。” **Roland Barthes**, *The Eiffel Tower, and Other Mythologies*, New York: Hill and Wang 1979, pp. 8–9.

9 结构对结构
具体的抽象

在学习了空间和规划之后，现阶段的工作要解决建筑中的技术问题。游戏的规则在练习的范围内有所改变，虽然每个练习相互有区别，但在这个阶段它们开始走向合作。

接下来的工作以一个假定为指导，那就是技术永远不被中性地支配，这个过程总是伴随意识形态，不论是有意识宣扬的或是潜意识设想的。英语中的“技术”（Technology），是一个二名制词语，由*techné*和*logos*组成，被认为是既属于制造领域，也属于思想领域。不是直接等同于生产的技术方式，技术被认为是一个探索的领域，行动和思想在此交会。因此接下来的任务是从推测性命题的优势地位出发对待建筑材料。一个实践领域出现了，在理论和实践中交叉往来，没有以理想化的原则为名相互征服。

练习9从双重定义的角度介绍了“结构”一词。物理结构和概念结构得到了区分，也对它们的相互依赖进行了研究。一方面，从传统意义上说，结构被认为是建立了建筑的物质承载系统，一个包含各种力量、从对地心引力的抵抗意义上说构成建筑的一个系统。另一方面，借用语言学上的一个术语，结构被认为是定义了一种深层次的句法，区分了给定实体上各部分之间的内在关系[1]。结构的这两个定义都倾向于特定的一些信仰，这个练习并没有试图去顺应什么。工作也没有以建筑表现为目标。在建筑表现中，一种形式的结构被描述为另一种形式的结构的可读符号。设计工作展现为一个物质交换的过程——给一个立场或另一个立场以优先权——有时认为每个立场都是不同和独立的，有时又必须要汇合。

作为这些讨论的结果，学生们需将先前练习完成的设计图转化为一个空间结构。这里的重点在于空间领域的构筑，不是以相关单个建筑元素（像横梁、柱子、墙壁等）来解释的，而是从空间和结构如何能相互影响这个方面来解释。最终的作品使人要从抽象和具体两个层次来理解，努力达到Roland barthes认定的具体的和抽象的状态，即具体和抽象同时存在的情况[2]。在这些领域之间摇摆的过程中，我们的工作是要超越隐藏在结构定义后的固有基本原理，将工作的内在展现给其他领域，展现给外部。**1 Noam Chomsky**, *Syntactic Structures*, The Hague: Mouton 1957. **2 Roland Barthes**, *The Eiffel Tower, and Other Mythologies*, New York: Hill and Wang 1979.

9

编辑

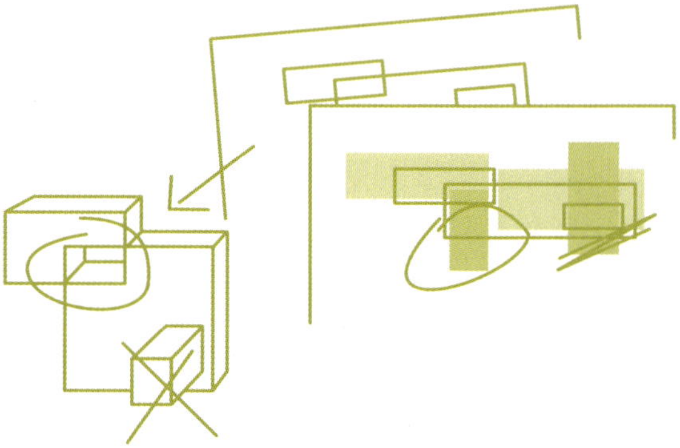

08 讲座
形式对结构

09

素描

10 小组和课本讨论
Roland Barthes,
The Eiffel Tower

11 工作室
结构对结构

12

13 电脑
Final Cut

14 工作室

15

制作

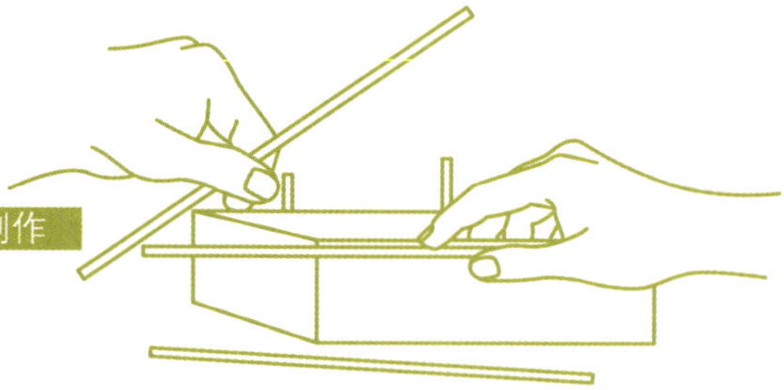

16

17

18 演示

练习9——课堂说明

指南

接下来我们将检验技术在建筑中所扮演的角色，这种角色被理解为理论和实践的关系。由于设计过程包含对抽象和具体方面的分析，因此这种对“技术”广义的理解提供了一种在这两个领域进行协调的方法。

结构，拉丁文为“Struclture”：

1. 将各个部分放到整体中进行统筹安排，一种组装的结构，内部相关联。
2. 由部分组成的系统，相互间独立。

练习9介绍了结构的广义概念，既包含概念化结构又涉及相应的物质化结构。这些结构应该被置于一种特殊的相互关系中，使人们能够从抽象和具体两个方面理解它们的意义。

输入>分层设计图（练习8）>最近练习中完成的模型

输出>空间结构模型，比例1 : 200

步骤>草图：借助草图发展项目的基础结构。在这个步骤中，要发现并记录各种空间关系。>结构模型（比例1 : 200）：将草图转化为模型。以下是准备好的材料：木棒、木板、实木。仔细思考如何利用它们，要有逻辑性。和之前的练习一样，要将努力的重点放到转化你的作品上，而不是重新制作。

评判标准>空间质量>功能间的相互影响>多层设计图的质量

数字化>外表及内容做到结构上的一致>空间结构及其落实情况>模型

质量>作品的抽象程度

演示>技巧和策略：Final Cut——基础

每周练习>由小组决定

参考阅读> Adolf Loos, “The Principle of Cladding,” in: Spoken into the Void. *Collected Essays 1897–1900*, Cambridge/MA: MIT Press 1982.

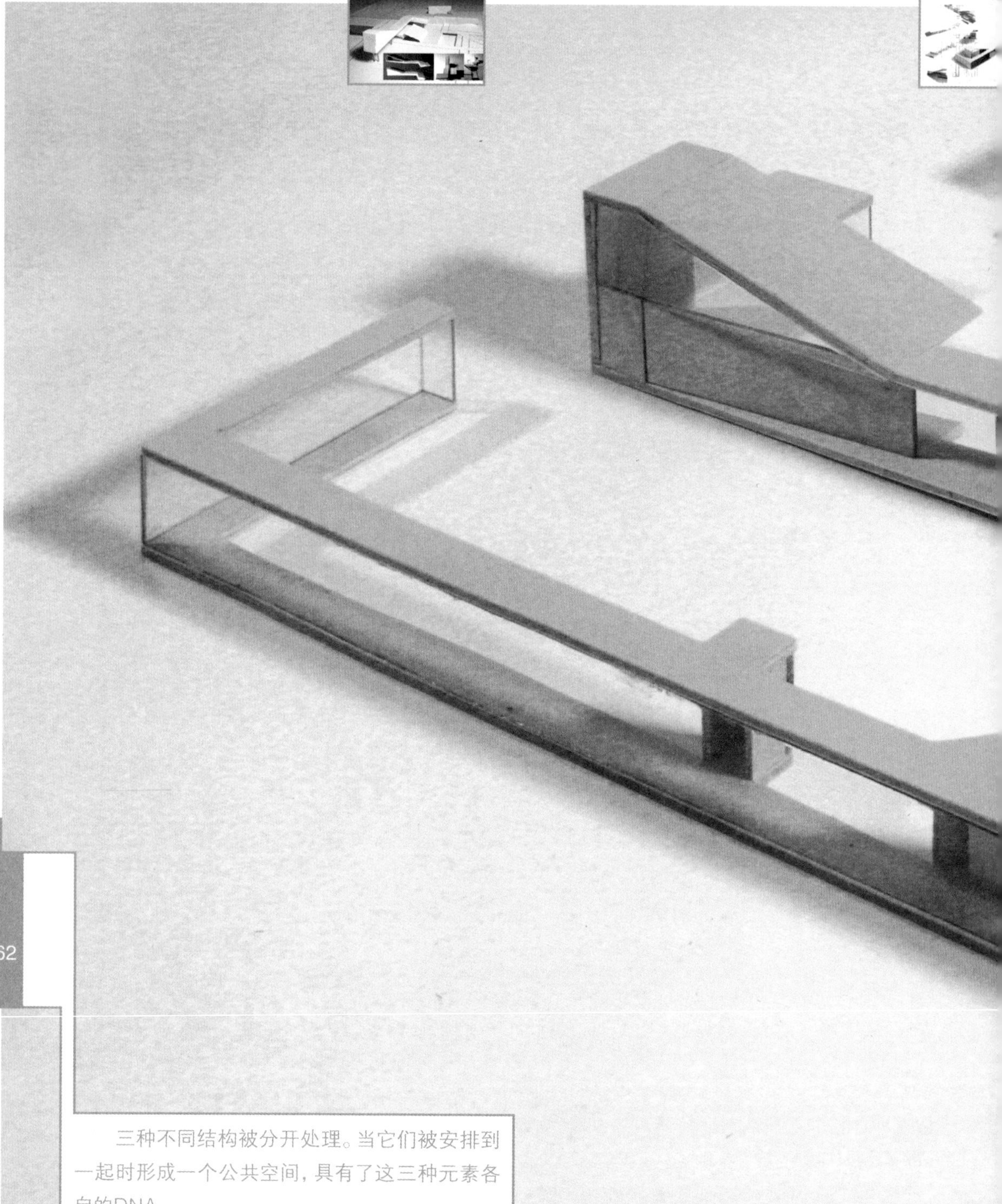

三种不同结构被分开处理。当它们被安排到一起时形成一个公共空间，具有了这三种元素各自的DNA。

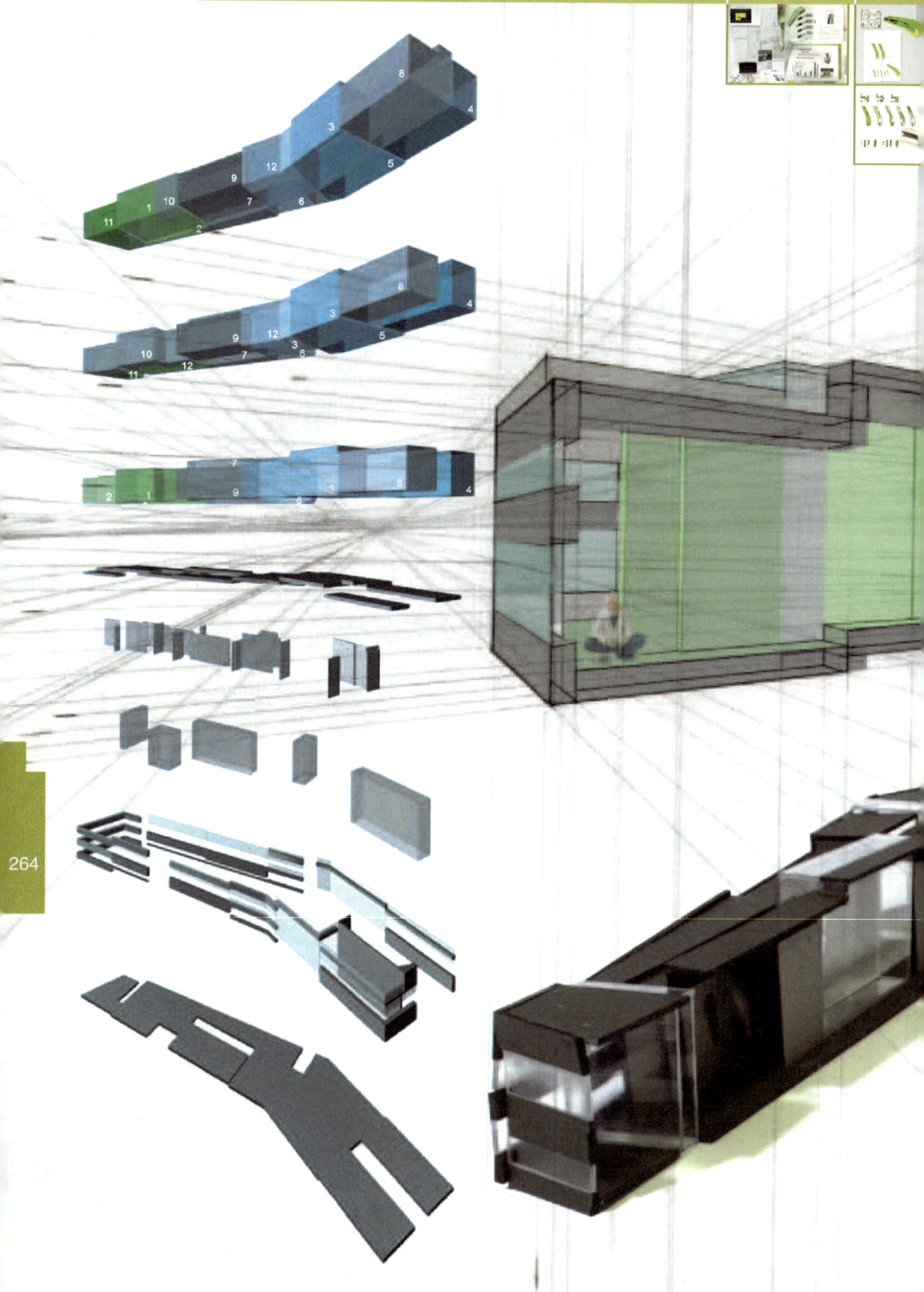
8
4
3
12
5
9
10
1
7
6
11
2
8
4
3
9
12
5
10
7
3
6
11
12
7
2
1
9
3
8
4

练习5中的组织结构思维帮助形成项目的结构。这种转化有助于学生在更精确的比例上做出有关开放性、外层结构等的决定。

脱去外层结构，展现出项目的流动空间及内部结构。

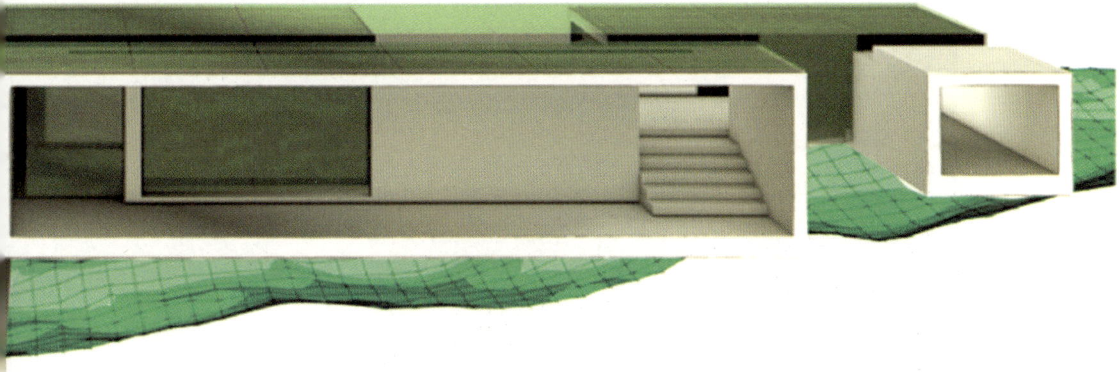

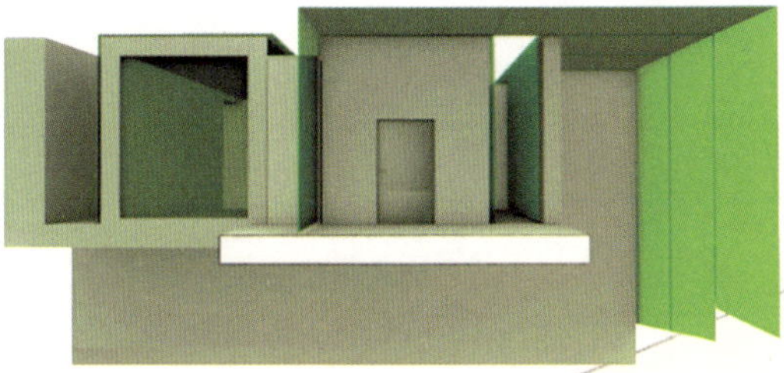

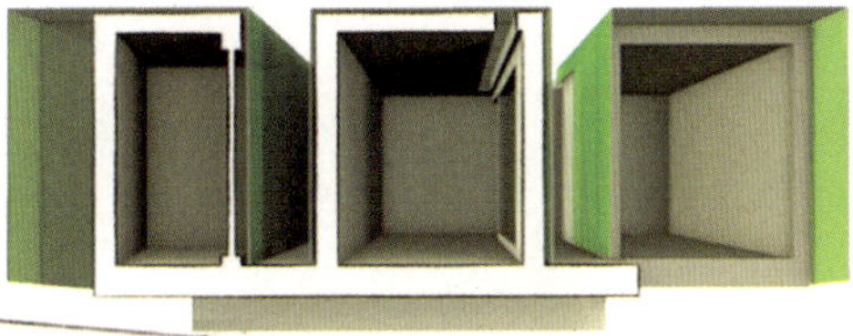

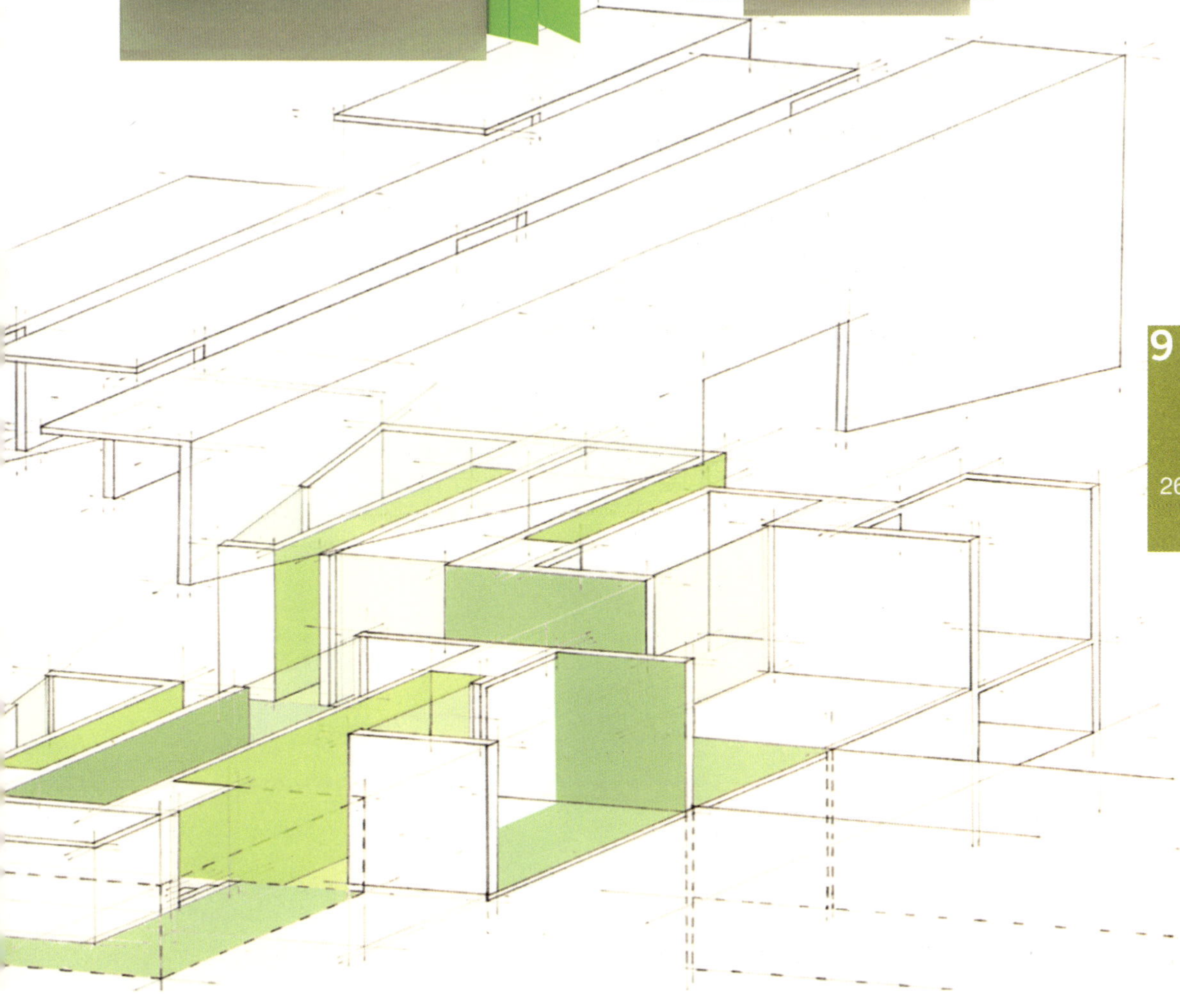

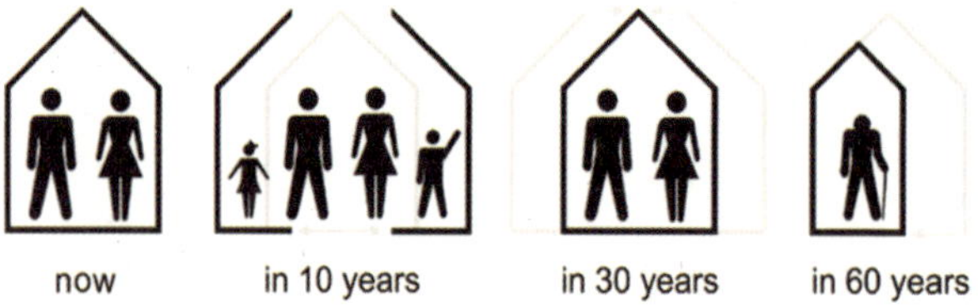

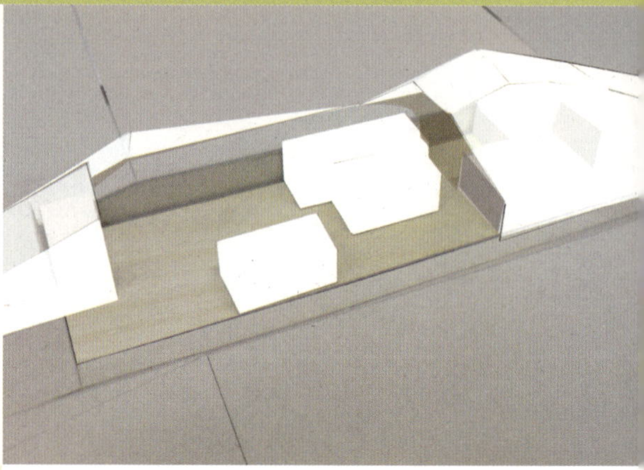

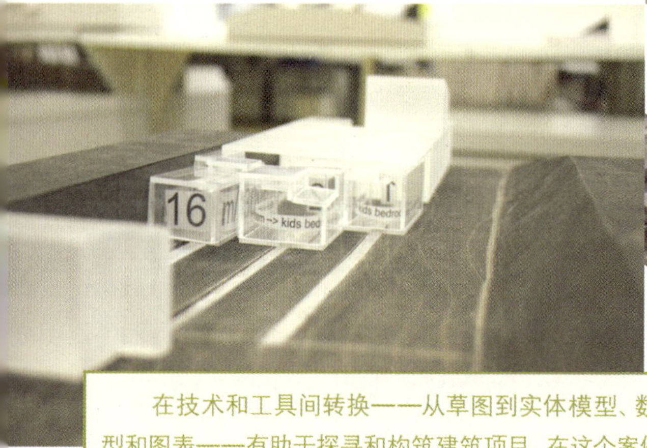

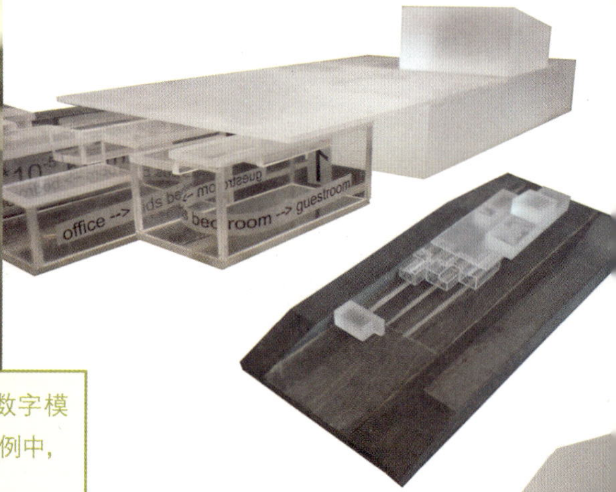

在技术和工具间转换——从草图到实体模型、数字模型和图表——有助于探寻和构筑建筑项目。在这个案例中，设计研究了居住者在一生中对房屋空间需求的变化。

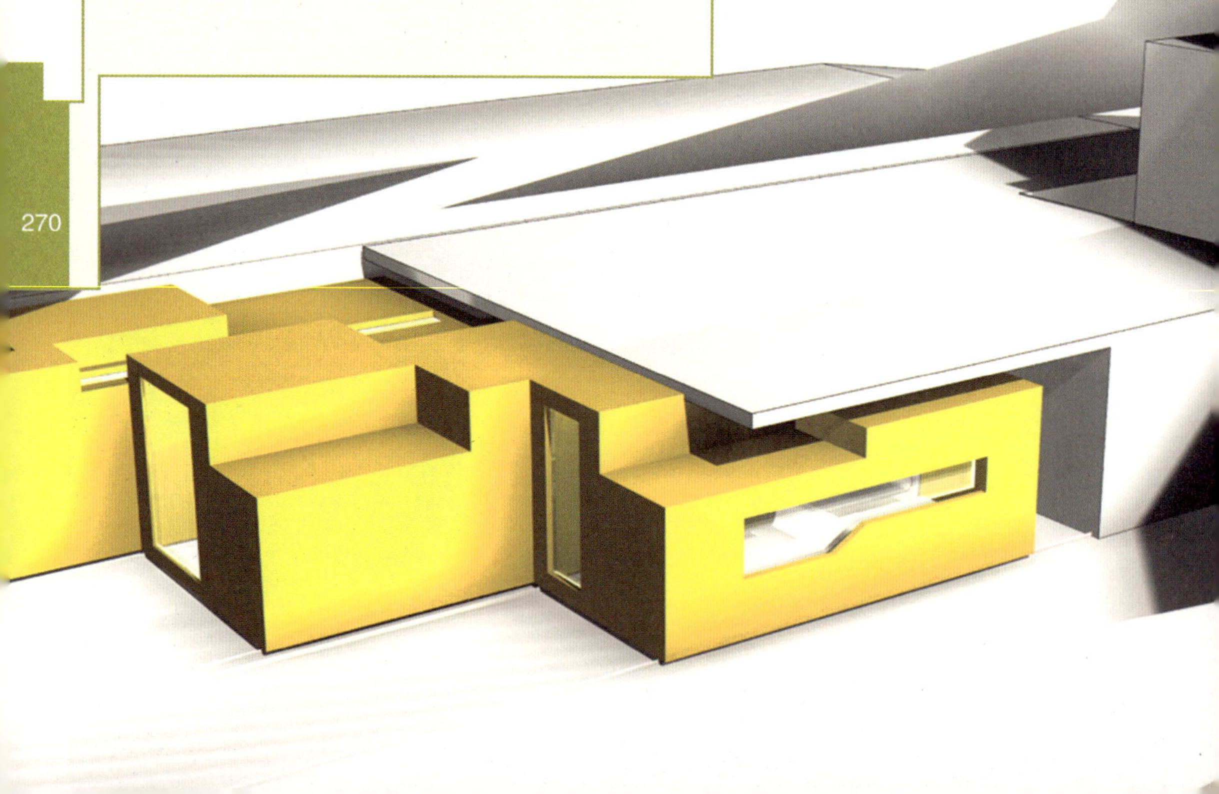

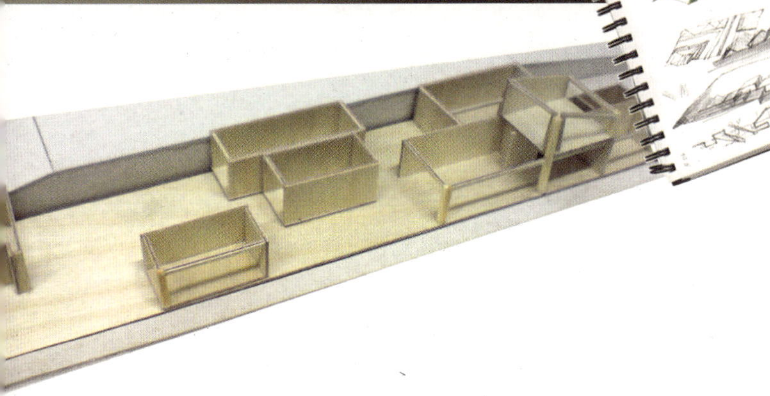

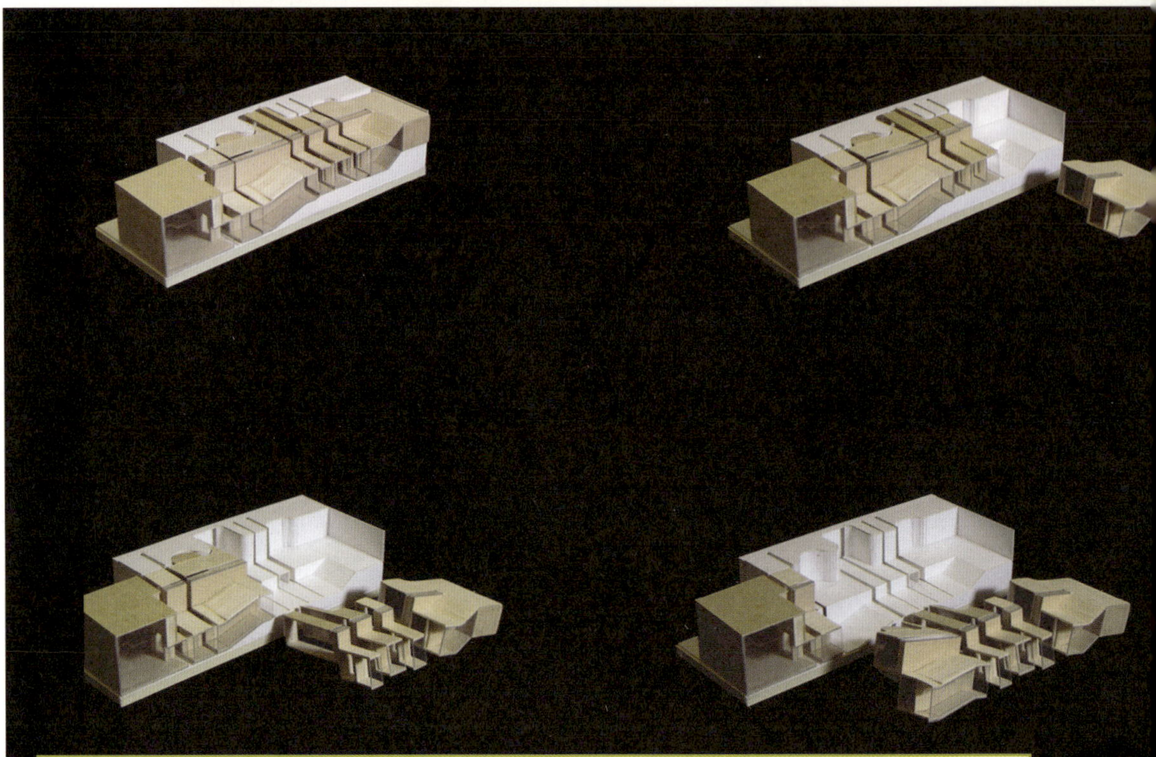

这个项目借助电脑及实体模型展开对空间结构元素的研究。电脑帮助模拟具体环境，并通过切分建筑结构进行设计概念的评估。

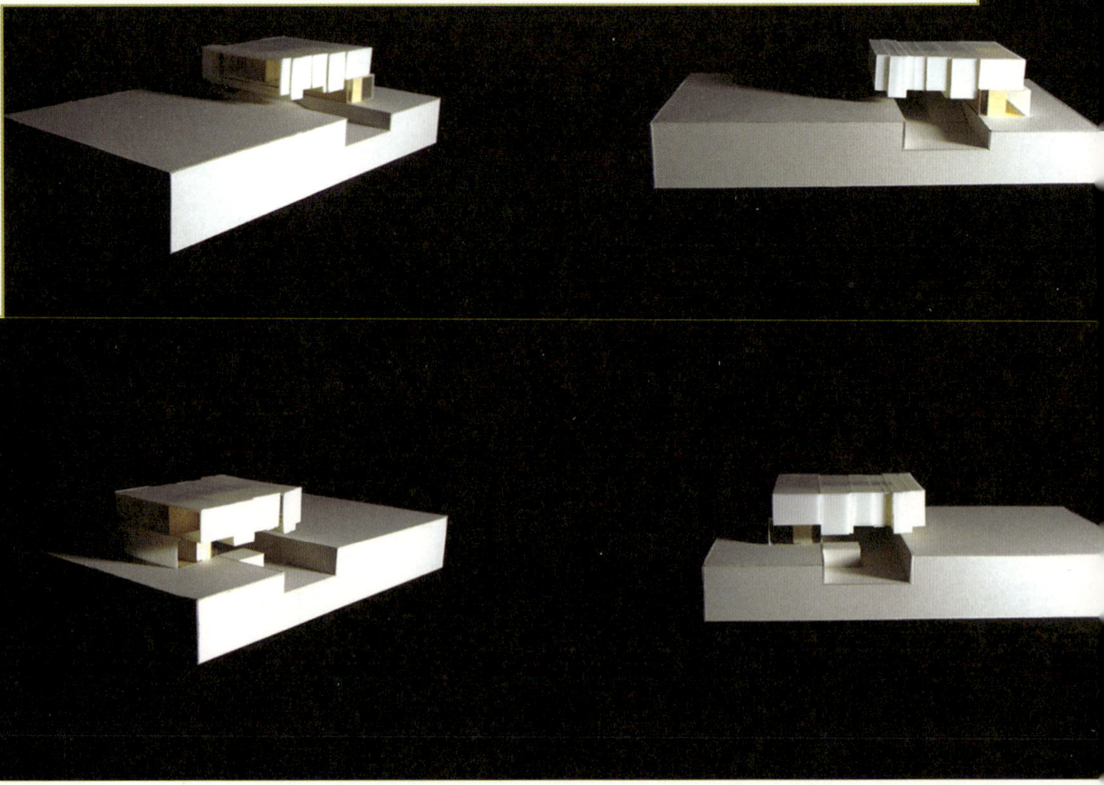

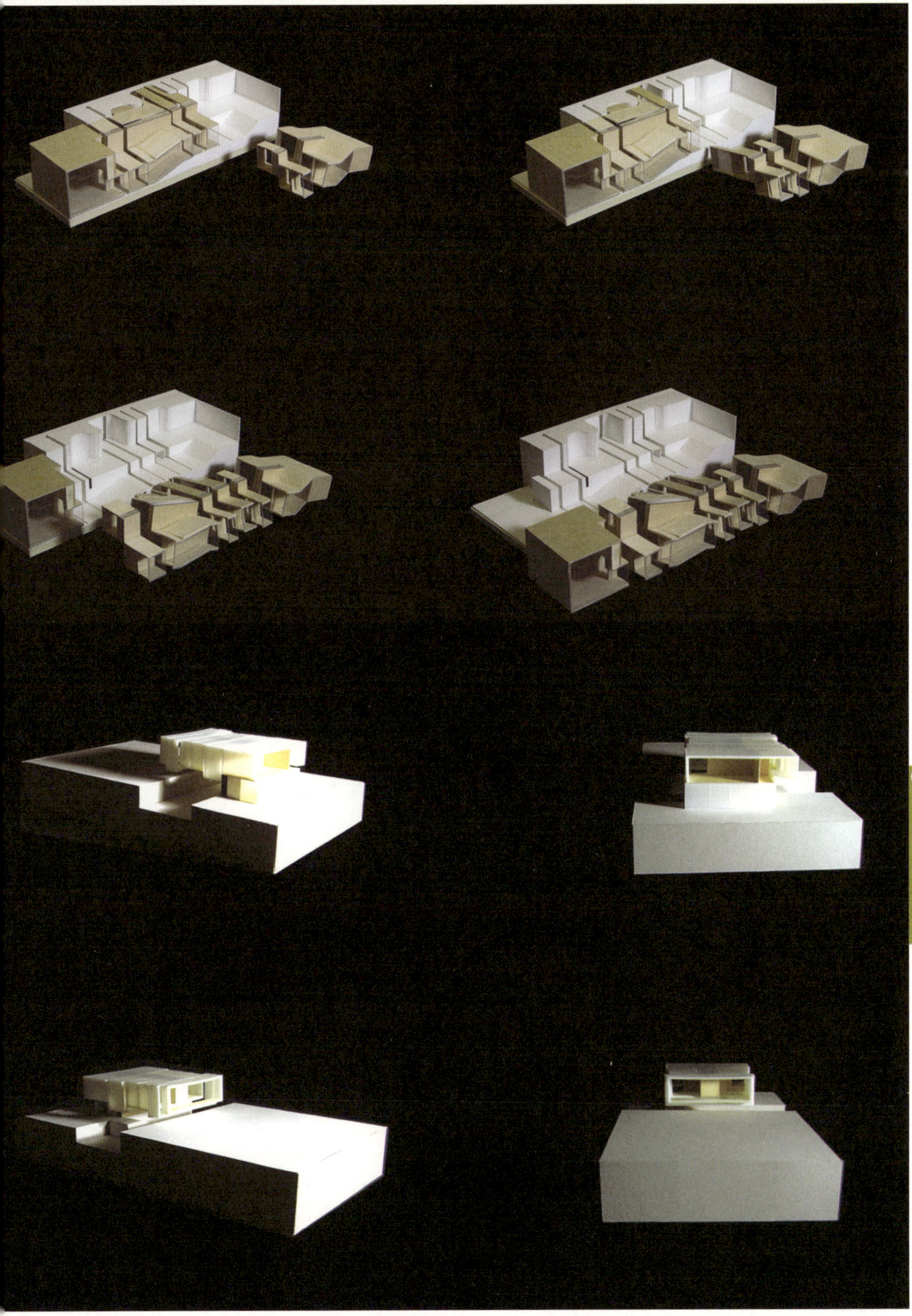

轴测图演变

平面图演变

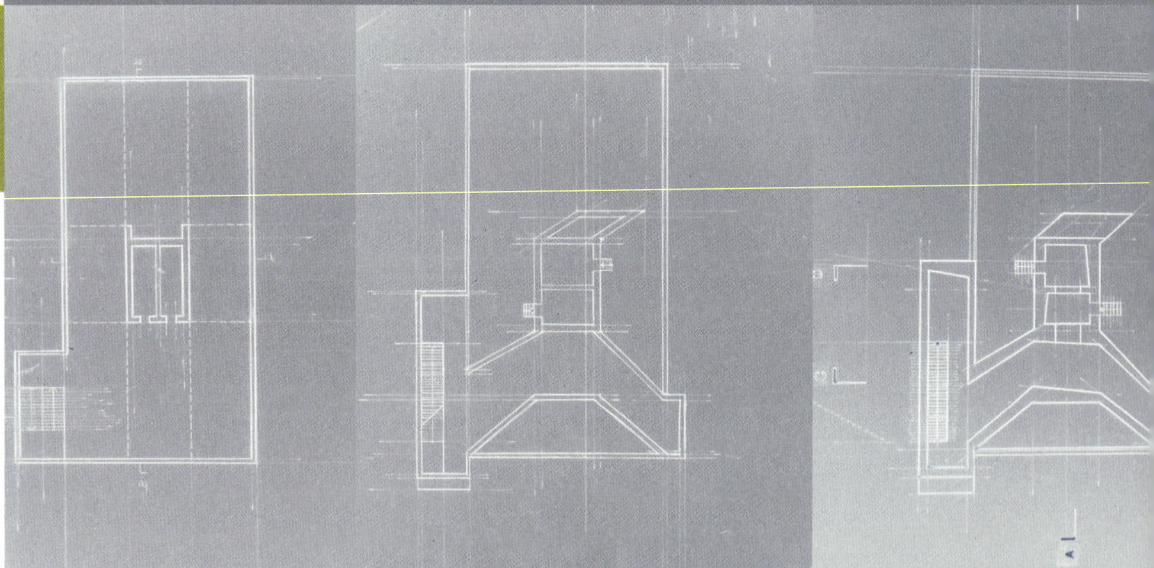

由于这个项目最初是用做一个防空洞，因此它的物质表现形式需要一个独特的结构。学生们选用水泥制作模型表达概念，发现手工模型具有触觉体验的作用。

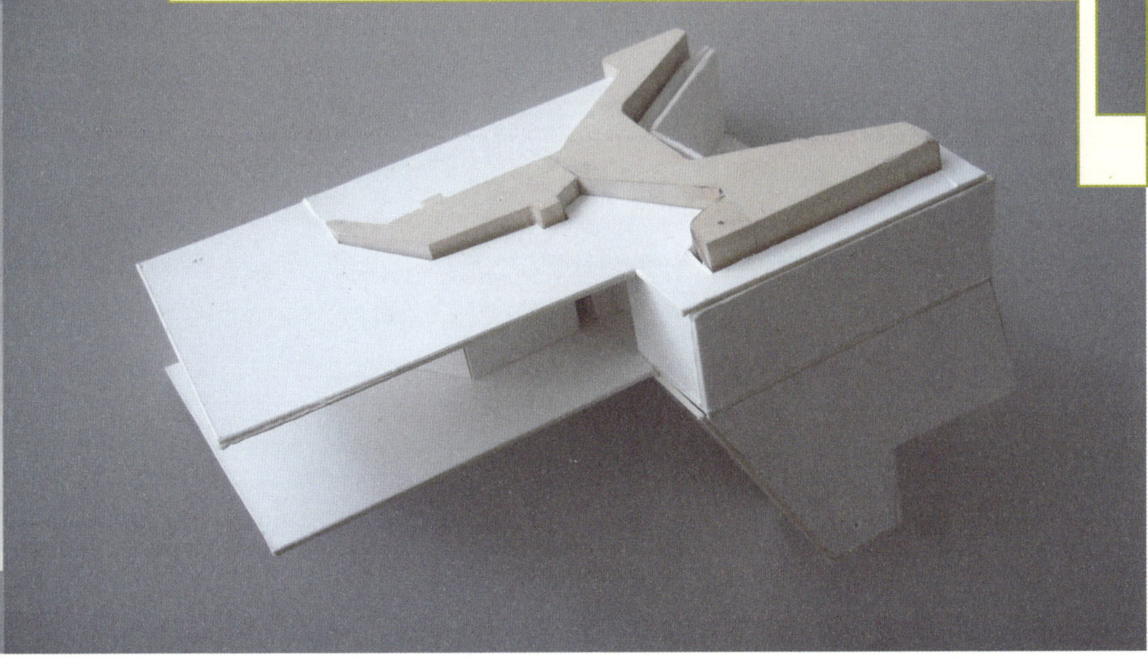

从睡眠阶段的角度对光进行研究。

对各种照明布置的研究过程同时也是一个结构的形成过程。

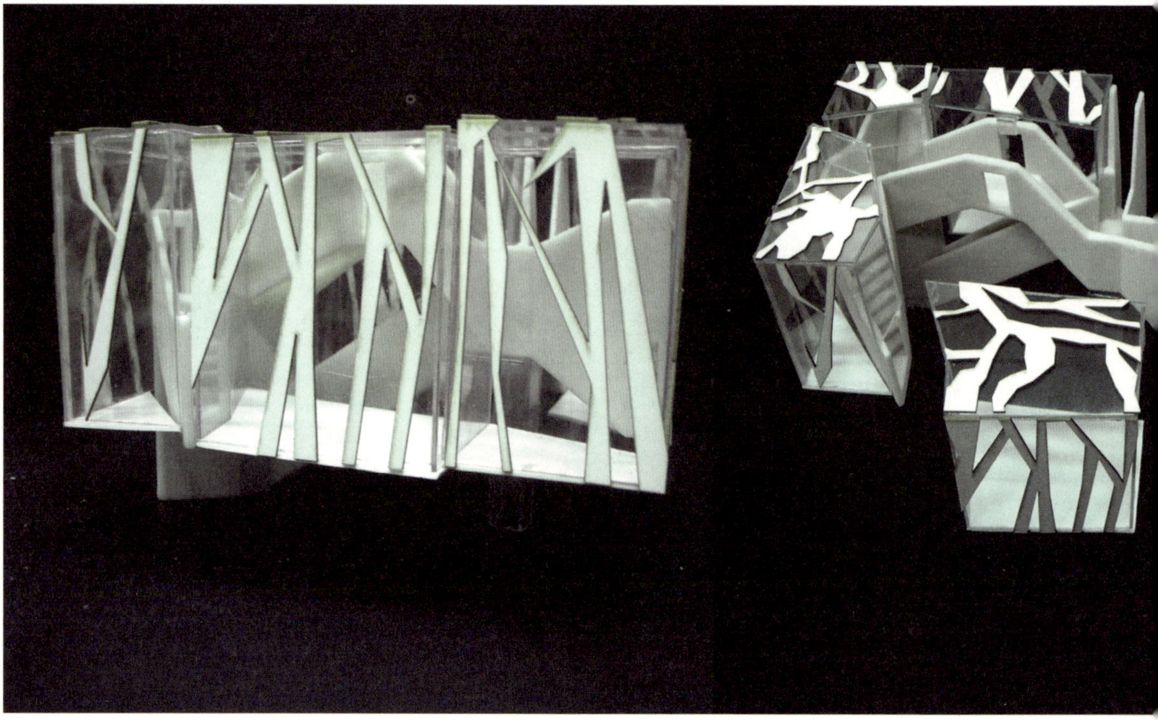

这个项目包含两个元素：一个固定的骨架，包含通用空间和一系列由它支撑的采光空间。一系列空隙存在于这些采光空间中，植物得以从中生长，使得这个建筑物随季节的变化而改变。在一年当中，这个结构或消失或出现于周围的环境中。

缺少结构成了一种设计方法，这种方法产生了间隙和断裂。这里，生长于住宅内的花园成了一种季节现象。这种结构使得住宅的元素在夏天向外扩张，在冬天则关闭以便节省能源。

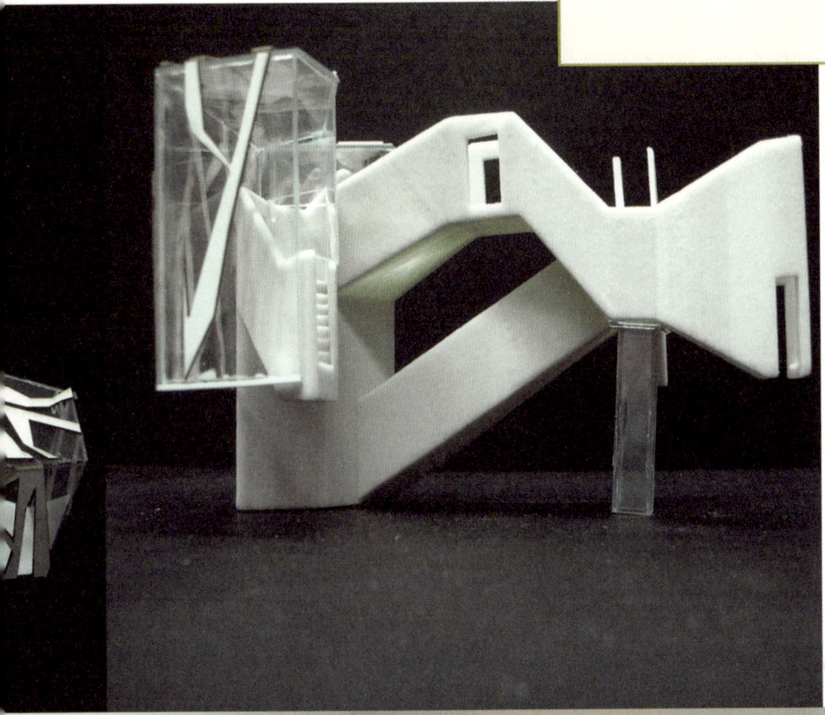

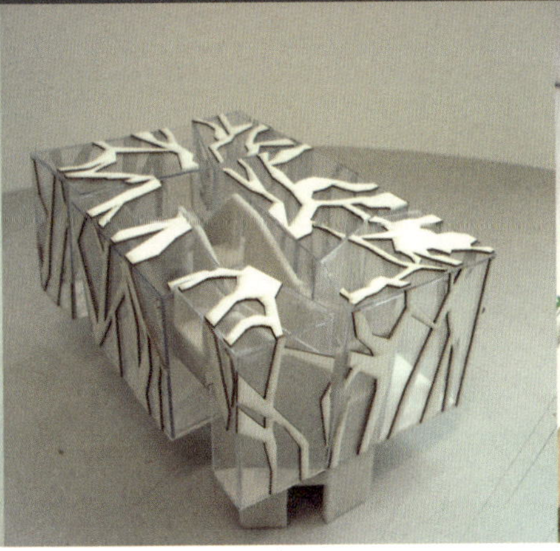

10

"外表很重要,它是竞争和机遇的场所，是占领激情的战场以期获得消遣——减少标记在这里远比揭发真相要重要……每一个诠释性演讲都期待超越表象；这是它的假象、是欺骗。但超越表象是一项不可能的任务：每个演讲都不可避免地要通过自己的外表体现出来，因此要服从诱惑设下的赌注，随之接受自身作为一个演讲的失败。也许每一个演讲都被这种失败和受到质疑的目标暗中诱惑着，使得真实的效果变得表面化，像一面镜子吸收，吞噬了真实意义。这就是一个演讲诱惑自己的开始；这是一种它吞没意义、清空自身意义以更好地吸引别人的原始方法：语言的原始诱惑。" **Jean Baudrillard**, *On Seduction*, New York: St. Martin's Press 1990, pp. 53 and 54.

10 围护
表层包裹

围合总是横在中间。它占据了一个存在于差异中的居间位置。围合在内部和外部、主观和客观、象征物和被象征物之间同时搭起界面，起到既分隔又调停的作用。

我们的学习计划中引入了Gottfried Semper的“覆层理论”(Theory of Cladding)及Adolf Loos的“覆层原则”(Principle of Cladding)，作为催化剂，它们引发对建筑学中围合的作用的讨论[1]。在研究了内部结构的潜在表现之后，现在要探讨它们和外部表层的关系。要研究句法的深层次和浅层次的区别，以及它们相互影响的潜在形式。

建筑学中的表层有自主的句法吗？换种说法，什么是表层构造的深层结构？这种问题是基于建筑围合的形成原则提出来的。学生们需要用板材等材料包裹之前练习中完成的模型。要考虑技术需求，如围护作为保护外层，成为一层膜将建筑物从不利的环境条件中屏蔽开。建筑围护像包装纸，通常包含很多相互叠加的层次，每个层次满足不同的具体需要。围护是在执行一项任务。它的目标是提供掩护。

虽然存在实用考虑及可能的句法原则的自我参考阶段，我们还是选择从空间含义角度来研究围合，以揭示其与地质学表层的密切联系、围合围护、拉伸和弯曲。它们是从空间角度被定义的。我们要研究它们与建筑物内其他系统的联系。建议将句法理解为各种作用力间的相互关系。将介绍承重结构、规划及围合三者间空间互动的各种形式。

最后，讨论正式的外观问题，因为围合包含建筑中可见的、可能有诱惑性的外观。每个表层不可避免地依附视觉领域。本章练习绕过立面构成及图形象征的概念，目的要在句法和语义之间建立对话，因为它们交叉的区域提供了——没有把重点放到形式或内容上——多样的表达实例。最终的外观应该保持进行解释的开放性，避免单一参考，并建立一种意义的矛盾。**1 Gottfried Semper**, *Style in the Technical and Tectonic Arts, or, Practical Aesthetics*, Los Angeles: Getty Research Institute 2004. **Adolf Loos**, "The Principle of Cladding," in: *Spoken into the Void. Collected Essays 1897 1900*, Cambridge/MA: MIT Press 1982.

10

08 讲座
深层结构对表层结构

09

10 小组和课本讨论
Adolf Loos“覆层的原则”
（The Principle of Cladding）

11 工作室
围护

12

13 电脑
Digital Workshop

14 工作室

15

16

17

18 演示

编辑

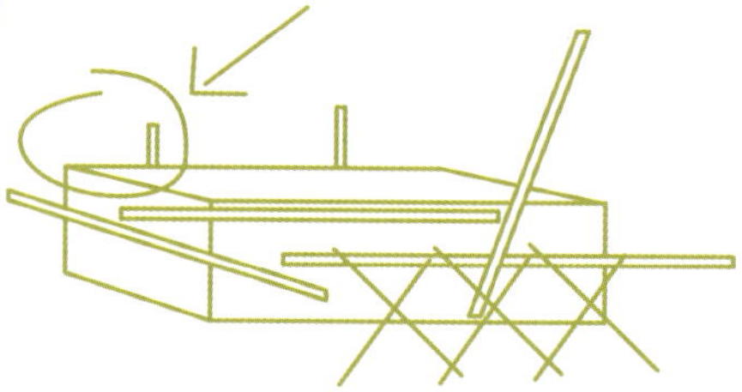

素描

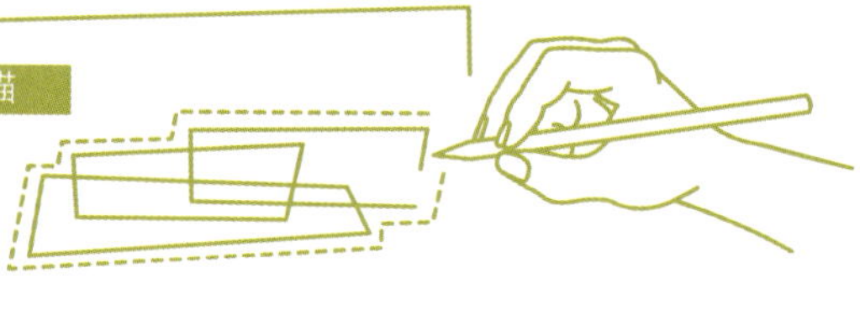

素描

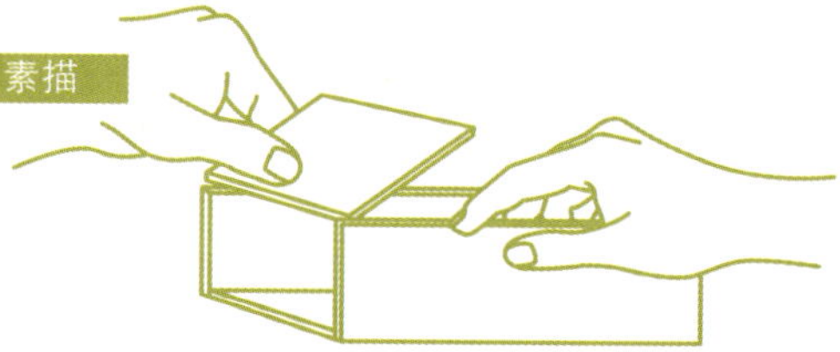

制作

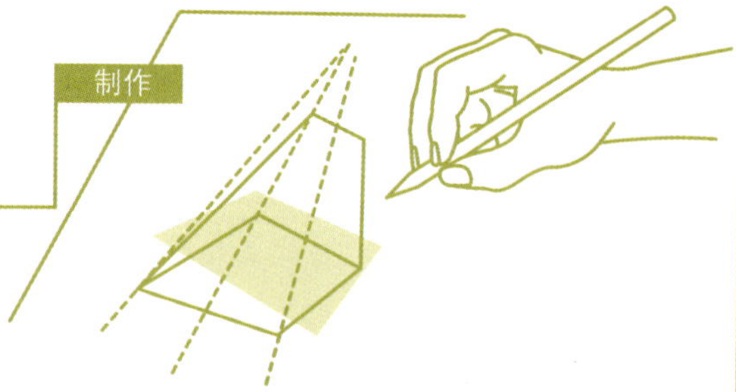

练习10——课堂说明

指南

表层结构和深层结构之间的区别形成了本章练习的理论基础。在练习9中发展了空间结构之后，现在我们来看看作为界面的围护以及它隐藏的空间品质。

通过研究建筑中覆层的原则，揭示出表层和结构的可能的内在关系。练习9中完成的结构模型为接下来的新围合提供框架。这个围合还可被视为拥有自身特点及空间品质的系统。在练习过程中，学生们应该考虑结构和外壳间的相互影响以及间隙中空间的可能性。

输入>空间结构模型，比例1 : 200

输出>覆层结构模型，比例1 : 200>剖面图及剖面透视图，比例1 : 200

步骤>草图：以草图为基础，发展围合项目的策略。充分考虑结构和围护的关系>剖面图或透视图：画出剖面图及后面项目的剖面图或透视图。赋予围护的不同层次以不同的品质。围护的表层外观应该用适当的表达方式进行区分>模型：用外壳或围护给结构模型“穿衣”，比例1 : 200

评判标准>结构和外壳的关系>视图中的围护整合>层次的品质和功能>覆合模型的品质>外观

数字化>技巧和策略：Digital Workshop——综述

演示>当天下午6点

每周练习>由小组决定

参考阅读> Anthony Vidler, “Unhomely Houses,” in: *The Architectural Uncanny. Essays in the Modern Unhomely*, Cambridge/MA: MIT Press 1992.

练习9和练习10在概念上有密切联系。物体的外壳被视为外部结构层。和项目相关的问题是间隙中的空间、外壳及内部结构。元素可以被理解为可拆分的层次。

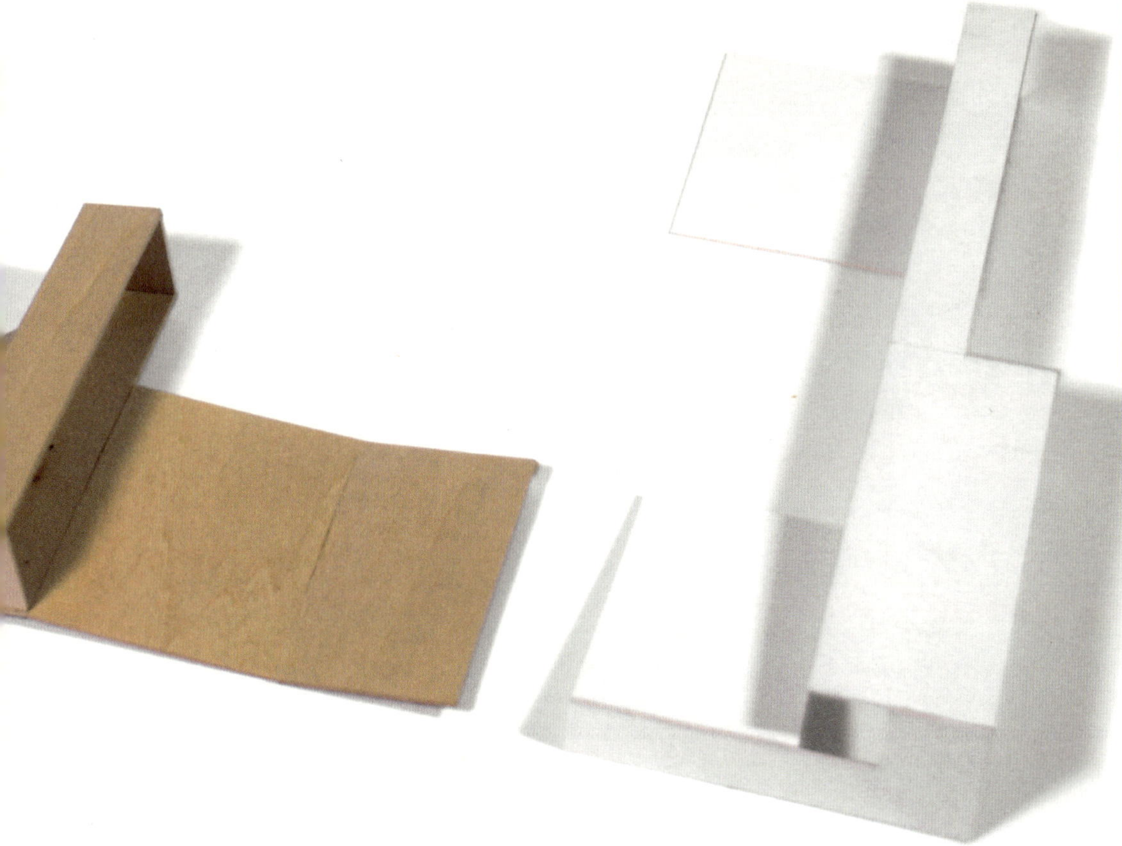

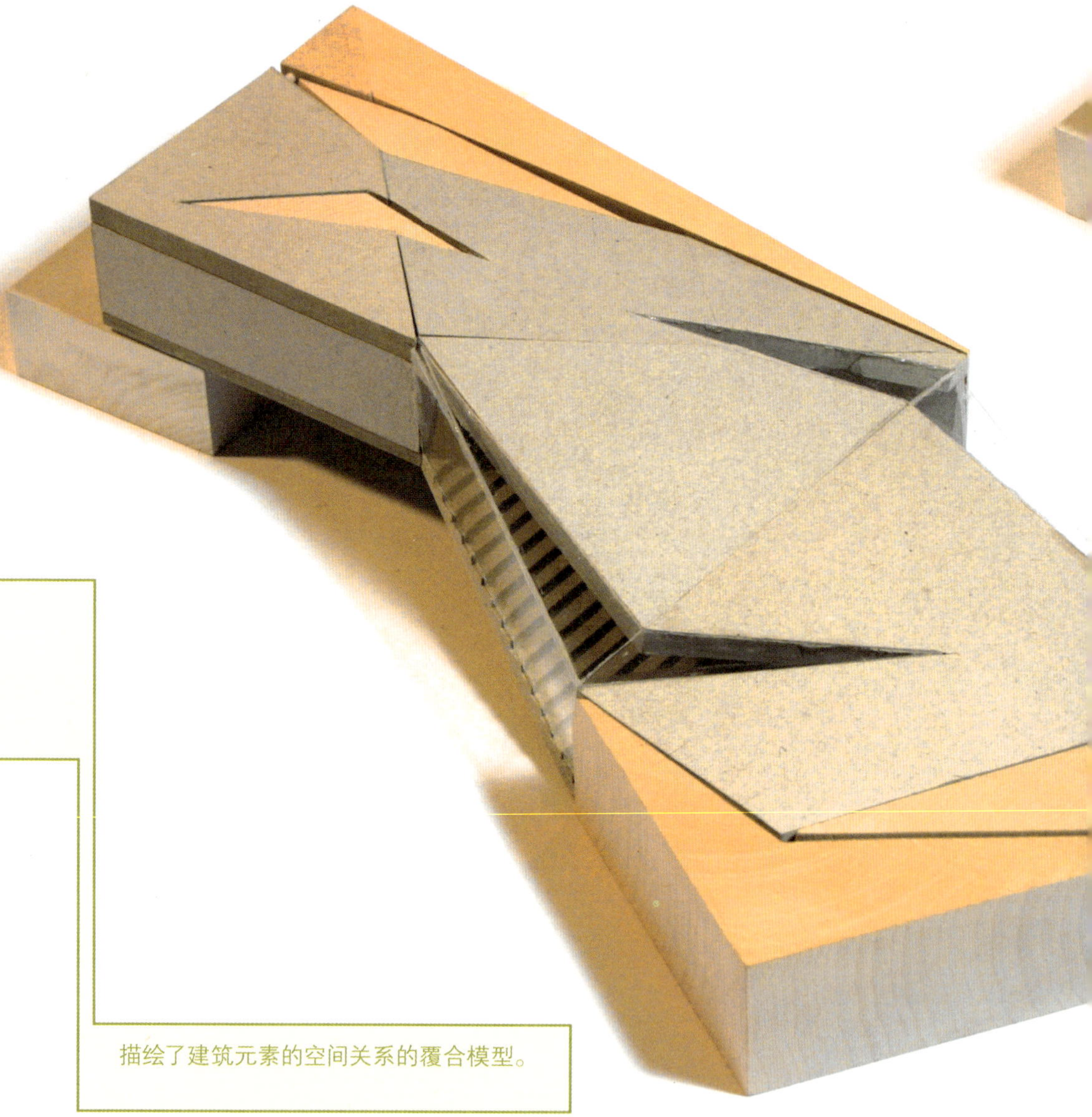

描绘了建筑元素的空间关系的覆合模型。

作为技术转移，项目的外部被画成缝纫样式。

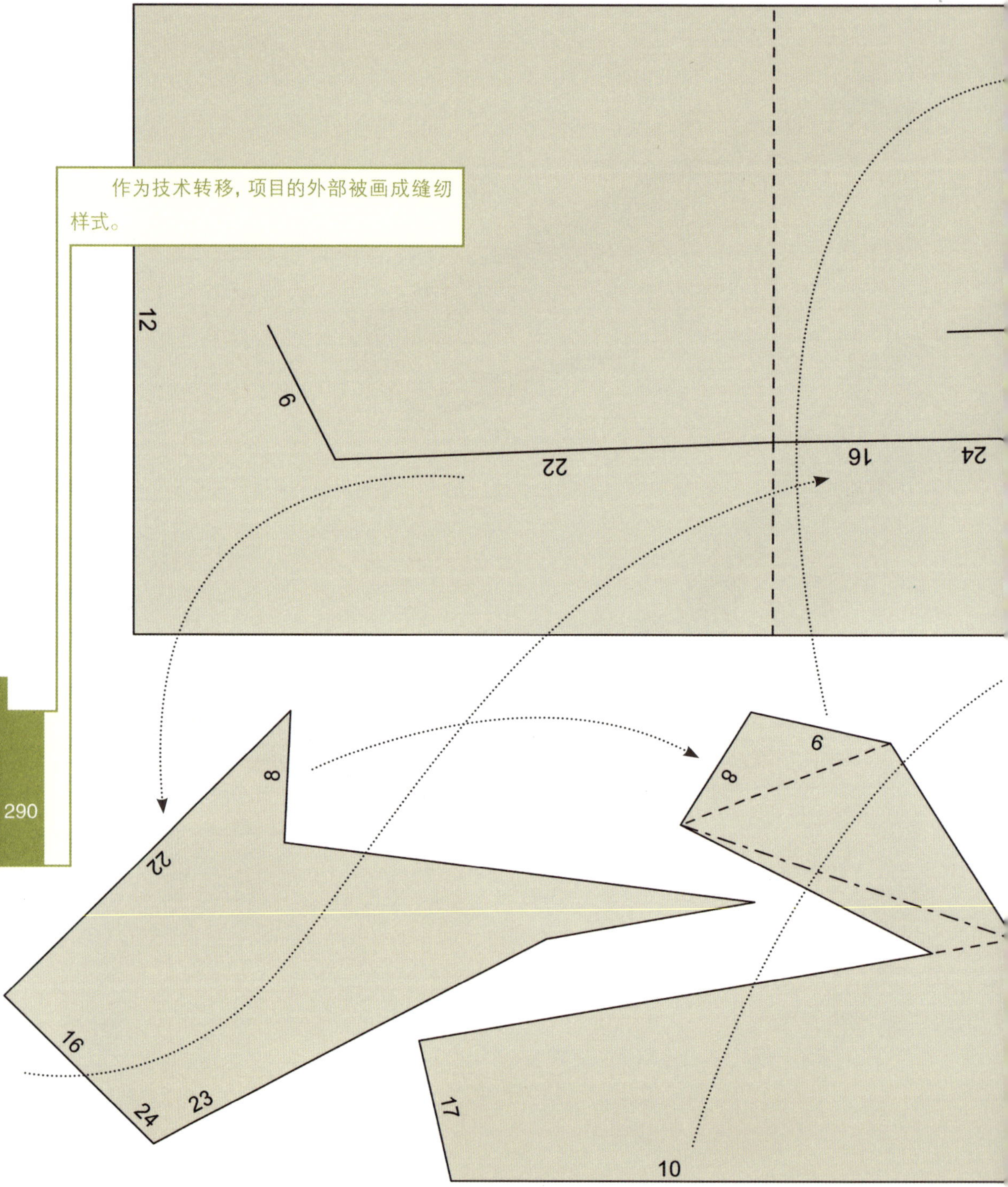

1/2 (row1 col1)

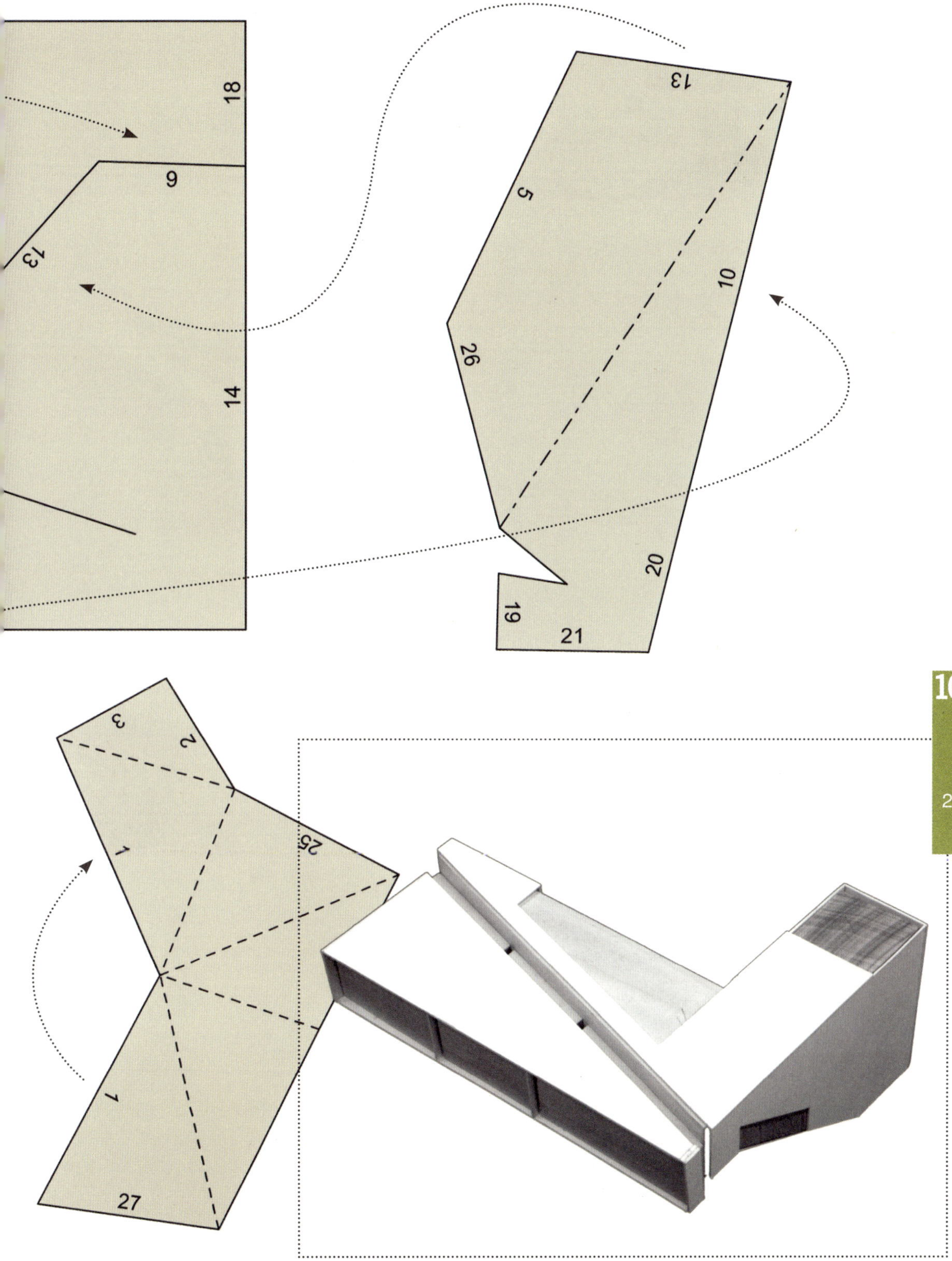
18
9
13
14
13
5
10
26
20
19
21
3
2
1
25
1
27

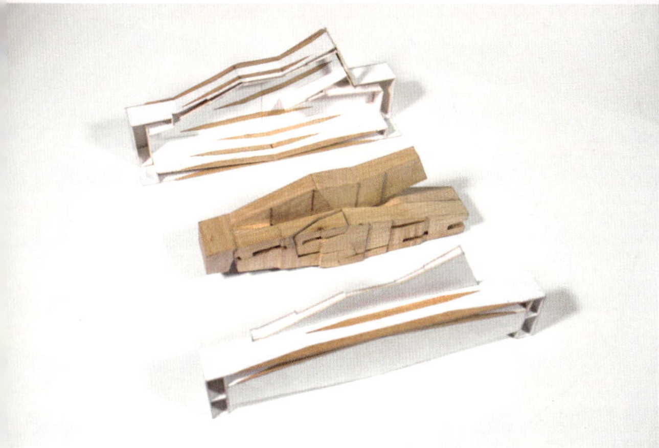

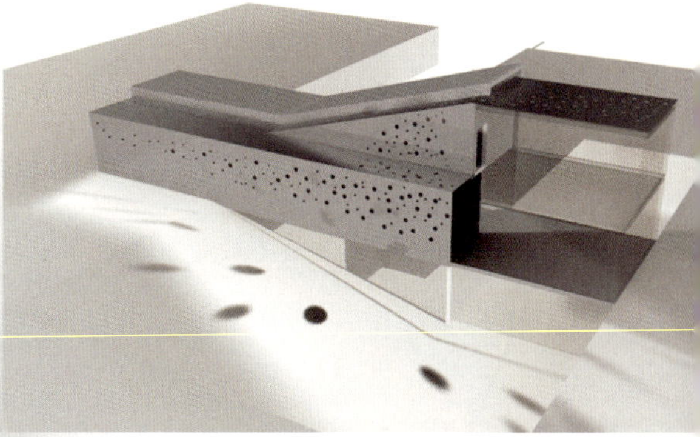

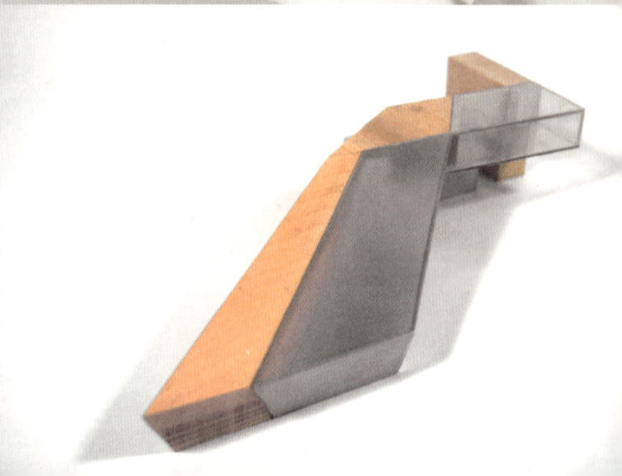

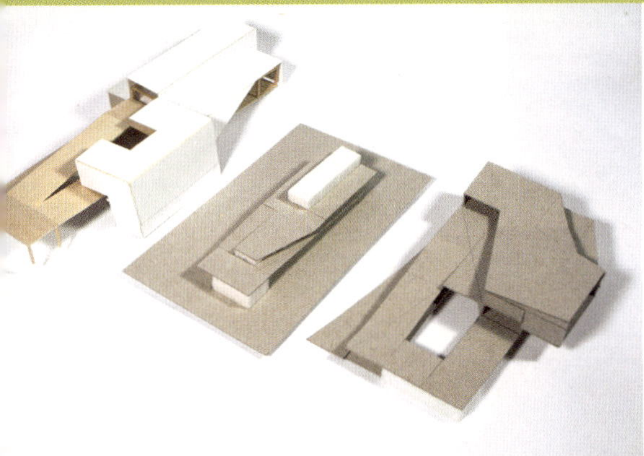

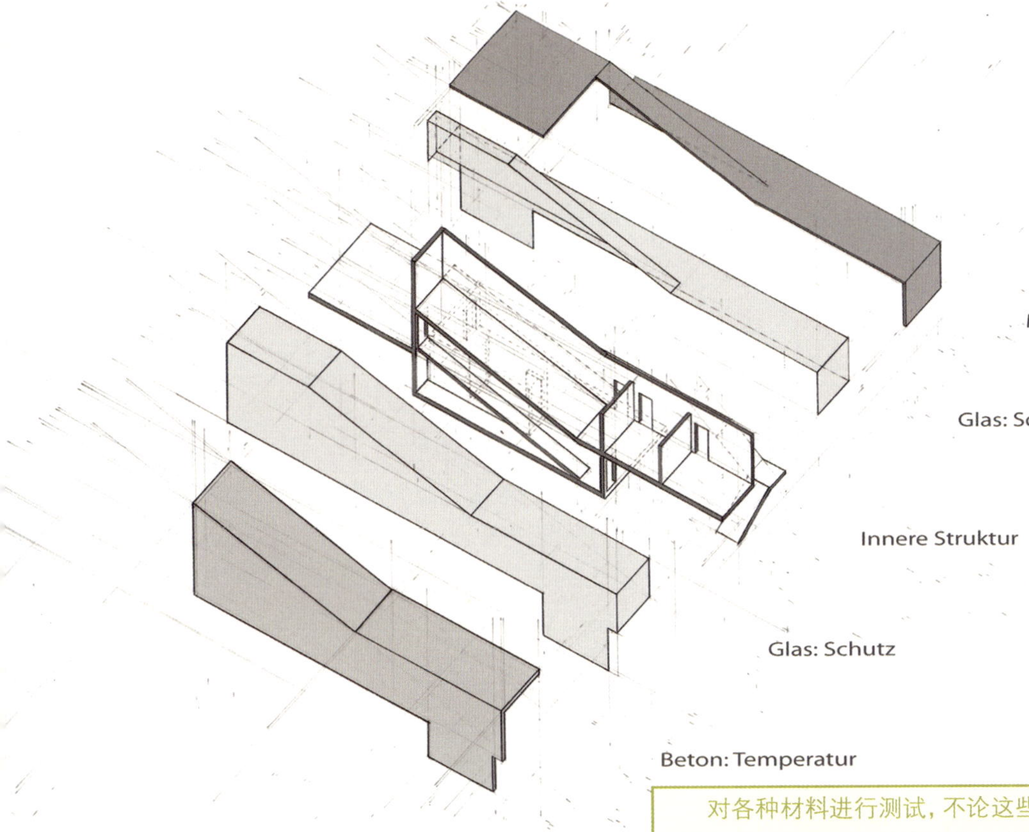

对各种材料进行测试，不论这些材料是用在模型上还是用在项目定稿的原始概念上。

在设计外部围护的过程中对开放性的主题进行研究。对不同的概念进行测试和评估。这里外壳既是一个承重元素还是一个组织结构元素，它允许各种以采光为目的的门窗的存在。

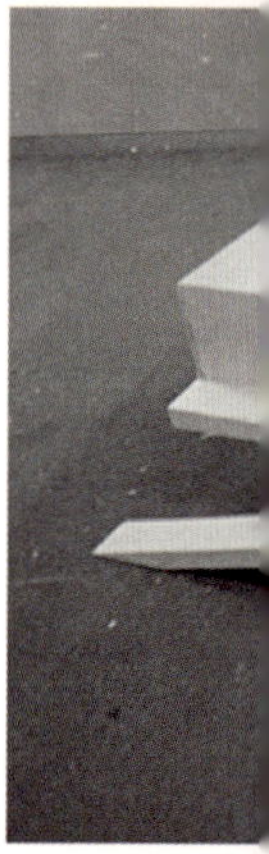

结构

结构模型展示了三种不同的区域。

外壳

外壳定义了不同的功能区，开口处于精确的位置以便引导阳光进入结构内部。

平面图
比例1：200

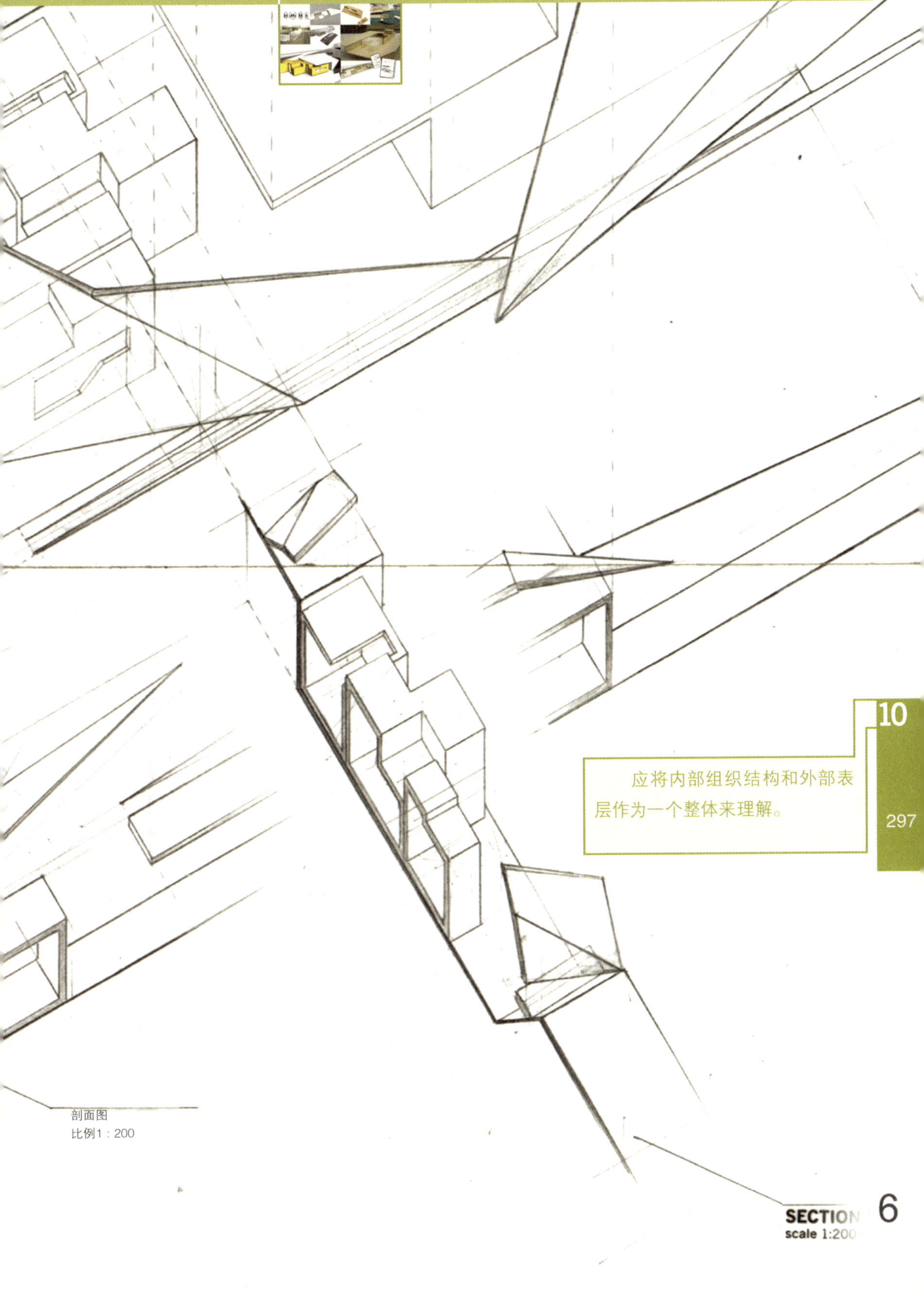

剖面图
比例1：200

应将内部组织结构和外部表层作为一个整体来理解。

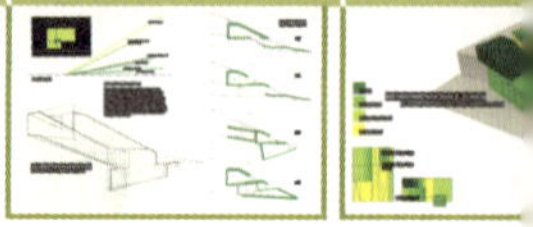

包裹表层定义出一个内部空间，这个内部空间是穿过这个项目的一个公共通道。这个技巧可以比作将一件运动衫的里子外翻。

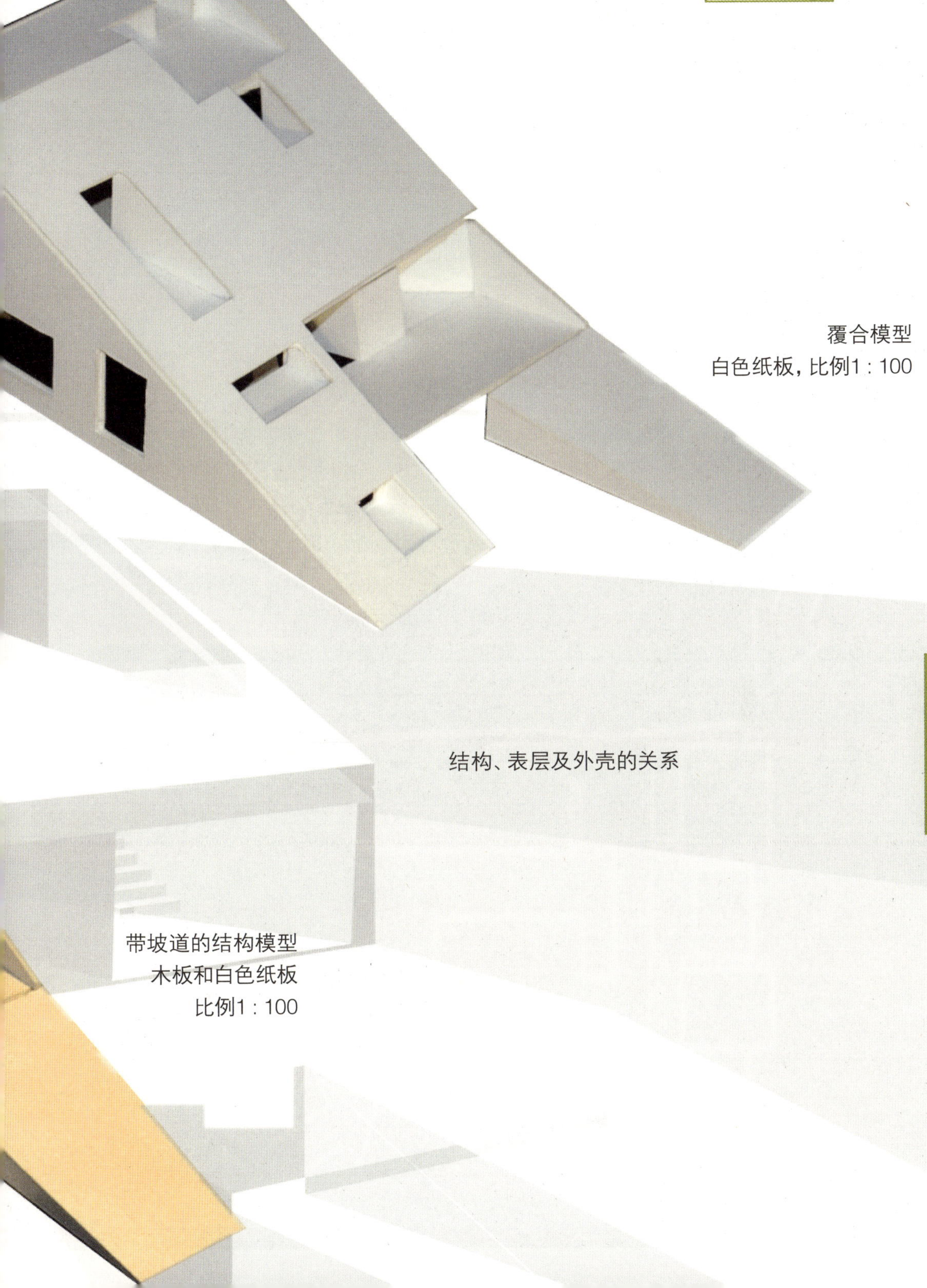

覆合模型
白色纸板，比例1 : 100

结构、表层及外壳的关系

带坡道的结构模型
木板和白色纸板
比例1 : 100

1

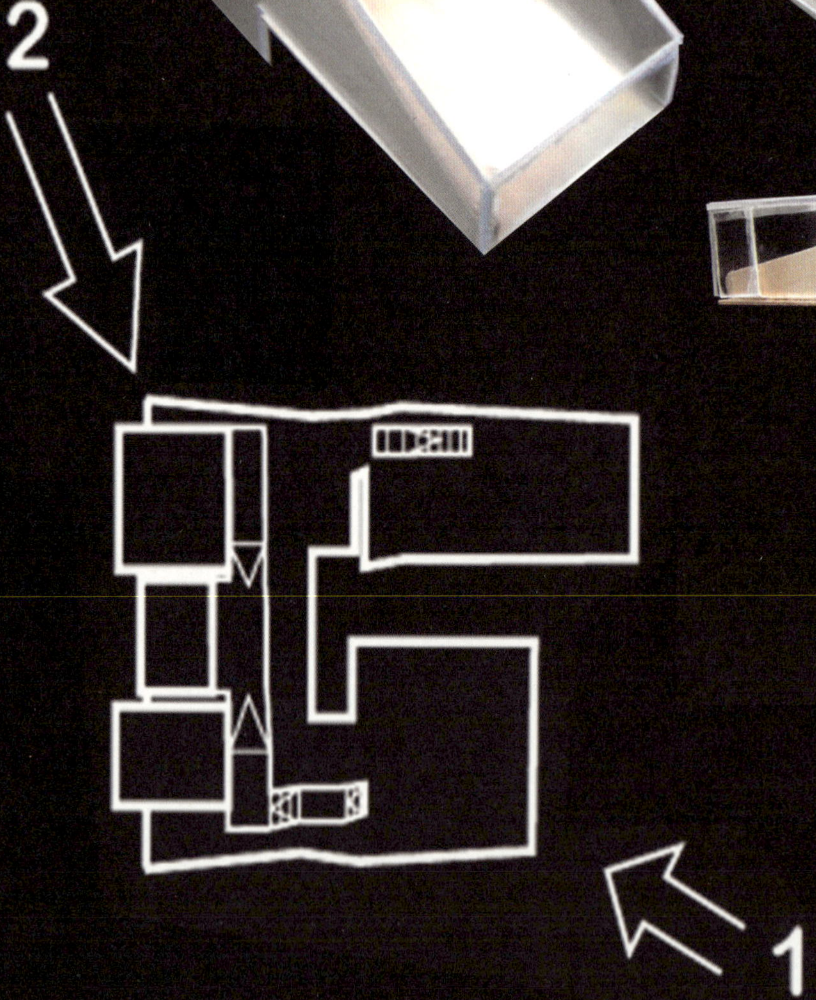
2
1

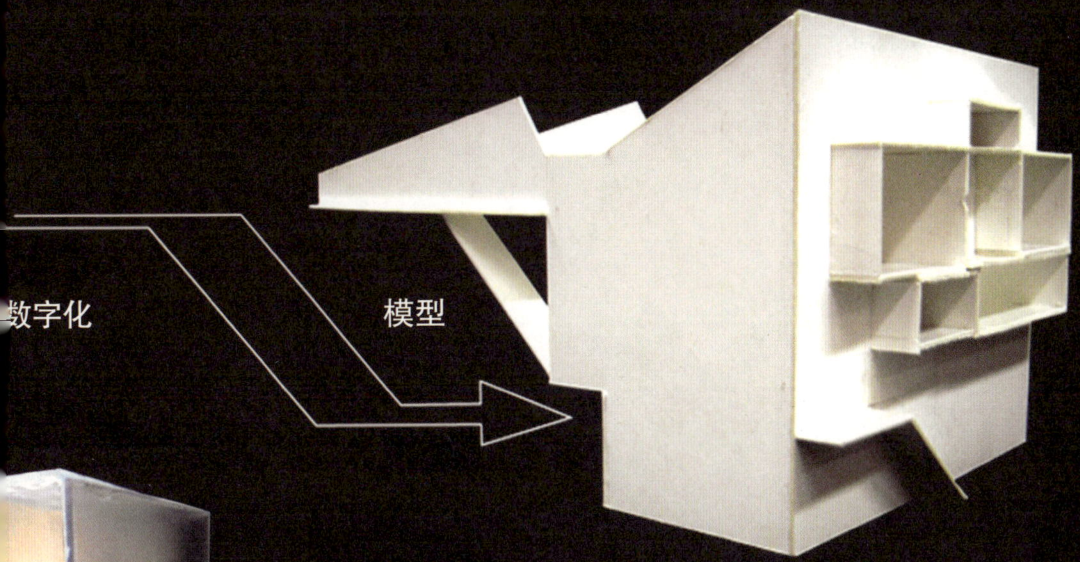

透明材料加强了分层元素给人的印象。将围护从内部结构上分离开，便创造了间隙间的空间，它的性质摇摆于私密和公共之间。

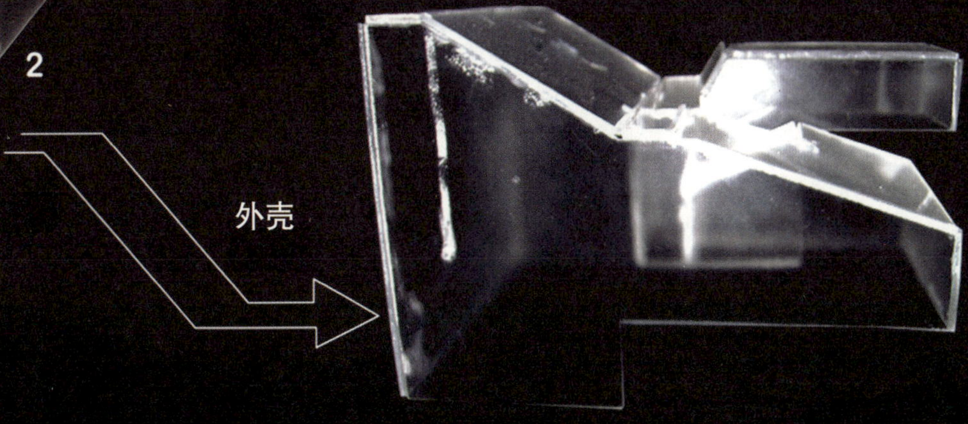

表皮被用来定义设计元素，在现存结构的物质性和新元素之间搭起了桥梁。

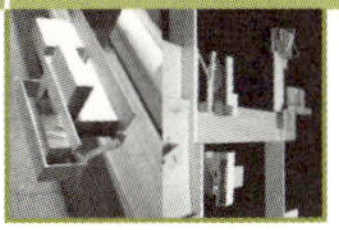

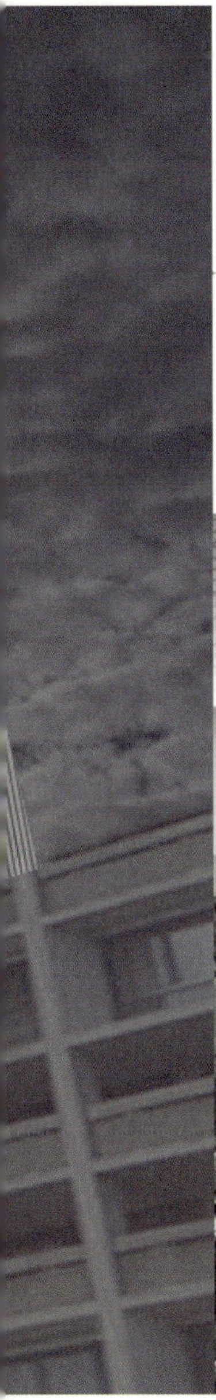

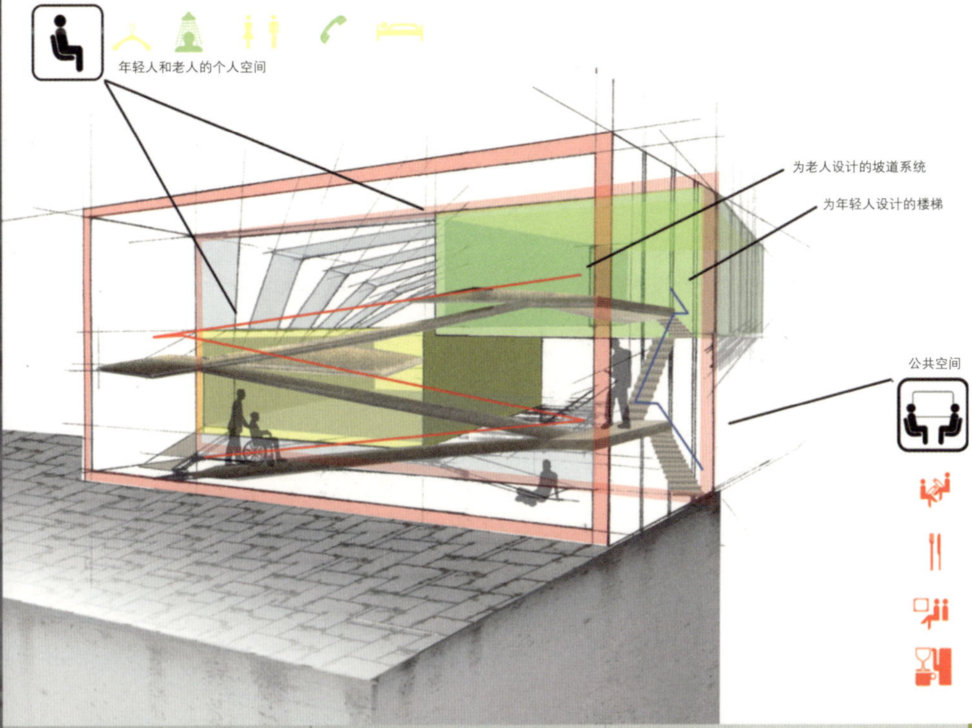
年轻人和老人的个人空间
为老人设计的坡道系统
为年轻人设计的楼梯
公共空间

围护的设计采用了伪装技巧；选取周围图案（在这个案例中取用了景观元素）并将它们设计为立面上的开口。

11

"建筑中没有细节。" **Auguste Perret** quoted by Vittorio Gregotti, "The Exercise of Detailing," 1983, in: Kate Nesbitt (ed.), *Theorizing a New Agenda for Architecture. An Anthology of Architectural Theory 1965—1995*, New York: Princeton Architectural Press 1996, p. 496.

11 细节中的故事
显微镜下的建筑

有人说，建筑的每个部件虽然可能很小，但它们记载了建造过程中的故事，也就是，“细节里藏着故事”[1]。有些建筑师声称上帝存在于细节之中，将超越规范的能力归结为建筑的微观领域，并因此赋予建筑以意义。相反，其他人则意识到，施工图纸的设计时常是一个靡菲斯特（Mephistophelean）般冷酷的事情：事实上，藏在细节中的是魔鬼。的确，如今的建筑讲述、记录那些建筑行业普遍采用的程序。快速、廉价和低要求，零件的制造和装配无不遵循着效率原则。

不论是归结于表现形式还是执行效力，细节都是各种不同看法碰撞的场所，关于类别的意识形态战场。一方面，接合的艺术与含义的表述过程联系了起来，每个部件将自身意义灌输到整体中，作为对观点的诗意表达。另一方面，细节其实是对制造商和承包商制定的功能标准最直接的表达形式。两种传统观念相互碰撞。前者是关于“建筑学”的，后者支持当代建筑实践中的生硬的基本理论。

练习11名为“细节中的故事”，暗示另一种方法的可能性，正面研究和建筑有关的问题，不论是和构建表达有关的还是由程序效力灌输的。所谓“其他的”路线将创造细节放到可以被称为非主流学科的领域中，该领域强调规范性条件[2]。从这个优势角度看，该项工作鉴于与实事求是地处理日常建造活动的潜在结合点，研究的是场地的建筑策略、规划和社会环境等问题、工作的执行机制及隐含的假设。将建筑置于显微镜下的行为偏离了将设计的主要作用归功于设计图的这样一个长期传统，转而将焦点转到建筑设计细节的发展上来。

学生们需要准备几张图作为指导，类似于Marcel Duchamp为他的作品《给予》（*Given*）所做的：1.《瀑布》（*The Waterfall*），2.《照明气》（*The Illuminating Gas*），一种绘图和照片蒙太奇的复杂组合，记录了工作过程的必要步骤[3]。就像是使用变焦镜头，学生们聚焦于一系列可能与项目的进一步发展相关的部件或片段。第一张图可以发展为——从布扎艺术（Beaux-Arts）中借用一个词语——一种解析绘画，即一种同时表达具体建筑片段的平面图、剖面图及立面图的绘画艺术形式。第二张图可以采取轴向投影的形式——黑色线条、白色背景——配有图例，提供各种部件的细节信息。第三张图可以描绘整合顺序。第四张图可以发展成为一个不同材料的拼贴画。第五张图可以展现画在黑板上的原大小的细节，这是勒·柯布西耶的工作室采用的技巧，要在拍照之后放到背景中。如此等等……**1 Marco Frascari**, “The Tell-the-Tale Detail,” in: Kate Nesbitt (ed.), *Theorizing a New Agenda for Architecture. An Anthology of Architectural Theory 1965-1995*, New York: Princeton Architectural Press 1996, pp. 498-514 . **2 Gilles Deleuze and Félix Guattari**, *Kafka. Toward a Minor Literature*, Minneapolis: University of Minnesota Press 1986. **3 Marcel Duchamp**, *Manual of Instructions for Étant Donnés*, Philadelphia: Philadelphia Museum of Art 1987.

11

08 讲座
深层结构对表层结构

09

10 小组和课本讨论
Anthony Vidler
《离奇的建筑》(*The Architectural Uncanny*)

11 工作室
细节中的故事

12

13 电脑
演示方法

14 工作室
细节中的故事

15

16

17

18 演示

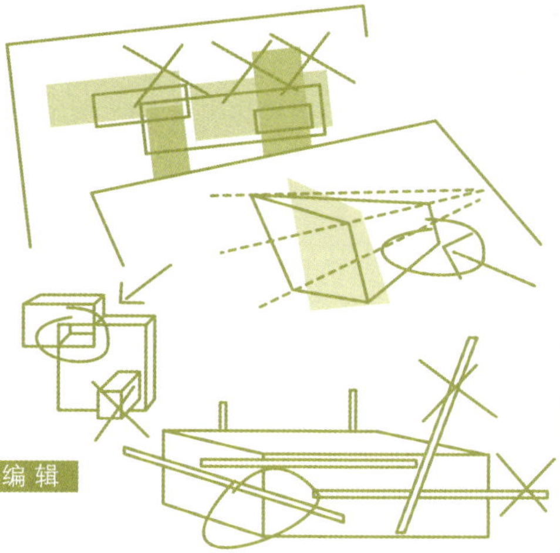
编辑

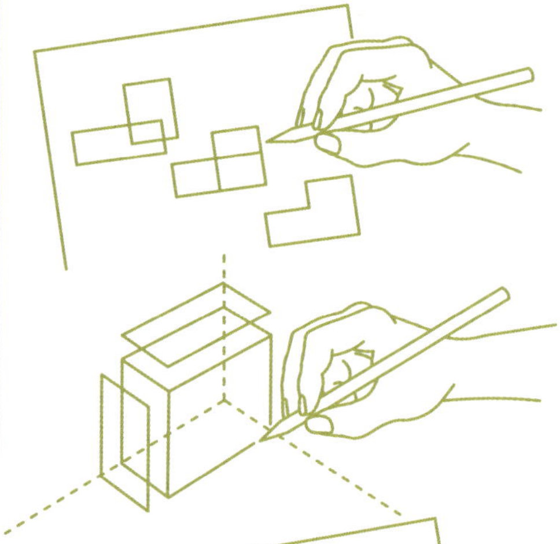
绘图

黑板画

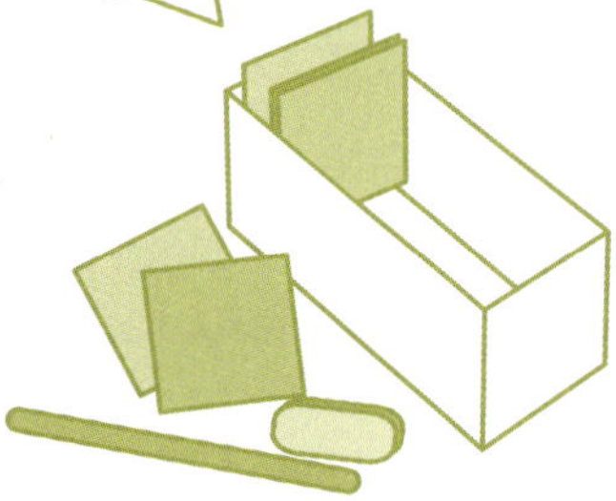
材料收集

练习11——课堂说明

指南

在这个练习中，我们将通过放大项目以检查局部的方式来讨论技术的问题。为了保持概念的连续性，仍要应用前面所有的练习作为研究和绘出建筑细部的基础。

输入>练习5到练习10中完成的工作

输出>层1：你的项目的某个部分的描图，以便研究细节（A2大小，纵向，比例为1 : 20到1 : 1）>层2：阐述细部的分解轴测图（A2大小，纵向，比例为1 : 20到1 : 1）>层3：指导手册，描述组合的步骤及方法（A3大小，折叠）

步骤>在项目中选择一个具体部件，用铅笔绘出一张平面图、剖面图及立面图的覆盖图，比例从1 : 20到1 : 1，用来分析不同材料层的三维空间关系。选用A2大小的图画纸纵向排列。>根据这张绘图画出细节的各种可能的材料安排及联系。考虑空间含义、外观及表层品质。接下来，手绘出细节的分解轴测图。这时应考虑结合不同技巧制作多样化的图解。>接下来，制作一个指导手册，用文字记录细部组合的过程，并为每一个步骤添加解释性的图表。所做的这个细部组合手册应能让非专业人士看得懂。

评判标准>和内容相关的意图或概念>空间系统>功能系统>内部结构>体积外观>工作过程>绘图质量

数字化>演示方法：Photoshop——窍门和提示

演示>当天下午6点

每周练习>给作品再添加几个层次>层4：在黑板上用粉笔画出1 : 1大小的细部。在绘图或手册中把它记录下来>层5：制作一个盒子，将制作细部会用到的材料样品放在里面。

这个练习要求学生们设计第一层建筑细部。他们应该发展绘图技巧及演示水平，以便在从1：1到1：10的大比例条件下解释他们的想法。分解轴测图、指导手册、黑板画及材料收集都是实现这一点的可行方法。

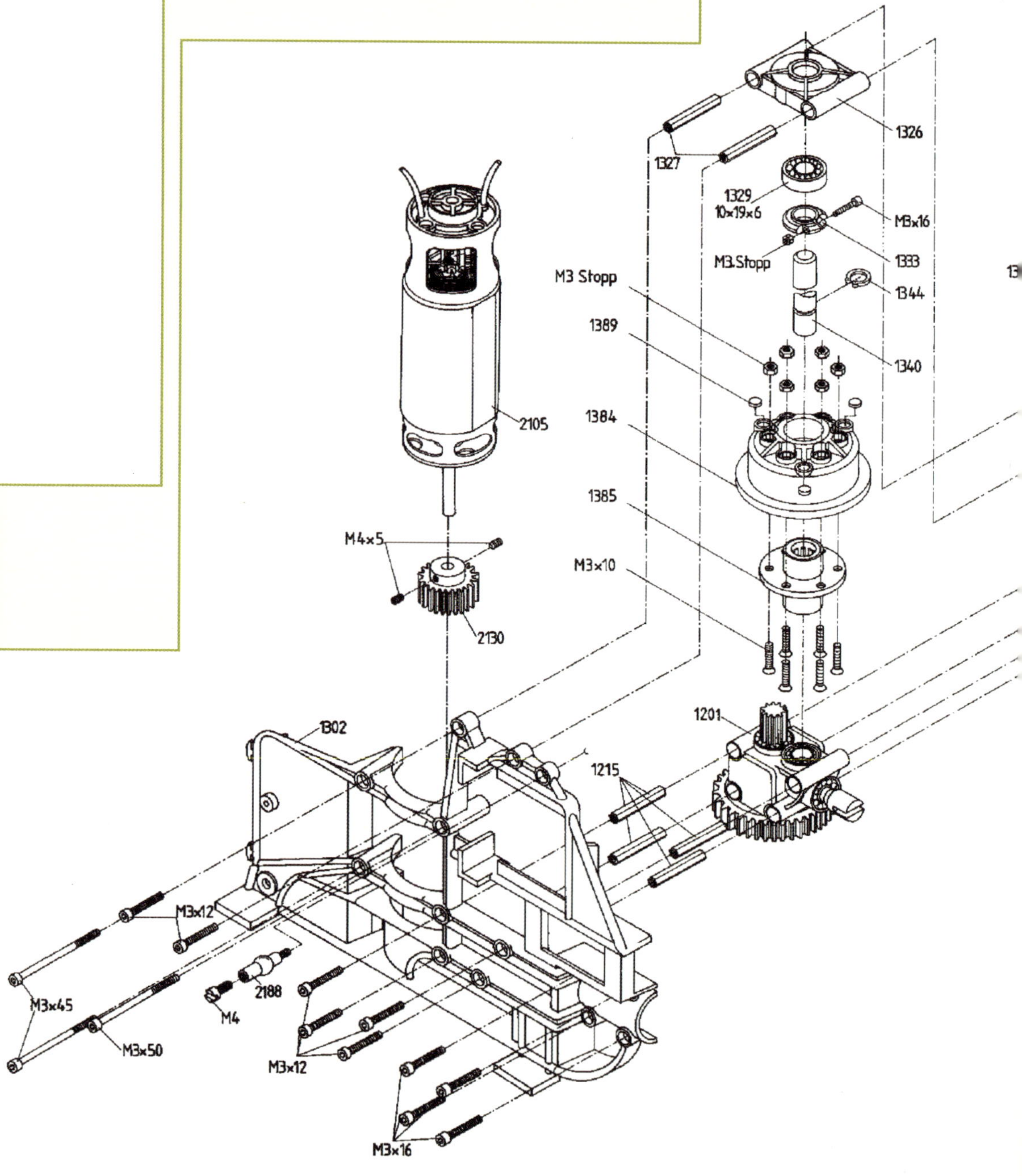

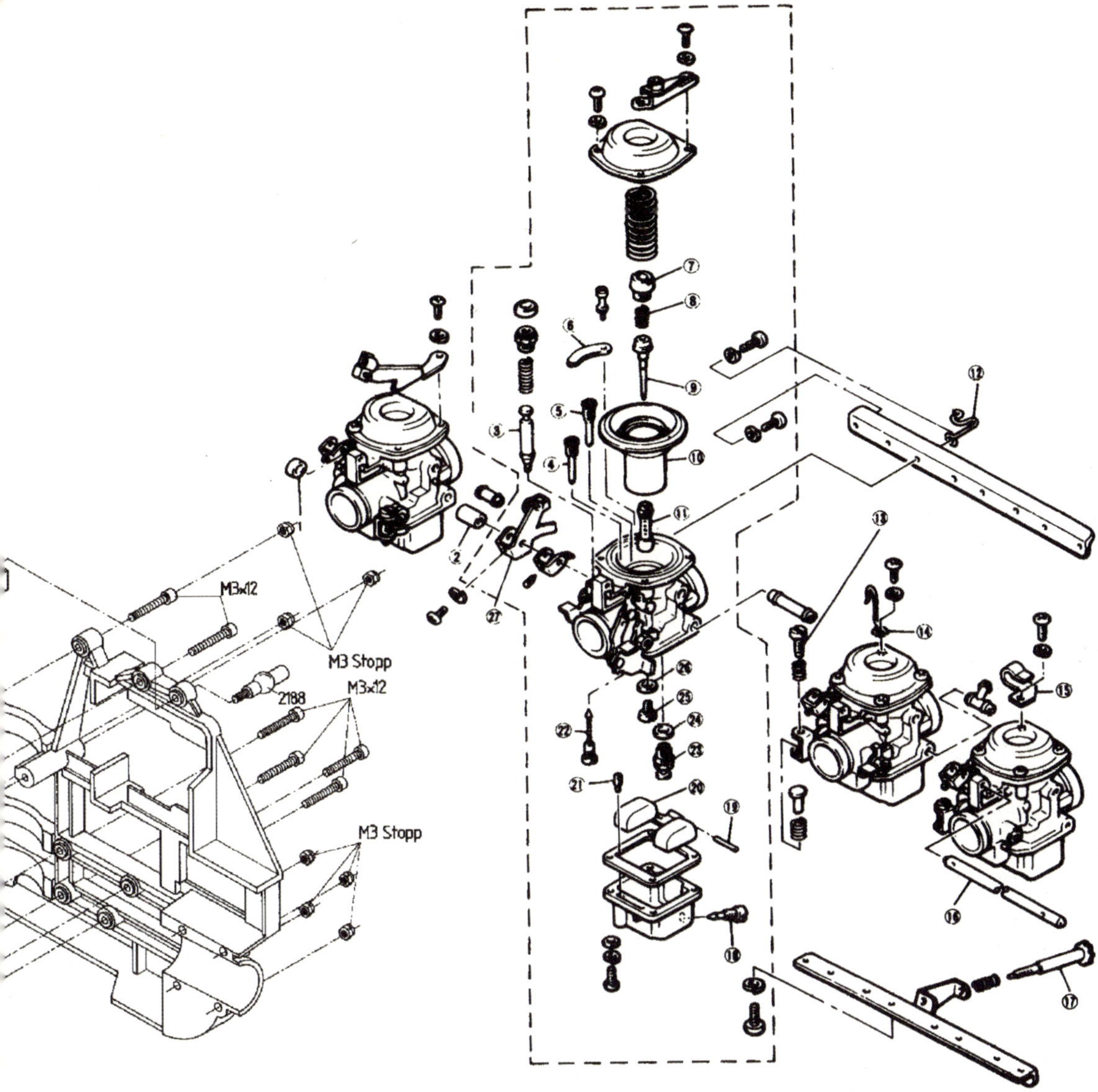
M3x12
M3 Stopp
2188
M3x12
M3 Stopp

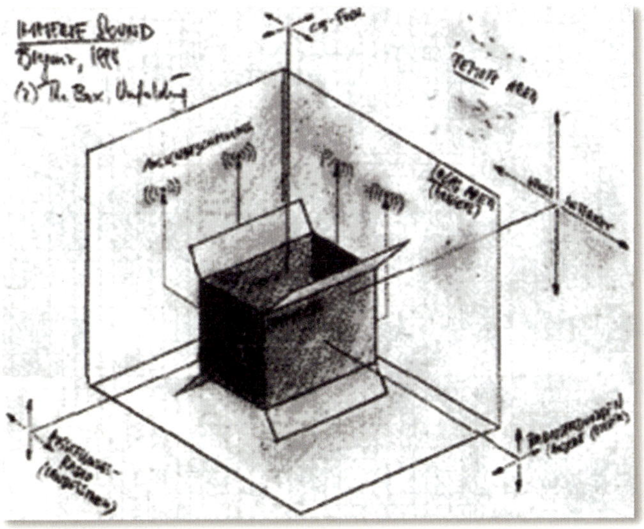

绘图在工作室中完成；学生和教师之间进行紧密的互动。

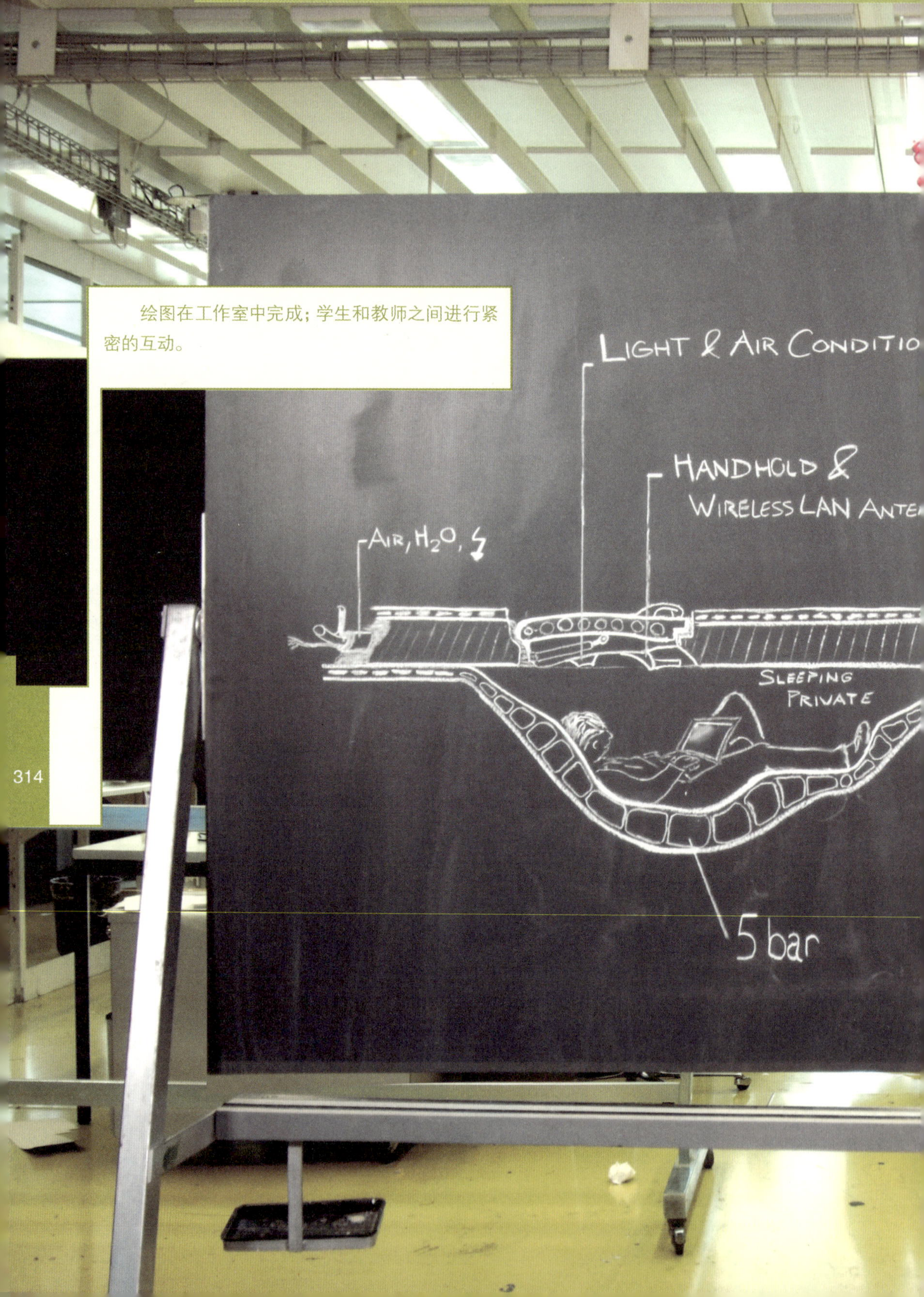

R·NAPPING
NEMURI)
UBLIC
O bar

如图所示的细部图是一个创造能量的新的立面系统的一部分。声波被转化为电子脉冲：可以称之为逆向扬声系统。学生们接下来要解决的问题是如何将这种技术运用到自己的设计理念中。

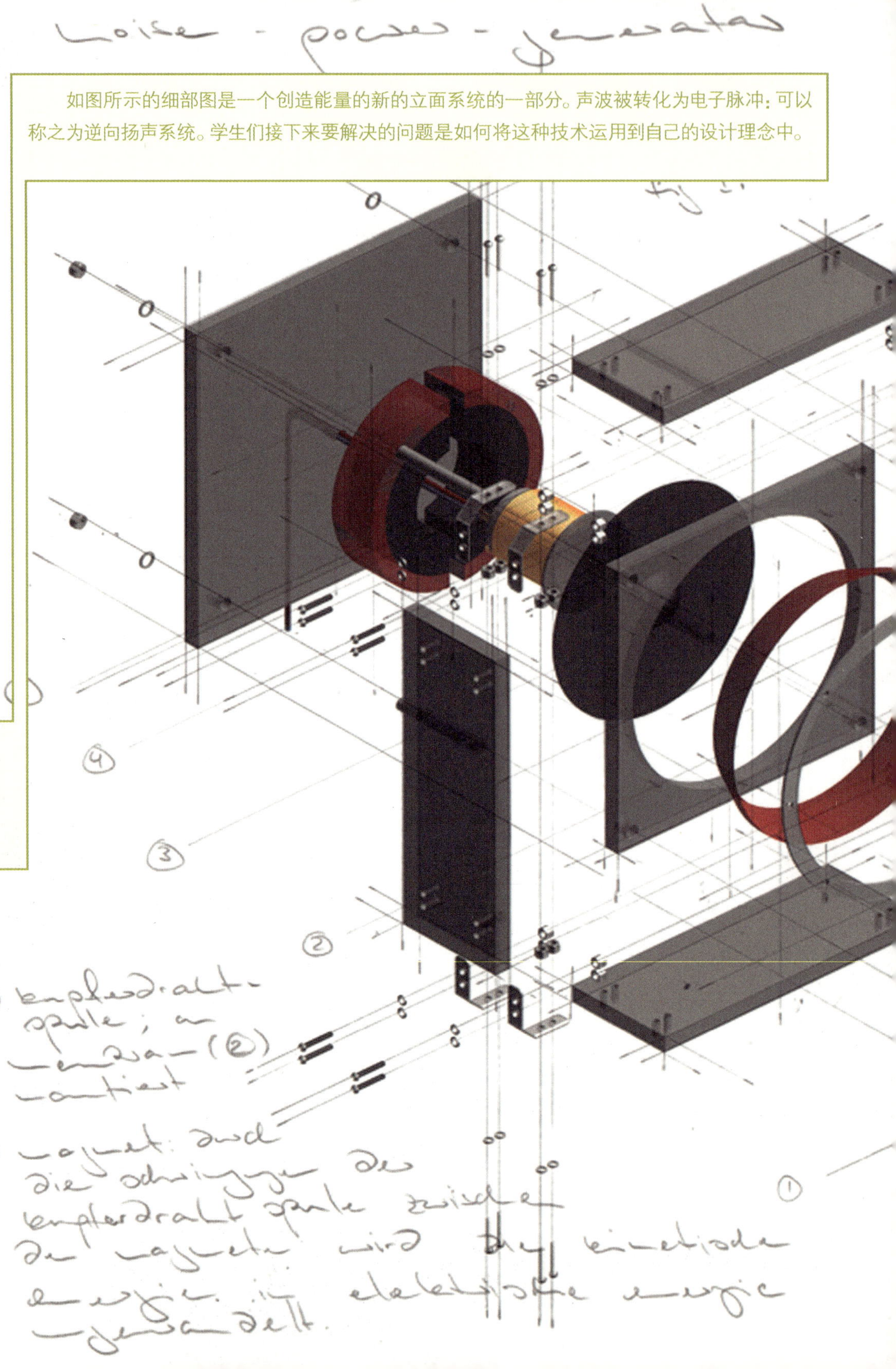

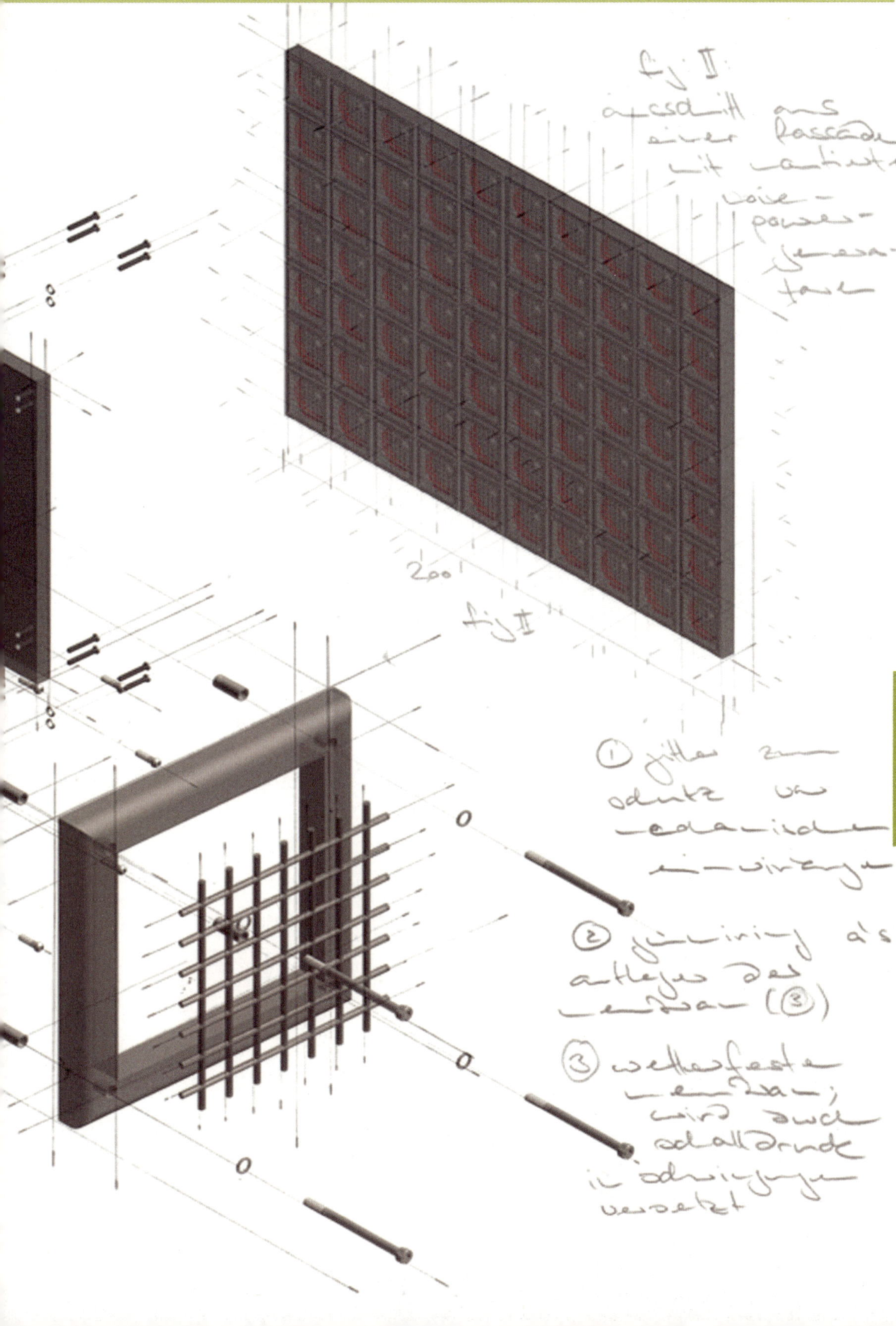
200

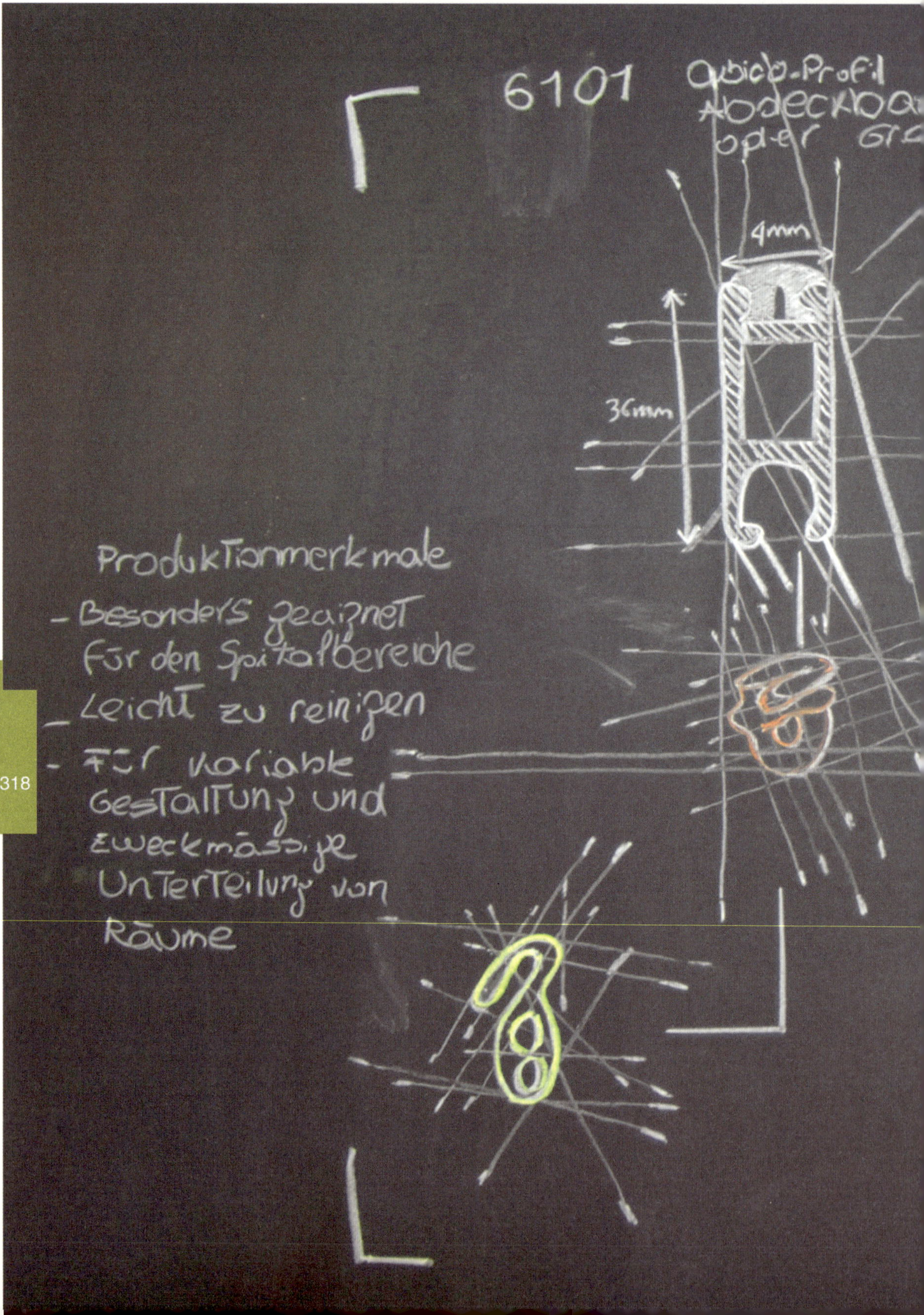
6101
Qubico-Profil
4mm
36mm
Produktionmerkmale
- Besonders geeignet für den Spitalbereiche
- Leicht zu reinigen
- Für variable Gestaltung und zweckmässige Unterteilung von Räume

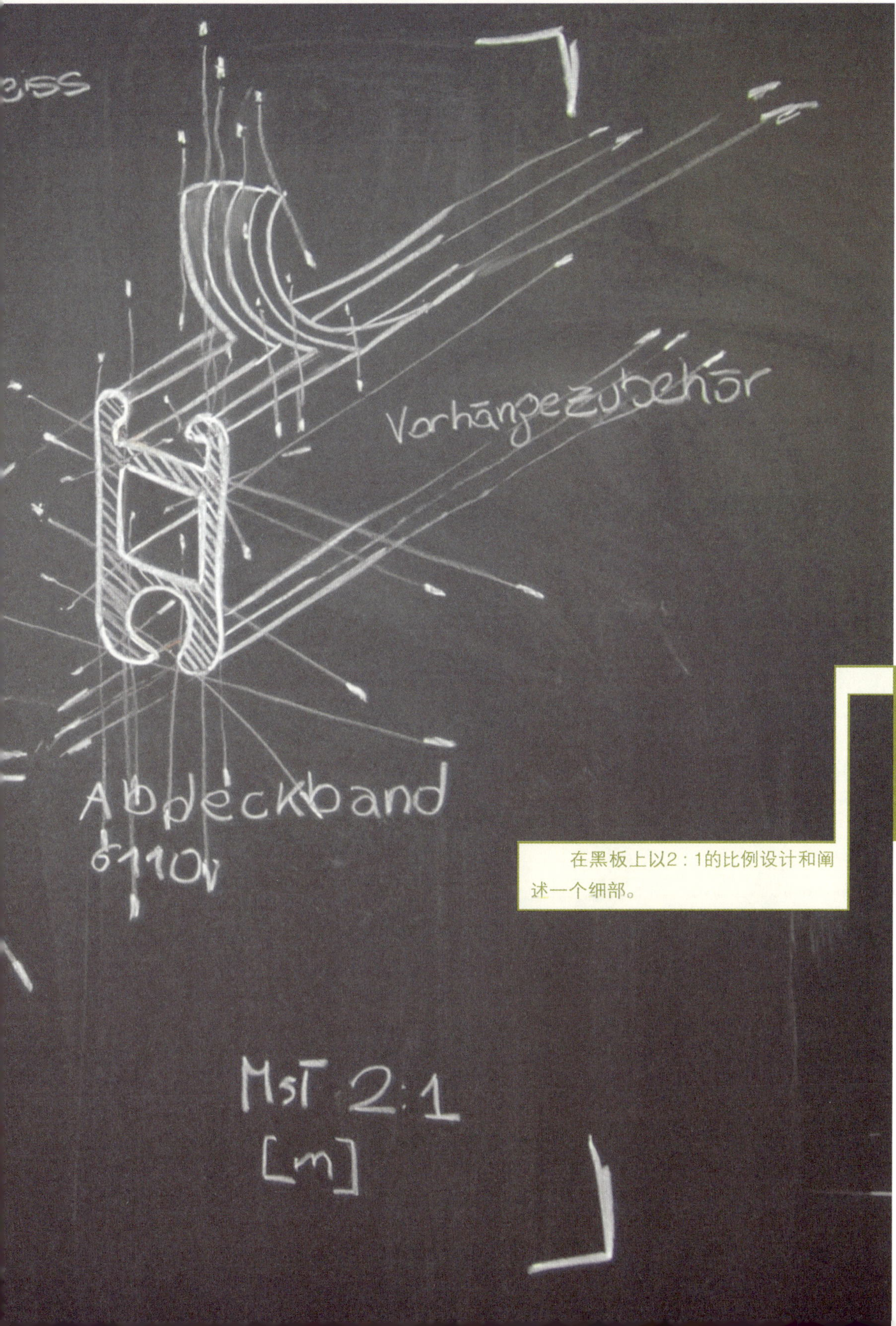

在黑板上以2：1的比例设计和阐述一个细部。

产品特点

_特别为医院设计

_易维护

_空间可以灵活分离、恰当安排

_高负载能力

_各种蒙太奇表现形式及组合的可能性

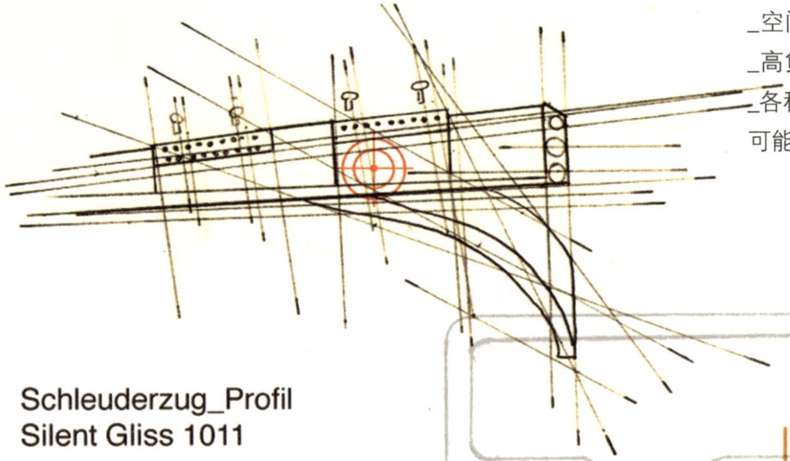

Schleuderzug_Profil
Silent Gliss 1011

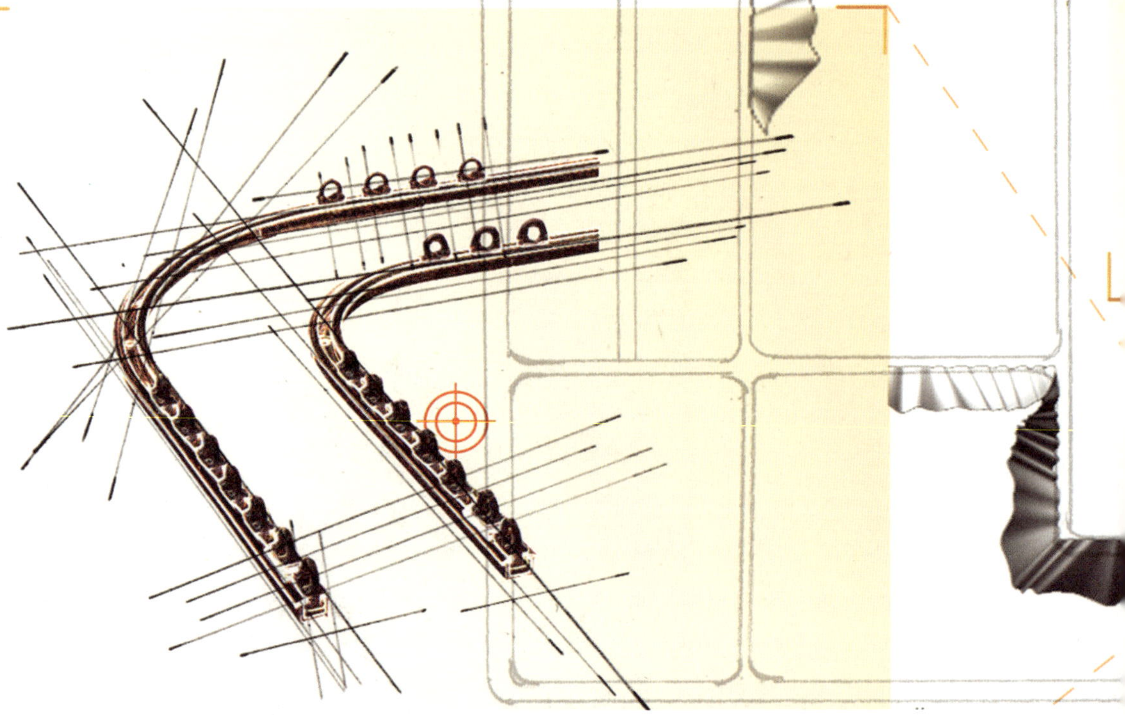

Schleuderzug System

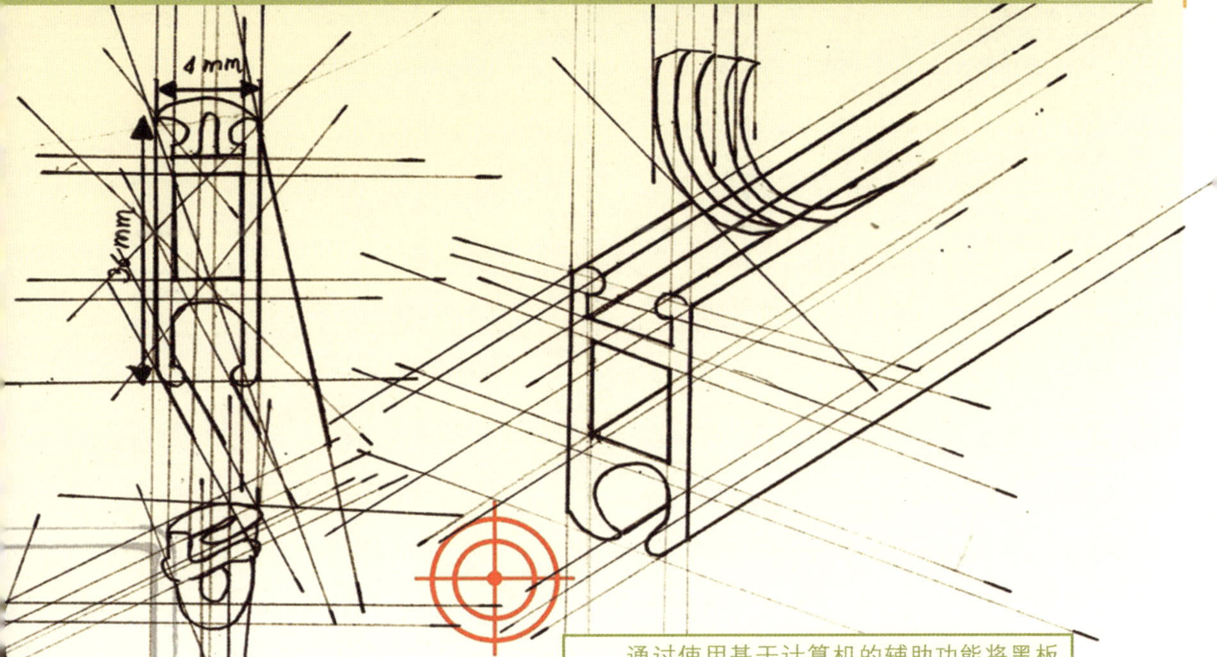

通过使用基于计算机的辅助功能将黑板画转化为手绘图。

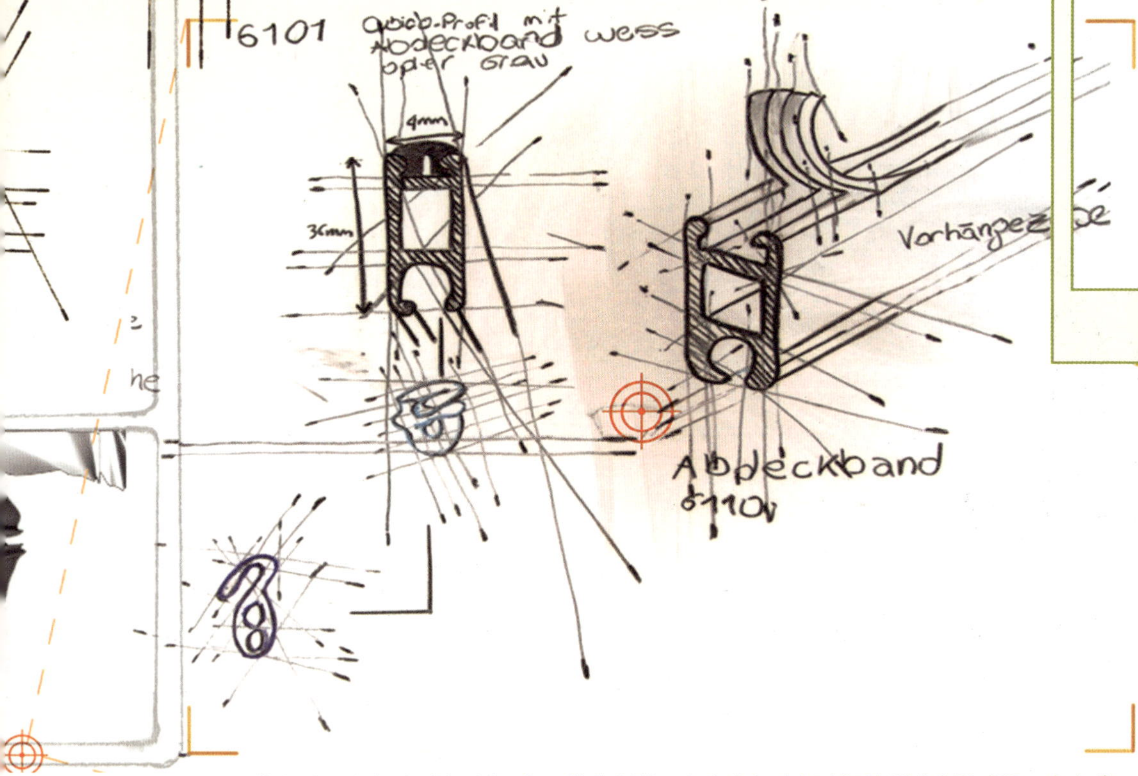

幕帘成了内部和外部空间唯一的分割线。它在内部空间(即处置室)形成了一个自我封闭的小型结构,而对外部的等候室来说是透明可见的。依靠天花板上的探测系统,可以灵活地安排空间。这套系统设置在建筑的外立面上,建筑可以在晚上关闭。

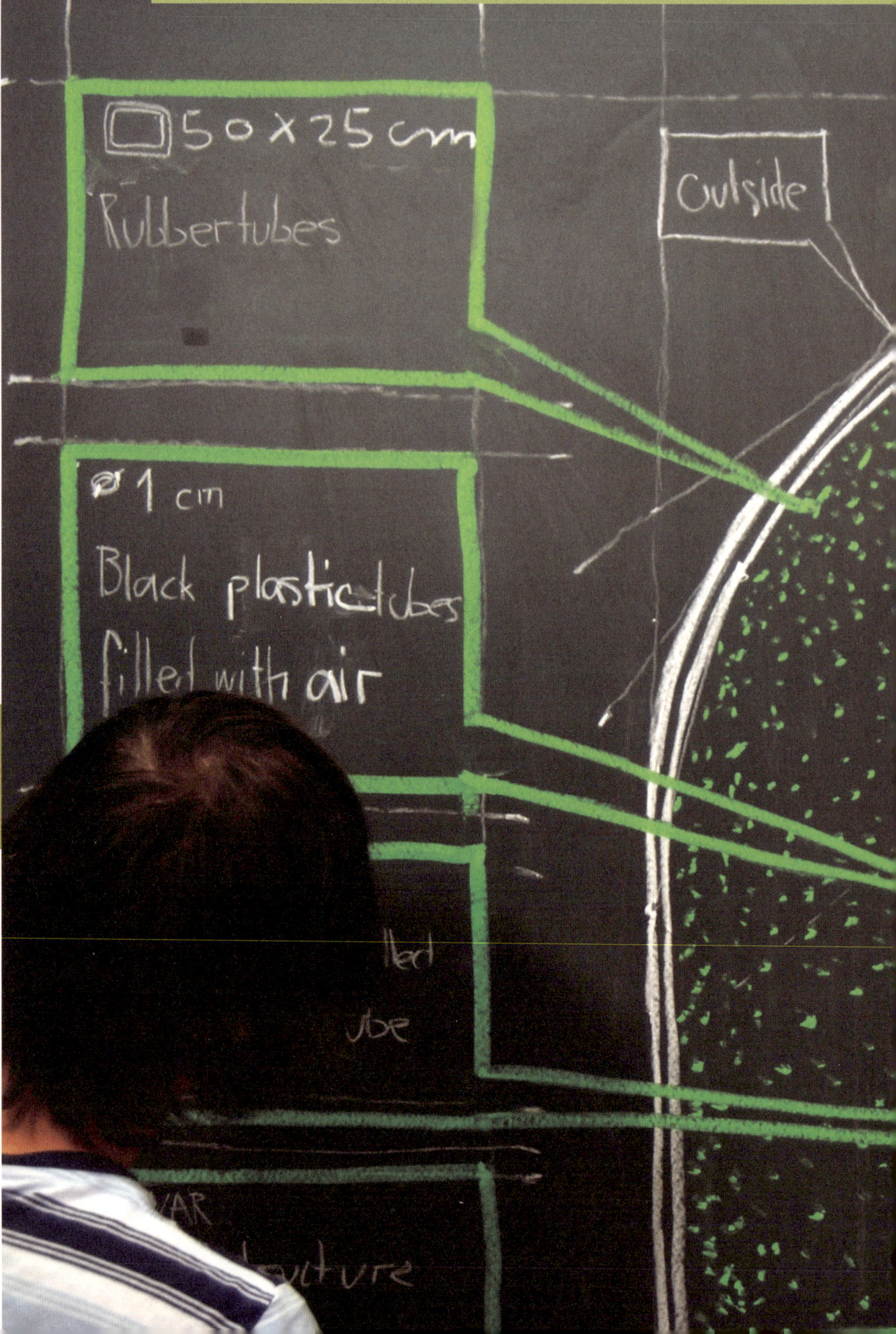
50 x 25 cm
Rubbertubes
Outside
1 cm
Black plastic tubes
filled with air
lled
ube
AR
ucture

阐述和测试之前设计命题中的不同层次。强调对比例及大小的理解。

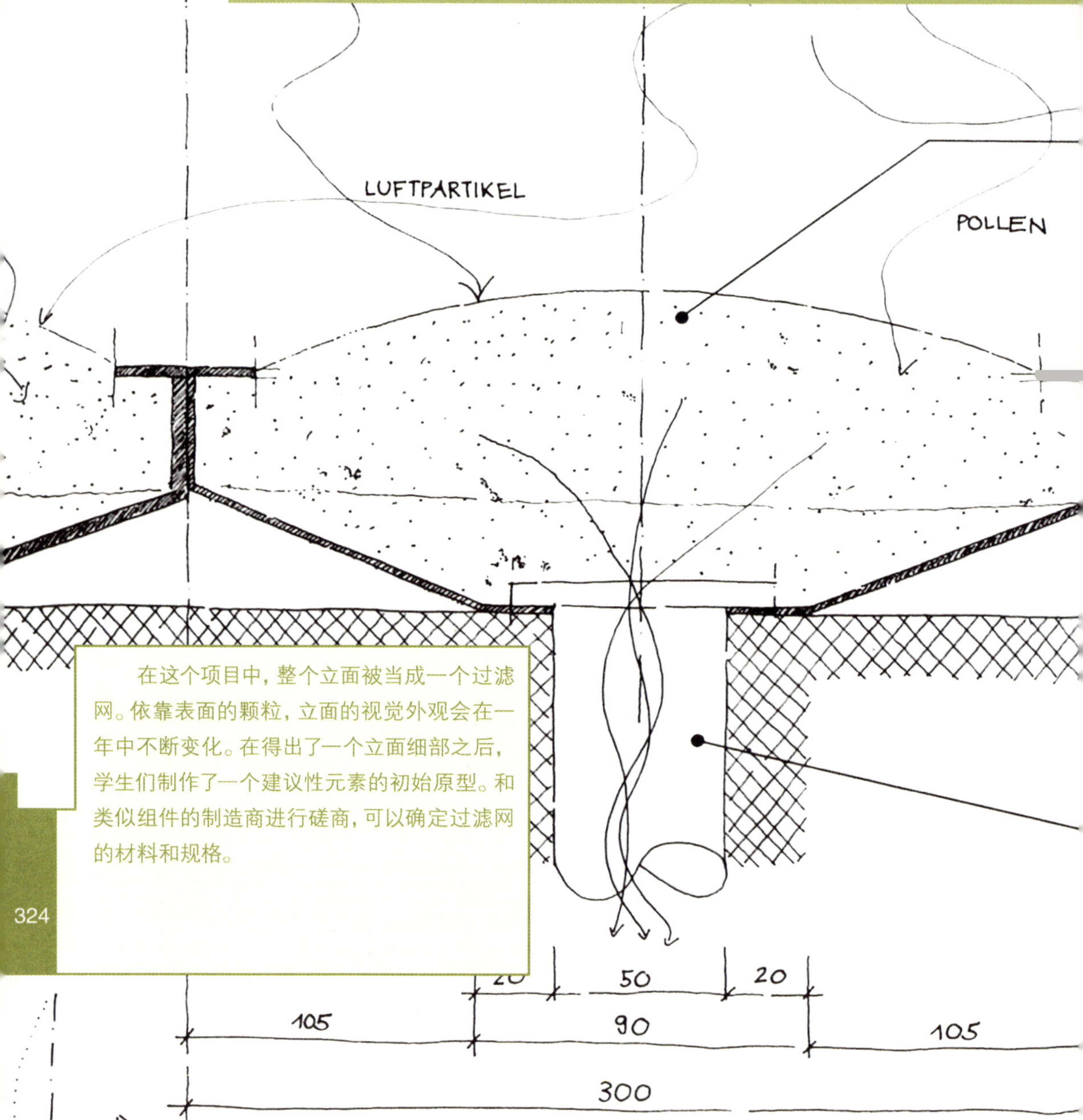

在这个项目中，整个立面被当成一个过滤网。依靠表面的颗粒，立面的视觉外观会在一年中不断变化。在得出了一个立面细部之后，学生们制作了一个建议性元素的初始原型。和类似组件的制造商进行磋商，可以确定过滤网的材料和规格。

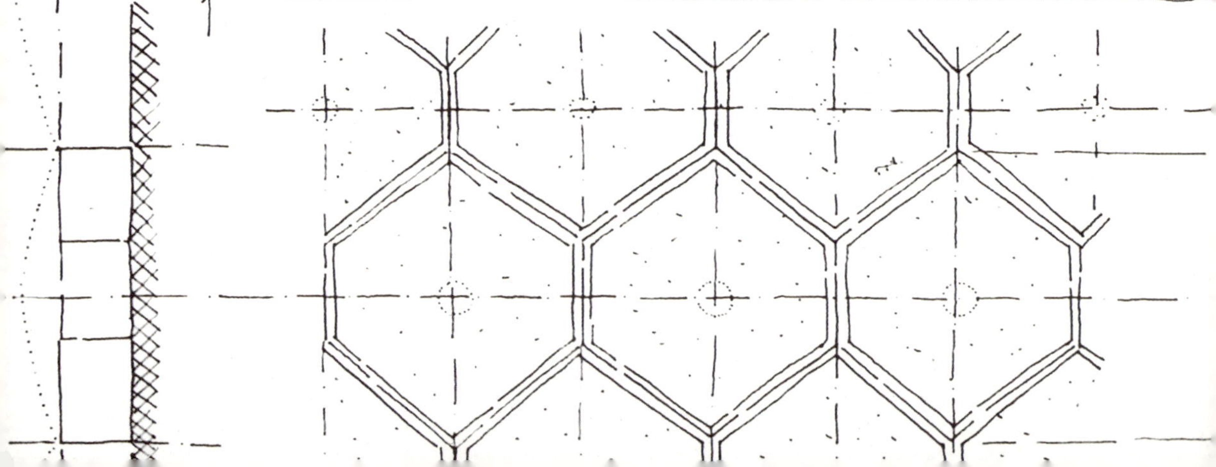

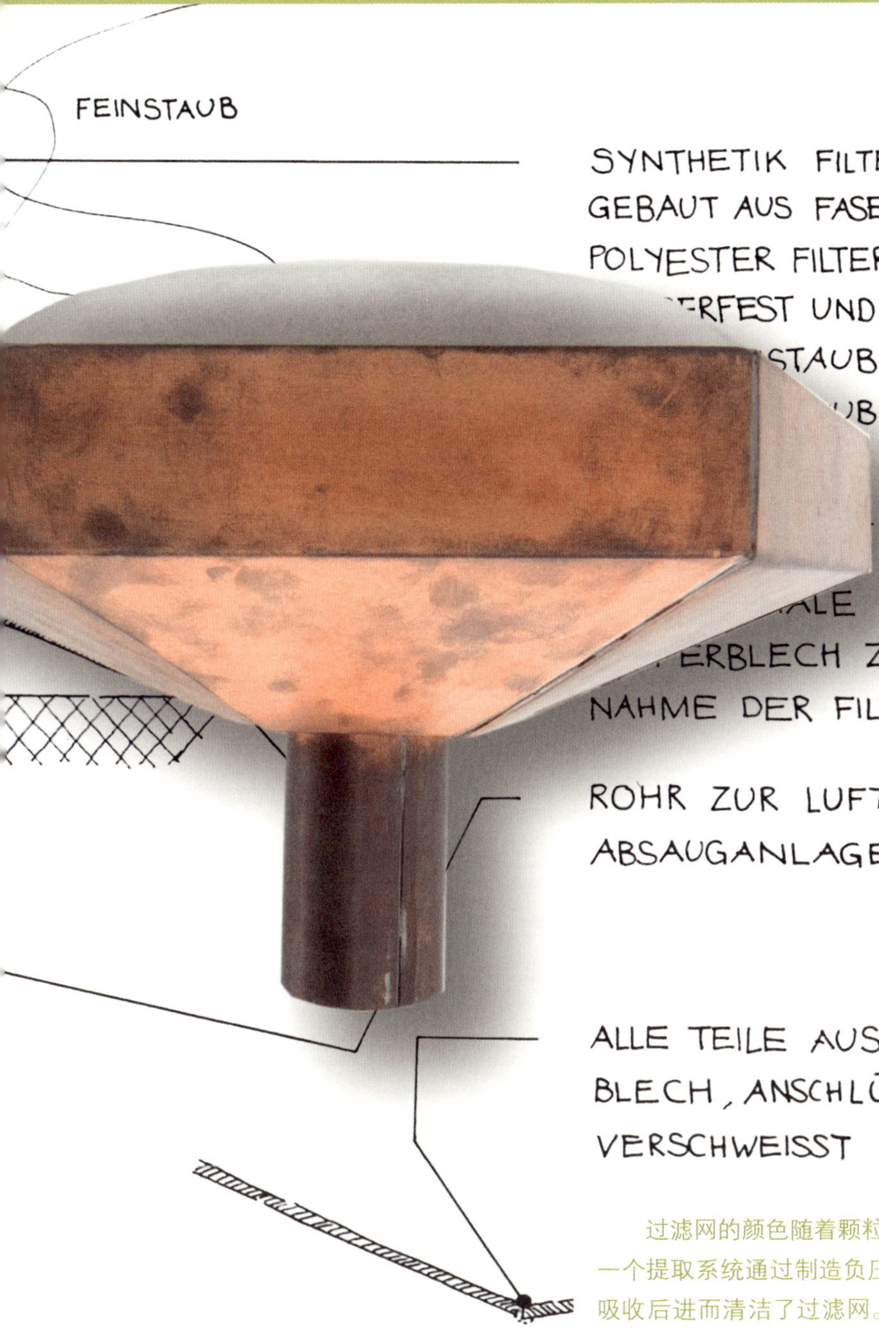

过滤网的颜色随着颗粒的沉积而发生变化。一个提取系统通过制造负压来吸收颗粒。雨水被吸收后进而清洁了过滤网。同时，这个过滤网还是房屋的隔热系统。

DIE FILTER FÄRBEN SICH JE NACH ART DER PARTIKEL. DURCH DIE ANSAUGANLAGE WIRD EIN UNTERDRUCK ERZEUGT, DIE PARTIKEL WERDEN ANGESOGEN. DER REGEN REINIGT DIE FILTER UND WIRD EBENFALLS ABGESAUGT. DIE FILTER LEISTEN EINEN BEITRAG ZUR WÄRMEDÄMMUNG

12

> “不会阻止人类进步的唯一原则就是：一切都顺其自然……在科学研究方面，一个包含坚定的、不变的、有约束力原则的新方法在面对历史研究结果时会遇到极大的阻力。因此我们发现没有一个规则——虽都看似可信且严格基于认识论——是一成不变的。很显然，规则的打破不是意外事件；这不是由于缺乏知识或疏忽，所以是可以避免的。相反，这些是进步所必需的……光波理论的逐渐成形正是由于一些思想家决定不再受一些“显然的”认识论规则的约束，或者是他们无意中打破了这些规则……因此我的观点是无政府主义有助于在人们愿意选择的任何一个领域中实现进步。” Paul Feyerabend, *Against Method. Outline of an Anarchistic Theory of Knowledge*, London: Humanities Press 1975, pp. 14 and 24.

12 反馈环

从过程到产品

秋季学期最后一个练习提出了一个反馈环的建议，要重温各章任务，将引导学生进入建筑设计领域。这个过程被设计成在学术研究期间有主题的一系列行为的中继站。工作的过程是从一个操作走向另一操作，一直往前进行着的。这里的重点是衔接，圈定了构成物质及精神实践联系的众多力量。尽管事实上单个任务自始至终指向一个基本确定的有形目标，但重点还是放在了制作过程、过程中运用的方法和技术以及过程和潜在产品的关系问题上。这一系列任务提供了一种过程，虽然组织结构松散，但在过程中可以通过游戏或实验发现构建建筑的不同形式。

练习12分析了本学期的设计过程，即追踪工作状态的形成、运动的发展及速率、各方的矛盾、挫折及平衡的时刻。制作项目发展地图。收集相关材料，并把它们组合到一系列面板上以及过程手册上（这是一种文件形式），比如Marcel Duchamp的《绿盒子》（*Green box*）或Diller和Scofidio合著的《模糊：制造空无》[1]。

面板和手册不仅汇编了数据，而且完成了一项具体任务，充当提高项目效率的工具。鉴于练习的顺序不太连贯，即从一个主题生硬地转向另一主题，所以这些文件的作用是要在工作的不同阶段之间建立起联系。连贯的范畴被指出来；这里说的连贯不是从服从高于一切的规则和原则方面的均一性来考虑的，而是作为变化关系的一种规则体系，当变化加剧时，会产生趋同性。每个组成部分相互联系，允许不同的解释方式和多样化关系的存在。追求一致性，可以维持一种开放的平衡状态、一种动态稳定。这个练习强调将建筑理解为一个运动场地。

考虑到“工作”这个词既是名词，也是动词，所以该项目更多以网络化生产过程的一个产品的形式展开。1 *Elisabeth Diller and Ricardo Scofidio, Blur. The Making of Nothing*:New York/London: HarryN. Abrams 2002.

12

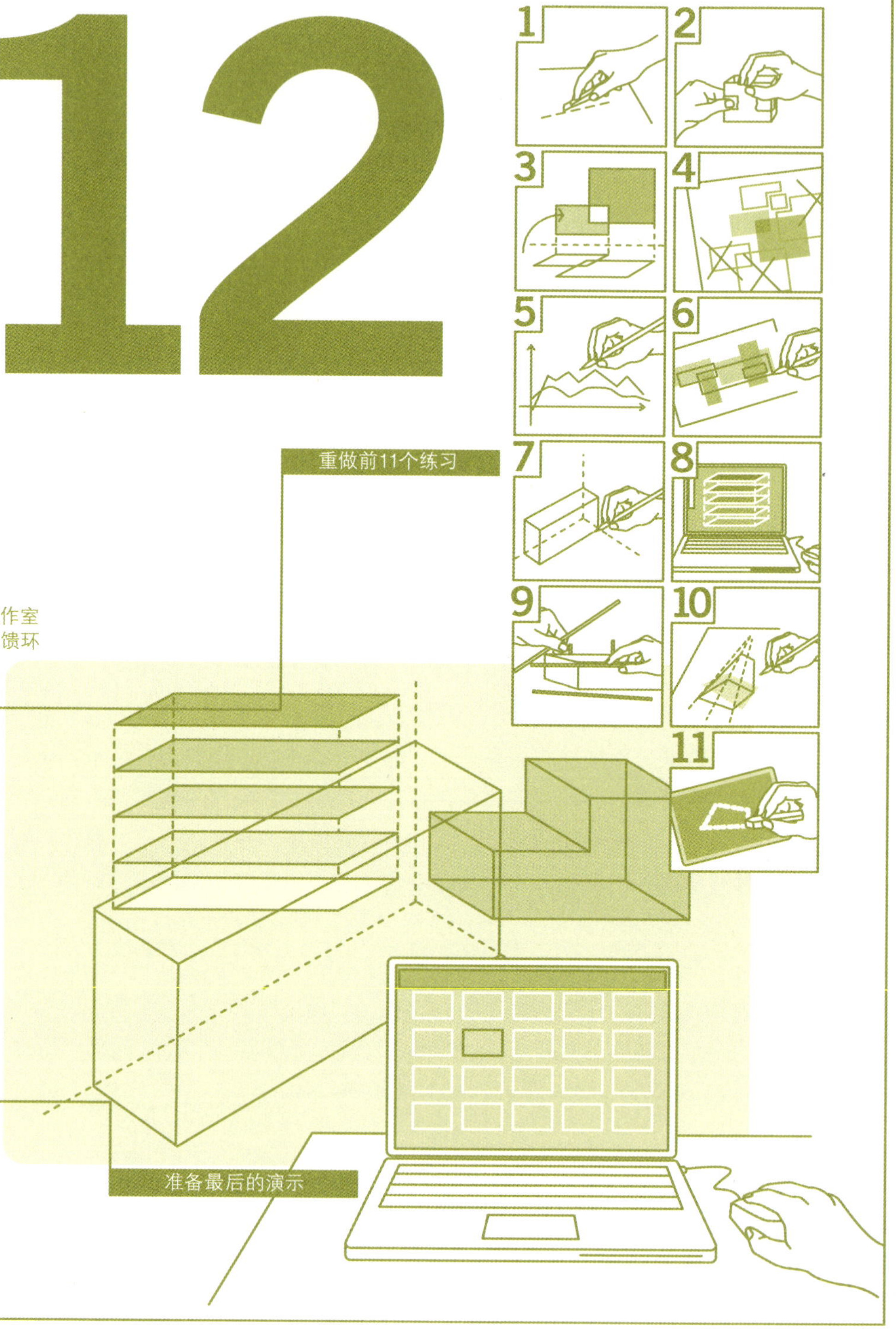

10 工作室反馈环

11

12

13

14

15

16

17

18

练习12——课堂说明

指南

在最后一个练习中，学生们要发展在秋季学期的每一步练习中提到的项目——一个“反馈环”。

自主选择各种表现方式呈现出一个最终的项目作品。这个作品要在概念和内容上具有清晰的意图和明确的论证。在这学期的剩余时间中，发展过程和作品或产品的关系仍旧被摆在最重要的位置上。同样，所提交作品的组成部分应为工作模型和分步绘图。

输入>练习1到练习11的课堂说明

输出>由小组决定布局

>解释性文字（宋体五号字）

>场地平面图，比例1：500

>最少2个平面图，比例1：200

>最少2个剖面图，比例1：200

>剖面透视图

>主要透视图和空间图像

>混合绘图，结合数字化技术及手绘技巧

>演变图表

>素描草图

模型输出>最终模型，材料由小组决定，比例1:200>参考模型，比例1：200>之前练习中完成的模型（通道、结构、外壳）

评判标准>内容的意图和概念>空间系统>功能系统>内部结构>**体积外观**>工作过程>绘图及模型的质量

数字化>技巧和策略：Digital Workshop——综述

演示>当天下午6点

每周练习>由小组决定

参考阅读>Anthony Vidler, “Unhomely Houses,” in: *The Architectural Uncanny. Essays in the Modern Unhomely*, Cambridge/MA: MIT Press 1992.

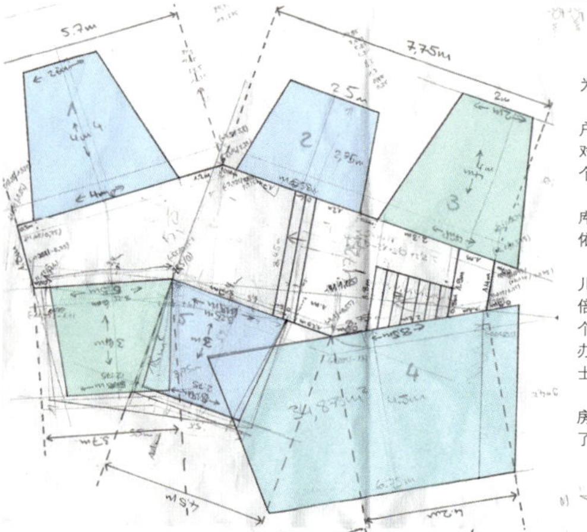

为年轻人设计的楼梯复式住宅

在这一案例中，我们将对复式结构住宅重新定义。传统的两户家庭复式住宅往往把两个家庭隔离开来，而在该案例中将不再对此做明显的区分。在这种新的复式结构中，来自两个家庭的各个成员都能够共享位于不同楼层的众多空间。

一部分房间或完全开放或半开放，例如生活区、厨房以及车库。这些共享房间的空间设计得很大，卧室和浴室等其他房间则依据瑞士的平均数据进行设计。

另一个特点在于，一些房间是相互重叠结合在一起的。三个儿童房中的两个以重叠的方式达到了瑞士儿童房平均面积的1.84倍。这样就实现了总共2.84个儿童房，这个数字完全可以满足两个家庭的儿童居住。此外，在设计两个厨房的时候也用了相同的办法。这样，两个厨房就有了共用的重叠区，其面积也达到了瑞士平均水平。

这种设计方式的优势主要体现在经济成本方面。通过将不同房间连接起来，可以保证房间不至过大也不至过小，这样既满足了生活舒适性的需要，也确保了较低的成本。

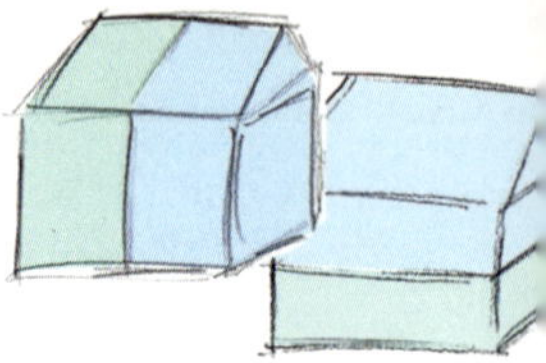

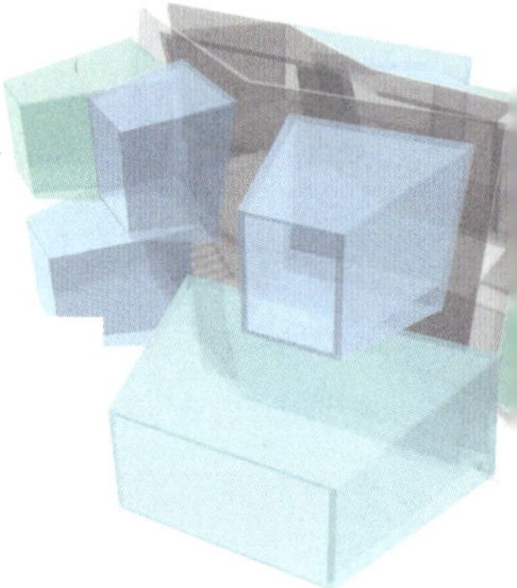

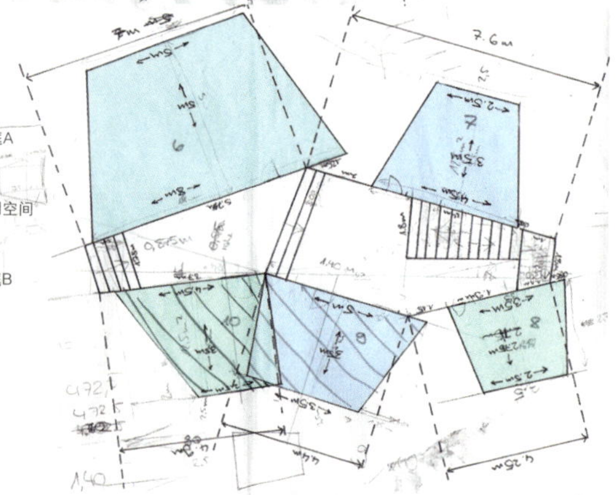

家庭A

共用空间

家庭B

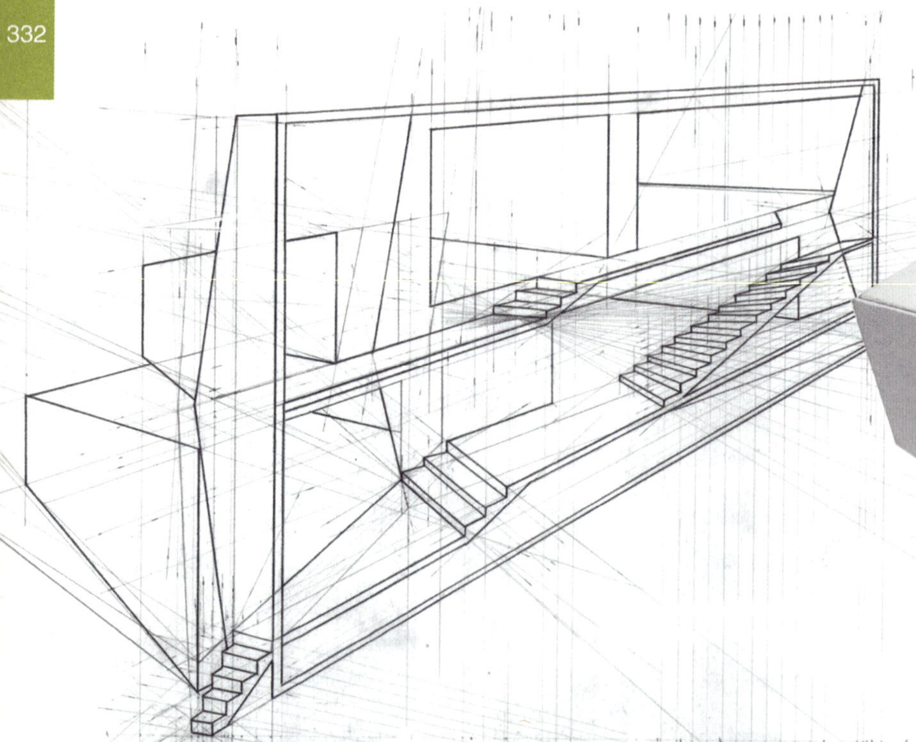

研究一个双家庭住房并回顾练习9，学生要定义既可以作为两个家庭的公用区域，又减少了建筑面积的空间区域。内部结构及外部形式是这些空间区域的直接诠释。练习7中的内部公共通道成为又一个采光源。

在练习5中，单个家庭住房的内部结构是很严谨的。在练习6中，公共、半公共和私密空间的界限变得模糊。练习10中完成的外部表层在内部空间组织结构中建立起一个有力的对话。新的间隙中的空间创造出缓冲地带。在研究白天和夜晚的光线时运用了透视图。

Grundriss OG

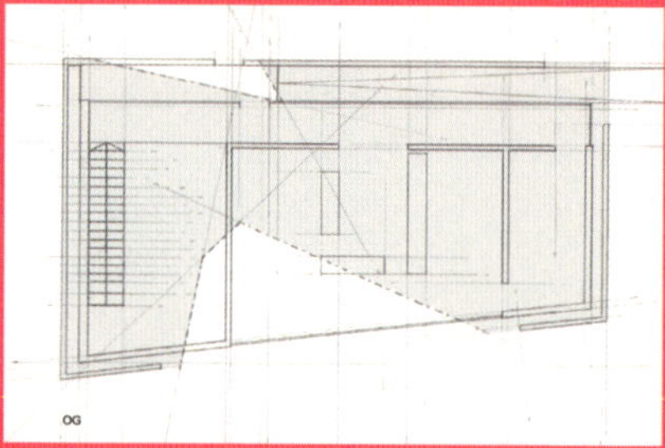

1 Längsschnitt

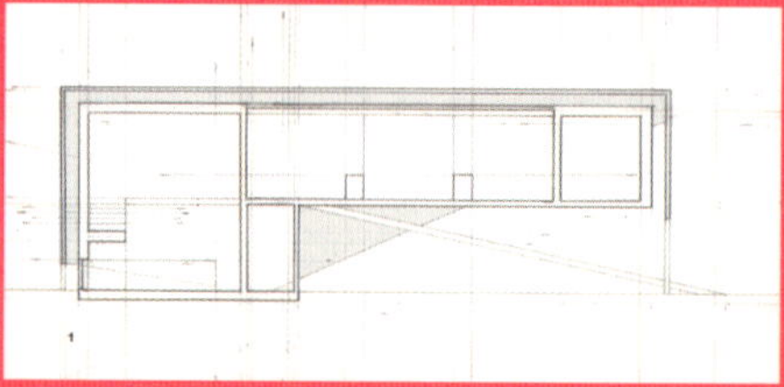

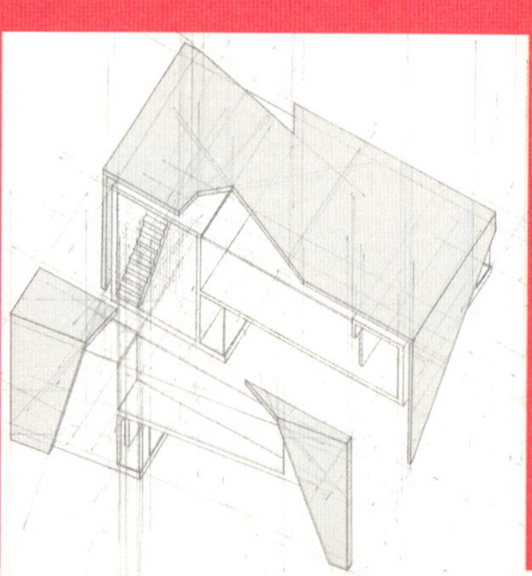

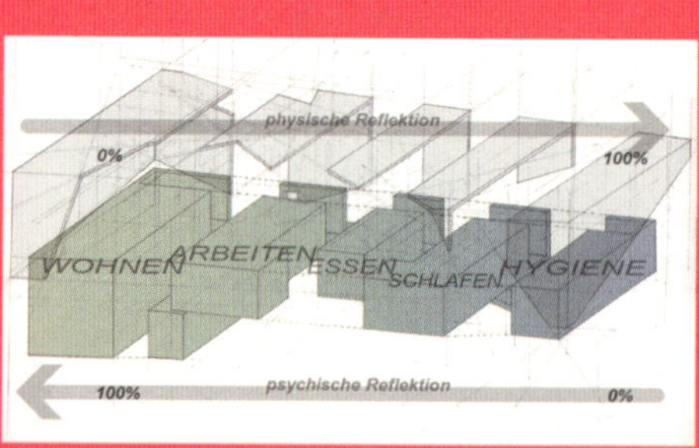

Aufgeschnittene Axonometrie

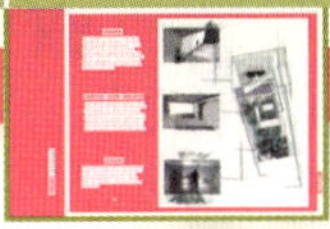

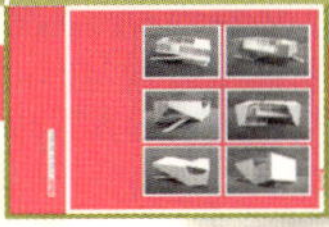

PROJEKT

LAYOUT

Final Review
31.01.2007

PROJEKT

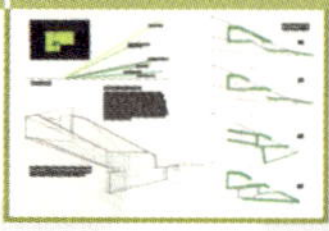

环境中的房屋

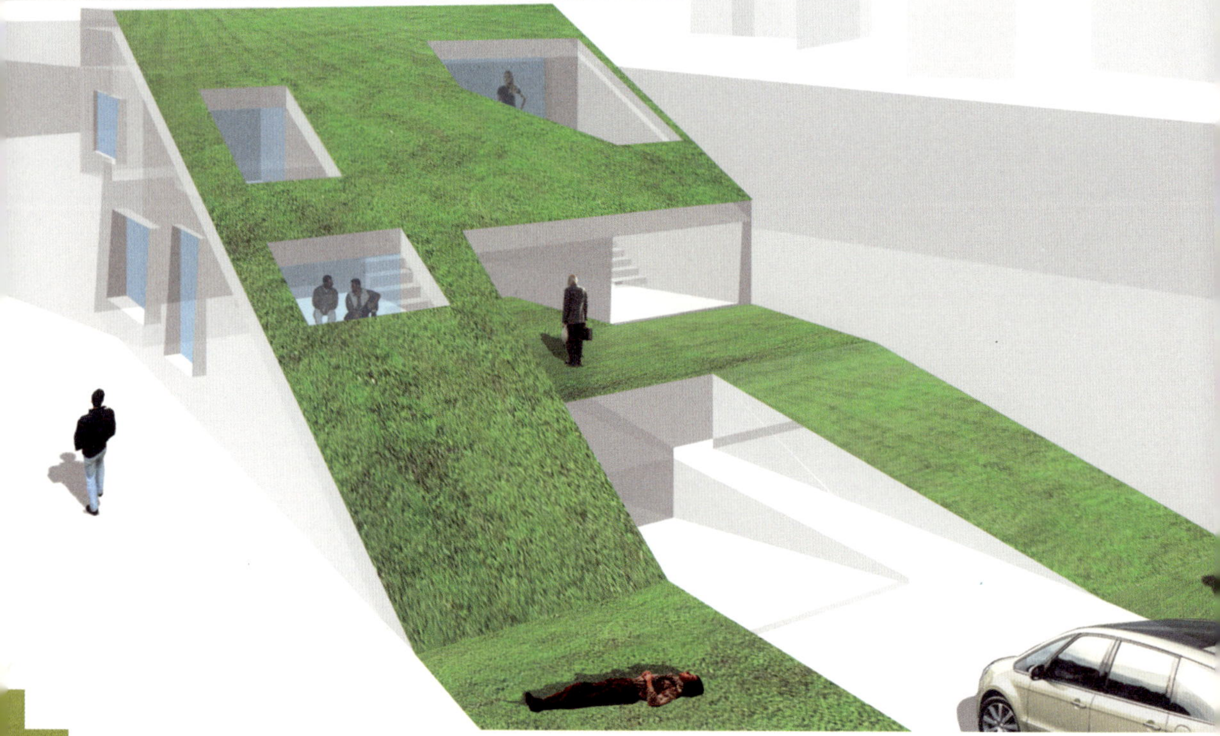

剖面模型

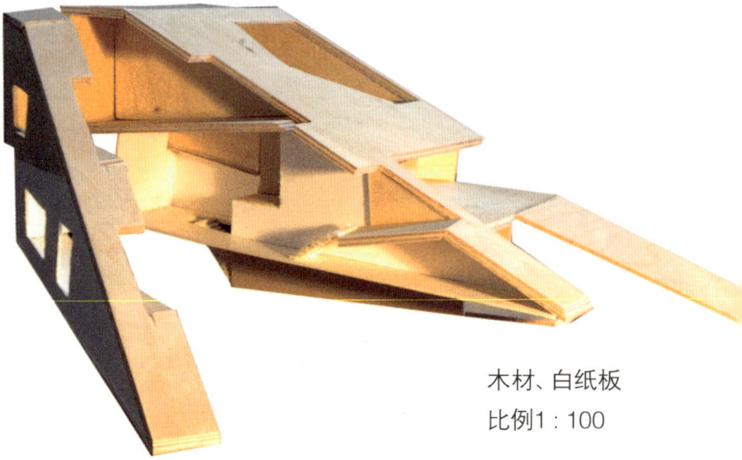

木材、白纸板

比例1：100

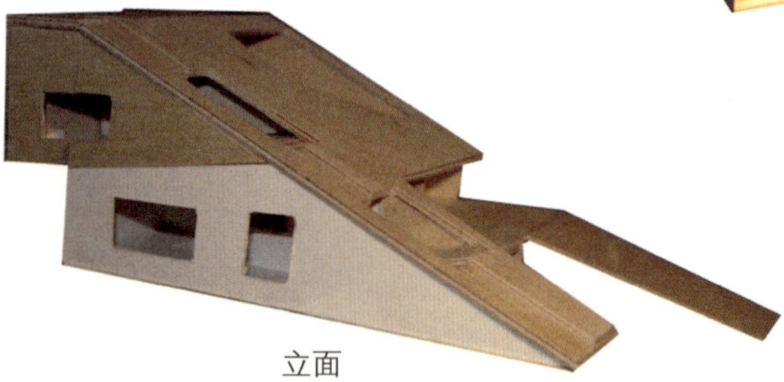

立面

比例1：100

平面图

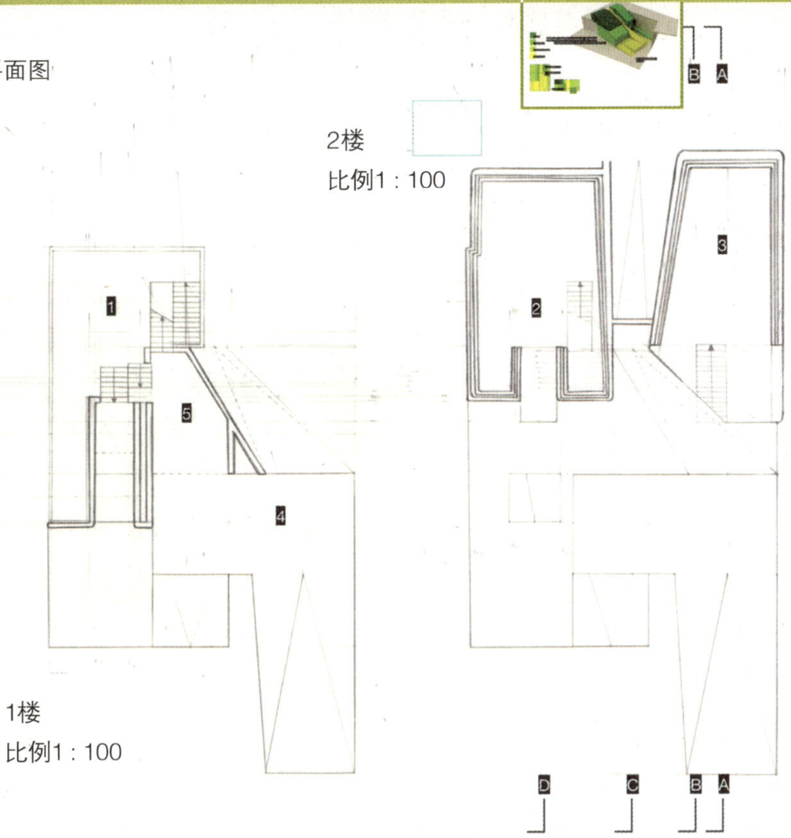

起居室与餐厅
这两个房间处在较显著位置，是进入住宅的门面。

父母居住的房间
属于最私密的房间，位于住宅的最顶层。

留给下一代的房间
此房间沿着住宅的斜坡建成，也可以作为他用。

主厅
斜坡穿过了整个住宅，可以当做迎宾区，同时也可作为进入其他区域的入口。

住宅入口区
住宅入口区位于车库的上方，可以通过斜坡到达。通过设置住宅入口区，我们可以把半开放的起居室和餐厅连接起来。

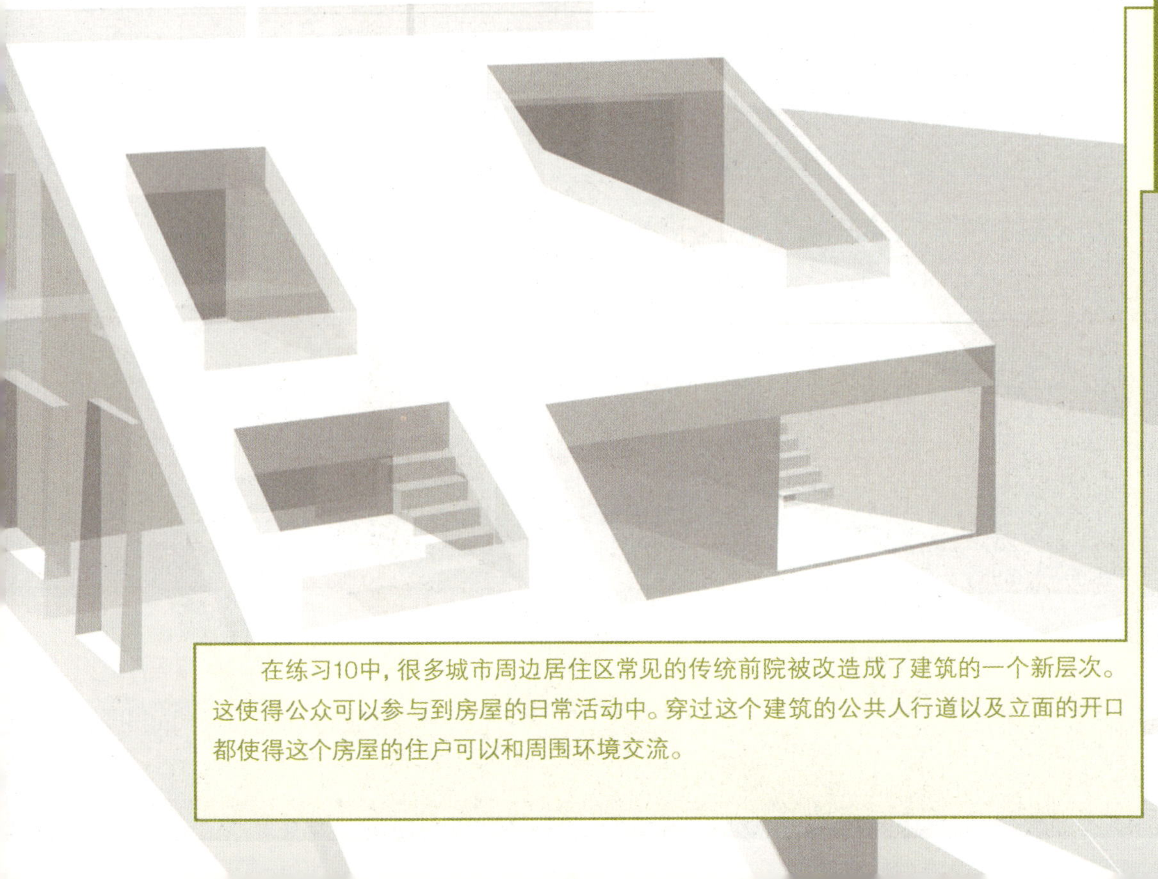

在练习10中，很多城市周边居住区常见的传统前院被改造成了建筑的一个新层次。这使得公众可以参与到房屋的日常活动中。穿过这个建筑的公共人行道以及立面的开口都使得这个房屋的住户可以和周围环境交流。

中控

中控代表从众多规划中进行选择的可能性。规划的变换位于中心位置，由一个清晰的部分代表。内容和形式在没有被选择之前始终保持隐蔽。惊喜的感觉由此引发。

从纵向指示的分屏开始，“中控”就被赋予了一系列连续的内容：一个内部有着多样化空间的建筑，可供嬉戏。一些相连的互锁体量构成了一个紧密的空间。挤压和收缩产生了转化、连接和新的路径——出乎意料的结果。

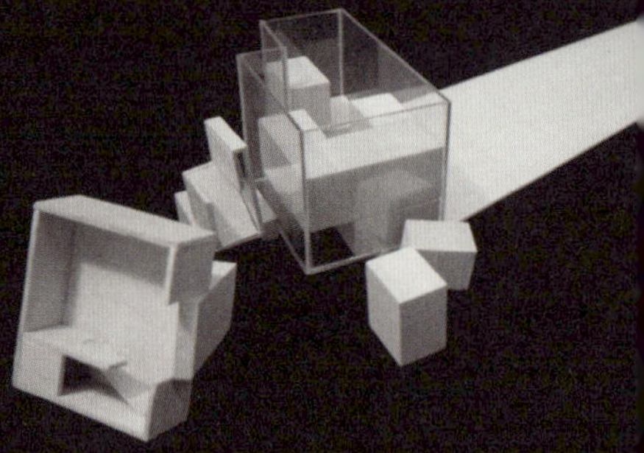

建筑的每个功能都获得了一个特别的空间形式。将这些元素整合成一个密集的聚合体，为这些空间进行“交换”创造了条件。百般变化成为可能。平面图、剖面图和立面都遵循了练习9中发展的概念。

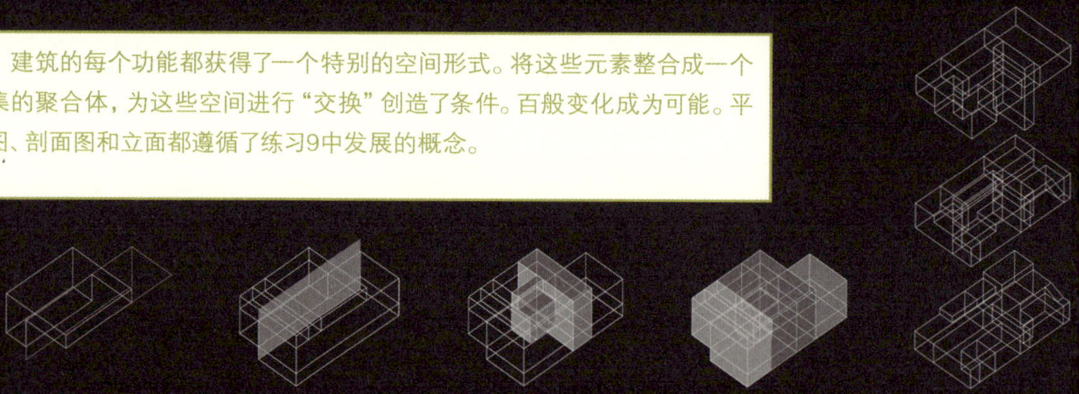

外立面研究

利用平面图来构造外立面

运动与空间和连接的多样性一样能够通过平面解读。不同的层次强调了规划的变换，增强了致密性和连接性。外墙的沟槽和突起反映出选定空间的特性，同时封闭了内部结构。一个有效地深度提供了不多的内部视角，但有意的制造混乱并藏住惊喜。空间规划的元素被用于构建外立面，这使内部结构不至于暴露在外。

外立面有不同形状的方形开口，它们与外立面结构相反，更多服务于隐藏空间。

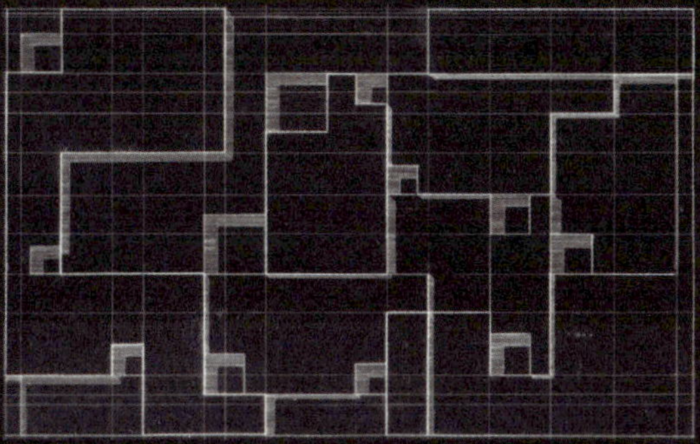

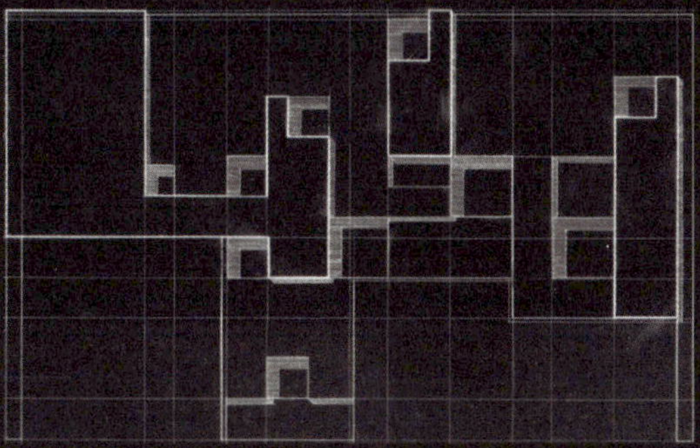

勇于尝试——冥思苦想——找到答案

休闲区的架构、规模以及配套设施敲定后，房屋的核心部分也就完成了。但是，仅有影音区、彳区、健身区、书房以及安静的环境，这些条件是无法满足住户的全部需要的。一套住宅至少还要配台房、浴室和地下室。那么如何整合这些组件，同时使主要的核心部分与必要的配套部分界限保持清晰呢？这就是我们在设计过程中面临的挑战。如何设计房屋架构的问题也就随之而来了。我们可以采用对结构，并嵌入其他额外空间这个创意。使用该创意后，虽然房屋内部仍旧复杂多样，但却保持了房屋的体性。

具体实施过程如下：

影音区由第一层框架在内部进行构建，同时附加四个盒子结构。第二层框架在外部构建其他房间所必需的空间。

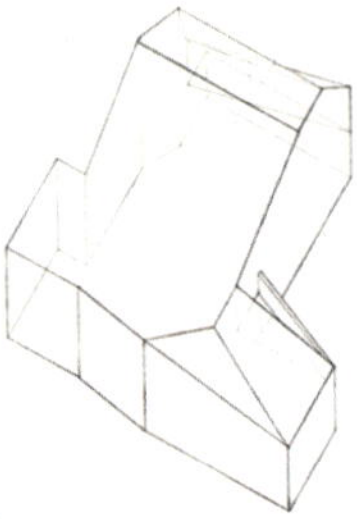

◄ ▲ 建筑模型可以帮助我们构住宅的结构。图中用纸板制成的件代表新加入的组件。

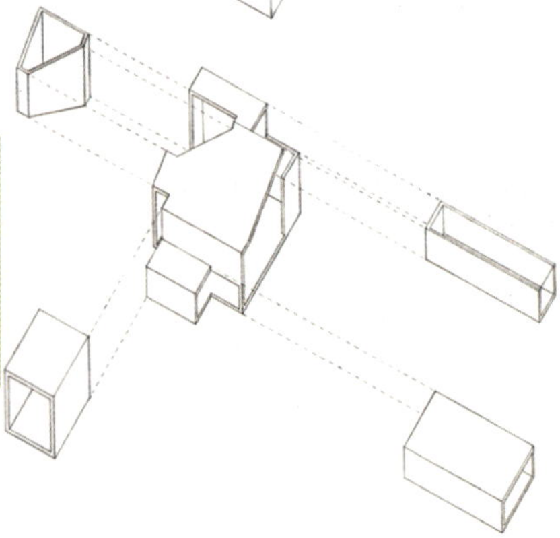

► 设计中的主要问题在于如何定位入口和厨房，解决这一问题可以考虑将偏低的屋顶提升到健身区的高度，并把待客区斜着向前拉伸。这样在外壳内部就产生可以设计成厨房的空间，而待客区旁边的空间则可以设计成迎宾区，迎宾区的屋顶还可以设计成一个露台。

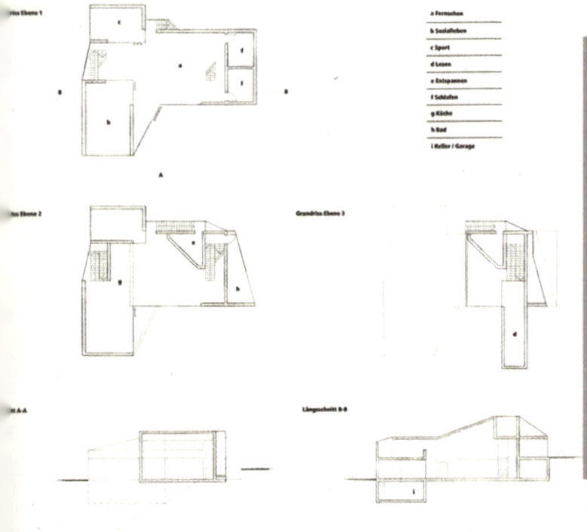

◄ 图中展示了整个宅的外壳模型，在际建造过程中将主采用玻璃和混凝土为材料。在外壳模中只有书房没有被含进来，这是为了出其特有的私密性。

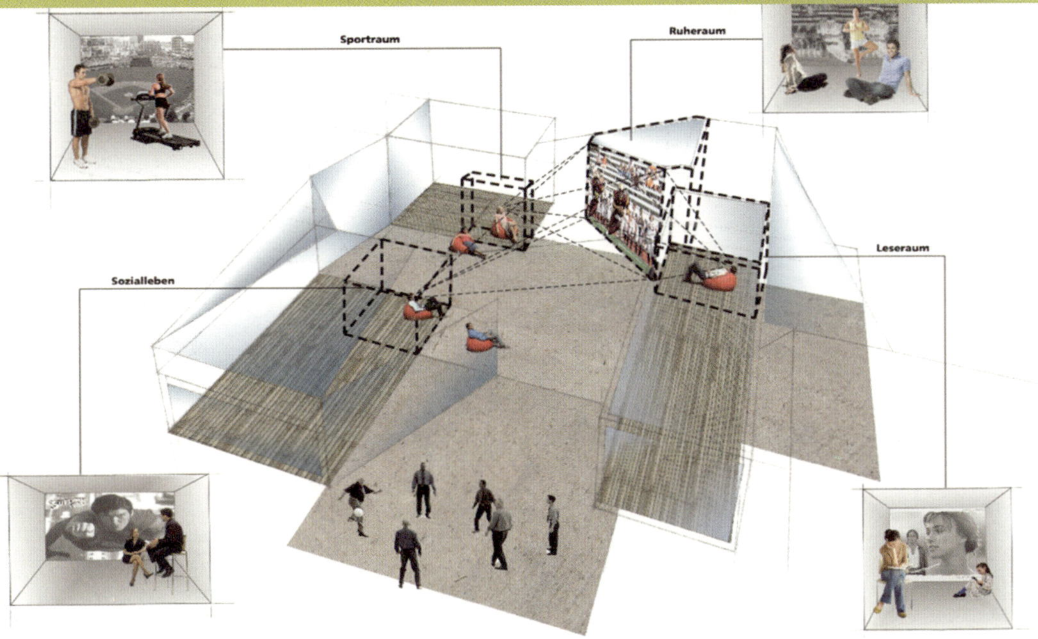

在休息室设计出一个斜面，可以作为投影屏幕来使用，其功能将涵盖每一个与之有重叠的房间。所有住户都可以在相同的投影屏幕上看电视。在投影屏幕的背面看到的并非节目，而是模糊的光斑。

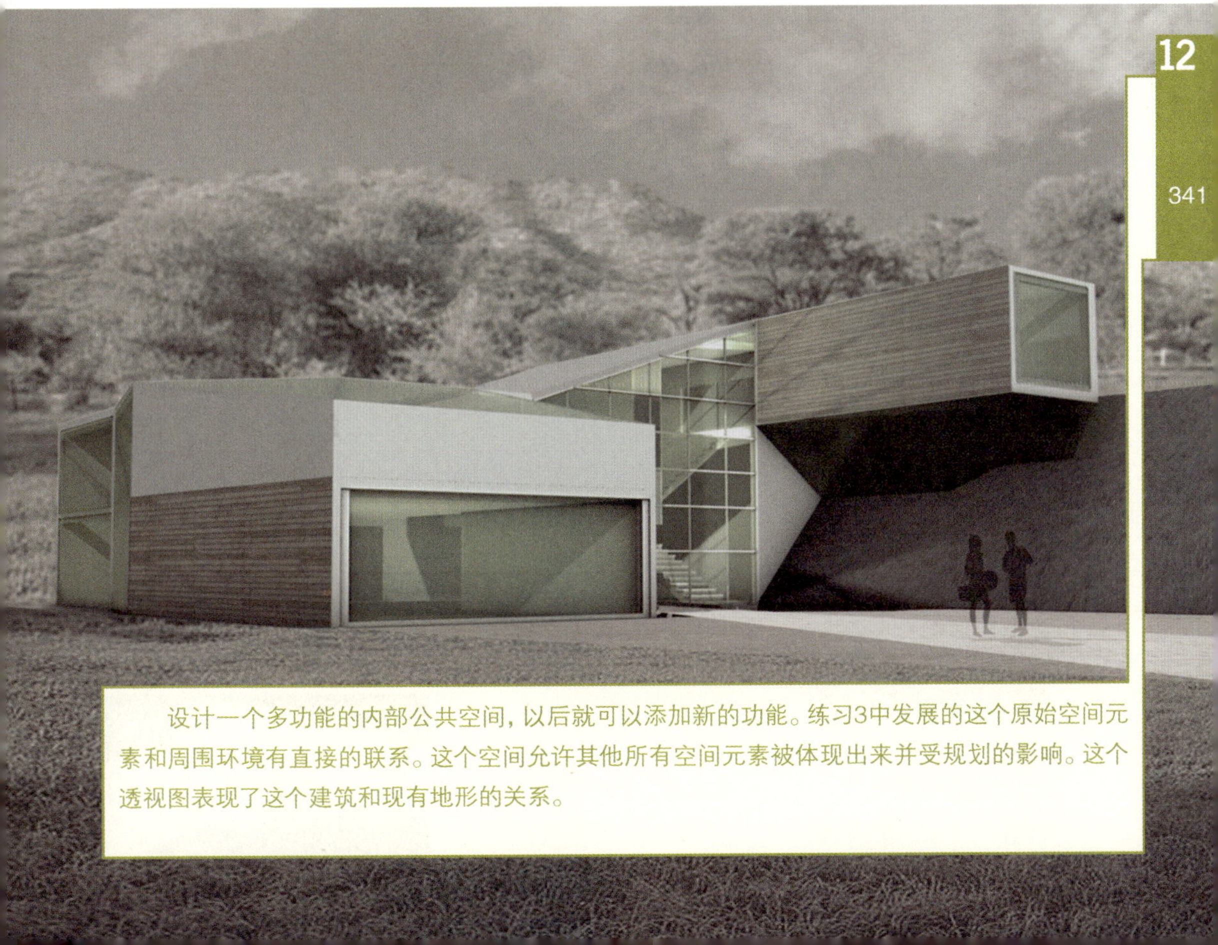

设计一个多功能的内部公共空间，以后就可以添加新的功能。练习3中发展的这个原始空间元素和周围环境有直接的联系。这个空间允许其他所有空间元素被体现出来并受规划的影响。这个透视图表现了这个建筑和现有地形的关系。

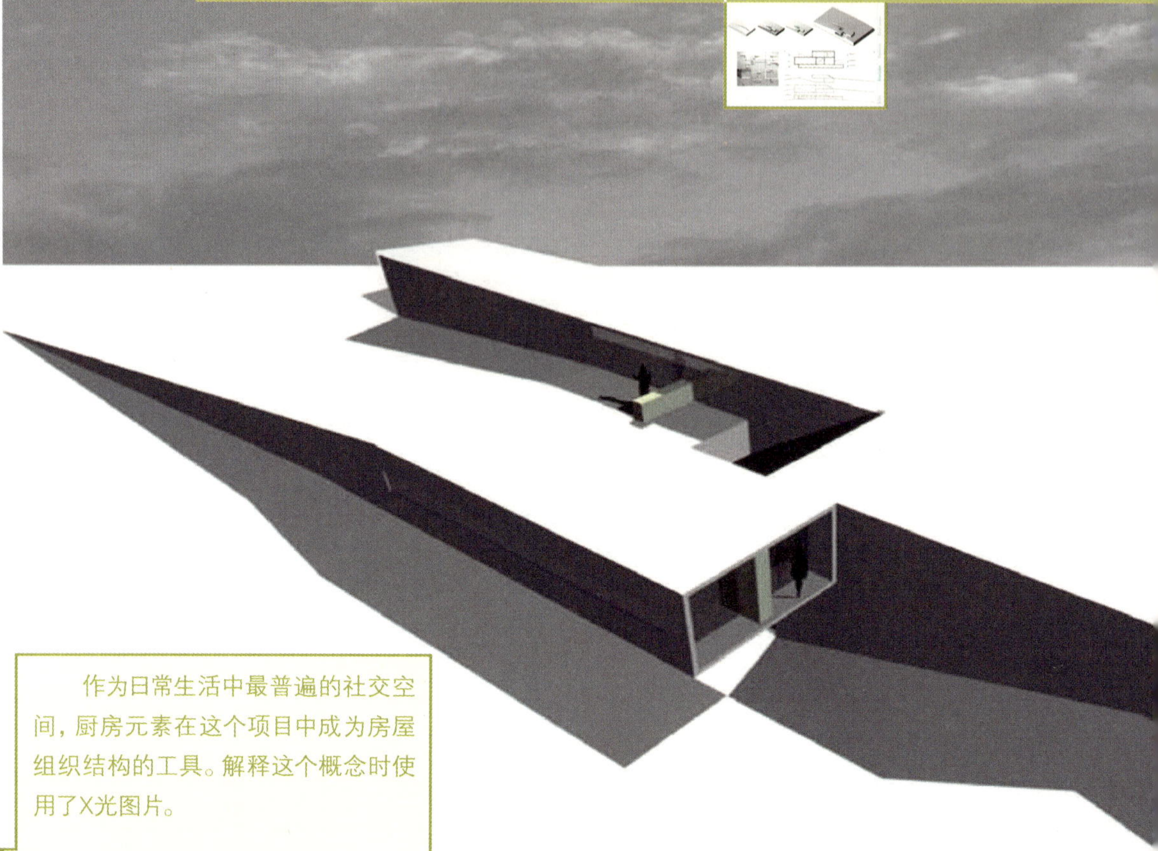

作为日常生活中最普遍的社交空间，厨房元素在这个项目中成为房屋组织结构的工具。解释这个概念时使用了X光图片。

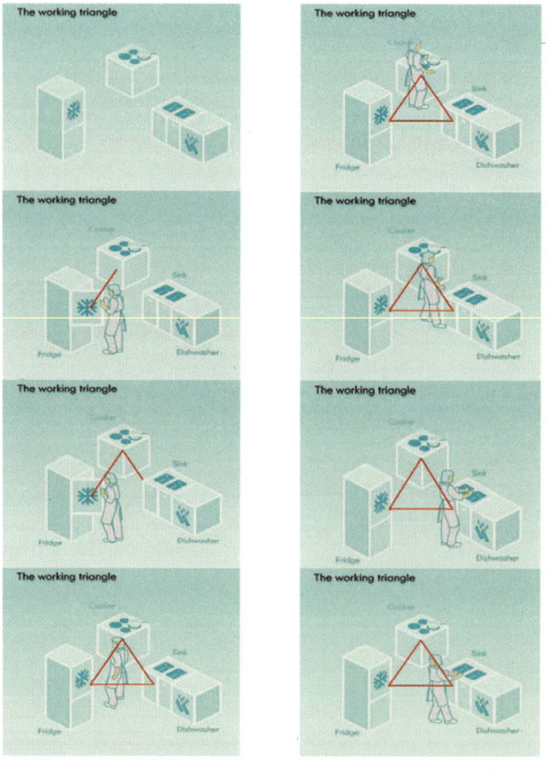

特别的K

这是一个依地形而建的项目，所有的主要功能区都排列在一个条
间中，这其中包括与进餐相关的设施。

这个长条形的厨房依据居住者的生活习惯布置，所有的设备按照
中空间和时间的顺序展开。根据生活习惯设计的通行路线决定了每件厨
备的摆放位置；具体的细节通过研究分析该设备的使用频率而确定。这
都保证了你在需要的时刻能够在离你最近的地方找到你所需要的东西。
提案基于对厨房使用规律的研究和现有条件的感知。人们平均每年花费
小时用于进餐，大约500小时用来烹调。通过对之前提到的进餐活动
化，平均每个使用者每年能够节省约42小时时间，就是一周的工作时间，
就意味着每个居住者能够获得一周额外的假期！

和进餐不相关的活动区域被布置在将建筑围合起来的厚重的“皮
中，而这部分空间由厨房元素来定义，同时受制于地形限制。

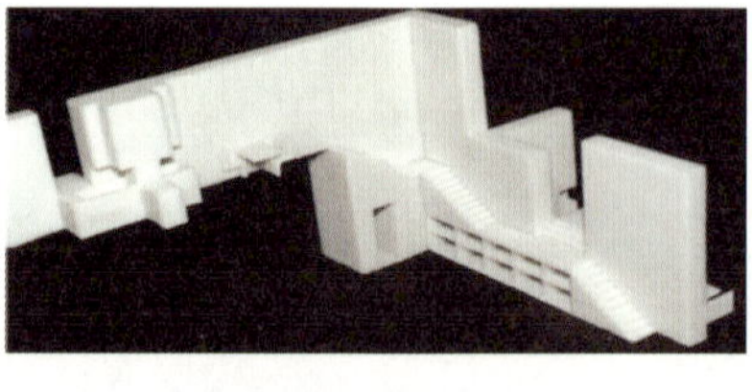

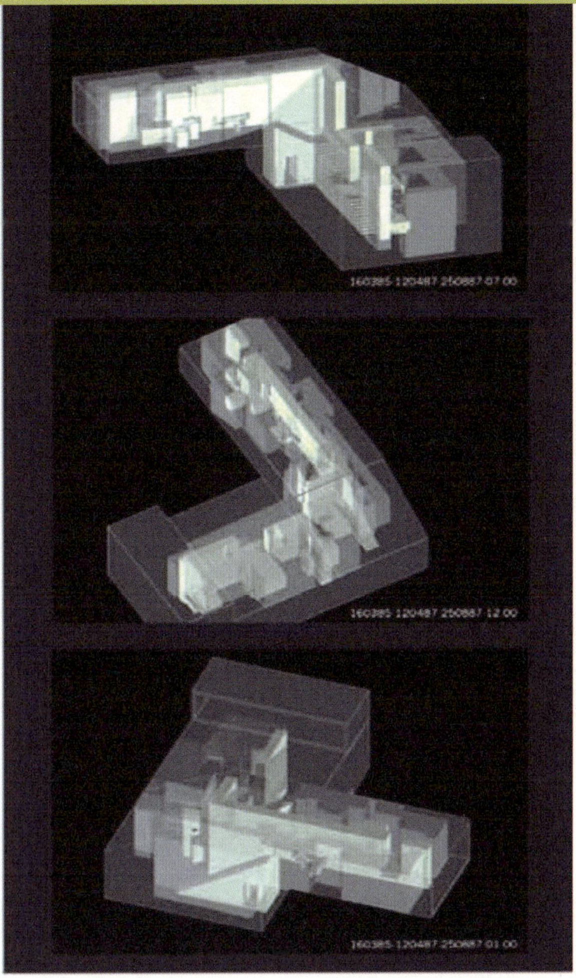

为新标准的家庭设计：
一对丁克夫妇（两人都有收入，没有孩子）

厨房面积：	106.88 m^2
厨房以外面积：	174.72 m^2
门厅：	30.62 m^2
起居室：	85.18 m^2
工作室：	11.64 m^2
卫生间：	8.20 m^2
衣帽间：	17.20 m^2
合计：	434.33 m^2

晴雨指示屋（weather house）被放置在不同的天气条件下。为解释该结构对不同天气条件的反应，运用了练习2中介绍的剖面图。

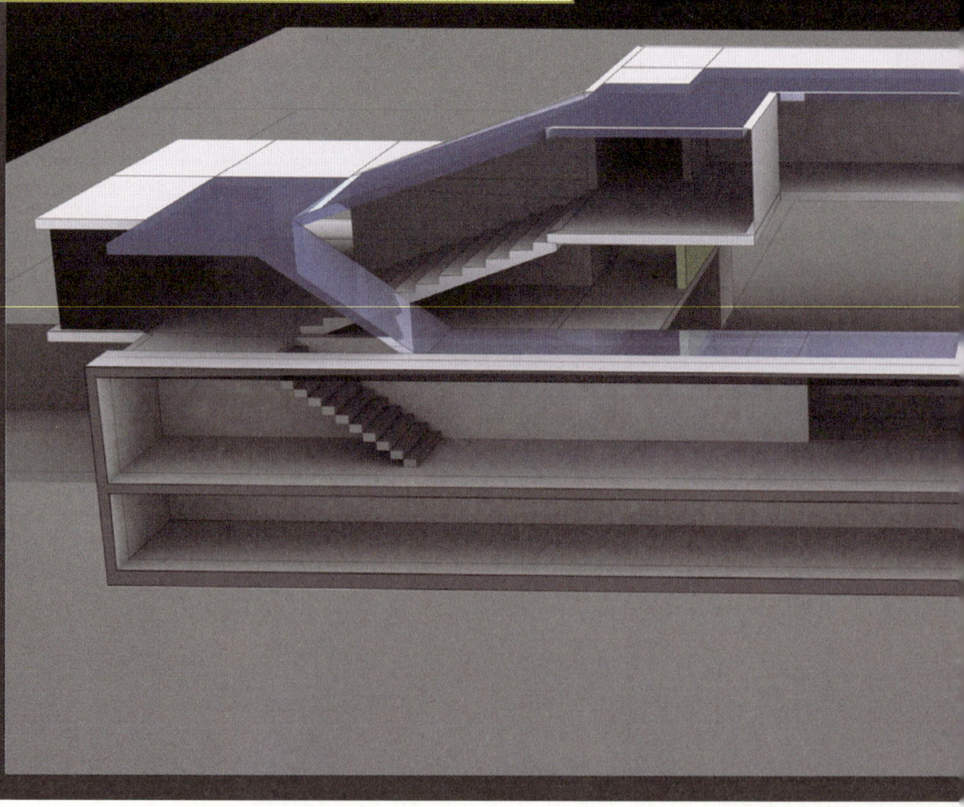

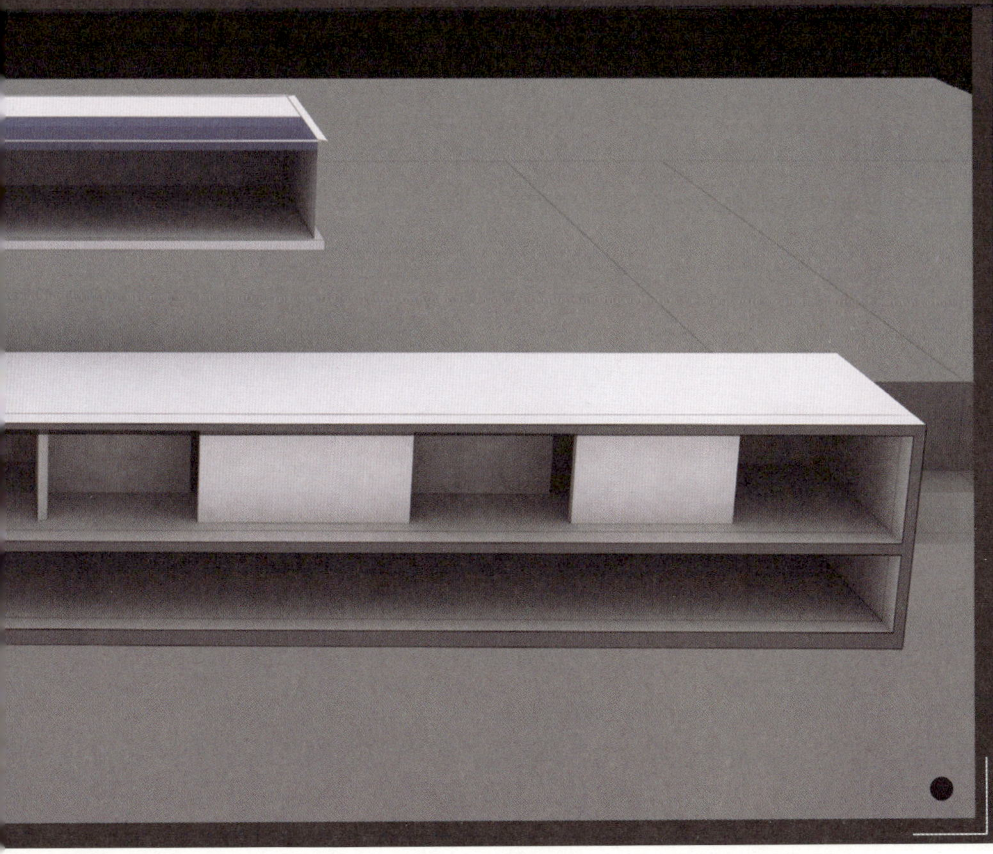

Verwendungshäufigkeit: täglich

Basis: Gesamt ab 14 Jahren (63,51 Mio.), Prozentangaben

	GESAMT	Männer 14 Jahre und älter 30,42 Mio. Personen	Frauen 14 Jahre und älter 33,09 Mio. Personen
Deodorant	76,9	71	83
Gesichtspflegemittel	50,9	20	79
Handpflegeprodukte	57,4	35	78
Gesichtsreinigung	56,7	47	66
Düfte	46,4	31	61
Körperpflegemittel	39,0	19	58
Dekorative Kosmetik	25,6	1	48
Lippenpflegeprodukte	25,6	3	46
Haarstylingprodukte	24,4	17	31
Peelingprodukte	5,8	2	9
Gesichtsmasken	2,7	1	5
Dusch-/Badegel	87,8	88	87
Haarshampoo	75,6	79	72

对日常事务的分析得出了这个单个家庭住房最合适的空间组织结构。在建造带有专门区域的公共建筑时考虑了家庭成员的不同需求。这里用电脑测试这些场景、研究建筑内部景象。

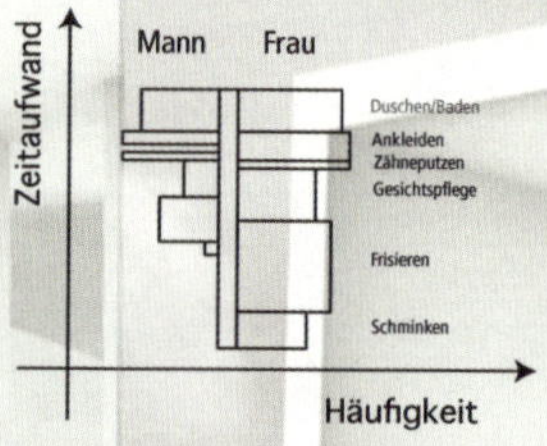

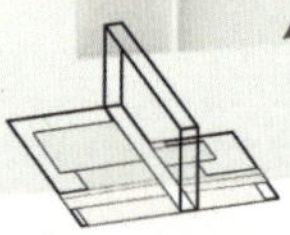

Das Diagramm räumlich gesehen

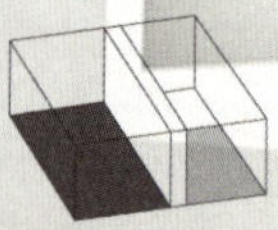

Daraus folgt eine Trennung in einen erweiterten und in einen verkürzten Raum.

Das Prinzip der Trennung wird auf das ganze Haus angewendet. Es entsteht ein langsamer und ein schneller Bereich.

Die wenigen Bewegungen und Handgriffe im Fast-Bereich sind präzise, da die Gebrauchselemente dem Bewegungsablauf angepasst sind. Der Slow-Bereich ist hingegen grösser und freier in der Bewegungswahl. Entspannung wird in diesem Bereich gross geschrieben.

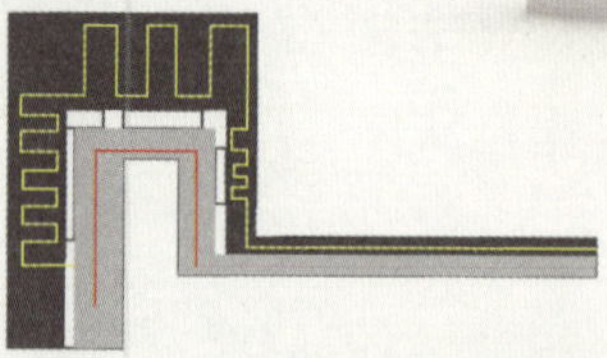

Hybride Zeichnung

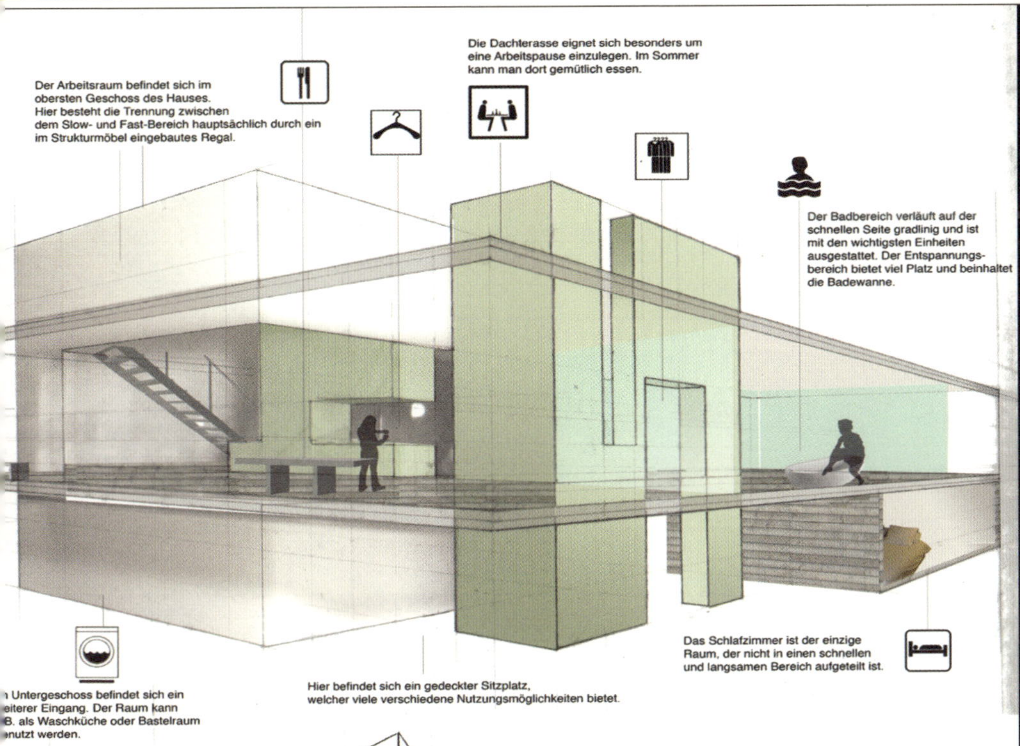

Grundrisse, Schnitte & Explosionsaxonometrie

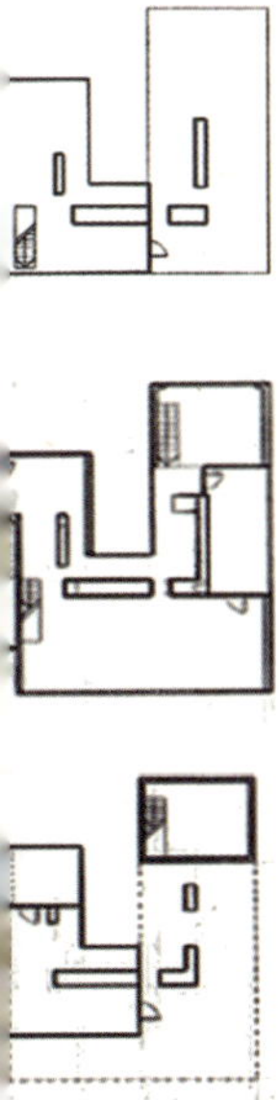

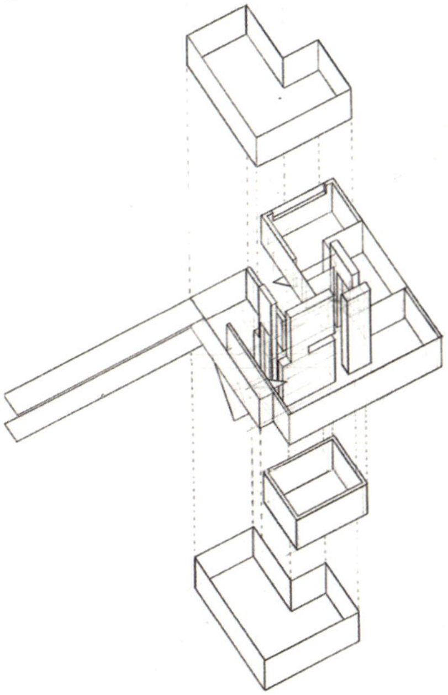

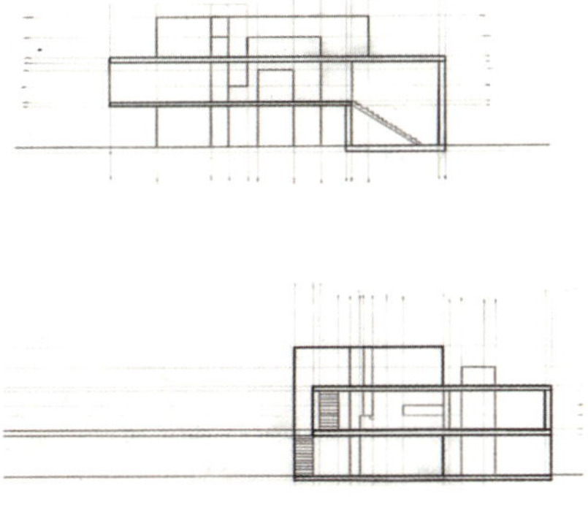

Innenansichten & Modellfoto

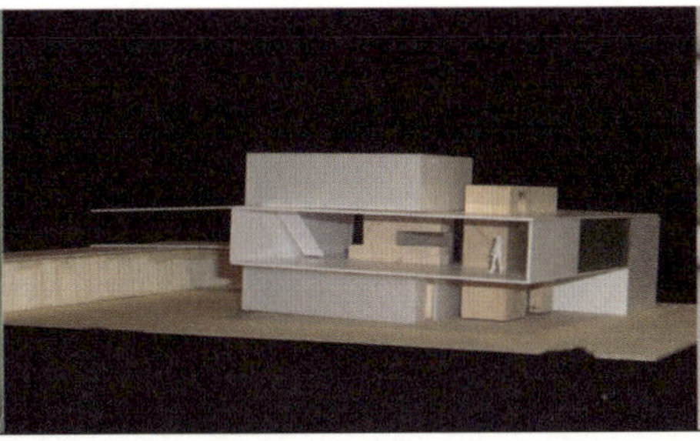

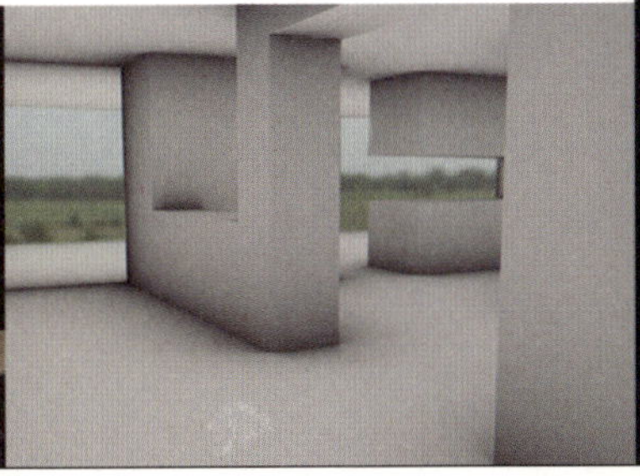

剖面图

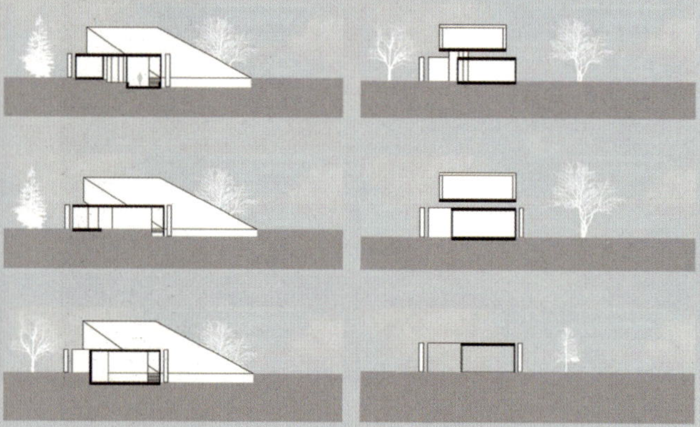

轴测图

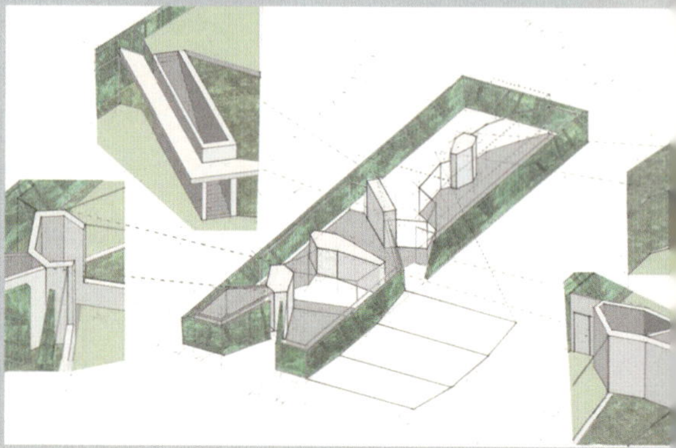

该住宅的结构主要由四个核心部分构成。这些“石头”可作为入口、侧屋和楼梯来使用。结构中并入了一些开放空间，整个空间由外面植物组成的表皮隔开。

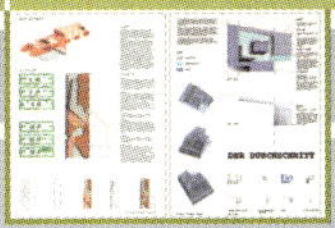

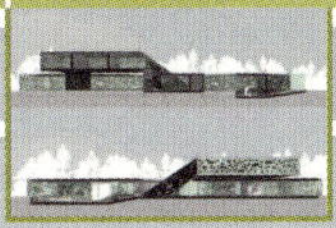

– 洗衣房或浴室等 g– 车库 k– 厨房 s– 公共空间 r– 储藏室 w– 起居室

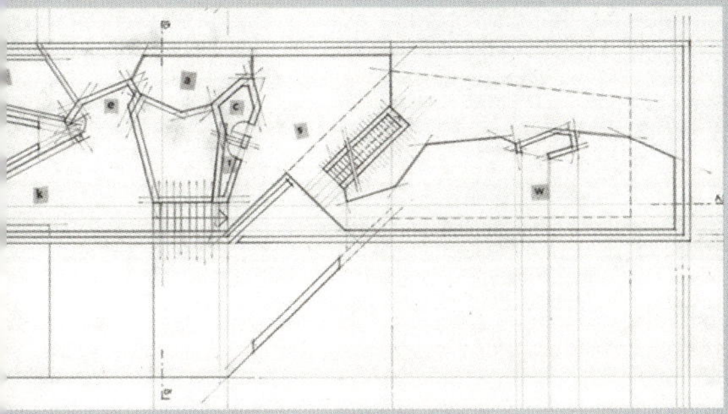

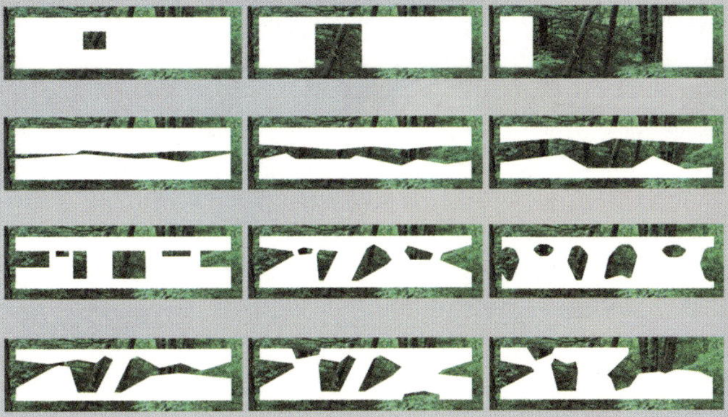

这个项目将公园作为周边单个家庭住宅的公共和“常规的”事物进行研究。这个项目模糊了建造环境和被过度自然化的环境之间的界限。因为意识到所谓的“自然”元素也是精心制造的，所以这个房屋也引入了这种建造的自然。

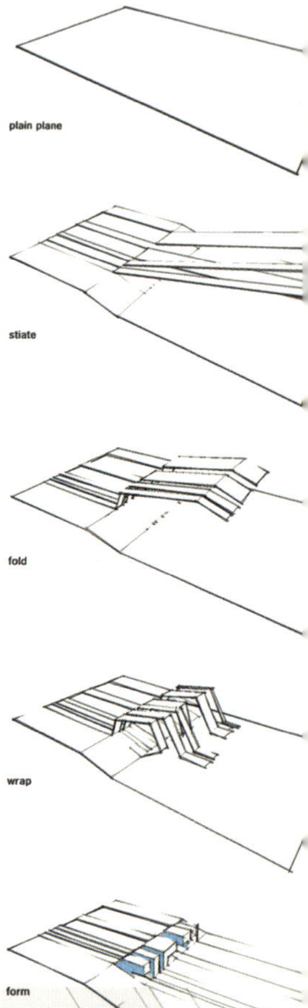

塌方

“塌方”项目是基于建筑与地形之间的对话。尽管大多数普通建筑都直立在地面上，这栋住宅牢牢地和大地相连，但它几乎是埋于地下的。低处的部分位于坚硬的地面下，高处的部分是一个平坦的表面并覆盖了建筑的四周。这个情况对“地形”一词给出了两种不同的阐释：它被理解成同时具有一个沉重的身体和一个轻盈的表面。

这座建筑像分隔地形的隔断，并通过它自身的形态自然压缩。同时，建筑折向大地与周围地形融为一体。这种与周围形态融为一体的特点可以和迷彩伪装相比。

地形造就的隔断把住宅分成四个部分，由一条位于后部的走廊将它们连接。因为建筑的屋顶被地形覆盖，这部分可以被公众使用。同时，弯曲的地形在建筑的二层形成了一些私密的户外空间。每个组成部分相互平行的侧墙由玻璃构成。这种透明的处理方式模糊了内外的界限。

教授：Marc Angelil 博士
助手：Jesse LeCavalier
学生：Burkhardt，Manuel，Meyer，Danieja

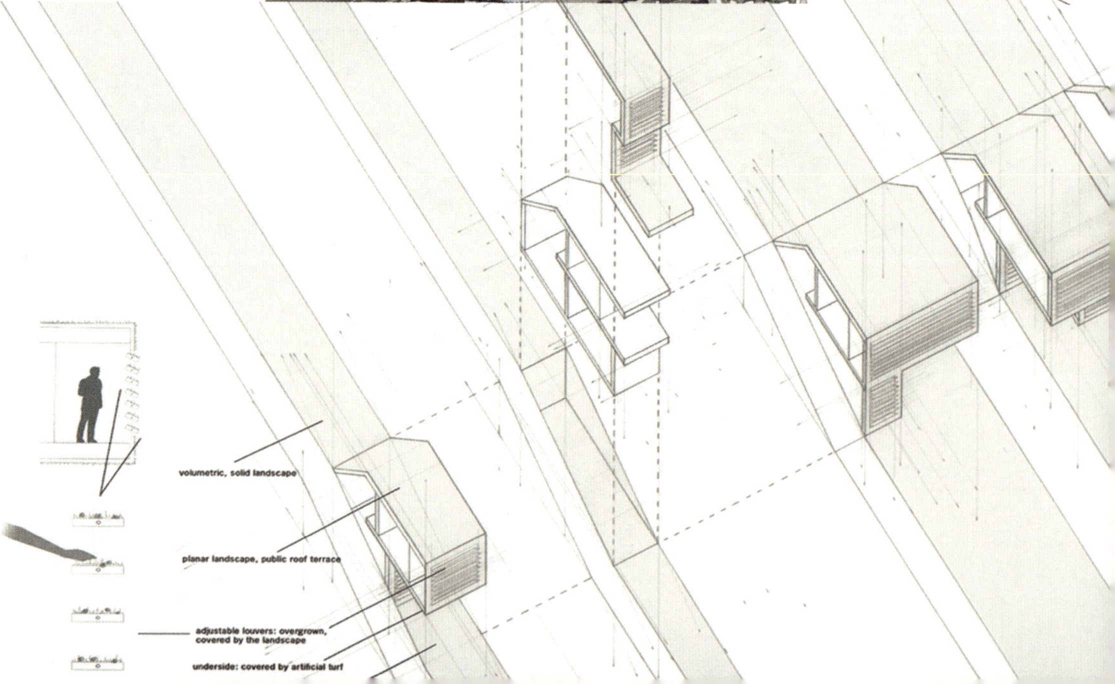

on south 1:200

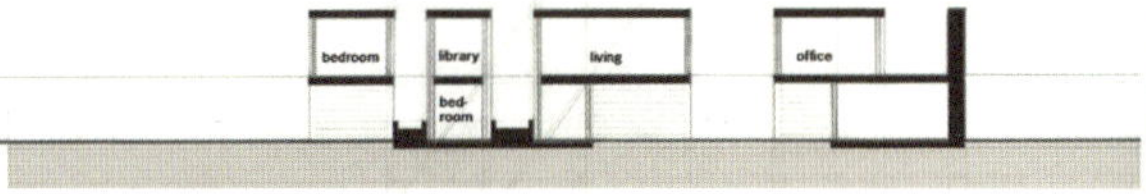

longitudinal section L-L 1:200

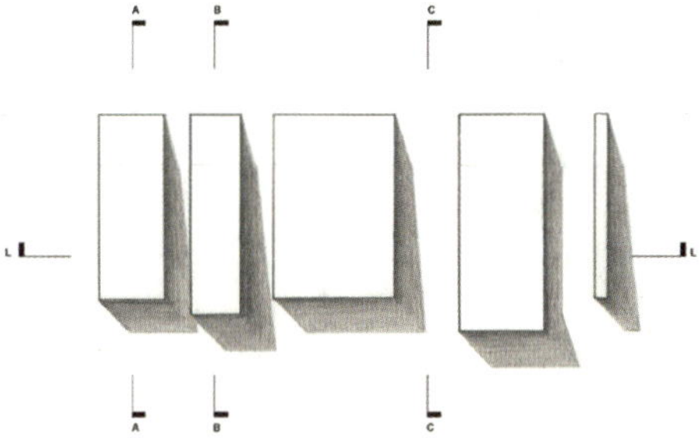

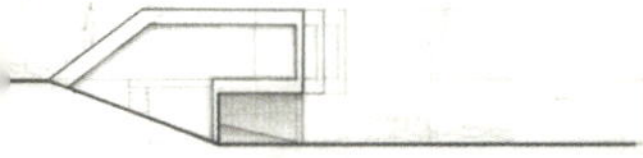

on east 1:200

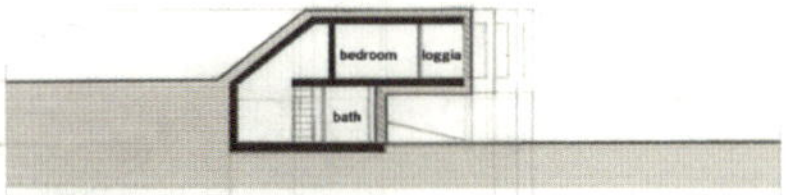

section A-A 1:200

练习1中的折叠技巧在这里被用来强调这个区域现有的折叠。这个折叠被加以夸张，使这个建筑坐拥纵览四周的视角。运用练习10中的表层来增强这个技巧的表现效果。

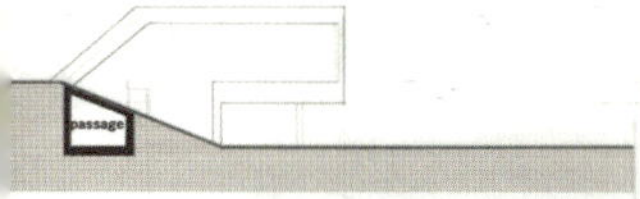

C-C 1:200

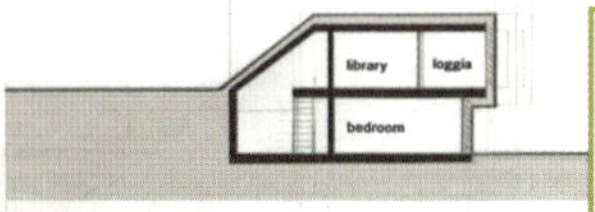

section B-B 1:200

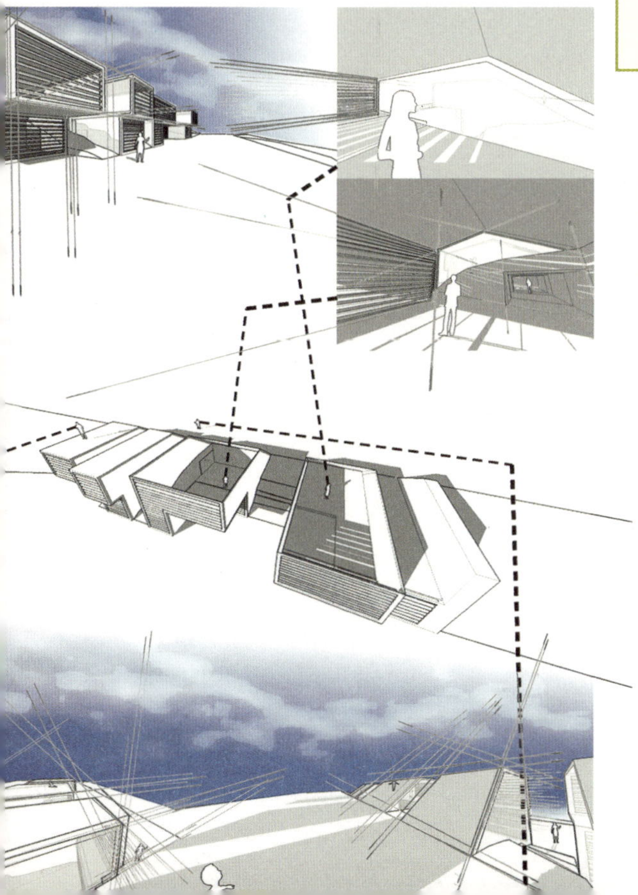

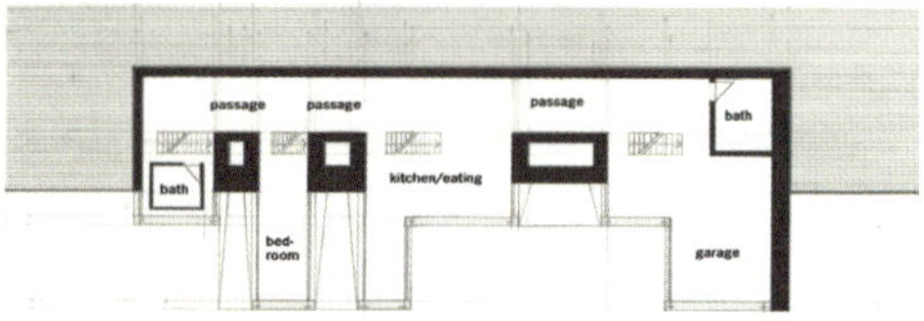

ground floor 1:200

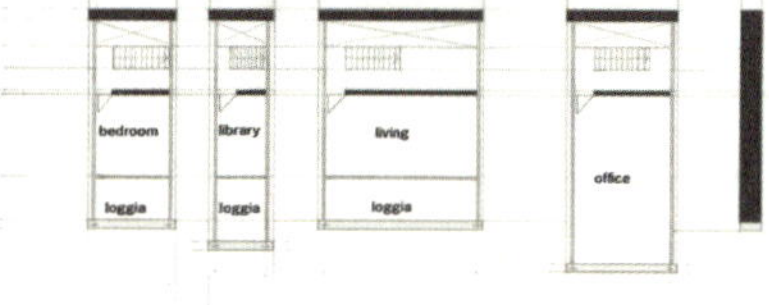

first floor 1:200

练习7决定了这个项目的外观结构。将一个现有的平面（适于步行）折叠成一个空间布局，在其中嵌入几个元素以服务于日常生活，如床、卫生间和楼梯等。这种混合的透视图展现了在练习7中木质框架下的电脑模型。

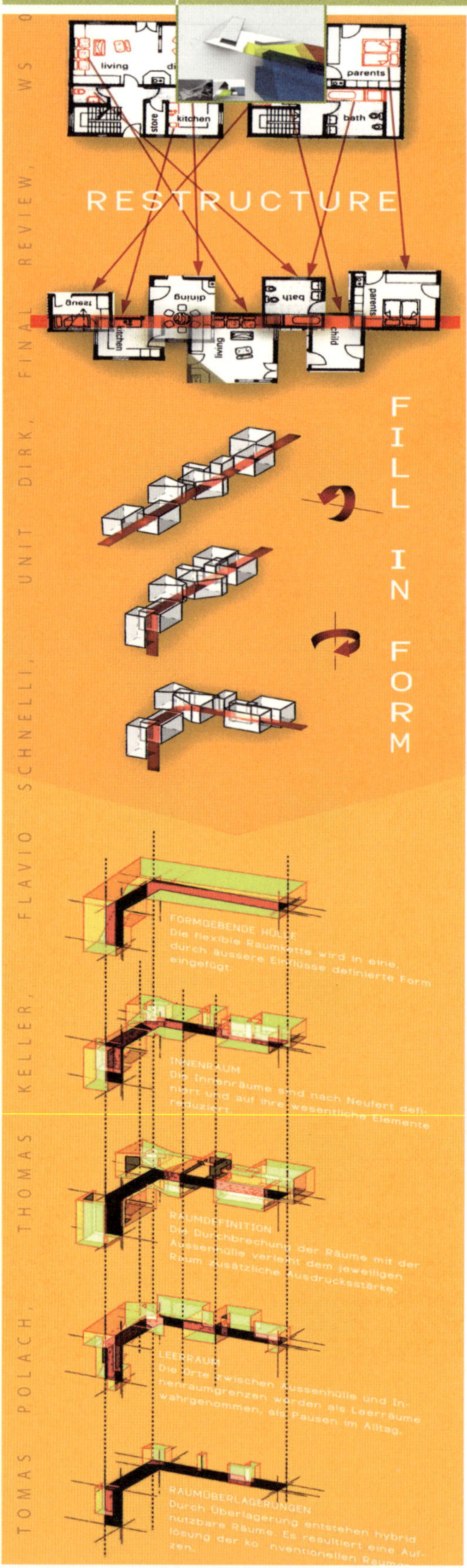
TOMAS POLACH, THOMAS KELLER, FLAVIO SCHNELLI, UNIT DIRK, FINAL REVIEW, WS 0
living
parents
store
kitchen
bath
RESTRUCTURE
guest
dining
bath
parents
kitchen
living
child
FILL IN FORM
FORMGEBENDE HÜLLE
Die flexible Raumkette wird in eine,
durch äussere Einflüsse definierte Form
eingefügt.
INNENRAUM
Die Innenräume sind nach Neufert defi-
niert und auf ihre wesentliche Elemente
reduziert.
RAUMDEFINITION
Die Durchbrechung der Räume mit der
Aussenhülle verleiht dem jeweiligen
Raum zusätzliche Ausdrucksstärke.
LEERRAUM
Die Orte zwischen Aussenhülle und In-
nenraumgrenzen werden als Leerräume
wahrgenommen, als Pausen im Alltag.
RAUMÜBERLAGERUNGEN
Durch Überlagerung entstehen hybrid
nutzbare Räume. Es resultiert eine Auf-
lösung der ko nventionellen Raum
zen.

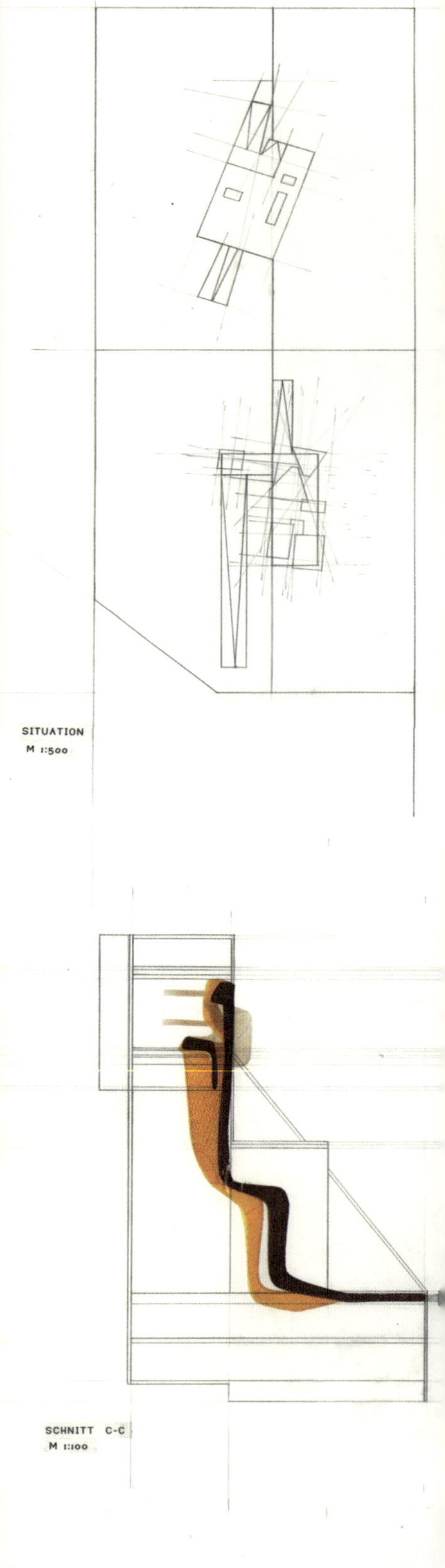
SITUATION
M 1:500
SCHNITT C-C
M 1:100

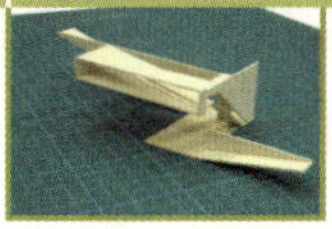

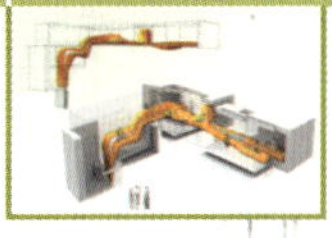

练习5中研究的作为“常规”物体的床被转化为多功能元素。这些功能（如用水和供暖）就遍布在整个建筑中。周围空间成了律动的元素，可以随时间改变——在不同状态下成长、萎缩、轻松改变功能。

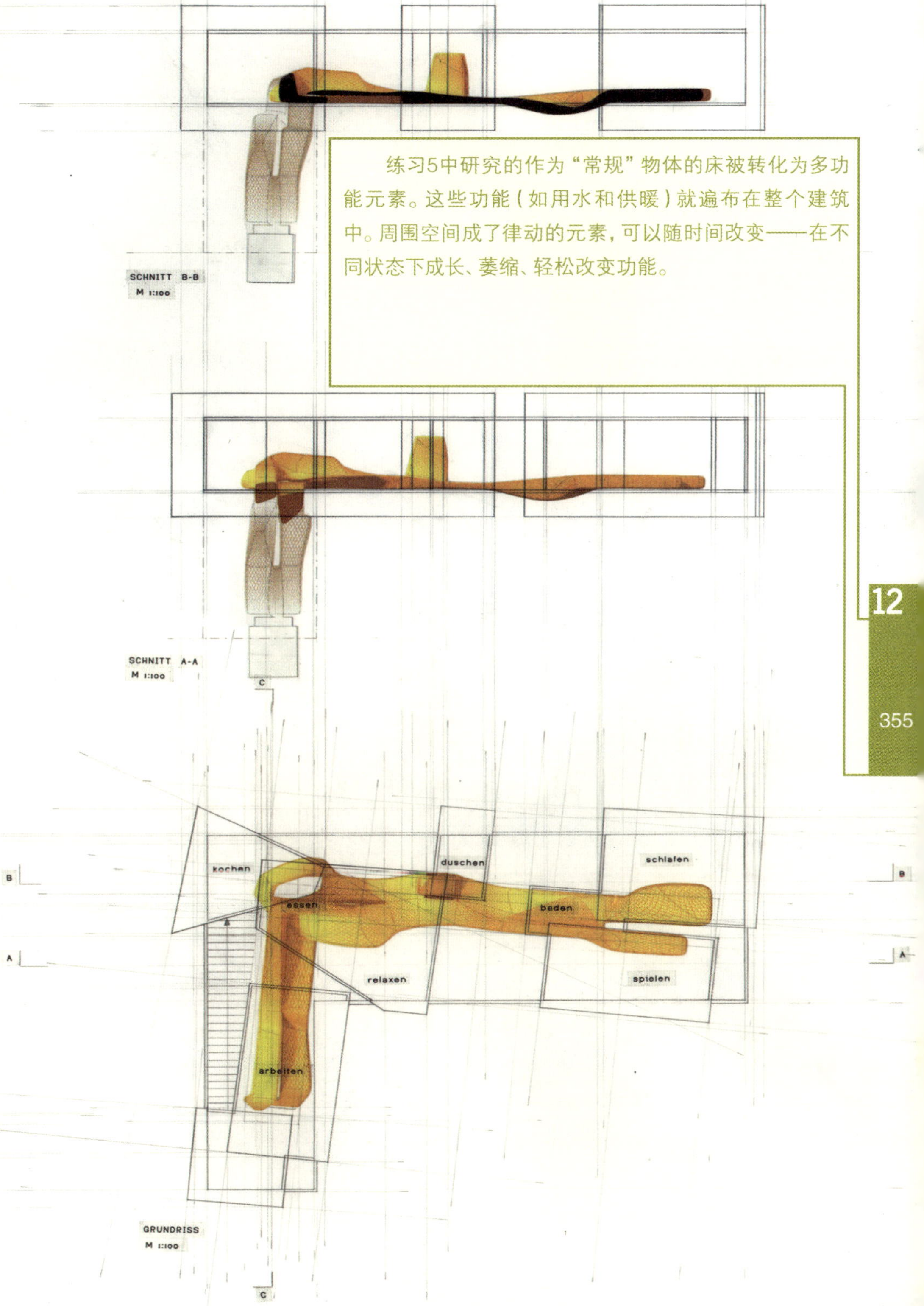

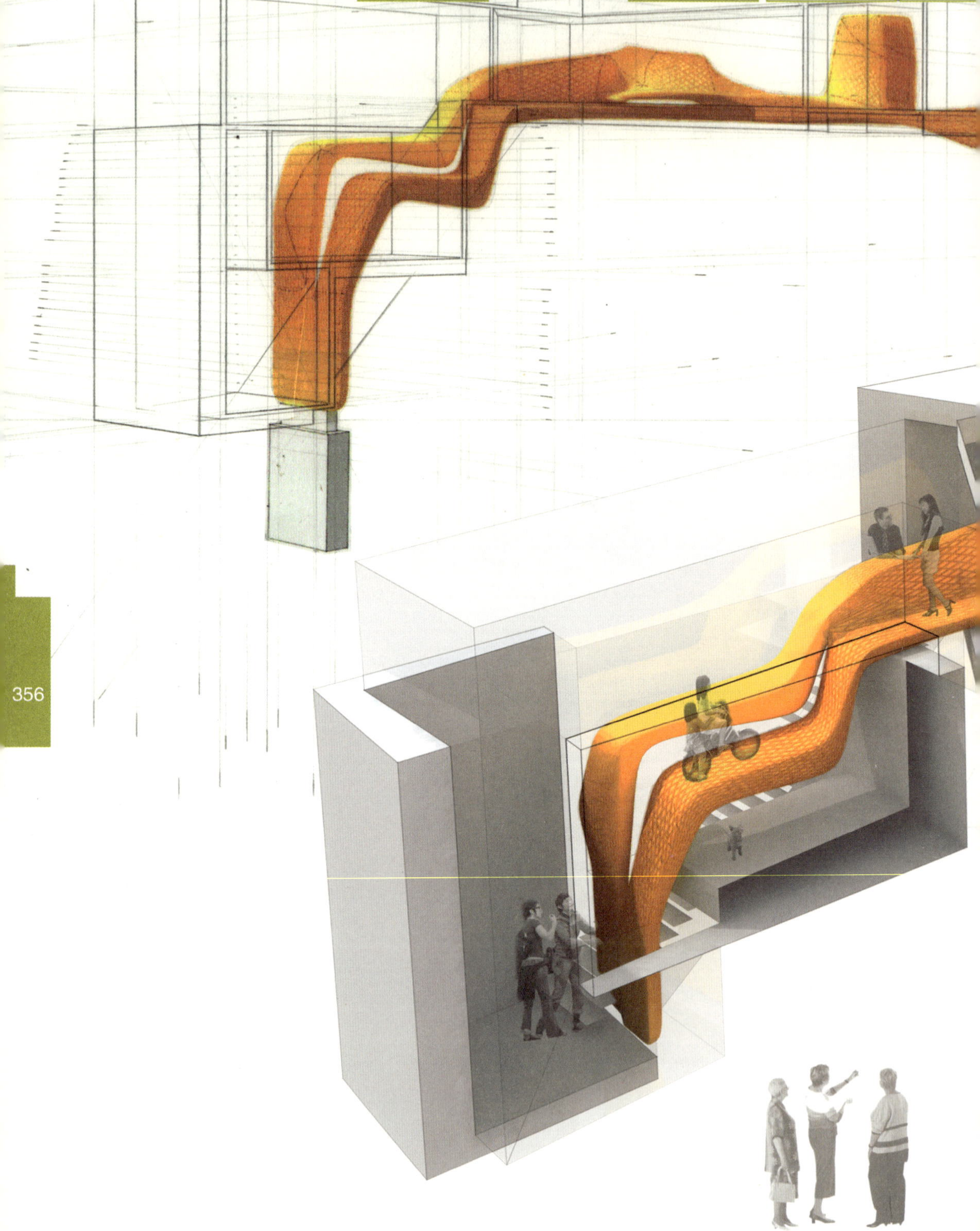

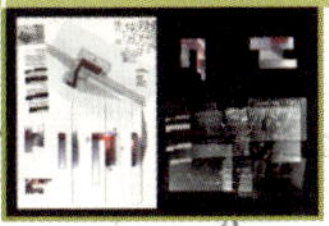

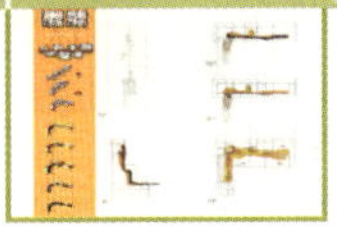

使用练习7中的剖面透视图方法，表现这个建筑的规划结构。

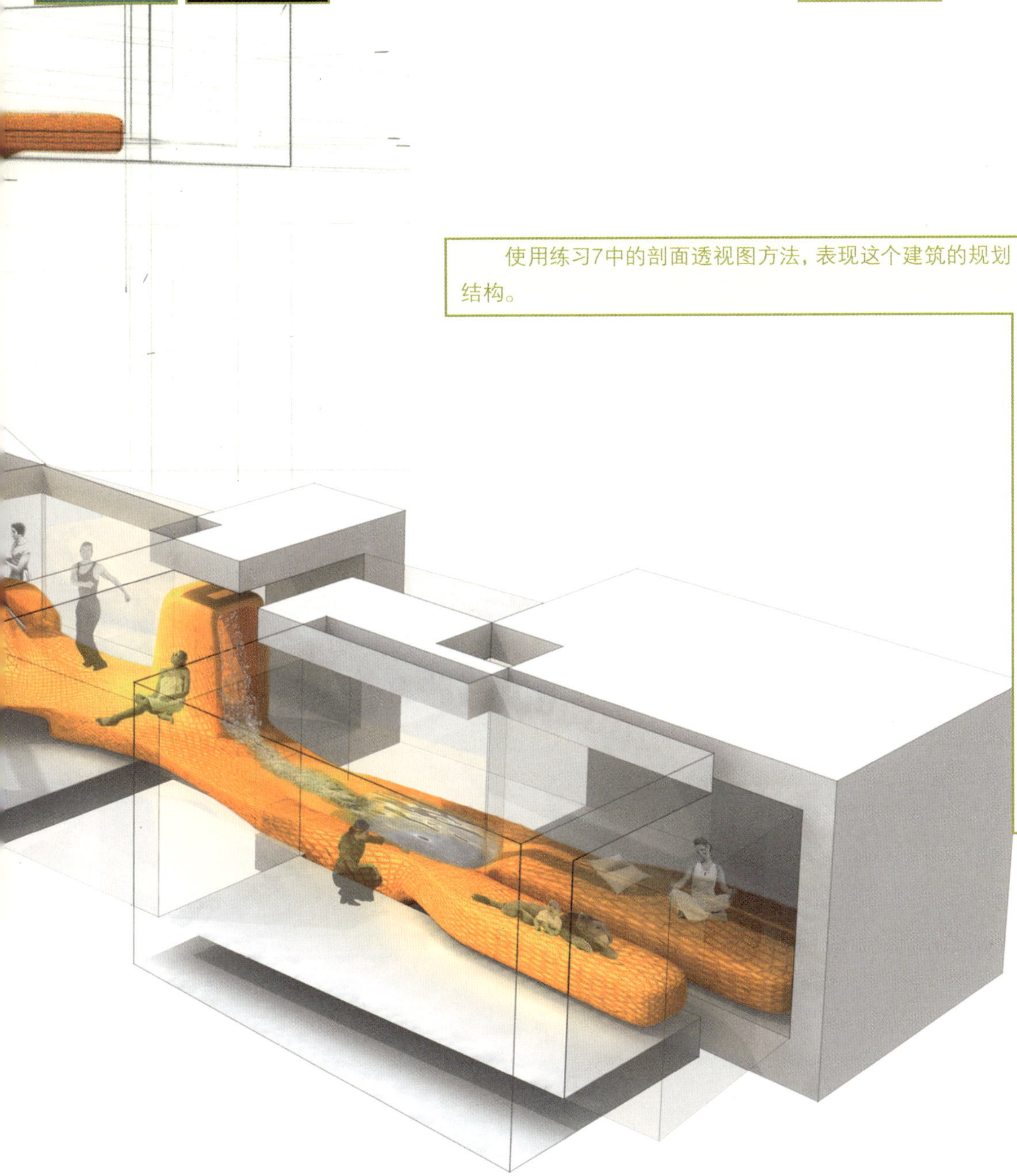

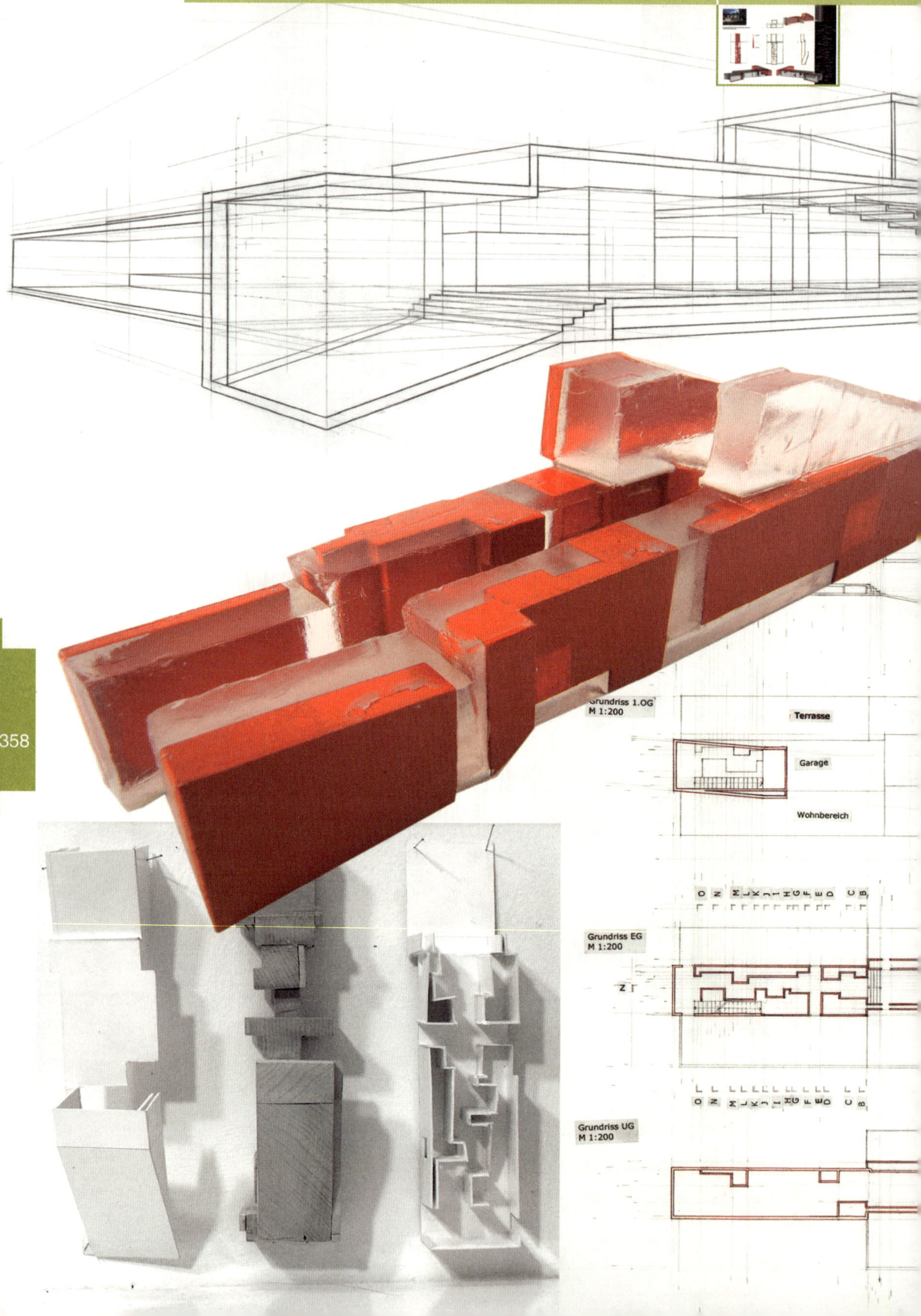
Grundriss 1.OG
M 1:200
Terrasse
Garage
Wohnbereich
Grundriss EG
M 1:200
Grundriss UG
M 1:200

Schnittperspektive
M 1:50

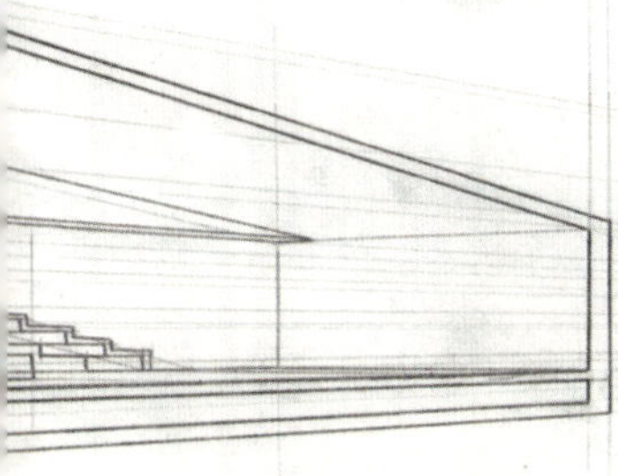

Axonometrie
M 1:200

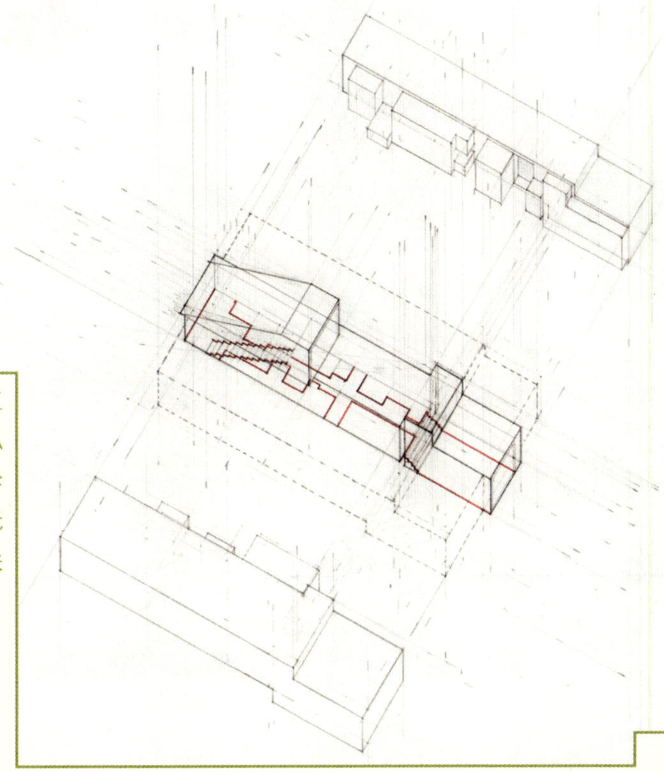

回到练习2，研究可作为一个设计工具的间隙中的空间，这个项目在公共和私人空间之间发展出了一些界限。这个袖珍空间的存储设施可容纳日常生活的所有元素，还具有光源和热源。对光的问题的关注引发了对练习10中的围合的全新理解，同时对窗户的“规范”发起挑战。

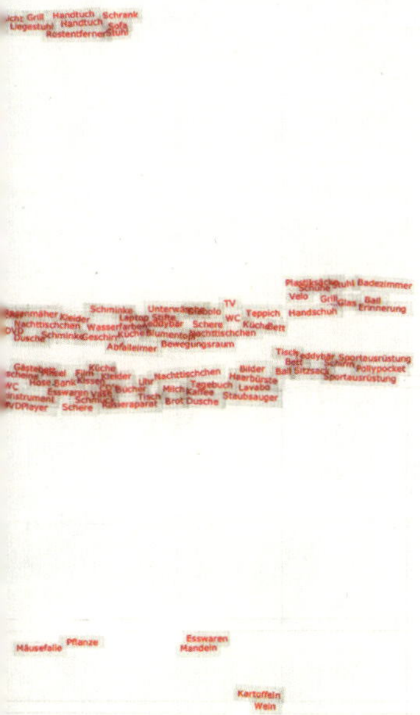

Schnitte
M 1:200

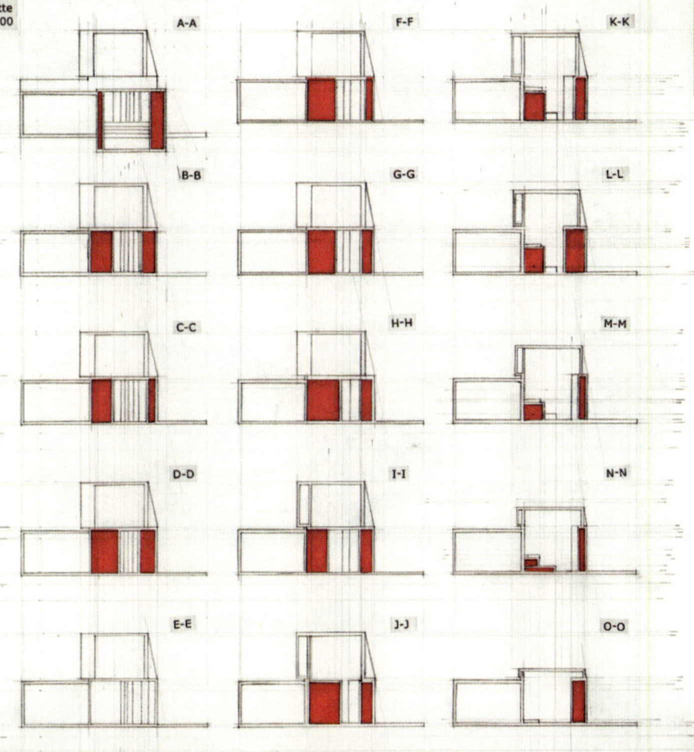

公开展示项目，并与受邀评委进行讨论。

RESTRUCTURE

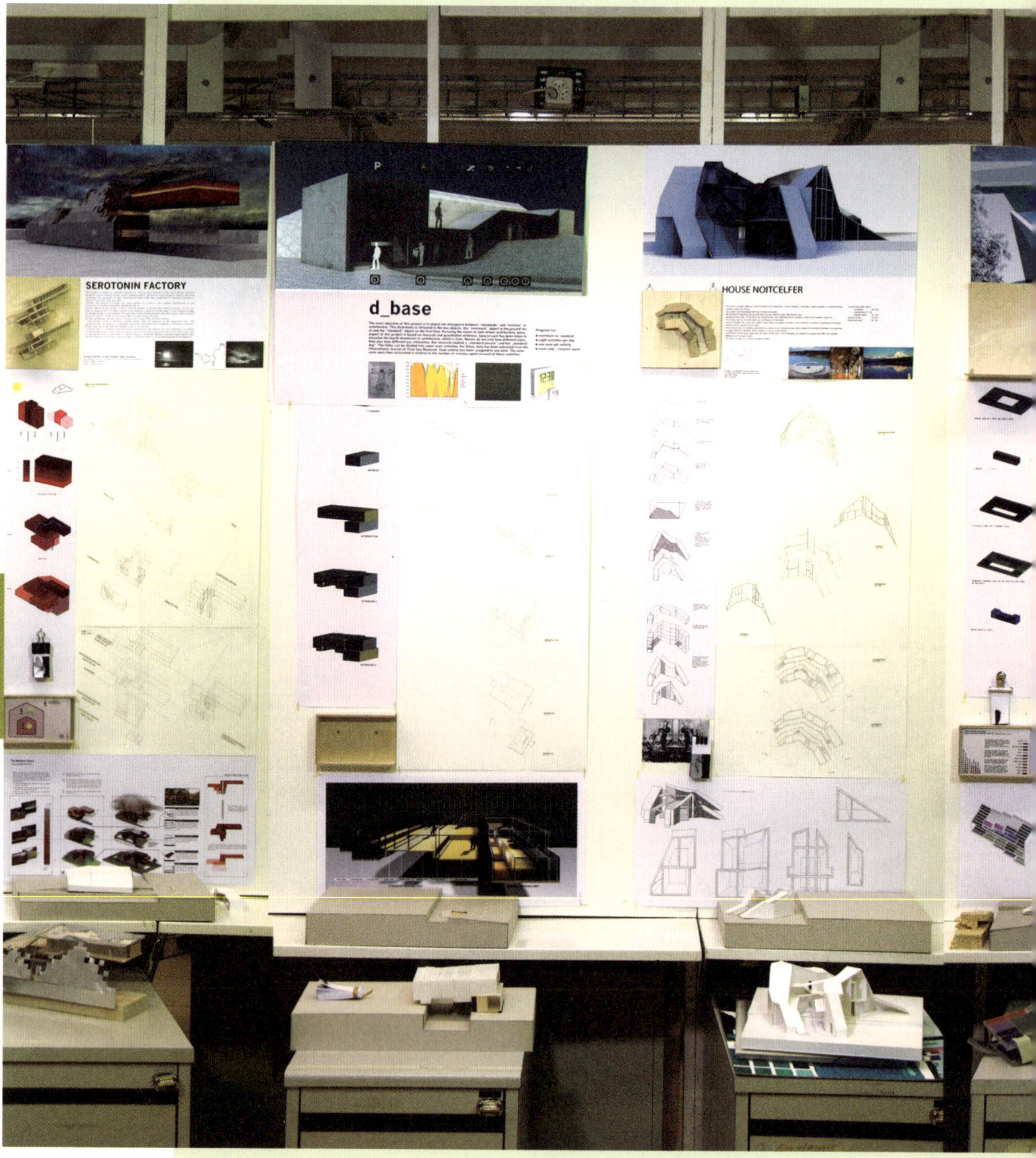
SEROTONIN FACTORY
d_base
HOUSE NOITCELFER

between
WONDERHOUSE
life as a house

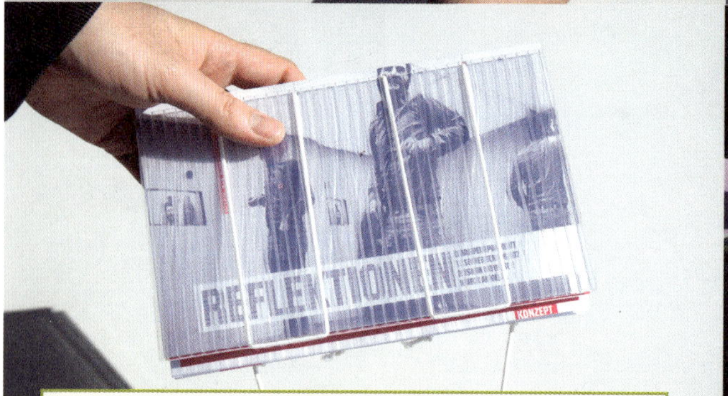

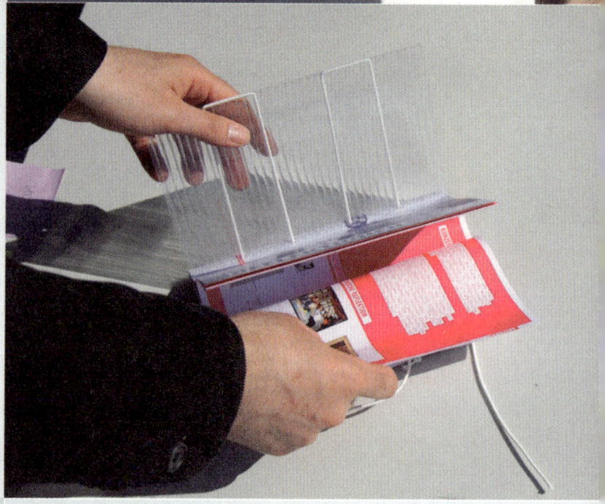

学生们需要在假期里为他们的工作制作一个手册。这些手册将在春季学期开始时接受评论。

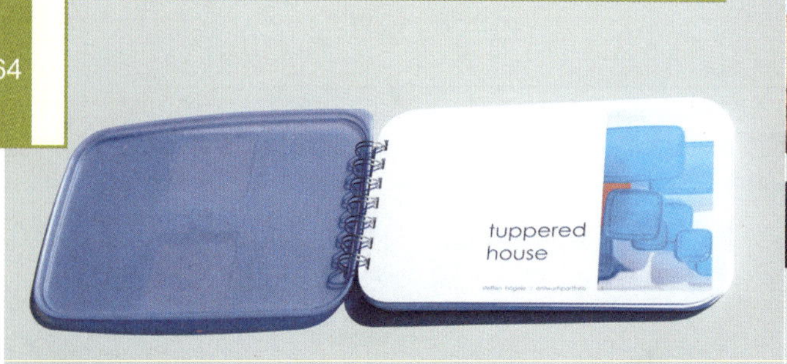

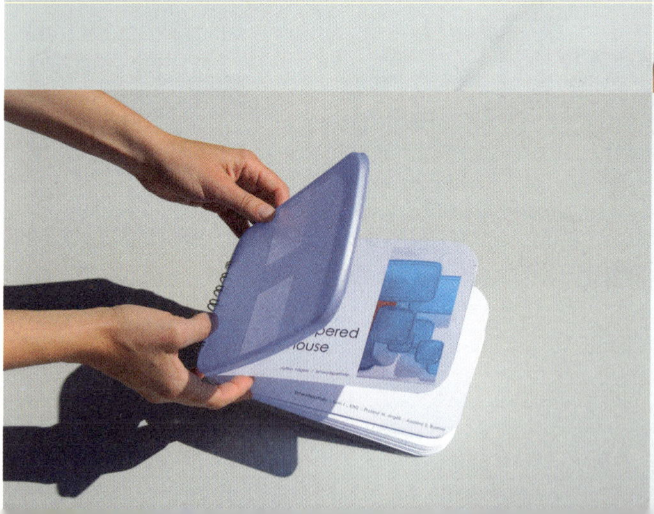

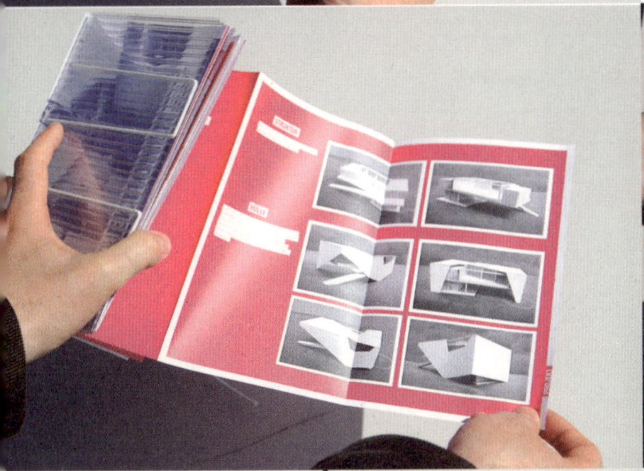

NIRVANA
garage

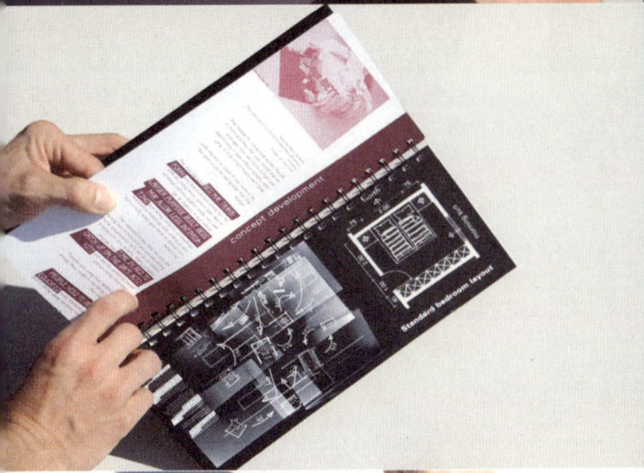
concept development
Standard bedroom layout

zapping

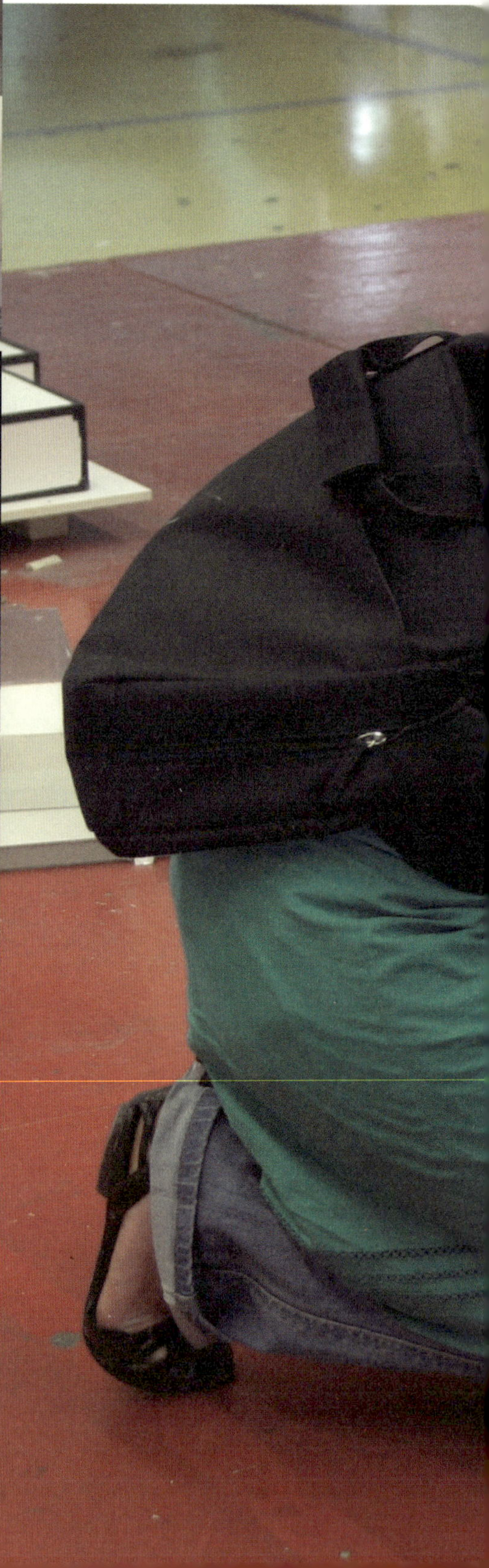

pool
private
pool
public
scattered settlement
in growing

SAMENESS

在期末总结环节，学生们向受邀评委展示他们的作品。由于学生人数众多，需要同时进行多场评论会。

Exit
Nottreppe
Danke
Luft raus,
Deckel drauf!

> 工作室照片——Dominique Wehrli

Luft raus,
Deckel drauf!

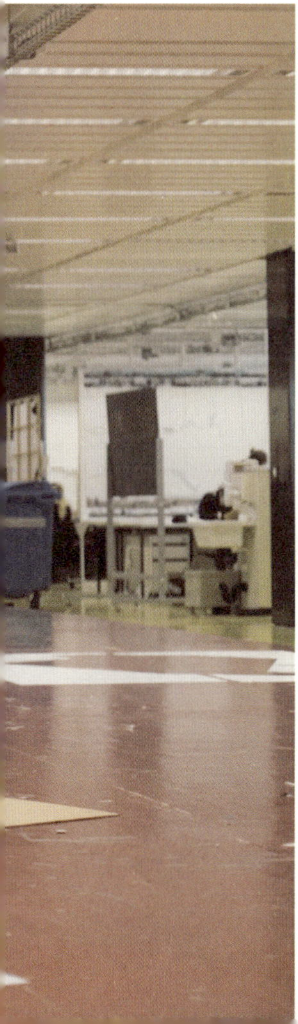

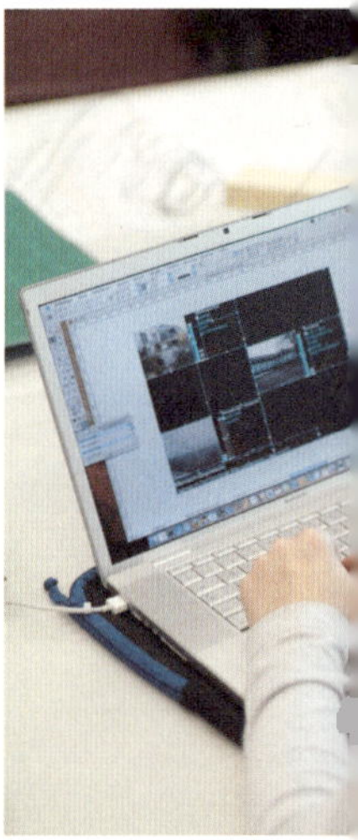

Exit
Nottreppe
Luft raus,
Deckel drauf!

Exit
Nottreppe

Exit
Nottreppe
Danke

Exit
Nottreppe

跨界的讲座

重写脚本

不妨将演讲看成歌剧的一段插曲，一段用叠唱和变奏来突出主题的插曲。每周两小时的演讲，演绎各种各样的主题，讲述形形色色的观点。而听众内心可能隐隐地排斥讲演本身的构造。他们提出大量有用的想法来解构、重塑演讲的主题。然而，演讲在构造方面倾向于跳出原来的学科领域，横向切入其他知识领域，并最终回归演讲本身。虽然演讲内容聚集了来自于各领域的知识，但手稿本身的结构却被各个“异域风情”扰乱了。

每个演讲的开头都会有段前奏，以便让特定的主题顺势铺展开来。这个前奏，被称为“开胃酒”，甚至是“诱饵”。它能够引出特定的概念，以及这种概念潜在的表现形式，这种表现形式是经探究而来，而非取决于手稿自身的结构。这样的前奏适用于多种主题，包括视觉艺术、音乐、舞蹈、文学、哲学、数学、医学以及自然科学。这种前奏有助于通过跨界将其他知识领域中的方法和理念吸收到演讲手稿中来，使演讲进一步涉及其他领域的思想和资源。通过尝试学科间的跨越，各方面的知识相互撞击，擦出火花，铸就一篇融汇多学科菁华的演讲稿——这样的融汇得益于多次的跨越，从而涵盖各领域的知识，自成一体。

探究演讲内容与形式的整体效果时，形式往往得到更多的关注，包括结构安排和传达方式。如同风格迥异的学术讲座、艺术表演和摇滚演奏杂糅到一起一样，演讲的各个要素会因为客观条件，如媒介的转换、演讲语调、语速及感情强度的变化而相去甚远。作为受众——每次来听演讲的300多名学生，需要参与到这个完整演讲的过程中，而不是做一个被动的旁听者。手稿应该被当做一份未完成的文献甚或一本亟需进一步斟酌的书，它包括图像、文本、图表、名言警句、电影剧照等等。手稿最终要由作为听众的学生来重塑，这个过程可以通过一个简单的方法迅速实现，那就是——打断演讲。

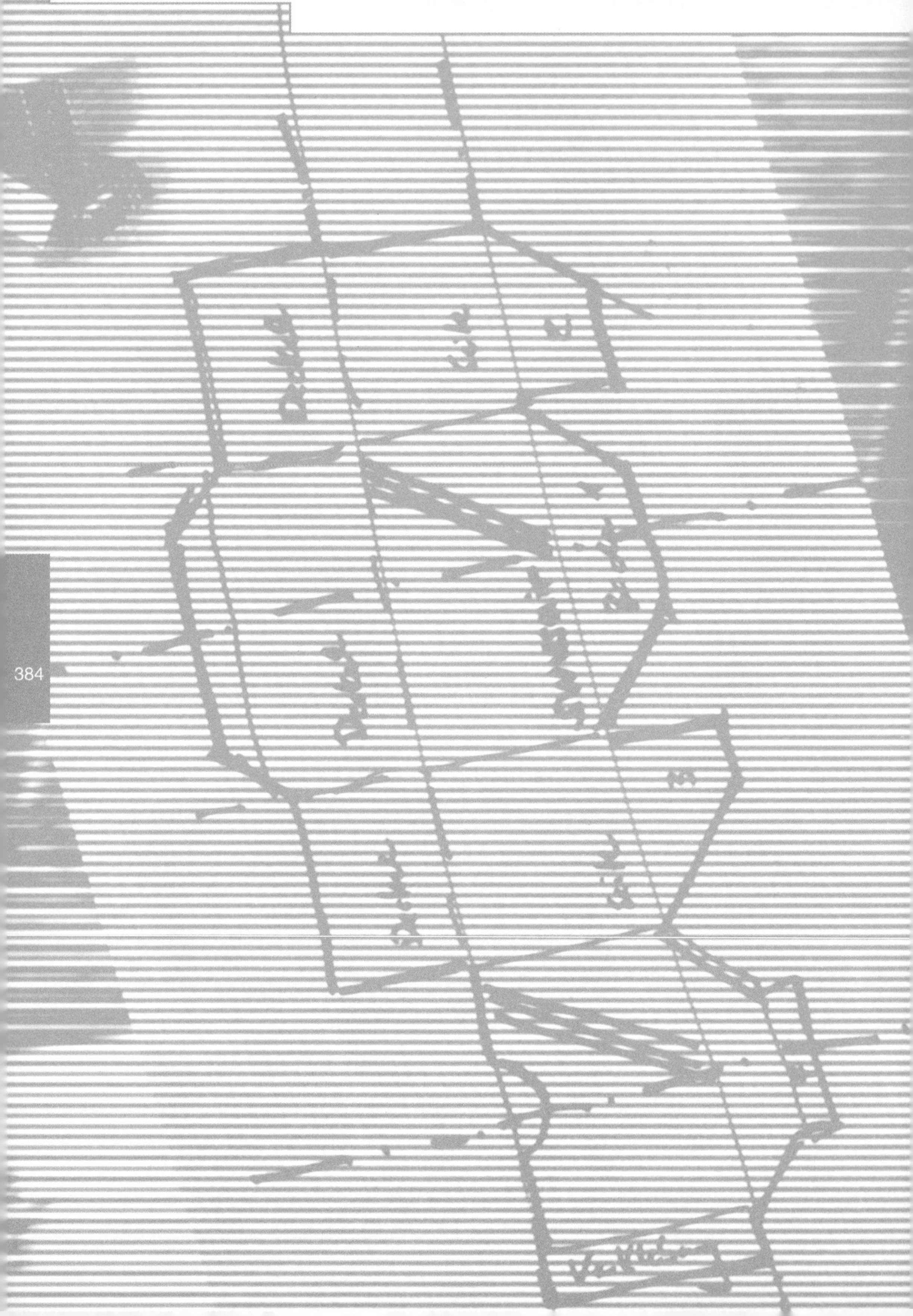

明信片练习

即兴互动

试想将Jacques Derrida的《明信片》（*Carte Postale*）与Jacques Lacan的《会话简析》（*Short Analytic Sessions*）结合起来。它们都颠覆了传统潮流，从而让理性思维与潜意识的冥想接轨。Derrida留下的是情书，而Lacan则对会话的间断性更有研究。

明信片的例子涉及打破传统，说明"打断"具有发散思维、引起联想的作用。每周的演讲中突如其来的间断会给学生们带来意想不到的效果。演讲中突然引入一则谜语或脑筋急转弯，并要求学生根据示意图揭开谜底。谜语的设置力求激发创造力，有利于集思广益。以这种听众喜闻乐见的方式来间断演讲使得听众从纯粹的旁观者变成了互动的参与者。这种打断演讲的互动起到了一种如Roland Barthes所说的"转换器"的作用。这是一种手段，它将演讲拖出循规蹈矩的传统轨道。这种"转换器"能为演讲催生出新的资源。演讲是对一个特定主题进行"实况报导"，而听众（学生）则通过参与互动、打断演讲而参与到演讲本身的编排上。因为互动的问题并没有标准答案，学生就会有广阔的空间去思考，去探寻内心的想法。他们可能会犹豫不决，但那些示意图会一直指引着他们思考。

速度在这个打断的过程中举足轻重，这种做法的成败有赖于促使人们即兴发挥的技巧。听众的反应很重要。听众瞬间的回应和即刻的表现会让两个相互独立的信息生产机制浮出水面，它们是：诠释与直觉。速度能同时引出理性的逻辑思维和感性的直觉反应，并且能使理性的分析和潜意识的判断相互交融。在这一过程中，诠释至关重要，它是把想法与意图转化为具体的示意图，将编者内心的期待与直觉同具体的实践结合起来。这种"打断"演讲的做法却也不是简单地基于一套可行性方案，它本身可能就具有可操作性。它有助于推出一种新的设计理念，即提升演讲的思想性、创新性以及可操作性。

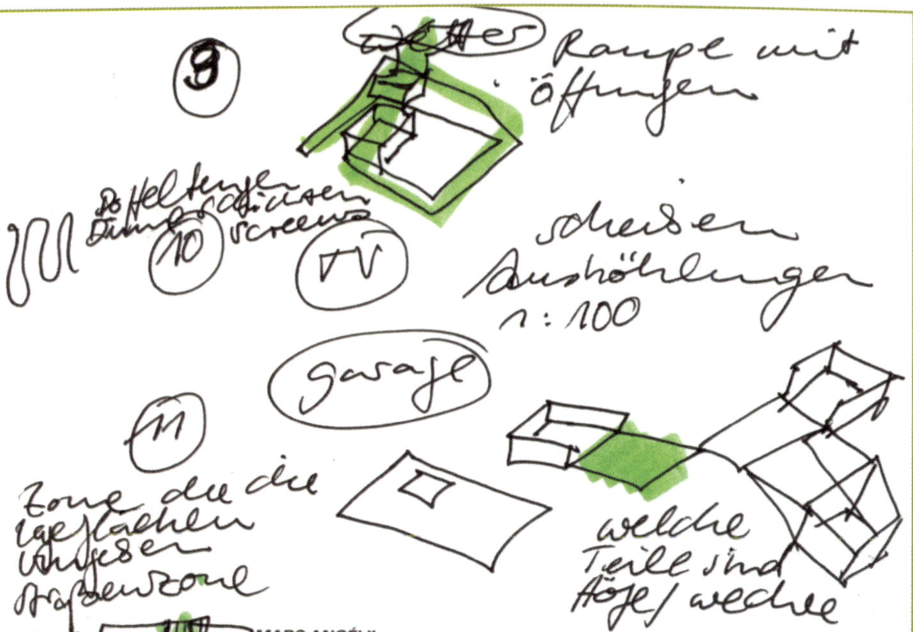

MARC ANGÉLIL
PROFESSUR FÜR ARCHITEKTUR UND ENTWURF
EIDGENÖSSISCHE TECHNISCHE HOCHSCHULE ZÜRICH, ETHZ
DEPARTEMENT ARCHITEKTUR
ETH HÖNGGERBERG
8093 ZÜRICH
SCHWEIZ

www.angelil.arch.erhz.ch

KONZEPT UND DESIGN
h2c_ZÜRICH
ANNA-LENA HELDT
PHILIPP HAUZINGER
www.h2c.ch

DRUCK UND BINDUNG
FGB – FREIBURGER GRAPHISCHE BETRIEBE
DEUTSCHLAND

2. ÜBERARBEITETE AUFLAGE 2006

以下几页中记录了学生们的课堂笔记、绘图、注释以及素描，而这些在讲义原稿中是看不到的。作为开放式文档，这些原稿注定会被记录并最终由学生们改写。

Vorstellung von Arbeiten
der vergangenen Woche
Erläuterung von Prinzipien
jede Gruppe ca. 2 Bsp.

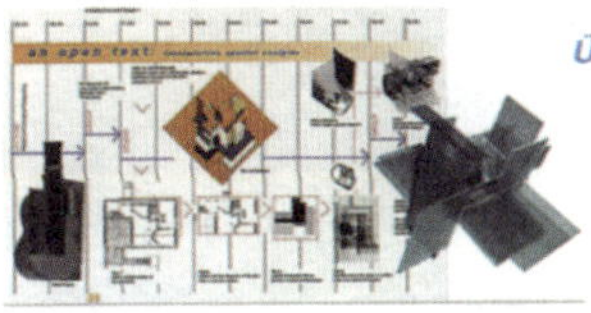

ÜBUNG 03

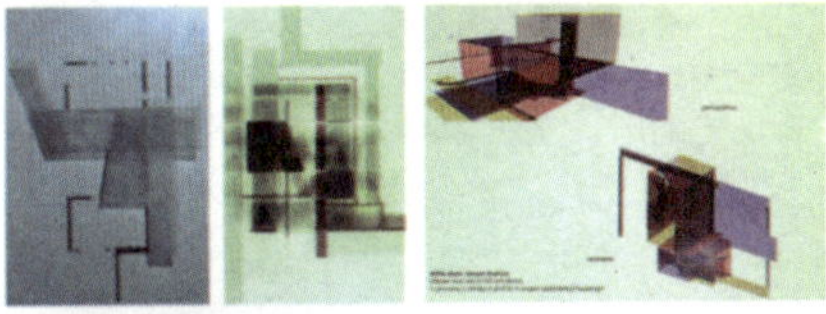

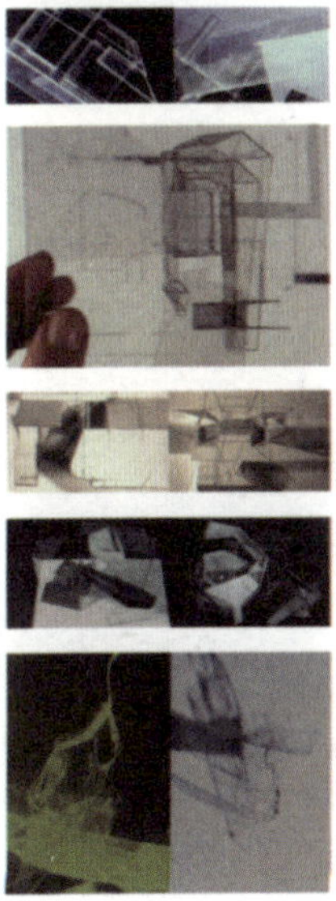

Anfangs nochmals
zeichnen raum-
definierende
Elemente

1. Zeichnung

• Ansicht
• Schnitt

Faltung mitzeichnen

Fotografie
eines Modells
Skizze Zeichnung
invers

• Prinzip
• Neuinterpretation

EIN FILMEXPERIMENT

LASZLO MOHOLY-NAGY

LICHTSKULPTUR
UM 1929

S. Giedeon:

keine Unterschied
zwischen Figur und
Grund.

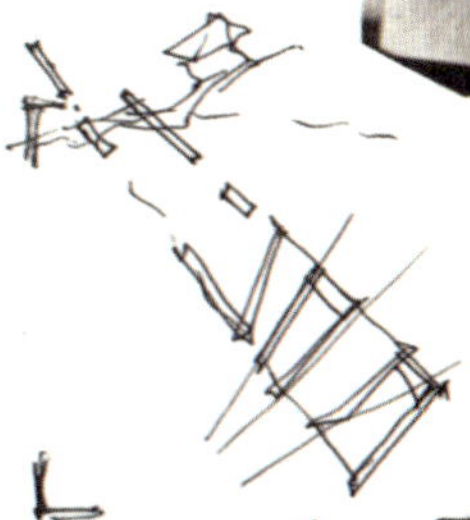

Architektonische
Raum / Wände /
Treppe

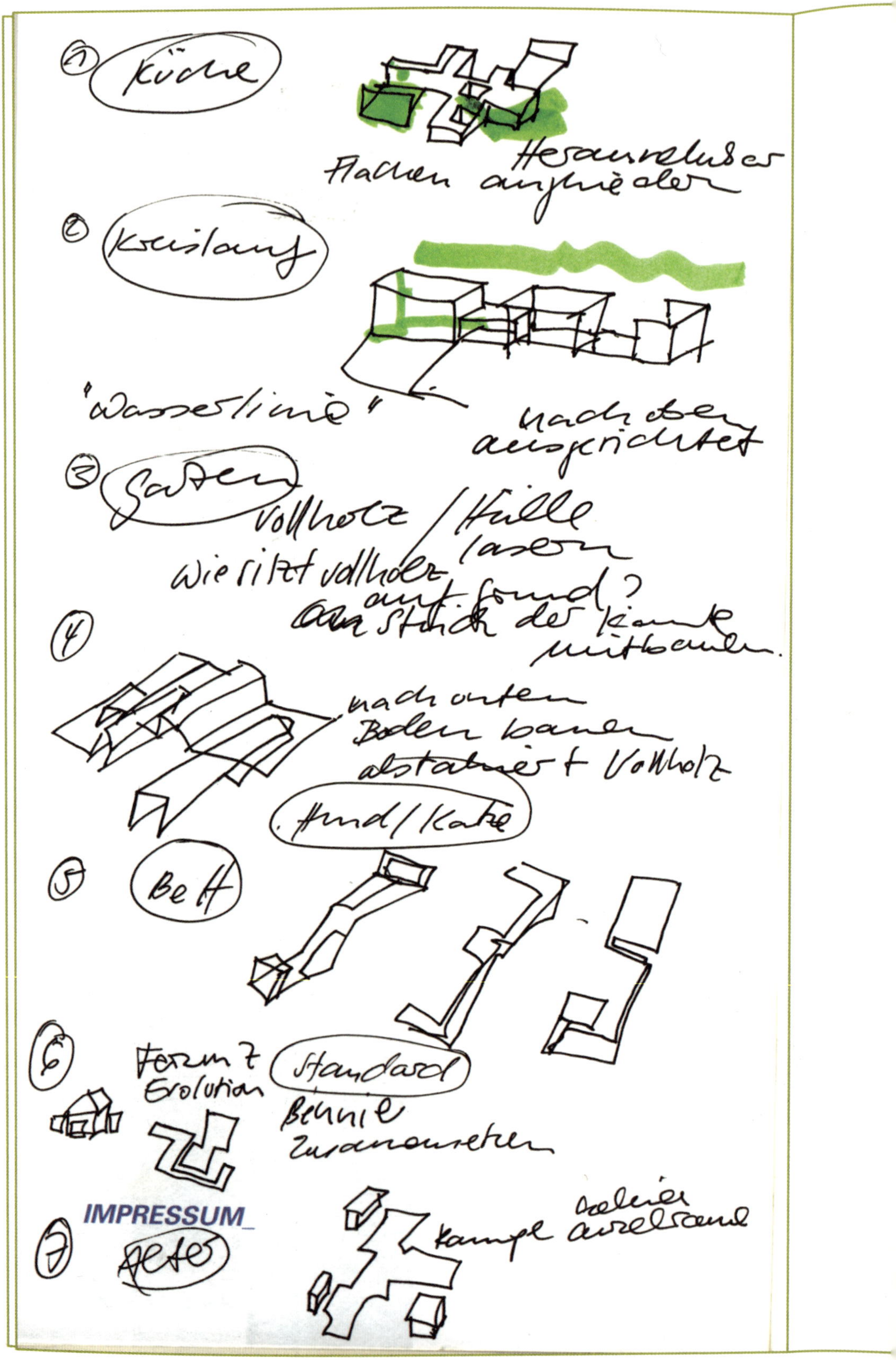
Küche
Kreislauf
"Wasserlinie"
nach oben ausgerichtet
Garten
Vollholz / Hülle
lasern
wie sitzt Vollholz auf Grund?
nach unten
Boden bauen
Vollholz
Hund / Katze
Bett
Form ? Evolution
Standard

IMPRESSUM_

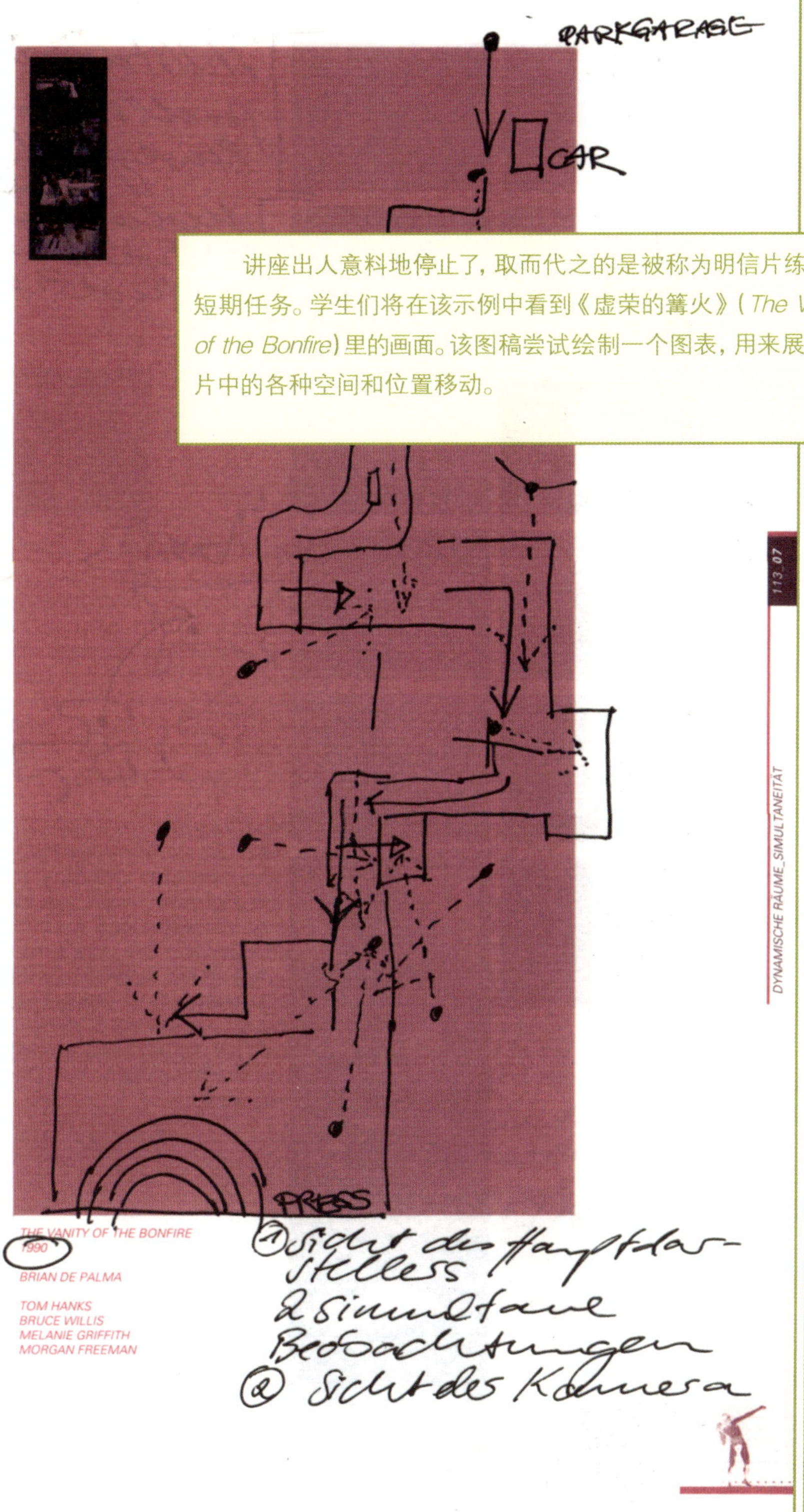

讲座出人意料地停止了，取而代之的是被称为明信片练习的短期任务。学生们将在该示例中看到《虚荣的篝火》(*The Vanity of the Bonfire*)里的画面。该图稿尝试绘制一个图表，用来展示影片中的各种空间和位置移动。

=> Herabschreiten

=> Profil & Ansicht
-> verschwimmen der Konturlinien

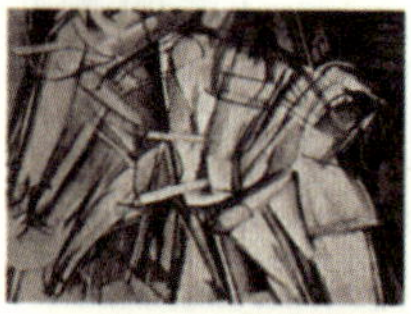

=> gleiche Konzept
-> die Stockenkonturlinien verschwimmen miteinander
-> vergl. Malerei mit Architektur

=> Transparent durch Glas

Walter Benjamin
Gesammelte Schriften
Band V · 1
Das Passagen-Werk
Suhrkamp

IN DER SIGNATUR DIESER ZEITWENDE STEHT, DASS DEM WOHNEN IM ALTEN SINNE, DEM DIE GEBORGENHEIT AN ERSTER STELLE STAND, DIE STUNDE GESCHLAGEN HAT. GIEDION, MENDELSSOHN, CORBUSIER MACHEN DEN AUFENTHALTSORT VON MENSCHEN VOR ALLEM ZUM DURCHGANGSRAUM ALLER ERDENKLICHEN KRÄFTE UND WELLEN VON LICHT UND LUFT. WAS KOMMT, STEHT IM ZEICHEN DER TRANSPARENZ.

WALTER BENJAMIN, DIE WIEDERKEHR DES FLANEURS, 1929

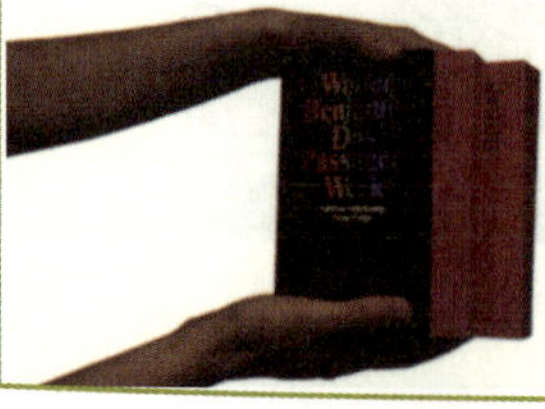

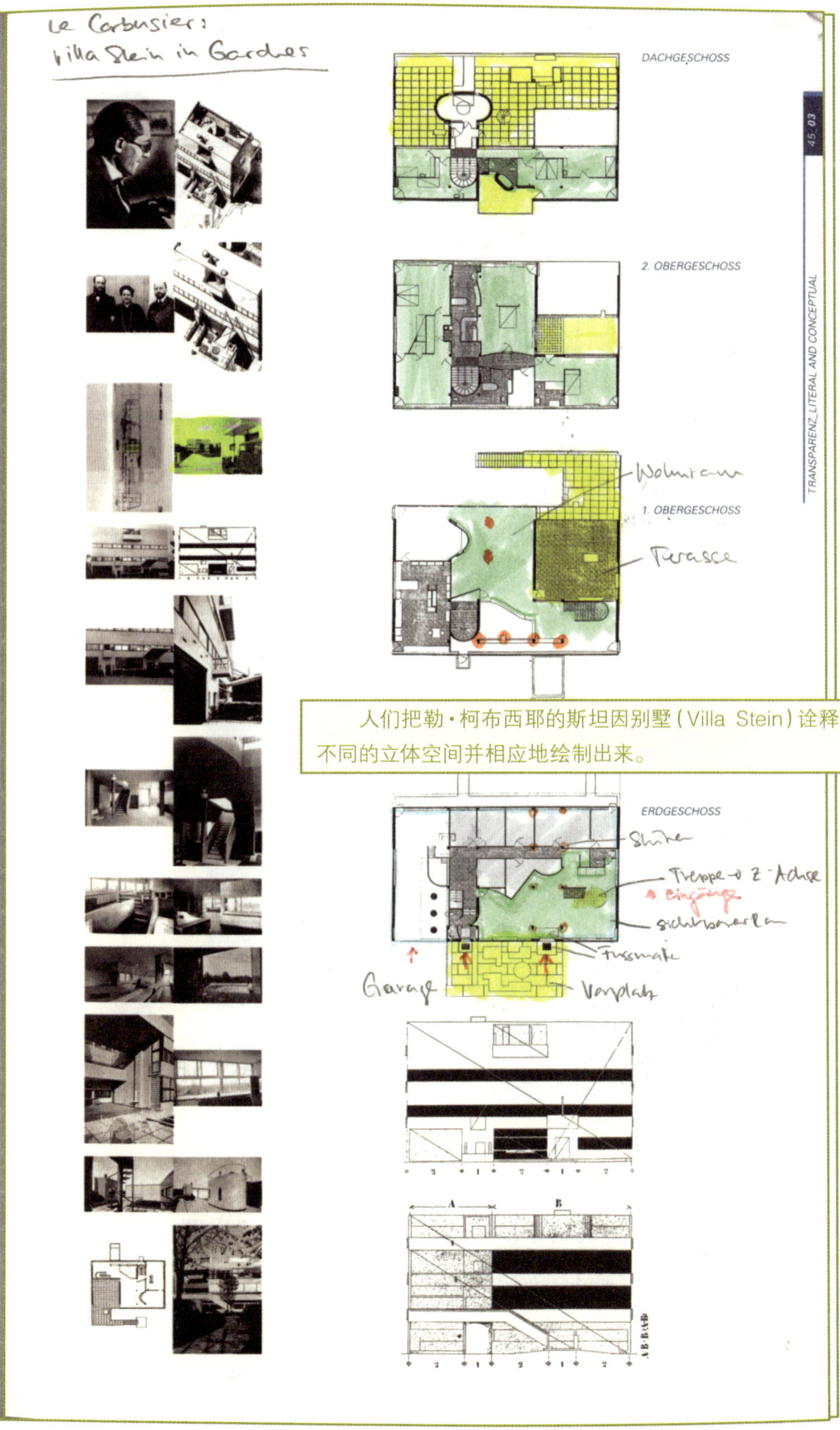

人们把勒·柯布西耶的斯坦因别墅（Villa Stein）诠释成不同的立体空间并相应地绘制出来。

Die Methoden des Entwerfens sind Unscharf, nicht klar definierbar,

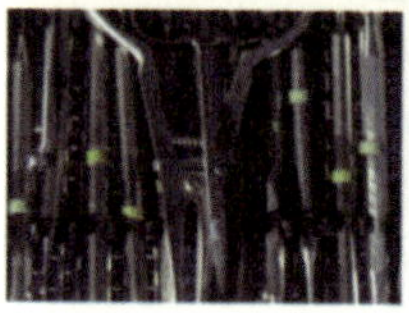

Unschärfeprinzip wichtige Grundregel des Entwerfens präzise Arbeit ≠ Dehnbar flexible Konzepte

GUT- UND BÖSARTIGE FRAGESTELLUNGEN (Horst Rittel)

1 2 3 4 5 6 7

2 Gutarte Aufgaben sind klar definiert → Lösungen können klar fixiert werden

Bösartige → Schwer definierbar → keine endgültige Lösungen, intuitive subjektive Bewertung

Lauf

Eiskunstlauf Bösartig

DISKURSIVES UND KREATIVES DENKEN

1 2 3 4 5 6 7

3 Gegenüberstellung zweier Redensarten spielerischer Ansatz * ≠ logischer, rationaler Ansatz zielgerichteter Denken

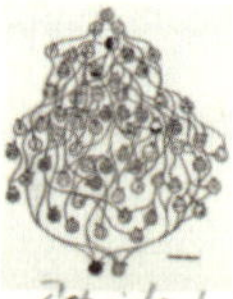

Schriftenbilder

* Kreativer Prozess jeder hat potential kreativ zu sein

INTUITION
INGENIOSITÄT } sind wichtig für Kreativität

Kreativität erfordert sehr hohen Wissenstand über eine Frage/ein Problem

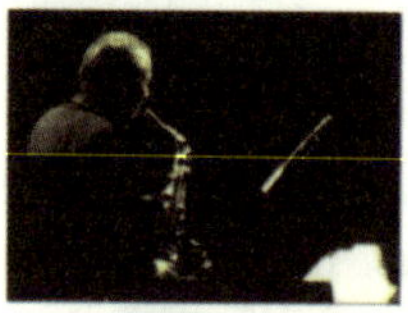

PCM Paranoid critische Methode

1 2 3 4 5 6 7

rationale kritische Überprüfung der Intuitiv/kreativen Entwicklung

die Kreative Arbeit im Entwurfsprozesses bedarf eines hohen Wissensstandes und anschliessend kritische Überprüfung

SUBJEKT
OBJEKT

Architektur beinhaltet immer Subjektivität
→ investiert in ein Projekt
entsteht ein Objekt

KOMPLEXITÄT

1 2 3 4 5 6 7

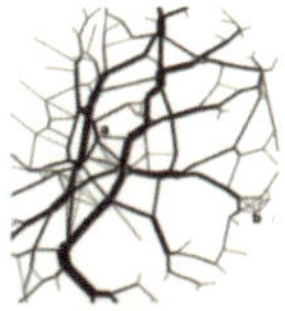

Städtebauliche Überlegungen, etc müssen im Entwurf berücksichtigt and vereint werden
Unerwartete Probleme müssen ~~bericht~~ aufgenommen and interiert werden

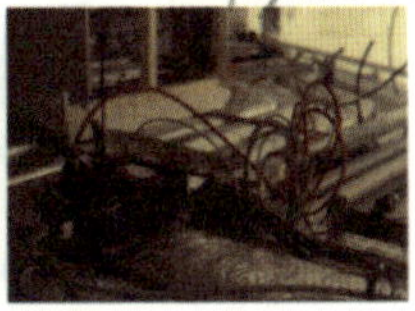

HETEROGENITÄT
WIDERSPRÜCHLICHKEIT

1 2 3 4 5 6 7

2 + 2 = 5

Mehrfachlesbarkeit
Alles muss relativiert werden
Der Arch Entwurf wird durch Interpretationsformen bestimmt
Mehrdeutigkeit

1 2 3 4 5 6 7

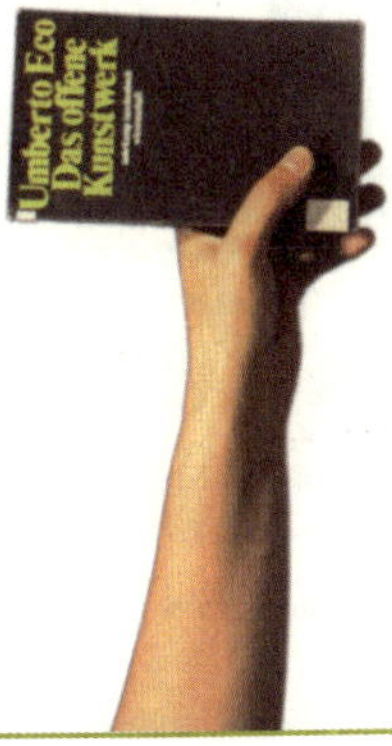

Lösungen sollen einen Grad an Offenheit enthalten

Die Entwurfsarbeit bedingt ein Verständnis offener Systeme

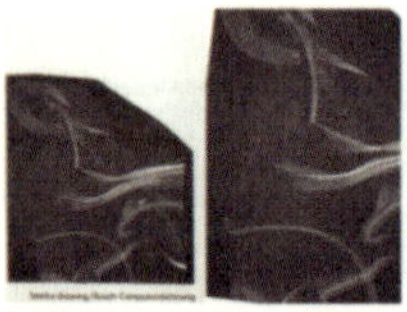

Raums umgesetzt in Modelle

Gasthaus auf Brücke (Entwurf - nicht ausgeführt)

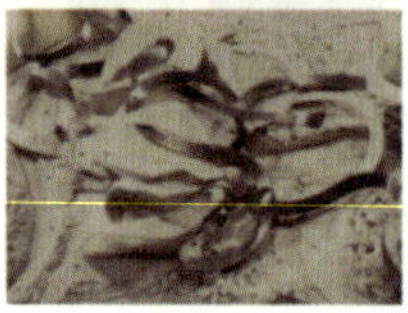

Museumsentwurf

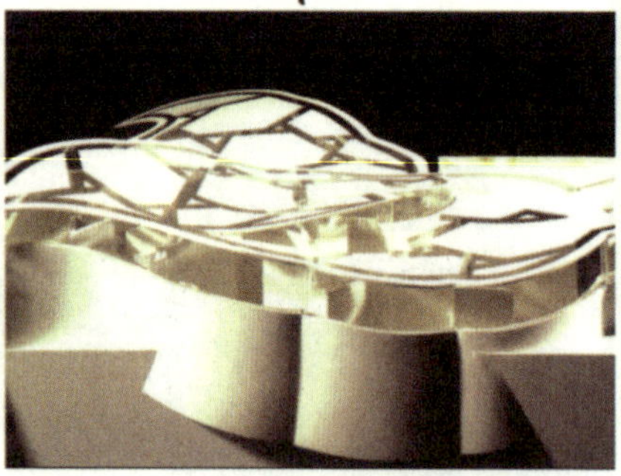

Entwicklung Stella über die Jahre bis zur Architektur

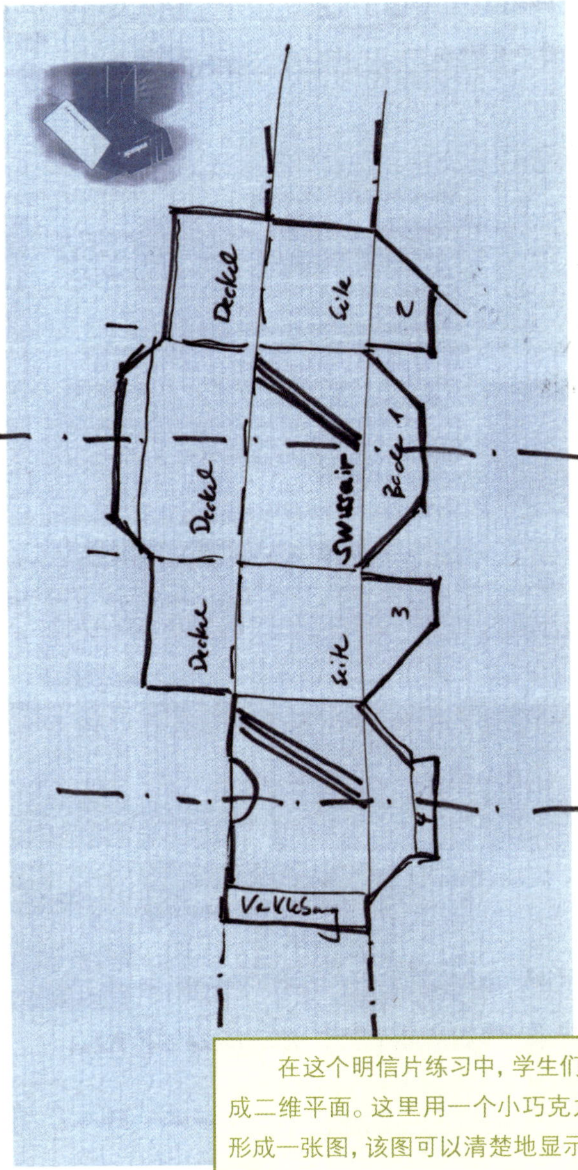

在这个明信片练习中，学生们要将一个三维物体展开成二维平面。这里用一个小巧克力盒作为示例，目的是能形成一张图，该图可以清楚地显示诸如折叠和剪切等必要元素。

POSTKARTENÜBUNG
FÖRDERUNGSPOTENZIALKARTE

FRANK STELLA

Maler + Reflektion über seine Arbeit

'Working space' Vorlesungsskript

in Harvard Vortragsreihe 'Charles Eliot Norton Lectures'

Begriff des Raumes in der Kunst

Gedanken zur Malerei von Caravaggio 'Madonna mit Kind' Figurengrundbeziehung verursacht Eindruck räumlicher Tiefe trotz 2dimensionalität

Schwarz = Streifen weiss = freie Leinwand -> Wahrnehmung jedoch umgekehrt

Tiefe + Figur-Grundbeziehung ist wichtiges Thema in Stellas Arbeiten

Black Painting serie

Versuch 2dimensionalen Raum zu erkunden

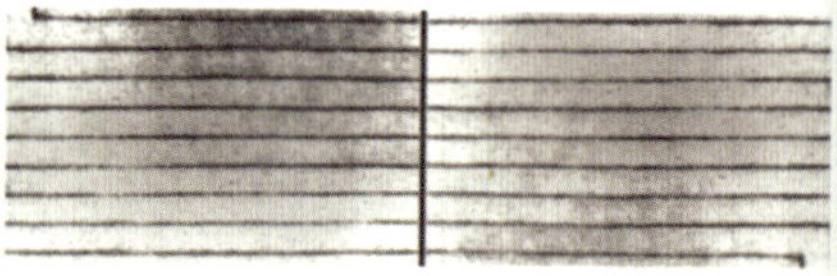

1958 Bilderreihe = abstrakte Raumuntersuchung

in Tradition der abstrakten Kunst

2 Dimensionale Fläche wird als Raum betrachtet

Fläche = Hauptgestalt durch Muster neue Modulation (optisch) eingeführt

Rand des Bildes angegriffen durch Muster entstehen Leerstellen

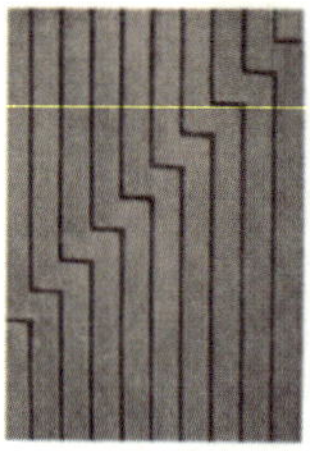

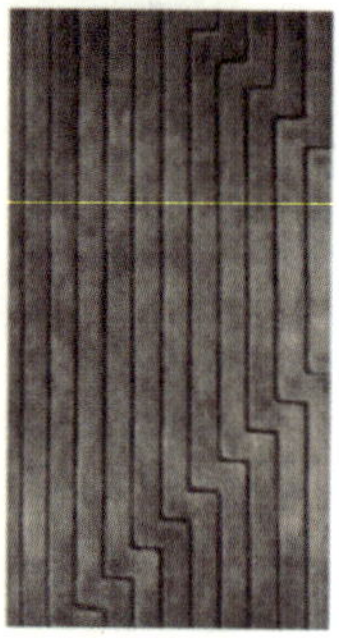

Stella - what you see, is what you see!

'Breathing space' Ausdruck von Stella

Pinselstrich bestimmt das Werk

Oszilation, da aufgemalter Streifen größer ist, als die schmalen Hintergrundreste

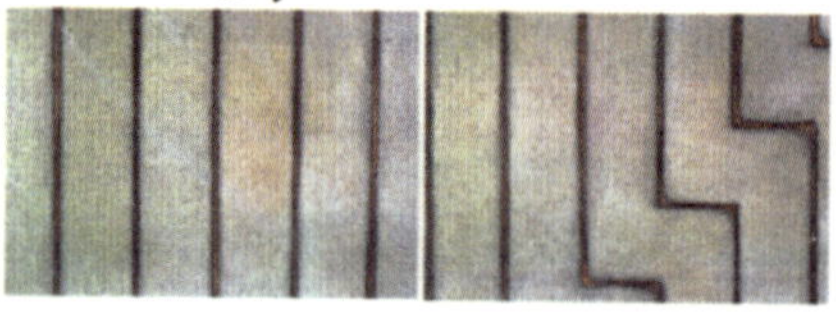

Grös

Bild

Stell

arch

beili

Mag

nach

Ent

→

Eliminationbestimmte Breite, um Figur klar abzuzeichnen

Grösse der Bilder 3x4m

Bild als Wand lesen

Stella: 'The paintures are architectonic - making builings'

Mag über spatial concepts nachdenken

MY PAINTINGS ARE BASED ON THE FACT THAT ONLY WHAT CAN BE SEEN THERE IS THERE. WHAT YOU SEE IS WHAT YOU SEE...

THEY ARE ARCHITECTONIC, IN THE SENSE OF BUILDING – OF MAKING BUILDINGS. MY WHOLE WAY OF THINKING ABOUT PAINTING HAS A LOT TO DO WITH BUILDING – HAVING FOUNDATIONS TO BUILD ON. ...

I ENJOY AND FIND IT FRUITFUL TO THINK ABOUT MANY ORGANIZATIONAL OR SPATIAL CONCEPTS IN ARCHITECTURAL TERMS, ...

ZITAT FRANK STELLA,
RUBIN WILLIAM,
FRANK STELLA 1970-87

Entfernen von Ecken, um Figur von Wand klarer abzuheben

Kupferfarbe

→ chaped canvas (geformte Leinwand)
Entfernung von Leinwand Streifen

Versuche Tiefe durch imaginäre Faltung zu erreichen

Leinwand geformt, Prinzip der Faltung trotz 2-Dimensionalität

FOR RGB-21.
ARCHITECTURAL STATIST
SWISS COLOR CODE CARD FO
PLEASE CHECK ONE
PLEASE SPECIFY
Dietikon
DAY
PLEASE CHECK ONE
01 02 03 04 05 06 07 09 10 11 12
13 14 15 16 17 18 19 20 21 22 23 24
25 26 27 28 29 30 31
MONTH
01 02 03 05 06 07 08 09 10 11 12
YEAR
01 02 03 04 05 07 08 09 10 11 12
INTERNAL USE ONLY
USE ONLY BLACK INK - CONTINUE ON REVERSE IF N
n Germany

色彩常态

来自Florian Kelm 和 Marcus Wieser的研究方案

Jørg Himmerlreich

本文将介绍一项针对于苏黎世城市建筑群的色彩价值的研究。这项基于经验主义的研究旨在运用叠加数据的方式来获取一个专属于该地区（Limmattal）的色彩分类体系。通过一系列的实验，遵循权威、基础和标准的模式，这项工作试图研究出一套颠覆性的方案来改善这座建筑群。

聚焦Limmattal——一片“常规”的土地

郊区建筑千篇一律的根源在于一大堆显而易见的“相似点”——例如，同一种分区规划方案的频繁复制；标准划一的街道结构以及大同小异的房屋比例；无论是公共场所还是私人住宅都有着同样单一的楼房构造；相似的装潢设计和家具摆设。虽然看起来什么都不太一样，却都出奇地相似。

Limmattal这个地方，由于机动车辆开始盛行，又迫于苏黎世迅猛发展的压力，一直不断发生着迅速的变化[1]。这个建筑群有其潜在的模式——并没有任何建筑理念上的突破，几乎完全遵照“常识”来建造。这样一来，它平庸的建筑风格甚至贻害周遭。

尽管这个建筑群单调平凡，它却被业主、土地所有者尤其是年轻的家庭看做是梦想的家园和个人的追求。可是，更进一步的观察表明，生活方式和建筑的常规，甚至是千篇一律地相似，比任何建筑多样性和空间构造的独特性更能形成建筑群。

联邦理工学院第二学年的建筑设计将关注城市的规划。在过去的几年中，Limmattal早已成为城市研究的对象和试验的模版。日复一日的变化和持续不断的变迁使得这座边缘城市尤其适合用于研究。许多做研究的学生也生长在这个地方，现在，他们需要用新的视角来看待熟悉的家园了。

显微镜下的配色方案

学生小组要选择他们探索各种城市规划时的重点。每一组都要努力从收集的现象中提取城市及其建筑的设计途径，以便在学期末还原一份比例为1：100的建筑方案。

Florian Kelm和Marcus Wieser所在的组将他们的研究重点定位于建筑的外观色彩和立面质量。他们提出Limmattal的建筑大多是淡灰色且千楼一面。整个建筑群似乎被一种苍白、脏乎乎的薄膜笼罩着。这恐怕并不是建筑师们的品位，也非他们对于建筑的定位。这个队伍的研究前提为：建筑标准是色彩选择的根据，而非人的主观意识。

“常态研究”的框架

在这次试验中，该小组为周边城市地区制作了一些色码卡。在这些卡片上，他们搜集了来自Limmattal不同角落不同建筑的20种颜色以及它们的石灰模子。这些样本被收集到一个色系中。该色系与Arthur Ruegg提出的实验步骤相似。他参考了勒·柯布西耶设计的大楼里的配色方案，并收录在他的著作《多色度建筑》（Polychromie architecturale）[2]。然而这个方法被用做它用。

这种方法并不仅仅是将建筑现状编辑成册，那些卡片也能够提供数码图像，以便通过电脑测定其三原色成分。列成表，将这些颜色值加起来，它们的均值就可以计算出来了。

红色	195
绿色	182
蓝色	76

该研究小组继续采用这种数据叠加的方法——基于对建筑方案的经验主义分析。检测每一间房的空间构造，叠加已知数据，然后得出空间的均值，以便发展新的设计。

没有在建筑群中插入新的外来元素，这种颠覆性战略从现有常态环境中汲取变革的潜能。虽然源于常态系统，但结果体现出了新的让人意外的复杂性和矛盾性。它们不是由对符合形式的操作来实现的，而是通过建立实证的设计过程完成的。

在这个案例中，设计过程使得新体系从常规中衍生出来，但最终使常规产生变革——成为一个新的“超常态”。**1 Michael Koch et al.**, “Lernen vom Limmattal,” in: Angelus Eisinger and Michael Schneider (eds.), *Stadtland Schweiz, Basel: Birkhäuser 2005*, pp. 263-293. **2 Arthur Rüegg** (ed.), *Polychromie architecturale*, Basel: Birkhäuser 1997.

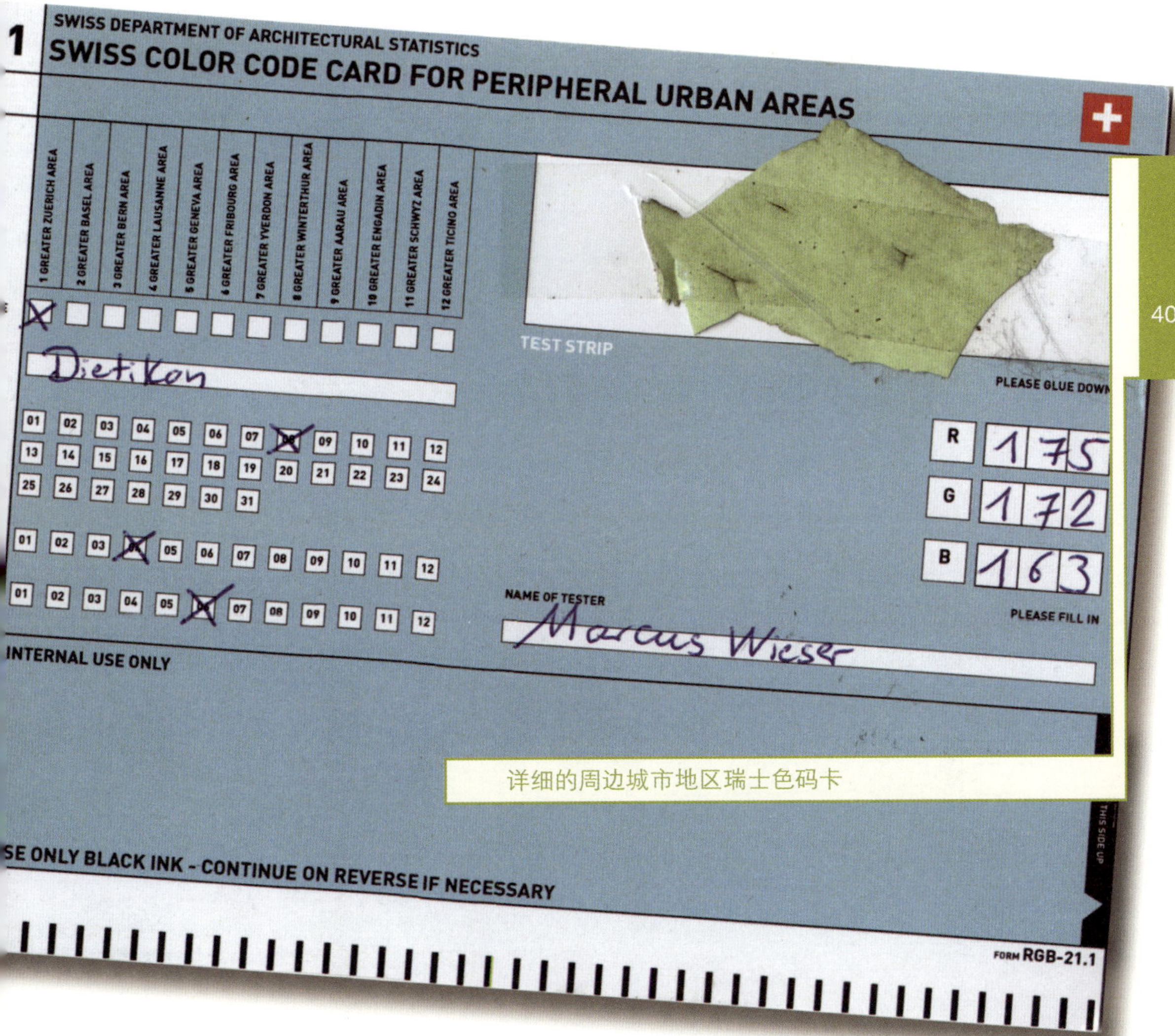

详细的周边城市地区瑞士色码卡

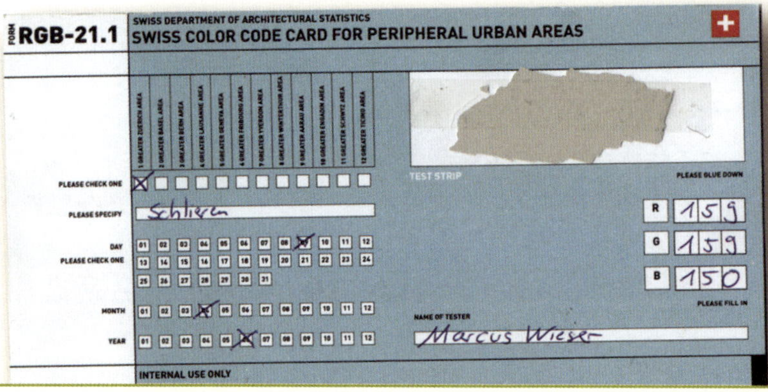

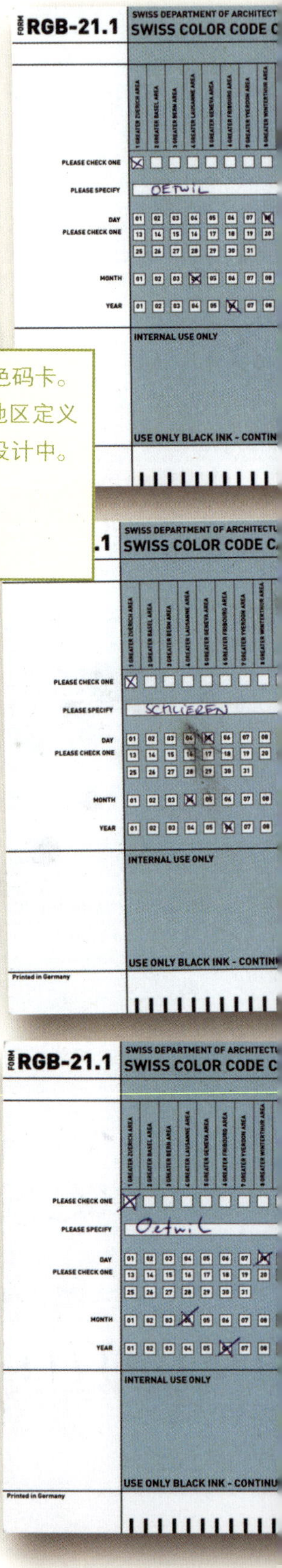

为了创造一个良好的色彩顺序，设计师们为周边城市地区制作了一些瑞士色码卡。作为移动建筑工具，这些卡片被用于开展经验主义调查以及为整个瑞士周边地区定义新的颜色标准。该色码以及现场经验主义调查的方法论接下来也被融入到了设计中。这种普通的颜色以普通的语言制造了一个普通的家庭。

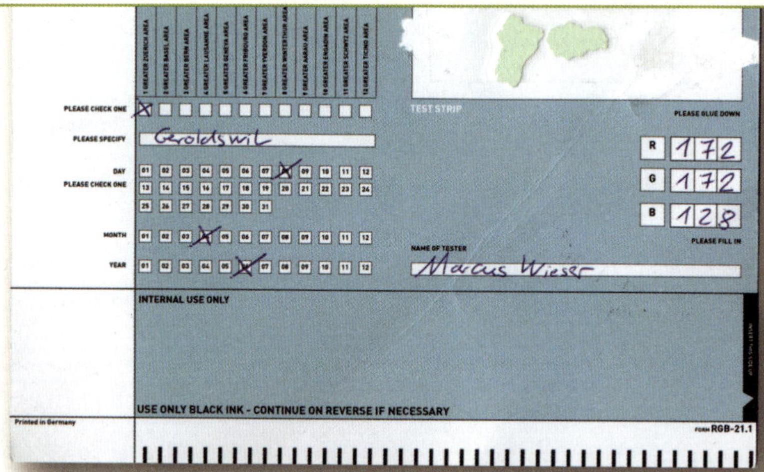

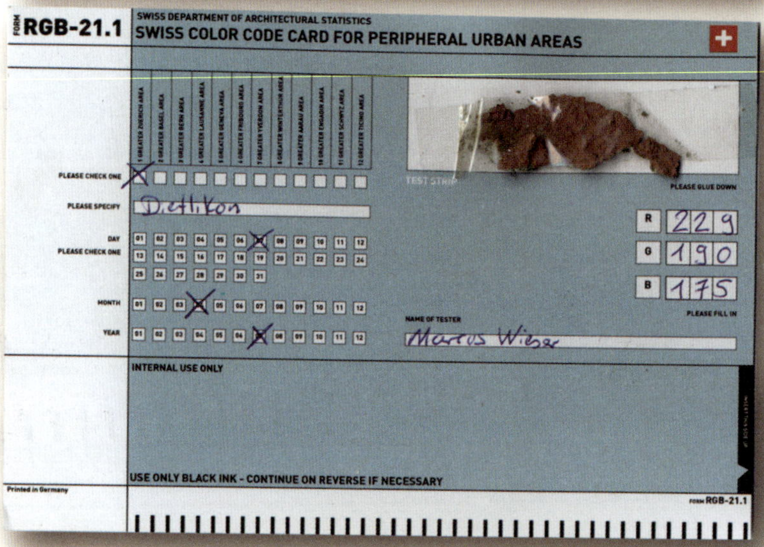

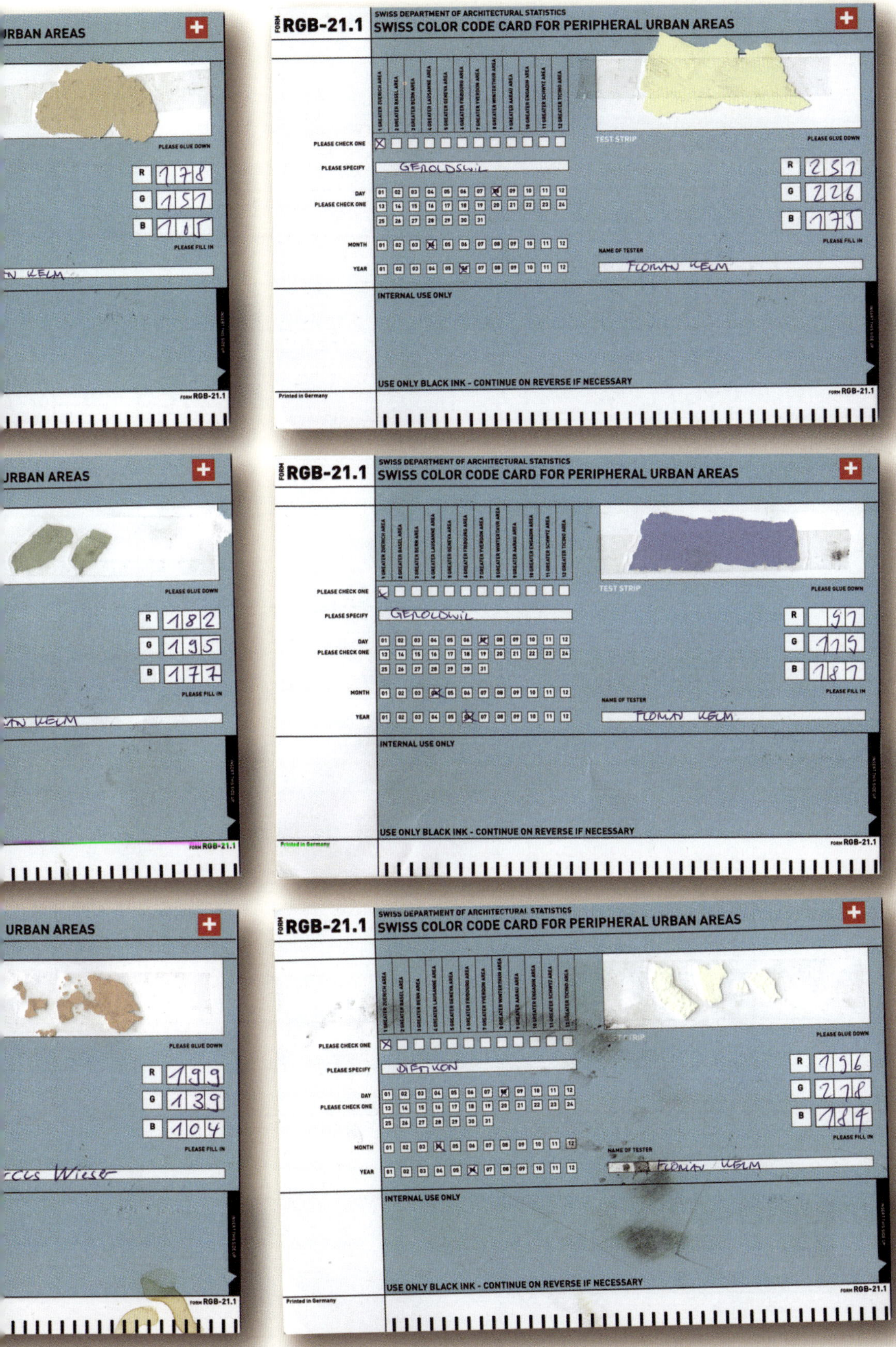
URBAN AREAS
PLEASE GLUE DOWN
R 178
G 157
B 105
PLEASE FILL IN
FORM RGB-21.1
SWISS DEPARTMENT OF ARCHITECTURAL STATISTICS
SWISS COLOR CODE CARD FOR PERIPHERAL URBAN AREAS
PLEASE CHECK ONE
PLEASE SPECIFY
GEROLDSWIL
DAY
MONTH
YEAR
TEST STRIP
R 237
G 226
B 175
NAME OF TESTER
FLORIAN KELM
INTERNAL USE ONLY
USE ONLY BLACK INK - CONTINUE ON REVERSE IF NECESSARY
Printed in Germany
URBAN AREAS
R 182
G 195
B 177
FORM RGB-21.1
SWISS DEPARTMENT OF ARCHITECTURAL STATISTICS
SWISS COLOR CODE CARD FOR PERIPHERAL URBAN AREAS
GEROLDSWIL
R 97
G 115
B 187
FLORIAN KELM
INTERNAL USE ONLY
USE ONLY BLACK INK - CONTINUE ON REVERSE IF NECESSARY
URBAN AREAS
R 199
G 139
B 104
FORM RGB-21.1
SWISS DEPARTMENT OF ARCHITECTURAL STATISTICS
SWISS COLOR CODE CARD FOR PERIPHERAL URBAN AREAS
DIETIKON
R 196
G 218
B 184
FLORIAN KELM
INTERNAL USE ONLY
USE ONLY BLACK INK - CONTINUE ON REVERSE IF NECESSARY
Printed in Germany

COLOR OF NORMALITY

No.	DATE	PLACE	R	G	B
1	9/4/2006	Schlieren	159	159	15
2	8/4/2006	Oetwil	178	151	10
3	5/4/2006	Schlieren	18	104	3
4	8/4/2006	Geroldswil	231	226	17
5	5/4/2006	Schlieren	215	24	6
6	8/4/2006	Geroldswil	172	172	12
7	7/4/2006	Oetwil	60	86	3
8	7/4/2006	Oetwil	45	41	13
9	5/4/2006	Schlieren	182	195	17
10	7/4/2006	Geroldswil	23	201	0
11	7/4/2006	Geroldswil	91	119	18
12	7/4/2006	Dietikon	229	190	17
13	5/4/2006	Schlieren	75	6	45
14	5/4/2006	Schlieren	180	140	12
15	8/4/2006	Geroldswil	129	79	2
16	8/4/2006	Oetwil	199	139	10
17	7/4/2006	Oetwil	210	163	9
18	7/4/2006	Oetwil	176	192	4
19	8/4/2006	Dietikon	196	216	18
20	5/4/2006	Schlieren			
TOTAL			3900	3640	15
AVERAGE		./. 20	195	182	7

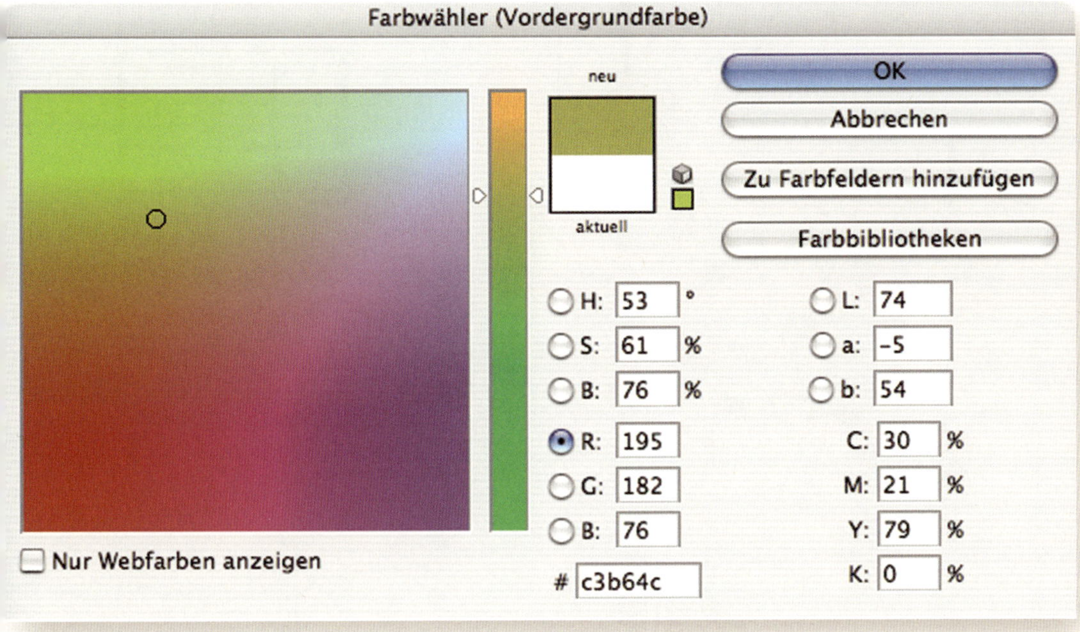

如果把所有的例子都考虑在内，他们确实在Limmattal创造了均色建筑。在这本书中，该颜色作为标准化的偏差体系用来解释方法和工具是如何发展为设计指南的。这些指南可用于建立建筑系统或者图解导航系统。

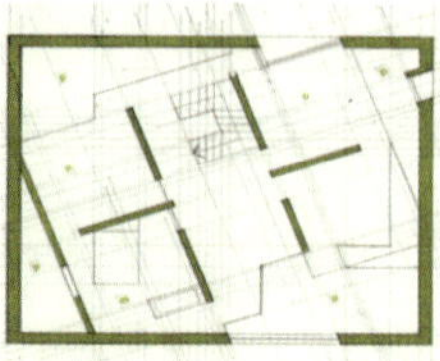

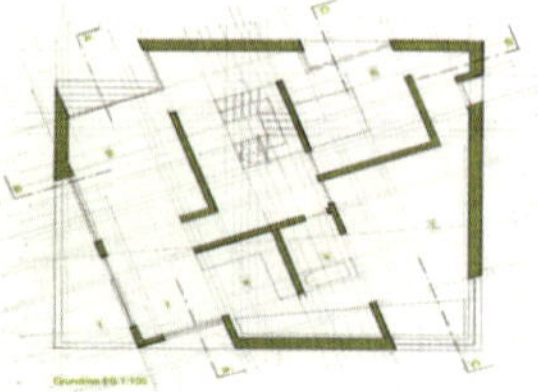

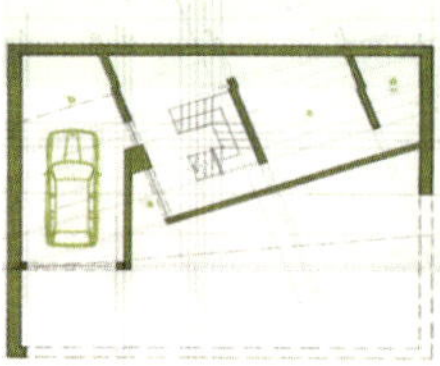

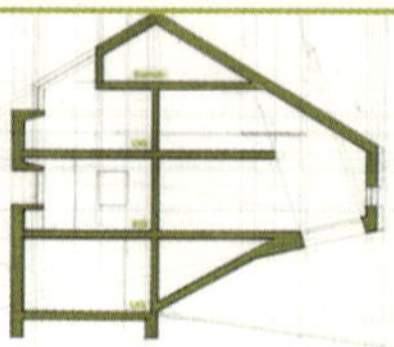

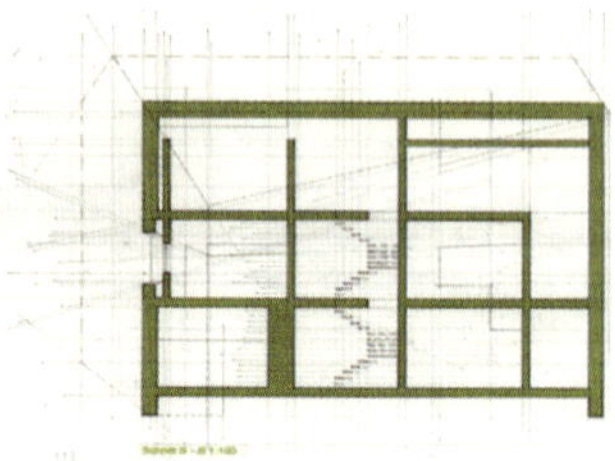

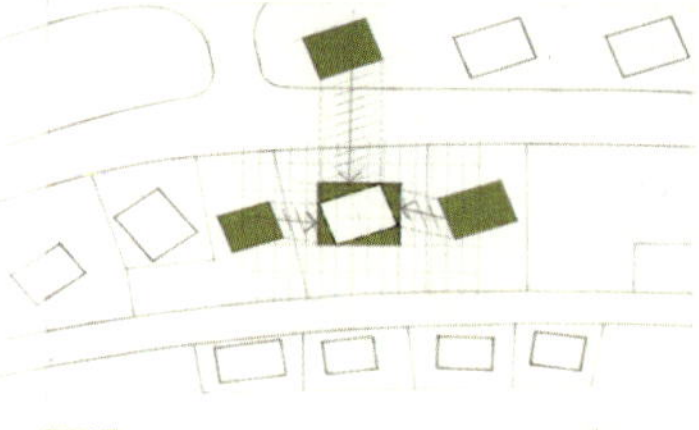

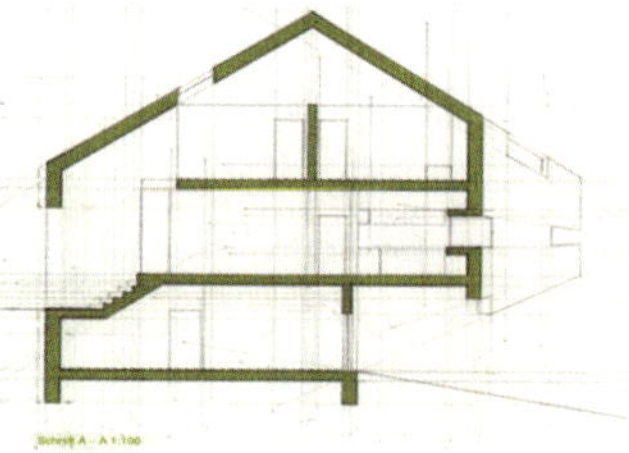

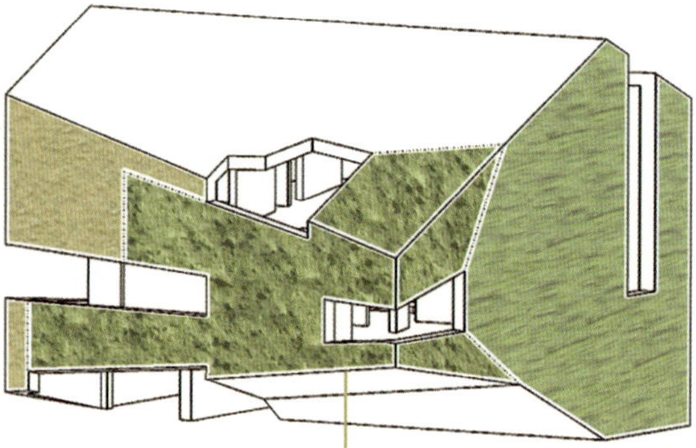

Abgekellter Putz
Mineralisch
Korngrosse: 7.0 mm
Abrieb mit Kelle horizontal und vertikal

Rillenputz
Mineralisch
Korngrosse: 5.0 mm
Abrieb mit harter Taloche horizontal gezogen

Abrieb mit gebrochenem Korn
Kunststoffgebundener Fertigmörtel
Korngrosse: 5.0 mm
Abrieb mit harter Taloche kreisförmig gezogen

Kratzputz
Mineralisch
gebrochenes Korn
Korngrosse: 2.0 mm
Abrieb mit harter Taloche und Bürste kreisend gezogen

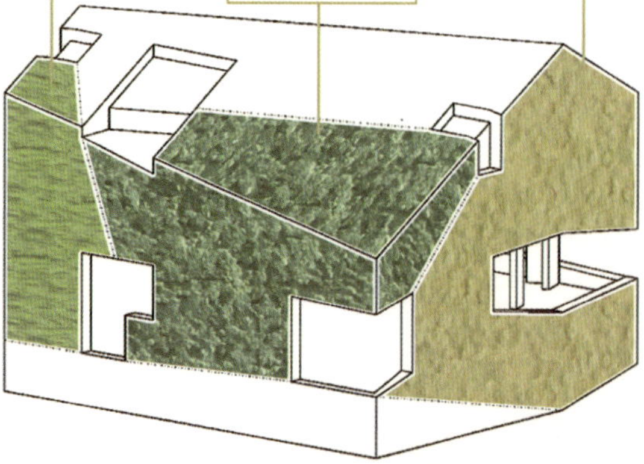

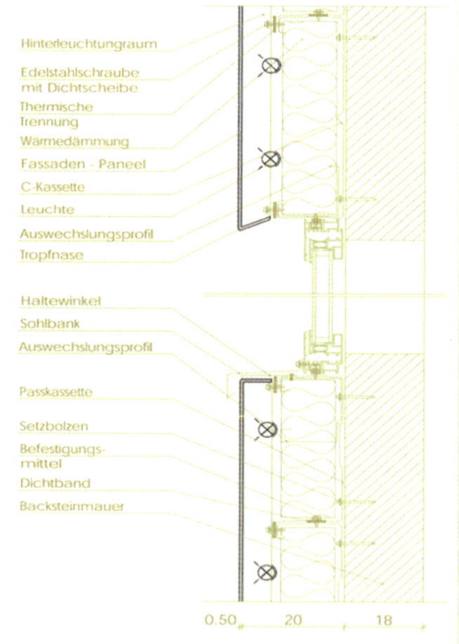

FASSADENDETAIL
PERFORIERTES PANEEL

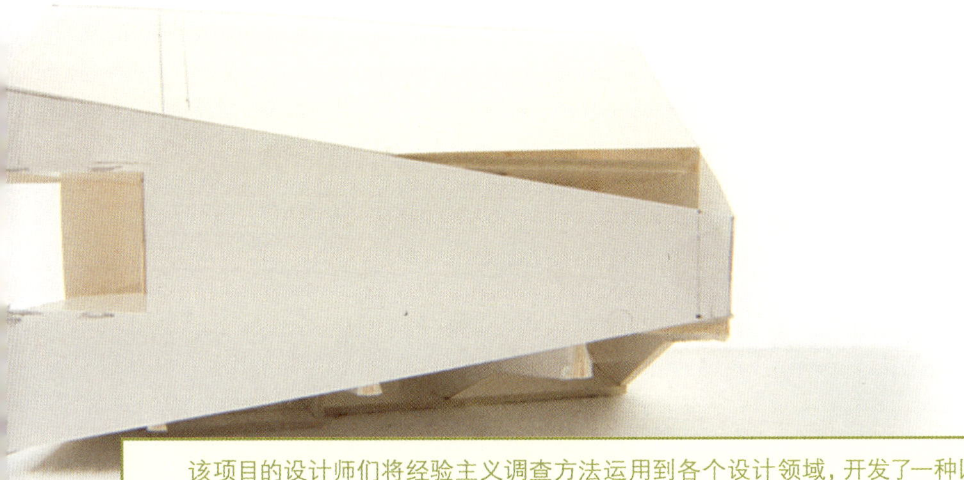

该项目的设计师们将经验主义调查方法运用到各个设计领域，开发了一种以环境作为新标准的建筑。除了颜色，该标准还被用于形状、开口、屋顶景观、内部组织结构以及通行空间等。该建筑也因此成了附近所有建筑中最普通的一个，但与常规标准的完全偏离又让它尤其引人注目。

欧洲顶尖建筑学院

基础实践教程（下册）

瑞士苏黎世联邦理工大学（ETH）建筑学院权威精品教程

Designing Architecture/A Manual

（德）马克·安吉利尔（Mack Angélil),德尔克·黑贝尔（Dirk Hebel) 编著
祁心 苏文婷 王云石 译

天津大学出版社
TIANJIN UNIVERSITY PRESS

图书在版编目（CIP）数据

欧洲顶尖建筑学基础实践教程 : 全2册 / （德）安吉利尔（Mack Angélil),(德）黑贝尔（Dirk Hebel)编著;祈心，苏文婷，王云石译。 — 天津 : 天津大学出版社, 2011.9（2015.10重印）
ISBN 978-7-5618-3987-4

Ⅰ. ①欧… Ⅱ. ①安… ②黑… ③祈… ④苏… ⑤王… Ⅲ。①建筑学一教材 Ⅳ. ①TU

中国版本图书馆CIP数据核字(2011)第163345号
天津市版权局著作权合同登记图字第02-2009-148号

出版发行 天津大学出版社
地　　址 天津市卫津路92号天津大学内（邮编：300072）
电　　话 发行部：022-27403647
网　　址 publish.tju.edu.cn
印　　刷 天津市豪迈印务有限公司
经　　销 全国各地新华书店
开　　本 170 mm×235 mm
印　　张 18
字　　数 160 千字
版　　次 2011年9月第1版
印　　次 2015年10月第2次
定　　价 120.00元（全2册）

致谢

《新突破》是一本使用手册和参考书。它记录了瑞士苏黎世联邦理工学院（ETH）一年级建筑设计课程的内容，同时还可以作为一本教学工具书。没有学生们的无私帮助和极富创新的建议，这本书是没有可能成功出版的。因此，我们首先要感谢这些学生。还要感谢我们的教师团队，是他们让这些指导性文字充满生气与活力、饱含热情地引导学生迈入对他们来说陌生的领域。同样要感谢我们的特约评论家，定期和他们进行研讨使我们获得了宝贵的经验。他们——从极为必要的外部优势来看——能够支持教育事业的发展，他们的参与和真知灼见推动着教育事业的前进。

我们还要感谢以下作者：Jesse LeCavalier、Jørg Himmelreich、Jørg Stollmann和Deane Simpson。他们进一步加深了重点内容，完善了教学方法。受助于Ferdinand-Möller基金会的Wolfgang Wittrock及Oskar Matzel的慷慨资助，与Reto Geiser、Jürgen Mayer H、Andreas Ruby及Mark Wasiuta展开的研讨才成为可能。他们讨论的是位于德国诺伊鲁平市Zermutzel地区的Scharoun的作品“Haus Moller”。Gundula Kalmer在图解概念的发展和实现方面非凡的研究成果的帮助下形成了这本手册的风格，深化了其中的内容。Jørg Himmelreich以他出色的职业水准及永不枯竭的热情推动了这个项目的进行。他绝对是这个项目的灵魂人物。

这本手册如果没有联邦理工学院建筑系的鼎力支持是不会得以问世的，在这里尤其要感谢Andrea Deplazes教授及Andreas Tönnesmann教授。对于这个教学项目大力的资金支持，我们还要感谢联邦理工学院执行董事会及院长Heidi Wunderli-Allenspach教授、FILEP基金会及其领导Hans Rudolf Heinimann教授和Christoph Niedermann教授。

还要特别感谢来自巴塞尔Birkhäuser出版社的Andrea Wiegelmann和Ulrich Schmidt以及所有的翻译和编辑人员，谢谢你们完成了这个项目的最后工作。

Marc Angélil 和 Dirk Hebel

目录
Contents

春季学期（下册）

学期纵览
春季学期

13a

城市X—平庸的城市 讲座

分离出的地形

转瞬即逝的制图 练习

>Start 起点

13b

传统的城市

理解和创作

城市层次

复习：VECTORWORKS

13c

现代的城市

城市中的时间流逝

共有的复写本

复习：FormZ

13c

后现代的城市

城市中的时间流逝

共有的复写本

复习：Illustrator

13c

后现代的城市

城市中的时间流逝

共有的复写本

复习：Photoshop

城市发展的回顾

13d

关于Herzog&de Meuron

周二清晨的观点

规划设计

复习：CAAD Render-Workshop: Rhino, 3ds Max, Maya, VectorWorks3D, Cinema 4D

环境

形式

13e

回归处理

建筑

关于Jean Nouvel

周二清晨的观点

13e

回归处理

建筑

关于Lacaton Vassal

周二清晨的观点

期末复习

13e

回归处理

建筑

关于OMA

周二清晨的观点

13e

回归处理

建筑

关于MVRDV

周二清晨的观点

13e

回归处理

建筑

13e

期末复习

回归处理

建筑

終点

13

13

“领土不再先于地图而存在，也不再晚于它而消失。从此以后，是地图先于领土而存在——影像先行——是地图带来了领土。如果我们现在复原那些神话，也将是碎片在地图上慢慢腐烂的领土。仍然存在于沙漠中的才是真实的东西，而不是地图的遗迹。沙漠不再是帝国的领土，而是属于我们的。” **Jean Baudrillard**, “The Precession of Simulacra,” in: *Simulations*, New York: Semiotext(e) 1983, p. 2.

13a 转瞬即逝的制图
分离出的地形

“在这个帝国中，制图员的技艺达到近乎完美的程度，一个省的地图占据了整个城市的大小，帝国的地图则占据了一个省。后来，这些巨大地图不再够用。制图员行会制作了一幅帝国地图，与帝国本身完全一致。可后来的人们失去了钻研制图的兴趣，认为这种巨大的地图毫无用处，因此他们亵渎地将地图遗弃在无尽的烈日和严寒中。在西方的沙漠中散布着这些地图残片，被动物和乞丐践踏；在整个国家里再没有其他的地理学遗迹。” **Jorge Luis Borges**, “On Exactitude in Science,” in: *A Universal History of Infamy*, London: Penguine Books 1975, pp. 15.

第二学期的教学追求一种不同的方法，提倡重新审视学习的实践形式。第一学期遵循一连串确切描述的任务安排，而在第二学期这种组织结构就松散得多，在安排上倾向于并列性而不是线性。这个工作展开了对不同速率和时间的相互交叠的系列研究。学生们在一系列交织的练习中实践，建立一个持续性的项目。教育框架中的自学成分在各个任务中得到发挥：这些任务没有严格的定义，留出了解释的空间；减少了一成不变的限制，增加了学生的责任感。同样地，负责学生小组的一年级教员也获得了自主性，可以运用各自不同的教学方法。在这个过程中引入了竞争——不是作为个体间的比赛，而是作为对集体描述的立场的辩论，讨论面对其他思想和行为系统时可能遭遇的情况。

本学期工作的重点在于建筑所处的物质和社会文化背景以及它的部分定义。操作的场所与建筑设计纠结在一起，像一场三种生态形式间的三人舞，正如Félix Guattari所说的包含环境、社会关系及人类主观性的生态名单[1]。这三个领域不是被划定的固定实体，而是作为相互关联的过程集合，它们的生产机制会有加速或抑制发展的作用。

——在环境生态学方面，工作室的工作将建筑放到物质背景中、景观的相互作用中、基础设施及其他建筑物中，没有特别区分自然景观和人造景观。

——在社会生态学方面，强调对建筑的另一种理解，即嵌在社会框架中的集体事业，尤其强调了根据文化特点利用和设计空间。

——主观性生态学考虑了个体以及个人领域中的物质、精神和感官活动，不论它们是从建筑的使用者还是建造者的角度出发感知到的。

设计要沿着贯穿于多种生态领域的路线进行。在调研的过程中，实验法得到了越来越多的重视。在这里将介绍制图法，把它作为注解及操作的工具，依靠它构建建筑背景，同时展开对它的研究。练习13a要制作临时地图，首先由一年级教师完成，然后由学生小组进一步完善它。地图既表现了一个地域，同时也是解释性工作开展的场地。每个教师要给自己带领的学生小组出一个待检验的研究命题。1 **Félix Guattari**, *The Three Ecologies*, London/New York: Continuum 2005.

13a

mon

助教：阐述一个命题

tue

助教：准备一张地形图

wed

助教：准备一个教学概念

thu

助教：制作明信片

fri

sat

助教：准备一个PowerPoint的演示

sun

练习13a——课堂说明

指南

春季学期将对常态的研究扩大到城市周围的自然中去。城市不再是一个封闭的研究对象，而是一个开放的系统，其中发生的事情影响着生活的方方面面——尤其是公共生活。以这个作为出发点开始调查研究，然后设计城市建筑。

城市是一个极为复杂的体系，囊括了过程和现象间的复杂关系，像地形、景观、基础设施、建筑体、社会网络等。这些关系模糊不定，在城市边缘地带表现尤为明显。这些边缘地带也是通常的城市环境的组成部分，同时拥有地区品质和国际品质，成为我们研究普通事物潜力的理想的测试场所。在我们的案例中，我们将调查苏黎世Limmattal地区的情况。

教学小组输入>助教将对每一个位置进行介绍，之后你要从中选择一个最吸引你的位置。通过测绘发现地域的变化能引出一系列具体且相关联的问题，日后会要求你做出解释并进行调查研究。从春季学期的第一天起直到最后，你都应该更加主动而不是在等待，你需要积极阐述你的兴趣所在，并着手规划自己的设计日程表。

教学小组输出>理论定位>方法论方法>地图（1：500）>模型雏形（1:500）

步骤>在这个练习中，助教将隔离出一块自然场地，然后参考他们阐述的主题制作一张地图，主题是关于常态问题及城市外围环境。地图不仅是区域的示意图，它本身已经变革了这块地域，并且表达了意图。正如Gilles Deleuze和Félix Guattari在《千座高原》（*A Thousand Plateaus*）中写道的那样，需要主动地参与而不是被动地观察，“绘制地图，不是绘制痕迹”。

教学小组演示>助教们会在春季学期的第一天展示地图及其位置。

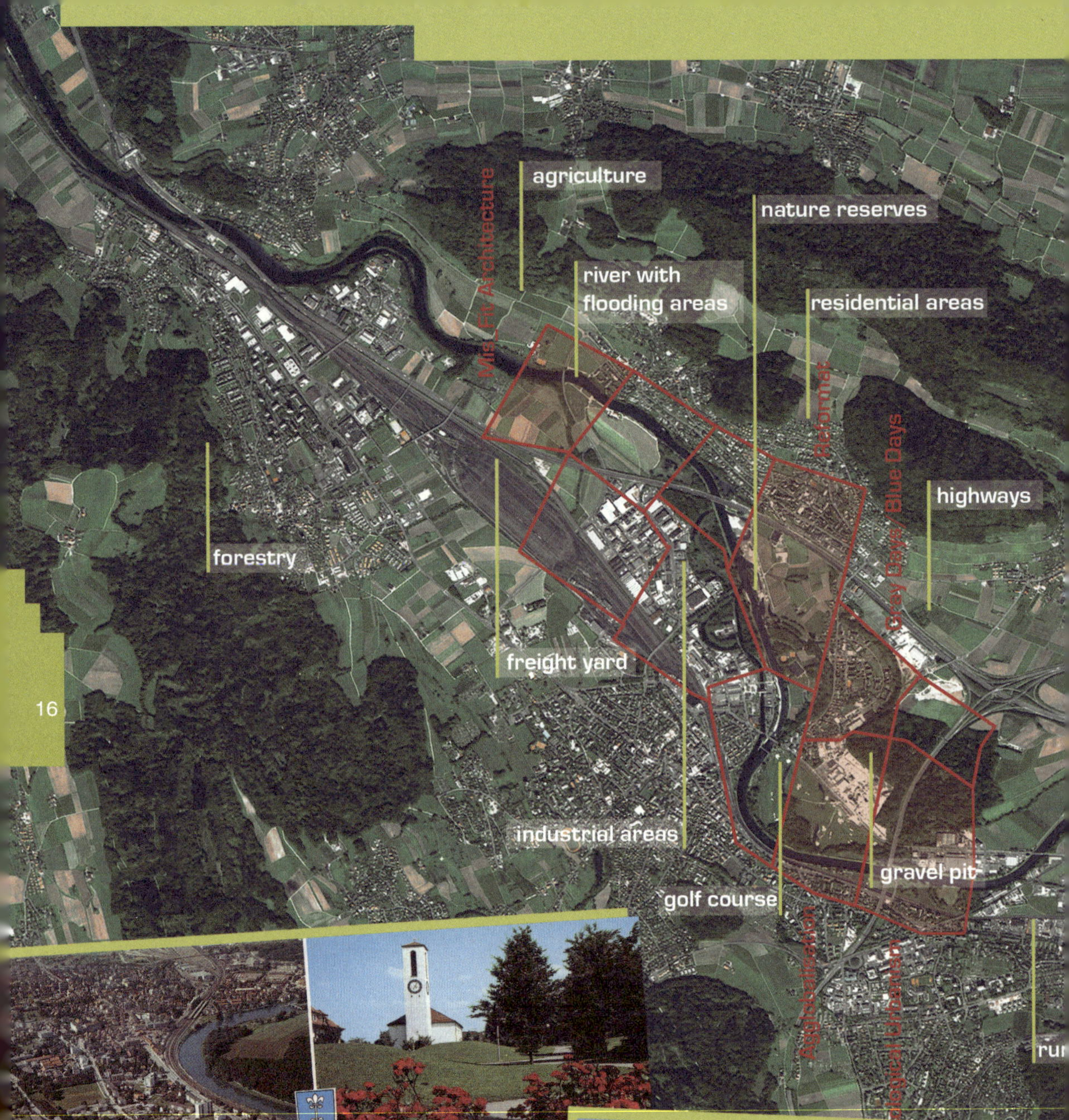
agriculture
Mis_Fit Architecture
nature reserves
river with
flooding areas
residential areas
Reformat
Gray Days / Blue Days
highways
forestry
freight yard
industrial areas
gravel pit
golf course
Agglobalisation
Gerontological Urbanism
rur

Dietikon

Dietikon

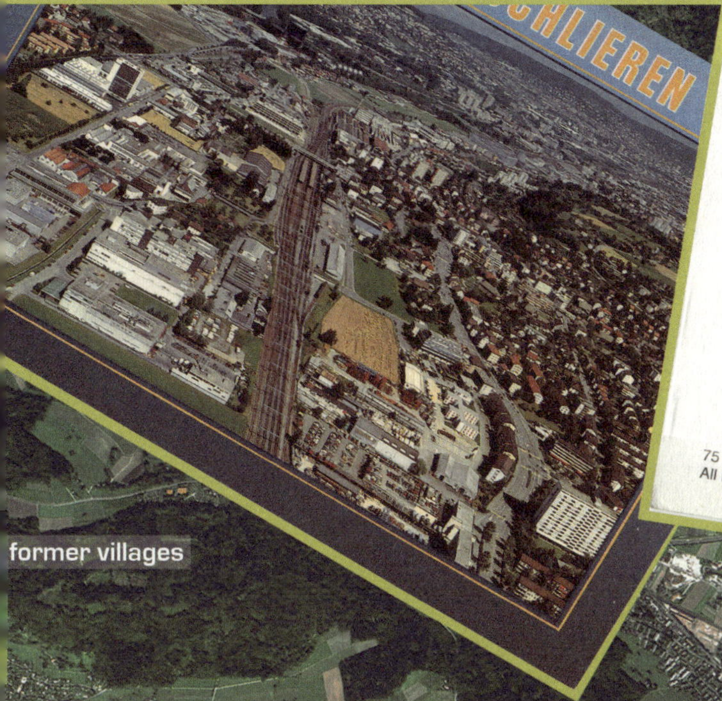

Limmattal

The Limmattal is the valley named after the river Limmat that stretches northeastwards from Zurich along the Heitersberg up to Brugg. Near Brugg the Limmat joins the river Aare which feeds the Rhein.

The following cities and villages are included in the Limmattal: Zürich, Oberengstringen, Unterengstringen, Weiningen ZH, Schlieren, Dietikon, Geroldswil, Oetwil an der Limmat, Urdorf, Spreitenbach, Würenlos, Neuenhof, Wettingen, Baden, Ennetbaden, Killwangen, Nussbaumen, Untersiggenthal and Turgi. The huge freight yard between Spreitenbach and Dietikon (RBL) is also named after the Limmattal.

75

从练习13a到练习13e，Limmattal地区成为一个城市实验室，也是不同建筑干预实施的地方。由于乘车成为主要的交通方式，因此这个异类的、城市边缘的山谷正被逐渐融入苏黎世的城市化进程，从而服从于正在发生的彻底的变革。大规模的基础设施像河川一样横贯东西——像高速公路、乡间公路、铁路等——沿着河岸，顺着山谷的地形，Limmattal地区的公共交通网覆盖不均；汽车是最重要的出行保障。选择Limmattal地区作为城市实验室，学生们可以在他们熟悉的环境中进行工作，因为他们中很多人出生、成长在类似的大型城市中。这种亲密关系再加上可以进行实地考察，使研究可以做得更仔细。以新的角度看待它，为积极的改革创造了条件。在对空间及建筑的品质和缺陷做出批判性分析后，学生们对城市边缘区域的理解应该有所改变，从而可以对其做出新的解释。

"我们的世界不是静止的。它是一个在不断轮回的创造。它的存在就像是细胞的存活，依赖不能完全掌控的、充满偶然的外界向内的收缩。世界只有在相关层次能够系统化向内收缩时才是稳定的；它只有在一定的限制中才是稳定的。层次能够包裹住机会，但不能废除它，可以限定它，但不能消除它。" **Brian Massumi**, *A User's Guide to Capitalism and Schizophrenia. Deviations from Deleuze and Guattari*, Cambridge/MA: MIT Press 1992, p. 53.

13b 城市层次
理解和创作

"在地球上同时出现了一个很重要的、必然的现象，在很多方面有利而在其他方面有害，这就是层次的形成。层次是层，是带。它们存在于事物形态的形成中，禁锢强度或将个性锁入共鸣、冗余的系统；存在于地球上或大或小的分子中，并把它们组合到分子聚合物中。层次是一种捕捉行为，它们像是'黑洞'或闭塞，试图抓住一切它们能够抓到的东西。" **Gilles Deleuze and Félix Guattari**, *Capitalism and Schizophrenia*. vol. 2: *A Thousand Plateaus*, Minneapolis: University of Minnesota Press 1987, p. 40.

传统的城市设计以城市整体的形成为中心，一般需要两个步骤：从分析一个既定环境到定义建筑命题，表现出理解与创作作品之间的因果关系。由于演绎推理形式——根据首选的理解模式预先假定特定的解答——受到怀疑，所以在实验室中要寻找其他方法。这项工作不是要将分析与设计分开，而是要使两者融合。分析一个场地意味着需要构建它。将解释和生产、理解和创作之间的快速变化作为建筑设计入门的战略来探究。建筑不是强加在一块场地上的，而是作为一个交流的过程、一种在城市层次中筛选的形式进化着，分析和直觉并重。

这种方法带来一种不同的都市生活，它怀疑崇尚秩序和稳定的组合体，以它们的分歧和模糊的形式来支持多元性。城市地区被描绘为堆积了信息、物质和过程而形成的紧凑或松散的聚合体。城市被分成多个层次，各个层次相互叠加。在工作室环境下，这种情况以地图形式记录了下来，在设计发展过程中可以作为一个多层次工具[1]。

练习13b要完成一个比例为1 : 500的三维地图。学生们被分成两个小组，各分得一个有关城市密集体的潜在层次的特定主题，参考之前的任务决定进行哪种解释。主题包括景观、基础设施、建造的结构、社会空间、规划和空地等。此外还要求学生们在他们的绘图注释中编排或插入一个大约5 000 m^3大小的自然物质。由于这个工作的进程是从一个地图转变为另一个，因此它同时暗示了建筑的构造。这种暗示被认为是特定主题的“建筑化”，临时刻在了城市的层次中，等待下一步的转变。

地图显示的空间等同于区域的空间。重点倾向于空间的创造，而不是空间创造的概念。通常，空间承认场所精神的卓越性，但是进行各种活动的空间保持着战略上的开放。在这里，城市设计没有屈服于有限的环境，而是开始圈定可能性区域，向其他形式的理解和创作敞开怀抱。**1 Peter Eisenman**, *Cities of Artificial Excavation. The Work of Peter Eisenman 1978-1988*, New York: Rizzoli International 1994.

13b

mon 分析地域的构成

tue 制作一个三维地图

wed 在场地上加入5 000 m³的建筑体

thu

fri 制作模型

sat

sun 制作一张明信片

练习13b——课堂说明

指南

城市发展的各个方面可以理解成相互影响的层次。通过采用一个特别的“镜头”来分析场地，从而提出城市发展的具体方案。解释和设计以这种方式结合在一起——理解变成创作。

用小组完成的区域地图对场地更加具体的方面进行分析。每个小组将通过一个由工作室主题决定的“研究镜头”来分析场地。用这个镜头阐述一个关于区域的命题，并用相关的材料（1 : 500到1 : 1000的地图、1 : 1000的模型、草图、照片等）来论证这个命题。根据分析活动建立设计行为这个观点，理解场地的同时也在改变它。为做到这一点，你就必须首先清楚你在找寻什么。

此外，依据由分析得到的方法，每个小组需要将一个大概5 000 m^3的建筑体整合到城市区域的模型中。这个建筑体的形式、结构、规划、组织原则及与更大范围城市区域的关系，都应由发展出的命题来决定。

输入>地图（1 : 500）>场地模型雏形（1 : 500）>城市命题、城市研究镜头、研讨会专题资料

输出>地图（1 : 500到1 : 1000）>模型（1 : 1000）>每个小组都必须进行的城市分析

步骤>一般的：规划——建筑——基础设施——地形——景观——空地——公共区域——光和影——历史——社会空间——心理空间——运动>这些类别可以作为一个起点，但根据具体的命题和方法，每个小组必将有不同的重点。

评判标准>分析方法和解释类型>论证的清晰性>方法的独创性>模型和分析的质量

数字化>复习：VectorWorks——文件组织

演示>提交截止时间：下周，下午6点

每周练习>由小组决定

参考阅读>由小组决定

4 MANISCH-DEPRESSIV
5 IDENTITÄTSVERLUST
7 MULTIPLE PERSÖNLICHK

13c 共有的复写本

城市中的时间流逝

“一块土地上的居住者不辞辛劳地擦去那些土壤留下的古老的潦草字迹之后进行重写……在经历了只将土地看做白纸，而没有其他管理规则的两个世纪后，出现了一个发展概念，土地不再被认为是一种类似抽象的行为场所，而是一种又冗长又缓慢的层化的结果，行动前应先理解它……但是层化的考古学意义并没有为描述积聚现象提供最恰当的比喻。大多数层面既薄又布满空隙。尤其是人类不仅增加了层面，而且还擦掉它们……土地，布满了各种痕迹和历史记忆，看上去很像一本复写本。为了进行新的开发、更理性地开发新的土地，通常需要做出对它们的性质不可逆转的修改。但土地不像一张一次性的包装纸或一个日常消费品那样可替代。每方土地都是唯一的存在。每方土地都要“周而复始”地发展，一点点细致地清理遗迹，展现出写就在独一无二的土地上的古老文字；进而，使它们能够像以往一样继续周而复始地流传。”
André Corboz, “The Land as Palimpsest,” in: Diogenes (1983), No.121, pp. 15-26.

“众所周知，我正在研究一个假设，即我们的心理机制通过层化的过程得以存在；物质以记忆痕迹的形式存在，时不时要被重新的安排，依照新的环境重新改编。因此我的理论的新的实质就是记忆不止出现一次而是几次，它出现在各种暗示中。” **Sigmund Freud**, Letter dated 6th of December 1896, in: *The Complete Letters of Sigmund Freud to Wilhelm Fliess*, 1887–1904, Cambridge/MA: Belknap Press 1986, p. 94.

游戏规则中引入了一个新的强度元素，是小组作为一个社会组织的元素。由于建筑和城市化是集体事业，工作室的路线应向小组合作转变。将30名学生分到一组共同完成一个城市项目，包括确定策略及发展预期的表现形式。建立的合作形式的特点可以用Jean-Paul Sartre提出的“融合状态小组”（group-in-fusion）来概括。这个词描述的是由一个共同的项目将一些个体聚合在一起形成的集体[1]。“融合状态小组”这个概念还要和另一个概念结合起来，那就是“主题小组”（subject-group），它既注重集体又关注各个组成部分[2]。在设计过程中要研究单个主题和小组的社会领域间的关系，在城市集群中有可能发现这种亲密关系的对等物。如果将城市理解为一种异质集合，那么一个小组也可以同样被理解成一种可辨差异的组织，而不是试图将其成员纳入一个虚假的统一中的简单组合。主观和公共目的的协同作用之间艰难地维持着一种平衡。个人的目标如何能够与集体目标达到一致呢?

城市项目是以一种差异协调的面貌向前发展的。学生们之前的注意力集中在城市的一个方面，现在他们需要把自己的发现和同组成员们的发现结合在一起。之前练习完成的地图，每一个都代表了一个具体的区域层次，现在对它们进行小组讨论。作为这个城市游戏中的玩家，个体成为了自己独特兴趣的拥护者。不同层次的叠加引发了一些冲突，我们应该需要解决冲突并进行讨论，添加一些层面，又去掉一些层面。新出现的城市结构开始呈现古老复写本的特点，那就是原文不断被擦去又被重写。复写本的一个特性就是会反复出现修改，这个过程类似于城市的建筑构造的改变。由于欲望是很危险的，因此不论是个人还是集体，这种类比像是一个神奇的写字板，还可以被扩大到弗洛伊德的超自然模型，一个和地图不同的记录仪器，在这里领土被理解为集体的无意识[3]。

复写本的概念使得城市被理解为一个经历持续改变的系统。创造出的绘图及模型必须能相对反映出城市随时间推移的潜在发展。阶段性战略不是依据预想的最终结果，而是作为一个发展过程中的矢量。这个项目要开放运用时间推移技巧，以此探究城市的变革。**1 Jean-Paul Sartre**, *Critique of Dialectical Reason*, London: NLB 1976. **2 Félix Guattari**, *ModularRevolution. Psychiatry and Politics*, Harmondsworth: Penguin 1984. **3 Jacques Derrida**, “Freud et la scène de l’écriture,” in: *Writing and Difference*, London: Routledge and Kegan Paul 1978.

13c

构思一个方案

1st week

小组进行策略讨论

组织有不同研究主题的单元小组

平行发展：

2nd week

建立一个城市模型

绘制一幅城市平面图

运用数字媒体进行策略演示

项目展示

3rd week

练习13c——课堂说明

指南

城市体现了公共生活，既包含占据它的主题，又有像城市设计这样创造它的事业。这个练习的很多地方涉及了这些方面，因为合作现象——动态的、复杂的、关系网、异质的——也是城市发展的标准。学生将以小组成员的身份共同完成一个城市项目，它的成果，包括地点和作品，都应是集体的产物。

经过之前的步骤，现在至少有12个版本的场地，每一个场地要用不同的研究方法来过滤筛选。用这个场地作为跳板，通过小组合作将它整合到一个具体的城市项目中，要有清晰的命题、论证，还要提出如何发展场地的建筑物、周围环境、公共空间、基础设施等。这都需要进行商讨。城市是一个运动着的系统，同样，城市规划应该考虑时间在场地变化中起到的作用。设计的规划应该具体有形，应用一些演示技巧（像模型、地图、数字化演示等）来展示一块区域是如何发展变化的。

输入>练习13a和13b中完成的工作

输出>小组场地模型（1 : 500），摆放在整体框架内、其他小组模型的旁边>城市规划范围内具体元素的模型（1 : 200或更大）>小组场地地图，带规划书（1 : 500）>媒介（数字化演示、辅助图表材料、小册子、媒体资料、采访、电影、装置、纪念品等）

步骤>使用任何一种必要的方法正确地展示城市规划书的品质。最起码要发展1 : 500的地图、1 : 500的模型及数字化辅助媒体。为了使论证和规划书有说服力，应该根据需要考虑使用其他材料对规划书进行补充。在制作演示材料时，要考虑所选的表现手法会如何辅助自己的论证。

评判标准>城市设计前瞻——观点——方法——论证>城市发展及其阶段

数字化>复习：FormZ>Illustrator>Photoshop

演示>提交截止时间：三周后>城市回顾，与客座专家一起讨论

每周练习>提交截止时间：三周内

参考阅读>由小组决定

Layer plan (1 : 500)

13d 规划设计
创造环境

“当我们考虑到方向、速度和时间变化等向量时，空间才会存在。交互变化的元素构成了空间。从某种意义上来说,内部配置的所有变化因素促成了空间的形成。空间的出现正是针对某个充满矛盾对立性及和谐统一性的个体进行定向、定位和时间限定的结果。根据该观点，空间和地点的关系正如其词语表达的意义，当它们在现实中出现歧义时，空间成为一个依赖多个不同因素的术语，契合当下（或者是某个时间），由于环境的连续变化而变化。与地点进行对比，它根本不具备特定的单一性和稳定性。” **Michel de Certeau**, *The Practice of Everyday Life*, Berkeley: University of California Press 1984, p. 117.

“Leibniz想要表达的观点是空间必须被占据。对于Leibniz来说，空间具备绝对的相对性——既被赋予了极其抽象的特点……同时也具备有形的特征。个体如何‘占据’空间？……可以说有着行为能力和不同能量的个体缔造了空间吗？……个体——能量的载体——创造了空间，同时也和它们的行为一起缔造了它们自己……由此我们可以发现：由抽象到具体的途径最有力地展示了其交互的本质……该命题极具说服力，毫无疑问，其应用应延伸到社会空间中。同时也提出了由（社会性的或确定的）社会活动中的应用力（即生产力）产生的特定空间的概念。这样的空间具体体现的‘属性’无法灌输至人类的意识或者伟大的灵魂，而只能是实际‘占据’的空间，而这种占据只能从其根源进行理解——即依据相关生产操作的顺序进行理解。” **Henri Lefebvre**, *The Production of Space*, Oxford: Blackwell Publishers 1991, pp. 169-171.

在本学期接下来的时间内，我们针对小组所达成的共识进行了试验。学生们在共同设定的框架内独自操作，如果没有受到质疑，就根据已经制定的规则运作。当工作从建筑规划的微观空间进展到城市背景下的宏观空间以后，该方法显示出相反的动态，该进程可能会导致必须修改共同设定的参数。针对涉及整个地域各个发展阶段每一部分的建筑设计进行调研。

练习13d在整个项目中是一个过渡性的步骤，着重于最终具体成形的规划设计。当涉及确定空间行为的社会及文化现象时，我们再一次提及“规划”，即根据一系列正式的或假定的标准来利用空间。日常行为有赖于大量的整体因素，Michel de Certeau 称之为“程序的集合”（an ensemble of procedures），它构成了社会和文化活动的片段，相应地又对建筑群产生了影响[1]。利用就会有结果。它们对建筑的形成有着本质性的影响，不仅仅在于其产生的特定功能，更在于其前提条件、隐藏的潜台词和潜在的倾向。

从本质上来说，完成规划的方法就是一种策略。这种策略要求规划设计和规划提示必须符合一种基于多领域调研的特定结构。其中五个调研领域对达到练习目的的意义尤为显著。首先，考虑和功能相关的代码和分类，坚持性能问题的实质、其特定的用途和尺寸方面的要求。第二，针对潜在用户的行为采取叙述的方式，应用电影剧本或者讲述故事的形式，利用连续事件潜在主角的优势作为故事的框架。第三，依照句法顺序，将规划作为一种抽象的、可操作的结构，形成要素的集合，要在战略性运作方面考虑它的安排和布置，比如分离、重复、对差异的记录、重叠、混合和移接等。第四，发现实际利用中暗藏的媒介，Michel Foucault将其命名为机制和工具（dispositifs），它决定了社会和文化行为[2]。第五，强调无形的“其他”方面，包括那些不能被轻易发现、但是仍然存在的因素：象征意义、梦想和渴望。

对不同方式的同期调研表现了有分歧方面的多渠道互动，并据此对规划的概念进行了推断，相对于一系列的要求来说，规划更是一种创造性活动。为了进行这项工作，要使用一个特定的符号系统，一种融合平面和剖面、垂直和水平的参照面的技巧——都体现在一张绘图中。这种技巧将稳定的属性和动态的场景融合在一起，它们的重叠证明了所倾向观点的相对性。**1 Michel de Certeau**, *The Practice of Everyday Life*, Berkeley:University of California Press 1984. **2 Michel Foucault**, *Discipline and Punish. The Birth of the Prison*, New York: Vintage Books 1995.

13d

mon	进行规划
tue	绘制愿景
wed	空间布局的草图
thu	图表草图
fri	制作原始模型
sat	
sun	

练习13d——课堂说明

指南

春季学期的第二部分要在建筑规模上考察城市规划。学生们需要放大场地内的一小块区域，然后在一个清晰的命题和论证的基础上设计一个建筑项目。在这个练习中，首先要发展一个规划和一个建筑命题。

练习13d是一个过渡步骤，通过发挥规划的作用，为学生们开展建筑项目余下的工作打下基础。学生们需要参加一个体验生活的基础活动，并将其与一个小的公共部分结合。这个经过简单规划的日常元素的混合及公共和私有领域的混合，可以告诉我们如何在维持与公共领域联系的同时发展建筑。规划不仅仅是功能上的需要，还代表了建筑的“生命”，因此同样需要我们在头脑中勾画出这些经过规划的结合可能会引发的状况、过程和联系。这些规划性的发现应以适当的解释形式记录下来，涉及功能、叙述、结构、临时事物和诗歌等其他方面的使用。

输入>练习13a、13b和13c中完成的作品

输出>规划发展及建筑命题（相互参考）>规划性解释，由小组决定

步骤>根据这个规划性调查，结合练习13b的结果及城市规划书，确定一个自己的建筑命题。命题应该是一个能够进行验证的表述，会在日后的建筑设计过程中作为指导。最理想的情况是可以用它评估自己的工作。为指导规划的发展而构思清晰的论证同样会使项目解释变得更轻松，其他人理解起来也更容易。

评判标准>由学生决定

数字化>开始进行为期4周的CAAD制图培训。学生们将应用Rhino、3ds Max、Maya、Cinema 4D、FormZ或VectorWorks 3D建造一个3D模型。

演示>下周，或由小组决定

每周练习>由小组决定

参考阅读>由小组决定

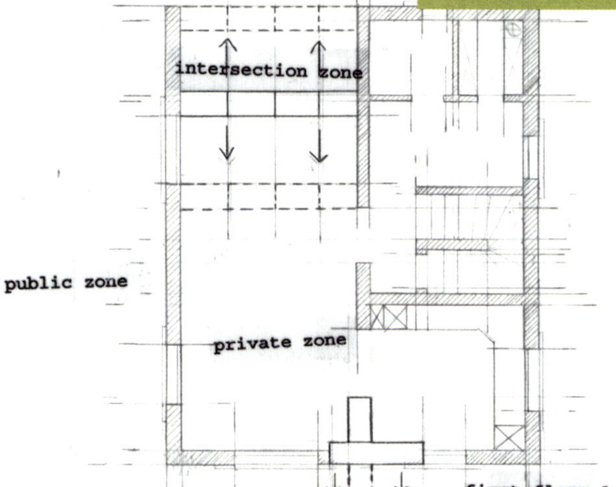

first floor 1:100

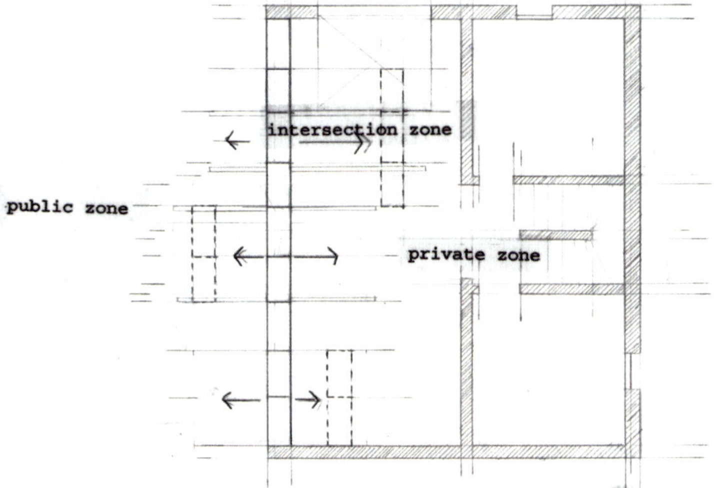

ground floor 1:100

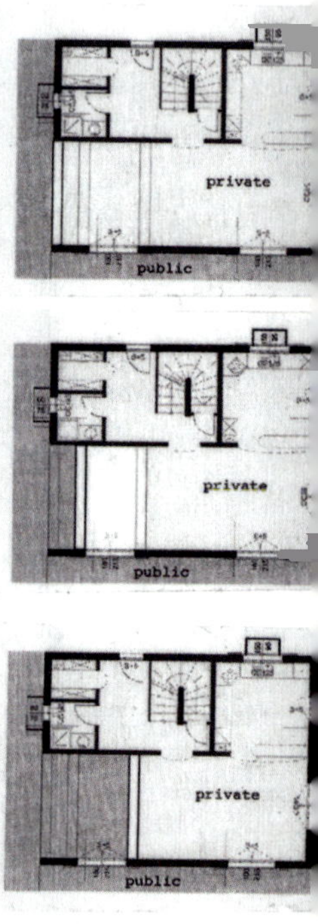

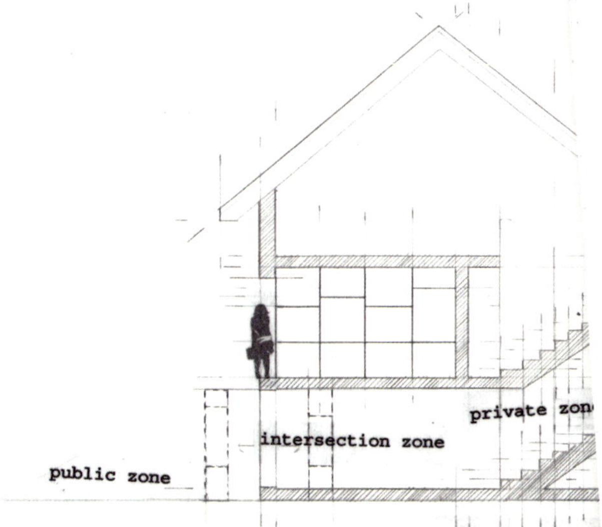

section 1:100

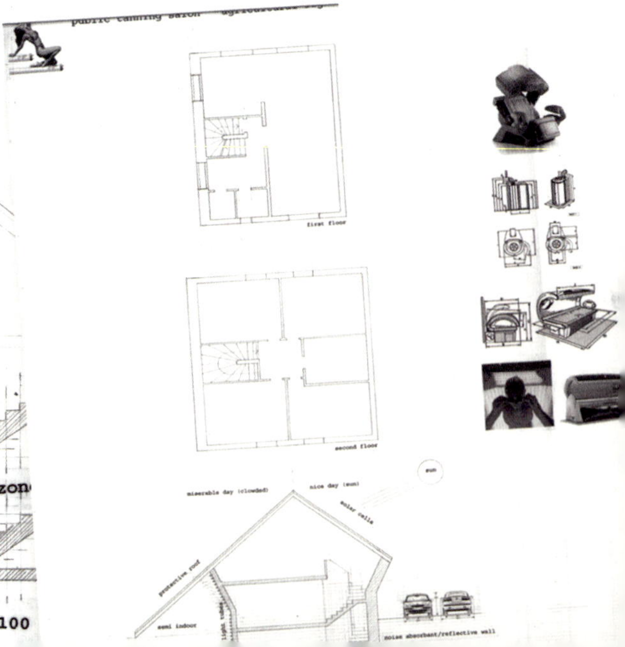

学生们需要结合两种规划约束来定义一个规划，一个是内部的（影响如何将房屋建造得适合居住），另一个是外部的（定义如何在房屋和公共环境间建立联系）。每个学生需要从内部和外部各选出一个规划约束，制作一张绘图表达自己的概念。

13e 建筑
回归处理

“我从没尝试过也不打算尝试完全的阐释风格。对我来说，更具启迪性的课程在于以极端反面的观点开始我们的调研活动，从而带来最大的张力。根据一方的观点，阐释主义被认为是对所持有观点的表现和回归……而另一方则认为阐释主义使神秘感丧失，扼杀了幻想……我们要在一开始就考虑到这种双重可能性……不支持回归意义的阐释，基于我一贯提及的怀疑教育，我们反对阐释主义。” **Paul Ricoeur**, *Freud and Philosophy. An Essay on Interpretation*, New Haven: Yale University Press 1970, p. 32.

“我归纳并对一种（设计）流派进行了试验，旨在仿效创造的体验和创造的过程中显现的讨论的交叉点。当意识到学习更接近于创造性活动而非仅仅是对某种事物的认可时，我首先决定从事教育工作。而当前学校教授的学术写作模式更多地倾向于已经获取的知识，而不是希望了解的知识（理论求知欲），这有碍于学习如何进行学习……并不摒弃我们现行教学中的（批评和阐释派）应用理论，启发式给批评和阐释行为又增添了创造性……启发式的目标不仅仅在于重现历史发明，而在于创作新的诗篇……启发式正如Barthes提出的‘诗人的回归’？——他关注应该如何进行工作。” **Gregory L. Ulmer**, *Heuretics*, Baltimore: John Hopkins University Press 1994, p. 32.

工作室的教育结构旨在能够定义建筑学教育并确定对方法的讨论。本学年的课程中，当对设计中出现的问题进行调研时，我们将主要采取两种不同的方式。教学法涉及阐释派和启发式——它们并行出现或者是互相结合出现。阐释派更注重以诠释的方式作为设计媒介，突出分析和批评，而启发式更关注创造的作用，因此更重视发现和试验。不管是认为其针对意义的回归还是针对怀疑的策略，Paul Ricoeur为阐释派定义的区别是具备生成顺序——在设计中完成了阐释[1]。而一种超越界限的启发式，在试验和错误中拓宽运作范围，在探索中完成创造[2]。设计似乎具备双面特征：既囿于理性决定的框架中，又暴露在漂浮的思绪下。

在建筑的过程中针对两种方式同时使用的可能性进行试验。阐释派是否会变成启发式的一种方式或是正好相反，启发式变成阐释派的一种方式？该问题在最后一次练习时成为探讨的首要问题，该次练习延长了几周时间。学生被要求对他们调研工作的理论和方法的前提条件进行概述。该步骤再次回到上学期的任务并根据工作进展要求进行重新调研。通过另一项任务中重做练习的活动，分解或者是重新整合已传授的知识，指明了设计中回归的潜在作用。

这个调研提出了关于建筑外观形式的问题。与其说该问题是一种限于通过形式决定优先权等级的特许，不如说其是一种从设计中演变而来的情况。形式是如何产生的？多种力量在建筑形成的过程中是如何互相作用的？其形态发生的过程是如何被孕育出来的？该练习开启了有关起源和结构关系、运作程序和正式组织之间的探讨。通过变化将形式实质化。各种参数相互作用，对发展的不同阶段和不同领域产生影响，对建筑形成进程中的每一阶段发生作用。

与传统规则的背离使得学生需提交一个包含确定和推定结果的方案，工作室旨在展示一系列的替代方案。我们要向大家呈现出多个解决方案。设计和建筑课程迄今为止仍保持着各自的相对独立性。这两门课程将在本学期进行合并，以便促进就技术在项目发展过程中发挥的潜在作用而进行的交流；同时，引发了用于划定另一个创造建筑设计领域的技术需求。**1 Paul Ricoeur**, *Freud and Philosophy. An Essay on Interpretation*, New Haven: Yale University Press 1970.

2 Gregory L. Ulmer, *Heuretics*, Baltimore: John Hopkins University Press 1994.

13e

1st week

从城市规划案中选择一个样本

提出建筑策略

发展基于时间的愿景

根据论文和规划案检验该愿景

2nd week

研发一种建筑语言

制作原始模型

绘制平面图和剖面图

3rd week

绘制透视效果图

综合制图（手绘和电脑绘制）

4th week

建立数字模型

制作实体模型

5th week

绘制细部图

准备论据

准备PowerPoint演示文稿

6th week

演示项目

练习13e——课堂说明

指南

结合场地研究结果、练习13c中完成的城市项目、规划及命题，现在需要在场地内发展一个建筑。确立的命题应该通过回归生产及建筑探针测试为工程发展提供技术。考虑到这个练习的进行时间及开放性，每个小组需要自行组织过程。

既然已经为项目准备好清晰的命题和规划，学生们现在需要在城市规划书范围内检验该项目。这个过程应作为一个反馈环，应可以在反复设计中给项目补充深度和复杂性。

输入>练习13a、13b和13c中完成的结果>场地——规划——命题

输出>在城市场地上插入模型（1 : 500）>场地平面图（1 : 500）>模型（1 : 100）>地面平面图——剖面图（1 : 100）>建筑细节（1 : 20到1 : 1）>空间透视图——混合绘图>图表

步骤>不同的设计步骤——从对概念的抽象理解到对规划需要的空间实现——都是驱动试验和生产运转的发生器。所发展的概念应适用于所有规模——从细节的规模（1 : 1到1 : 20）到城市的规模（1 : 500）。在不同的层次研究中发展而来的概念将能够进一步完善建筑细节，还可以建立反馈环，使一种规模下的结果转变为其他规模，甚至是原始的城市规划书。>如果将所发展的概念作为规划指南、形式和细节，那么它还有助于选择最有效的表现技巧以进行强调。通过有选择性地自由支配各种表现工具，学生可以创造出新的技巧，以便最有效地表达观点、空间、形式的各种属性。

数字化>继续CAAD制图培训>表现的文化：模型制作——数字化工具

演示>提交截止时间：六周后>最终回顾：春季学期的最后一个周二

期末聚会>之后的周三

参考阅读>由小组决定

city of senses
light exposure

Everyday Holiday

小组：Deane Simpson

指导教师：Deane Simpson

助教：Marcia Akermann

Deborah Troxler
Roman Vesely
Amélie Fibicher
Deborah Fehlman
Kathrin Brügger
Ester Hürlimann
Nathalie Pietrzko
David Brunner
Matthias Niehus
Thomas Liechti
Evgenia Pronina
Michael Pfister
Sabrina Maniglio
Eva Wüst
Simone Buchmann
Kathrin Perrig
Michaela Gisler
Beni Bollmann
Philippe Jorisch
Nino Stauffer
Manuela Koller
Emmanuel Diserens
Kevin Dr・sher
Sandra Mosbacher
Seraina Merz
Marcel Jàggi
Marc Bill

城市周边地带女性的康乐生活

测试场地的新兴主观性

LEISURE WOMAN

TEST SITES FOR EMERGING SUBJECTIVITIES

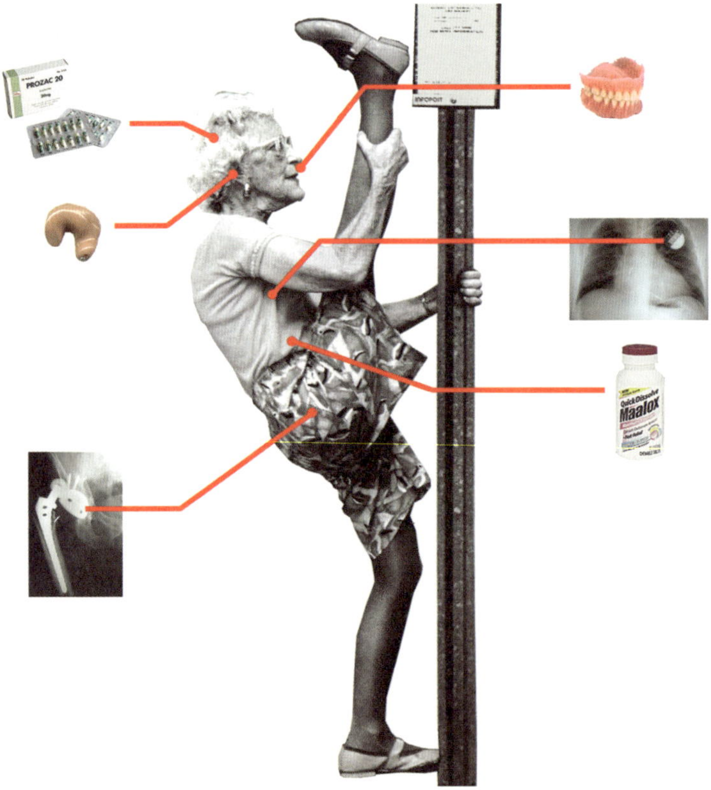

针对即将人口爆炸的时代，我们可以制定何种形式的建筑和城市规划?

新出现的根本性人口变化的威胁已被媒体广泛地报道。人们熟知的人口定时炸弹（Demographic Time Bomb）预测了老龄人口的增加，尤其是在发达国家。这是由于预期寿命的增加和出生率的下降进一步扩大了发达国家战后“婴儿潮”一代到达退休年龄的群体。

THE PERIPHERY

预计在未来的45年中，全球将会增加10亿的老年人口，这部分增加相当于瑞士总人口的130倍，美国总人口的3.5倍，几乎中国的全部人口，或世界在1820年时的人口总数。

这种人口变化将对许多国家在经济、社会、文化和政治上形成一个挑战。例如在欧洲，预计到2050年，工人和退休人员的比例会达到1：1；同年在日本，预计一个工人将要赡养两个退休人员。

根据联合国报道：“人口老龄化的影响是深刻的，对人类生活的所有方面会产生重大的后果和影响。在经济领域，人口老龄化将影响经济增长、储蓄、投资和消费、劳动力市场、养老金、税收和代际转移。在社会方面，人口老龄化影响健康和保健、家庭结构和生活安排、住房和迁移。在政治领域，人口老龄化会影响投票格局和代表性。”[1]

在建筑和城市化方面，毫无疑问，这一转变的影响将是巨大的。在过去的50年里，处于城市化主要位置的现代城市边缘，很可能是主要的人口老龄化地带。我们的任务将是制定城市和建筑的景象，致力于创造一种适应现代城市的新的主要形式主题。哪些城市和建筑的情况有可能适合老人？怎么能让这些情景在这些关系中进行自身定位，如个人与集体、独立与体制、工作与休闲、私人与公共资金、杂居与贫民区、密集与分散。**1 United Nations Population Division**, *World Population Ageing 1950-2050*, 2000, p. XXVIII.

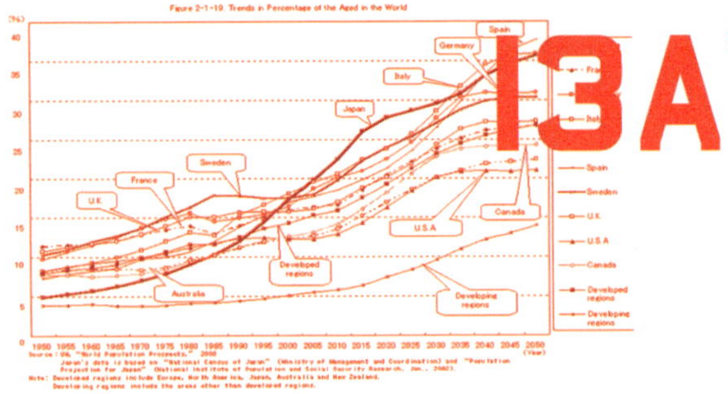

摘录介绍性工作室演示

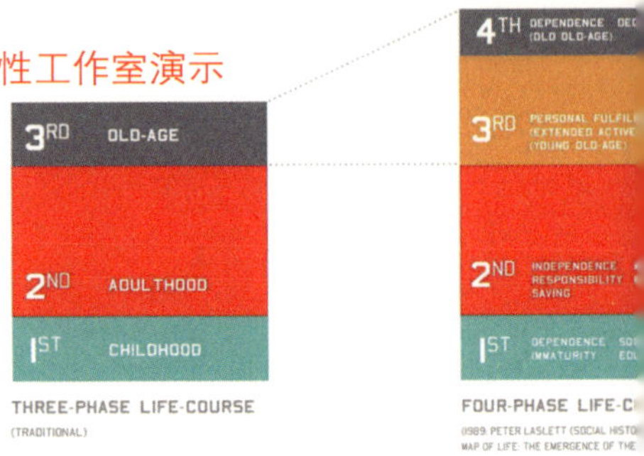

>人口老龄化现象意味着在未来许多领域中都存在着挑战。>这种变化使我们对生命过程的看法有所转变
可确定的三个阶段转变为四个。

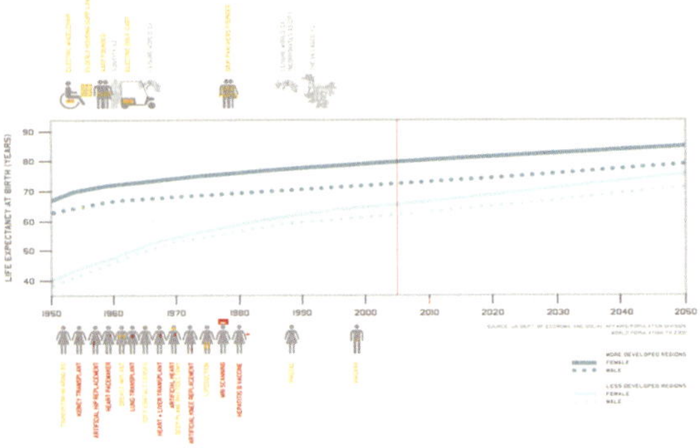

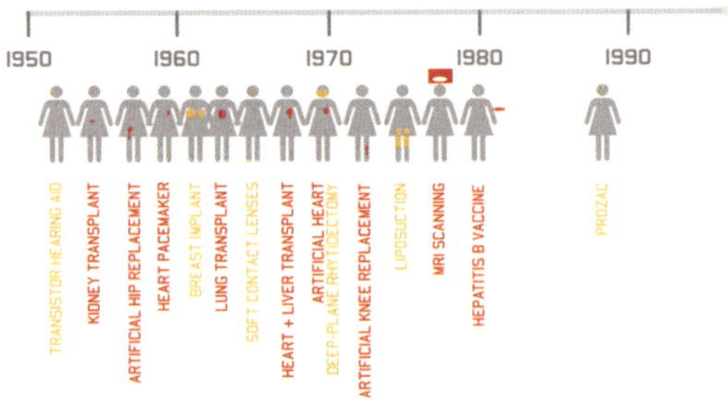

>延长人类的寿命与改善经济和生活条件等若干因素相关。>延长人类的寿命并提高生活质量t
医疗和医药技术的发展密切相关。

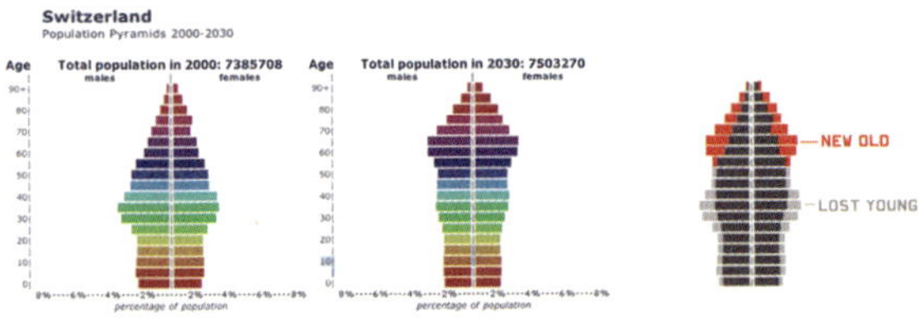

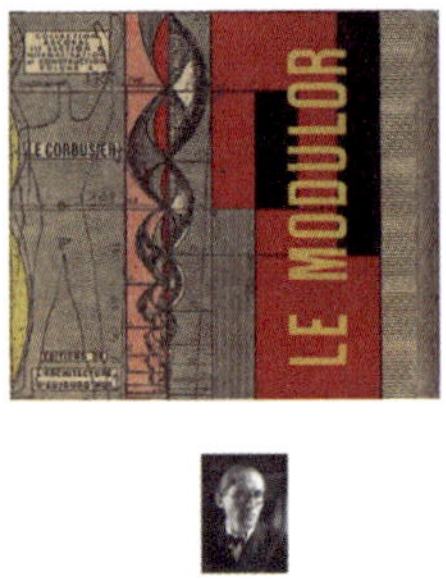

>大规模的人口变化意味着它将影响城市的建筑规模。>勒·柯布西耶的《模度》（*le Modulor*）和Wi
Whyte的《组织人》（*The Organization Man*）这两本书就是两个先例，可以为城市化与主体化提供一些参

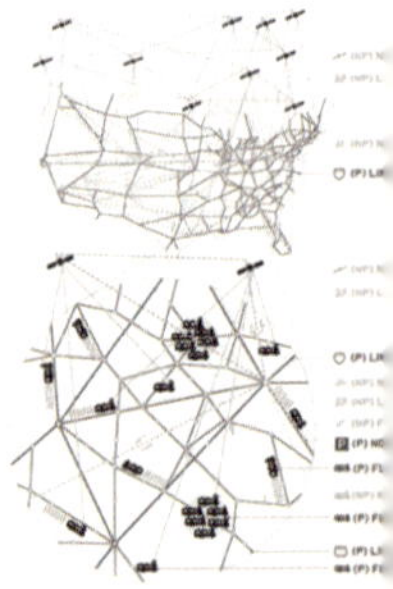

>新兴的城市化形式已经出现，可以解决人口变化问题。>同时也解决了其他一些问题，包括：人口流动
各种形式的网络基础设施建设、无等级社区等等。

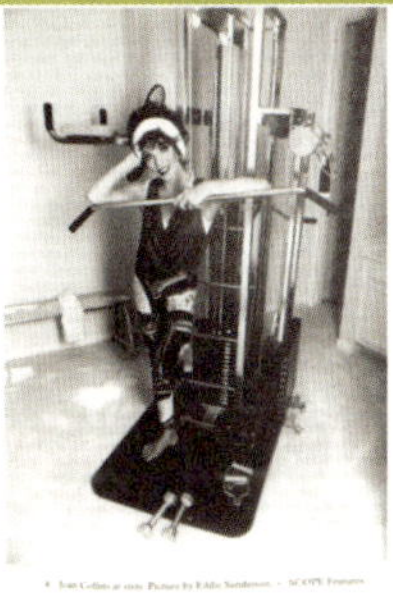

3RD

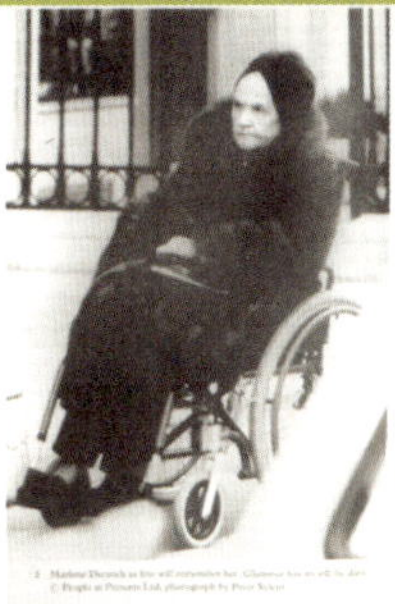

4TH

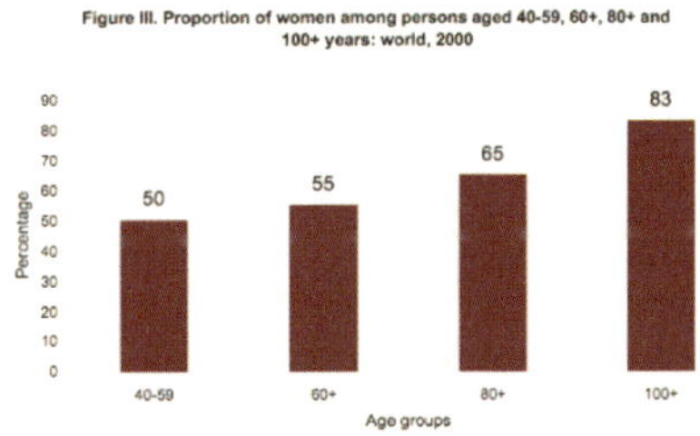

>率先出现的“a第三年龄”指的是不工作一族，来延长良好的、健康的身体状况。>由于与男性相比，女性预期寿命更长，因此，据统计高龄人群中的女性越来越多。

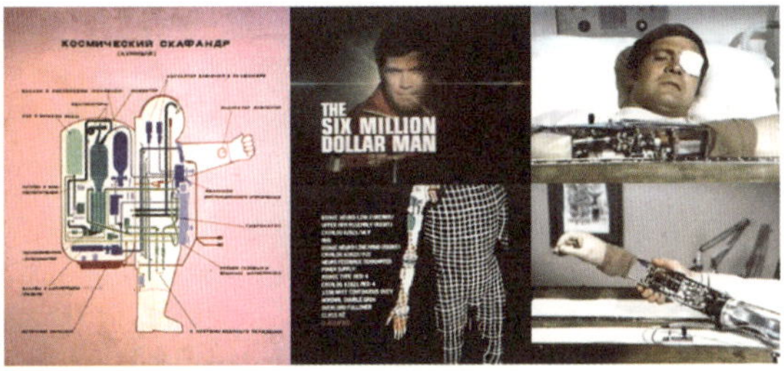

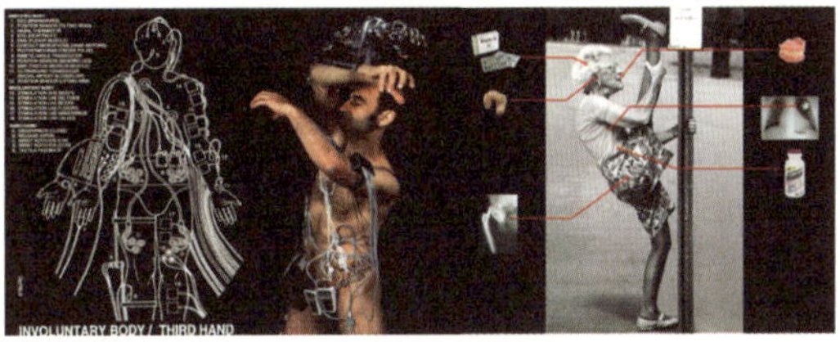

>事实上，当代的老年群体就好比是出现在科幻片、军工企业或者当代艺术时间中主观性的客观表达。我们称这种复杂的主观性形式为“类型混体”，就像“康乐女性”。

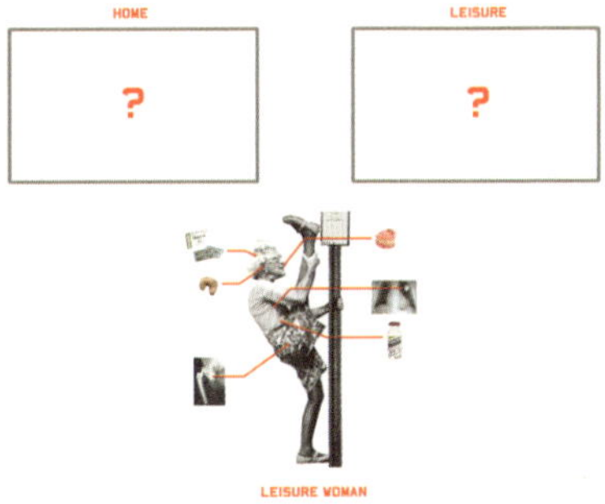

>在《组织人》（*The Organization Man*）这本书中，William Whyte描述了组织人生活和工作的特殊的城郊空间。>康乐女性的优势日益增长，与之相应的城市化形式和城市建筑会是怎样的呢?

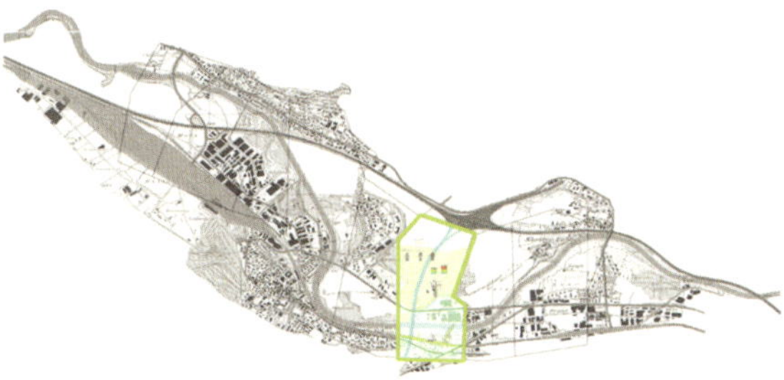

>工作室中的假定需要在城市群——这个未来人口变化的集中地带进行验证。>该场地的特点是有大量的基础设施，各种住房、工业、运输点和地形不清晰。

13B

练习13b重点分析了城市场地的各个层次。任务是要制作一个三维地图及模型。学生们分成两个工作组，随机选择一个层次并发展与环境相关的空间。在每个案例中，要求学生们提出追加5 000 m³体积应放置的场地及布局。

Architecture and Entwurf I. Prof. Marc Angelil
Summer Semester 2006
Unit: Deane Simpson

LEISURE WOMAN ON THE PERIPHERY

TEST SITES FOR EMERGING SUBJECTIVITIES

EX 13B (MAX 60% SITE AREA ANALYSIS + ADD 5000 CU.M. PER GROUP)(25m HEIGHT LIMIT)

TUESDAY APRIL 4 ('from the stomach')

	-RESEARCH LAYERS
	-COMPLETE 1:500 WOODEN MODEL OF BUILT FABRIC
	-DEVELOP MODEL AND DRAWING AS PER BELOW
18:00 PIN-UP	PER GROUP:
	-1:2000 SITE ANALYSIS: DRAWING STUDY
	(pencil w/ mayline plans and sections on A2 tracing paper)
	-2 x A4 prints with hypothesis
	-1:2000 SITE ANALYSIS: PARTIAL MODEL STUDY
	(grey cardboard + tape)
DURING WEEK	-SITE VISIT (CRITICAL)
	-MAPPING/RESEARCH
	-COMPLETE 1:2000 STUDY MODEL + 1:2000 DRAWING ON A2
	-SEMINAR READINGS

TUESDAY APRIL 11 ('head/stomach/hand')

18:00 PIN-UP	PER GROUP:
	1:1000 SITE ANALYSIS: COMPOSITE DRAWING
	1:1000 SITE ANALYSIS: MODEL
	(white cardboard in white painted wood frame)
	FOLLOWED BY EX 13B REVIEW

Architecture and Entwurf I. Prof. Marc Angelil
Summer Semester 2006
Unit: Deane Simpson

LEISURE WOMAN ON THE PERIPHERY

TEST SITES FOR EMERGING SUBJECTIVITIES

LAYERS FOR SITE ANALYSIS

LAYER 1. DEMOGRAPHICS A: PAST/PRESENT
- population
- age
- sex
- density
- income

LAYER 2. DEMOGRAPHICS B: PROJECTED
- population
- age
- sex
- density
- income

LAYER 3. DATASCAPE A: ECONOMICS
- land values
- building values
- potential values
- inventory of quantifiable elements on the site

LAYER 4. DATASCAPE B: CONSTRAINTS
- build-able envelopes
- height limits
- floor area ratio
- non-buildable areas etc.

LAYER 5. HISTORY/TRANSFORMATION
- history as a potential commodity
- river course changes
- sites of memory
- battles
- borders changes
- local stories/gossip

LAYER 6. LANDSCAPE
- scenography
- views
- the picturesque
- gardening obsessions

LAYER 7. TOPOGRAPHY
- elderly attraction to flat spaces
- site analysis according to disability (wheelchair bound)
- logic of 1 in 12 ramp slope

LAYER 8. INFRASTRUCTURE
- public vs private transport infrastructure
- speeds
- connectivity

LAYER 9. MOVEMENT/MOBILITY
- time map based on elderly distances and speeds compared to the non-elderly
- site analysis according to disability (blindness)

LAYER 10. BUILT FABRIC
- typologies
- repetition/systems
- dimensions
- sequence of development

LAYER 11. PROGRAM/EVENT
- zoning
- activities
- densities

LAYER 12. PUBLIC SPACE/SOCIAL SPACE/MEDIA SPACE
- sites of interaction
- varying levels of publicness
- forms of media

LAYER 13. VOIDS/INTERSTITIAL SPACES
- analysis of sites 'awaiting development'

LAYER 14. (ELDERLY) ATTRACTORS
- shopping areas?
- clubs/social infrastructure?
- casinos?
- children?
- pets or other animals?
- parks?
- scenery?
- peace and quiet?
- churches?
- good television reception?

在构建三维地图的过程中，学生们需要对非物质环境进行空间化处理。

MOVEMENT / MOBILITY

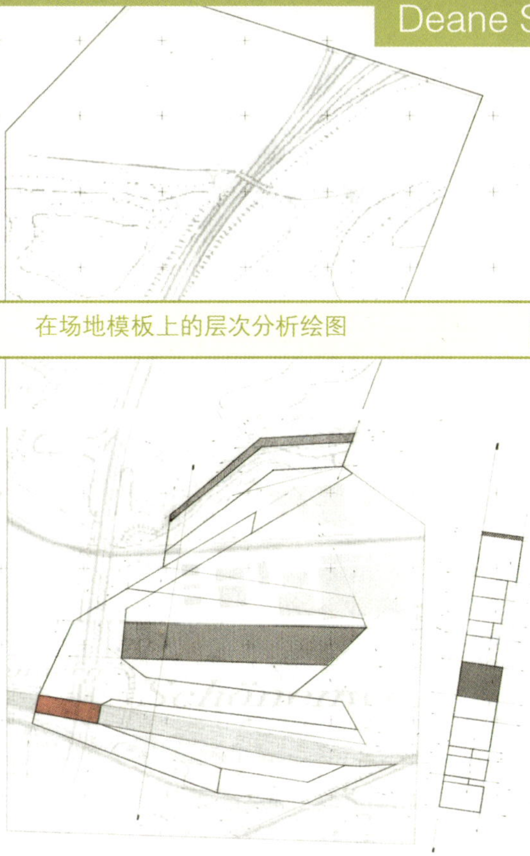

在场地模板上的层次分析绘图

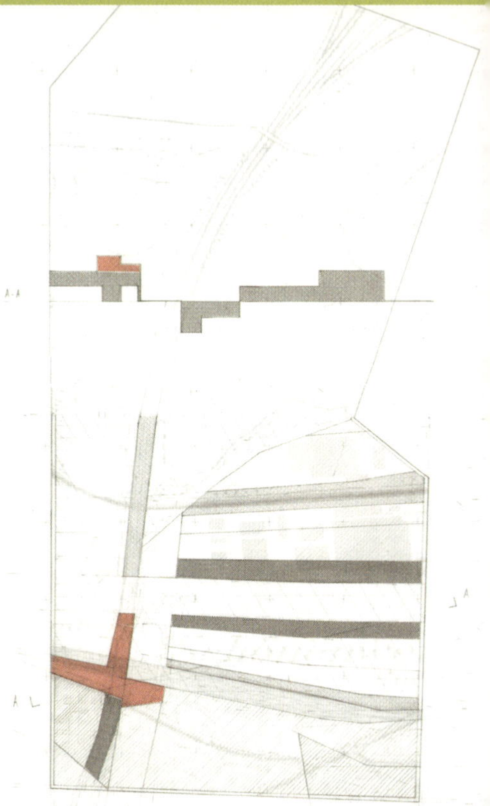

分析建筑结构层。学生们研究将一些
立的建筑结构连接起来的可能性，创造出
级建筑。

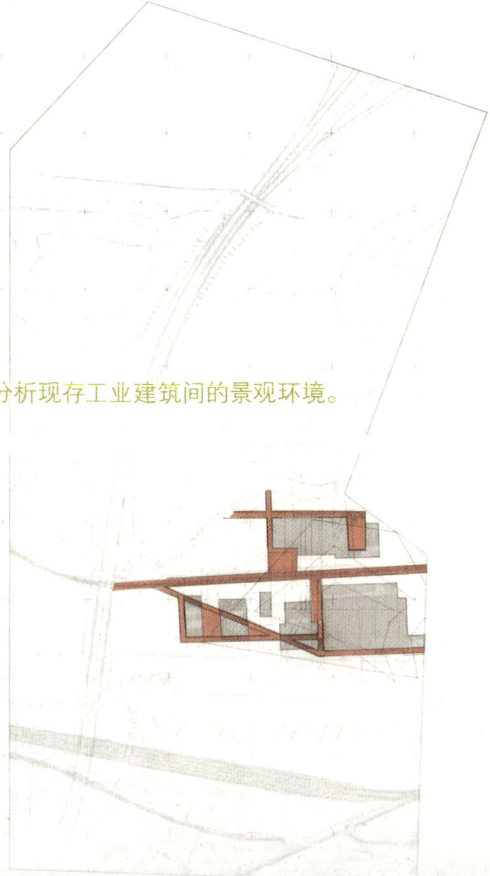

分析现存工业建筑间的景观环境。

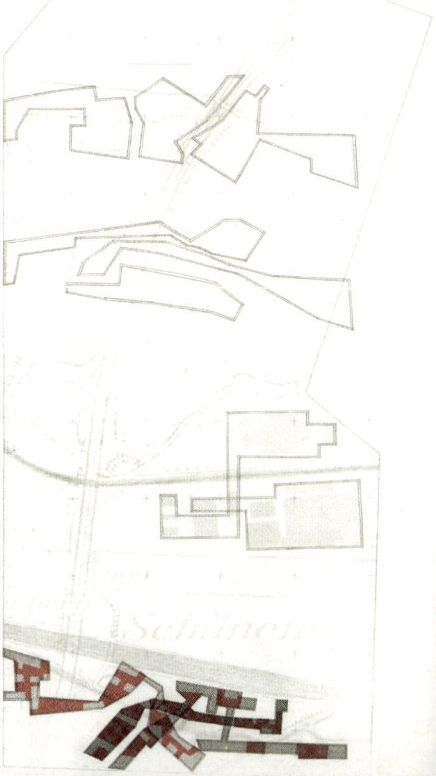

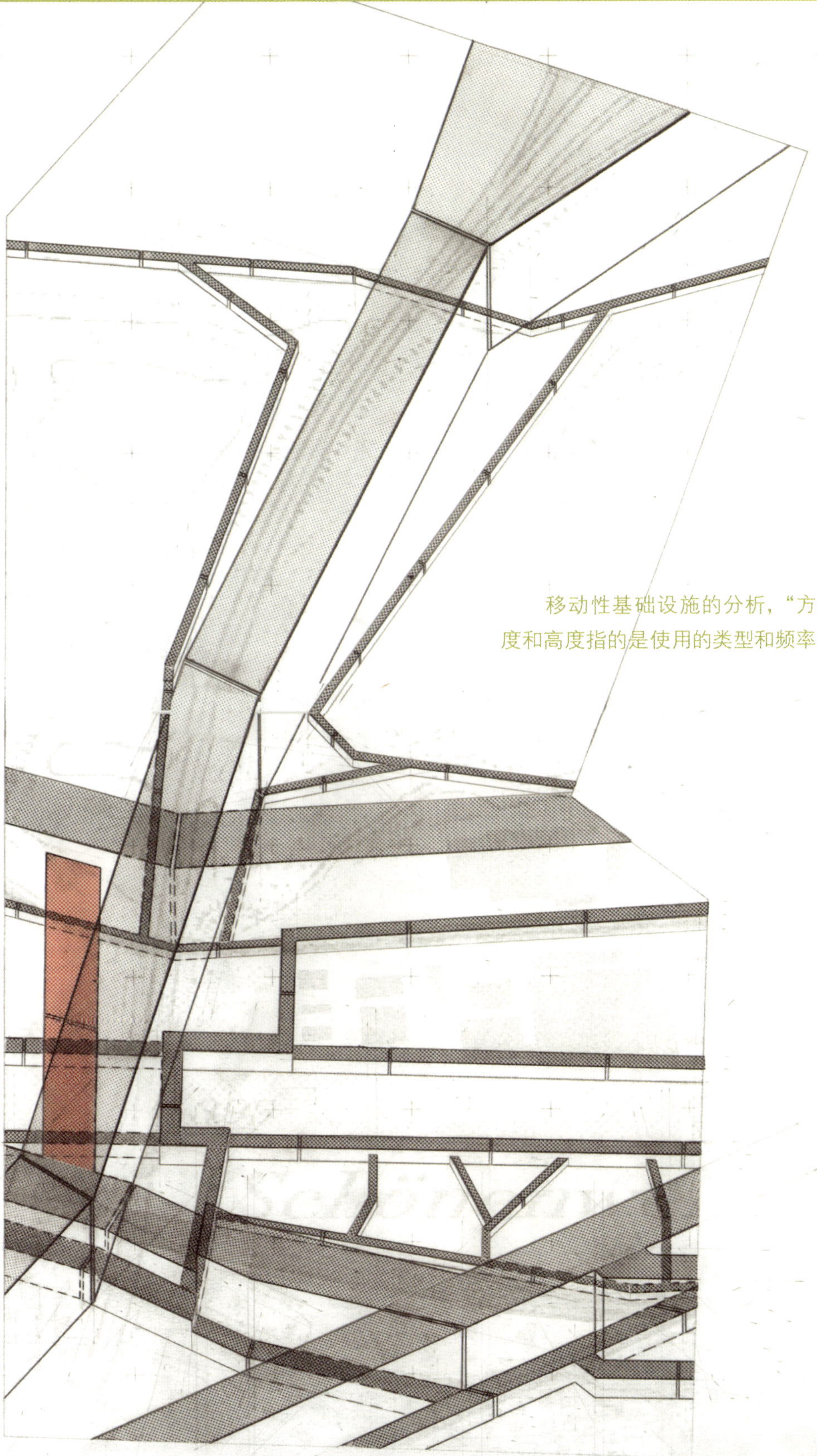

移动性基础设施的分析，“方块”的宽度和高度指的是使用的类型和频率。

13C

练习13c是由24名学生组成的小组进行城市规划设计。练习13b中对城市层次的分析结果在更大规模的小组中进行了讨论。进行干预的可选场地被减少到三个。具体的干预策略结合13b的练习结果制定。

Architecture and Entwurf I. Prof. Marc Angelil
Summer Semester 2006
Unit: Deane Simpson

LEISURE WOMAN ON THE PERIPHERY
TEST SITES FOR EMERGING SUBJECTIVITIES

TASK GROUPS

MODEL GROUP Leader: Nino
(Evgenia, Thomas) (Kathrin B., Ester) (Kevin, Emmanuel) (Nino, Manuela) (Michael, Sabrina)

Deliverables
A. Completion of given 1:500 Urban Model
Existing built fabric/landscape/infrastructure: Wood blocks/sheet
New built fabric/landscape/infrastructure: White cardboard
B. Detailed models of probes at 1:200 on sites A, B, C, and D
Materials to be selected

DRAWING GROUP Leader: Marcel
(Sandra, Seraina) (Simone, Eva) (Silvana, Mathias) (Marcel, Marc)

Deliverables
A. 1:500 drawing/diagrams mounted to grid frame
B. Analytical drawings and diagrams as required

PUBLICITY GROUP Leader: Deborah F.
(Philippe, Beni) (Roman, Deborah T.) (David, Nathalie) (Kathrin P., Micheala) (Amélie, Deborah F.)

Deliverables
A. Powerpoint presentation to convey ideas to visiting jurists
B. Booklet presenting project to be handed to those attending final urban review
C. Posters advertising each of the four sites (Renderings plus text etc.)
D. Digital animation of urban proposal or Internet site (to be discussed)

Architecture and Entwurf I. Prof. Marc Angelil
Summer Semester 2006
Unit: Deane Simpson

LEISURE WOMAN ON THE PERIPHERY
TEST SITES FOR EMERGING SUBJECTIVITIES

SITE GROUP A Leader: Roman
NEW SUBURBAN UNBUILT SPACE

2. DEMOGRAPHICS B: PROJECTED (Kathrin B., Ester)
13B extraction: densify 25% between built fabric

10. BUILT FABRIC (Kathrin P., Micheala)
13B extraction: new links between built fabric to produce larger coherent structures

13. VOIDS/INTERSTITIAL SPACES (Roman, Deborah T.)
13B extraction: zoomed in analysis of unbuilt space according to level of public or private space

PROPOSAL FOR GENERAL APPROACH
-exploit the site of most potential in suburbia - the unbuilt space between the built fabric - to generate a specific form of new suburban-elder-space
-challenge conventional public-private distinctions of suburbia
-densify with built fabric (mostly residential + communal amenities) and programmed landscape (mostly leisure associated)
-maximize integration of elderly with rest of the population
-propose new programs and typologies

PROPOSAL FOR POSITIONING

isolation	vs	integration	
dispersal	vs	density	
zoning	vs	mixing	
public	vs	private	both
individual	vs	collective	
leisure	vs	work	both
static	vs	dynamic	
buildings	vs	landscape	both
residential	vs	commercial	both
quiet	vs	loud	

Architecture and Entwurf I. Prof. Marc Angelil
Summer Semester 2006
Unit: Deane Simpson

LEISURE WOMAN ON THE PERIPHERY
TEST SITES FOR EMERGING SUBJECTIVITIES

SITE GROUP B Leader: Emmanuel
STATION/HIGHWAY (ELDERLY) HUB

3. DATASCAPE A: ECONOMICS (Kevin, Emmanuel)
13B extraction: identification of site of highest social value but lowest economic cost
8. INFRASTRUCTURE (Silvana, Mathias)
13B extraction: potential for bundled/knotted infrastructure as new form of hub
9. MOVEMENT/MOBILITY (Marcel, Marc)
13B extraction: mapping of speed and volume suggests missing slow-link under highway
11. PROGRAM/EVENT (Amélie, Deborah F.)
13B extraction: identification of site of maximum programmatic mixing and contrast as location of development (infrastructure and landscape overlap)
12. PUBLIC SPACE/SOCIAL SPACE/MEDIA SPACE (Philippe, Beni)
13B extraction: station as critical site of public activity

PROPOSAL FOR GENERAL APPROACH
-exploit the site of most urban activity and connection – at the crossing of railway station and highway – to generate a specific form of 'elder-hub' urbanism
-propose new programs and public spaces from the railway station extending to river and underneath highway
-propose the integration of residential (apartments and communal living) and commercial programs (shopping, cafes, parking etc.) into this public space sequence
-maximize integration of elderly with rest of the population
-propose new programs and typologies

PROPOSAL FOR POSITIONING

isolation	vs	integration	
dispersal	vs	density	
zoning	vs	mixing	
public	vs	private	both
individual	vs	collective	
leisure	vs	work	both
static	vs	dynamic	
buildings	vs	landscape	both
residential	vs	commercial	both
quiet	vs	loud	

Architecture and Entwurf I. Prof. Marc Angelil
Summer Semester 2006
Unit: Deane Simpson

LEISURE WOMAN ON THE PERIPHERY
TEST SITES FOR EMERGING SUBJECTIVITIES

SITE GROUP C Leader: Sandra
POST INDUSTRIAL LEISURE-SCAPE

1. DEMOGRAPHICS A: PAST/PRESENT (Evgenia, Thomas)
13B extraction: logic of 25% reduction of use of industrial space
6. LANDSCAPE (Sandra, Seraina)
13B extraction: potential of collision of artificial landscape and industrial zone (both outside and inside buildings)
7. TOPOGRAPHY (Simone, Eva)
13B extraction: flexible/mobile mountain

PROPOSAL FOR GENERAL APPROACH
-explore reprogramming/reuse of industrial built fabric with elderly residential program
-introduce new leisure-based landscape/topography that functions as connective tissue between, around and within existing industrial envelopes
-program leisure landscape (mini-golf, Schrieber(sp?) gardens, tennis courts etc)
-new landscape could extend as far as the river edge to connect the former industrial area with the water (new industry landscape extends to become beach)
-maximize 24 hour use of the area
-propose new programs and typologies that are specific to this reuse
-potentially connect to existing forest

PROPOSAL FOR POSITIONING

isolation	vs	integration	
dispersal	vs	density	
zoning	vs	mixing	
public	vs	private	both
individual	vs	collective	both
leisure	vs	work	both
static	vs	dynamic	both
buildings	vs	landscape	both
residential	vs	commercial	both
quiet	vs	loud	

练习13c的第一会议的成果总结

从练习13b中选择的结果的描图覆盖纸和每个干预场地相关。

为练习13c做的“演示装备”的组成部分，城市干预。

Knotworking

编结

三个城市干预计划之一位于现有的火车站、河流的边缘及公路基础设施的交会点上。老年人尤其经常乘坐火车，特别是使用有折扣的、无限制的火车联票。老年人结伴去国家的另一端享用午餐，下午再返回家中，这种现象并不罕见。建议在现有的火车站附近发展一个“超级节点”，通过架桥及在现有基础设施之下建造隧道来创造新的连接。其目的是创建一个当地的及区域的节点，处于一个开放的公共空间的中心，由河流和火车站界定两端。计划增加项目包括：药品和医疗中心、网吧、公共图书馆、健身室、商店和一个跨越河流的人行道，也能同时支持小型汽车的通行。公共空间的规划要考虑整年的活动。

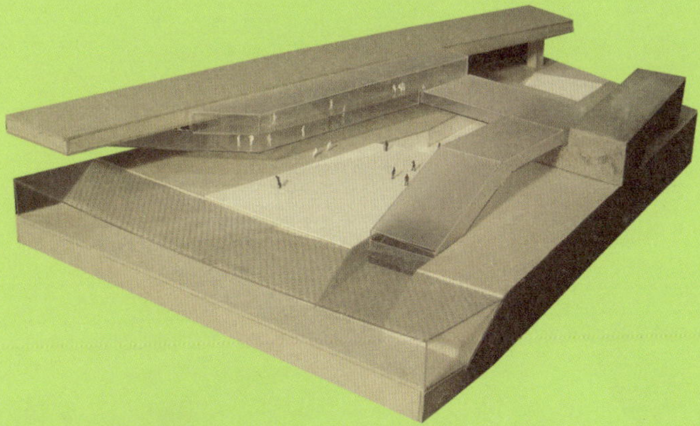

邻接

三个城市干预计划之二选择在了现有的主要居住区。处理该场地的方法是分两步走。首先是在现有建筑物之间和顶部建造建筑以增加居住密度。高密集的建筑包括桥梁、填装物、屋顶和屋顶阁楼。第二，该项目拟将一些私有土地转变为公共空间，以“休闲地毯”的形式将区域连接起来，为居民提供更多康乐及社会福利设施。例如连接地带。除了增加住宅面积、空间和室外的公共空间，还要提供社区支持功能。

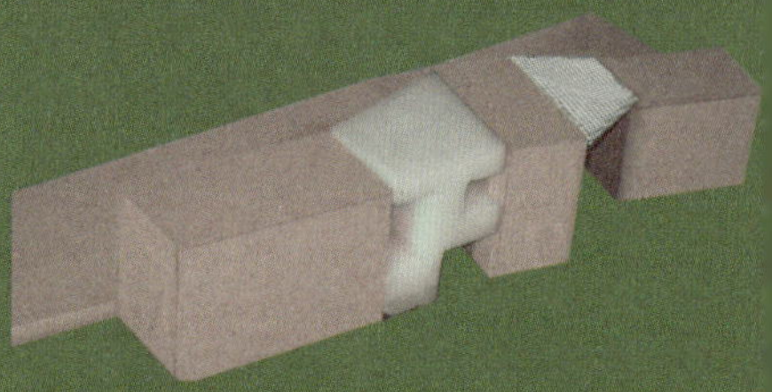

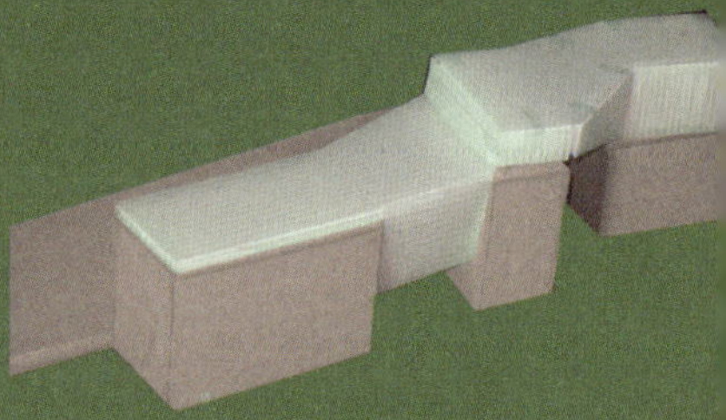

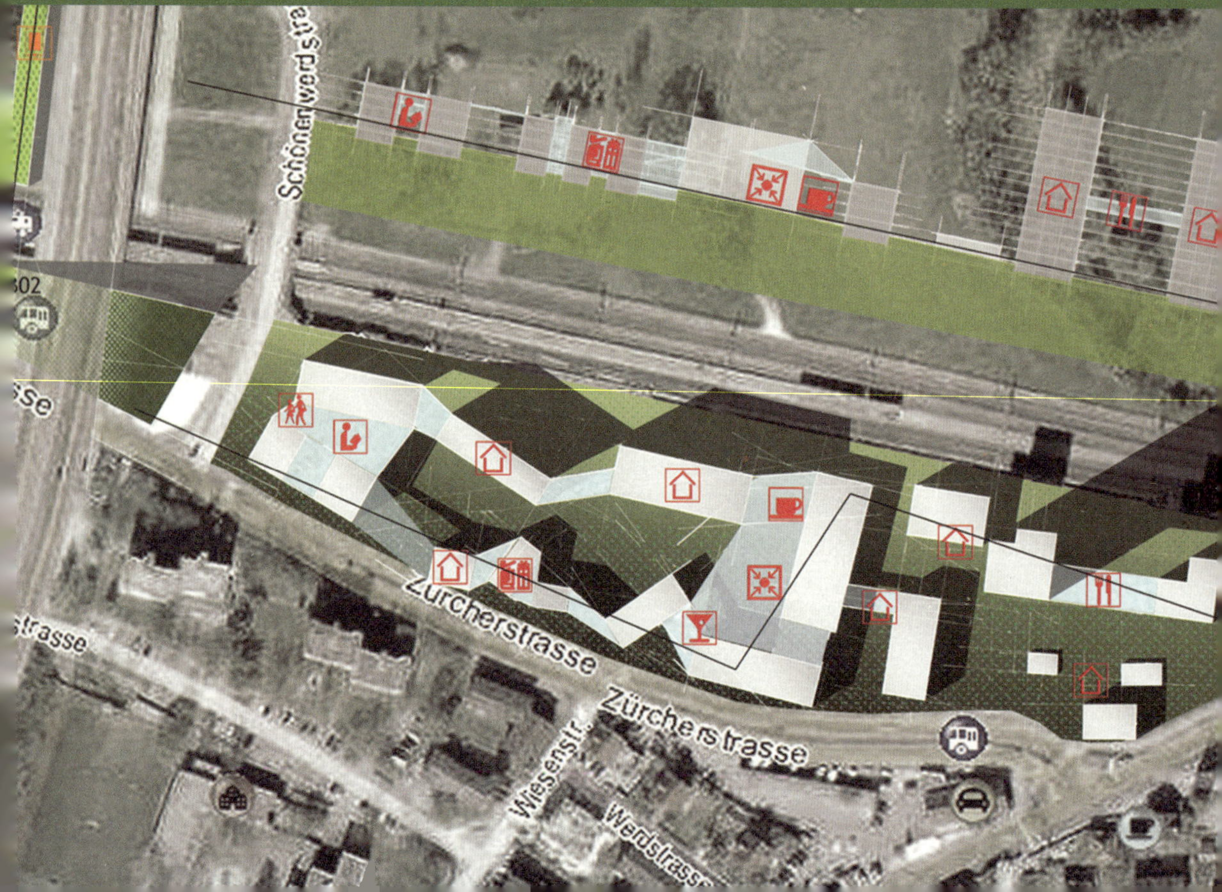

d bakery
Kiosk
Pharmarcy
09:15am

11:30am

Interpenaturation

目互渗透

三个城市干预计划之三选择在未完全开发的
二业区。该项目提出了将闲置的工业建筑和周围
的景观进行改造，以增加新的第三代的休闲和居
主功能。北面的森林被“挪”到场地中，休闲场所
建在楼宇之间与原有的停车场场地上。河里的水
被“挪”进建筑中，可以全年在那里垂钓以及进行
其他水上活动。该项目探索了对第二代产业空间
进行重新规划的基本潜能，以进入到第三代康乐
时代。

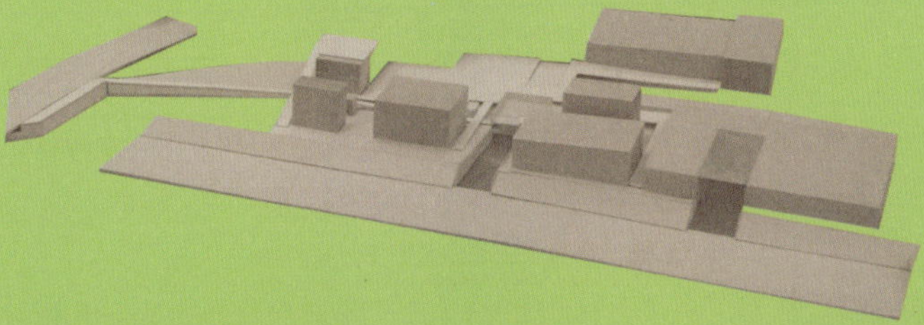

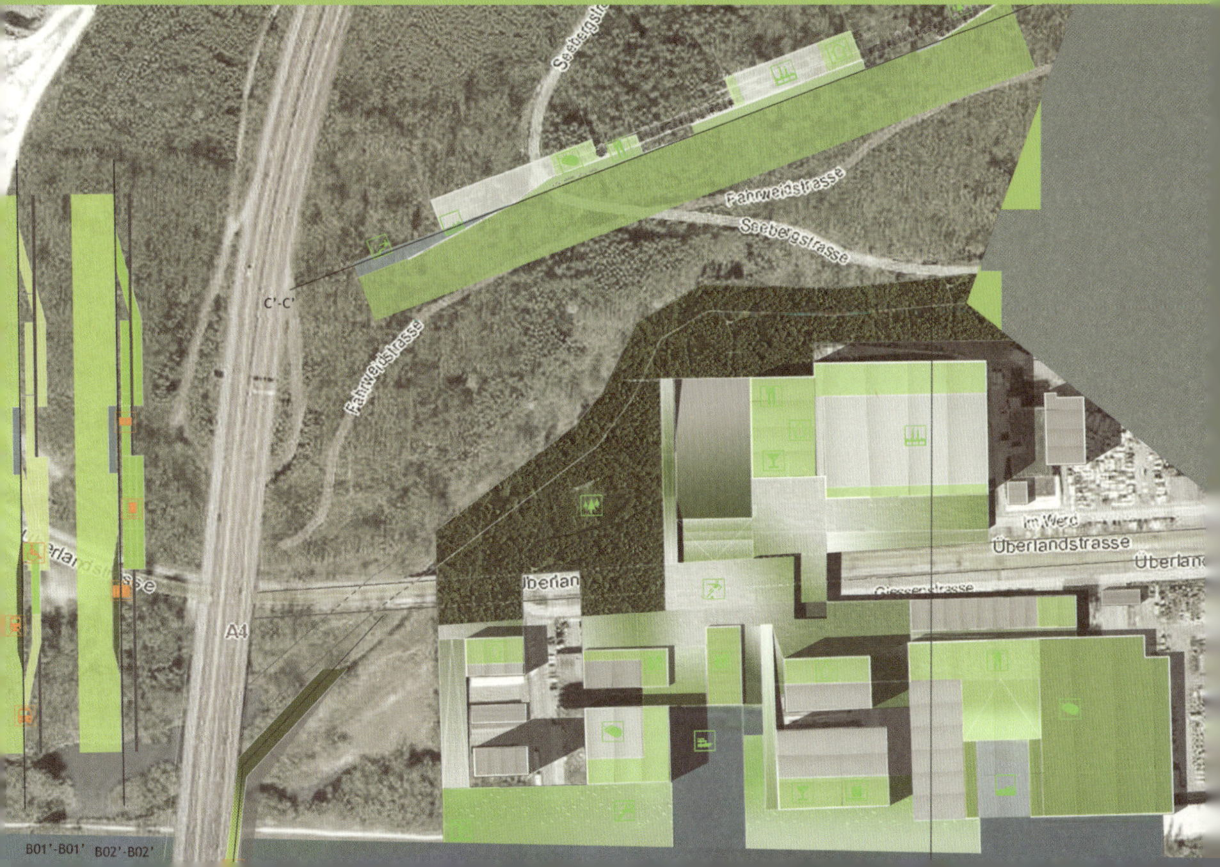

13D

练习13d的目的是为不同客户创造个性化的建筑干预规划。在每一个项目中，学生需要去采访一名康乐女性客户。每两人为一组，需假设这个客户是小组中其中一个同学的母亲，并且已经到了退休年龄。

Architecture and Entwurf I. Prof. Marc Angelil
Summer Semester 2006
Unit: Deane Simpson

LEISURE WOMAN ON THE PERIPHERY

TEST SITES FOR EMERGING SUBJECTIVITIES

SEMESTER PART 2: ARCHITECTURAL PROJECT

You will now begin to design an architectural project for Leisure Woman.

EXERCISE 13D PROGRAMMING

HOMEWORK TO PRESENT ON TUESDAY MAY 08
(5 MINUTE POWERPOINT PRESENTATION PER GROUP OF TWO)

1.a. In groups of two, interview Leisure Woman

-She is most likely to be your mother (when she reaches retirement age)

-She could also be an elderly woman you approach:
- -on the street
- -on the train or bus
- -in the mensa
- -or in another setting.

-Ask her questions about things such as:
- -her lifestyle
- -her desired surroundings
- -the most important people/experiences in her life
- -her dreams for the future
- -her daily routines/habits/ idiosyncrasies
- -her hobbies
- -stories about her neighbors
- -her pets
- -her favorite colour/music/artist/TV show/actor/actress/movie
- -her body/health
- -her favorite space/building in Zurich/Switzerland/the World
- -the house she would like to live in.

1.b. Document Leisure Woman and your interview with her.

-This could include:
- -video/audio recordings/photographs of...
- -her, and her activities, surroundings, obsessions, pets, possessions, idiosyncrasies, etc.
- -surprise us.

2.a. Consider where her architectural project might be located within the urban plan. Include this, and your argumentation in your powerpoint presentation.

mornings are mostly spent
ng the newspapers. I am a little bit
ted to news, particularly politics..."

练习13d的目的是为不同客户创造个性化的建筑干预规划。在每一个项目中，学生需要去采访一名康乐女性客户。每两人为一组，需假设这个客户是小组中其中一个同学的母亲，并且已经到了退休年龄。

sdays and Thursdays I go to body-
classes. I used to play tennis with
end Maggie but my tennis elbow
een playing up in the last six months
.."

Architecture and Entwurf I. Prof. Marc Angelil
Summer Semester 2006
Unit: Deane Simpson

LEISURE WOMAN ON THE PERIPHERY

TEST SITES FOR EMERGING SUBJECTIVITIES

This project, is for the client(s) ___________, a *female/male* (delete one) in *her/his* (delete one) *early/mid/late* (delete two) *sixties/seventies/eighties/nineties* (delete three), a *current/former* (delete one) __________ from __________. *Her/his* (delete one) interests include ___________, ________________ is of central importance to ________________. The project will include a *housing/an apartment*(delete one) component of approximately ______sqm along with a __________ component of approximately _______sqm. It will be situated in the _________ zone of _____________ suggesting ______________________. Our research is directed toward the theme _______ _______ ________ ____________ ________ ___________ ________. This defines the central concept in the design of the project as ________ ________ ________, suggesting an architecture of __________.

学生要完成这个表格

A. CLIENT

B. PROGRAM

C. THEME/CONCEPT

Possible Themes/Issues
-new housing typologies for the elderly
-the generic home rather than the specific home
-pets as essential companions for the elderly (substitutes for children/husbands)
-gardening obsession
-retirement home as site of permanent vacation
-re-education
-golf obsession
-TV as hearth of elderly home (soap opera as important ritual)
-hobby house
-spending the children's inheritance lifestyles: 'to save now is to go hungry for the heirs'.
-fitness house
-beige house
-designing a house to stay one's entire life in (the home for all phases of life)
-new forms of communal life for the elderly
-downsizing the home as one ages
-habit house
-converting the young house into the old house
-elderly home live-work scenarios
-wheelchair house
-disability house
-casserole brigade house
-Alzheimer's house
-total leisure house

e rooms with a lot of afternoon sun.
m that would have a roof that would
to the sky on sunny days would be
s that too science fiction?..."

n't stand noisy neighbors. Neither
my cat Beatrix. I have a collection
er 1400 pottery cats. And a library
oks on trivia concerning cats. And
awings. I love to draw cats. One
laggie said to me..."

13E

在练习13e中，学生再次被分成两人一组，依据练习13d中的规划，为康乐女性量身定做一个建筑项目。每个项目都要安排在练习13c中发展的总体规划设计内，并要符合大纲中的基本概念。

好奇心强的老年女性住宅

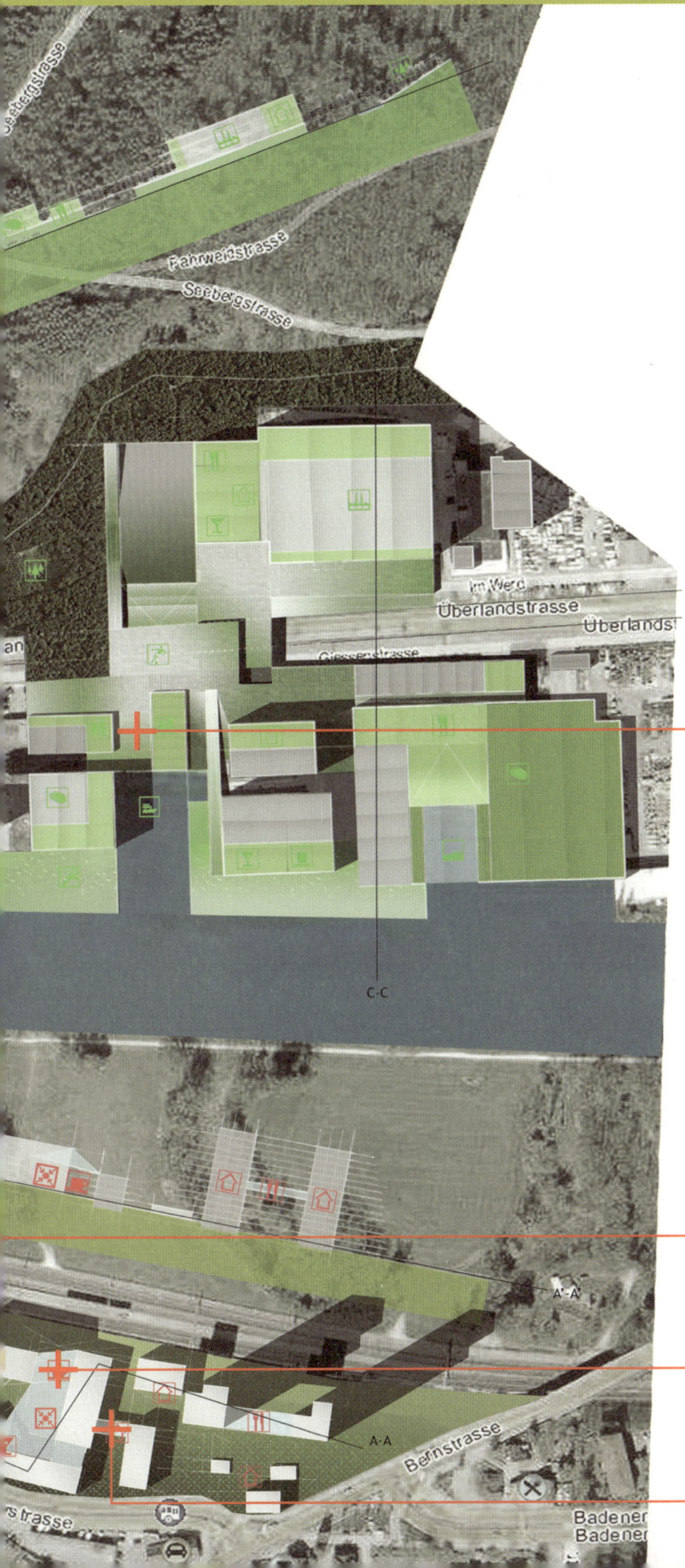

阿尔茨海默病患者疗养院

轮椅专用住宅

可饲养宠物的住宅

膀胱病专用住宅

为一位名叫“Elsbeth”的患有膀胱疾病的老人设计公寓。通过加厚墙壁，Elsbeth原来的公寓布局发生改变，“厕所”被设置到每个规划功能之中。

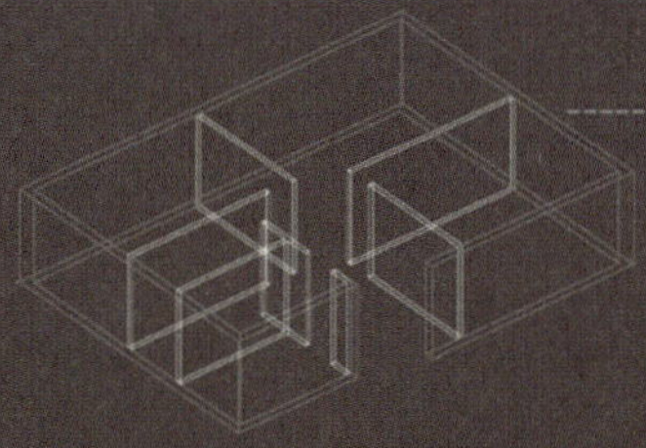

existing structure of the apartment

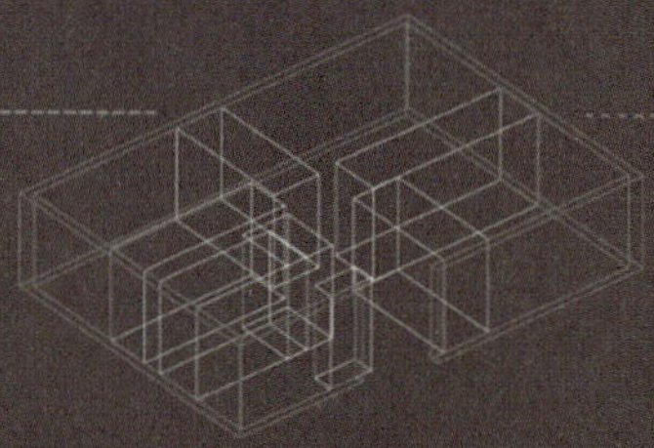

expand the inner walls. The inner structure thickens to a with of 1m

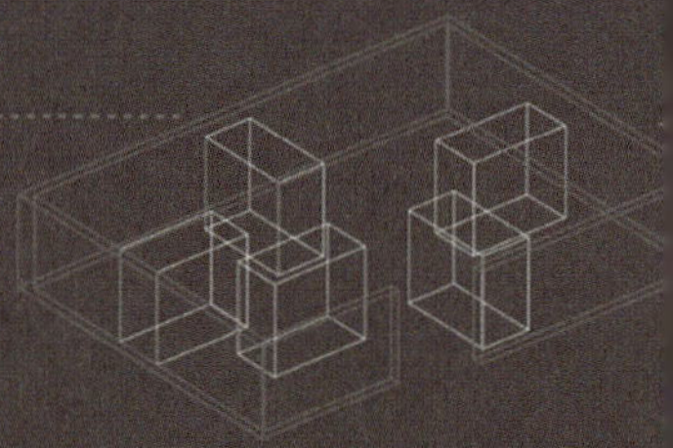

place the toilets into the expanded walls and remove the left over structure. The toilets are now the new room dividing elements of the flat

WEAK BLADDER HOUSE (For Aunt Elsbeth) Kevin Dröscher and Emmanuel Diseren

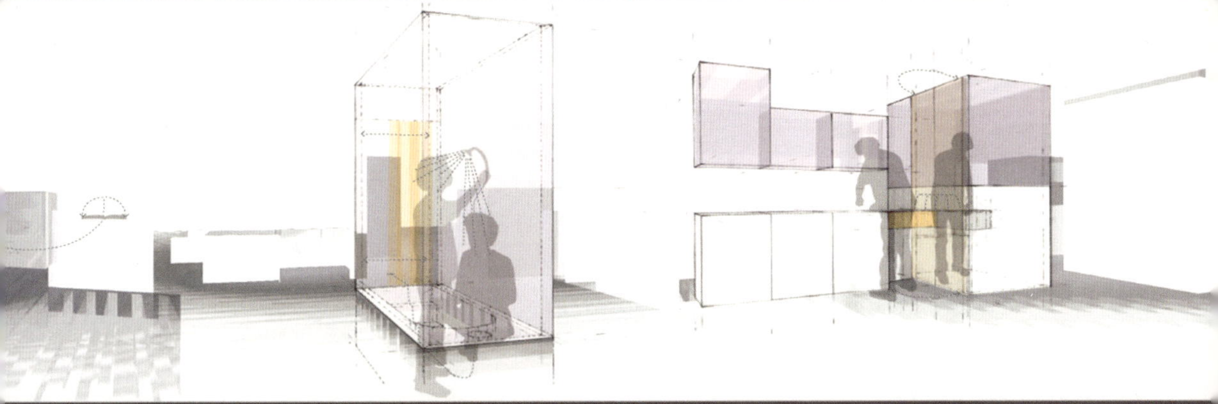

toilets and
pac and

the more time you spend in a room the more luxurious it should be. In the case of toilets privacy can be seen as a luxury.
Therefore we took an opac and a translucent material to build luxus and less luxus toilets according to the logic of the amount of time spent in each room.

study of our clients daily routine. The bar-graph diagramm shows the amount of time she spends in which room.

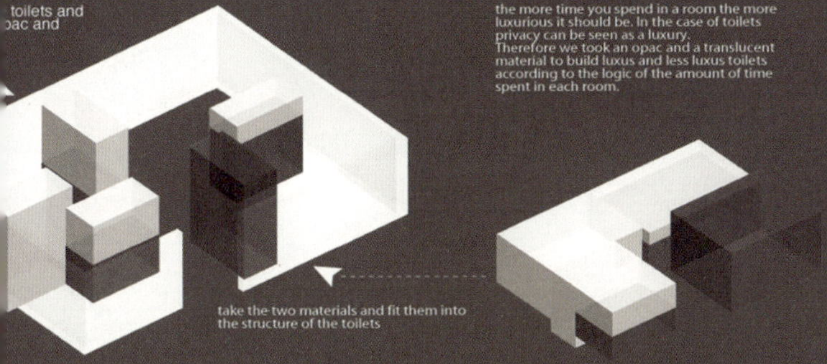

take the two materials and fit them into the structure of the toilets

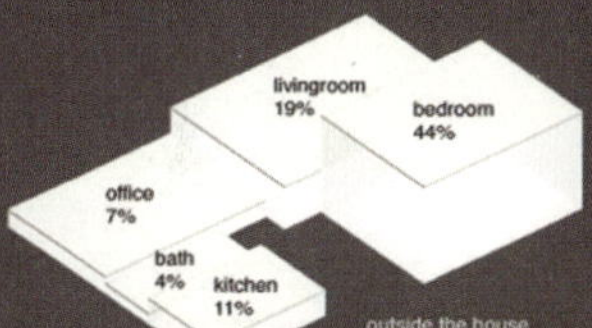

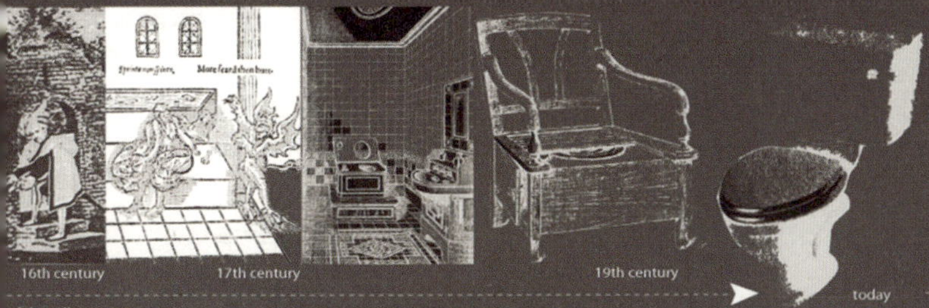

16th century 17th century 19th century today

of the toilet

In order for our client to be able to go to the lavatory in every situatuion at any time we had to rethink and also question our view of what a toilet is. Does a toilet necessarily need to be a small closed up room which preferably should be hidden? We could not find the answers to this question and think that this old prospection of the toilet does not find any justification in today's society.

Therefore we tried to rethink the toilet architectually. What is its design and function?
We think that the bathroom does not necessarily need to be a closed up space but can also be a place of interaction or relaxation. As a result we developed five different toilets for our client. Each one of theme has individually been adapted to our client needs and to the room in which we placed them.

Our client is a 86 year old lady which is suffering of a weak bladd er. Otherwise she is in perfect physical and mental health and is totally independent concering her daily duties.
Our client has been living in a 3 room apartment in Wipkingen Zurich for almost 60 years and has never considered moving. In general it is to say that our client dislikes any kind of changes and feels very strongly about being able to live the way she has been living for the last decades.
The only thing that inhibits her keep going on with her daily routine is her weak bladd er. It makes her get up during the night, in the middle of chats with friends and can become a real problem when she is leaving her apartment.
In order to fulfill her wishes we decided to make as few changes as possible so that our client does not have to change her habits. Her suffering should no longer interfere with her routine but should rather be the subject upon which we design her new house.
Our idea is to build a house according to the logic of her weak prostate.

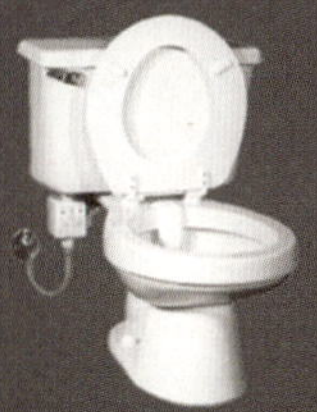

This is not a toilet

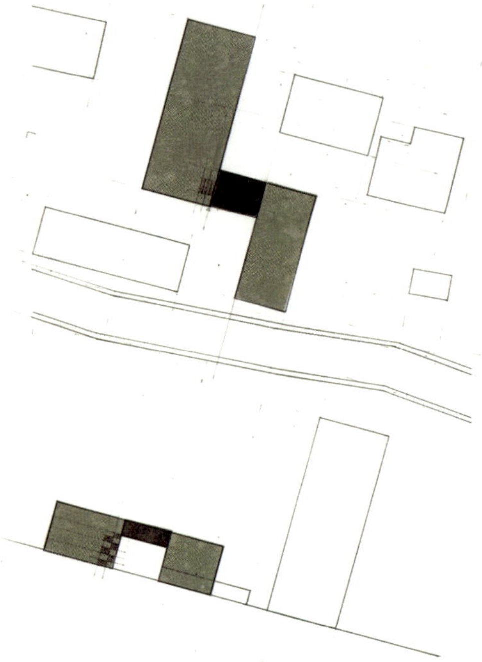

以卧室为例，把床和厕所安排在由悬吊式拉门隔开的连续的水平面上。Elsbeth在床上翻个身就能够使用平放的厕所及洗手装置。

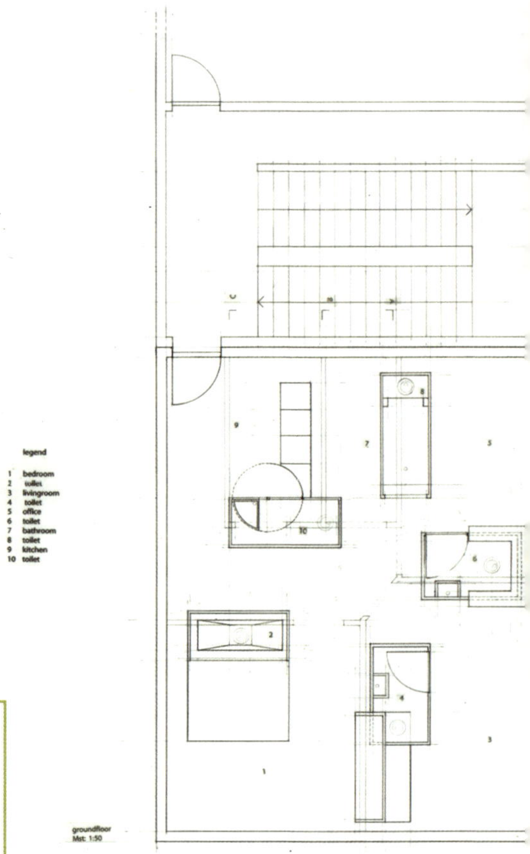

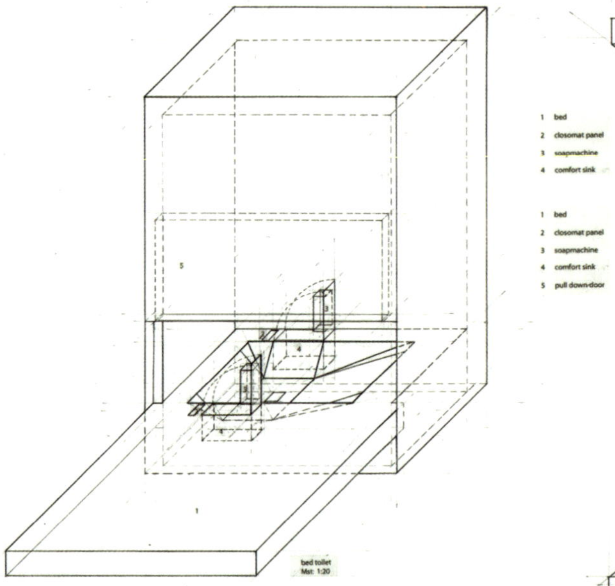

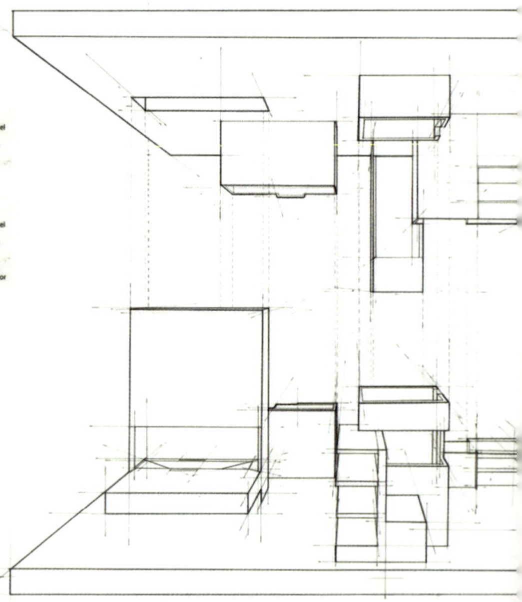

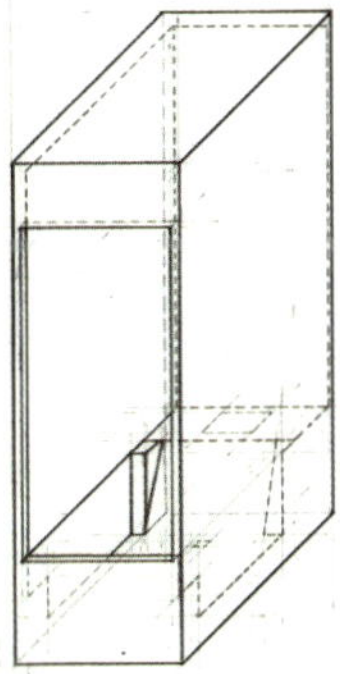

bath toilet
Mst: 1:40

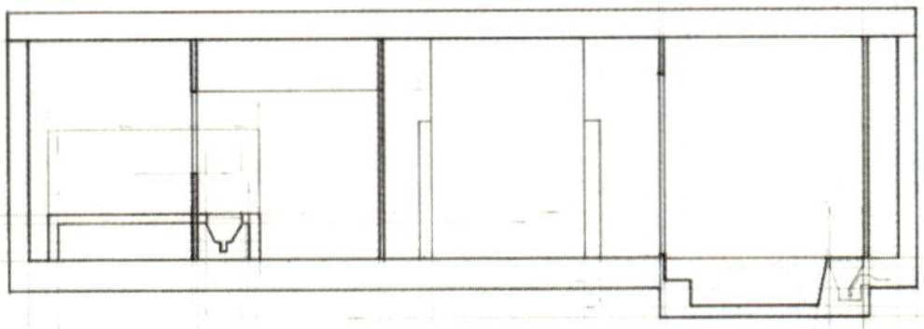

section A-A
Mst: 1:50

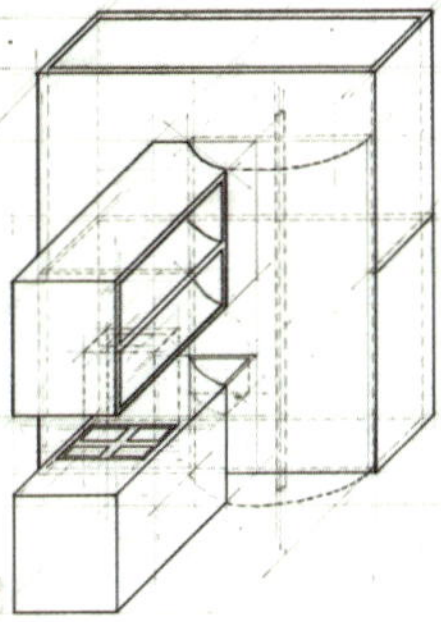

kitchen toilet
Mst: 1:40

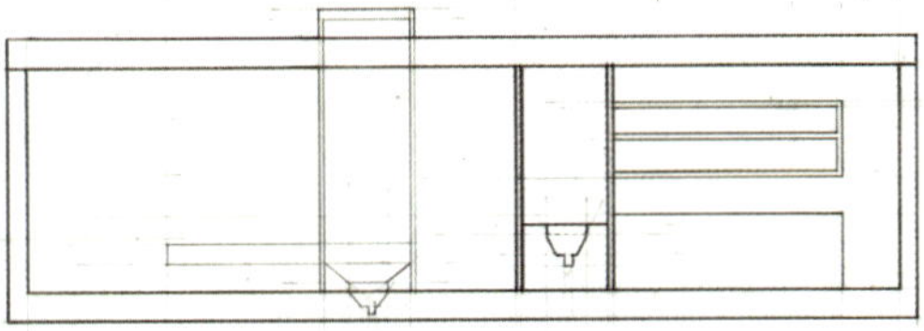

section B-B
Mst: 1:50

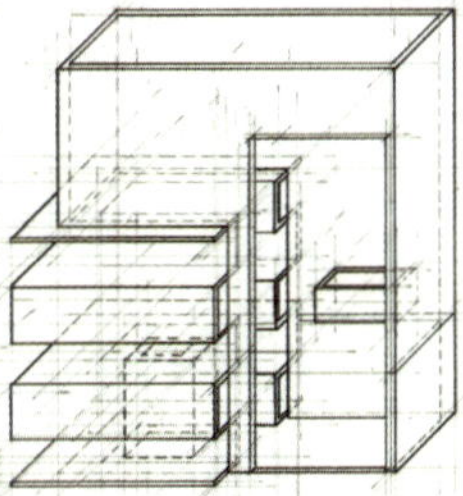

bookshelve toilet
Mst: 1:40

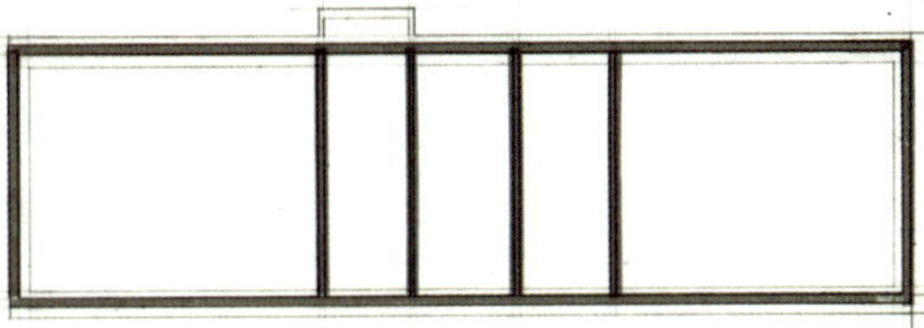

section C-C
Mst: 1:50

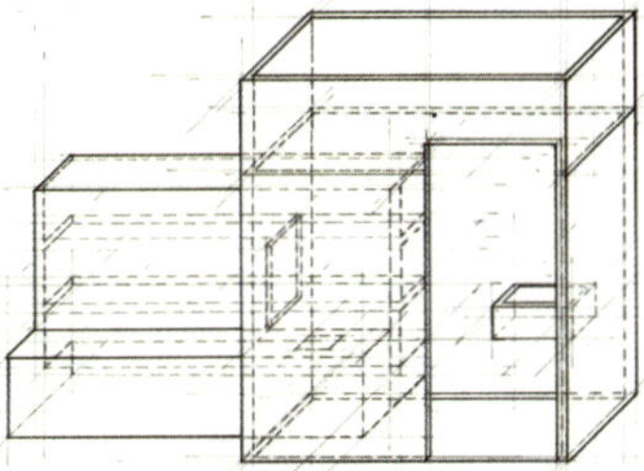

uch toilet
st: 1:40

“厨房”和“客厅卫生间”使得谈话——否则会因膀胱问题被打断——能够继续。“办公室和书房卫生间”整合了一个双面书架，使得房屋主人可以接着拿到其他所有形式的阅读材料。淋浴间准确无误地整合了沐浴和厕所的功能。

好奇心强的老年女性住宅

Kathrin Perrig 和 Michaela Gisler

这是一种专门为喜欢观察周围事物的老年女性设计的住宅。该住宅方案位于一处“交织”区域，让她们可以扮演便衣保安志愿者的角色。该项目的设计方案和结构是根据她们的日常事务和独特观点确定的。每种观点都已融入到建筑当中。

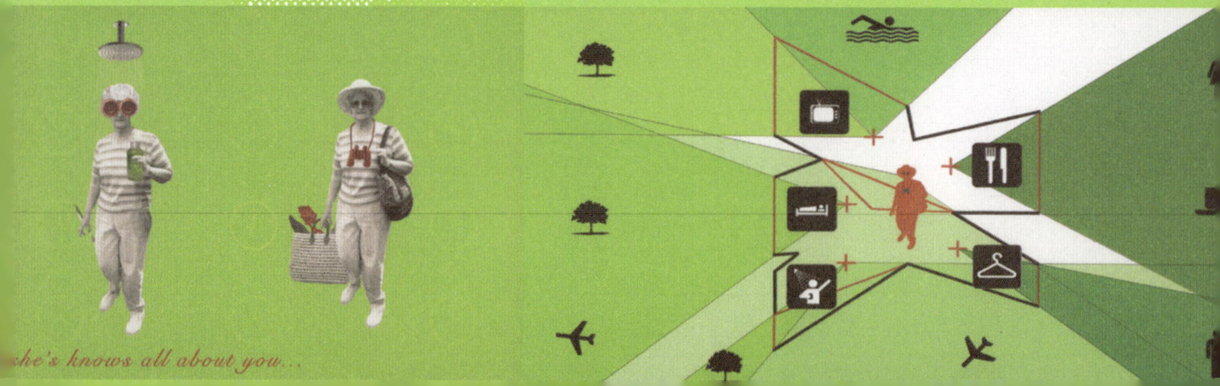

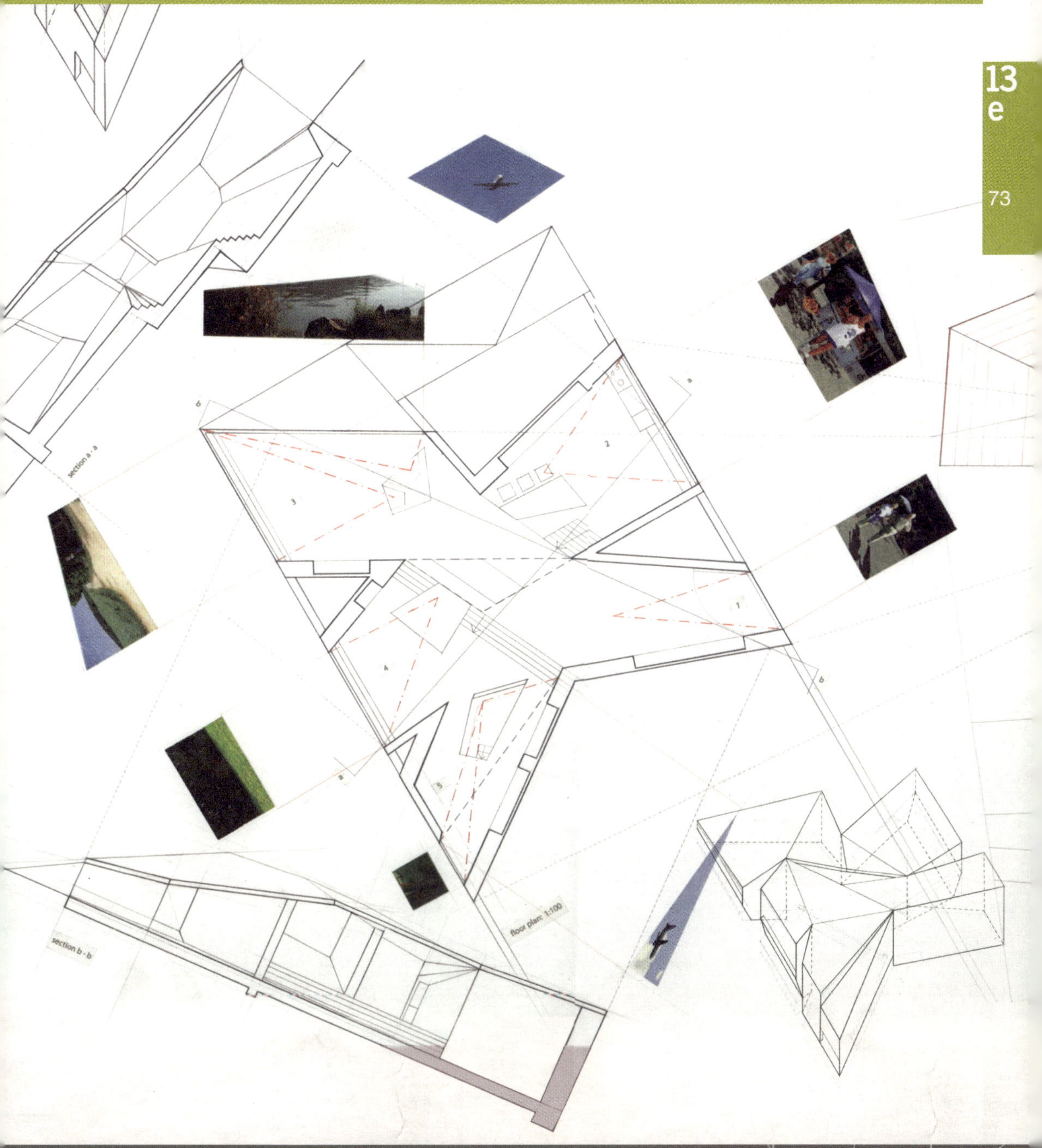
section a - a
floor plan: 1:100
section b - b

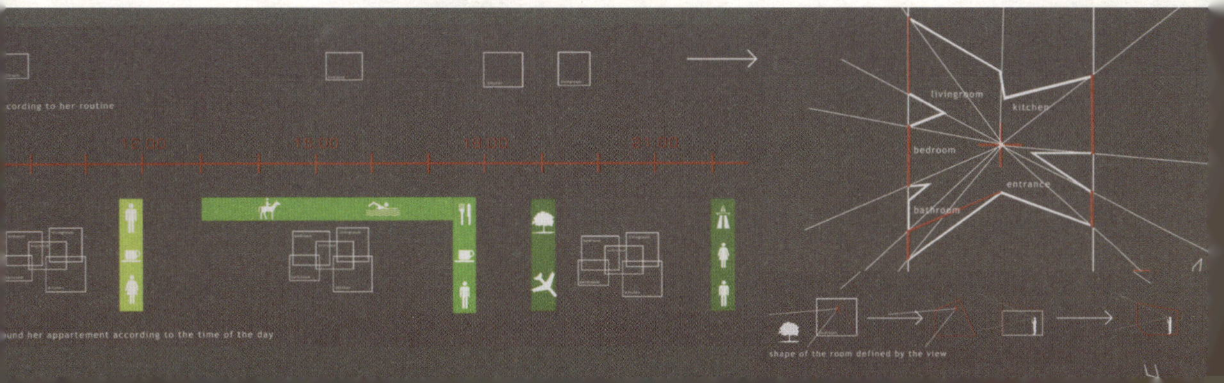
cording to her routine
12.00
15.00
18.00
21.00
und her appartement according to the time of the day
livingroom
kitchen
bedroom
entrance
bathroom
shape of the room defined by the view

狗拥有发达的肌肉，因此跳跃能力很强。
人类就好比它们所要承担的负荷，因此它们非常依赖人类。
它们非常易于顺服。
它们的听觉范围是35 000 Hz。
人类是18 000 Hz。

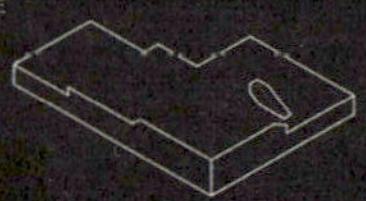

猫的身高大约为50 cm，但它们可以从很小的缝隙中穿过。
猫的最快奔跑速度可达50 km/h。
可跃至相当于其身长15倍的高度，立定跳高可达2.5 m。
它们的利爪可帮助它们轻松攀爬，然而由于其爪部容易打滑，它们不善于向下爬。
从高处跌落不易使它们受伤，并且它们不会轻易从极高处跳下。

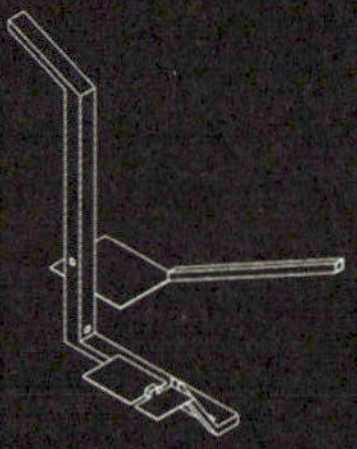

一只长尾鹦鹉从头部至尾部长约25 cm。
其鸟笼的尺寸要至少为1 m × 0.5 m × 0.5 m，每增加一只则鸟笼要在原有的尺寸上扩大50%。
它们每天需要若干小时的自由飞翔时间。
长尾鹦鹉善于长距离飞行。
它们必须成对或成群饲养，否则会易产生骚乱行为。

公寓是禁止饲养宠物的，而康乐女性住进独栋住宅时，她们会非常希望有宠物围绕身边。
她们不会厌烦爬楼梯，这对他们来说是很好的体育锻炼，可以保持姣好的身材和身体健康。
新居所的的设计方案要综合考虑，既要符合康乐女性的需求及其饲养宠物的愿望，也要符合动物的日常需求。

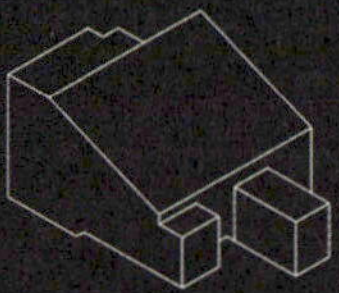

可饲养宠物的住宅

Eva Wüst 和 Simone Buchmann

经事实验证，宠物对老年人的心理健康有着积极影响，尤其是对那些丧偶的孤寡老人。这种住宅是专为饲养宠物的退休寡妇设计的。在本例中，主人饲养了一只狗、一只猫和一只鸟。该住宅被间插于现有住宅区之中。

对每种动物的习性、行为、空间需求以及各物种间的共处条件进行调查研究，从而得出一系列设计要求。这样可以解析出适合每个物种的空间，同时让居住者最大限度地通过日常活动与宠物进行互动。

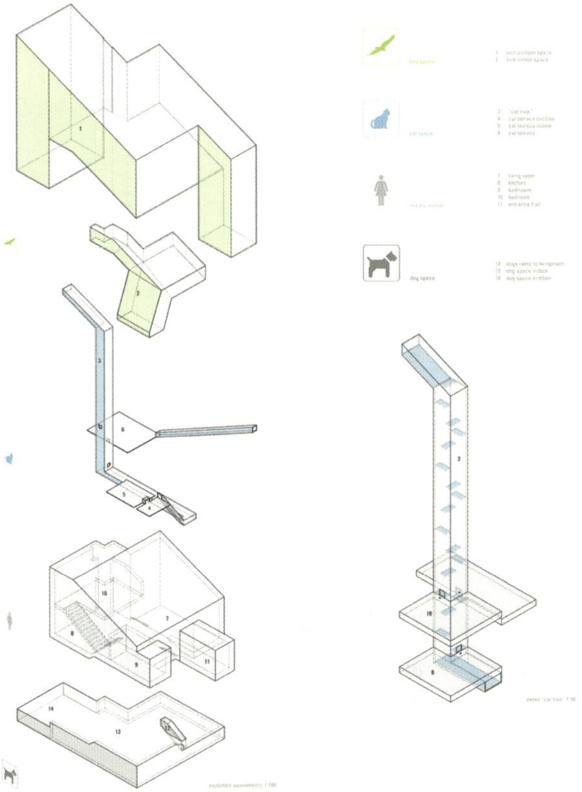

老年痴呆症患者的住宅

Marcel Jäggi 和 Marc Bill

该项目是供四位老年痴呆症患者设计的住宅。让同样患有老年痴呆症的个体聚集到一起，这种策略是由众多专家共同提出的，已经在该病患领域被广泛应用。该项目位于后工业休闲区。通过研究患者行为特征，设计者得出一系列设计规范，从而确定了该项目的设计方案和结构。需要注意的关键点之一是，要让日常物品和各种功能处在明显的位置，而不用隐藏起来，让患者在长距离行走时无需返回。

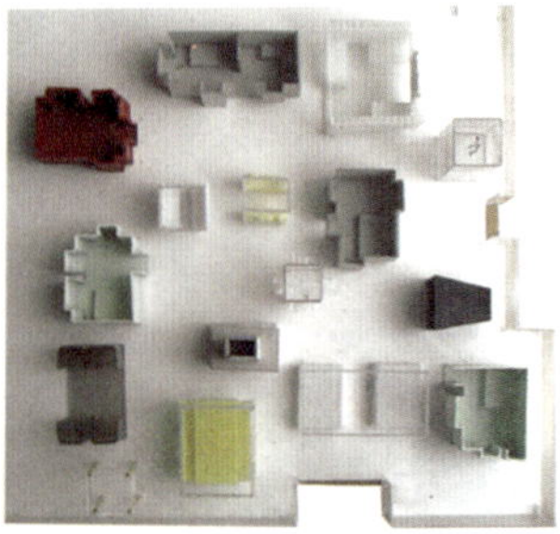

模型视图

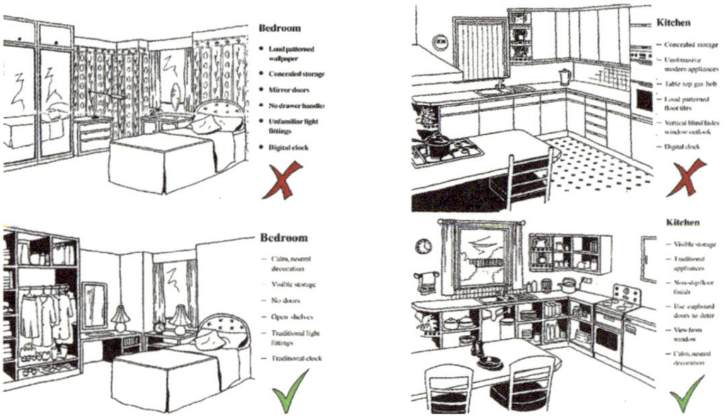

设计要点指南

规则1：杜绝对称性元素

该病症患者的记忆力较弱，重复性元素容易使患者迷惑。因此，设计中不要出现对称性、重复性标识或设施。

规则2：房间的功能需单一

该病症患者的记忆力较弱，不易掌握物品和功能的对应关系。在本例中，建筑中的功能单一性使得功能更加易于患者进行辨认。因此，项目中的设置及物品各不相同。

规则3：全部设施均处于明显位置

短暂的记忆力使得患者常常忘记将物品放回原处。通过这种明显度高的设计，患者可以记住各功能的位置。

规则4：杜绝死角

该病症患者会无意识地长距走。没有死角，可以让患者循环路，促进身体锻炼。同时，可患者感到住处的开阔感，避免闭塞感。

模型视图

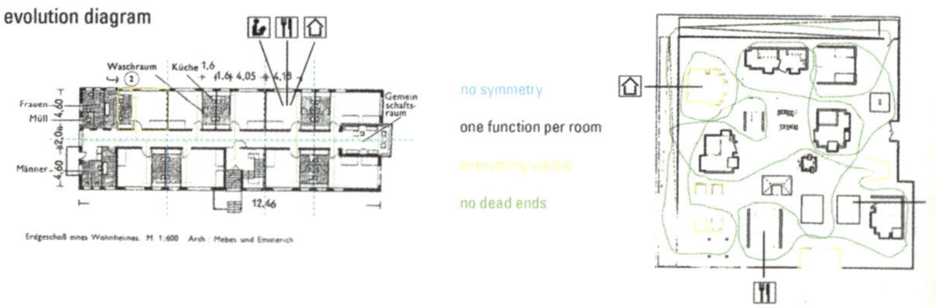

平面图

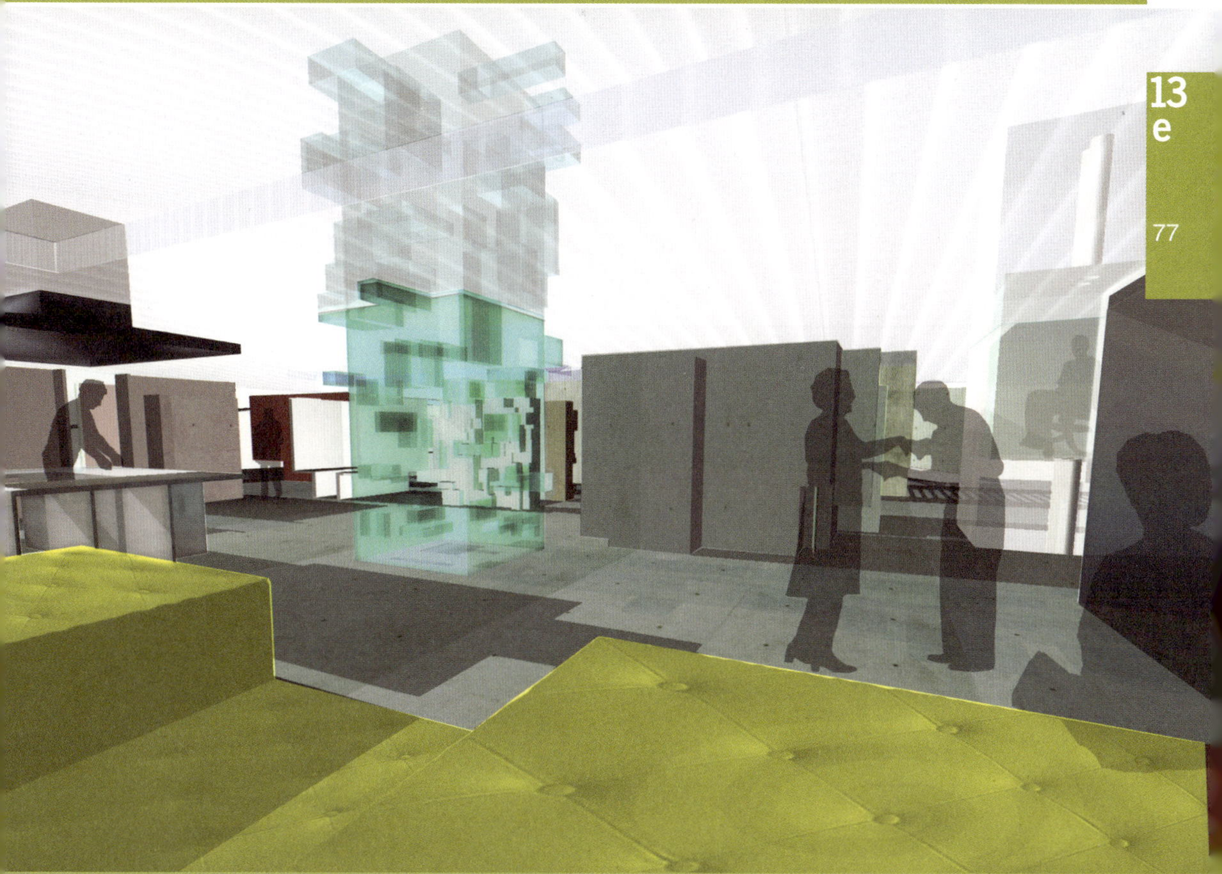

在单一功能元素间设有多个行走回路。每一个都进行了不同的规划，并用不同的颜色、材料和形状进行了区分。

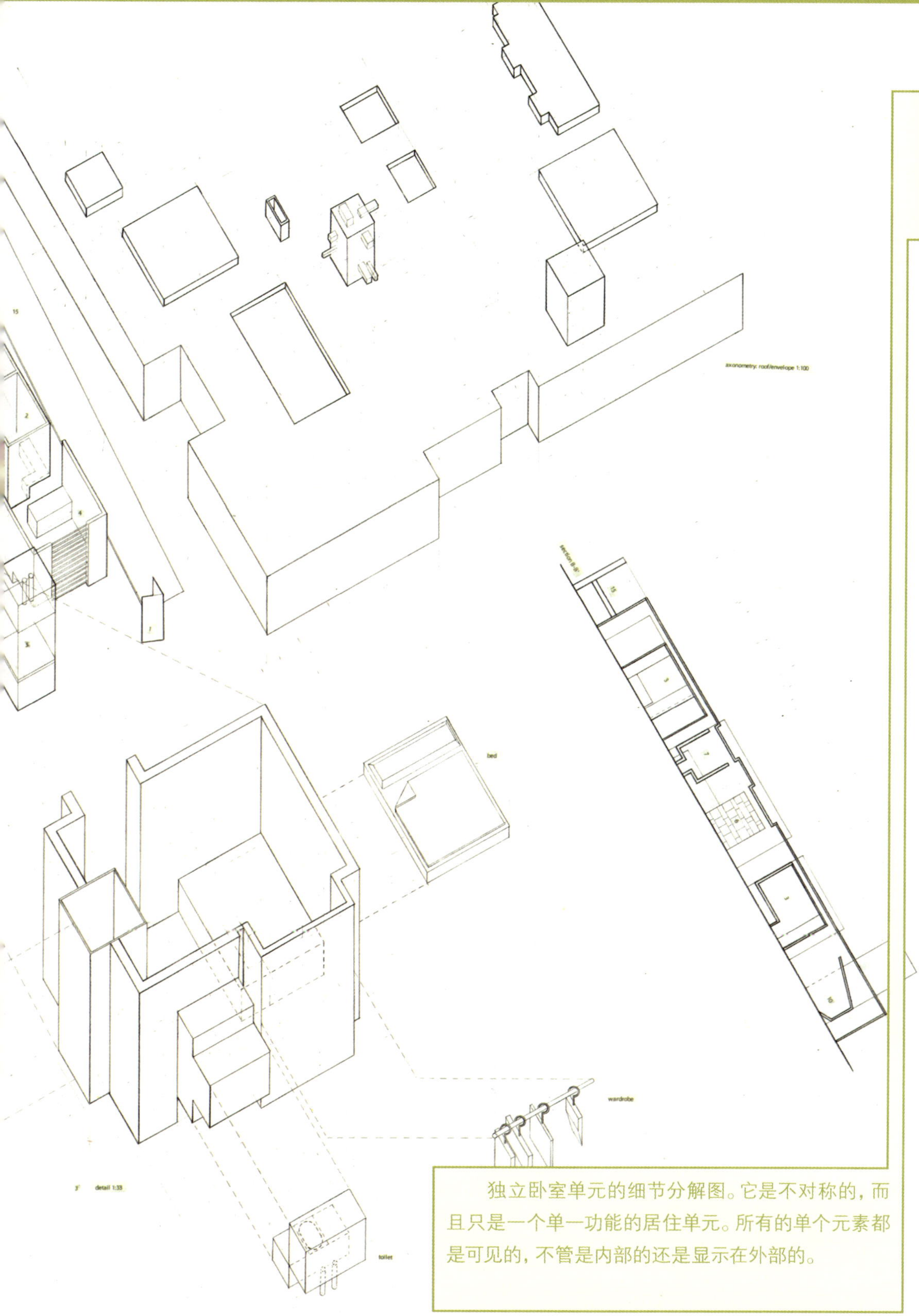

独立卧室单元的细节分解图。它是不对称的，而且只是一个单一功能的居住单元。所有的单个元素都是可见的，不管是内部的还是显示在外部的。

Disabling the wheelchair as diability

Having to rely on a wheelchair is usually seen as a disprofit to which the architecture doesn't respond to directly, modifications and changes to existing concepts and structures are gererally the case. This project is about understanding the wheelchair as an advantage instead of something negative and take it as a starting point for architectural design. Through analysis of slopes, circulation patterns, operation heights, width dimensions as well as the analysis of a typical daily routine of a disabled elderly person we started developing an optimized architectural environment.

A non-disabled person added to the household suggests a different logic of interaction: To have both persons equally valued, being on the same eye level for all common activities becomes one of the key elements for the interior organization. This results with various floor shifts and new forms and uses of internal appliances.

WCLU - Wheelchair Living Unit

A project by BOJO, Beni Bollmann & Phil Jorisch
Assistant: Deane Simpson
Architecture & Design, 2nd Semester (SS2006)
D-ARCH, ETH Zürich

Walter Heiniger and Marilies Heiniger-Meuli have been happily married f
forty years now. Both are retired, Walter was a chef at a renowned resta
and Marilies has been teaching handicraft at the primary school.

Seven years ago, Walter started suffering from arthrosis. Through intensi
cal treatment, he has recovered from a difficult period at the hospital. He
able to move again freely, but is relying on his wheelchair for circulation
and within the house.

They want to move into a smaller, more comfortable apartment, since the
house no longer fits their needs: It is too large since all three kids have m
and the circulation between multiple floors has become a problem that h
solved with a rather inconvenient wheelchair lift.

Walter an Marilies both enjoy common hobbies such as reading (especia
Sunday newspaper), watching TV, or shopping. Marilies still plays tennis
week, Walter strolls through the park instead. They both go out once or t
week to have dinner and go to the movies or they visit the kids and their f

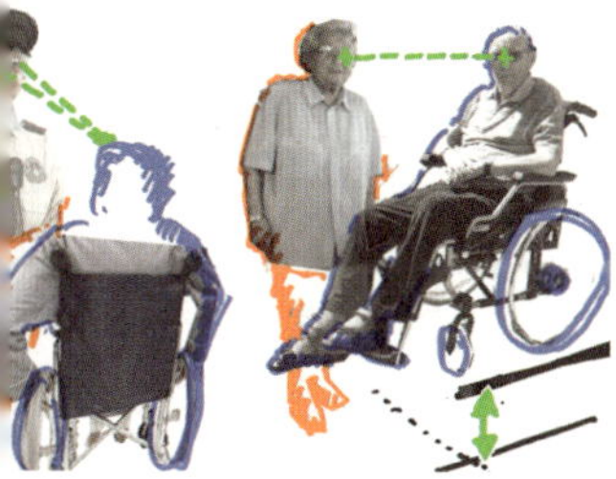

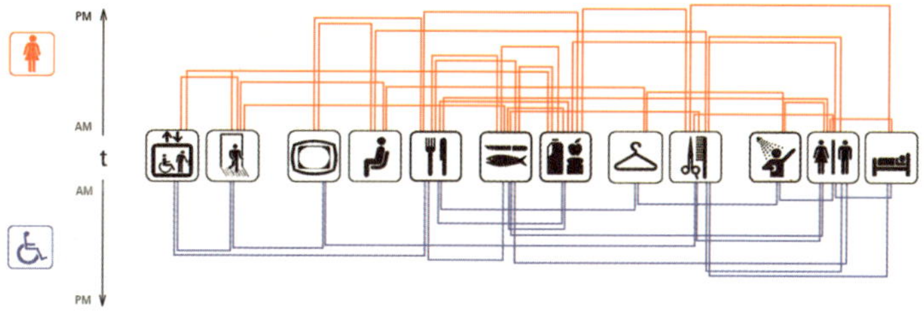

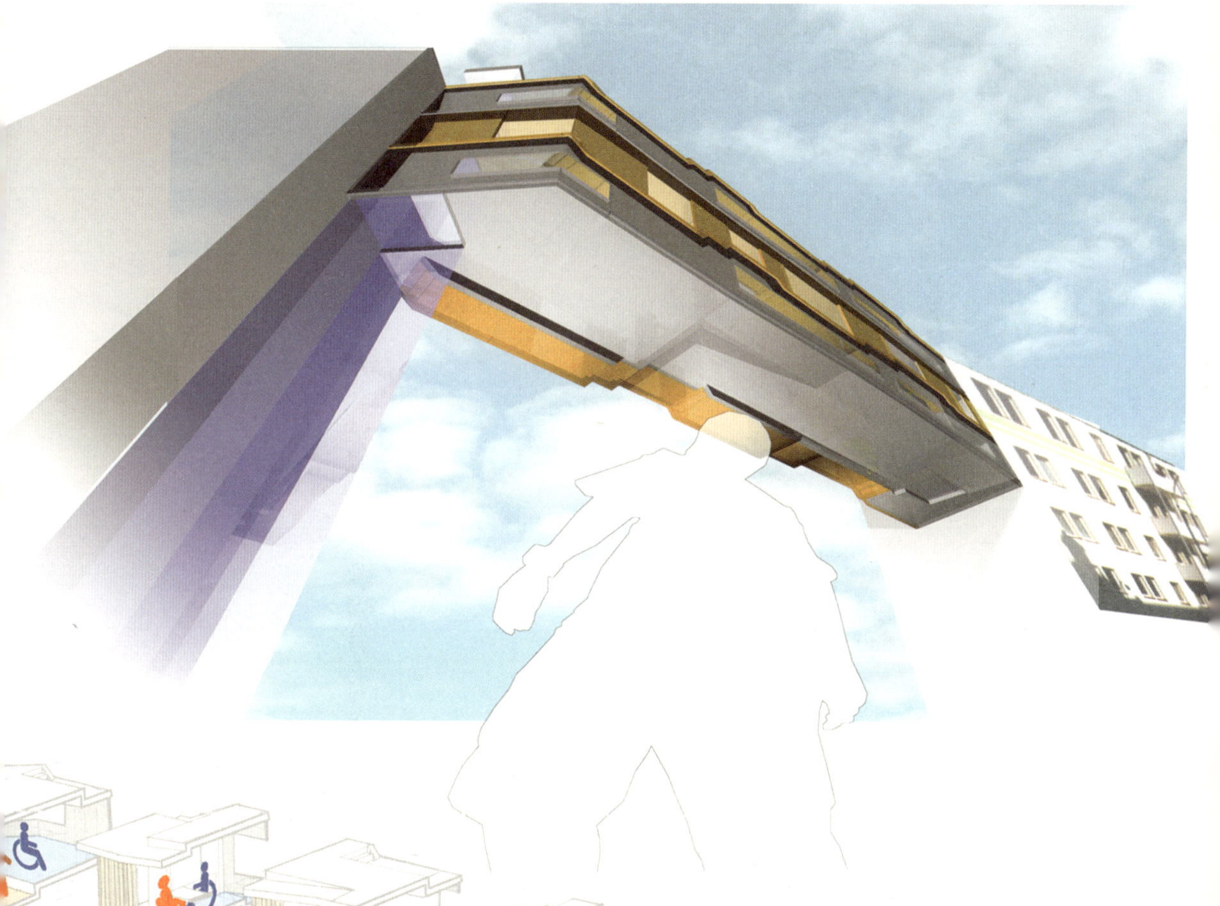

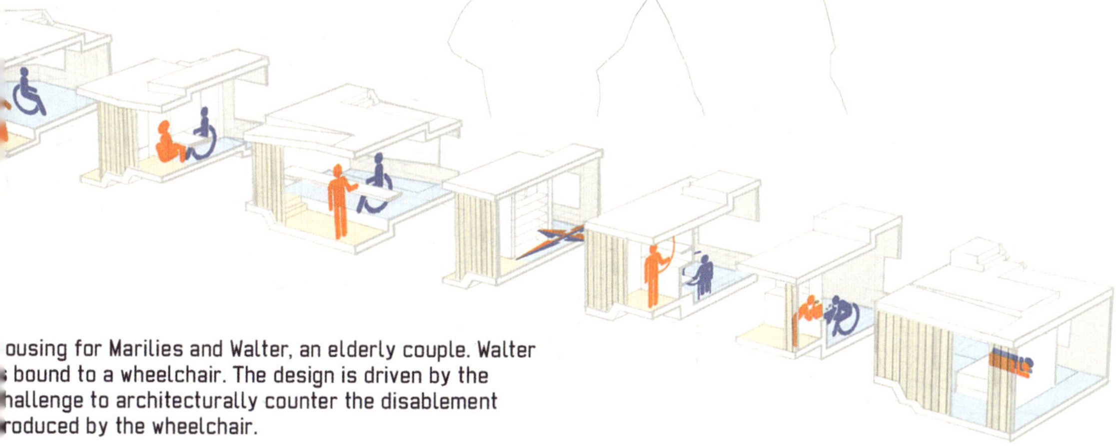

ousing for Marilies and Walter, an elderly couple. Walter
; bound to a wheelchair. The design is driven by the
hallenge to architecturally counter the disablement
roduced by the wheelchair.

VHEELCHAIR HOUSE (For Marilies and Walter) Beni Bollmann and Philippe Jorisch

这个设计综合分析了适合轮椅的斜坡、通道布置、规划的高度和宽度要求，以及居住者典型的日常活动。

A linear Strip as connecting part between two existing buildings is given with an area of 150 sqm, the area of an average appartment. Two inhabitants, a disabled and a non-disabled person share the space. According to the logic of wheelchair circulation taking up more space than foot circulation, two thirds of the space is given to the disabled person.

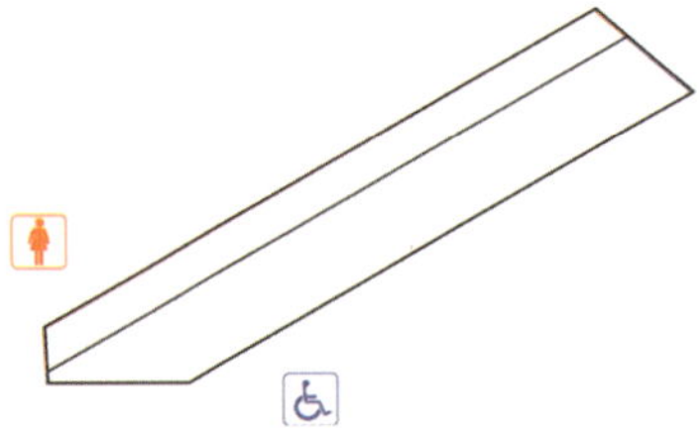

Linear alignment of activities within a daily routine of an elderly couple according to the logic of shortest paths between them and determination of a minimum space requirement for each activity

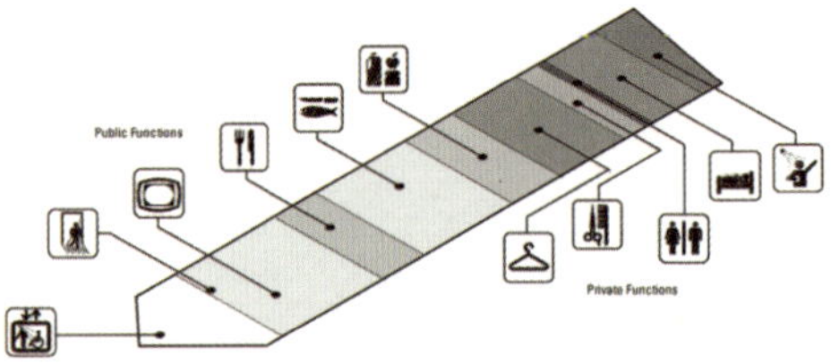

For the person in the wheelchair to be valued equally, being on eye level with the other inhabitant is of outmost importance. This results with various floor shifts. Different materiality for the person standing

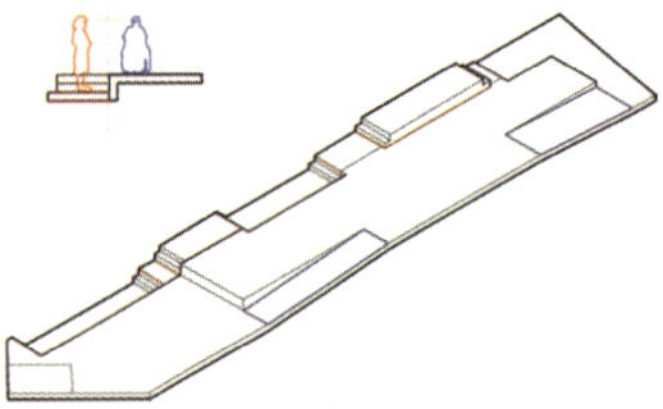

Insertion of common activity interaction facilitating appliances and space saving devices as part of the building structure. Same Eye Level on most common activities

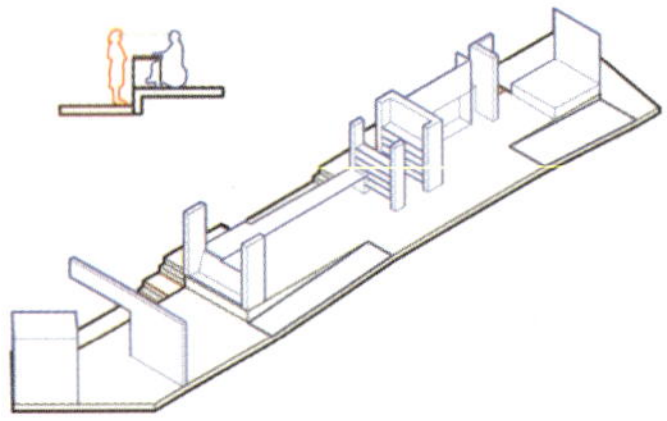

Adding a facade according to the logic of view angles from the two inhabitants. Stacking of Units through horizontal flipping ensures a maximum space efficiency.

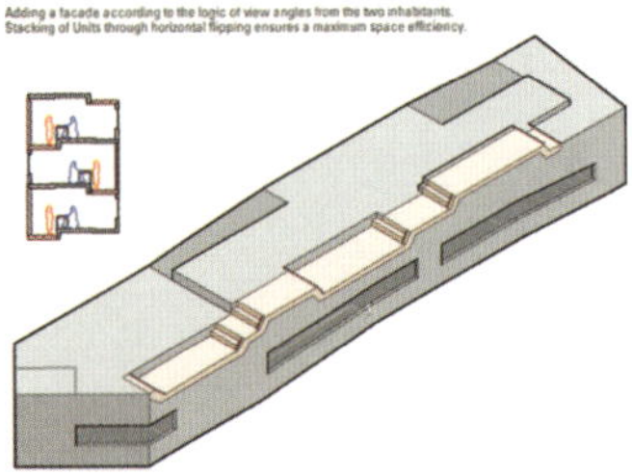

Structure and Shell Axonometric 1:100

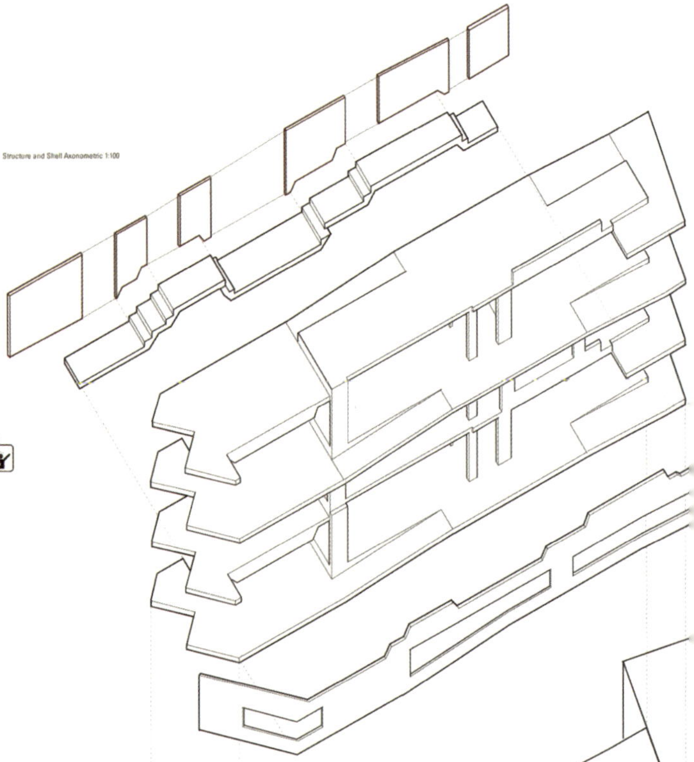

Situation Axonometric View 1:100

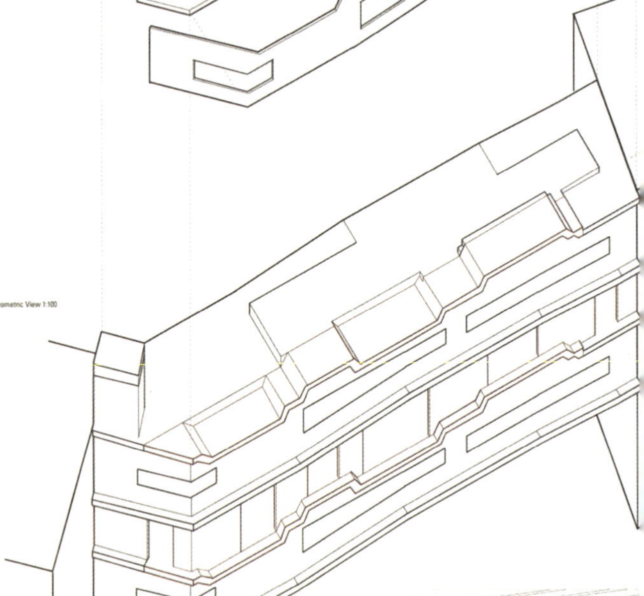

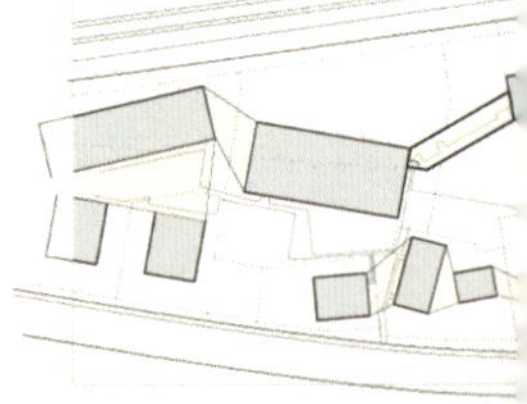

Situation 1:1000

这个设计的一个重要方面就是如何确保两个居住者可以达到同一个视觉高度。这样即便只有一个人坐在轮椅上，两个人也可以进行互动。

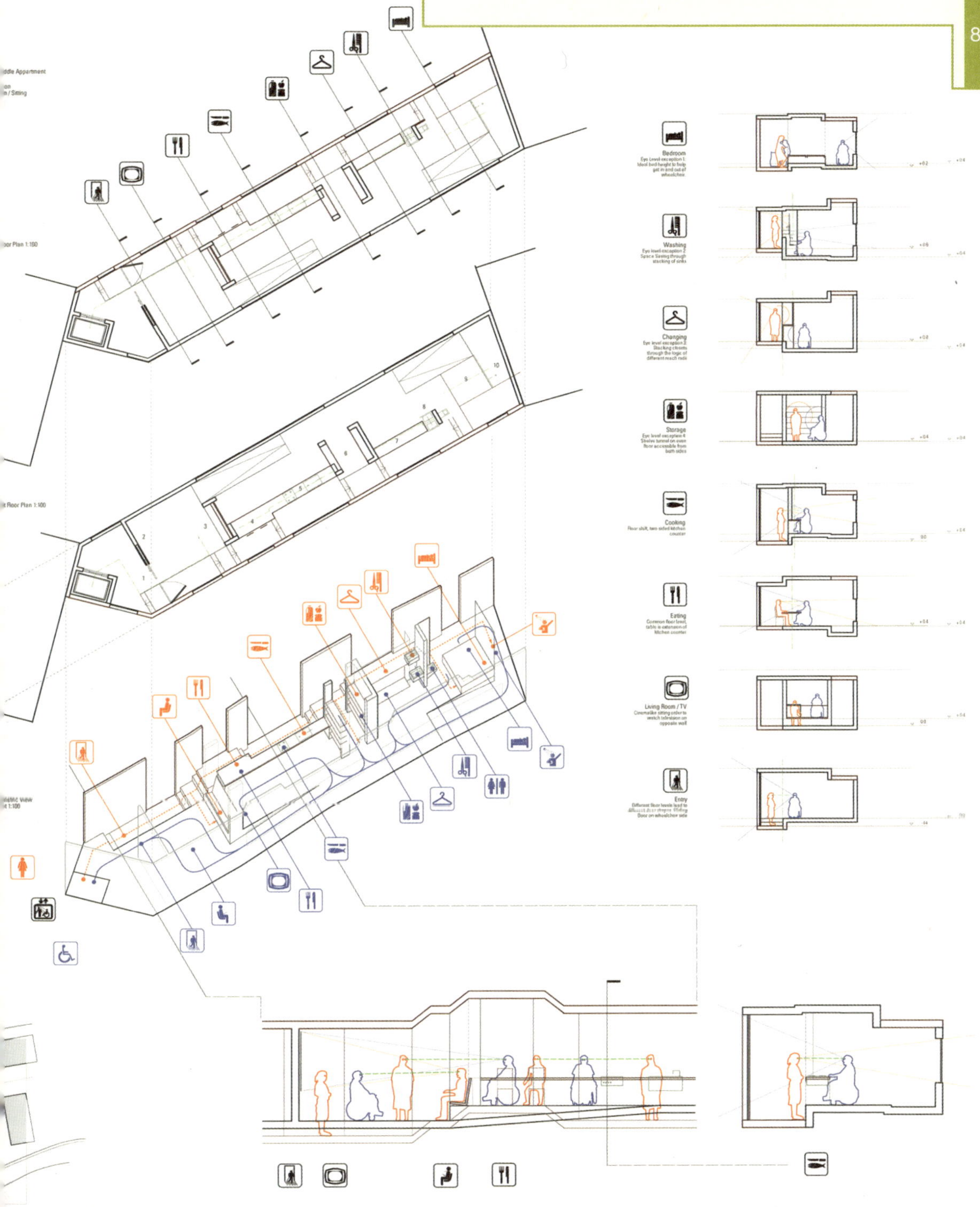

Inhabited Surfaces

小组：Marion Kalmer

指导教师：Marion Kalmer
助教：Jakob Seyboth

Deborah Troxler
Matthias Alder
Sara Bieri
Isabel Bolli
Linda Diep
Matej Draslar
Patrick Erni
Frünzi Fischer
Raffaele Giovane
Luc Joos
Eva Kiseljak
Theo Manolakis
Olivia Mayer
Oliver Muff
Simone Mühlebach
Nathanael Müller
Myriam Perret
Mario von Rickenbach
Dario Rizzo
Tobias Schmid
Gianna Sonder
Pascal Steiner
Yves Stuber
Katrin Suter
Vanessa Werder
Katrin Zumbrunnen

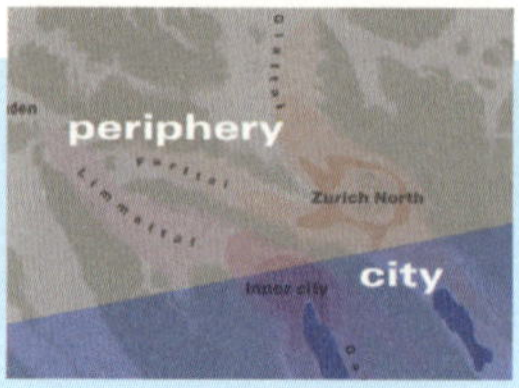

Marion Kalmer

灰暗的日子，晴朗的日子

以积极的态度看待具有负面特点的外部环境

命题

——对于外部环境，如果按常规的方法会产生负面影响，通过改变方法，从正面理解，会建立新的秩序。

分析

——外部环境经常被确定为与传统城市息息相关。它不具备浪漫的特质，因而品味起来是那么单调、不连贯。对于具有不同的规划、多种规模、多种风格的地区，没有规划的空地和占大部分的基础设施都会给人一种杂乱、随意的印象。如今，作为发展主导模式的“城市景观”的无度扩张既缺乏积极的想法，又缺少经得起未来考验的战略。事实上，我们很清楚出现这种主观性的原因：并不是源于这一城市和地区规划的构想，而是源于政治、经济和个人喜好。这样的外部环境就是被民主和资本主义的市场驱动的社会写照。

主题

——市民和建筑师好像对处理普通空间的压力无能为力。为了让人感觉顺理成章，他们被迫接受将一些发展和主导的现象作为进一步发展的驱动力。带着这种现有的趋势去颠覆它们会成功转变，同时没有重新塑造外部环境。这样做的目的不是将外部环境和城市的传统理念进行比较，而是迫使这些特征达到凝聚的目的。

方法

——在这个工作室单元，应该试用最突出的城市周边现象，通过“城市探针”来测试另一种不同的方法。应该增加对这些现象的特性的积极解读，以此来具体说明城郊空间，并克服自身的负面形象。每组选择一个艺术家的方法，作为一种技术来重建现有的周边环境。新的方法将通过改变常规理解显露出来。所采取的方案应该被应用在城市和建筑规模上。

场地 gray days - blue days

——城市群间的区域具有随意性。缺乏规划使这部分地区变得没有价值。对独栋住宅的广泛需求导致了大量没有明显公共空间的重复的单一地块——这也正是这部分地区与周围环境联系性差的主要原因之一。从某种意义上说，周边地区有公共空间，但是与我们所了解的传统城市的公共空间形式大不相同。中间区域具有增加密度的可能性，为周边地区今后的扩展留有余地。中间地区的不确定性使得该地区具有永久或临时被占用的可能性。在本学期的第一部分（练习13b和13c），中间区域应被作为开发的起点。

目标

——“城市探针”应在城市层面上为周边地区建立新的秩序，在建筑层面上建立新的规划类型。两者——一般的开发总体规划（练习13c）和发展起来的项目（13e）——都将试图说明该方法的相关性。

老年痴呆症患者用灰色和蓝色评价他们的日子。灰色的日子是否定的，而蓝色的日子是肯定的。目的是尽可能多地拥有蓝色的日子。

Positive-Negative-Inversion
: Zwischenraum
In der Peripherie haben Zwischenräume fast keine Bedeutung. Als Abstandsflächen zwischen Einzelobjekten und als Restflächen zwischen verschiedenen Gebieten entstehen sie als Nebenprodukt der objektorientierten Entwicklung. Unprogrammiert und ohne eindeutige Identität sind sie aber offen für jegliche – und sei es nur temporäre – Aneignung.
Sommersemester 2007 _ Professur für Architektur und Entwurf Marc Angélil _ ETH Zürich _ Unit: Marion Kalmer

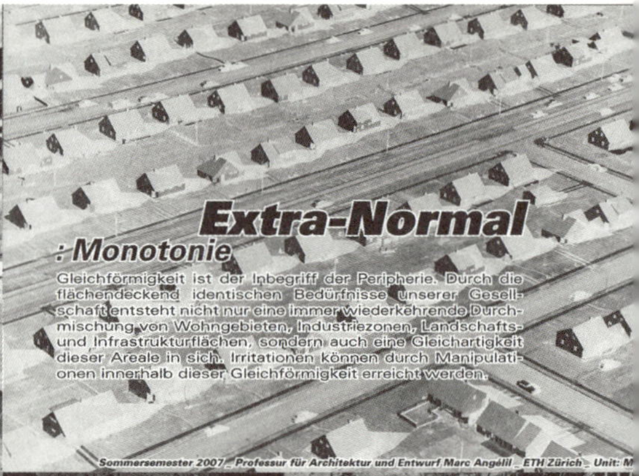
Extra-Normal
: Monotonie
Gleichförmigkeit ist der Inbegriff der Peripherie. Durch die flächendeckend identischen Bedürfnisse unserer Gesellschaft entsteht nicht nur eine immer wiederkehrende Durchmischung von Wohngebieten, Industriezonen, Landschafts- und Infrastrukturflächen, sondern auch eine Gleichartigkeit dieser Areale in sich. Irritationen können durch Manipulationen innerhalb dieser Gleichförmigkeit erreicht werden.
Sommersemester 2007 _ Professur für Architektur und Entwurf Marc Angélil _ ETH Zürich _ Unit: M

(Im)-Permanence
: Inflexibilität
Bebauung strukturiert einen Ort. Die Mehrzahl der Gebäude in der Peripherie entsteht aufgrund der speziellen Bedürfnisse einer Generation. Diese dauerhaften Strukturen werden in geringem Masse von temporären durchsetzt. Setzt man den Identität gebenden, bleibenden Strukturen bewusst ephemere entgegen, könnte sich die Peripherie ihre Anpassungsfähigkeit erhalten.
Sommersemester 2007 _ Professur für Architektur und Entwurf Marc Angélil _ ETH Zürich _ Unit: Marion Kalmer

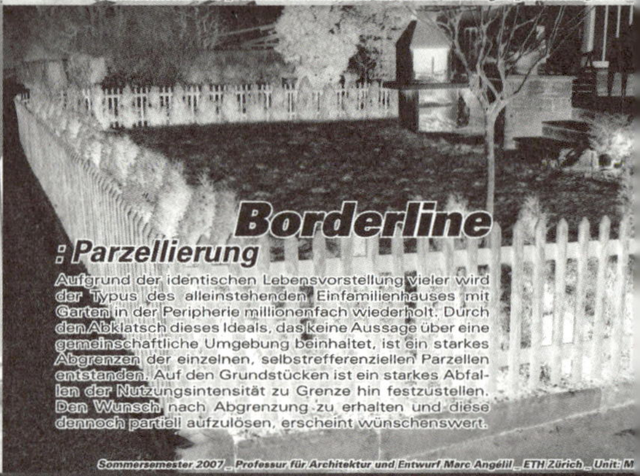
Borderline
: Parzellierung
Aufgrund der identischen Lebensvorstellung vieler wird der Typus des alleinstehenden Einfamilienhauses mit Garten in der Peripherie millionenfach wiederholt. Durch den Abklatsch dieses Ideals, das keine Aussage über eine gemeinschaftliche Umgebung beinhaltet, ist ein starkes Abgrenzen der einzelnen, selbstrefferenziellen Parzellen entstanden. Auf den Grundstücken ist ein starkes Abfallen der Nutzungsintensität zu Grenze hin festzustellen. Den Wunsch nach Abgrenzung zu erhalten und diese dennoch partiell aufzulösen, erscheint wünschenswert.
Sommersemester 2007 _ Professur für Architektur und Entwurf Marc Angélil _ ETH Zürich _ Unit: M

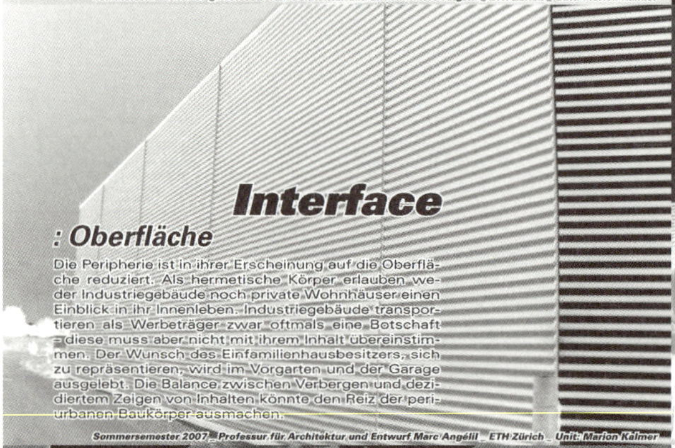
Interface
: Oberfläche
Die Peripherie ist in ihrer Erscheinung auf die Oberfläche reduziert. Als hermetische Körper erlauben weder Industriegebäude noch private Wohnhäuser einen Einblick in ihr Innenleben. Industriegebäude transportieren als Werbeträger zwar oftmals eine Botschaft – diese muss aber nicht mit ihrem Inhalt übereinstimmen. Der Wunsch des Einfamilienhausbesitzers, sich zu repräsentieren, wird im Vorgarten und der Garage ausgelebt. Die Balance zwischen Verbergen und dezidiertem Zeigen von Inhalten könnte den Reiz der periurbanen Baukörper ausmachen.
Sommersemester 2007 _ Professur für Architektur und Entwurf Marc Angélil _ ETH Zürich _ Unit: Marion Kalmer

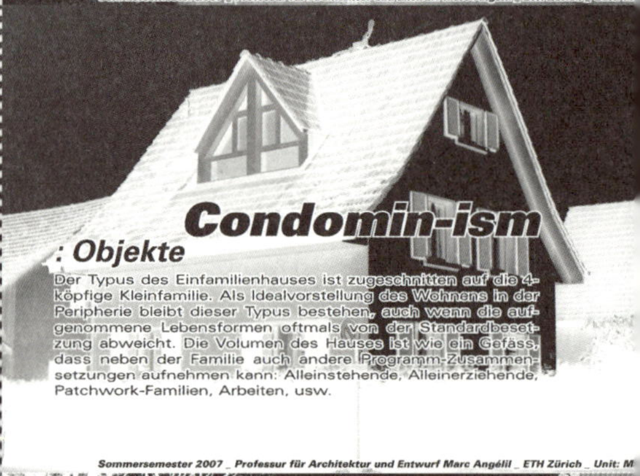
Condomin-ism
: Objekte
Der Typus des Einfamilienhauses ist zugeschnitten auf die 4-köpfige Kleinfamilie. Als Idealvorstellung des Wohnens in der Peripherie bleibt dieser Typus bestehen, auch wenn die aufgenommene Lebensformen oftmals von der Standardbesetzung abweicht. Die Volumen des Hauses ist wie ein Gefäss, dass neben der Familie auch andere Programm-Zusammensetzungen aufnehmen kann: Alleinstehende, Alleinerziehende, Patchwork-Familien, Arbeiten, usw.
Sommersemester 2007 _ Professur für Architektur und Entwurf Marc Angélil _ ETH Zürich _ Unit: M

City-of-Collision
: Massstabswechsel
Trotz der Homogenität vieler Teilgebiete erscheint die Peripherie als ein Ort der Massstabskollisionen. Nicht nur Industrieareale und Wohnquartiere liegen meist unvermittelt nebeneinander oder durchmischen sich sogar. Auch Vegetationsflächen liegen oft pittoresk zwischen den grossmassstäblichen Infrastrukturen oder kleinteilige Privatflächen – beispielsweise Schrebergärten – grenzen an Strukturen einer völlig anderen Grössenordnung. Die Konfrontation der stadtmassstäblichen Dimension mit der des privaten, kleinteiligen Lebens ist eine der konfliktreichen und damit im eigentlichen Sinne städtischen Qualitäten der Peripherie.
Sommersemester 2007 _ Professur für Architektur und Entwurf Marc Angélil _ ETH Zürich _ Unit: Marion Kalmer

Living-in-Motion
: Flüchtigkeit
Geschwindigkeit ist die Voraussetzung für die Existenz der Peripherie. In Form von Infrastrukturen ist sie allgegenwärtig und raumdefinierend. Ein Grossteil der Bewohner pendelt – meist mit dem Auto – nicht nur zur Arbeit, sondern auch zu den Einkaufsmöglichkeiten und Freizeitstätten. Der Raum der Peripherie wird dementsprechend in erster Linie aus der Bewegung heraus wahrgenommen: Strukturen verwischen, Details verschwinden, tote Winkel entstehen. Die Wahrnehmung einer Detailtiefe ist erst nach Verlassen des Autos möglich. Wie sieht eine Bebauung für diese Form von Wahrnehmung aus?
Sommersemester 2007 _ Professur für Architektur und Entwurf Marc Angélil _ ETH Zürich _ Unit: M

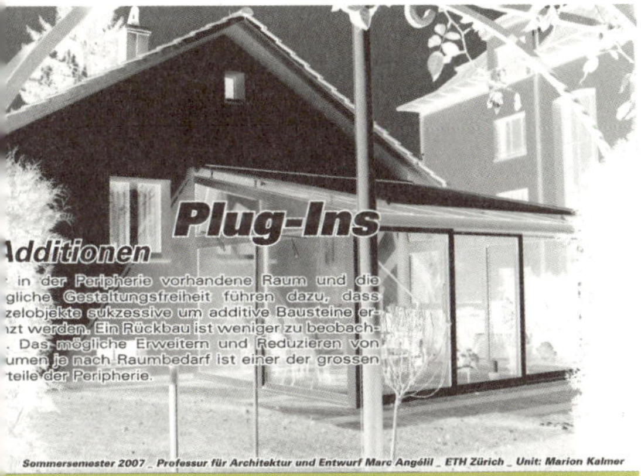

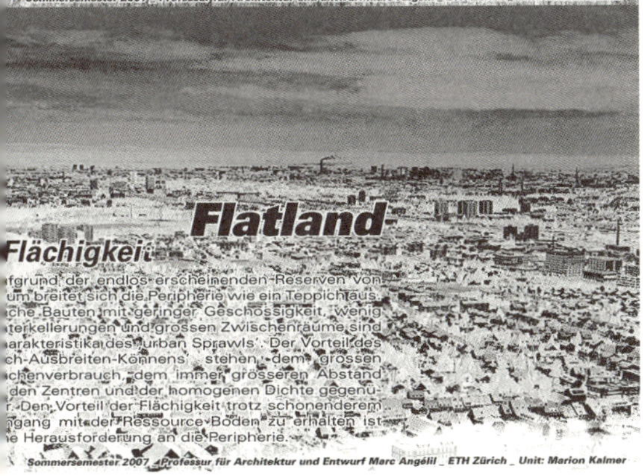

分发给学生的明信片解释了要检查的周边地区的特殊现象，并使用相应的艺术表现方法进行说明。

作为一种用于重新构建及利用现有城郊现象的技术，每队选择一种艺术家的方法。新方法应由艺术表现策略演变而来。

现象

艺术家策略

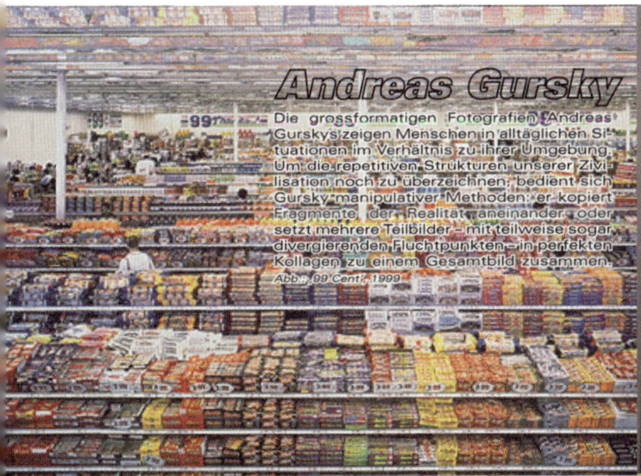

Andreas Gursky

Die grossformatigen Fotografien Andreas Gurskys zeigen Menschen in alltäglichen Situationen im Verhältnis zu ihrer Umgebung. Um die repetitiven Strukturen unserer Zivilisation noch zu überzeichnen, bedient sich Gursky manipulativer Methoden: er kopiert Fragmente der Realität aneinander oder setzt mehrere Teilbilder – mit teilweise sogar divergierenden Fluchtpunkten – in perfekten Kollagen zu einem Gesamtbild zusammen.

Abb.: ,99 Cent', 1999

Durch die gezielte Ausnutzung von Gesetzeslücken schafft Santiago Cirugeda provisorische und variable Raumergänzungen, die meist als private Räume genutzt werden. Er gibt damit den Interessen Einzelner im städtischen Raum einen Ausdruck, die von offizieller Planungsseite aus keine Berücksichtigung finden.

Abb.: ,House Enlarging with Scaffolding', 1998

Santiago Cirugeda

ichard Long

st, durch Spaziergängen in der
dschaft zu machen, ist eines der
zipien Richard Longs. Spuren
Boden, durch Gehen erzeugt,
den zu Linien. Auch vorgefun-
es Material wird angehäuft oder
nfiguriert. Nach der Dokumen-
n der Arbeit wird das Werk der
dschaft – und damit jeglicher
nderung – wieder überlassen.
schlaggebend für Long ist die
ehung zwischen Zeit, Geogra-
Abstand und Mass.

,Along the Way: An Eleven Day Walk in the
tains North of Kyoto', 1992

Donald Judd

Donald Judds setzt einfache, modulare Körper zu Serien zusammen. Ihm geht es dabei um das Verhältnis der Volumen zu den Zwischenräumen. Er formuliert die Objekte autonom, verbindet sie aber über visuelle Irritationen, sodass eine Vielzahl von immateriellen Überleitungen entstehen – im Kontrast zur Einfachheit der Form und Direktheit des verwendeten Materials. *Abb.: Ohne Titel, 1969*

Tony Cragg

ony Craggs raumgreifende
ronzeplastiken sind Gross-
ormen, in denen je nach
lickwinkel des Betrachters
ekannte Formen auftauchen
nd verschwinden. Es gibt nie-
als nur eine Sichtweise, im-
er entpuppen sich komplexe
usammenhänge. Diese Irrita-
onen bei der Betrachtung im
etail lösen die Gesamtform
uf und stellen das Objekthafte
Frage. *Abb.: ,Figments', 2003*

Richard Serra

Richard Serras Skulpturen sind spezifische Antworten auf die jeweiligen Räume, in denen sie installiert werden. Eine Beziehung zwischen Werk und aufnehmenden Raum entsteht. Dies geht in ,Shift' soweit, dass die aus geradlinigen, abgewinkelten Wänden bestehende Skulptur partiell mit der Hügellandschaft verschmilzt. Durch die Neigung der Wandabschnitte erhebt sich die Skulptur immer wieder aus der Landschaft, um sich erneut mit ihr zu vereinen. *Abb.: ,Shift', 1972*

a Barth

Barths Fotografien
n mit der Wahrneh-
des Betrachters,
dessen Erwar-
n in Frage: durch
n, Abstraktion und
rung gibt sie Raum
nterpretation. Be-
ng entsteht durch
Veglassen von De-
Ihre Bilder wollen
bewusst ein Abbild
etrachteten Realität
sie entstehen wie
g, wie wenn die
rksamkeit der Ka-
mit etwas anderem
äftigt wäre. Da-
werden sie offen
e Ergänzung durch
gene Projektion des
hters.

hne Titel, 2006

Die Auflösung der Flächigkeit der Bildebene ist für Sigmar Polke zentrales Thema. Während er dies in seinen früheren Jahren durch eine Rasterung des Bildes erreichte, arbeitet er heute mit mehreren Ebenen der Auflösung: durch die partielle Immaterialität des Bildträgers wird der darunter liegende Rahmen in seiner Räumlichkeit spürbar, die Bearbeitung durchscheinender Materialien von beiden Seiten führt zur Tiefenentwicklung innerhalb der Bildebene.

Abb.: ,Guardian of the Threshold', 2003

Sigmar Polke

展示板概览

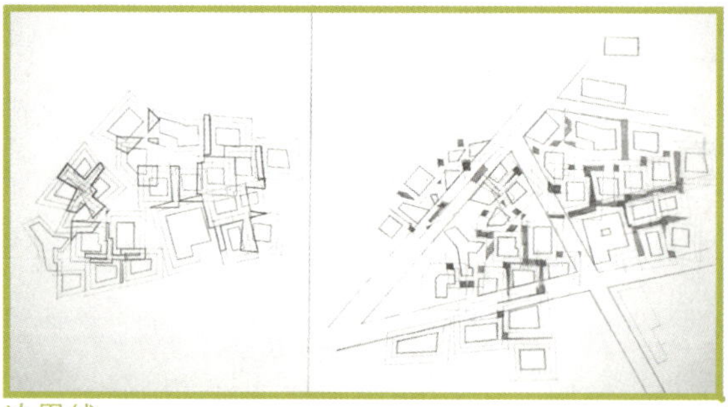

边界线

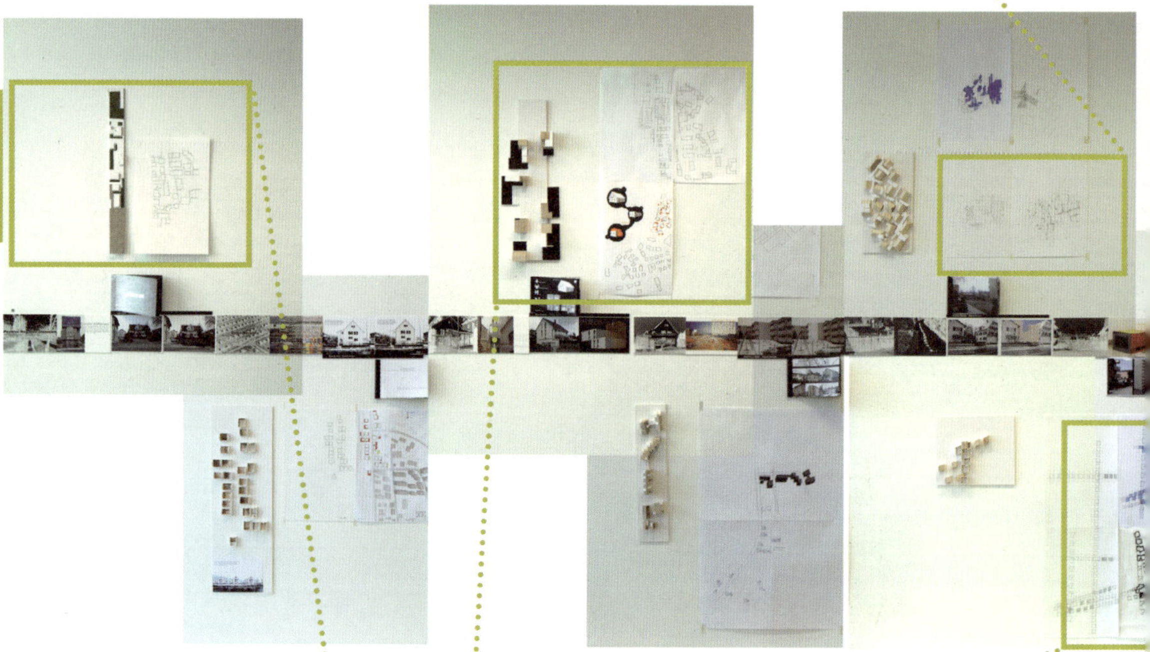

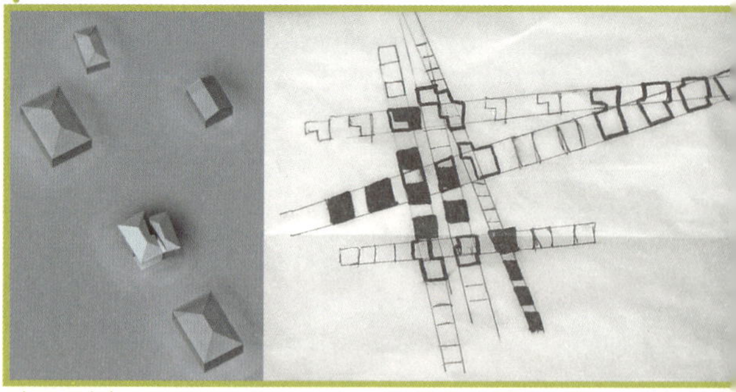

建立副本

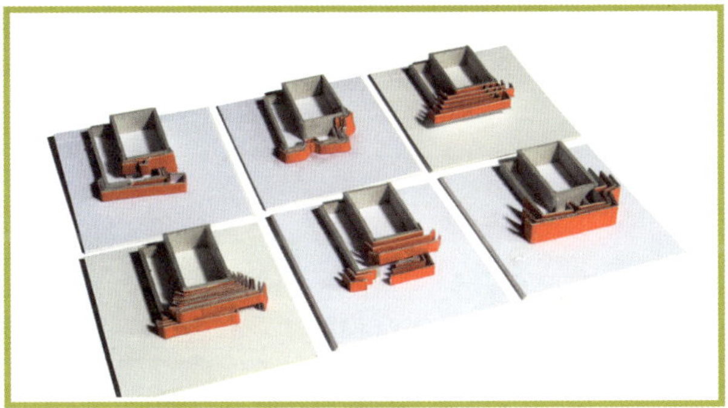

界面

对于每种现象，一个特殊的策略首先是通过调整艺术家工作方法的一个方面而来，然后让学生重新进行思考、重新构造。

公寓套间

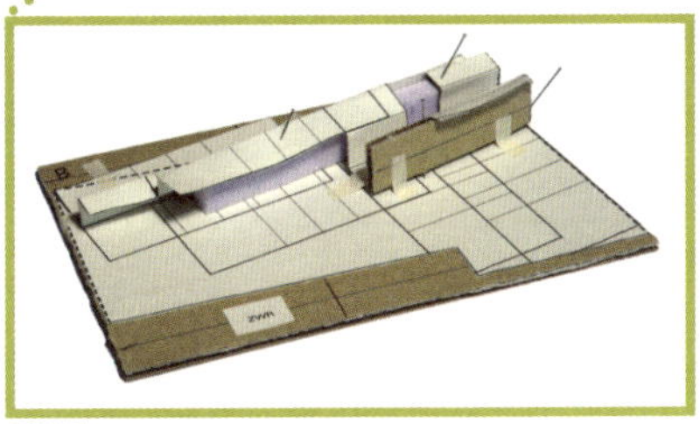

平地

平地

Marion Kalmer 小组

Luc Joos 和 Dario Rizzo

提议采用缩小的私人小块区域以换取更多半公共空间。减少的私人空间被限定在房子周围3 m的范围内，再加上一定比例的起居空间。

方案明信片

模型1:1 000：定义了间隙里的空间

…图1：1 000：附加部分定位

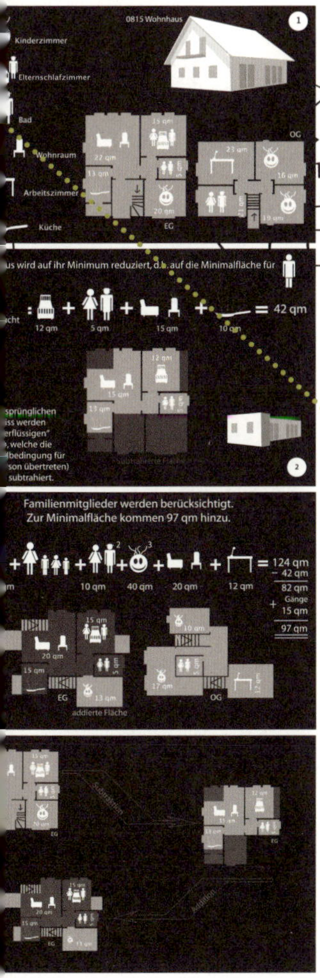

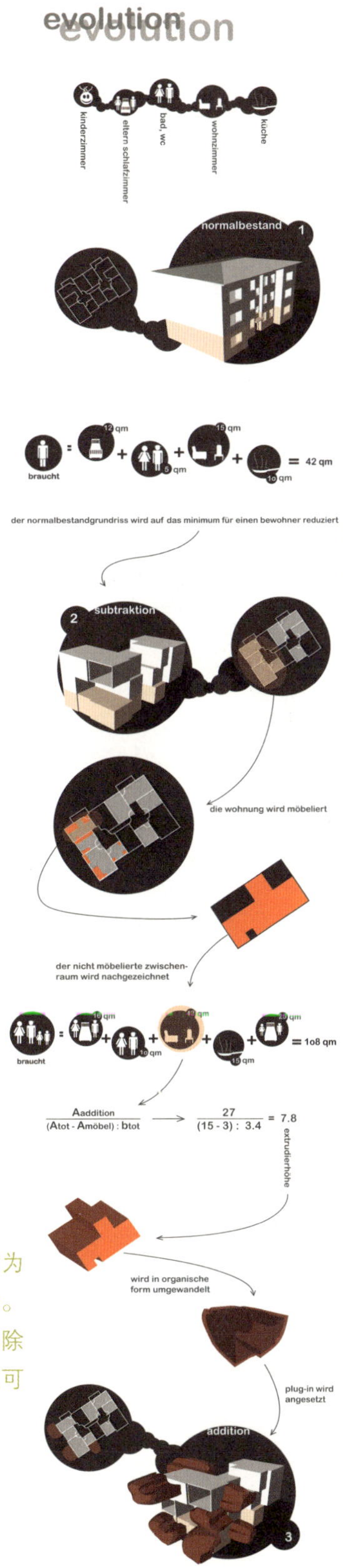

Eva Kiseljak 和 Tobias Schmid

对调查结果——位于周边的住宅（通常为拥有两个孩子的小家庭住宅）——做出评论。为了满足人生不同阶段的需求变化，他们移除了只供单身使用的空间。这些被移除的区域可根据需要由预制的空间模块进行补充。

注意空隙

学生对Limmattal的总体规划

Limmattal是苏黎世附近建筑物密度最高的城市群之一。在Geroldswil地区，90%的可用空间被建筑物占据，与苏黎世以及休闲区域相邻使这里充满了吸引力。进一步增加Limmattal的建筑物密度看起来很合理，而不仅是出于可持续发展的考虑。

很明显，周边地区土地的无限可用性与私人利益的冲突导致了有很多单一的、毫无联系的项目构成的城市，独栋住宅、公寓楼、工厂和仓库都是该结构的组成部分。由于在程序化和结构化设计时未考虑过重新规划或进行其他改变的情况，因此该城市结构会产生一种以反复“建造-破坏-再建造”为特点的不可持续的建筑文化。作为该部分的副产品，中间区域被忽视了。

命题

如果城市周边的基于目标的结构导致了孤立和僵硬，那么就将重心转为设计间隙中的空间，这将产生一种可替代的互动形式和灵活结构。

方法

在一个交互系统中，应首先设计间隙中的空间。它们的边界就像灵活的码头一样可以用于扩展地区和增加密度。定义空间体积的组成与现有建筑的结构有关。现有结构将逐渐被永久性结构、临时性结构以及绿化区域代替。半公共和公共要素在间隙中的空间内部或边缘地带重叠。

目标

应在不参考传统城市形象的情况下设计一块特定的城郊空地，方法可以灵活多样。通过加强周边地区的特征，形成自身特点。在这里，有四个方面非常重要：扩大社会交往；私人业主从策略中获得利益；作为给未来子孙的保障，应从生态角度激发其灵活性；尽管会导致较高的建筑密度，但根据可持续性的逻辑理论，应增加绿化的空间。Limmattal的有限空间意味着需要可持续方法，这些方法与现有的建筑材料以及“未受影响的”自然有关。然而，通过增加地区建筑密度并允许新郊区公共空间的结合，城郊空地的主导地位没有被破坏，其优势反而可能增强。

这些被移除的区域可根据需要由预制的空间模块进行补充。

规则

1. 新的体积必须建在“间隙中的空间”的边界。

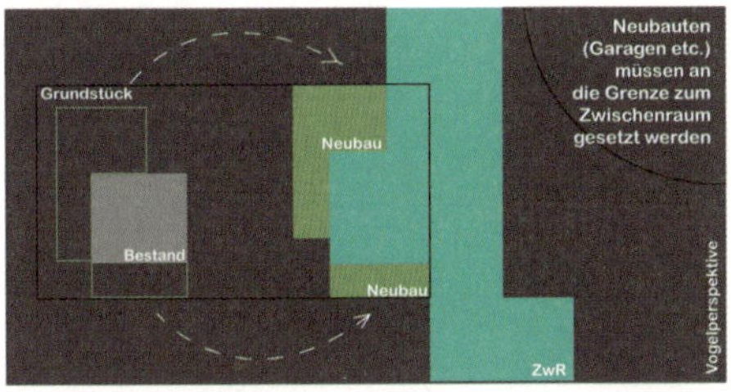

2. 半公共及公共的元素必须与“间隙中的空间”相连接。这两部分可以覆盖10%的“间隙区域”。

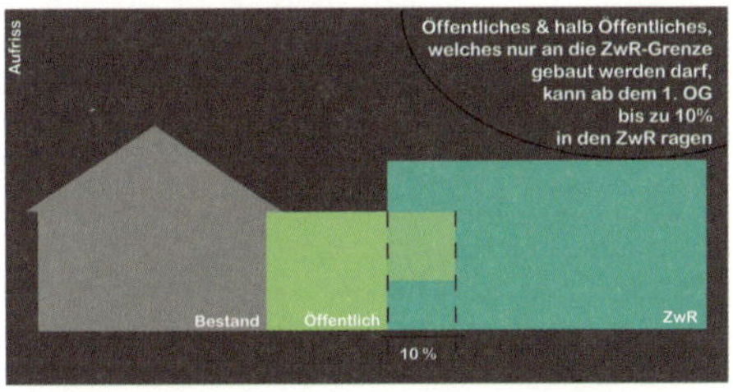

3. 如果房产的所有者们用小块区域的地皮配置新的“间隙中的空间”，则允许他们增加房屋的高度，以重新获得失去的体积。

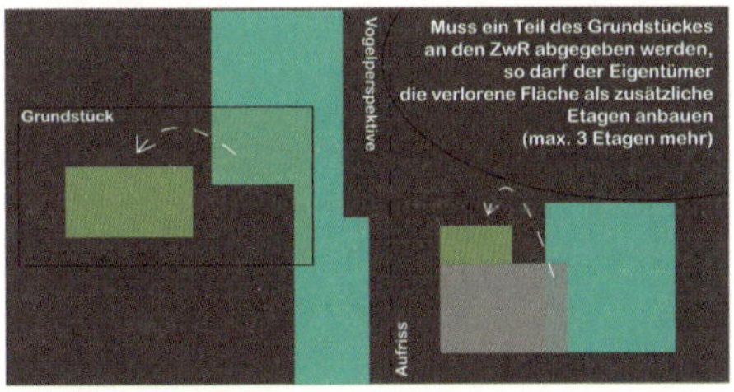

4. 通过使用永久性元素，新的结构最大可能覆盖小块区域的20%；使用临时性元素，最大覆盖面积达可30%（持续10年或少于10年）。绿色部分必须被作为结构的一部分包含在内。

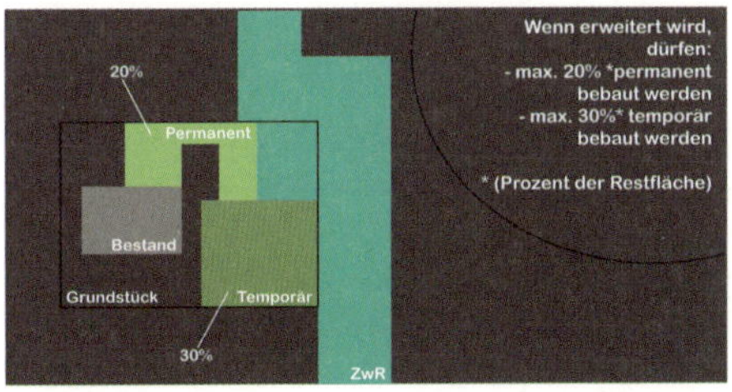

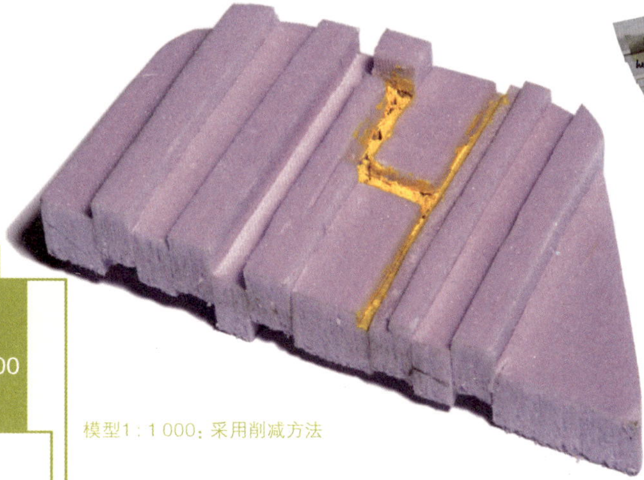

模型1：1 000：采用削减方法

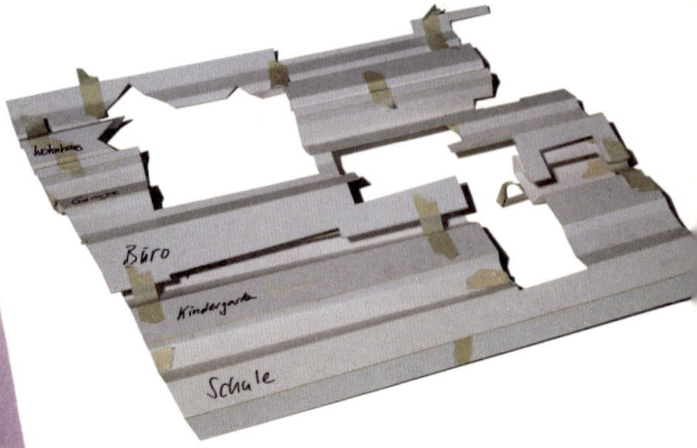

模型1：200：折叠及规划

通过结合练习13b中的各种方案，学生们开发自己的城市总体规划。新间隙中的空间形成在折叠结构的外面。

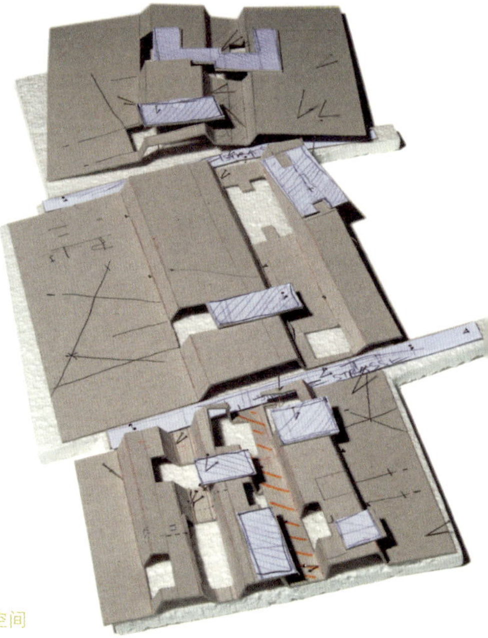

模型1：500：间隙中的空间

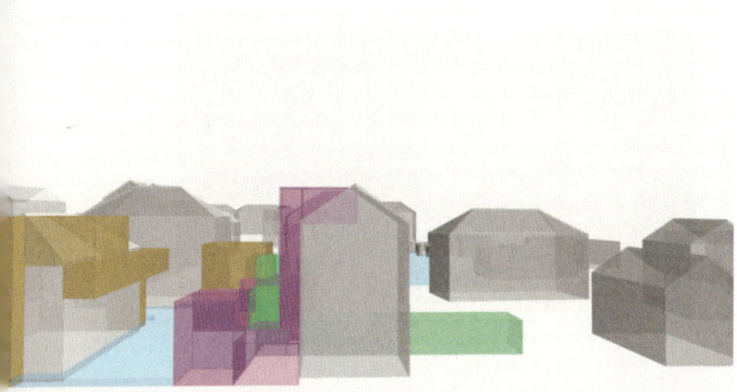

模型1:200：定义边界

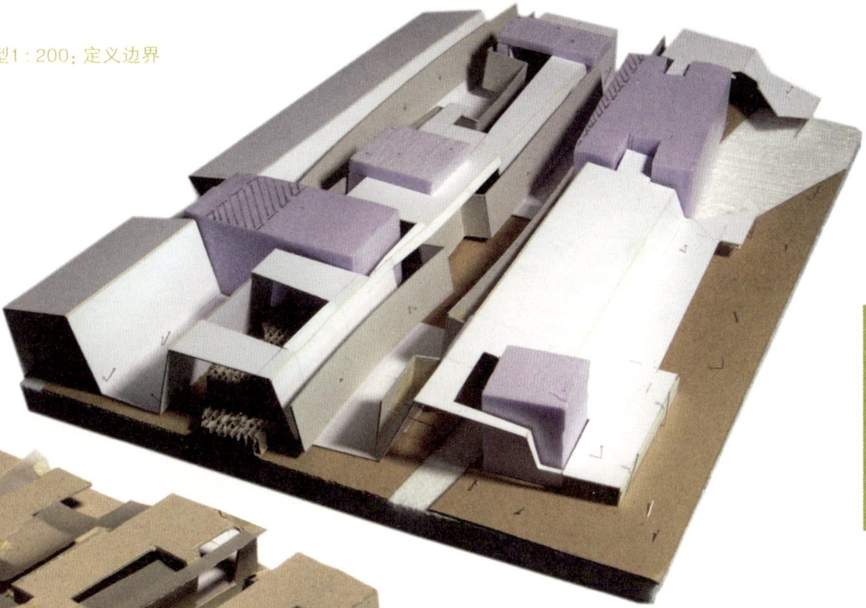

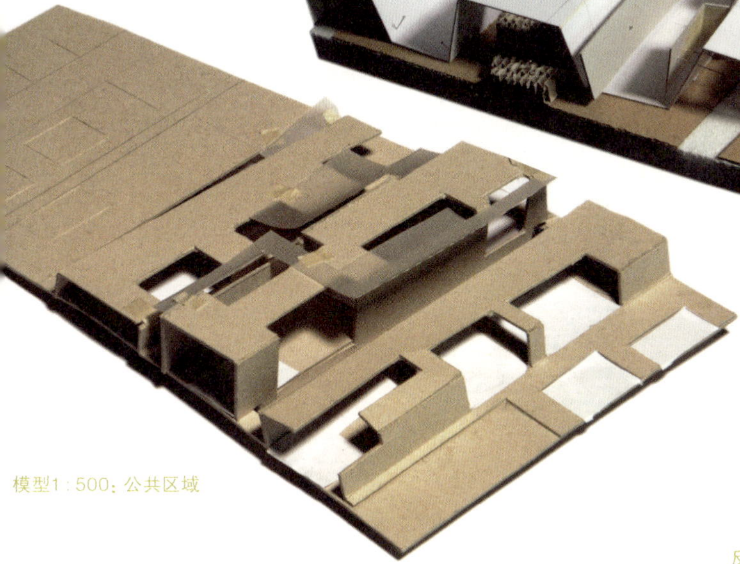

模型1:500：公共区域

反向方法：从间隙中的空间开始

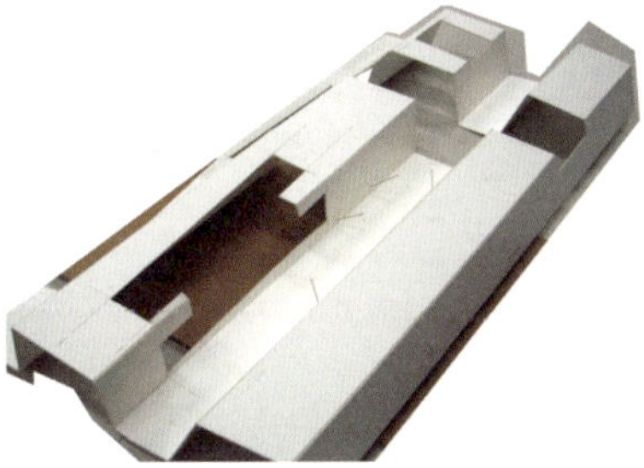

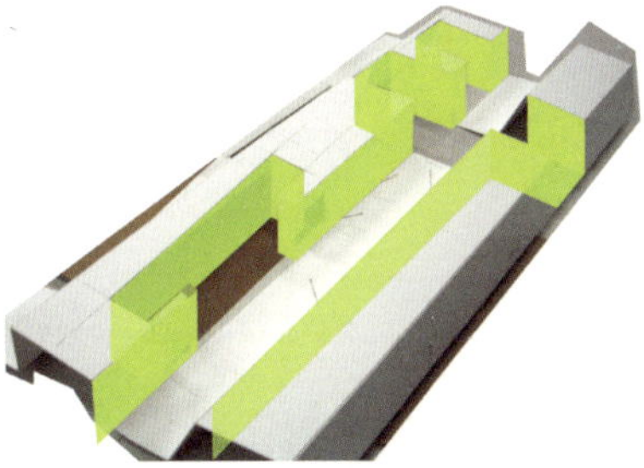

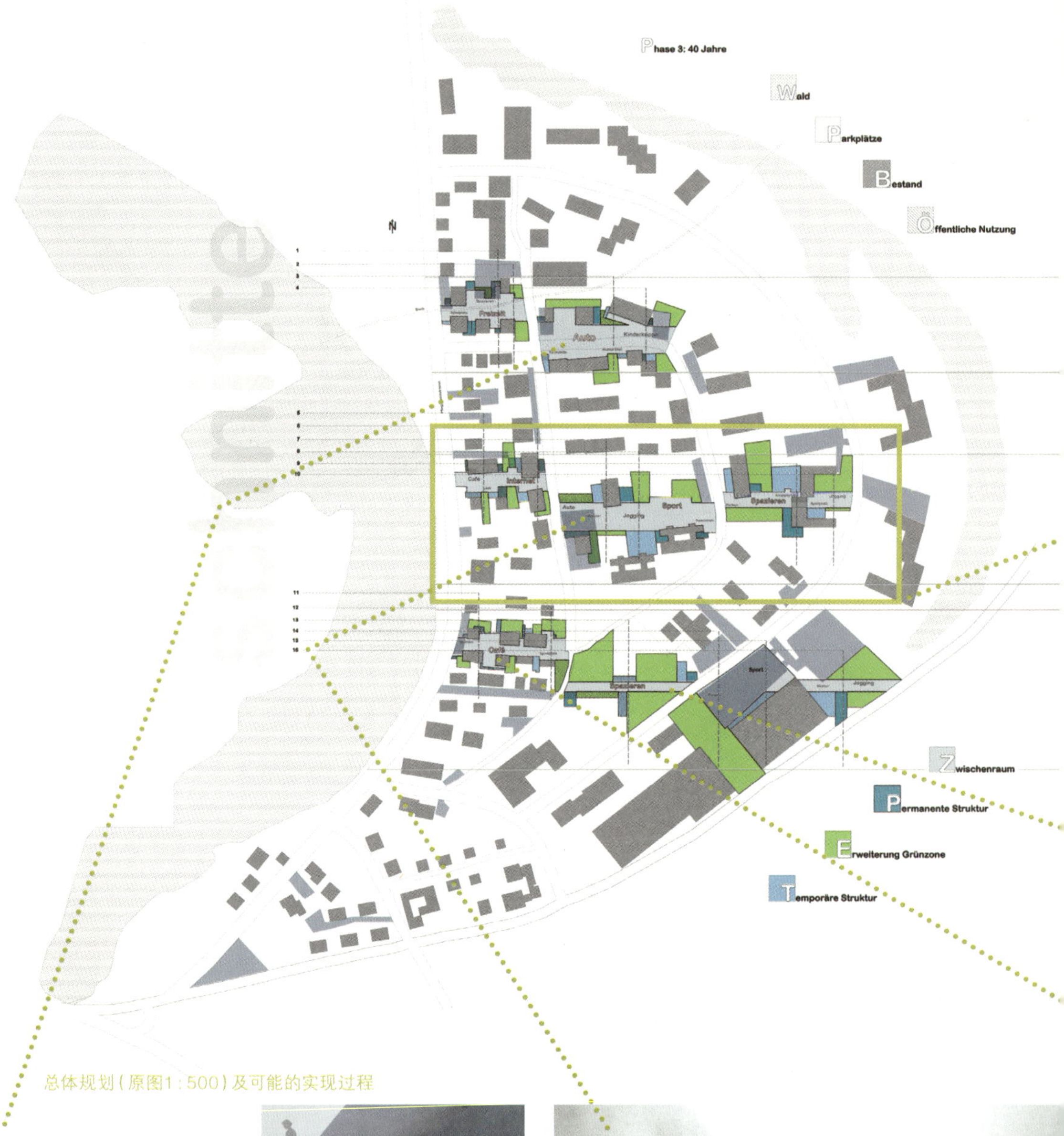

总体规划（原图1：500）及可能的实现过程

间隙中的空间：改进的街道

现有停车区域的扩展：车辆及休闲类相关计划

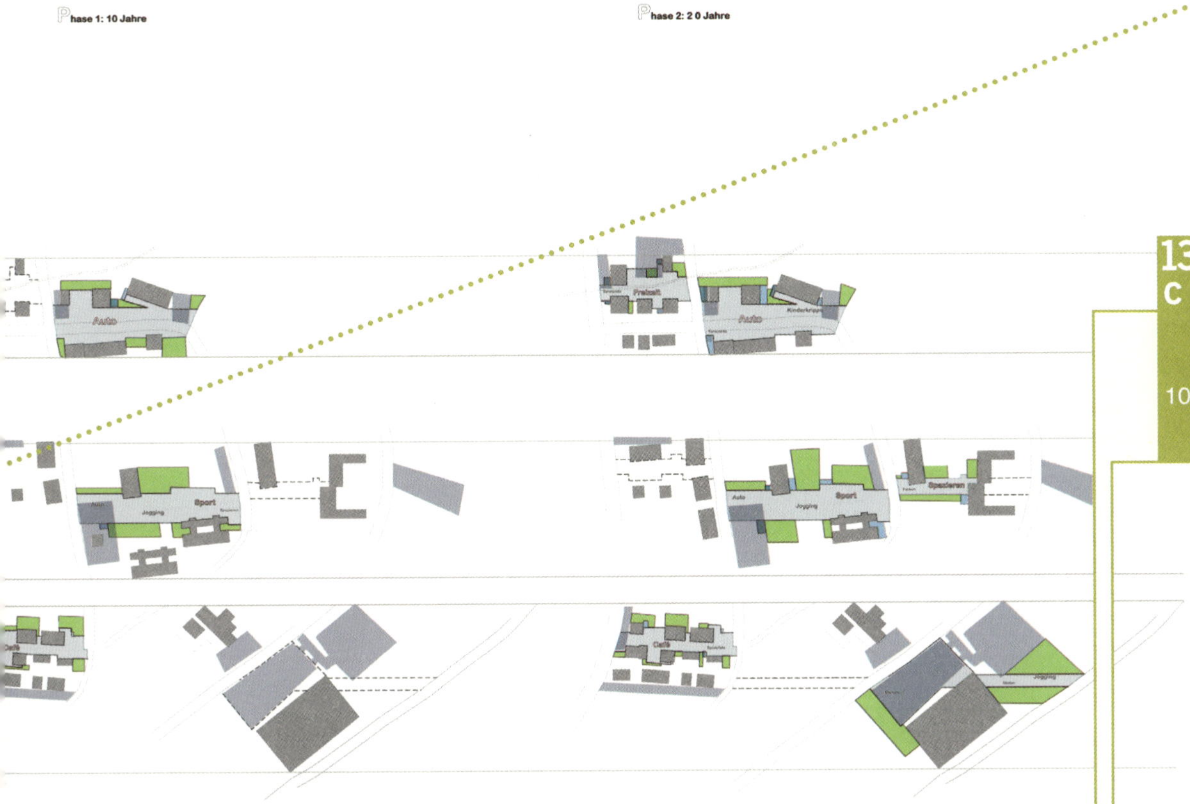

从现有的空置空间开始——场地内现有的停车区域，该方案关注间隙中空间的设计。从绿化区到建筑区一步步规划出必要的边界线。

在一个高密度的区域继续提高密度

绿色休闲区域边界的形成

用不同的体量来测试空间封闭或私密的必要程度。

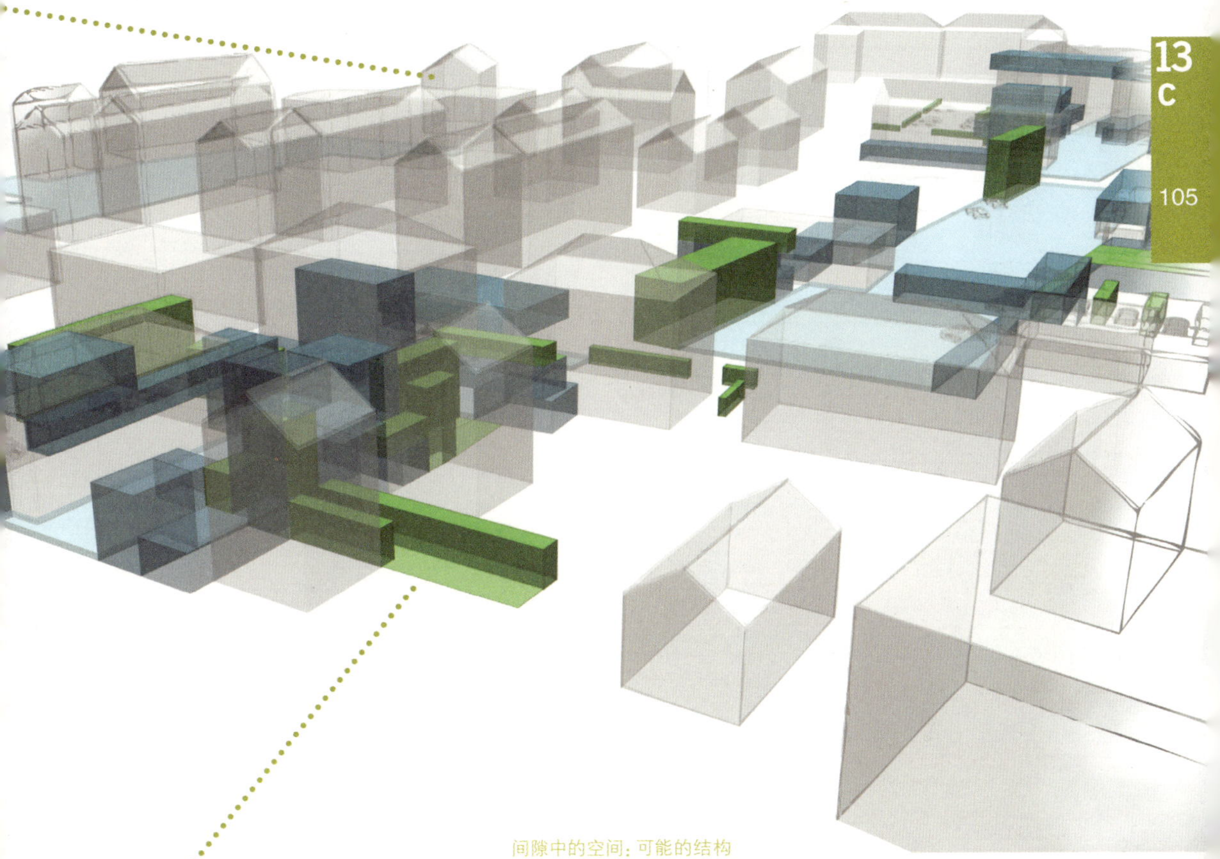

间隙中的空间：可能的结构

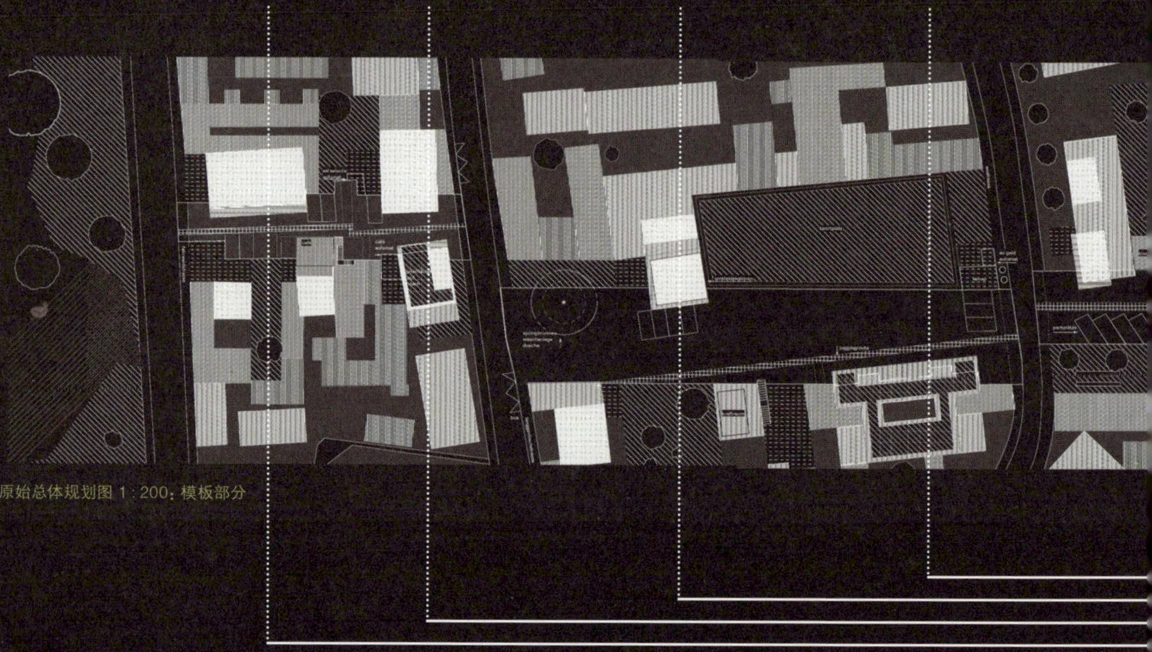

原始总体规划图 1 : 200，模板部分

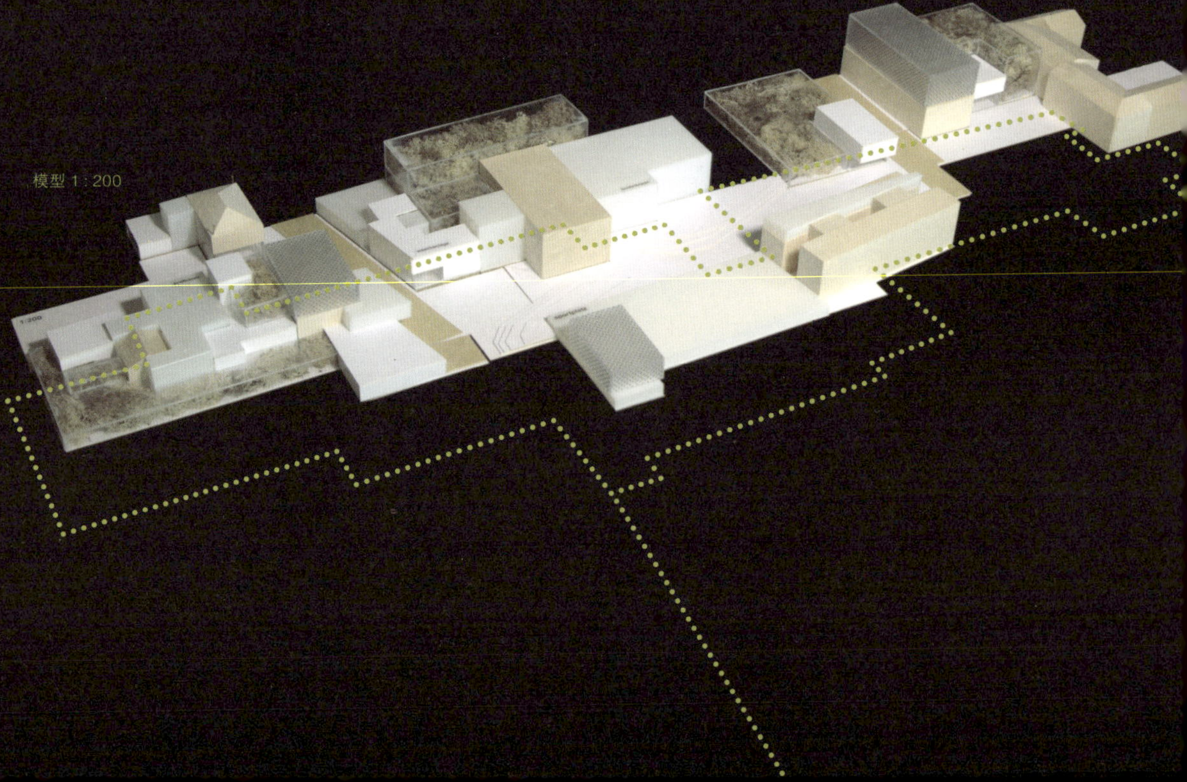

模型 1 : 200

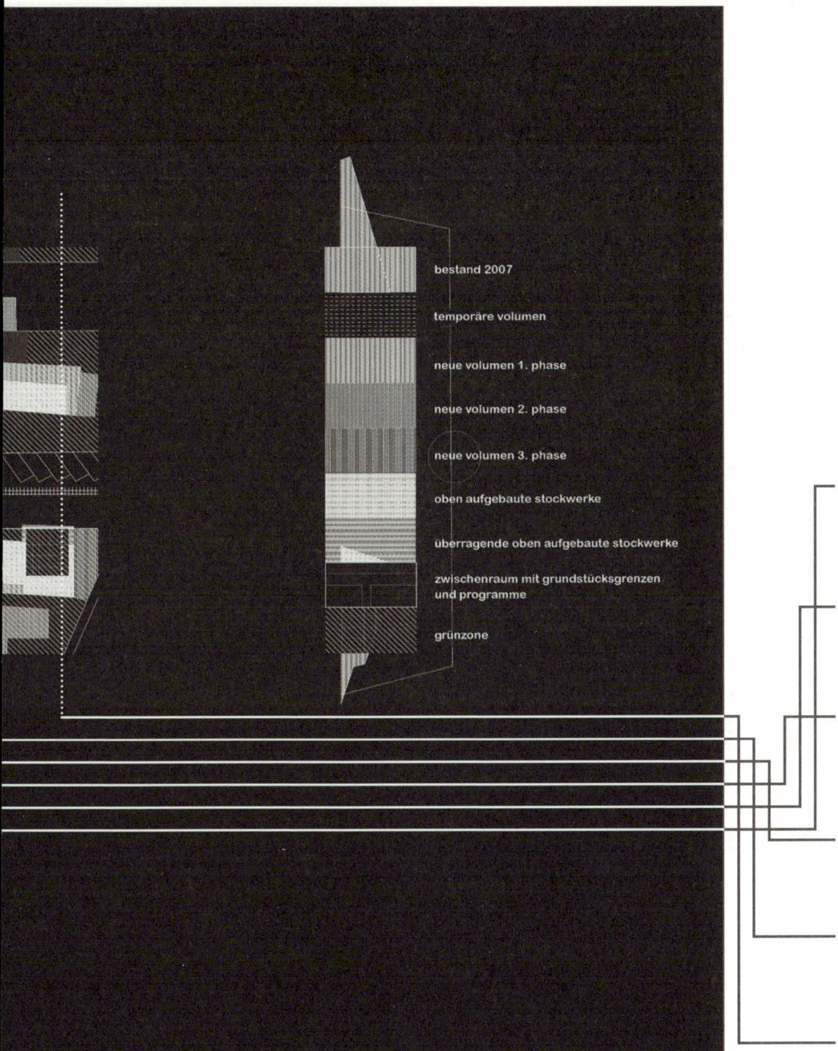
bestand 2007
temporäre volumen
neue volumen 1. phase
neue volumen 2. phase
neue volumen 3. phase
oben aufgebaute stockwerke
überragende oben aufgebaute stockwerke
zwischenraum mit grundstücksgrenzen
und programme
grünzone

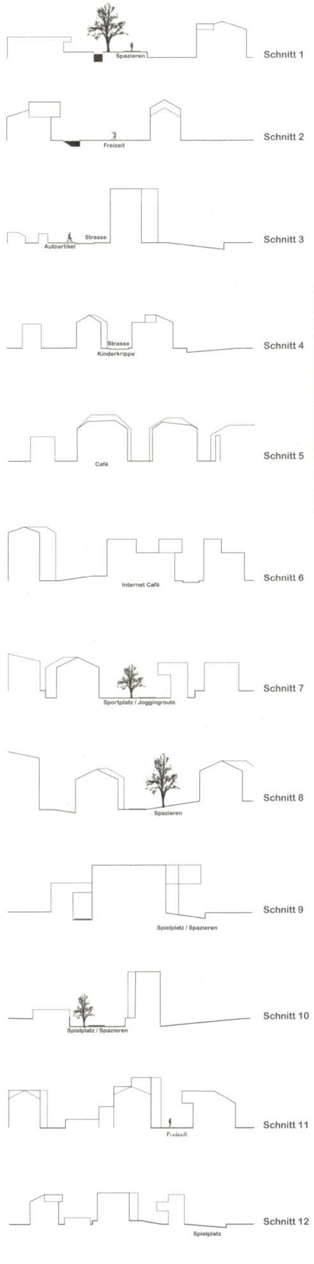
Spazieren
Schnitt 1
Freizeit
Schnitt 2
Strasse
Autoartikel
Schnitt 3
Strasse
Kinderkrippe
Schnitt 4
Café
Schnitt 5
Internet Café
Schnitt 6
Sportplatz / Joggingroute
Schnitt 7
Spazieren
Schnitt 8
Spielplatz / Spazieren
Schnitt 9
Spielplatz / Spazieren
Schnitt 10
Freizeit
Schnitt 11
Spielplatz
Schnitt 12

剖面图 比例1：200

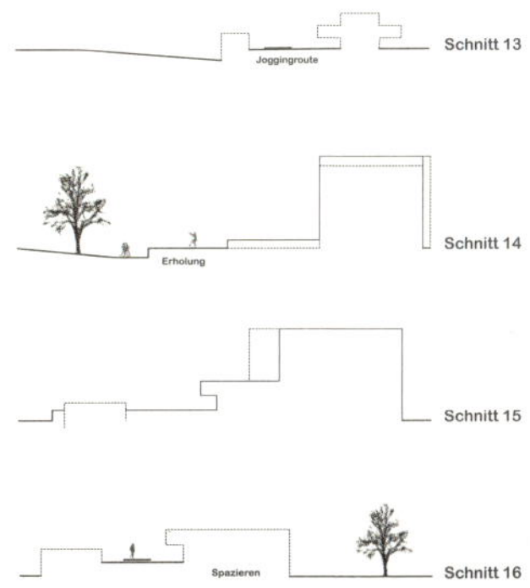
Joggingroute
Schnitt 13
Erholung
Schnitt 14
Schnitt 15
Spazieren
Schnitt 16

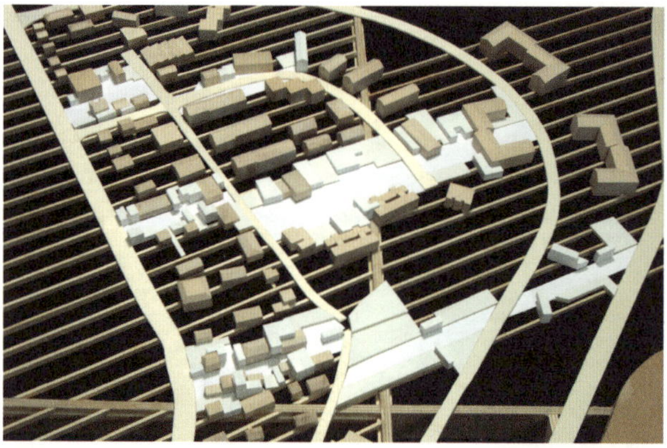

可在三种不同的地点借鉴使用该方案：包括现有街道、高密度建筑地区及风景绿化区。

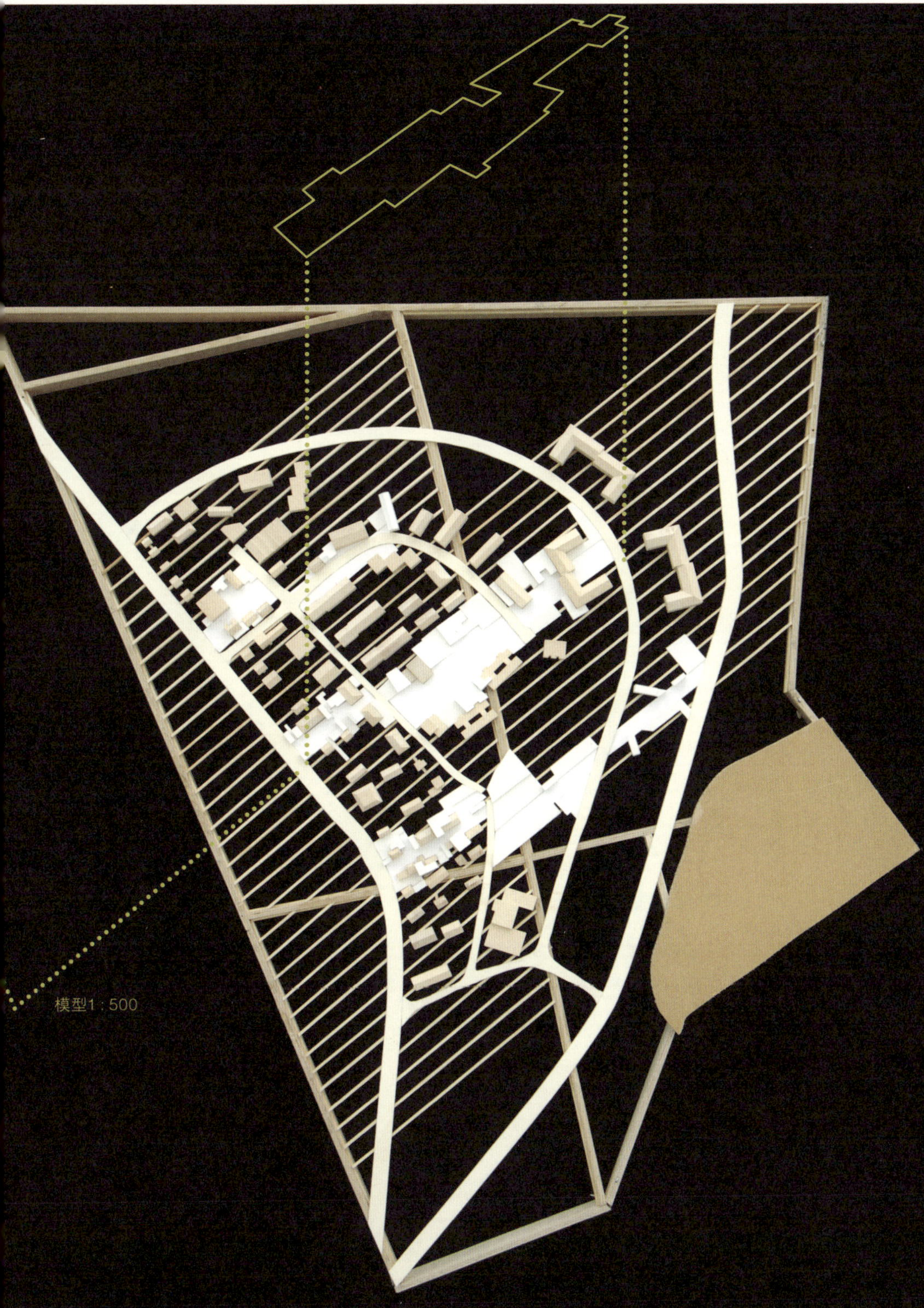

模型1：500

Marion Kalmer 小组

1

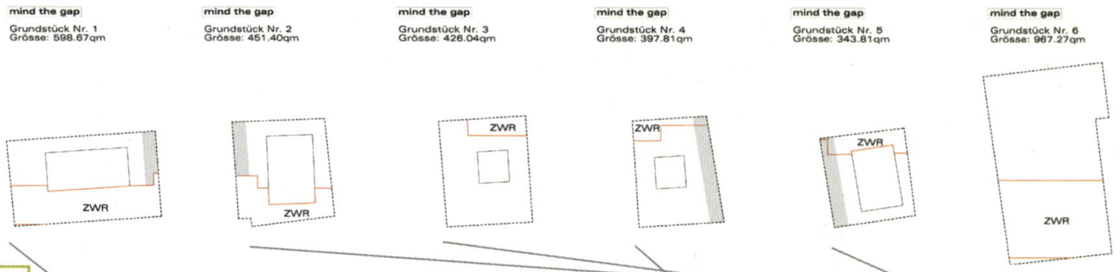

2

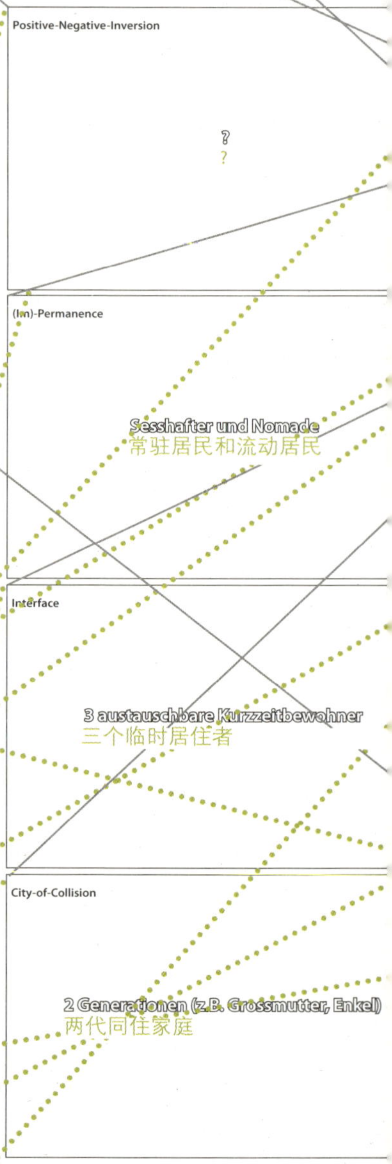

在开始建筑项目前，学生小组还应提供以下输入：> 1 已开发的一小块区域 >2 住房规划项目 >3 公共规划构成元素

3

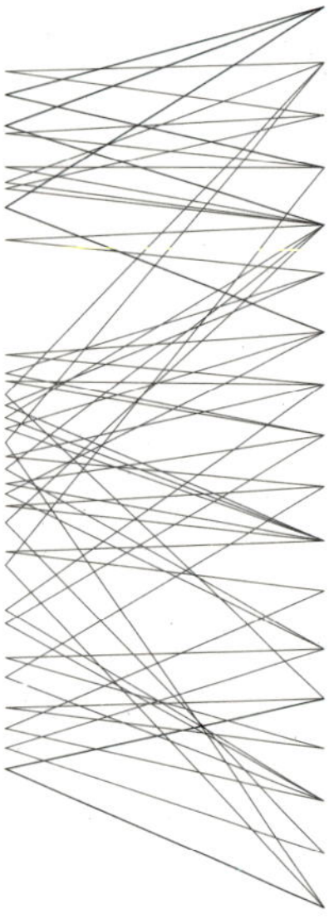

Telefonzelle(n) 电话亭
Geldautomat 收款机
Packstation 包裹承运站
Bushaltestelle 公交车站
Kaffee-Shop 咖啡店
Imbissbude 外卖店
Sitzbank 长椅
Trinkbrunnen 喷泉
Halfpipe U形场地
Basketballkorb 篮球场
WC/Dusche 盥洗室
Volleyballfeld 排球场
Spielplatz 游乐场
Zapfsäule 加油站
Autowaschplatz 洗车场
Umkleidekabinen 更衣间
LAN 无线网络
Selecta-Automat 自动售货机

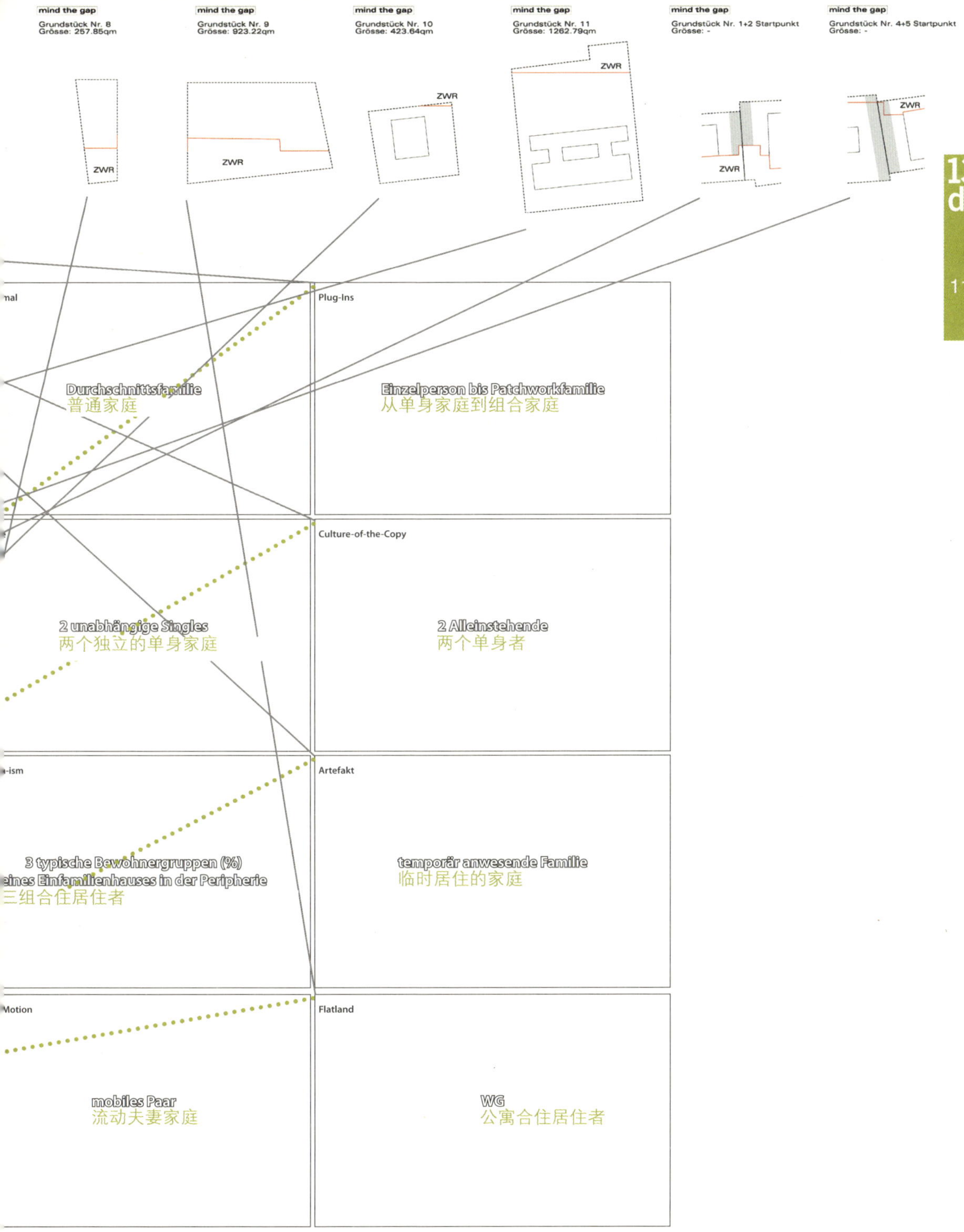
mind the gap
Grundstück Nr. 8
Grösse: 257.85qm
ZWR
mind the gap
Grundstück Nr. 9
Grösse: 923.22qm
ZWR
mind the gap
Grundstück Nr. 10
Grösse: 423.64qm
ZWR
mind the gap
Grundstück Nr. 11
Grösse: 1262.79qm
ZWR
mind the gap
Grundstück Nr. 1+2 Startpunkt
Grösse: -
ZWR
mind the gap
Grundstück Nr. 4+5 Startpunkt
Grösse: -
ZWR
nal
Durchschnittsfamilie
普通家庭
Plug-Ins
Einzelperson bis Patchworkfamilie
从单身家庭到组合家庭
2 unabhängige Singles
两个独立的单身家庭
Culture-of-the-Copy
2 Alleinstehende
两个单身者
-ism
3 typische Bewohnergruppen (%)
eines Einfamilienhauses in der Peripherie
三组合住居住者
Artefakt
temporär anwesende Familie
临时居住的家庭
Motion
mobiles Paar
流动夫妻家庭
Flatland
WG
公寓合住居住者

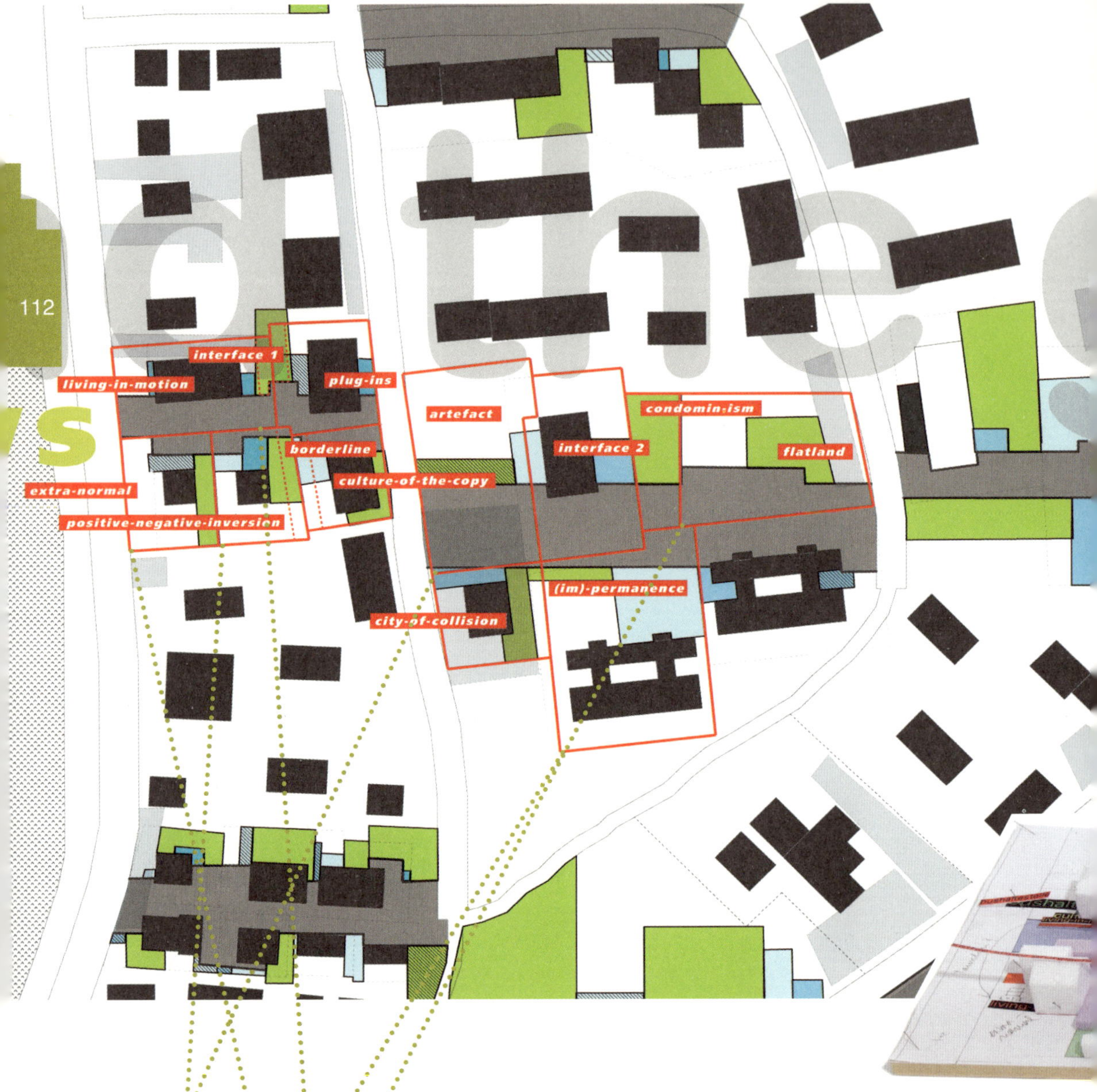

平地样式：Matej Draslar & Mario Von Rickenbach

人造物：Sara Bieri & Myriam Perret

正反转换：Luc Joos & Dario Rizzo

超常态：Patrick Erni & Katrin Suter

接口：Theo Manolakis

（非）永久：Matthias Alder & Pascal Steiner

采用样本方案和相应的学习模型商讨相邻地区。

模型 比例1:500

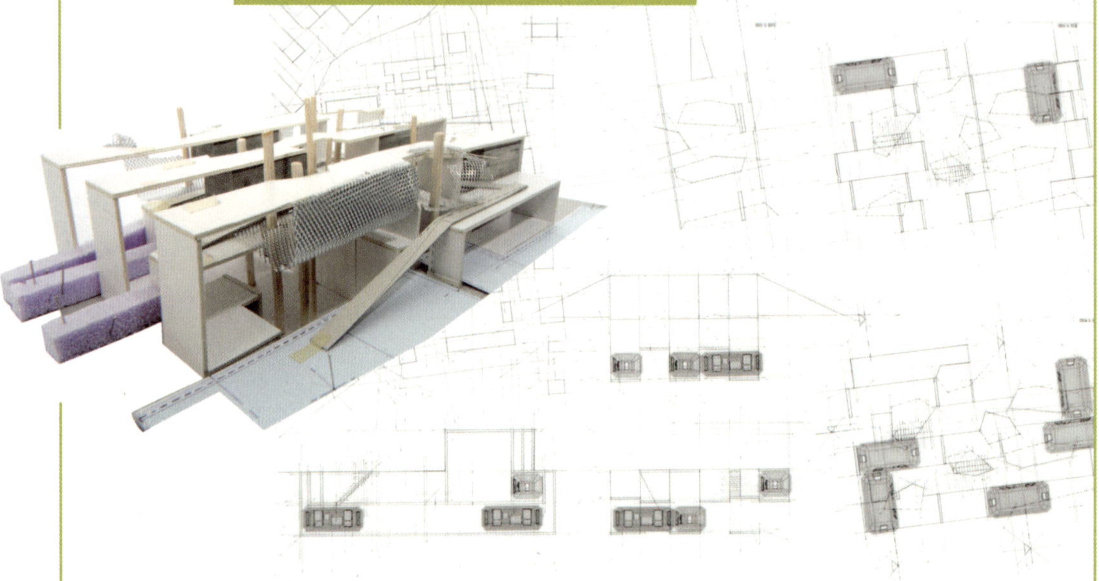

平地样式> Matej Draslar 和 Marion Von Rickenbach

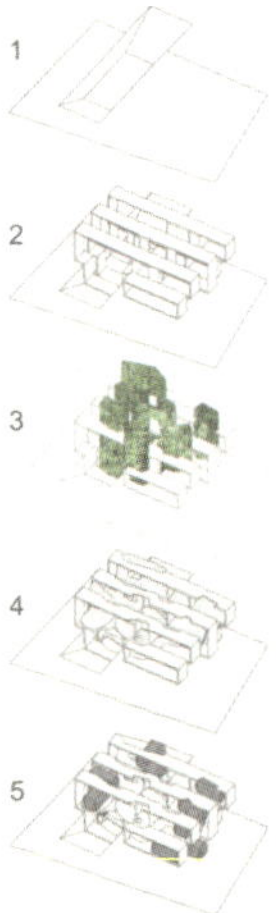

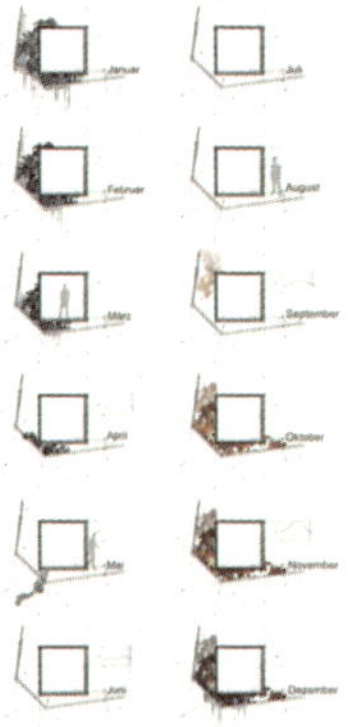

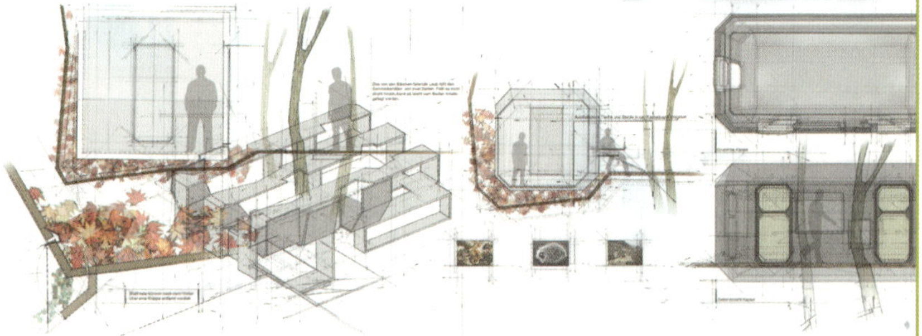

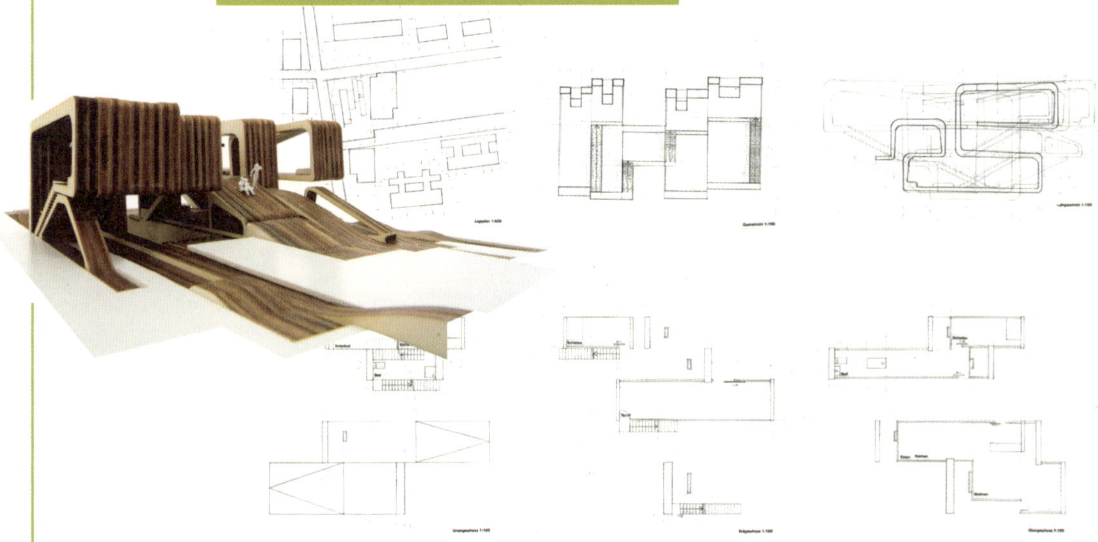

人造物>Sara Bieri 和 Myriam Perret

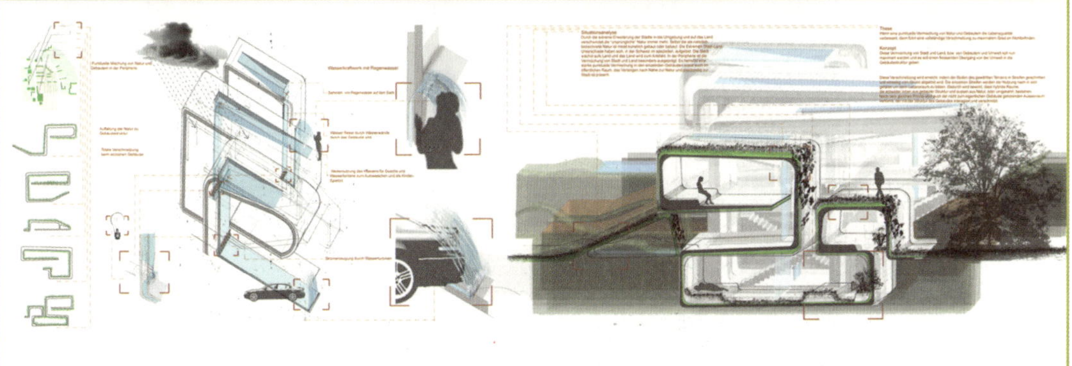

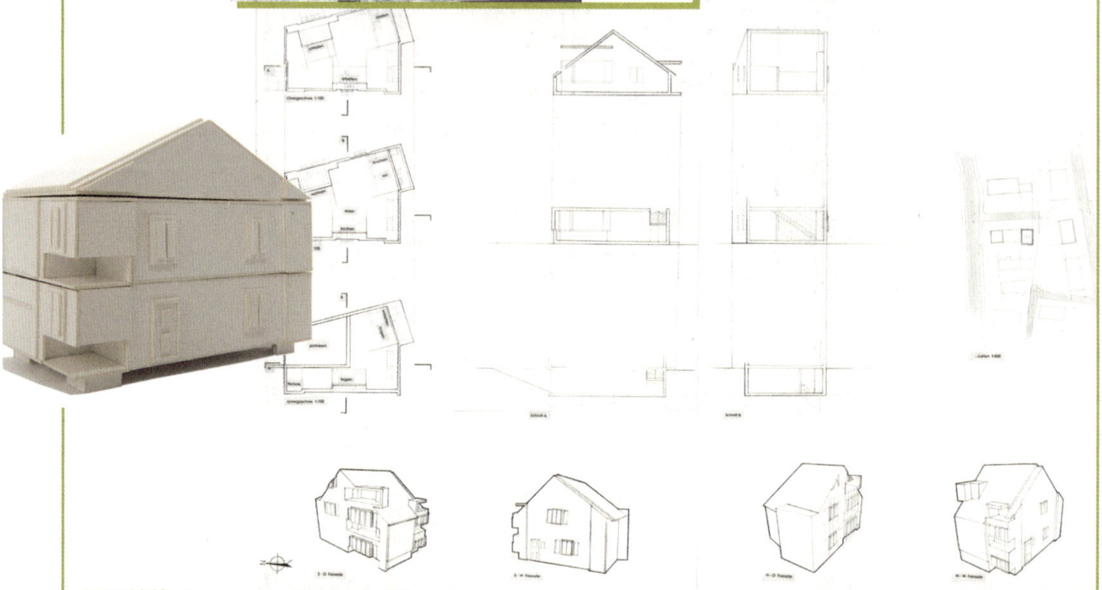

正反转换>Luc Joos 和 Dario Rizzo

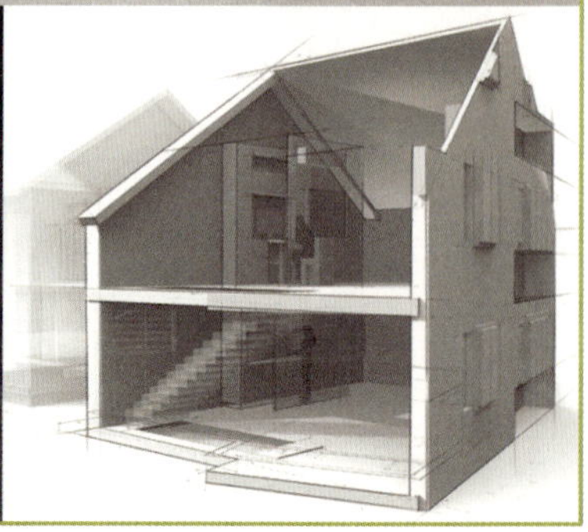

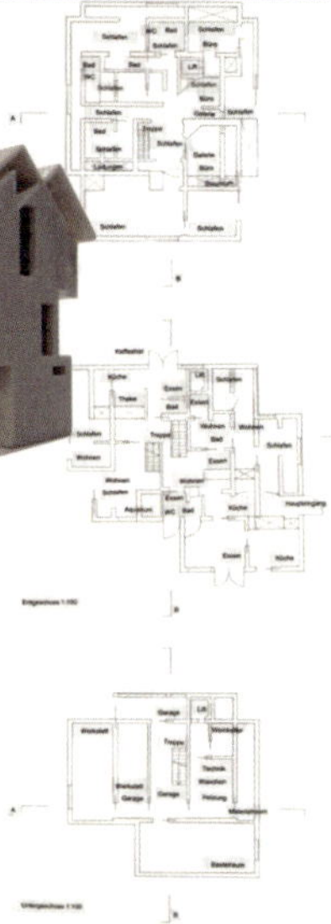

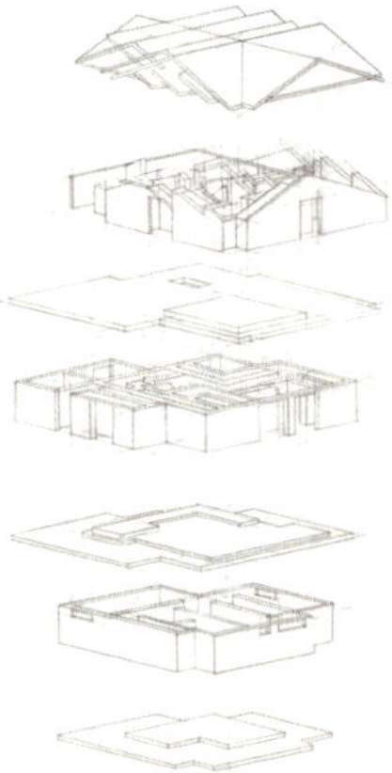

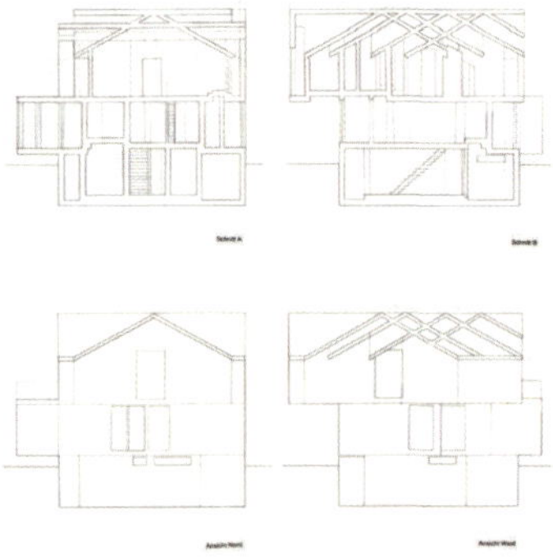

超常态>Patrick Erni 和 Katrin Suter

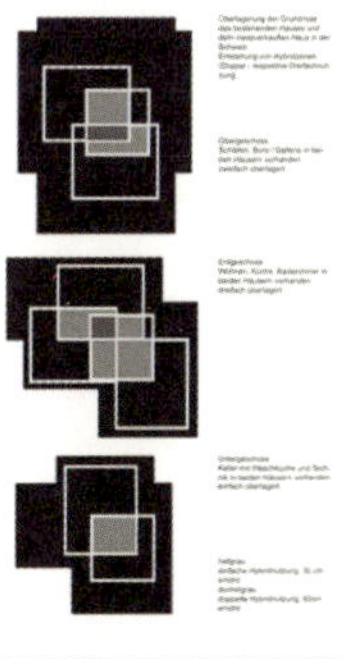

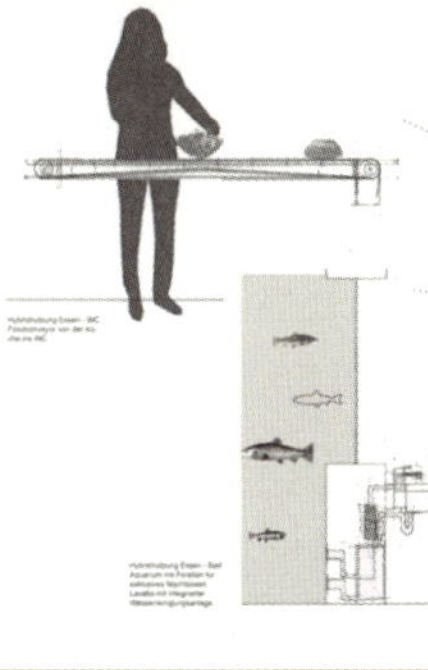

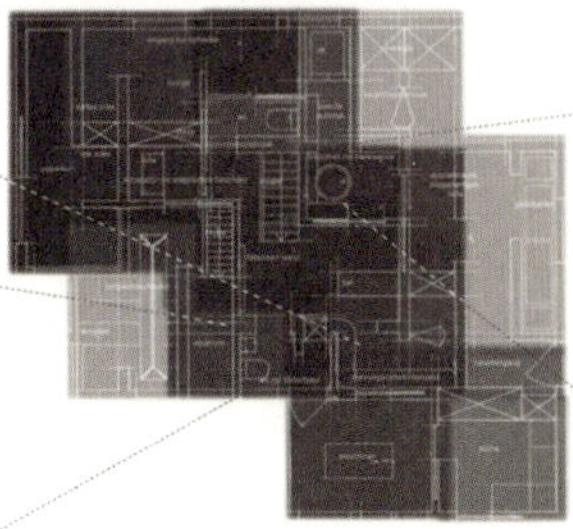

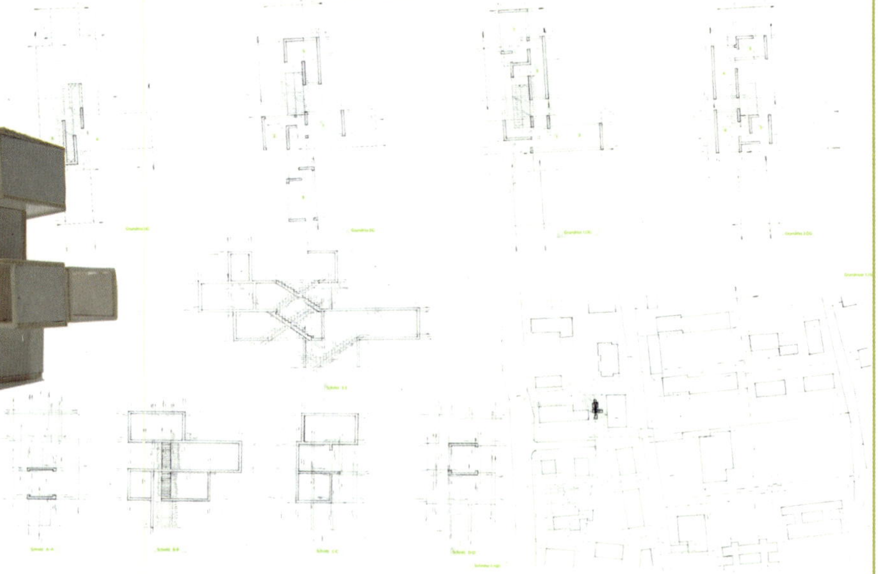

接口>Theo Manolakis

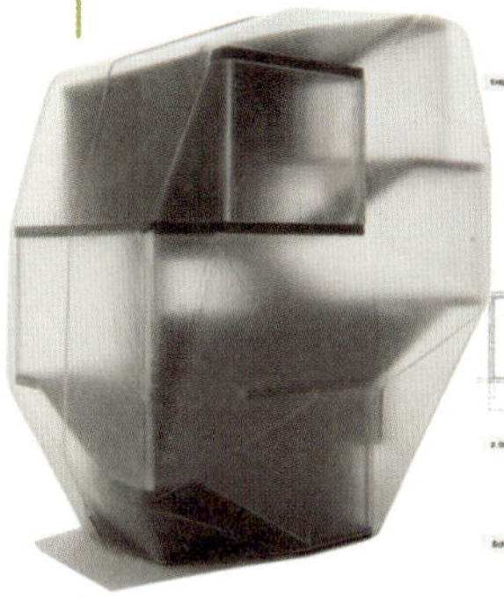

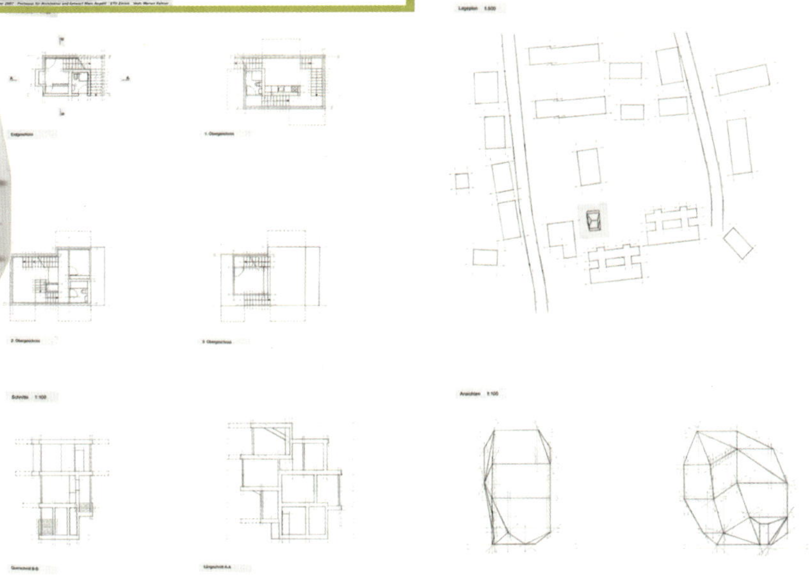

(非)永久>Matthias Alder 和 Pascal Steiner

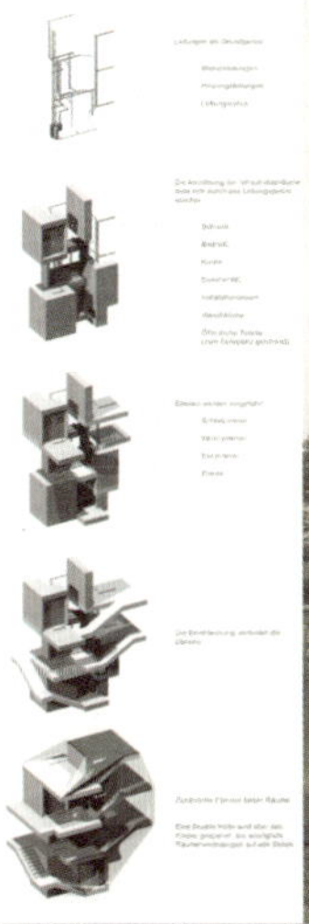

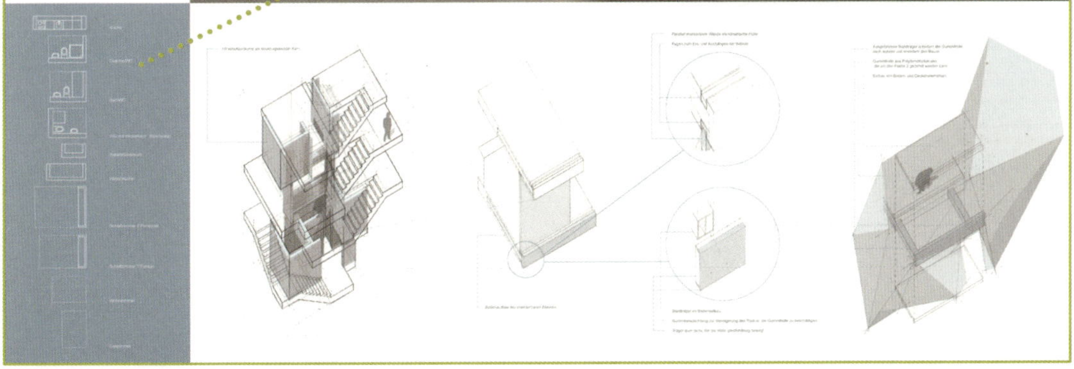

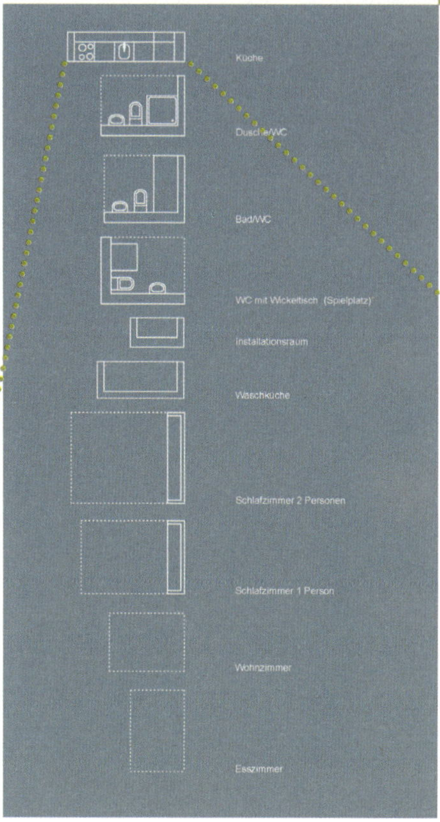

图表

Matthias Alder和Pascal Steiner批评了周边建筑的固定性。他们为单身的人开发了小户型。为满足可能的空间需要，他们在结构中定义了可以发展的区域。可移动的底板上覆盖了柔软的乳胶表层，从技术需要角度形成了一种特殊的外观。

细部图：楼层及正面结构

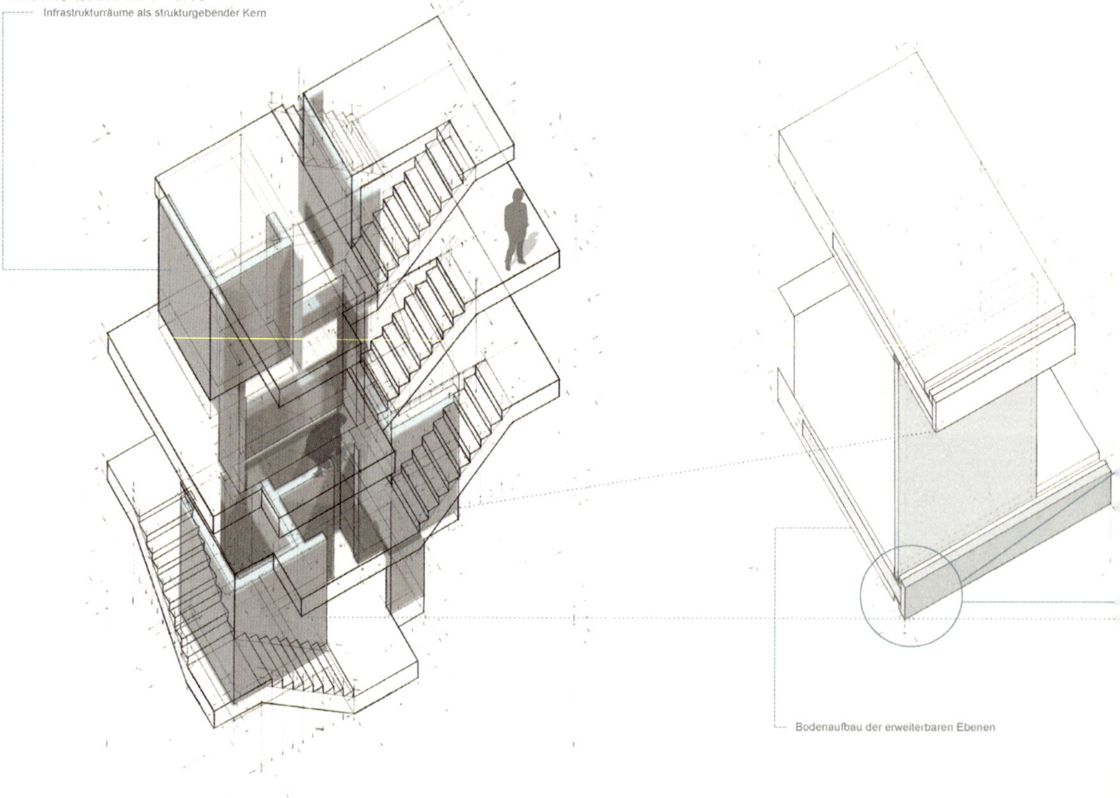

floor plans

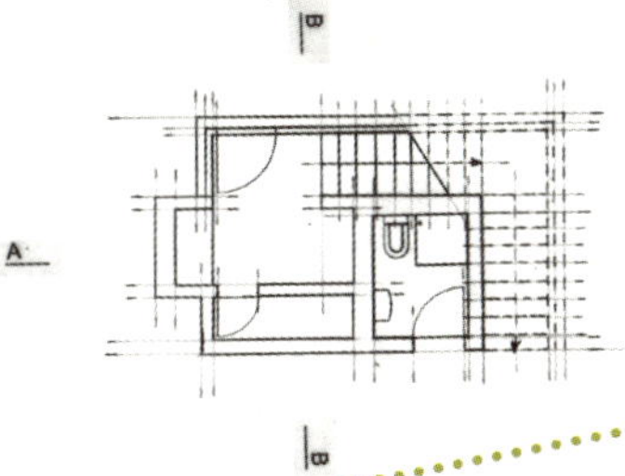

Erdgeschoss

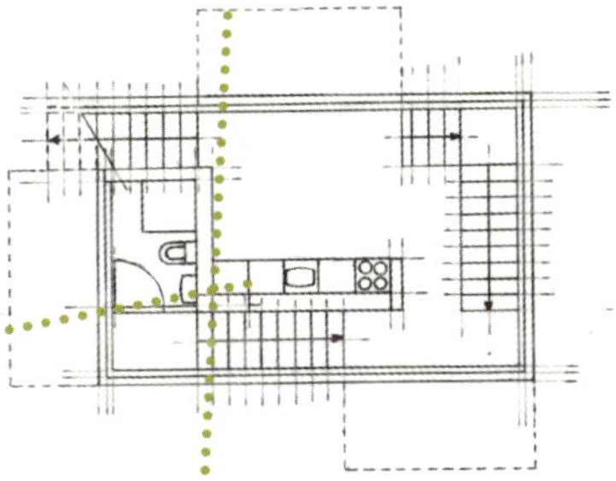

1. Obergeschoss

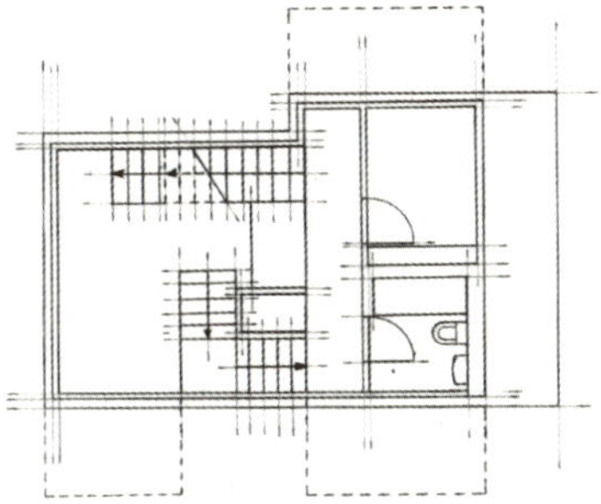

2. Obergeschoss

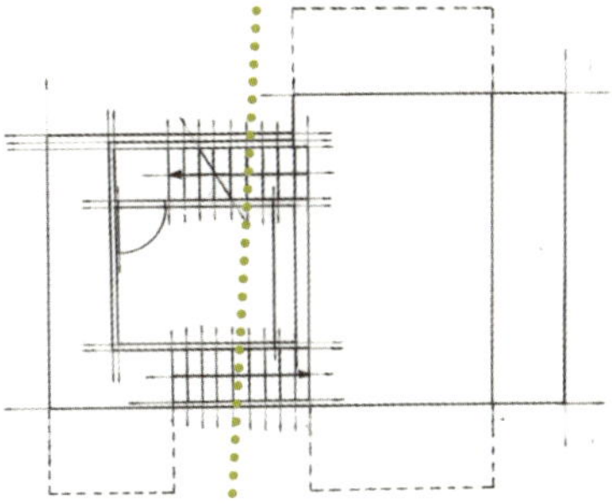

3. Obergeschoss

Flexibel montierbare Wände als klimatische Hülle

Fugen zum Ein- und Aushängen der Wände

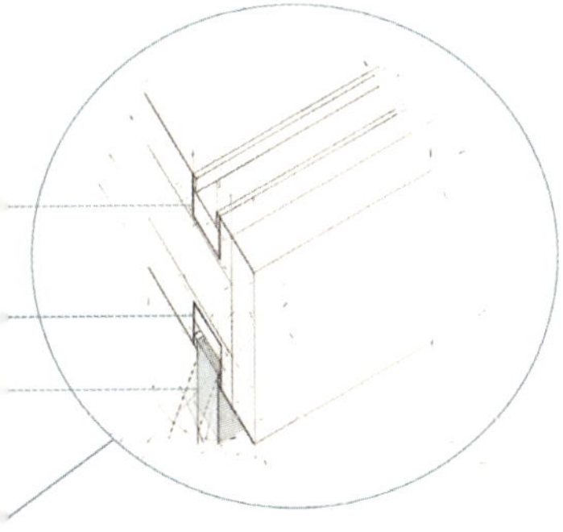

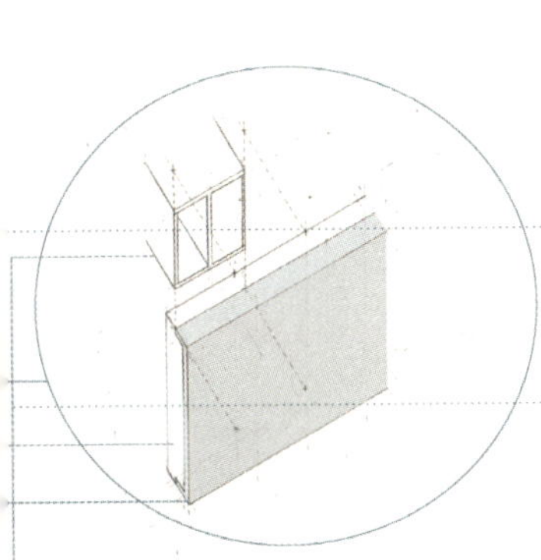

Stahlträger im Bodenaufbau

Gummibeschichtung zur Verringerung des Risikos, die Gummihülle zu beschädigen

Träger quer dazu, der die Hülle gleichmässig bewegt

Ausgefahrene Stahlträger schieben die Gummihülle nach aussen und erweitern den Raum

Gummihülle aus Polydimethylsiloxan, die um den Faktor 2 gedehnt werden kann

Einbau von Boden- und Deckenelementen

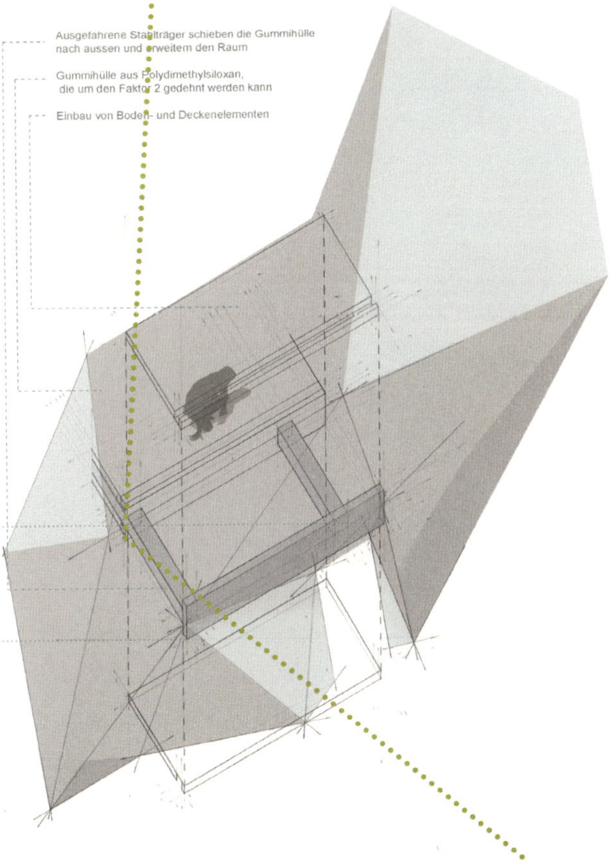

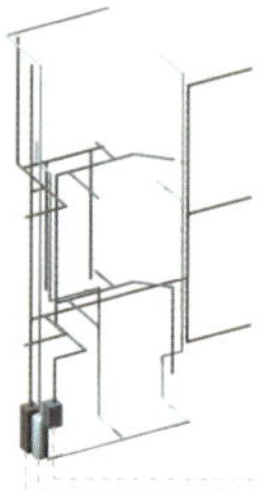

Leitungen als Grundgerüst

Wasserleitungen

Heizungsleitungen

Lüftungsrohre

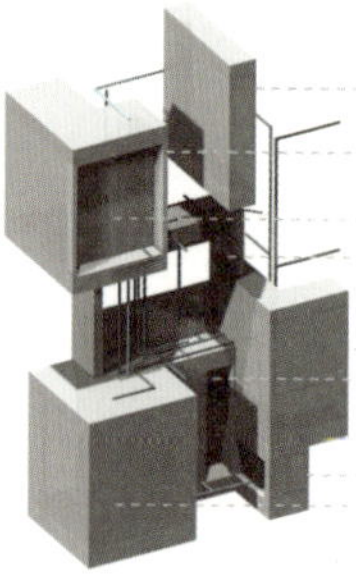

Die Anordnung der Infrastrukturräume lässt sich durch das Leitungsgerüst ableiten

Schrank

Bad/WC

Küche

Dusche/WC

Installationsraum

Waschküche

Öffentliche Toilette (zum Spielplatz gehörend)

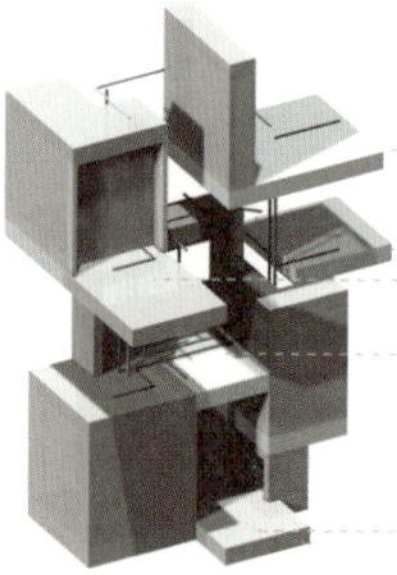

Ebenen werden eingeführt

Schlafzimmer

Wohnzimmer

Esszimmer

Entrée

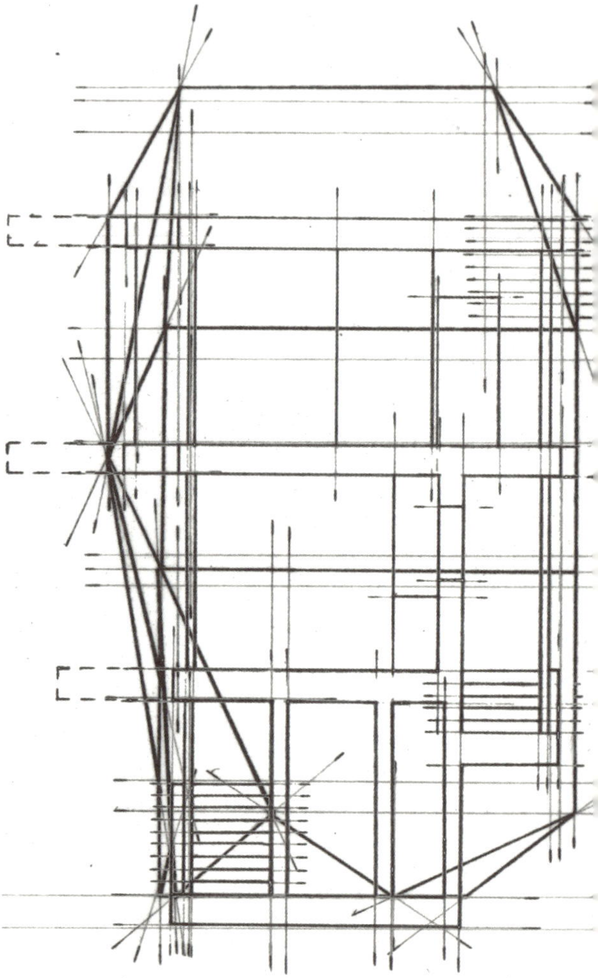

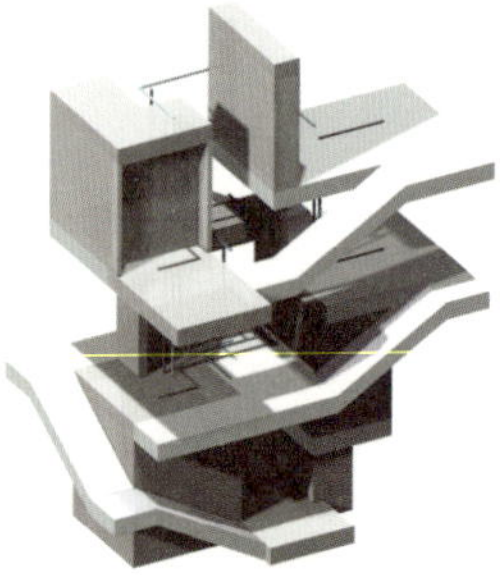

进化发展

剖面图和立面图

Die Erschliessung verbindet die Ebenen

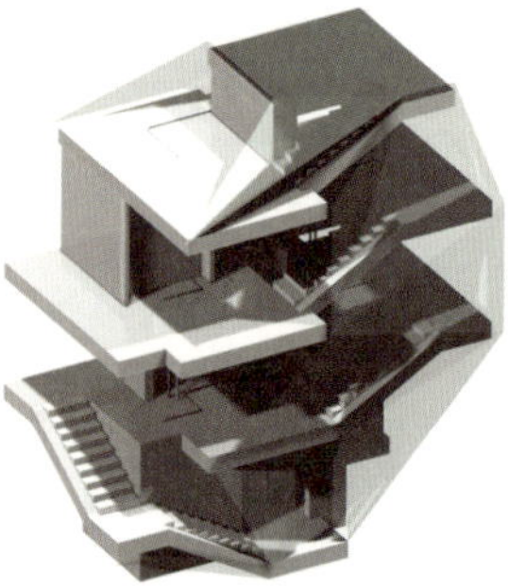

Zusätzliche Ebenen bilden Räume

Eine flexible Hülle wird über den Körper gespannt. Sie ermöglicht Raumerweiterungen auf alle Seiten

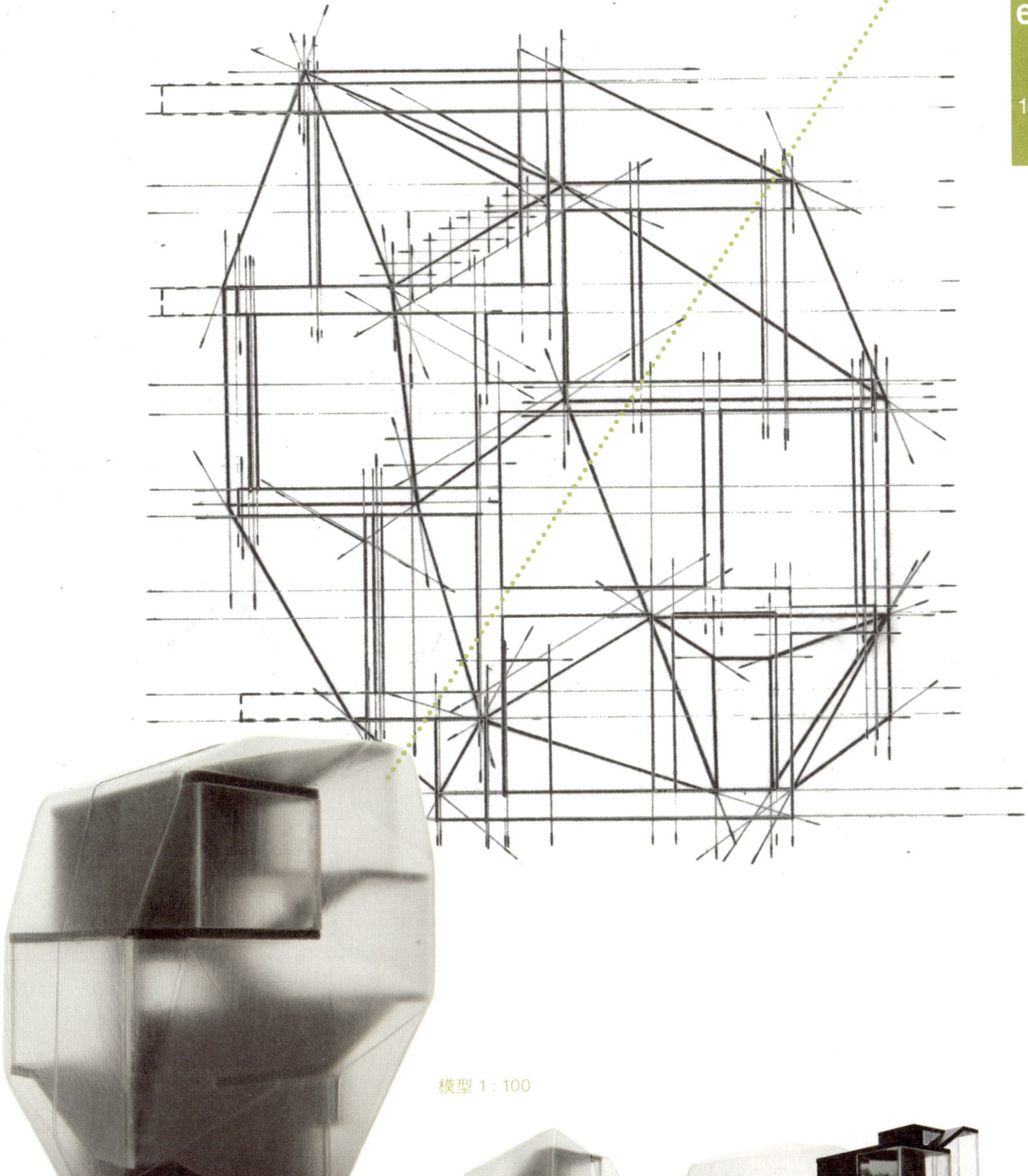

模型 1：100

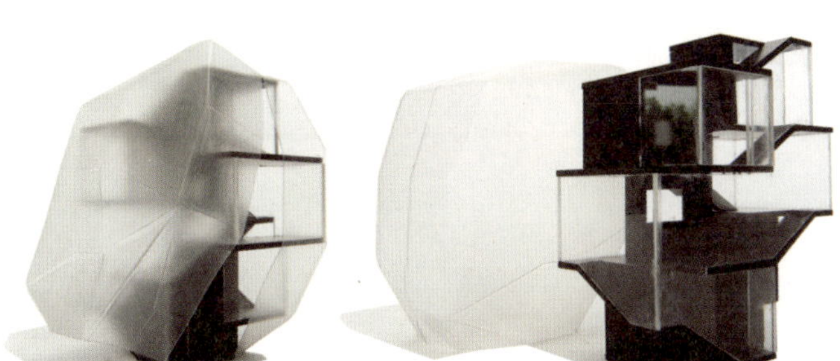

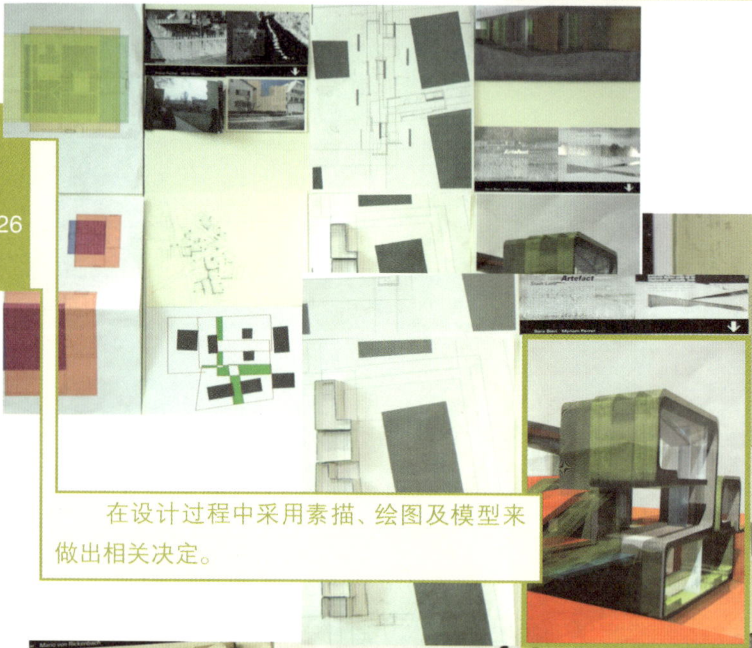

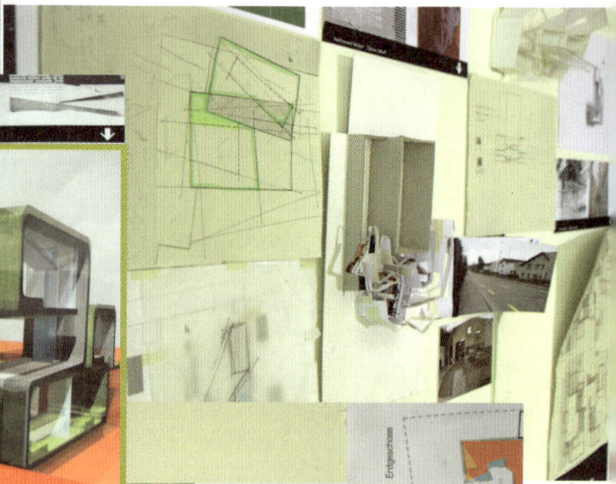

在设计过程中采用素描、绘图及模型来做出相关决定。

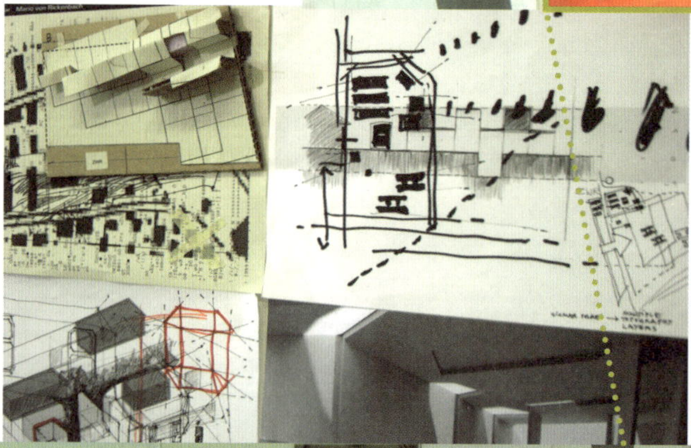

Hybrid-Drawing
privat
Garage
Wohnbereich
Hülle

Layout – SS 07 Exhibition
gray days – blue days

Due: 17.06.2007
Panel size: 100 cm x 140 cm

Plans of all levels, scale 1:100
Sections (cross section + longitudinal section)
Elevation(s), scale 1:100
Site plan, scale 1:500
Axonometric (optional)
84 cm x 59.4 cm
Pencil drawing on paper
Labeling: Univers Extended, 10 pt,
on adhesive film
Section marks, North arrow
Including thesis/concept description (adhesive film)
Mounting: removable double-sided tape

Study models
Mounted on paper, 16 cm x 59.4 cm

Title, Names
100 cm x 3 cm
Univers Extended Bold
Printed on matt paper
Mounted on foam core board, 3 mm thick

Evolution drawing
16 cm x 47.9 cm

Perspective(s)
Rendering from 3D program, edited in
Photoshop or Illustrator
84 cm x 47.9 cm
Optional: 2 views
(e.g. day/night, inside/outside, phases)
Including thesis/concept description (or see above)

Printed on matt paper
Mounted on foam core board, 3 mm thick

Diagrams
16 cm x 29.7 cm

Detail, scale 1:50, 1:20, 1:10 or 1:5
42 cm x 29.7 cm
Combination with conceptional drawing

Conceptional drawing
42 cm x 29.7 cm
Combined techniques (hybrid)
Printed on matt paper

Presentation models
Scale 1:100 (and 1:50, optional)
Wood, white cardboard, plaster cast, etc.

PowerPoint presentation
5 minutes
Research, thesis, concept, approach, result

小组：Jesse LeCavalier

指导教师：Jesse LeCavalier
助教：Andri Luescher

Nicolas Bacchi
Simone Blum
Laura Burgener
Beatrice Crescenti
Zheni Dimitrova
Nikolai Dunkel
Stephan Faciszewski
Christina Farragher
Isik Guergen
Maria Imbach
Jennifer Karrer
Simon Kessler
Keren Mamane
Daniela Mathis
Andrea Mosimann
Stephan Pfeiffer
Christoph Reichen
Michelle Rojas
Coralie Ruedin
Charlotta Sandell
Linda Schaub
Ramona Schoenenberger
Fabienne Siegenthaler
David Späh
Jérémy Stauffacher
Philip Weber

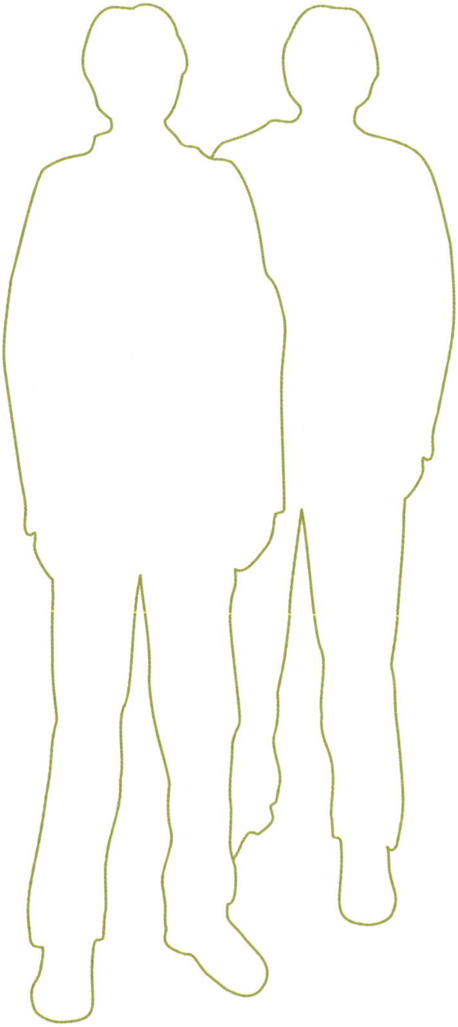

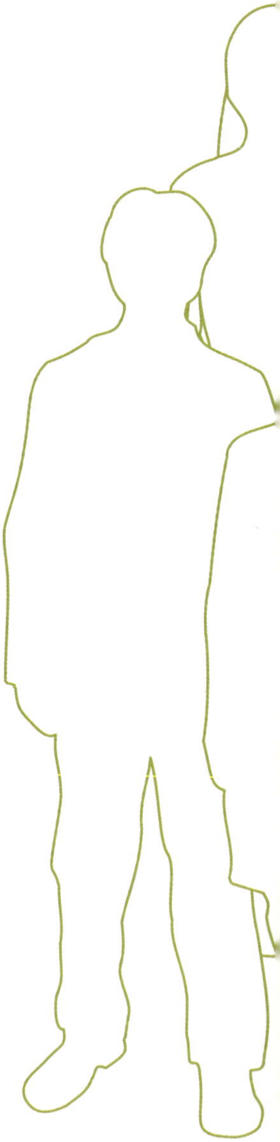

R E F O

新的格式

由效率和标准化驱动的经济正在按其需要格式化我们的环境格局——但这些并非总是符合居民的需要，也没有很好地为城市未来面临的挑战做好准备。如果是这种情况，那么我们可以调节格式自身来制订战略，创造能够将密度引入边缘地带且能满足城市未来需要的新类型。

这个工作室的出发点是认识在最近出现的“全球化”和“信息时代”时期我们经历的一系列经济转变。这些转变可归纳如下：

R M A T

—以工业生产为导向的市场> 以信息管理和积累为导向的市场
—推动经济>拉动经济
—固定的经济条件>灵活的经济条件

在所有这些经济机制中，速度和效率是使利润最大化的重要因素。物流成为这些机制车轮的润滑剂，它作为一股均匀、平顺的力量，其主要目的是消除流通障碍。为此，它在所有方面格式化我们的现实，确保在所有平台上顺利地进行移动和沟通。

然而，负责环境生产的这个机制只关心一个重点，因此，忽略了很多其他的城市问题，如密度、可持续性、公共空间、迫在眉睫的环境危机等。因此这个工作室的目标是了解这些机制，通过研究和试图控制它们来制造另一种城市与建筑的未来。基于物流在追求不断格式化现实这一观点，这个工作室将侧重于这一格式化现象及城市和建筑格式的各个方面，以便在当前环境下创造颠覆的技术。

工作室的目标不是复制现有环境，而是在不断被格式化的环境中寻找建筑潜力，通过研究、夸大和提升环境的潜在条件创造有生产能力的战略。要做到这一点，我们要从两个方面着手。对于城市规模，我们将用增加密度的方法来测试这些战略的可行性。对于建筑规模，我们将用一系列可能与现有格式不符的反常手法来创造更有效的条件。城市方面，将调查和处理现有的环境条件和格式以发展新的战略。建筑方面，将结合城市战略及能够反映出日益临近的城市挑战的反常的规划条件来测试现有形式。

练习13a
地图和方位
形式转化
技术类型改革

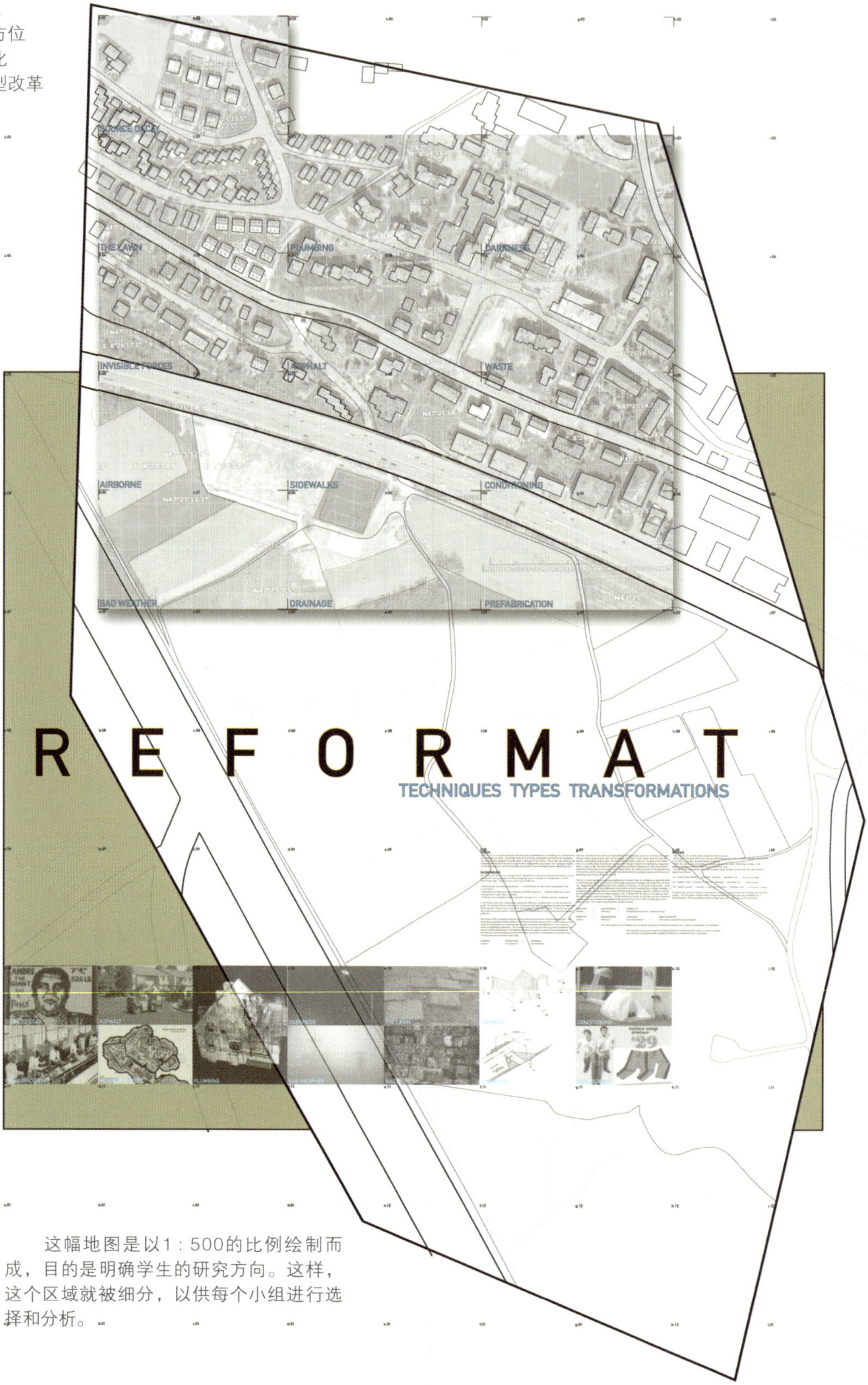

这幅地图是以1 : 500的比例绘制而成，目的是明确学生的研究方向。这样，这个区域就被细分，以供每个小组进行选择和分析。

在资本主义制度下——资本通过长期努力在某一特定的时刻及时地建立了一种自身条件相适应的物质景观。在随后的时间里——通常是危机的时候，才不得其毁坏。[2]

David. "The Urban Process Under Capitalism" in *The Blackwell City Reader*, Gary Bridge and Sophie Watson, eds. Oxford: Blackwell, 2002, p. 120

高速公路、终点站、交汇点、匝道、分道线、人行道及马路牙子都是建筑环境中到处可见的组成部分，作为现代文化中有影响力的特征它们却经常被忽略。[4]

4. Bélanger, Pierre. "Synthetic Surfaces" in *The Landscape Urbanism Reader*. Princeton Architectural Press. 2006, p. 241.

最具代表性的住宅构造是使用最为普遍的布局形式，它们具有不同的相似性和程度，而通过设计或规划，它们的融资情况、所有权及建筑条约都会产生差异加复杂度。

但是，住宅和它包括的要素也是商业目标，尽管在房屋建筑及翻新过程中的各具看起来似乎只是独立的媒介物，它们却是在整个组织形式中强有力的因素。[3]

ng, Keller. *Organizational Space*. Cambridge: MIT Press 1999, p. 129.

临时空间内的活动正在越来越多地取决于规划过程而不是规划本身，通过其中实行的运算法则或者通过立法及经济法则来决定活动怎样进行。[4]

4. Varnelis, Kazys. "Programming after Program: Archizoom's No-Stop City" in *PRAXIS 08*

建筑将其自身置于一个通用空间中，它在形成过程中毫无中断，始终如一，比何时何地。所有气象学上的可变因素都被固定在一个平均的普遍的舒适条件：21℃，相对湿度在50%，光密度在2 000 lux。

巴黎的美丽春天，我们已经决心要在全世界范围内无限重复这样一天。[5]

n, Philippe. "Invisible Architecture" in *VERB: Conditioning*. Barcelona: Actar, 2006.

课文研讨

种类众多的文字对构造工作室论题框架具有重要作用，因此每周的研讨会上我们都要对文字进行讨论。以下是需要阅读的文章：

STAN ALLEN: "Infrastructural Urbanism," in: *Points+Lines. Diagrams and Projects for the City*, New York: Princeton Architectural Press 1999, pp. 46–57.

GEORGES CANGUILHEM: "Disease, Cure, Health," in: *The Normal and the Pathological*, New York: Zone Books 1991, pp. 181–202.

BEATRIZ COLOMINA: "The Medical Body in Modern Architecture," in: *ANYbody*, Cynthia Davidson (ed.), Cambridge: MIT Press 1992, pp. 228–239.

MARAGARET CRAWFORD: "Blurring the Boundaries. Public Space and Private Life," in: *Everyday Urbanism*, New York: Monacelli Press 1999, pp. 22–35.

KELLER EASTERLING: "Introduction," in: *Organizational Space: Landscape, Highways, and Houses in America*, Cambridge: MIT Press 1999, pp. 1–11.

MARCO FRASCARI: "The Tell-the-Tale Detail," in: *Theorizing a New Agenda for Architecture*, Kate Nesbitt (ed.), New York: Princeton Architectural Press 1996, pp. 500–514.

REM KOOLHAAS: "Definitive Instability. The Downtown Athletic Club" and "Europeans. Biuer!" in: *Delirious New York*, New York: Monacelli Press 1997, pp. 152–159, 234–245. And: "The Generic City," in: S,M,L,XL, New York: Monacelli Press, 1995, pp. 1238–1269.

ILKA AND ANDREAS RUBY: "The Challenge of Suburbia" and "Introduction," in: *AD. The Challenge of Suburbia (2004)*, vol. 74, no. 4 July–August, pp. 5–8. And: *Groundscapes. The Rediscovery of the Ground in Contemporary Architecture*, Barcelona: Gustavo Gili 2006, pp. 9–31.

ALEX WALL: "Programming the Urban Surface," in: *Recovering Landscape. Essays in Contemporary Landscape Architecture*, James Corner (ed.), New York: Princeton Architectural Press 1999, pp. 233–250.

WORKac: "Program Primer," in: *Praxis 08 (2006)*, no. 8, pp. 111–121.

MIRKO ZARDINI: "Toward a Sensorial Urbanism," in: Mirko Zardini (ed.), *Sense of the City. An Alternate Approach to Urbanism*, Zurich: Lars Müller 2005, pp. 16–30.

主题

由效率和标准驱动的经济正在格式化我们的环境，使我们适应它的需求——但是这些需求并不总是与它的居住者的需求相容，也不能用来解决城市未来的挑战。

如果是这样，我们就可以调整格式本身来创造新的类型学，这些类型学可以把密度引入外围，并使之适应城市的未来需求 。

工作室的目的是定义这些格式，通过研究来完成并操纵这些格式，以展现交互的城市和建筑的未来。

为了达到这个目的，我们将运用日常条件（城市格式）来构建城市和建筑策略。

我们将在两种范围内检验这些策略。

在城市范围中，我们通过密度挑战来检验这些策略的可行性。

在建筑范围中，我们使用一系列与现存格式不一致的异常条件来引入更有效的策略。

FORMAT
studio

REFORMAT

第一个练习分析地块中现存的格式——苏黎世聚集区的一部分。这一阶段的制品必须要安装在一个已制好的木箱子里，因为格式有局限性，所以木箱子也可以做出改变。

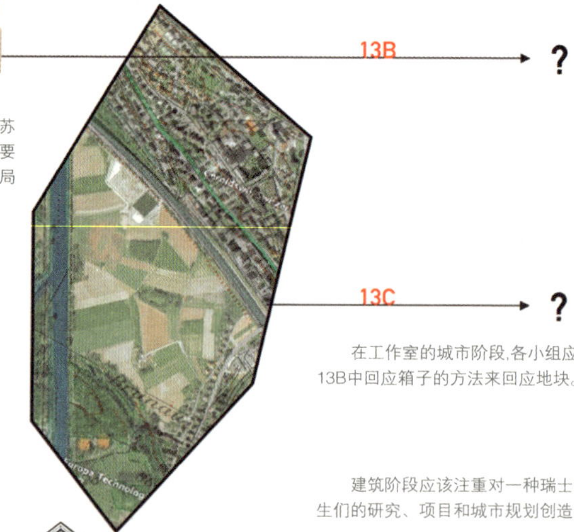

在工作室的城市阶段，各小组应该用他们在13B中回应箱子的方法来回应地块。

建筑阶段应该注重对一种瑞士流行的装配式住房的形式变换。是学生们的研究、项目和城市规划创造了这种指导改革的技术。

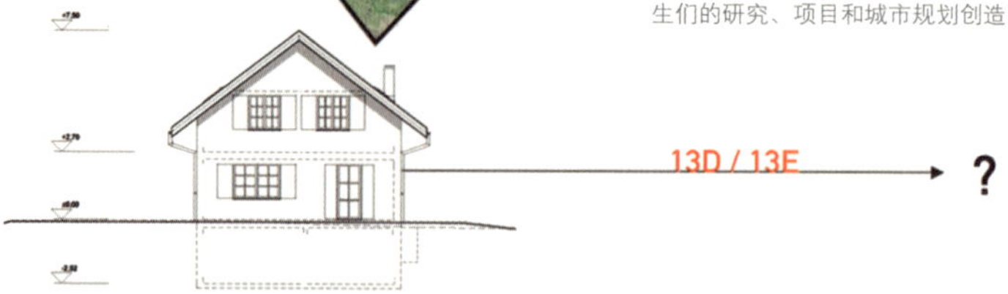

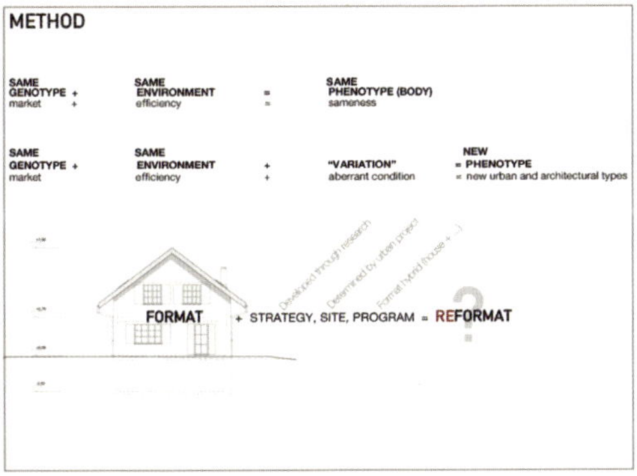

对工作室的建筑阶段的方法纵览

在这个例子中，一件日常用品被分解为构成要素，并被重新结合成适合新用途的结构。

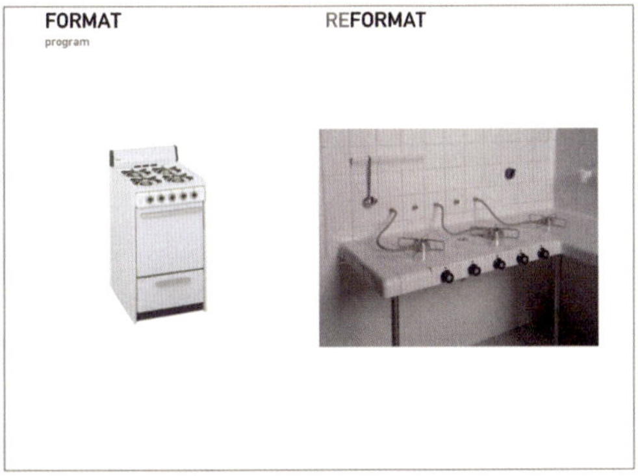

新项目产生的前提是对日常用品的使用提出质疑。在这种情况下，把炉灶安置在厨房灶台使烹饪有了另一种形式。

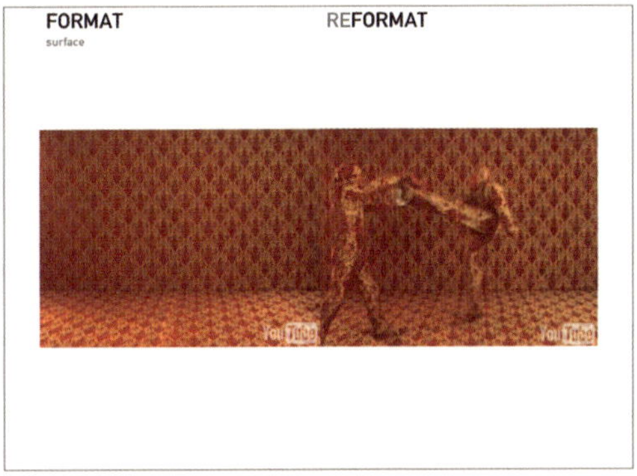

可以不采用呆板的无生命力的背景，墙面可以成为活泼的有生命力的空间要素。

在这个例子中，通过对地表的重新塑造来改变停车的方式，同时为处在下方的展览馆创造新的空间。

在这个案例中，单个家庭住宅通过简单的变化完成了整体形式的转化。这种开放的策略是一种标准天窗重复使用的结果，住宅项目通过运用大型“抽屉式”卧室进行改革，这种卧室可以滑出墙体或者滑进临近的空间。

练习13b
输入/输出

输入
-命题与13a中的地图（1：500）
-地块方位（从地图中选取一片18.5 cm X 29.4 cm的区域）
-目录和文字（从墙壁中选择——不一定要与你卡片上的目录一致）
-宜家IKEA展示箱（BAS 31 cm X 20 cm，产品编号：865.253.09 18545）（可以在瑞士SPREITENBACH 或者 DIETIKON的宜家里买到：12.95瑞士法郎）

任务：
-使用该目录来研究及理解你的地块
-找到干预该地块的技巧
-使用该技巧将5 000 m^3的建筑物品引入你的区域（这等于六座“红宝石别墅”）

1：2 000 区域概念图
材料：比例为1：2 000的“水印”绘图
（需提供29.4 cm × 55.5 cm）

我们关注地块的各种具体指标的同时，非常重要的一点是要保持对全局的宏观把握。

为了这个目的，比例为1：2 000的绘图为你在研究基础上的对地块的解读提供了机会。通过这幅绘图推进你对地块在某一方面的理解。使读图的人同样能够理解你试图表达的内容。绘图可以是简单抽象的（通过图解使人信服）。使用铅笔及黏性胶带（如有必要，可使用精巧的格调、版本或是小图片打印件）。

今天快要结束的时候，你应该可以对你的研究地块设定一些目标了。在离开之前知道你要找寻的东西绝对是非常必要的。从理论上讲，你将在第一天结束的时候设定出所有输出的提案。

1：500 由你选择的地点范围所建立的绘图工具（18.5 cm × 29.4 cm）。
材料：灰色和白色的纸板

在两个层面上建立：在下列“建筑要素”的顶端用灰色纸板来制作“间隙中的空间”。想象这幅地图是可以带你去这个地块的移动工具。利用接缝你就可以把它折叠起来并带在身上。用它来记录你的发现和地块的相关情况。

修改过的宜家IKEA展示箱（1：1）
材料：需提供的IKEA “BAS”展示箱加上其他必要的材料。

这个箱子有两个作用：一方面，它是所有上述材料的容器（地图、绘图工具、模型、明信片），但另一方面，它是进一步检验你的技术和研究的机会。这个箱子可以用与红宝石别墅相似的方式概念化——二者都是“既定”物体，或“样式”，而我们将对使用工作室进行研究及其策略进行改革。从这个角度上来讲，这个箱子是一种检验容器，你可以用它来检验你的技术。你要面临的挑战是如何操作这个箱子并使用应用于其他方面的方法来对它进行转化。也就是说，你应该用你在模型中建议的干预方法来着手修改箱子。当这一切结束的时候，方法和策略应该变得清晰明了。

两个“改变的”明信片（14.7 cm × 9.25 cm）
材料：用Photoshop处理过并裱在纸板上的地块照片.

用这两张明信片来说明你所提议的干预方法能够提供的空间质量。从地块照片开始，利用数码技术来创造若干图像，而这些图像能够使人联想到你的策略。

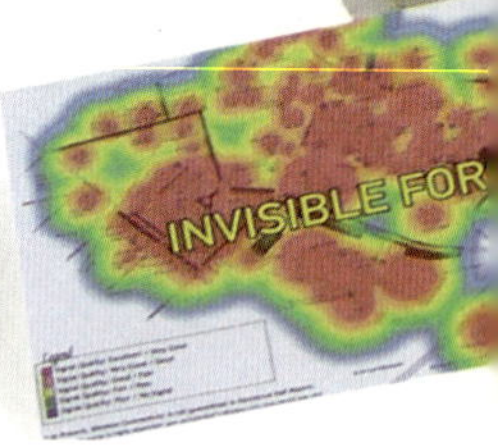

无形的力量
Jenny Karrer 和 Jeremy Stauffacher

在这个例子中,两个学生注重有争议的区域的领空权及附加用途规定。通过对Grroldswil城目前的无形限制进行模型化，城市密度显现出了新的可能性。研究还暗示着对已经建好的能够盛装练习13b中所有成分的容器进行的修改方式。

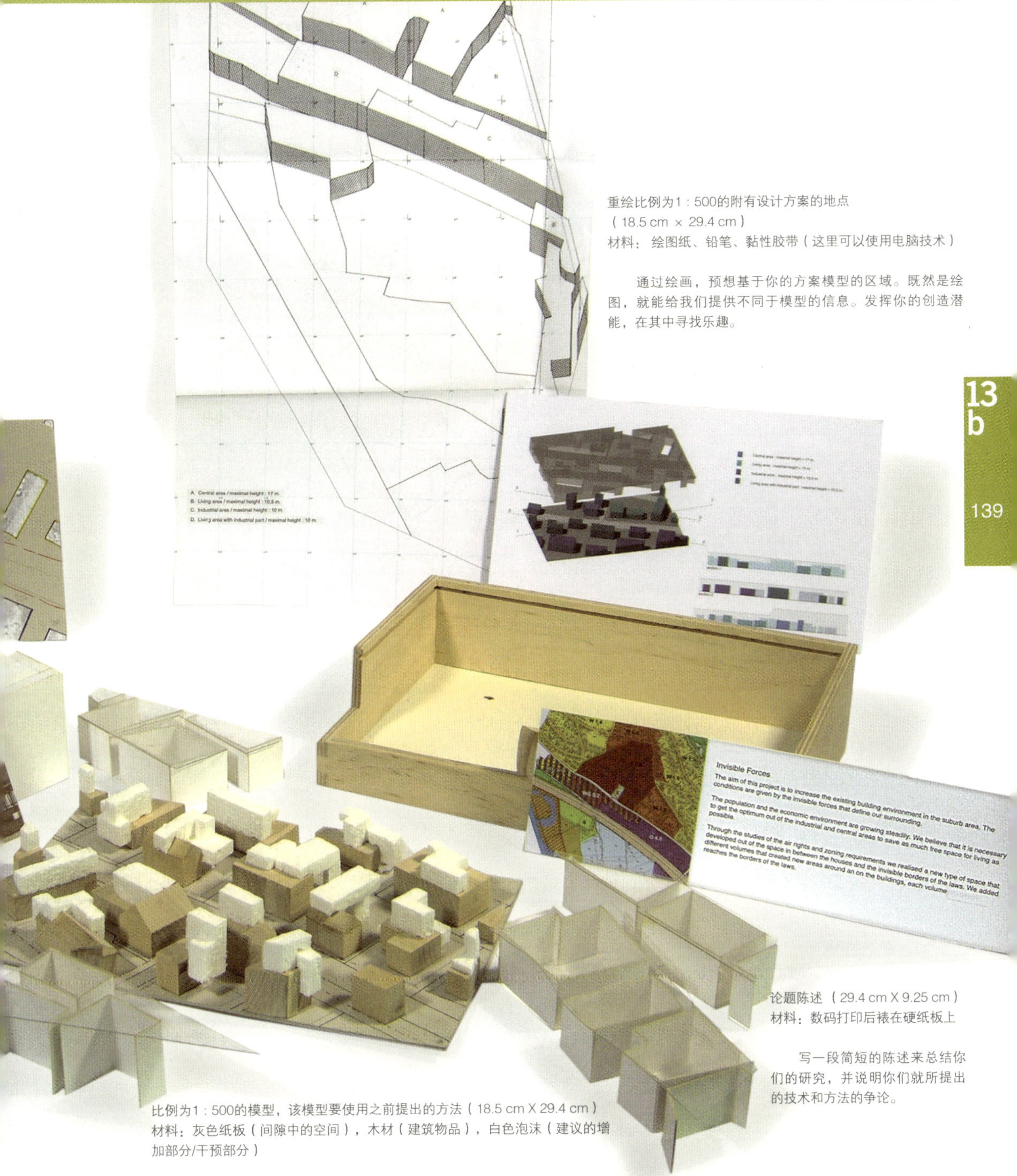

重绘比例为1：500的附有设计方案的地点（18.5 cm × 29.4 cm）
材料：绘图纸、铅笔、黏性胶带（这里可以使用电脑技术）

通过绘画，预想基于你的方案模型的区域。既然是绘图，就能给我们提供不同于模型的信息。发挥你的创造潜能，在其中寻找乐趣。

论题陈述 （29.4 cm X 9.25 cm）
材料：数码打印后裱在硬纸板上

写一段简短的陈述来总结你们的研究，并说明你们就所提出的技术和方法的争论。

比例为1：500的模型，该模型要使用之前提出的方法（18.5 cm X 29.4 cm）
材料：灰色纸板（间隙中的空间），木材（建筑物品），白色泡沫（建议的增加部分/干预部分）

用这个模型来检验你使用的技术，具体方法是在你的区域内引进5 000 m³的建筑物品。你引进材料的方式应该与你的研究结果保持一致，并且始终保持概念清晰。

城市格局

在练习13b中，每组选定一个研究类别，运用一个“城市格局”在未来的几周内指导他们的工作。即使通常都不被考虑在建筑及城市化规则之内，市的各种要素对于一个区域的特征还是具有非常重要的影响力的。这里要面临的挑战就是理解这些现象，从而在其中找到能让小组对选定区域进行改造技巧。在基础设施、自然/公共景观、对抗性条件和连续性等类别中，都存在更加细分的主题，这些主题被以明信片的方式表现出来，并配有说明文字。一张明信片的图像都表明了研究中的一个具体方向，后面的文章给出了背景信息。

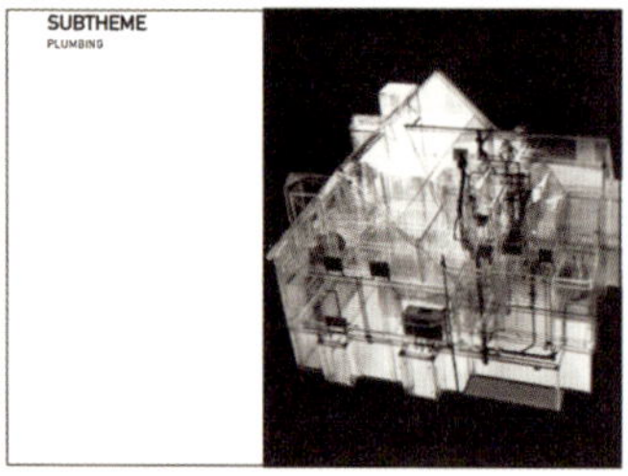

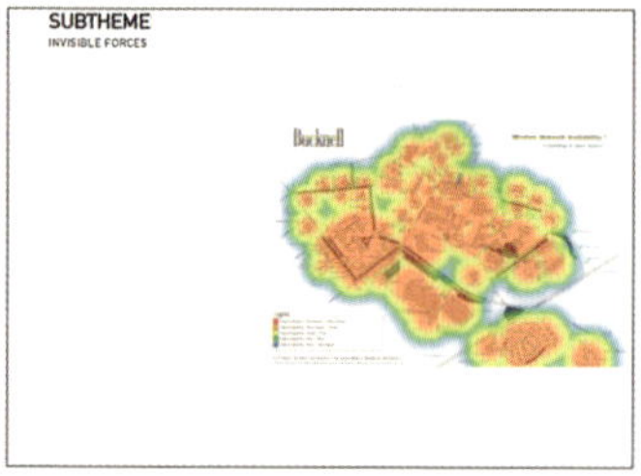

基础设施

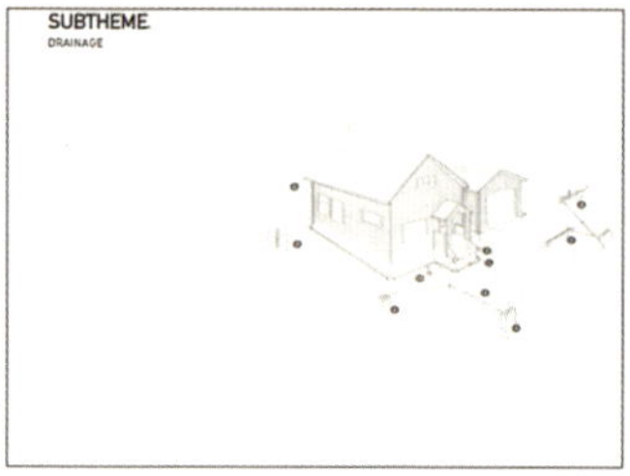

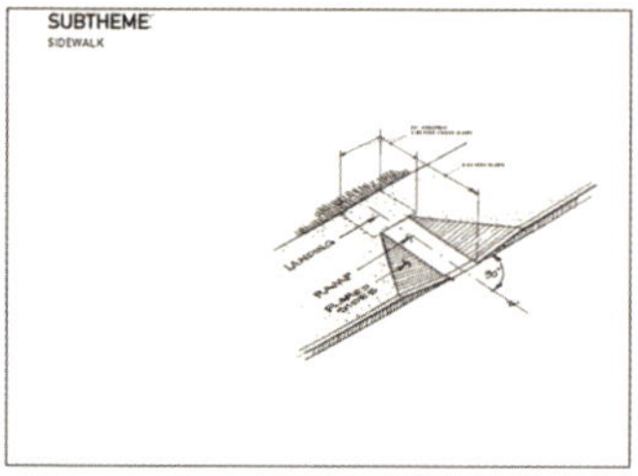

自然公共景观

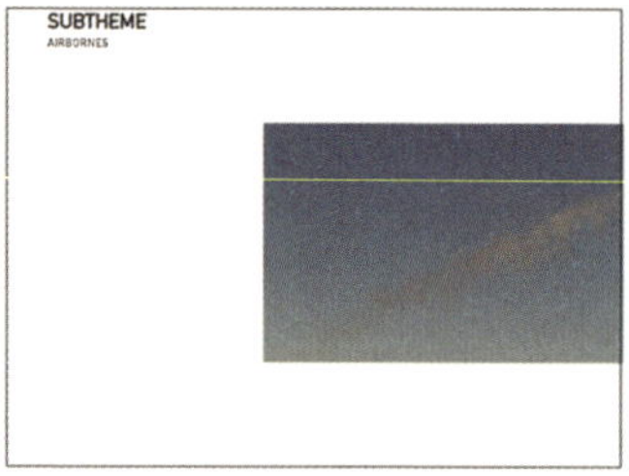

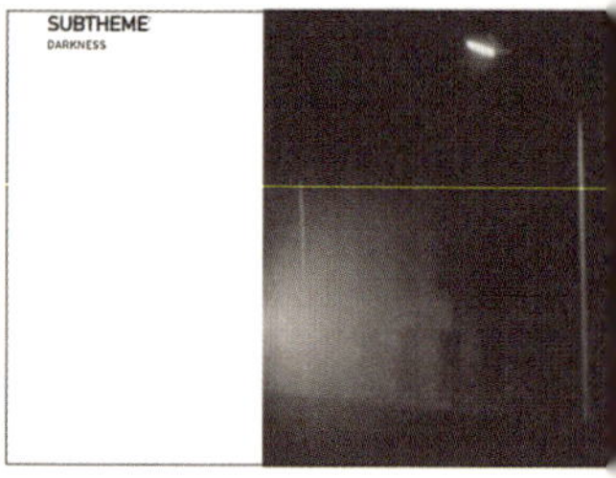

对抗性条件

连续性

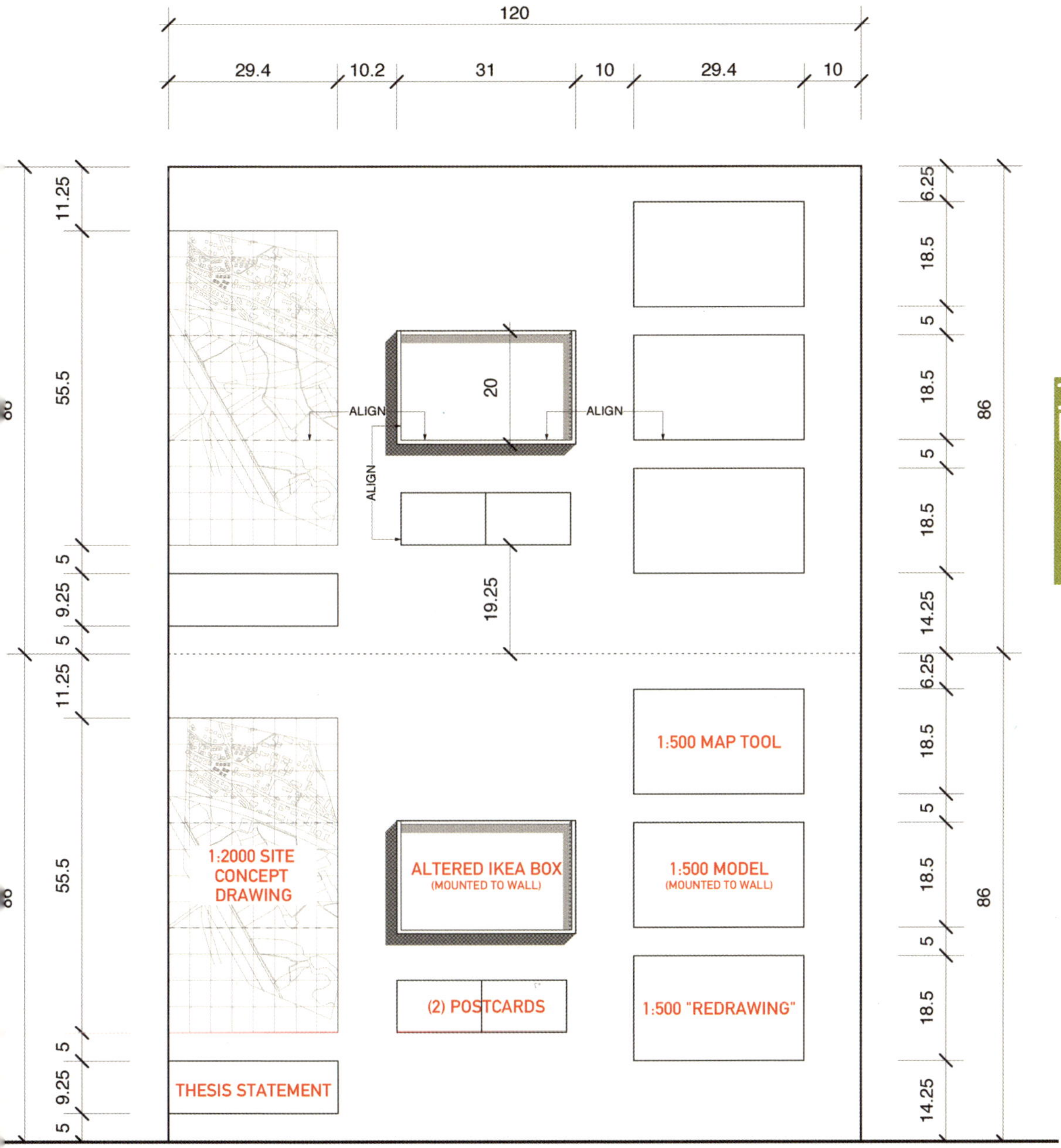

小组第二天的研讨结束前，要进行一次城市格局的回顾和讨论。要求组员们运用对比的方法，将作业呈现为一种普通格式。

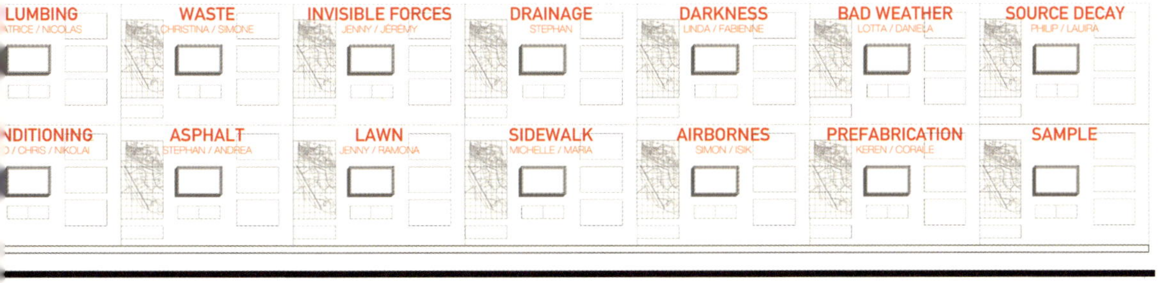

练习13c
输入/输出

输入

–练习13a和13b的结果
–练习13b中设定的景观、基础设施及填充元素
–标准的单个家庭住房
–密度要求

任务

–在小组内共同工作，对每一个区域都要展开一个完整的主题及具体的
–使用图表准备一个比例为1：500的独立绘图，该图表的语言与阐述
范围的语言要一致。
–制作一个比例为1：500的方案模型，具体细节的比例为1：200。
–准备影像资料，对你的方案予以支持并进行详细说明。该材料可以
课文、空间图像、动画片、宣传、数字模型等。

通过分析练习13b，小组用他们的研究课题来寻找潜在的设计可能。虽然开始的时候有些分散，但这些提议被分为景观、基础设施和填充三个组。这些分类决定了这三个平行小组的组成人员。每个组选择一个最佳地点来测试他们的提议。景观组选择在由垃圾堆积而成的未开发的土地上进行实验。基础设施组选择关注贯穿社区的城市道路。而填充组则关注城市居住结构中的空隙。

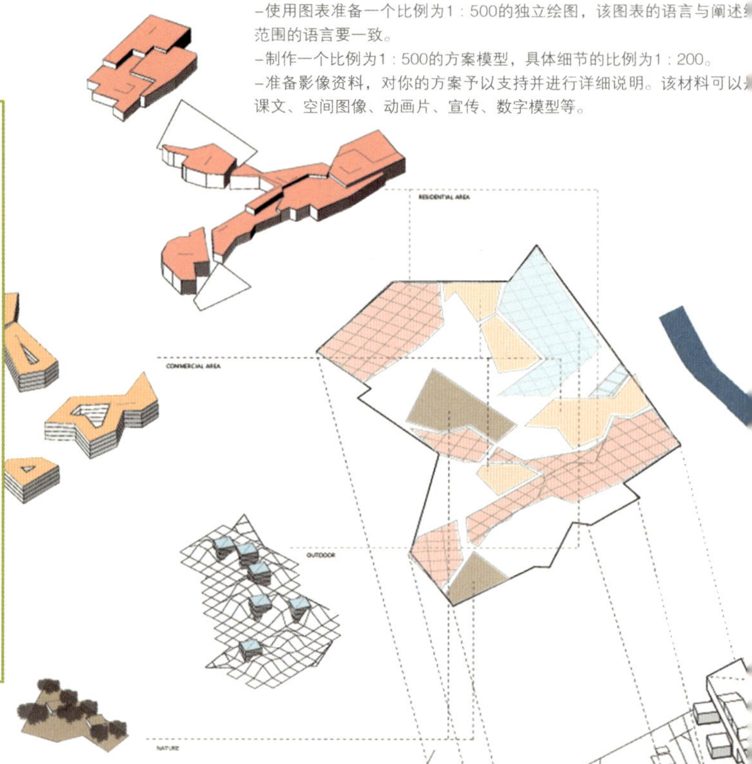

REscape

新景色

和城市相比，郊区的最大优势就是它的景色。虽然有些人称之为令人厌倦的废弃地，我们却认为它是十分开阔的迄今为止未被定义的空间，是可以自由交流的空间；在这里，你可以充分发挥个人才能。我们要让郊区变得适宜居住，使人们不再怀念城市生活的优势。因此，除了个人空间，我们还希望创造有效的环境及社区密度。

我们着重于人与景观之间的关系，并在Geroldswil就这两个领域的问题展开研究。我们从区域地图上界定了四块最具不同特色的景观样式，这将确保居住者享受到最舒适的环境。我们还观察该地区的人口情况。我们意识到可以在很大程度上改换这二者的格局及根据居住者个人喜好来设计景观，相反，居住者也会根据其个人喜好来构建景观。

改换居住和景观的格局，使其相互交融重置，就形成了一种稠密的奇妙的新事物：一个有生气的景观。

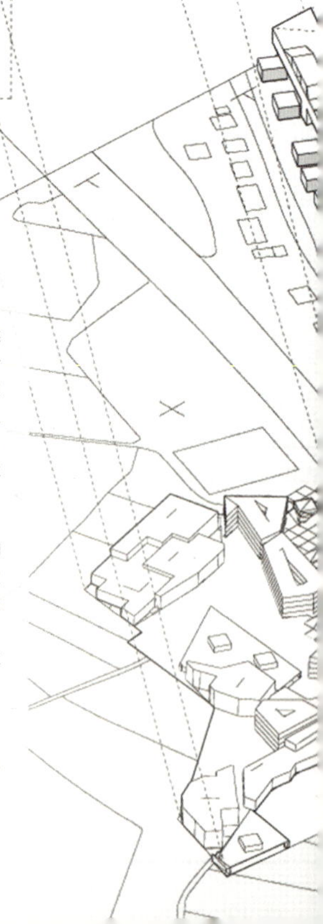

SPINIFY

层次

把所有Geroldswil现存的基础设施结合到一起，就相当于在Cantoal高速公路上搭建了一个框架或者脚手架，并提供了各种支持及规划。

- 构筑在主要街道之上的新居住层面
- 脊柱是保持整个建筑一体化的主要结构
- 可以根据功能用不同的方式结合各种模块
- 街道层面：停车位
- 中间层面：商店、办公室、停车和公共区域
- 不同的通道通向房屋及更高级的层面
- 更高的层面：居住、绿化区域和运动设施

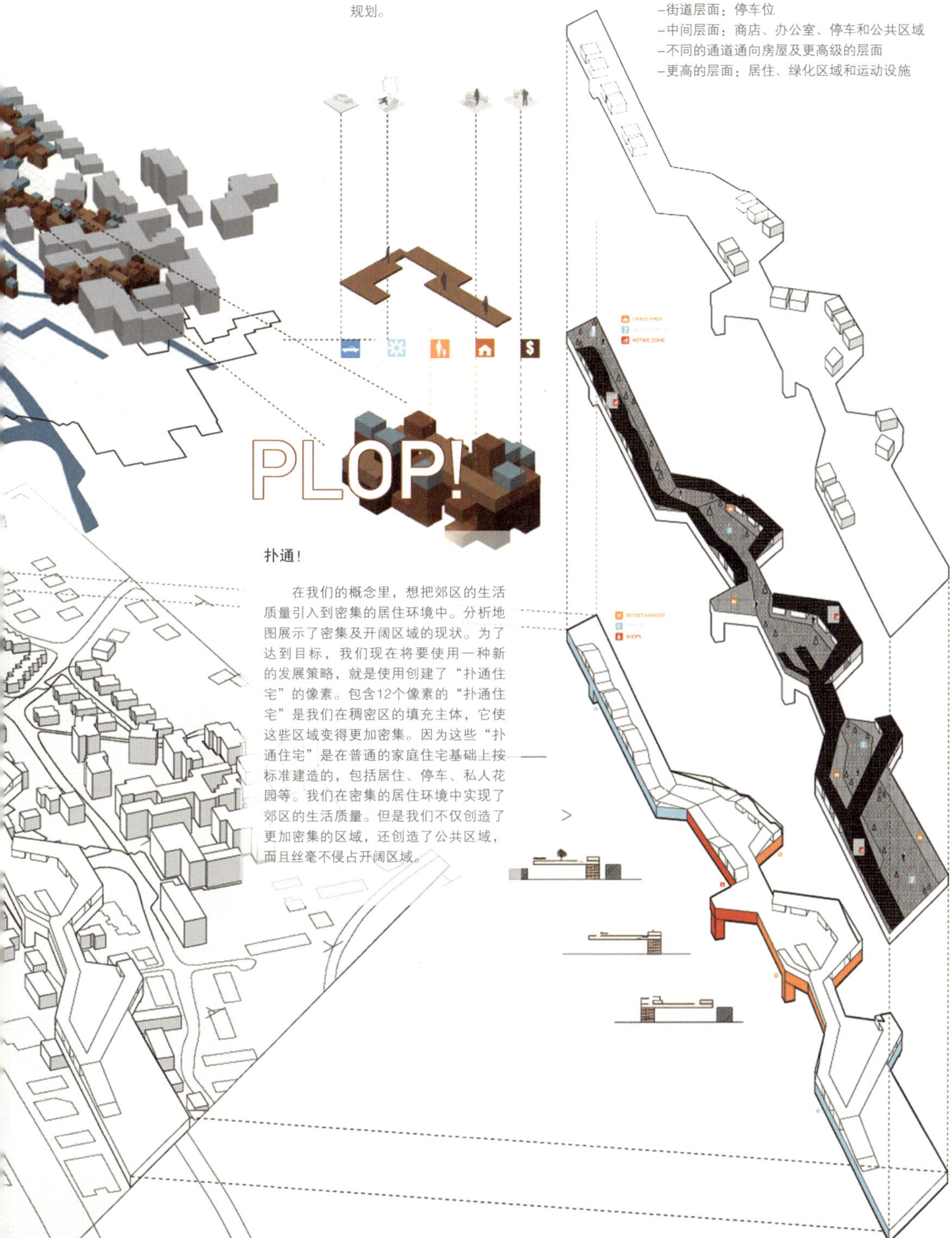

PLOP!

扑通！

在我们的概念里，想把郊区的生活质量引入到密集的居住环境中。分析地图展示了密集及开阔区域的现状。为了达到目标，我们现在将要使用一种新的发展策略，就是使用创建了“扑通住宅”的像素。包含12个像素的“扑通住宅”是我们在稠密区的填充主体，它使这些区域变得更加密集。因为这些“扑通住宅”是在普通的家庭住宅基础上按标准建造的，包括居住、停车、私人花园等。我们在密集的居住环境中实现了郊区的生活质量。但是我们不仅创造了更加密集的区域，还创造了公共区域，而且丝毫不侵占开阔区域。

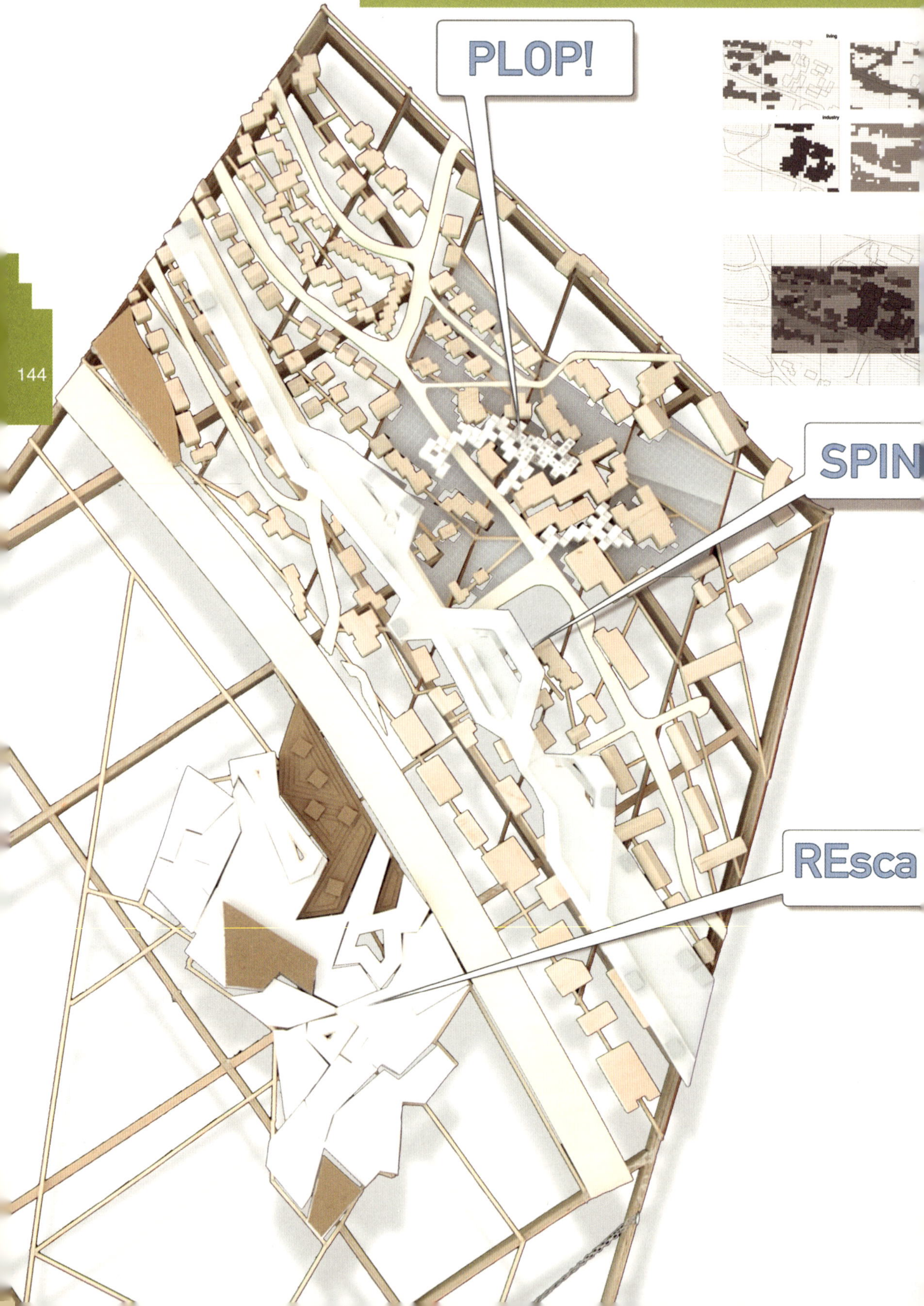
PLOP!
SPIN
REsca

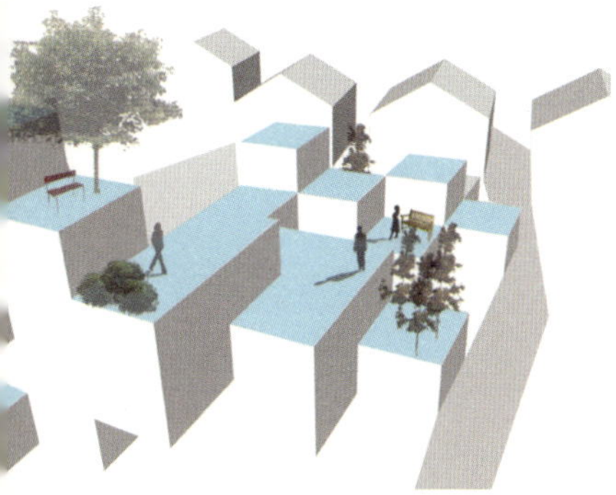

步骤

1. 入口：两个基于地面的模块代表通向街道和停车场的入口。“扑通住宅”从路端段起建，配有两个停车场，不与街道相连。

2. 住区1：两个新模块代表住区1，与两个入口模块相邻。

3. 住区2：在住区1的基础上添加6个模块，代表住区2，保证最大程度的采光。

4. 私人花园：在8个住区模块的基础上添加2个模块，组成私人花园。

5. 通道：剩余两个住区模块的顶部可供人们在模块内通行。

部分模块可替换为商业模块。

12个模块间可创建空闲空间。

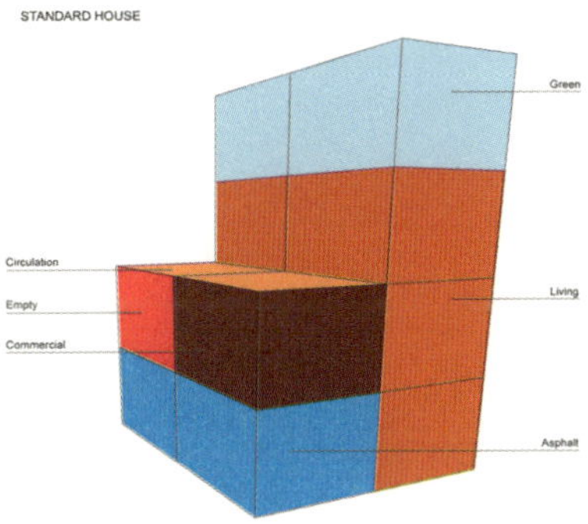

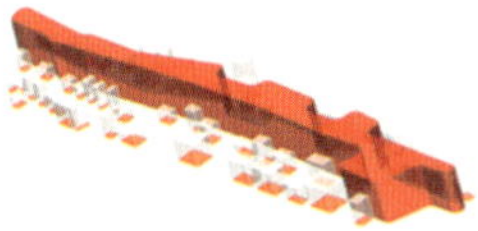

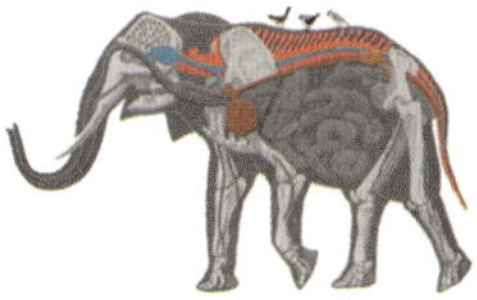

We used the „big-magnet" technique to have the 4 landscape formats of the existing zonemap in our zone.

For that, we aligned the zones with one side to the highway, cause we think the cirrculation is one of the most influential forces of hybridize and reforamting functions.

optimized zonemap

- 14.2% = nature
- 41.2% = residential
- 20.2 % = outdoor
- 24.4% = commercial

housing unit:

The actually built structure is a prefabricated house reduced to a cube.

(9m x 9m x 6m)

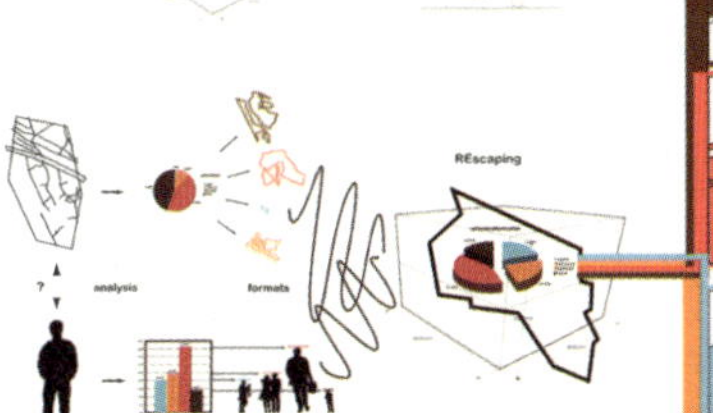

architectural language:

Depending on their lifestyle, the housing units are arranged differently, and interact in their own specific way with the landscape.

So the architecural language is generated by unity in deversity, all originated by the Landscape lifestyles.

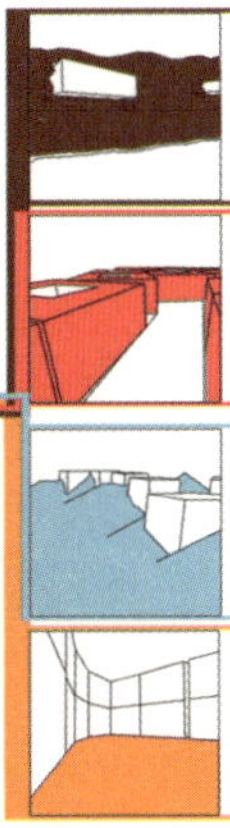

name	percentage	unit	arrangement	materialisation	landscape-interaction	target audience
nature	14.2%	1 storey	wide spreaded	wood	arrised by the landscape; in the treetops; ultimatly contact to nature	quite place for hermits; who wants to live throughly nature; feeling the inspiration; „back to basic"
residential	41.2%	2 storeys	regulary placed with distance	bricks	regular alignement; surrounded massivly; certain distance assured	perfect for couples, families; need for privacy; provides good living standard; „home sweet home"
leisure	20.2%	3 storeys	nearer neighbourhood	asphalt	half under half out of landscape; breakthrough; diving, playing with landscape	adventurous living; freaky environment for extremes; extra space for tricks; „my house is my training place"
commercial	24.4%	3 storeys	close to each other	glas	ring-arrangement; compact, density; enclose the landscape	the it-community; compact living; share your style; „Never miss anything again"

练习13d
项目制造

今天我们的目标是要进行一次尝试，这是在建筑学层面上对形式转化的可能性做出的首次尝试。为了达到这个目的，你们将对红宝石别墅进行改造，具体做法是将其与你们的城市策略、今天将定义的程序和从练习13b中的工作总结出的技巧（如果行得通的话）相结合。

从用途及功能两方面考虑，规划可以被看做是一座建筑物的特性，这种特性从建筑的制约因素中得出。为了定义规划，你们需要结合两套制约因素，一套是内部的（这影响着建造房屋的方式），另一套是外部的（房屋与公共环境之间的相互作用及影响）。请从每套中选择一个制约因素。

内部制约因素（计划性的变动）

我们目前正在使用的普通住宅是为居住在一个普通的环境中的一户普通的家庭而建造的。但是，当不普通的使用者入住后会发生什么样的情况？如果环境对于设计来说很陌生，如何改造这个住宅？我们工作室的信念是：我们可以通过考查这些条件之间的交集，把普通格局改换成一系列交替的更具体的格局。在“内部系统规定参数”序列中，你会发现不同类型的使用者，他们都不是普通家庭，还会发现不同的方案，它们在住宅设计的一般要求中加入了一些非常规的元素。

给有两个孩子的单身家长的住房
双家庭住房
老年夫妇住宅（其中一人使用轮椅）
一对夫妻的住宅（其中一人失明）
四个单身的住宅（合厨）
几辈人同时居住的住宅
孩子住在家里并且希望有其单独房间的住宅
自给型住宅
为应对低温而设计的住宅（如果设计普通住宅的初衷是为了普通的阳光明媚的温暖的一天，那么当外部环境改变的时候，如何将其改建？在这个方案中，假设全球气候变化使平均气温下降了15℃）
为黑暗条件所设计的住宅（在这个方案中，假设全球气候变化使阳光照射时间减少了80%）
为阳光充足条件所设计的住宅（在这个方案中，假设全球气候变化使阴天和雨天各减少80%）
为雨天所设计的住宅（在这个方案中，假设全球气候变化使一年中有325天都在下雨）
占用一半土地面积的住宅（土地的价格太高了以至于无法负担。在这个方案中，假设土地价格很高以至于住宅只能占用之前使用土地面积的一半）
只有预制材料的住宅
住宅+基础设施节点
住宅+外卖店

外部制约因素（公共合成物）

城市方案着力于公共与私人空间的交互。这类元素便是公共职能，当与住宅相结合的时候，公共职能允许更深层的关于这种相互作用可能性的探究。请构想出这种公共职能怎样与个人职能相互作用。希望这种结合能让两种用户使用同一套丰富了的住宅方式。

有工作空间的住宅
生产型住宅（农业）
住宅+绿化
住宅+电话亭
住宅+舒眠胶囊
住宅+晒黑亭
住宅+加油站
住宅+果汁吧
住宅+美术馆
住宅+公共汽车站
住宅+街道设施
住宅+公共花园

请严格仔细地定义这些项目。列出所有要求的空间和区域。专业地选择你的项目。使用这些组合中的两项以一种简单清晰的方式对红宝石别墅进行改造。同样，别忘了上周我们讨论过的，住宅要以城市方案的制约因素为依据。请给出支持你设计的充分根据。

COMMERCES ET ENTREPRISES
La villa familiale selon PROLOGIS
La force tranquille du savoir-faire
Le succès de la formule Prologis connaît un succès croissant. Rencontre avec M. Poularas, champion de la construction clé en main.

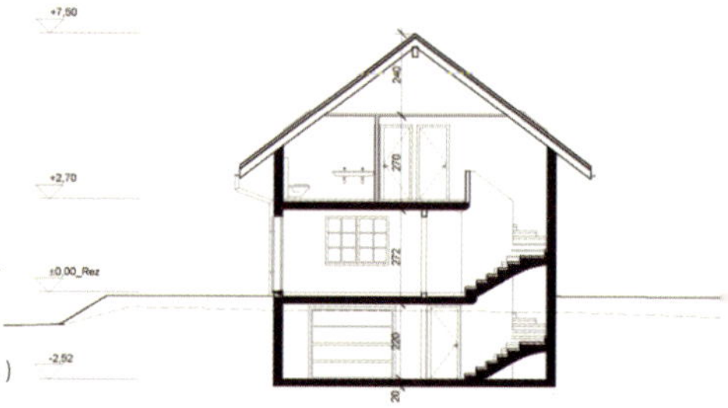

在这里以一个使用预制构件的典型住宅为例，作为变化和发展的基础“样式”。

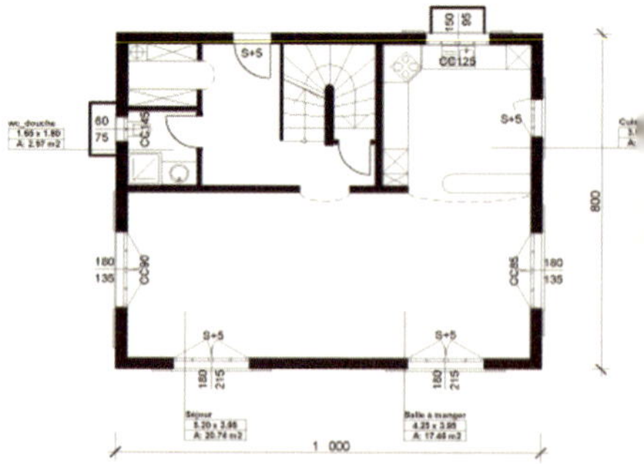

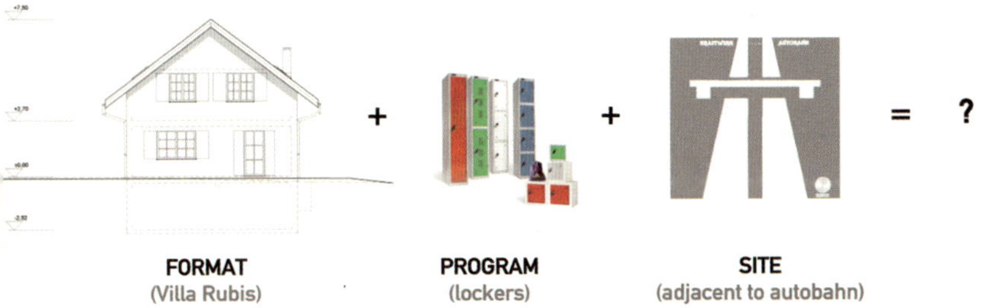

案例样式

这个规划练习引入了一个约束和限定的层次。当与基于城市项目的场地要求结合起来时，这个层次将变革给定的单个家庭住房的形式。这些局限挑战了房屋建造的传统条件（如社会、经济和环境等方面）。遇到与房屋建造传统要求不相容的情况，房屋就必须要进行一系列改造，而这一过程提供了设计机会。

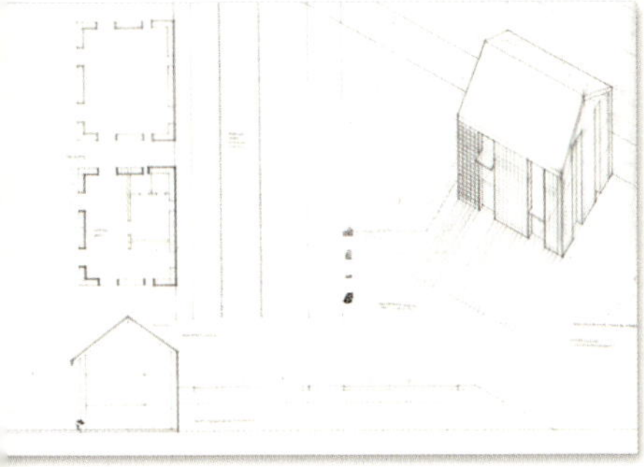

最初的手绘图

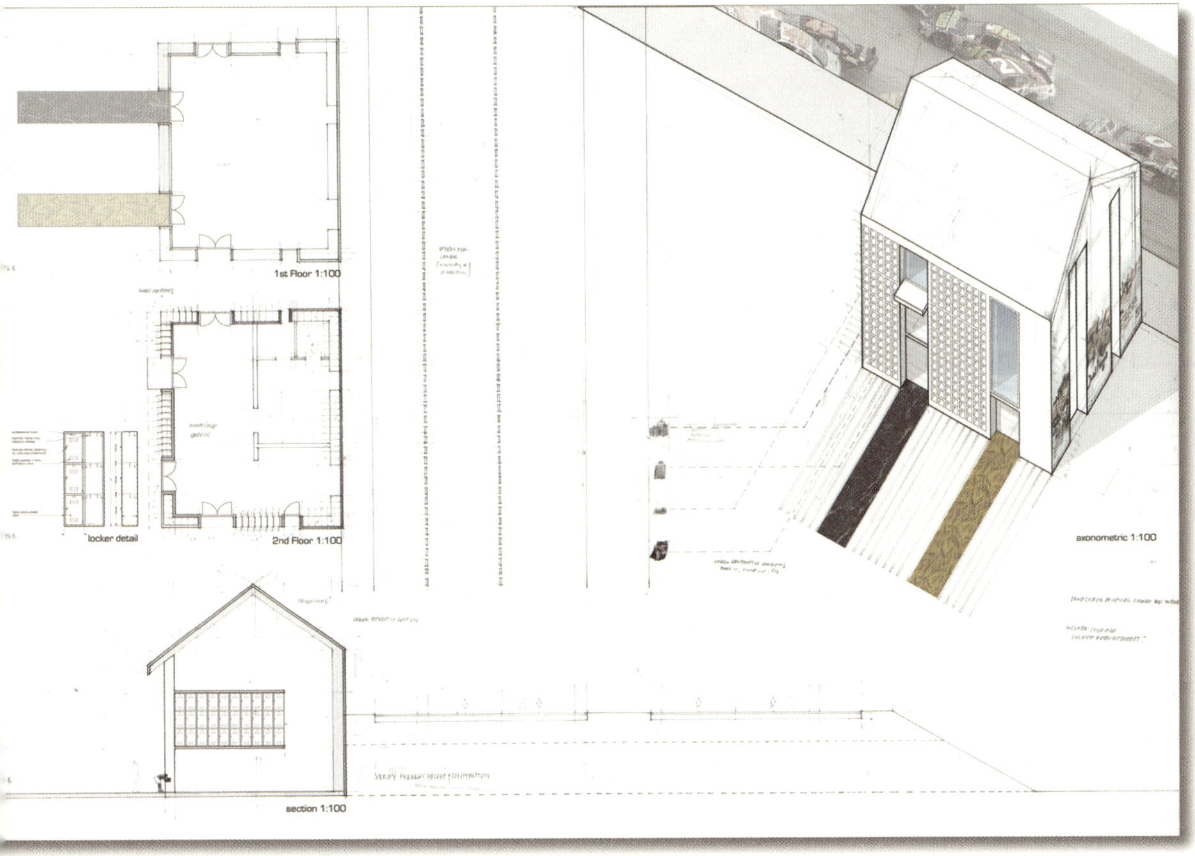

数码混合绘图

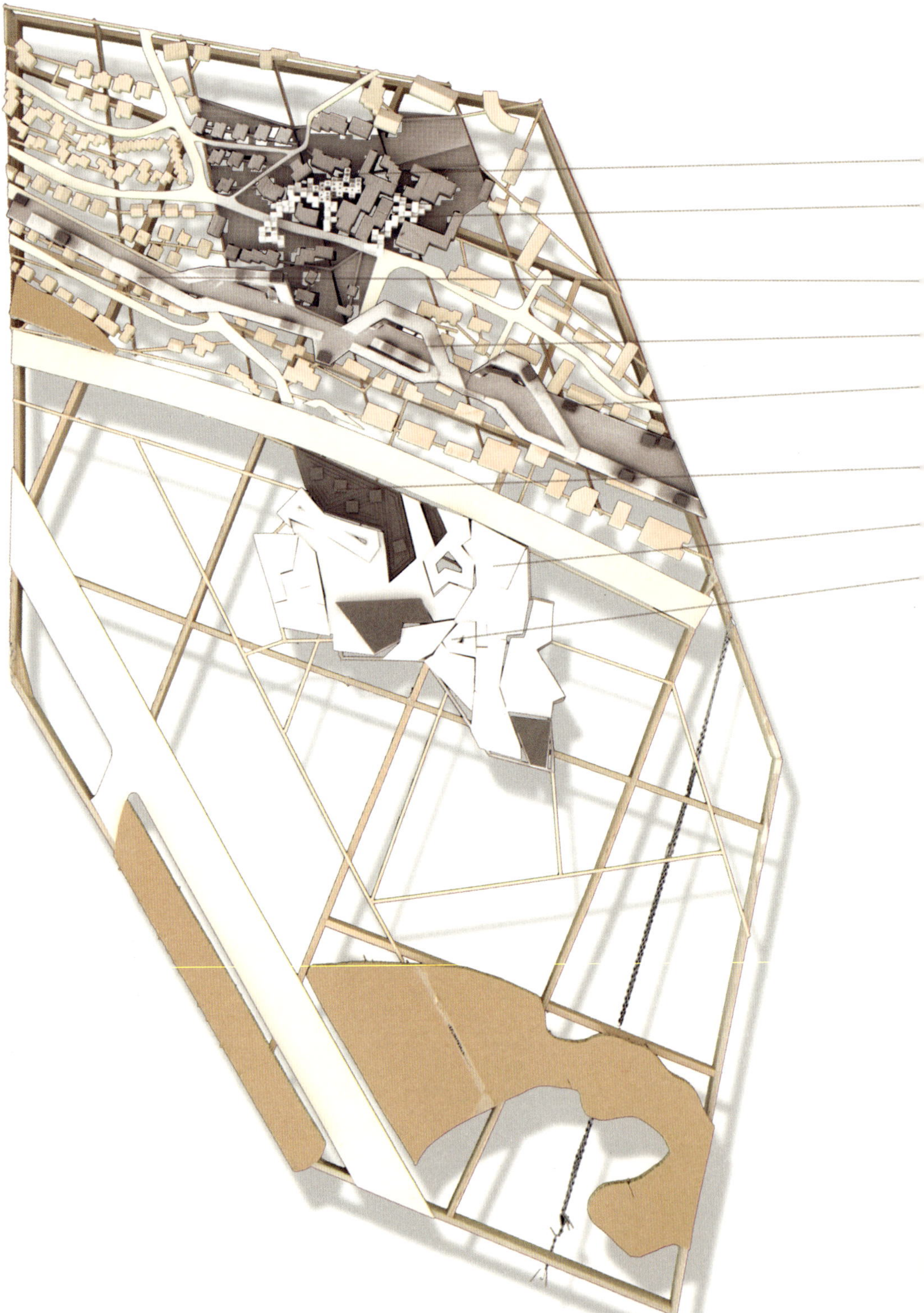

改变一半
一击进洞

形式转化
水农庄
具备引导性功能的住宅

隐蔽居住
指纹
塑料!

为Limmattal的Geroldswil设计完平行密实策略后，这三个城市小组将他们的区域进行了进一步的划分，以便于发展出更明确的建设规划书。这些项目都从一个普通的已经设计好的单个家庭房屋结构开始，但是同时又都根据不同的位置和项目情况进行了变革。学生们不需要设计满足客户明确需要的模式化房屋，而是要设计出一种更具个性的方案。虽然重点是从建筑规模上进行开发，我们仍然可以将其理解为一个系列中的一小部分。从这个角度看的话，工作室的工作又回到新形式的问题上了，要提出其他替代设计方案，而不是坚持系列生产。

改变一半
双户型住宅

Nikolai Dundel，Christoph Reichen，David Späh

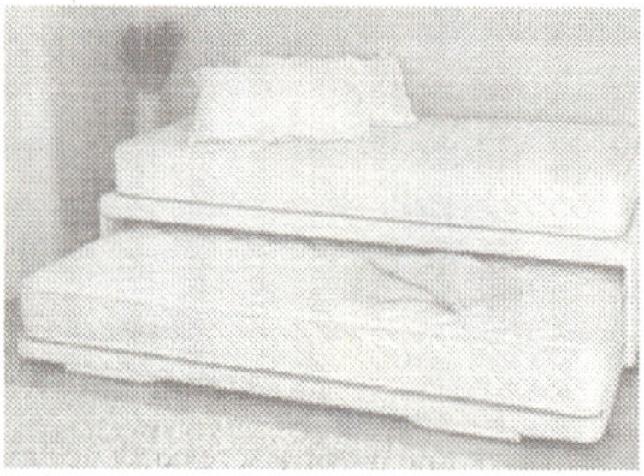

促成城市化扩张的因素之一便是单户型住宅的增多。我们在工作室中采取反向思维方法，假设双户型住宅是广受欢迎的居住形式。我们以私家住宅的水准来打造双户型住宅。

每户家庭的设施需求都是相同的，包括屋顶通道、全方向视角、花园通道。为了在双户型住宅中实现这些设施，我们将住宅的体量和外立面的开放区（视线区和通道）各增加一倍，在间隙中创造出新的空间。通过叠加和增补方法，我们创建出更多的楼梯、窗户、墙体和家具空间。

两户公用的私人区域（工作区、停车区和屋顶）越少，两户所获得的各自的私人空间就越多。

最终模型：以不同木色表示的两栋住宅

早期的研究模型，试图为两个家庭提供相同的空间、照明和户外通道。

另一项考查一些共同空间集合体的研究，这些空间提供了工作场所、连接点和户外通道。

概念模型，研究这个项目中空间的相互关联、叠加和偏移。

概念模型的进一步发展包含了主体和部分的发展。

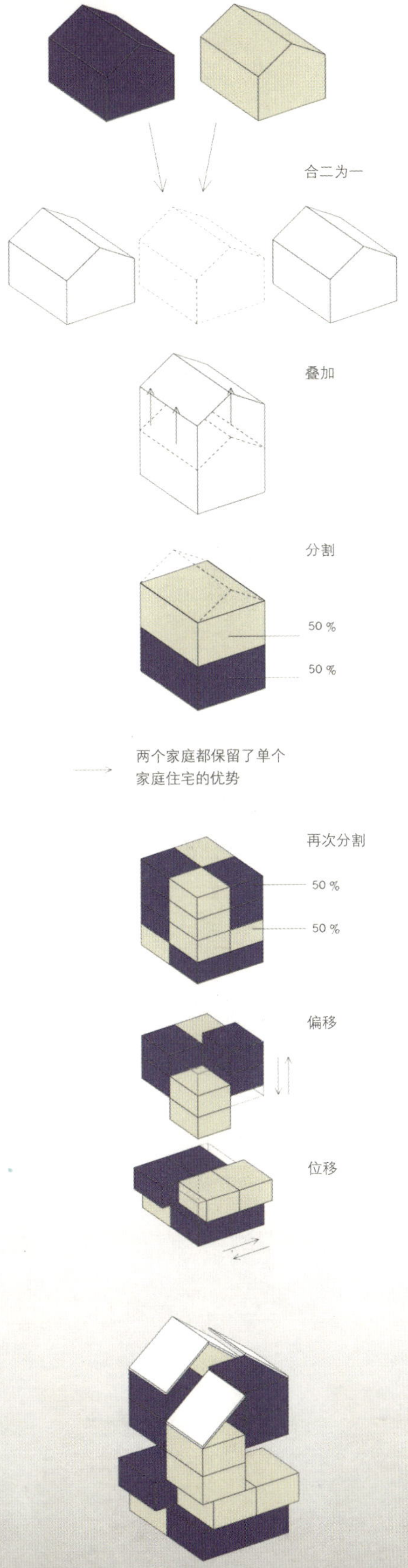

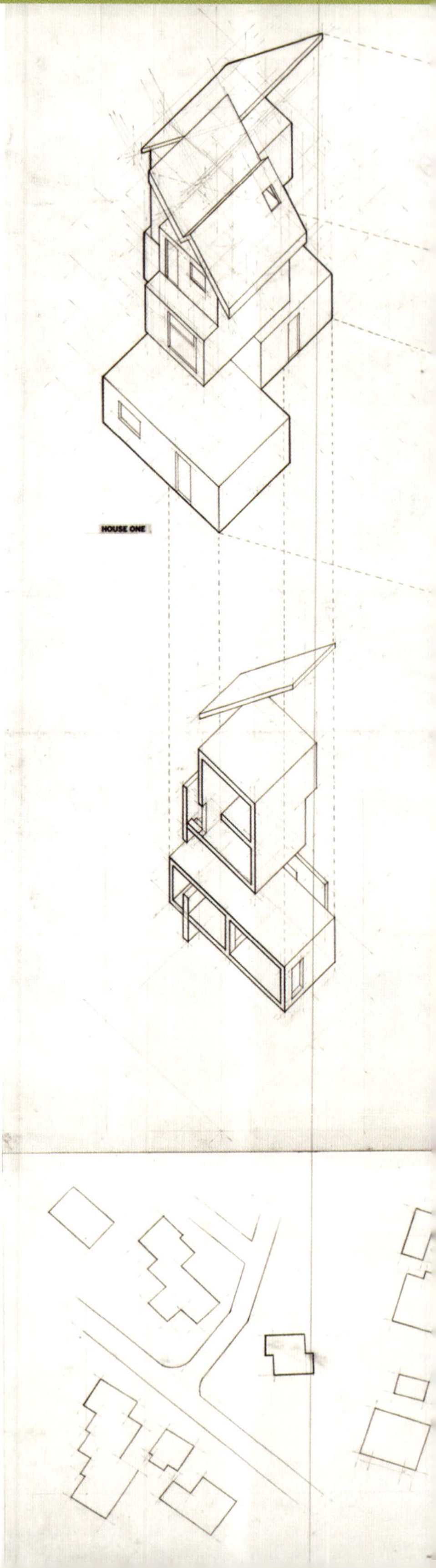

左边：模型视图，1 : 100
右边：最终手工绘图，1 : 100

SECTION B
HOUSE TWO
OPEN TO BELOW
BALCONY
SIXTH FLOOR PLAN
H FLOOR PLAN
FOURTH FLOOR PLAN
RD FLOOR PLAN
SECOND FLOOR PLAN
SECTION A
SECTION B
RST FLOOR PLAN
CURRENT PROGRAM
OCCUPANT 1
1 ENTRANCE
2 LIVING ROOM
3 KITCHEN
4 WORKSPACE
5 BEDROOM
6 STORAGE
OCCUPANT A
A ENTRANCE
B LIVING ROOM
C KITCHEN
D WORKSPACE
E BEDROOM
F STORAGE
1:100

实验绘图显示两个家庭在相互作用下的空间序列。还显示了这种设计所带来的一系列好处。

外部透视图、剖面透视图和内部视图

每个小组都需要针对他们的项目做一个实验性的绘图，并且分别采用不同的表现手法。这些表现手法和生产有关系（比如手工和数字化的融合），或者和视觉有关系（比如寻找其他的方式来进行螺旋式的沟通）。在这种情况下，既然是两个家庭共同分享一个相关联的空间，他们就采用了漫画手法来表现空间的复杂。结构被编码，以对应不同层次的内容。最浅颜色的结构包括两个相互交织的内部空间，深颜色的悬浮框架对应外部视角，而泡沫表示两个有互惠关系的区域之间的细节。

具备引导性功能的住宅

为两人提供的住宅，其中一人失明

Maria Imbach，Jérémy Stauffacher

该项目提出这样的计划：居住空间被设计成能够同时适合健全人和有视觉障碍的人士，这种设计将会催生一种新的建筑形式，而这种建筑能够改善上述两种居住者的生活质量。一种常见的预制住宅要经历一系列变化，这些变化都是基于其可使用性、规划、规模和实质性之上的，这些改变致力于带来一种新的生活环境，既能反映出有视觉障碍一方的需求，又能同时提高双方居住质量。

目前，为了使有视觉障碍的人更好地通行于公共空间，人们进行了很多尝试，包括在人行道旁高出地面的盲道、表明安全情况的音频信号、在楼梯及其他危险地带上的结构标志等。该项目运用并扩展这些方法，将住宅根据标准的使用空间划分为若干带状部分，以满足发展中对空间记忆和导向的需要。不同的带状部分由折叠方式的变化而来，而折叠方式提供了连贯的无障碍空间，同时在整个项目中这些空间在视觉上都是相连的。这一点很重要，因为虽然这些空间被设计的初衷是在一个非视觉环境中发挥功效，但是它们必须同样在视觉上得到支持和加强。此外，不同的功能区域通过不同的材料、不同的听觉及触觉体验来区分。

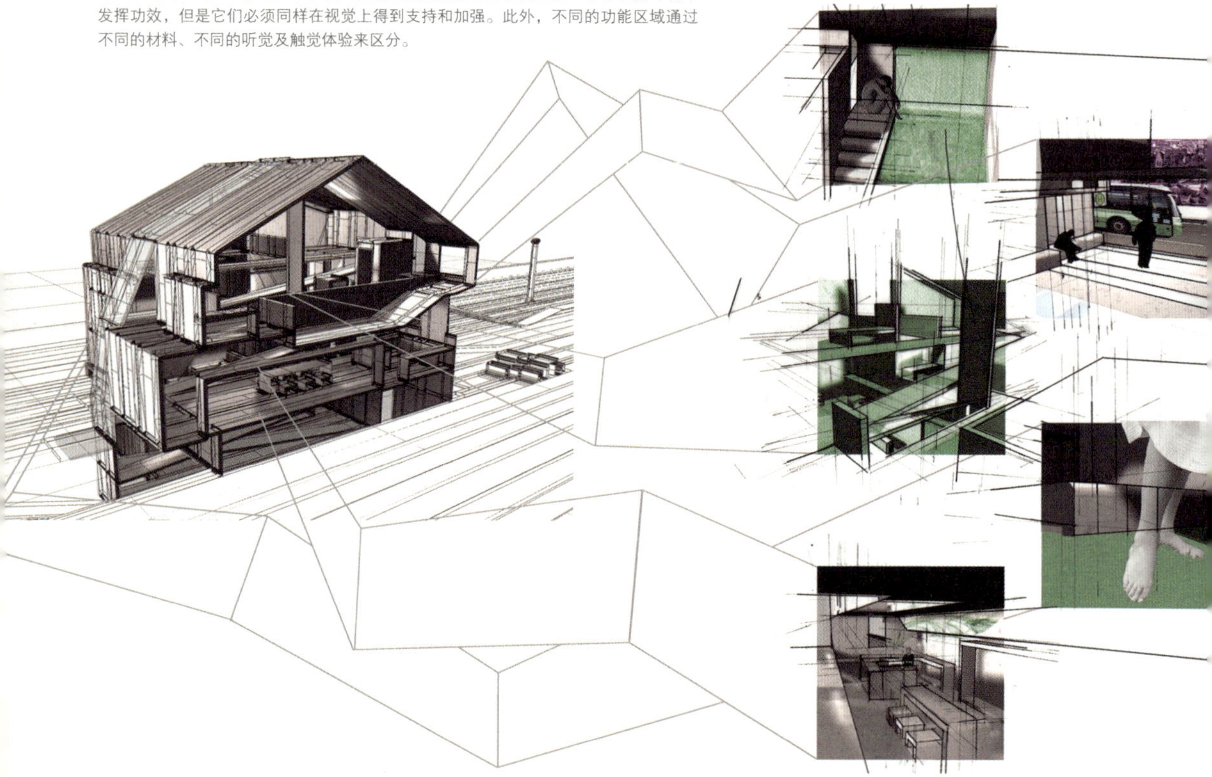

剖面透视图显示了不同的感官要素与规划区域的关系

一组绘图展示了这个住宅的概念，即住宅是一系列规划和感官体验组成的若干带状部分

基础结构的侧墙

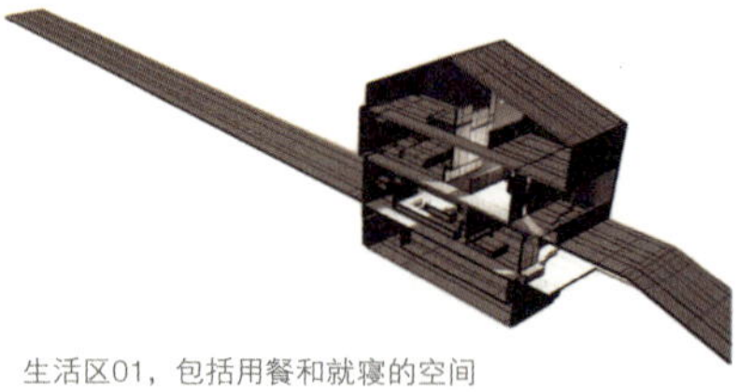

生活区01，包括用餐和就寝的空间

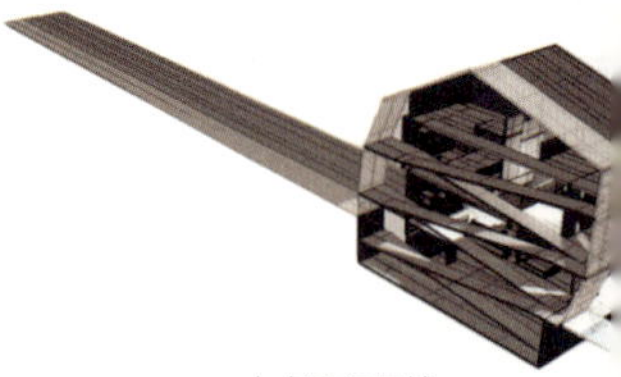

中央通行区域

每一个项目都可以被认为是一个原——或者说是一个潜在的备选项——不是一个单独的定制住宅。为了达到个目的，要求学生们在他们的场地中入不同类型的规划，巩固其作为新类的潜力。这样，我们就可以从远处看第二栋住宅。

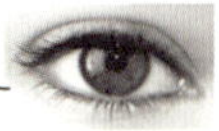

你可以看到，在满足了使用性要求基础上，浴室被细分为更小的带状单。在这种情况下，浴室、楼体、淋浴及洗面盆都是独立的单元。

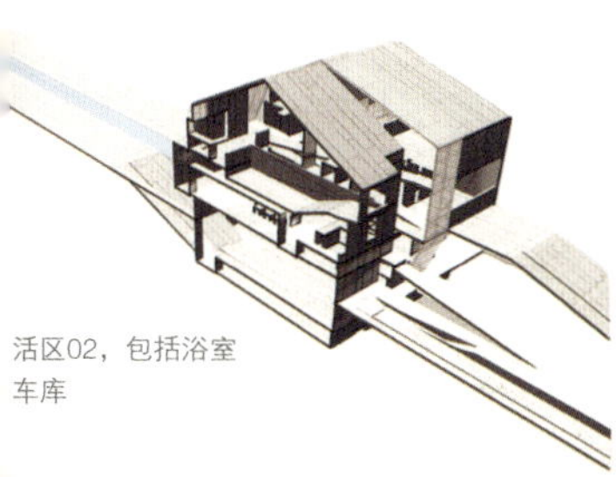

活区02，包括浴室车库

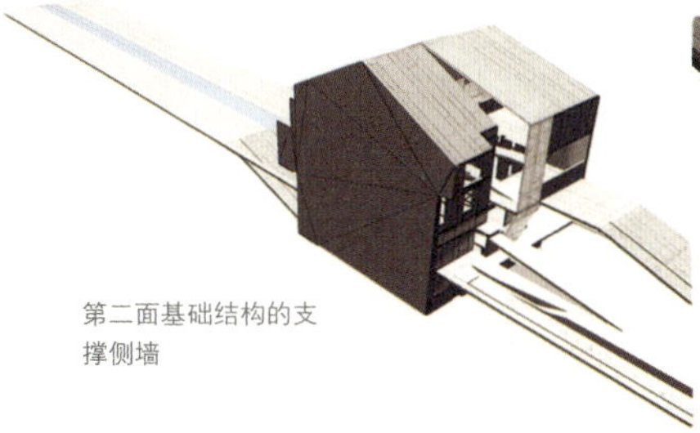

第二面基础结构的支撑侧墙

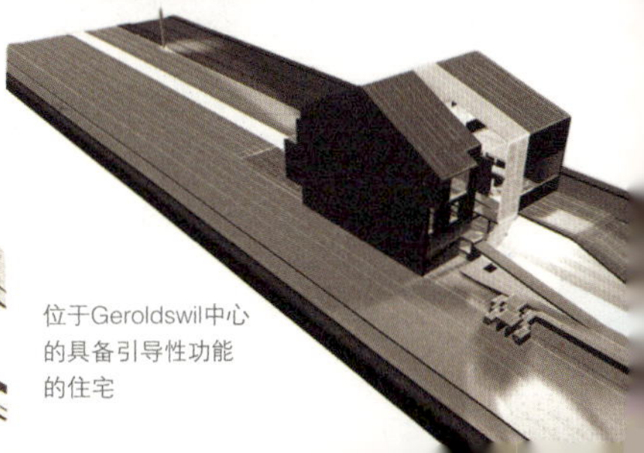

位于Geroldswil中心的具备引导性功能的住宅

研究模型：研究住宅在规划和材料方面的一系列变化

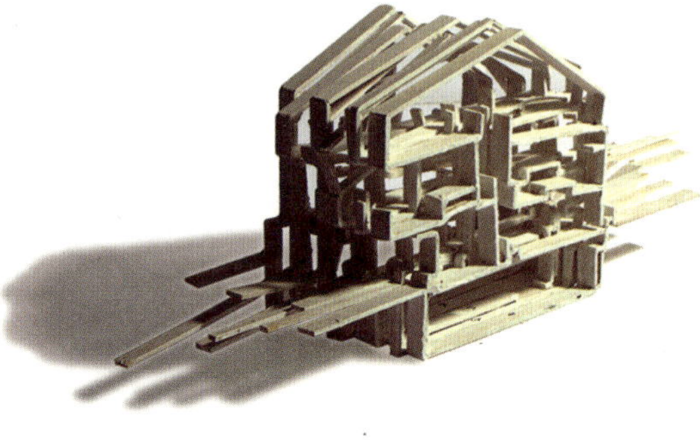

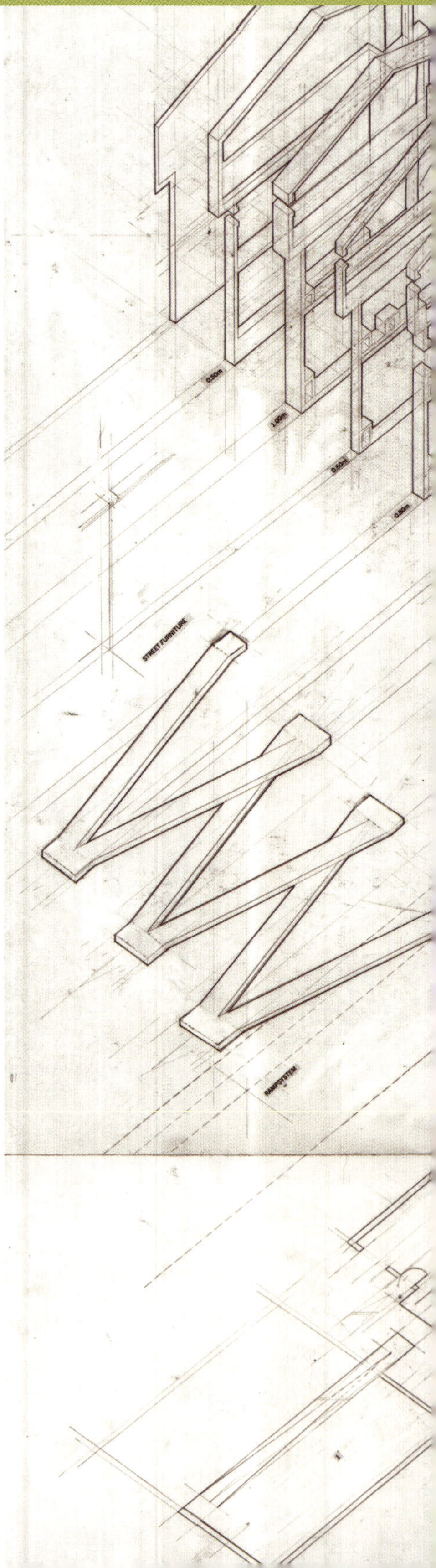

SITEPLAN
SECOND LEVEL 1:100
THIRD LEVEL 1:100
1.00m
0.50m
0.80m
1 CELLAR
2 GARAGE
3 LIVING ROOM
4 KITCHEN
5 BEDROOM
6 BATHROOM
7 ATTIC

纹理分析

为应对低温而设计的住宅

Jenny Karrer， Philip Weber

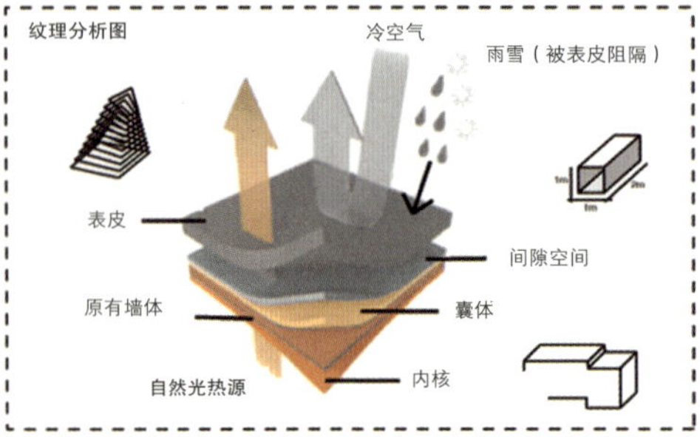

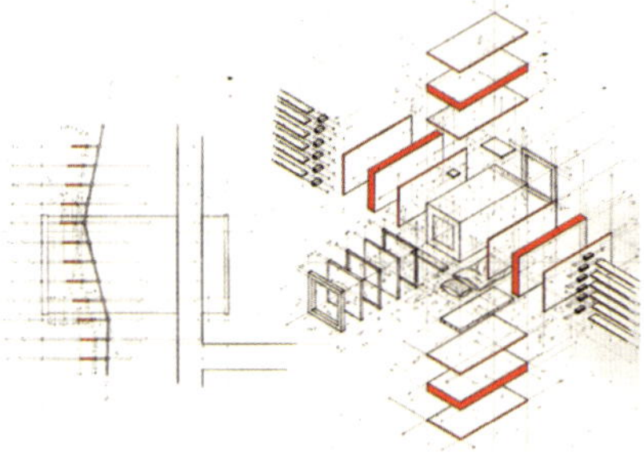

分解轴测图及细部图显示了的不同层次及它们与表层的相互作用

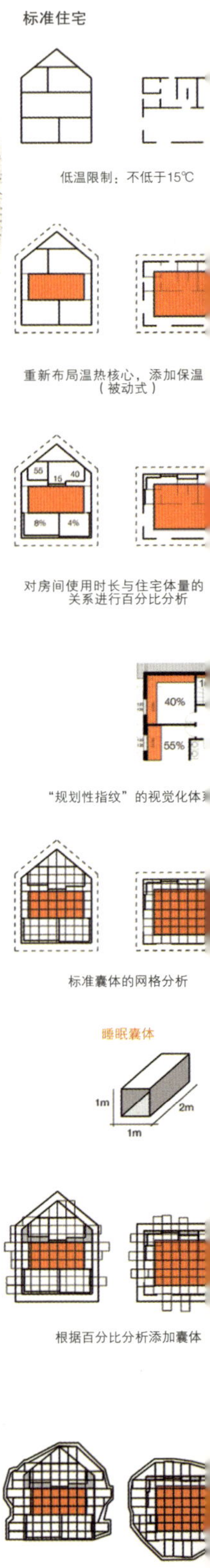

主题

我们的规划检验的是红宝石别墅适应不利环境的能力。通过引入两个限制条件来完成，一种是低温（温度保持在-15℃），另一种是睡眠囊体（多功能的，1 m × 1 m × 2 m）

这个项目使用了一种“规划性指纹”（纹理），该指纹定义了新建筑要素（睡眠囊体）的构成方式，我们创造了一种新结构的基础，这种新结构作为一个隔离层保护房屋免受恶劣环境的侵害并创造了新的空间。

睡眠囊体被放置在现有住宅的墙壁之间，这些囊体针对每个房间的用途和相对于整个房间的体量做了相应调整，这种定义（规划性指纹）同样说明了这些囊体渗入住宅的程度。

囊体本身具备各种功能。它们作为基础结构，在此之上将敷设作为保温层的二级结构。房屋的各种功能都被转移到囊体中，比如睡眠、卫生和存储等，以便给已经降低规模的其他房间腾出最大的空间，这样才能最大限度地减少暴露在低温环境中的表面积。此外，囊体还可以作为窗户和门，它们是唯一能穿透保温结构的两种组件。最后，囊体还发挥着其作为通道的功能。

隔离层就像山中的雪崩防护带，阻止积雪从平地滑向陡坡。被积雪覆盖的二级结构就像爱斯基摩人的圆顶小冰屋一样发挥着保温功效，门窗是唯一开口的结构。整个结构的形态是由两方面决定的，一是标准的囊体，它们确定了大致的形态，另一方面是风向。这个结构拥有最大的表面积，可以保存最大量的雪。

设置在隔离层和现有住宅之间的通道同样适用囊体作为基础，再次给现有住宅的剩余房间提供了更大的空间，并让居住者拥有了体验新空间的机会。

对红宝石别墅的改造计划与现有住宅本身相结合，使其可以更有效地对抗恶劣环境。我们从规划性指纹中夺取的“核心地带”作用最大。它具有现有住宅的起居室和厨房的容积，但保留了以前这些房间的规划设计，所以要稍大一些。核心地带被现有住宅同楼层的剩余空间所包围，这些空间现在为整个核心地带提供循环通道。层层包裹核心地带的元素——通道区域、旧住宅的墙壁、外表层以及中间区域决定了核心地带无论在物理上还是精神上都是被保护得最好，也是新建筑中最温暖的房间。

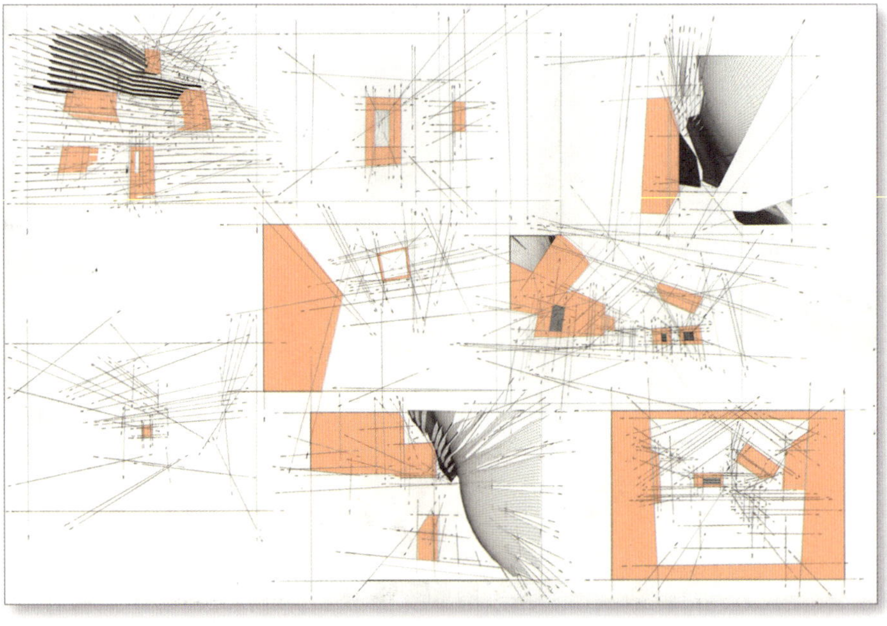

实验性绘图中展示了由囊体与收集积雪的表层之间相互作用而产生的隔离空间。

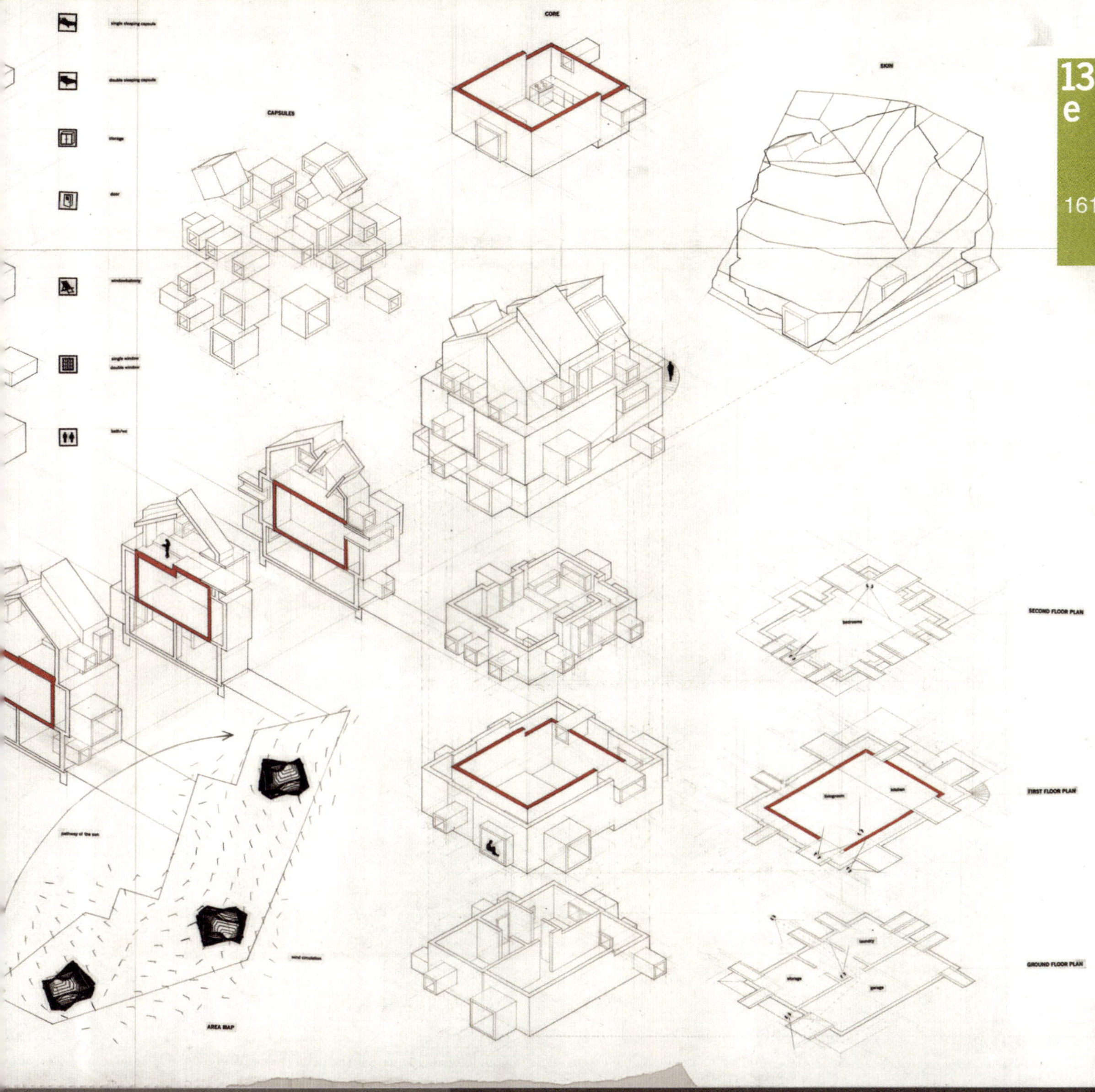

下图展示了本学期城市阶段的重新规划区域的几座住宅。左图是住宅的框架结构，右图是覆盖积雪的效果。

隐藏居住
为四个陌生人设计的住宅

Simon Blum， Christina Farragher

我们规划的主题是四个陌生人共同居住在红宝石公寓里。尽管他们住在同一座住宅里，但我们不仅要提供每一位居住者尽可能多的私人空间，还要创建一个舒适的公用房间，让住户愿意在这里消磨时光。首先，我们把这座房子分成四个私密部分，在这些部分之间创建一个新的公共空间。然后，我们把四个陌生人同住一套公寓的主题引申为隐藏。通过最大限度地保留隐私，我们的住房为这些住户提供了私人空间；要想在住房里隐藏起来，有三种办法：伪装、戴面具和使占地面积最小化。正因为这样，私人区域开始将占地面积最小化并被修剪成又高又窄的塔楼；每间房都达到了诺伊菲特的设计标准，即提供生存所需最小空间。另一方面，公共区域开始发生改变进而与周围环境相适应，还罩上了面具。它把边角余料改变成景观，十分协调地坐落在树丛中。

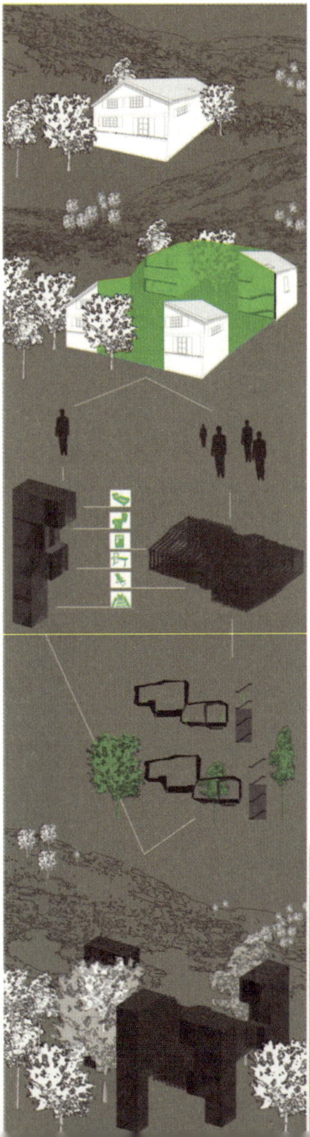

分解了的轴测图、平面图和剖面图显示了私人塔楼与坐落在林冠覆盖区的公用起居空间两者之间的关系。

城市项目中一个景观经过重新规划的透视图

场地模型显示几个居住单元分散在树林中的情况

剖面图细节显示独立塔楼和它们所提供的共享空间。共享的生活区由一系列变化的框架组成，这些框架有助于每一个项目都能融入其背景之中。

架的细节显示建筑的表层轮廓取决于树冠的形态

示私人区域和公共领域之间预期联系的独立模型

一杆进洞
居住加高尔夫

Keren Mamane，Coralie Ruedin

通过改造一座简单的住宅我们创造了更大的住宅，屋顶上建造了一个高尔夫球场和一个可以用来进行社交活动的开放空间。这种新方案在保留了红宝石别墅的功能的同时，尝试了可能的新居住方式。该项目提出了一个新规划以及一种“无边的”、不受限制的景观。我们利用水平表面构建一个人居环境，在下方创造一个公共空间网络，上方则是一个景观网络。这是一个紧凑型高尔夫球场发展的新模型。

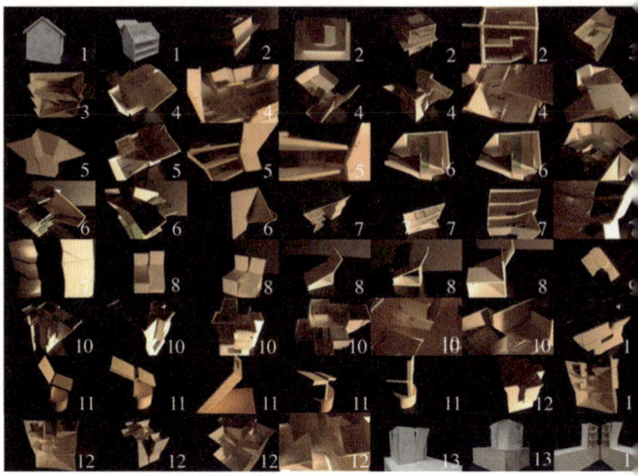

根据不同标准改造地板和墙壁的分析模型演变图

红宝石别墅的设计方案
剖面图

红宝石别墅：
别墅具有水平的地基和纵向的墙体。

第一层的设计方案：
车库位于中间坡度。
水平偏移–10°
纵向偏移–10°

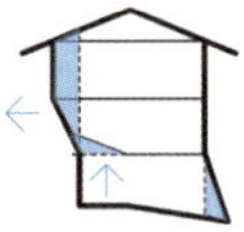

第二层的设计方案：
客厅位于高坡度。
水平偏移+24°
纵向偏移+24°

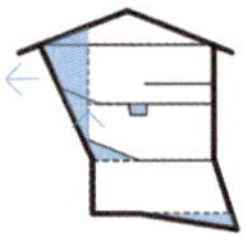

第三层的设计方案：
卧室位于高坡度。
水平偏移+24°
纵向偏移+24°

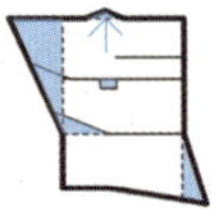

屋顶的设计方案：
屋顶的设计是根据别墅其他部分的结构协调完成的，很难作为高尔夫球场。位于小坡度上。

水平偏移+5°

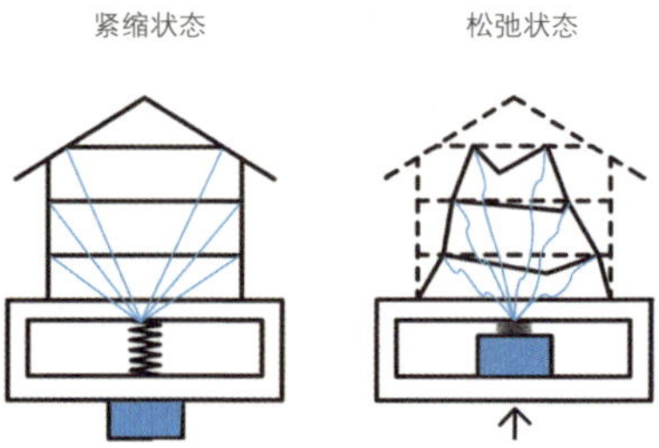

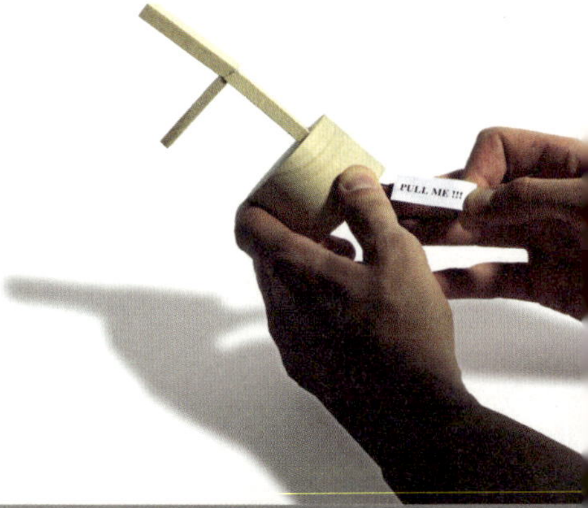

两张屋顶高尔夫球场的视图

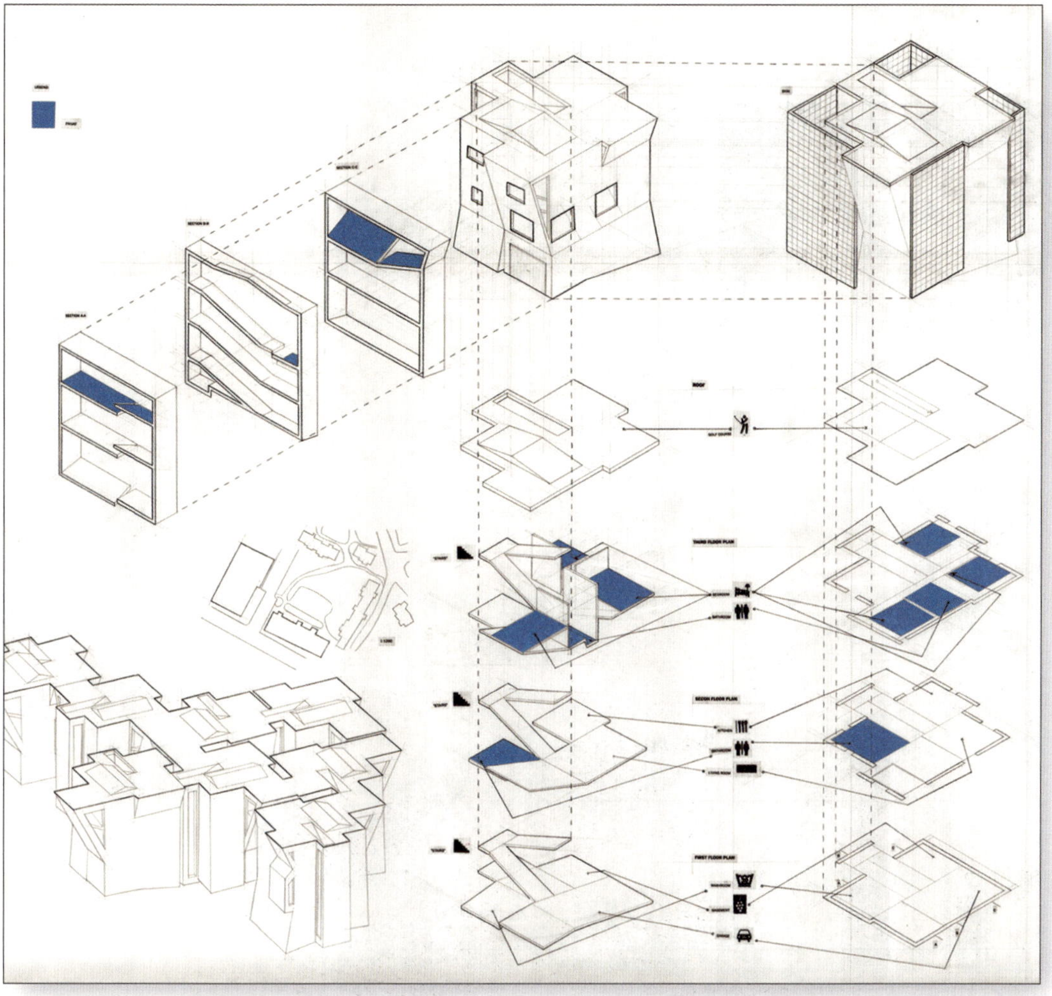

常用斜坡和楼体

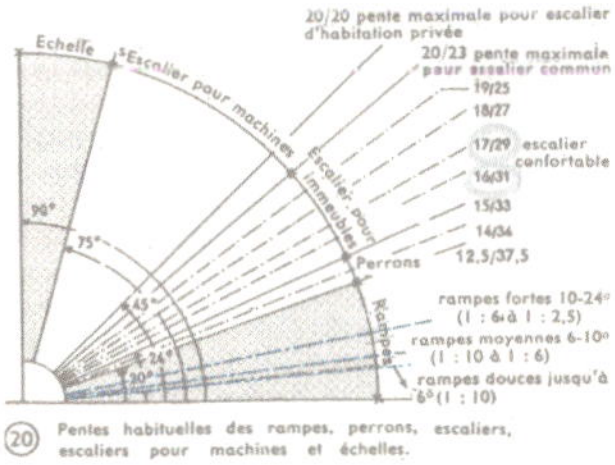

上图：可居住区域的坡度标准图表

右图：剖面透视图显示功能区之间的关系

下图：浴室的混合绘图

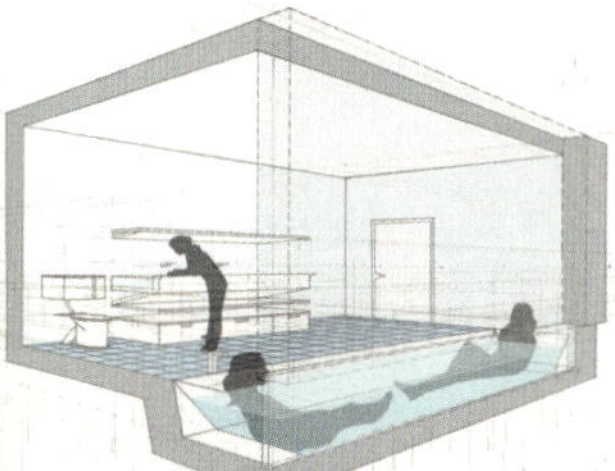

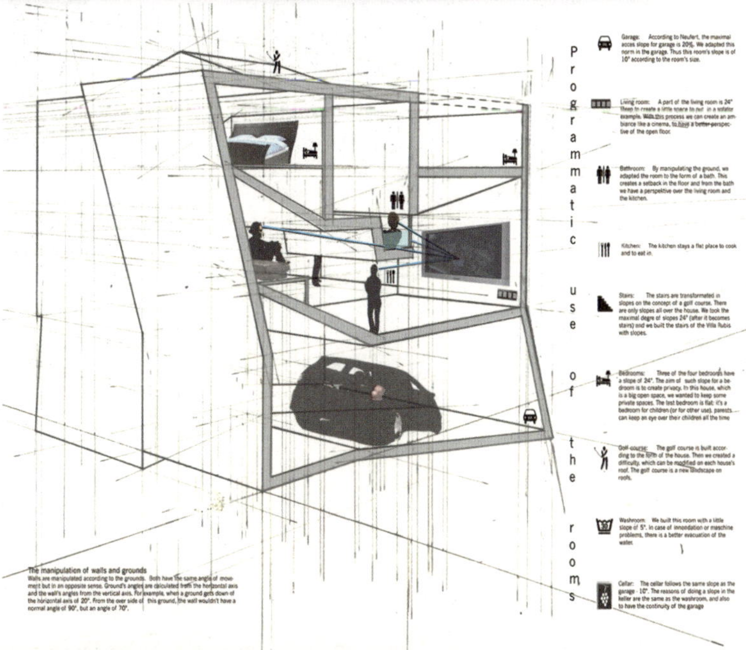

水产养殖住宅
生产螺旋藻的住宅

Andrea Mosiman，Stephan Pfeiffer

你总是要在房子上花钱。不仅是建造它，而且要为它的整个寿命期进行花费。这是必要的么？有可能收回这些钱么？一座住宅有很多不被使用的表面——一定有利用这些表层来创造收入的可能！让我们开始吧！

我们提出这样的规划，就是把房屋变成一个具有高级农业生产水平的工具，以便为其居住者提供稳定的收入。现在有一种非常易于养殖的微生物海藻——螺旋藻。联合国已经确定未来最好最有发展前途的可代替食品种类就是螺旋藻。它能提供种类繁多的维生素、矿物质和植物营养素。

我们可以在包围整个建筑物的灌满水的橡胶管里培育这些海藻。通过改变住宅外形及折叠向阳的一面，我们能够给海藻的生长提供更多的阳光。一年之中，管道里海藻的生长密度不断变化：夏天，管道里深绿色的水起到遮阳作用，而冬天，管道是半透明的，以便让阳光最大限度地照射进来。住宅的其他层面可以使用同样的管道系统。水泥管提供必要的结构稳定性，小一些的管道包含所需的基础构件，一层密实的细管有保温隔热的功效。为了满足居住者的规划性需求，住宅被划分为四个带状区域。

这些水产养殖住宅都是活动房屋，它们可以被安置在Geroldswil的任何地方。房屋的折叠技巧和带状组织同样适用于隆起的地表。这样，排水系统让水流创造了一幅活力四射的美景，其表层及湿度随着季节变化而变。

表层和结构之间关系的模型

初期研究模型：被充满表现力的表层包裹的活动房屋——后来由海藻培育管包裹

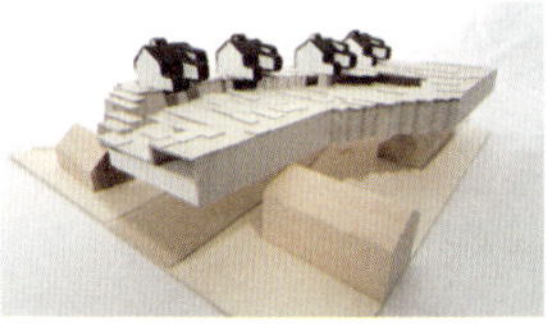

几座水产养殖住宅的场地模型，这些房屋建在本学期城市设计阶段规划的Geroldswil周围

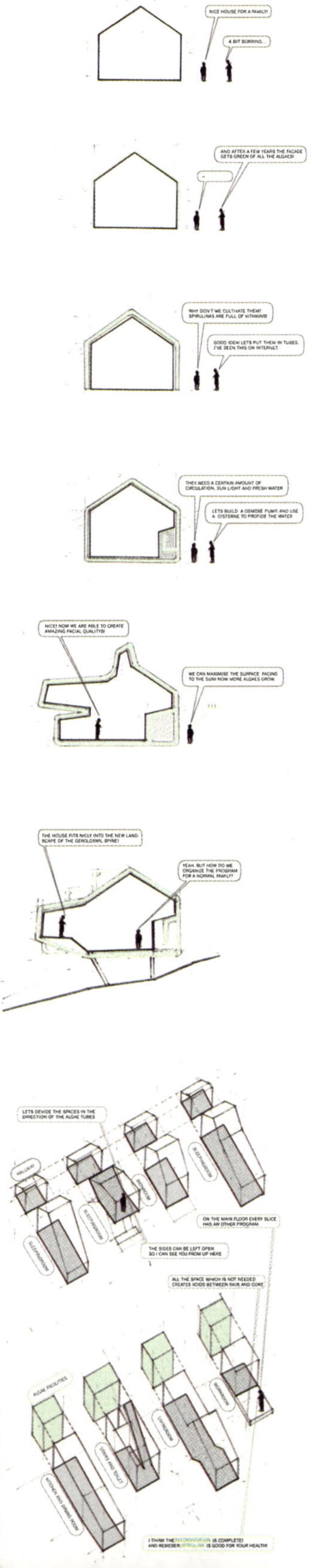

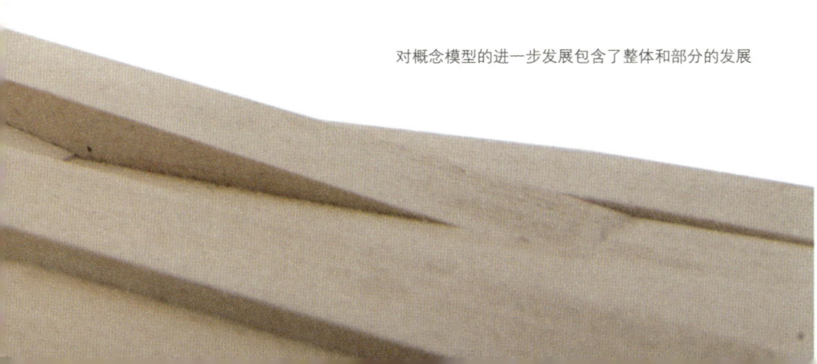

对概念模型的进一步发展包含了整体和部分的发展

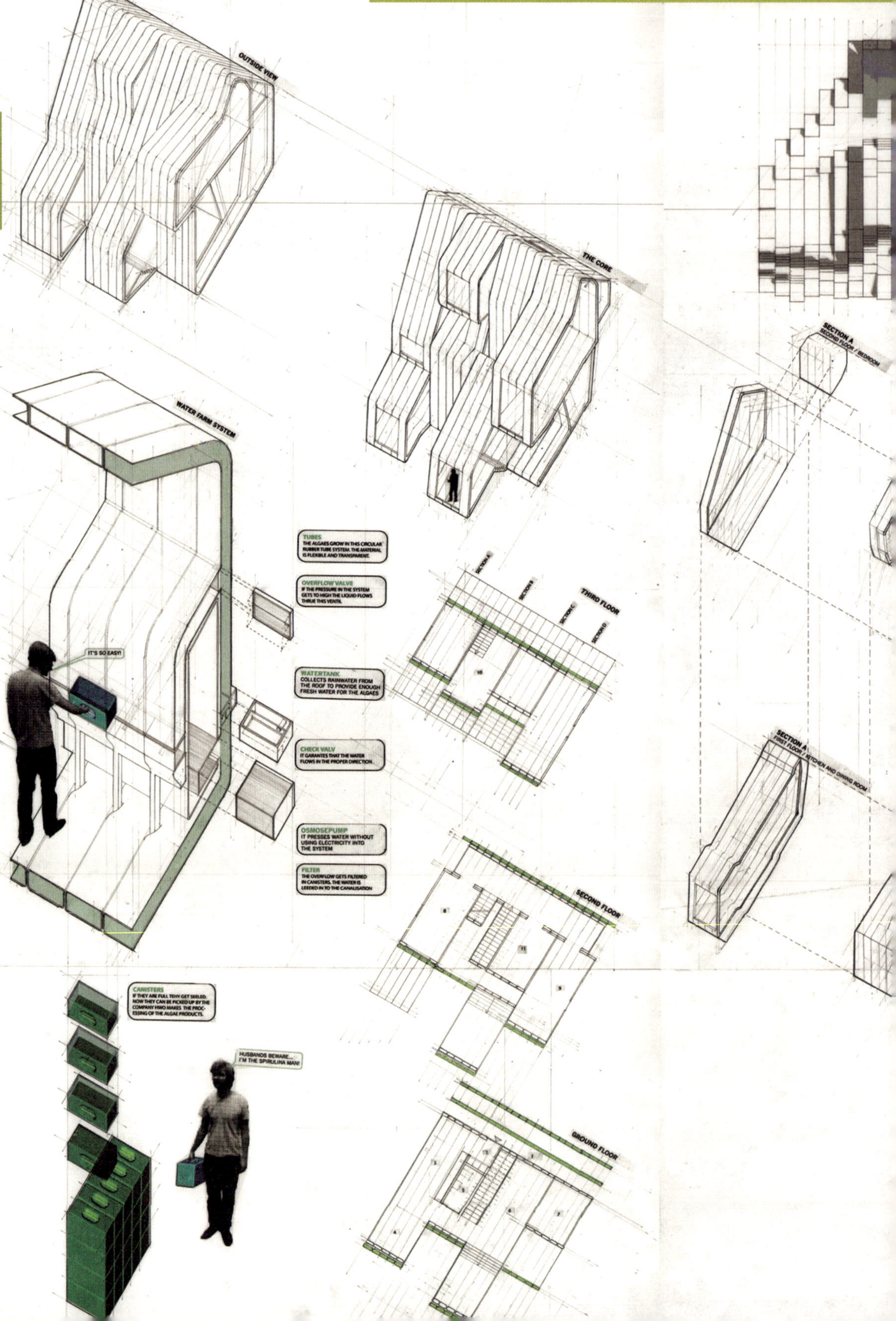
OUTSIDE VIEW
THE CORE
WATER FARM SYSTEM
IT'S SO EASY!
TUBES
THE ALGAES GROW IN THIS CIRCULAR RUBBER TUBE SYSTEM. THE MATERIAL IS FLEXIBLE AND TRANSPARENT.
OVERFLOW VALVE
IF THE PRESSURE IN THE SYSTEM GETS TO HIGH THE LIQUID FLOWS THRUE THIS VENTIL
WATERTANK
COLLECTS RAINWATER FROM THE ROOF TO PROVIDE ENOUGH FRESH WATER FOR THE ALGAES
CHECK VALV
IT GARANTES THAT THE WATER FLOWS IN THE PROPER DIRECTION.
OSMOSEPUMP
IT PRESSES WATER WITHOUT USING ELECTRICITY INTO THE SYSTEM
FILTER
THE OVERFLOW GETS FILTERED IN CANISTERS. THE WATER IS LEEDED IN TO THE CANALISATION
CANISTERS
IF THEY ARE FULL TEHY GET SEELED. NOW THEY CAN BE PICKED UP BY THE COMPANY HWO MAKES. THE PROCESSING OF THE ALGAE PRODUCTS.
HUSBANDS BEWARE...
I'M THE SPIRULINA MAN!
THIRD FLOOR
SECOND FLOOR
GROUND FLOOR
SECTION A
SECOND FLOOR / BEDROOM
SECTION A
FIRST FLOOR / KITCHEN AND DINING ROOM

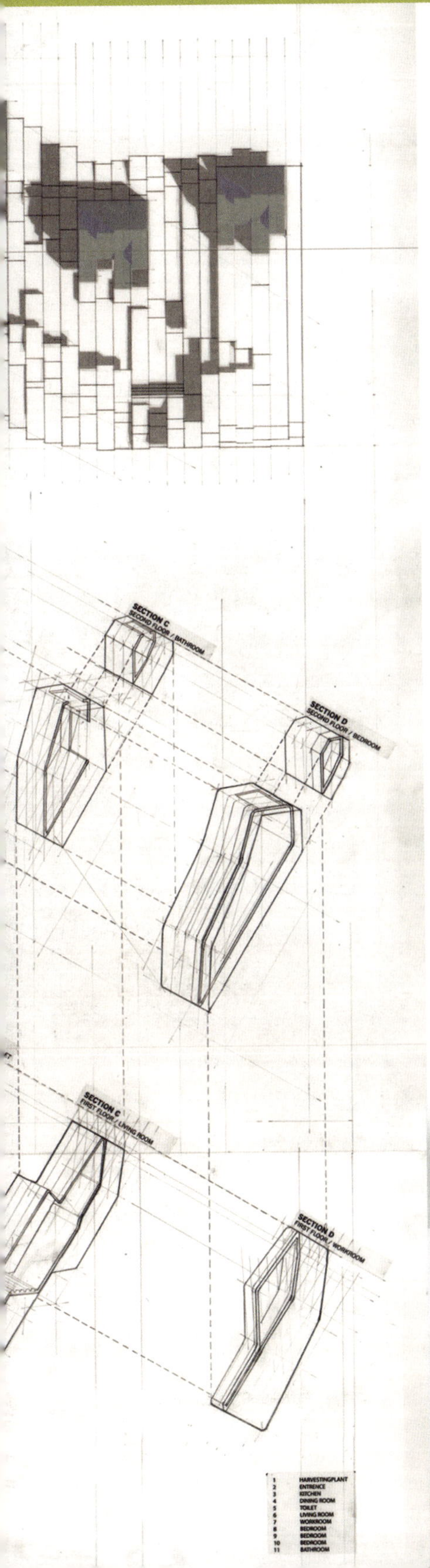

模型视图即展示了内层管道和外层管道之间的关系

根据项目的区域规划和空间构造，模型被分为四个带状部分

置于景观背景中的模型，同样以若干带状部分和起伏的表面组成

示意图：坐落于Geroldswil的两栋住宅

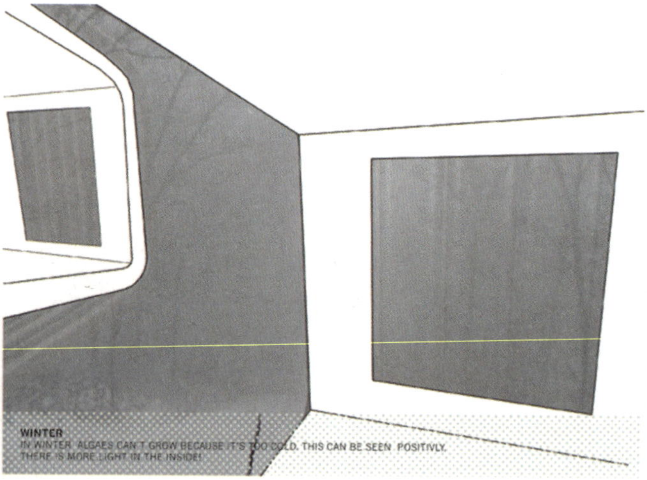

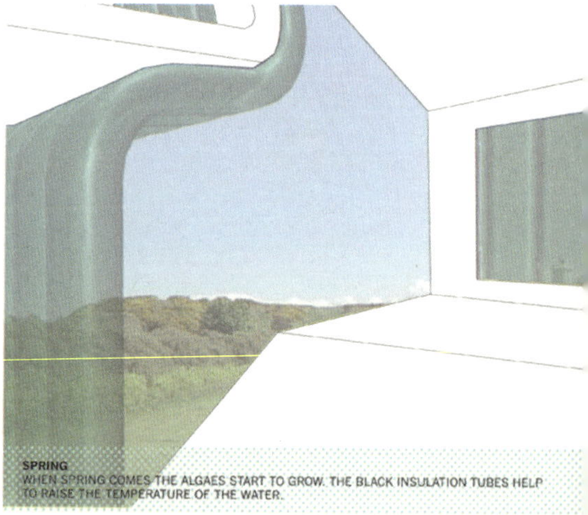

透视图显示了住宅在不同季节的变化，这些变化的产生基于海藻生命周期的不同形态

内部透视图显示了内部结构管道和生产海藻的外部空心管之间的关联

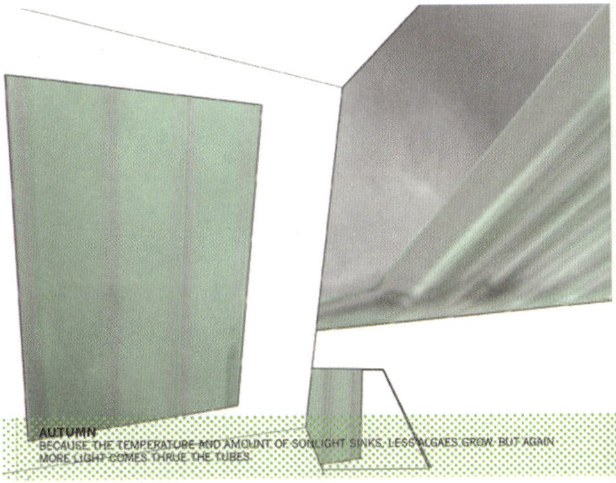

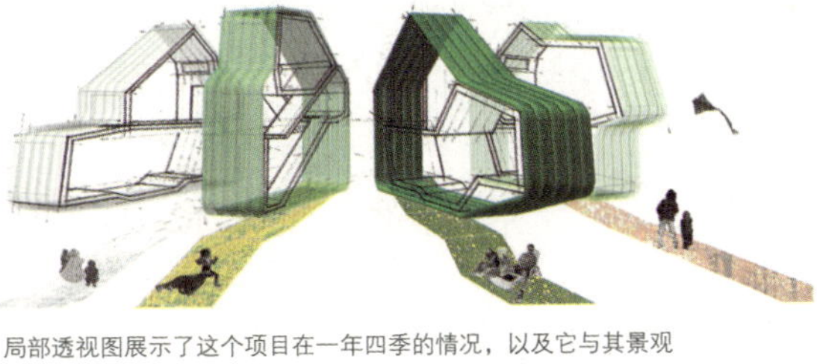

局部透视图展示了这个项目在一年四季的情况，以及它与其景观的关系

期末作品展览的项目展板

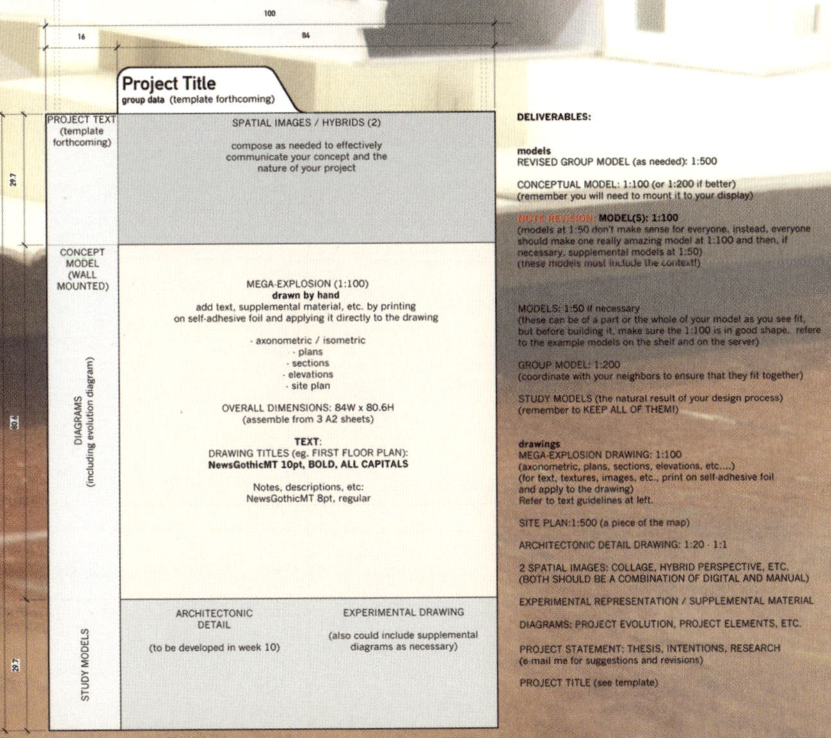

期末作品展览的内容大纲

小组：Dirk Hebel

指导教师：Dirk Hebel
助教：Tobias Klauser

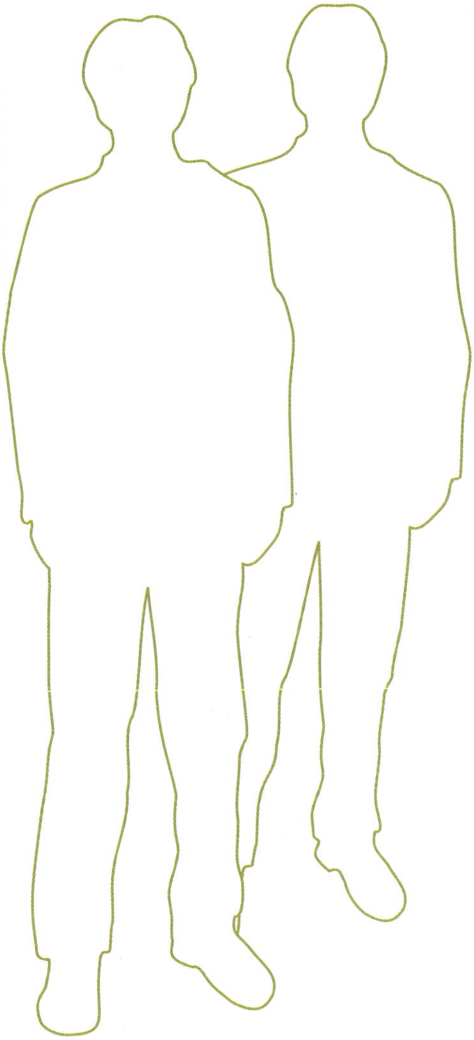

Simon Keller
Michael Reiterer
Isabel Garcia
Florence Hermann
Patrick Jaeger
Harald Seydel
Milena Vuletic
Isabelle Meister
Linda M ü ller
Thomas Kissling
Nils Havelka
Nicolas Zimmermann
Nicolas Rudin
Ariel Koechlin
Jolanda Mettler
Ivana Masic
Roman Bieri
Michael Keller
Esther Steube
Marcel Baumann
Markus Wieser
Florian Kelm
Anja Müller
Judith Elmiger
Christian Stark
Nik Schönenberger
Ursina Götz
Sarah Schütz
Ueli Eisenring
Daniel Fausch

Rebecca Bornhauser
Giacomo Grignoli
Zeno Filippini
Monica Magnone
Tobias Biegger
Eva Willenegger
Micha Weber
Michel Frei
Bianca Kummer
Fabian Spahr
Moritz Weber
Lukas Kissling
Patrick Meier
Fojan Fahmi
Christian Forrer
jonathan Chaclan
Noemi Brandeis
Süreya Miller
Palle Petersen
Sandro Camenzind
Jean-Jacques Auf der Maur
Janine Erzinger
Catherine Bakkers
Larissa Pitsch
Andrea Seiler
Silvana Clavuot
Roger Schär
Moritz Hörnle

春季学期一开始，所有的助教将演示与学生们共同调研的建筑学论题。基于该演示，学生们选择他们想要研究的单元。下面列出了58名学生的作品，他们都选择了更广泛的论题，即不协调的城市化（2006年）和有缺陷的城市化（2007年）。

MIS_FIT AR

不协调和缺陷建筑

“在危机中，想象力比知识更重要。”
—— Albert Einstein

找到正确的，能够正常放置我们的物品和身体的地方构成了我们的日常生活和例行程序。我们通过这些活动适应社会，并且每天的生活都因此而井然有序——在这个意义上，我们是“协调的”。那些扰乱这些例行程序的事物通常被看做是不合理的，它们是不正常的而且会给我们的日常生活和社会网络带来危机。

HITECTURE

20世纪初，现代运动为建筑学引入了技能效率理念来使其居民愉悦起来。在那个特定的时代，建筑学不仅建立了一种新的空间秩序，而且也消除了所有的不满，甚至所有不协调的事物，提高了我们的健康和安全。危机被视为偏离这种秩序，这是要不惜一切代价去避免的。

通过确立规范的目录系统和工具，危机可以是一种检测身体“健康状况”的途径。

我们希望研究不协调并开发其潜能来发展一种建筑体系，该体系不再基于二元性思维，如好与坏、病态的与健康的，或者干净的和肮脏的。取而代之的是，危机应该被理解为我们日常生活的一个组成部分。我们提出这样的观点：由危机现象发展而来的建筑学不一定是有悖常规的，而事实上它将建立一种更加稳健的秩序并为即将发生的情况更好地做准备。

这张地图是学生们了解疆域的初步阅读材料。这里要特意研究自然构成、基础设施构成、现有建筑物的一系列结构、社会网络、法律框架以及国家定位。作为一个过滤器，地图上的网格是用来进行量化研究的。每组同学被要求在他们的调查报告上选择四个象限并根据它们制作一个移动地图。

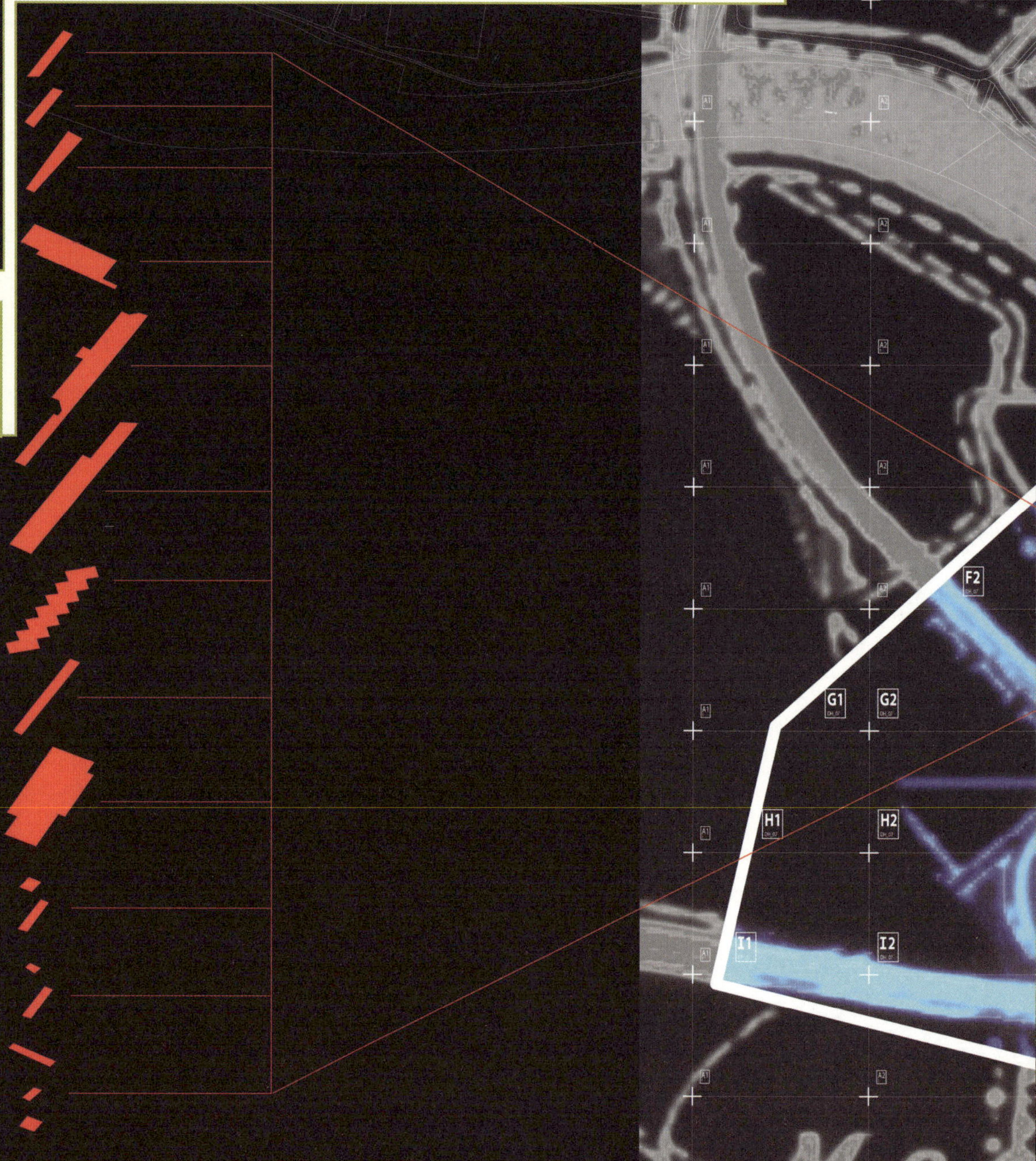

CONSTELLATION OF THE EXISTING BUILDING FABRIC

不协调的城市化

MIS_FIT®
URBANISM

UNIT Dirk Hebel, Tobias Klauser

命题：

如果说在20世纪初是二元性社会思维导致了不将机体危机作为日常生活的一个组成部分的二元性建筑学思维这一观点是真实的，那么对“危机”这一术语的研究和改变将建立一种新的、不受某种断以及不协调影响的建筑学秩序，进而创立一个不再是固定的规范体系组成部分的空间坐标图。

步骤：

第一周，每组从下一页的列表中选择一个类型。该类型将被用做一个过滤器或者“眼镜”来审给定疆域内日常生活和例行常规的一个方面。将你的研究结果以移动地图的方式做成报告来支持你发现和决定。然后以1：1000的比例建立一个模型。该模型应该包含现有的组织结构以及5 000 m³附加体积。这种大规模的形式和结构来自于研究结果。要深入调查城市的组织结构原理。

第二至四周，第一项调查结构将导出一个场地的概念和一个城市设计。在设计过程中，你将使规划、透视图、模型和powerpoint演示向来宾传达你的理念。

作为练习13c的成果，我们将把所有的成果和展示编纂进一个小册子——城市危机手册，作为习13d和13e的一个建筑项目合约。

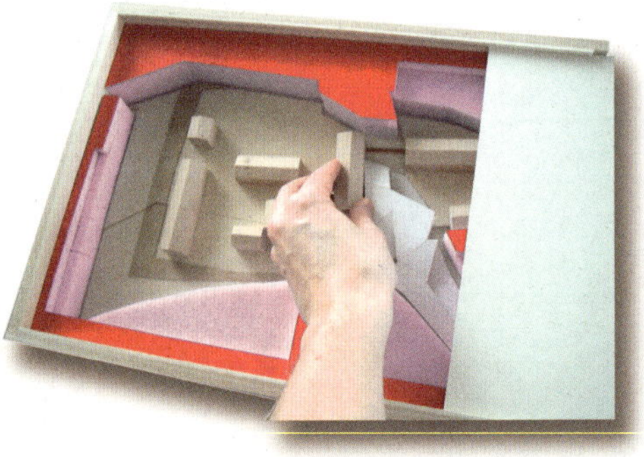

调查层次：

空间角度（距离、比例、地形地貌、空地、景观、活动、公共空间、私人空间）

时间角度（厌倦、规矩、日复一日、社交场合、心理空间、历史、政治场合、生活方式）

建筑学角度（现存结构、类型、惯例、材料、颜色、项目）

分析角度（地位象征、表面、基础设施、发型、穿着方式、社交场合）

不和谐的城市化
展示模板 13b

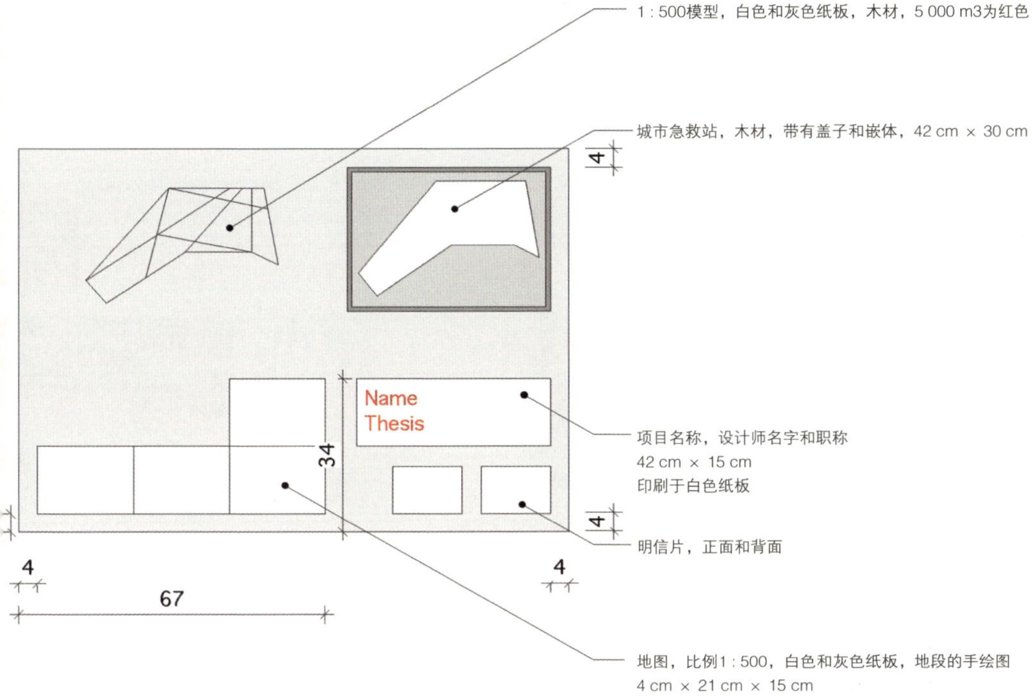

the catagories: please pick one

Normality or Crisis?

the ugly
the bad copy
the inefficient
the weather
the sick
the uncanny
the everyday
the abnormal
the average
the obvious
the slow

学生们要使用给定的主题、地图和地域去选择一个作为滤镜的类型来审视主题的一个方面。重点要聚焦在建筑学研究上，旨在现场搜索预定义的方案。第一天，在图书馆或互联网的帮助下了解这个地域；第二步，学生们到现场去确认他们的方案并将该流程做成文档。教学大纲要确保学生们不会在现场迷失，并有一个清晰的日程来探究结果。

通过借给该地区居民一次性相机，学生们建立了他们自己的规范体系：一个丑陋的场景。要求当地居民拍下他们周围最丑陋的建筑组成部分。由此产生的三维图书馆就作为正式指令系统来检验主题。该主题要求在使用相同要素作为操作工具之前接受现有的环境。通过轻微的改变及适应这些环境，提出一个建筑学方案。该方案把对该地区的熟悉度作为基因，但是要达到新的空间及建筑学质量。

周边环境

丑陋

照相机

WEGWEISER
BAR
CAMOUFLAGE
Vorhänge

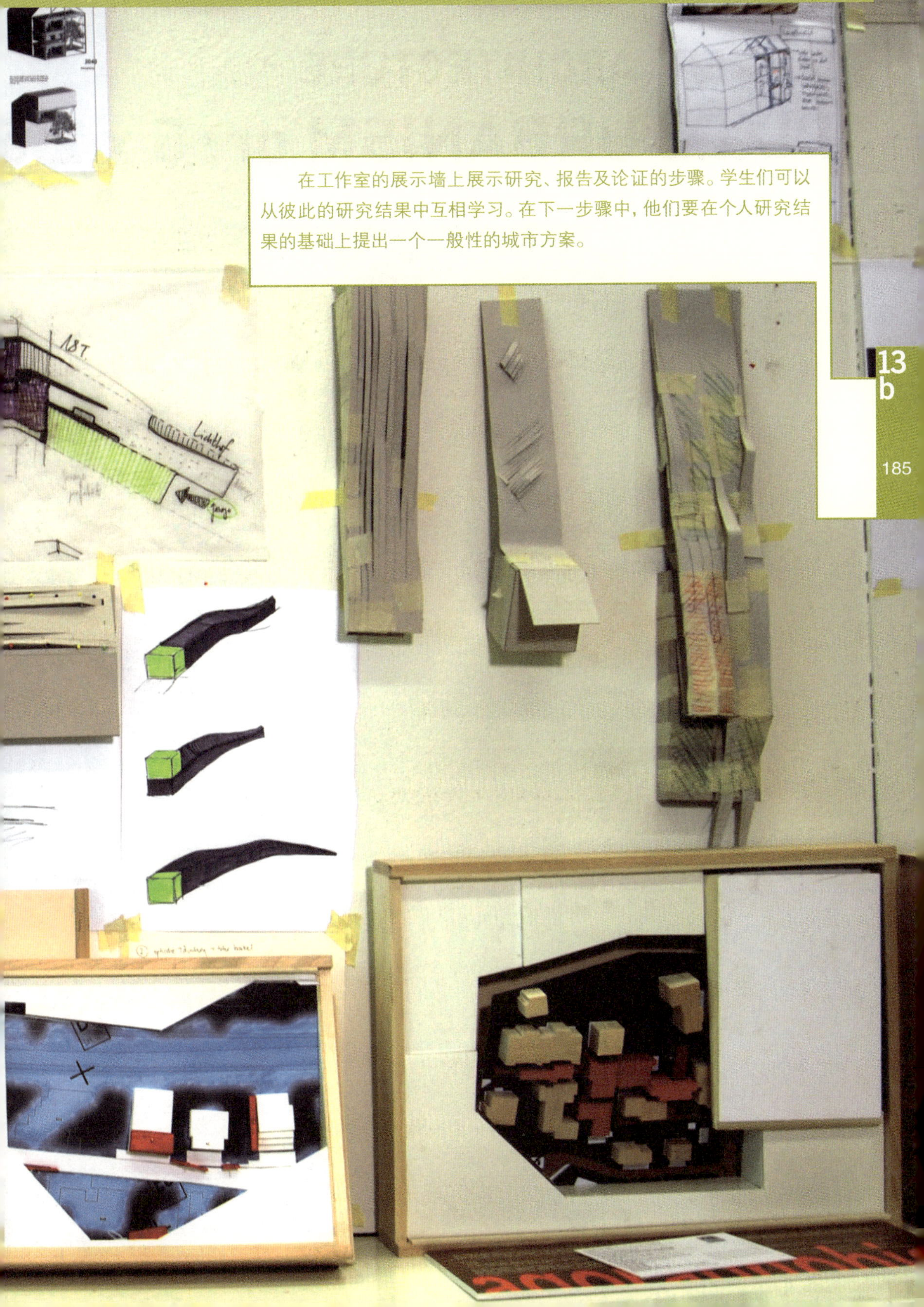

在工作室的展示墙上展示研究、报告及论证的步骤。学生们可以从彼此的研究结果中互相学习。在下一步骤中，他们要在个人研究结果的基础上提出一个一般性的城市方案。

MIS_FIT ARCHITECTURE
PIXEL URBANISM or: 5 x 2.5

5 m x 2.5 m x 2.5 m
C

Facts:

In the Limmattal, there are 1.14 private vehicles per household and 2.72 per family. In the city of Zurich, there are only 0.7 private vehicles per family.

Based on: Angelus Eisinger and Michael Schneider, *Stadtland Schweiz.* Basel: Birkhäuser 2003.

We also know there will be an immense increase of private car movements in the Limmattal until 2025, from 1 million up to 1.6 million movements (not including transit).

Source: Amt für Verkehr, Kanton Zürich

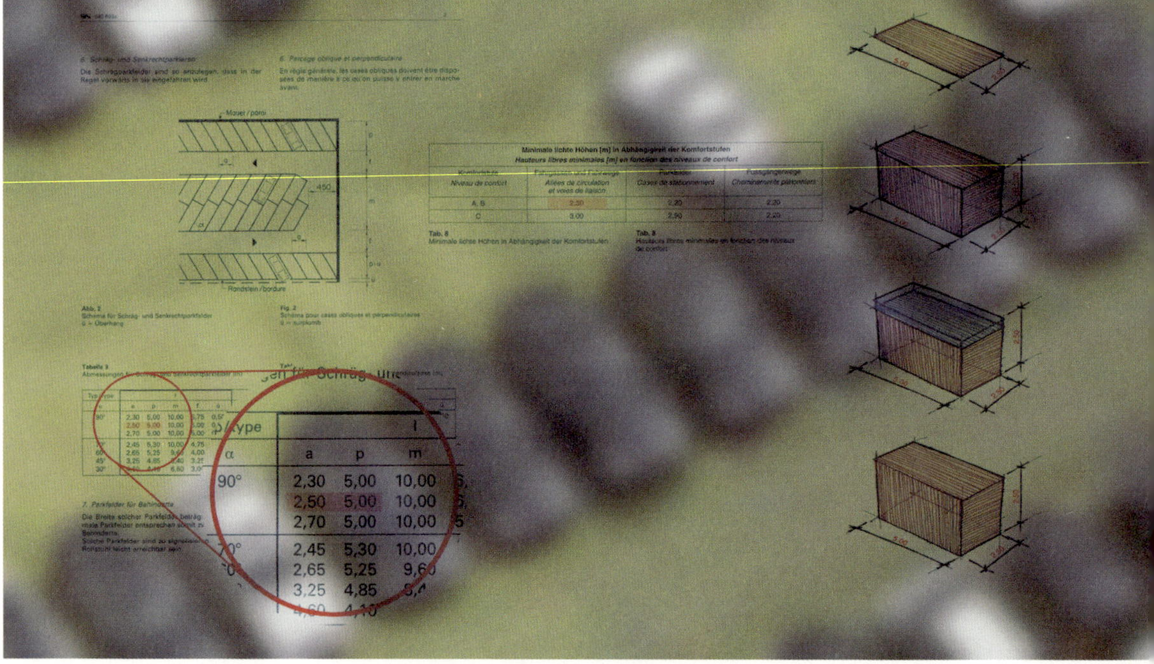

Jrban Thesis:

n the future, mobility in the Limmattal will also e based on individual private vehicles, but they night be fueled differently than today. The space equirement for parking lots is already shaping ur landscapes. We want to take the average arking space as our new normative, modular ystem and try to build architectures based on :. The car will give us its spatial DNA! Based on his, free land in the Limmattal will be distributed n very small plots of 5 x 2.5 m, which also allows or densification. We want to develop a new uilding code and test certain scenarios in rchitectural terms.

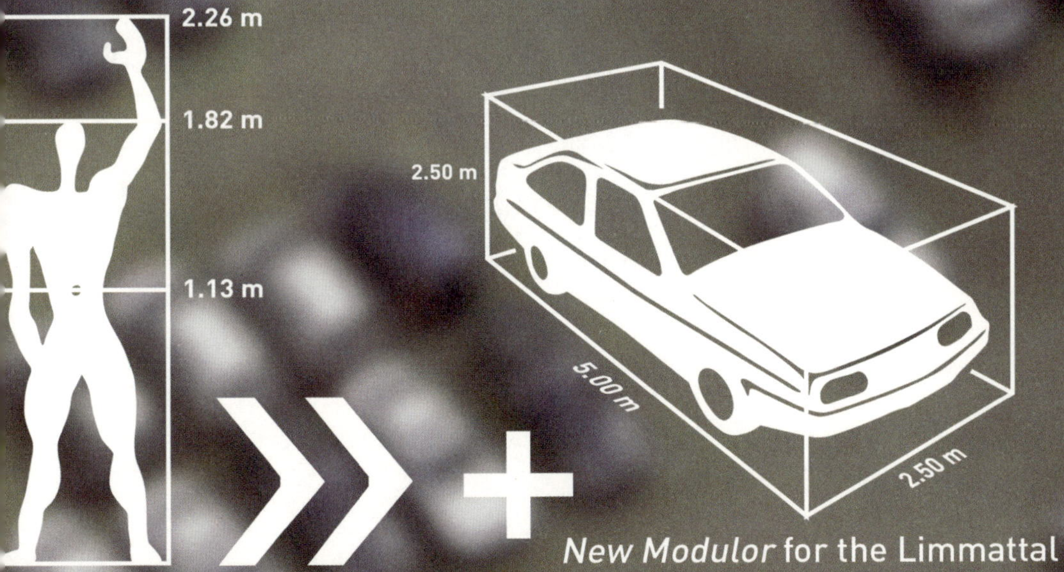

New Modulor for the Limmattal

建造这个“城市工具箱”还为了进一步开展在13d和13e练习中的主题。学生们要用稍小的建筑项目以及细节来检测他们自己的指导原则。

城市工具箱

这个城市工具箱为理解Limmattal的新规划原则提供了所有的必要元素。感兴趣的公众可以根据5 m×2.5 m的网格来完成场景规划图。这个工具箱将作为欢迎所有Limmattal新居民的礼物分发下去。

建筑法规

下面是两条新的指导原则：
建筑法规
可能地域的案例

楼群

每一个地块需要遵循一定的要素比例：地址、私人及公共场合、绿化空间、闭合和开放的地表以及采光。

顶土

根据一个5 m×2.5 m的网格而建立的新规范体系是Limmattal所有新规划的基础。响建筑物外部轮廓的新的楼群或改造需要守新的建筑法规。

明信片

在“欢迎光临”的包裹里，新居民找到一张明信片分发给朋友们，使这个新的规划场景广为人知。

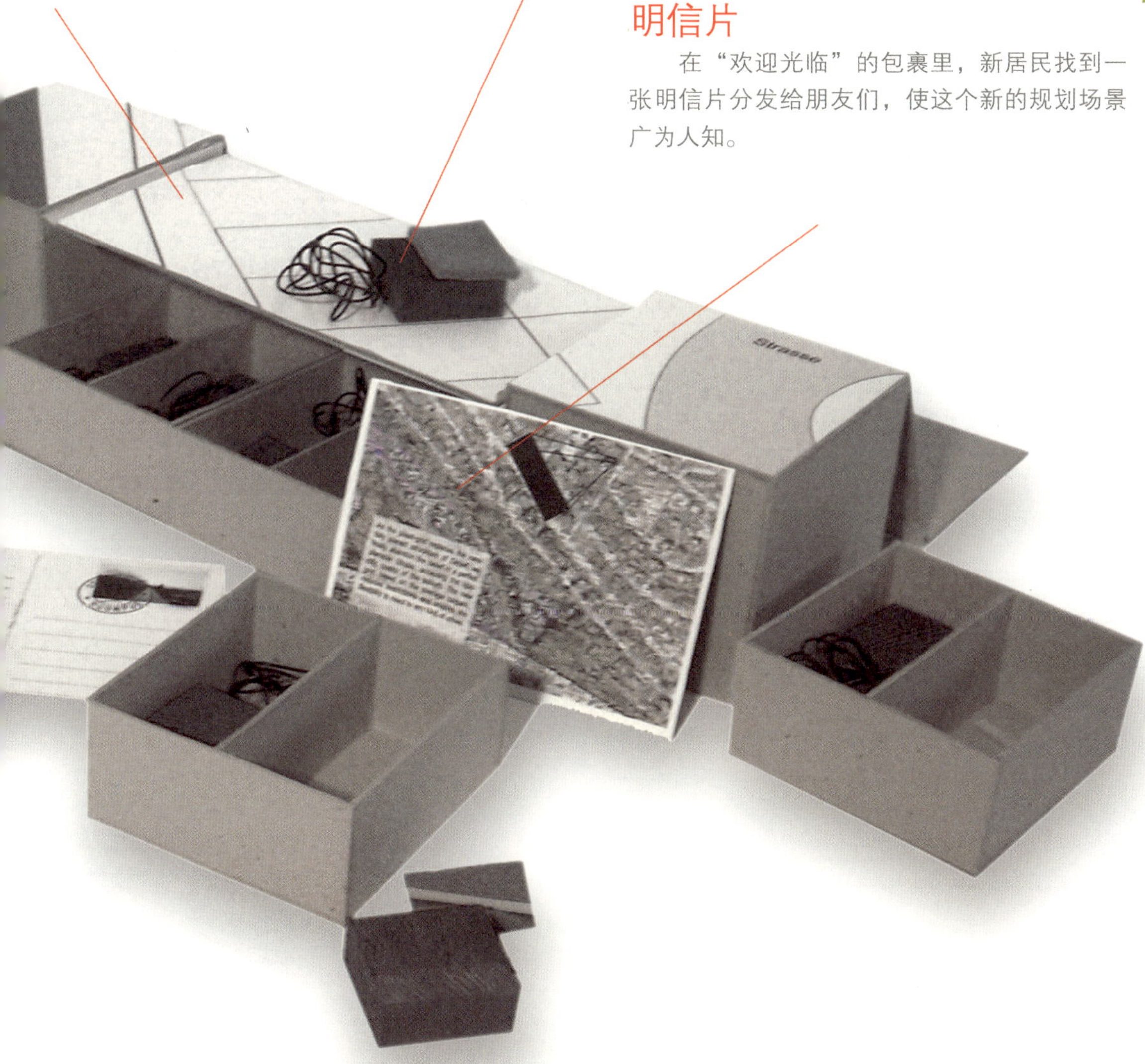

01. 模块的概念

地表模块：坐落在地表层面

模块一侧：像素的一个侧面

边缘模块：坐落在一个绘图的边缘

04. 公共连接

每个地表模块都需要与街道连接起来。如果通过给定的基础设施布局不能实现，可能要使用模块来实现这种连接。这个城市必须认可这种要求。这些模块将被定义为公共空间。

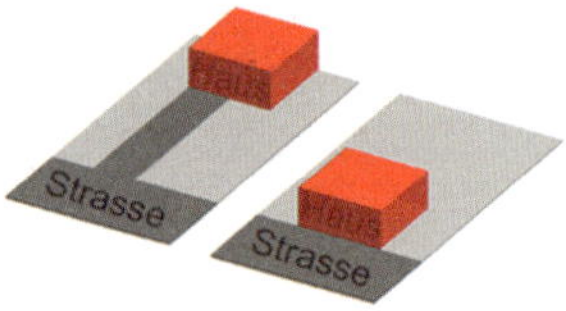

07. 向公众移交地表模块

临近公共空间的地表模块可能会被出售给公众。作为回报，允许客户在他或她的最大高度限制上增加一个模块。

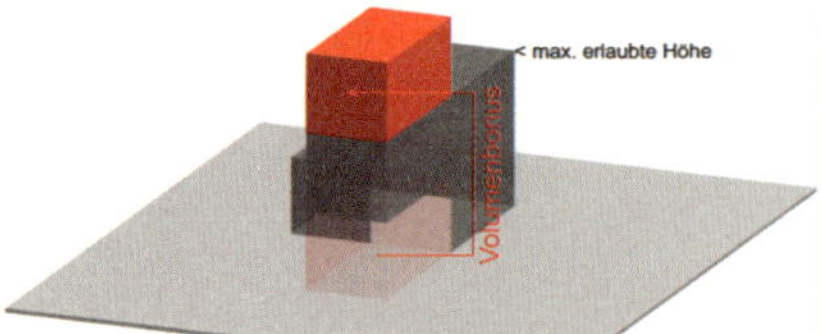

水平布局

一个人或者一个法人单位拥有的全部模块是相邻的，中间不允许有空隙。

03. 垂直布局

如果没有地表模块，则禁止购买地平面以上的模块。

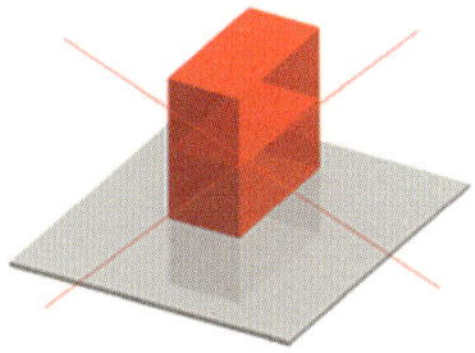

放置

法人单位购买的其中至少一个模块必须被放一个边缘，该模块是一个建筑的组成部分。

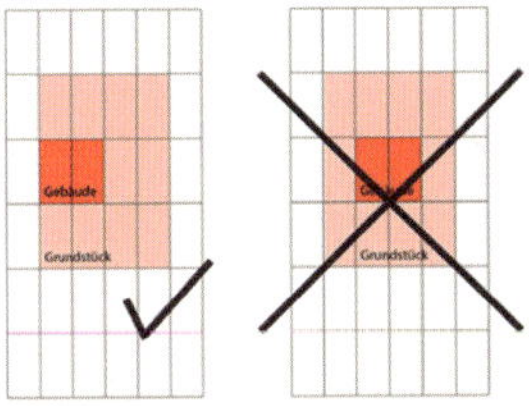

06. 剖面价值

越接近地表的模块价格越高。

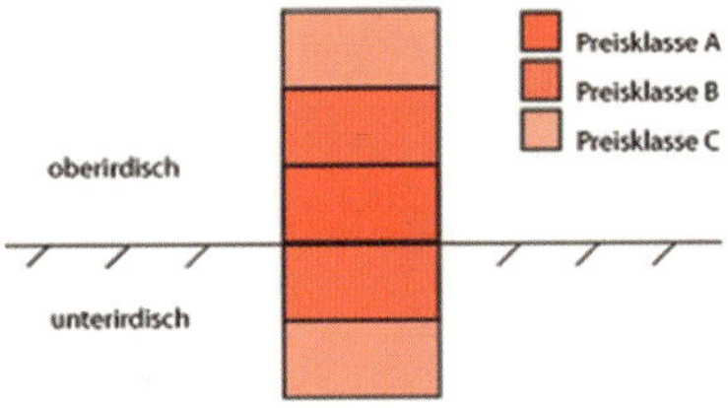

公共模块

任何人可以在任何时间进入公共模块。

09. 模块多样化

每个模块应由5%的基础设施空间、58%的建筑实体以及37%的绿化空间构成（Limmattal的平均水平）。

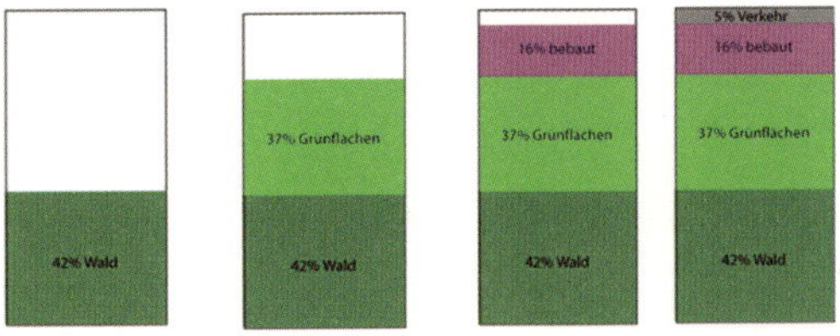

13
10
schule/kinderkrippe
durch die kinderkrippe gewinnt oetwil an attraktivität für familien mit kleinen kindern. die neuen institutionen stellen eine möglichkeit der intergration der familien und deren kinder dar und fördern das zugehörigkeitsgefühl zu der gemeinde.
grünfläche
11
grünfläche/öffentlicher raum
04

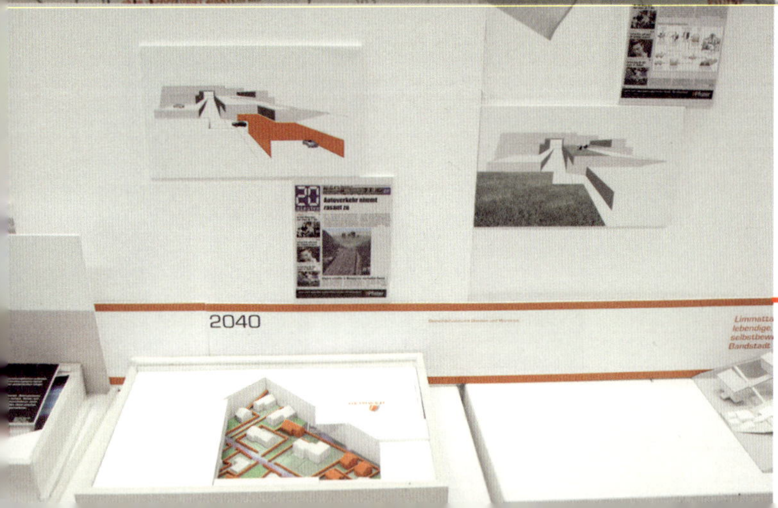
2040

要求每一组学生选择城市方案中的一个地点。练习13d和13e是对应用了论题的方案的检测，从一个城市规模到一个社区规模，最终到达建筑规模。还要求学生们使用他们在城市规模中提出的相同的指导原则来发展建筑学思维。

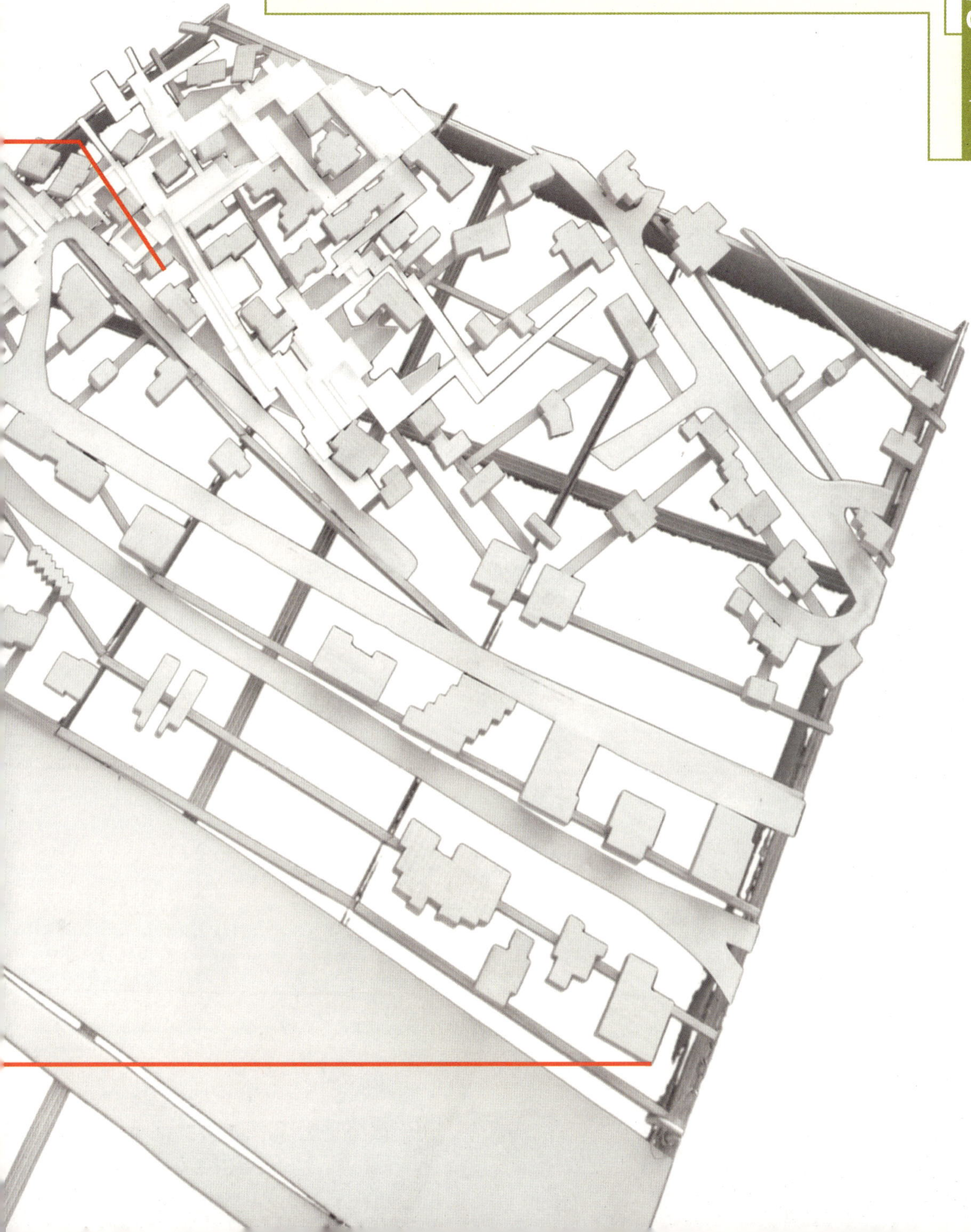

每一组学生从城市场地中选择一个样本来检测他们的论题，规模从1：500到全尺寸。下一页列出了其中的七个样本。

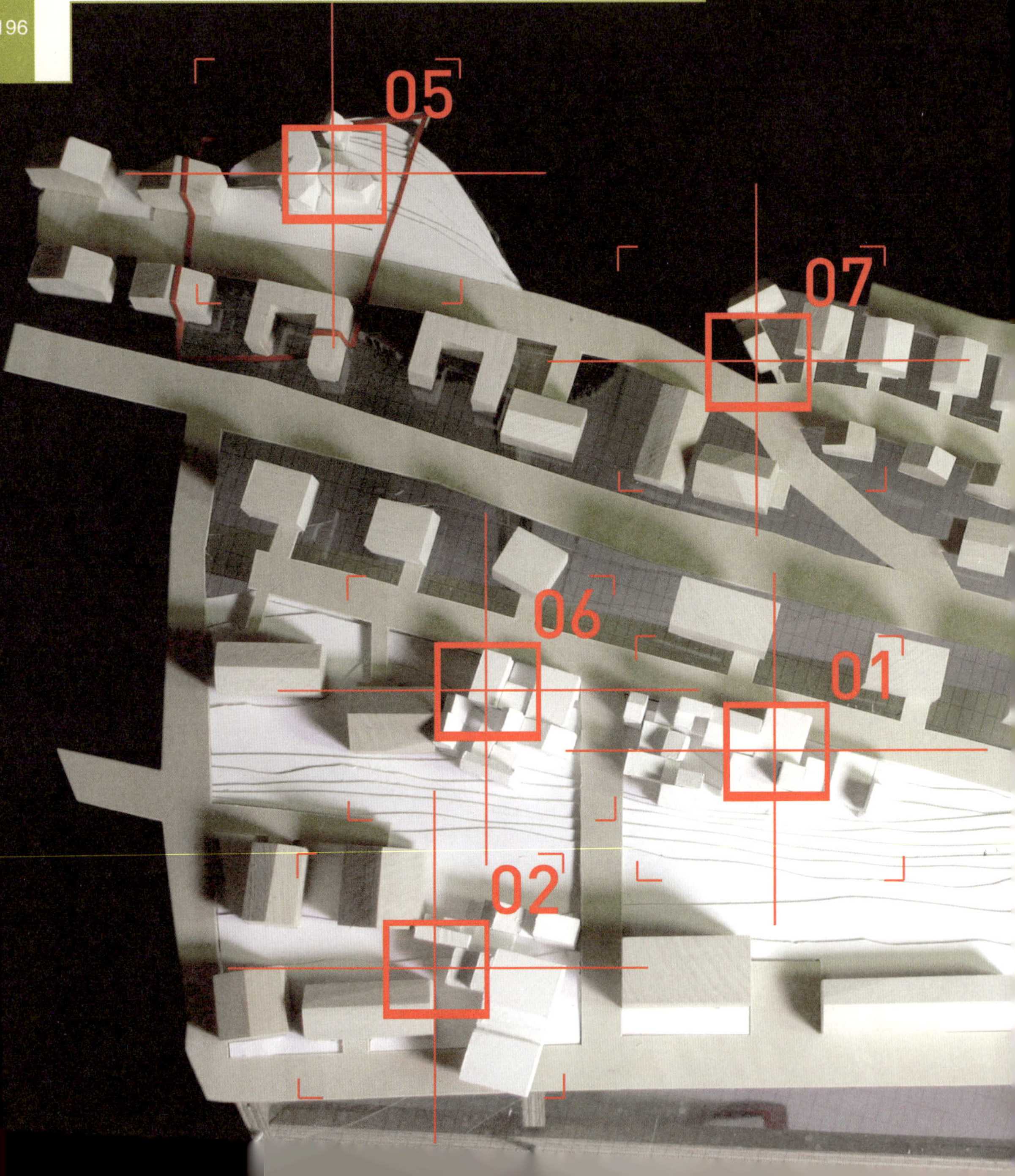

01: fblob

02: modul_(c)_ar

03: déjà vu oetwil

04: HyperNormal

05: Take Two

06: Living House

07: In-Sight-Out

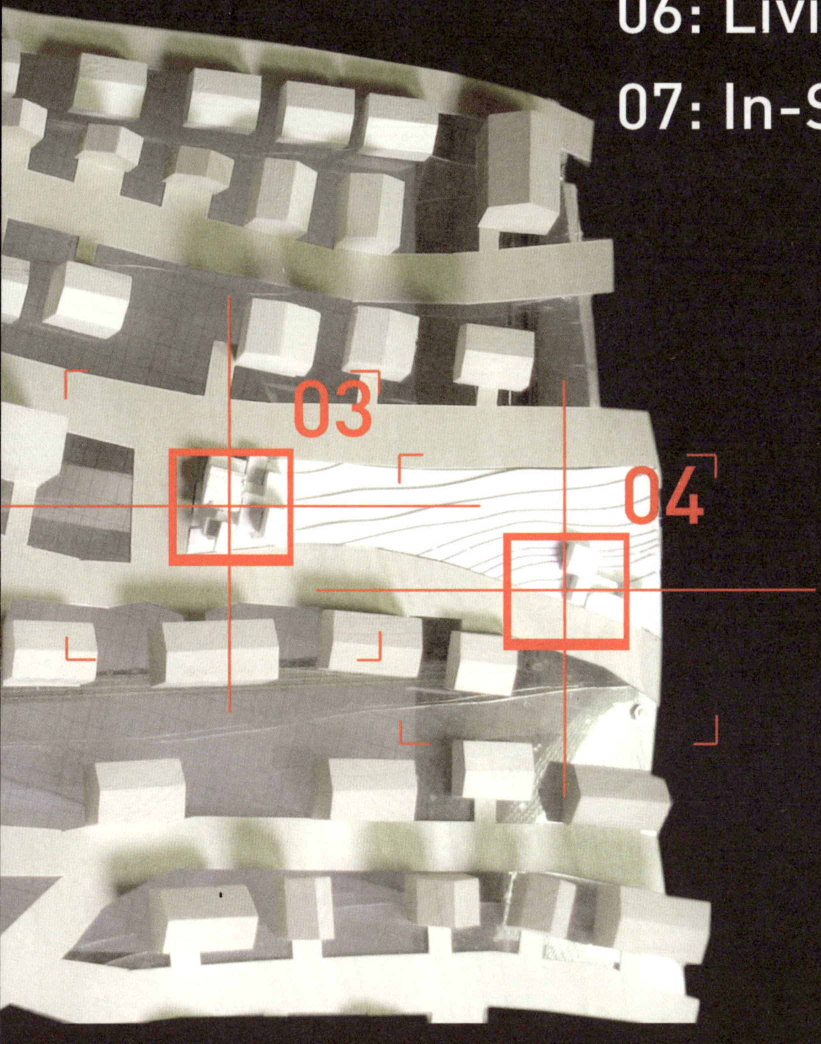

fBlob

Michael Reiterer/Simon Kraus

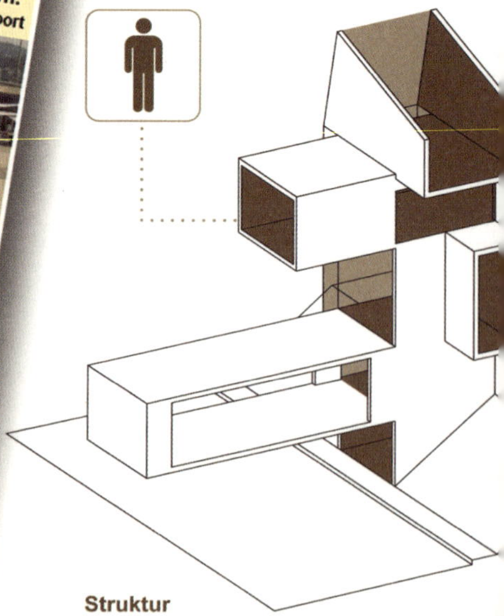

Struktur

fBlob项目被用来解决在2036年瑞士可能发生的能源短缺问题。该项目提出的建筑技术是通过给房子加上一层外壳来缓解能源危机，这个外壳就是承装生物沼气的柜子。生物沼气不仅可以为特定的单元供热供电，还可以为整个社区供热供电。为实现该目标，在现代瑞士建筑中几近消失了的传统牛棚被重新引入并整合进了整个结构中，其目的就是为了能使用动物粪便作为生物能生产工具。根据生产的沼气量，即电能和热能，对房子的结构进行修改。

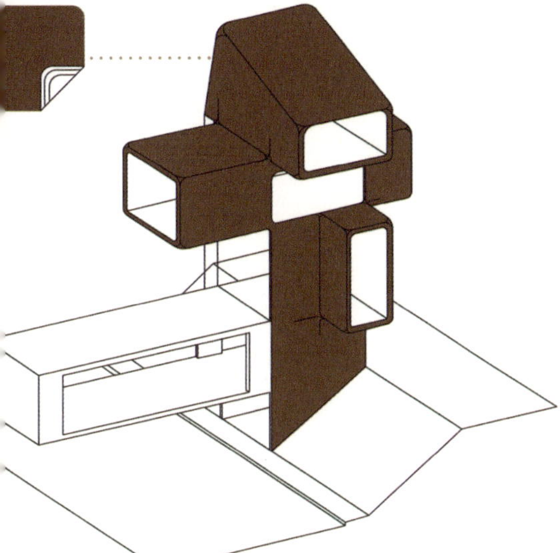

lle

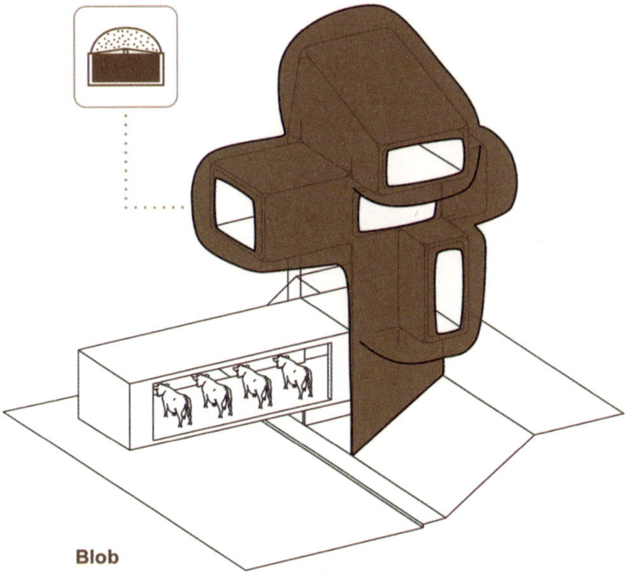

Blob

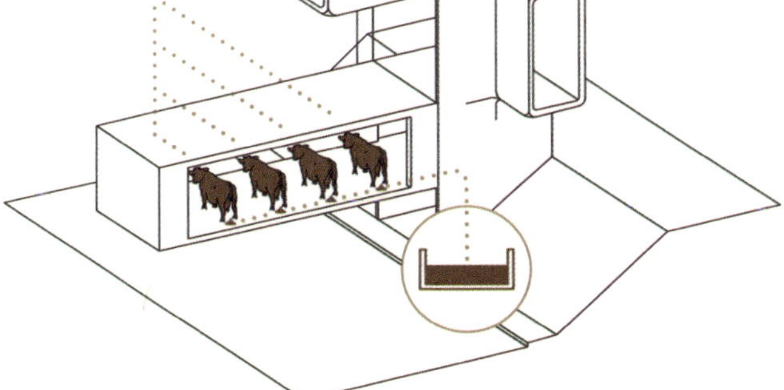

Biomasse

根据模块网格来建造一个塔状建筑物，要尽可能多地使用空中的空间（价格低）。牛棚建在街道的上空，在汽车与牛之间建立了连接点（可视），其功能就是为整个社区提供新型能源。建筑物周围的土地模块用来放牛。城市农民可以在不久的将来发挥重要作用。建筑师必须接受挑战，来发展能够满足和展现这些需求的设计。

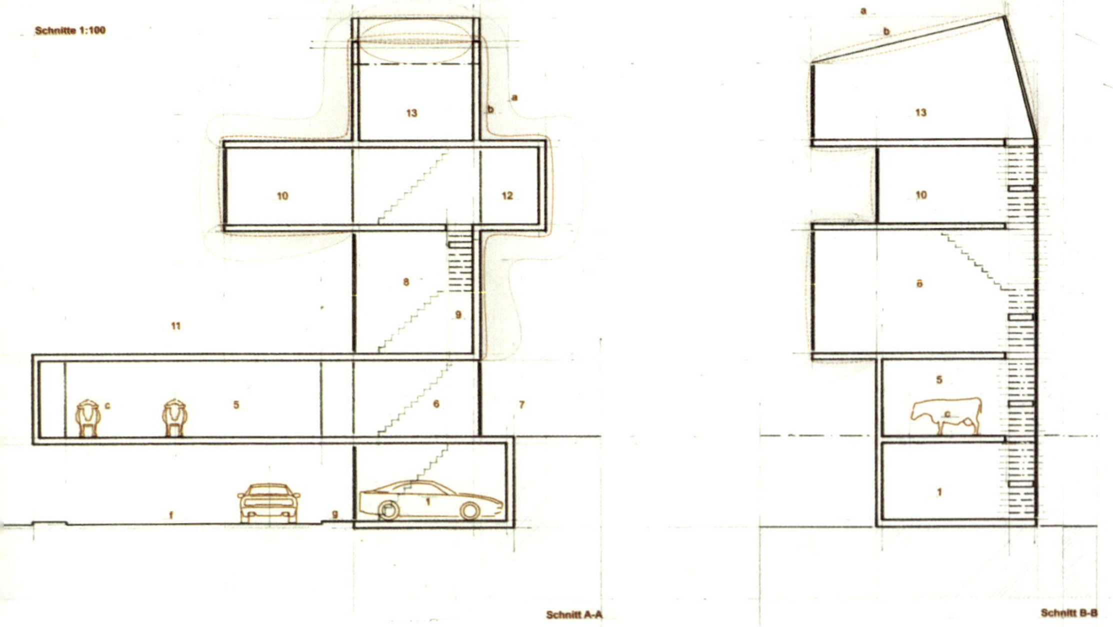

1 Garage
2 Grünabfall
3 Biogasanlage
4 Eingang
5 Stall
6 Heu
7 Auslauf

8 Essen
9 Küche
10 Wohnen
11 Terrasse
12 Bad
13 Schlafen

a Hülle voll
b Hülle leer
c Kuh
d Schlauch
e Kuh-Radius
f Strasse
g Gehweg

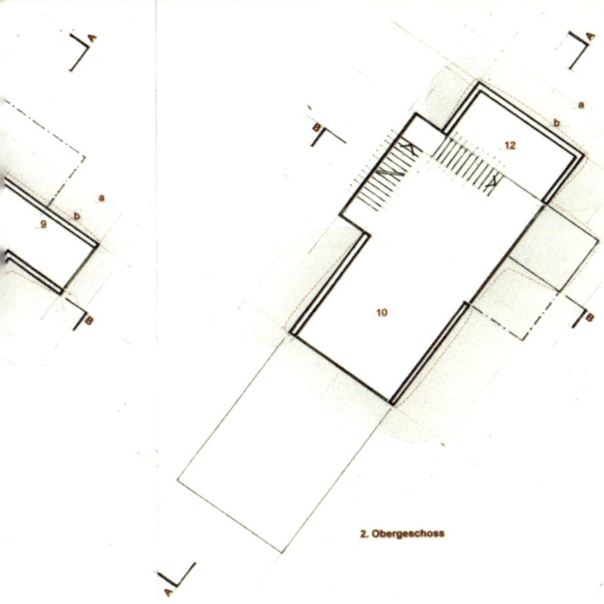

2. Obergeschoss

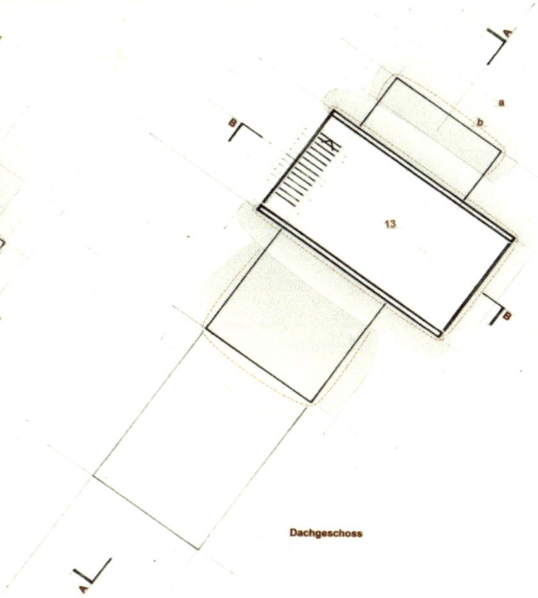

Dachgeschoss

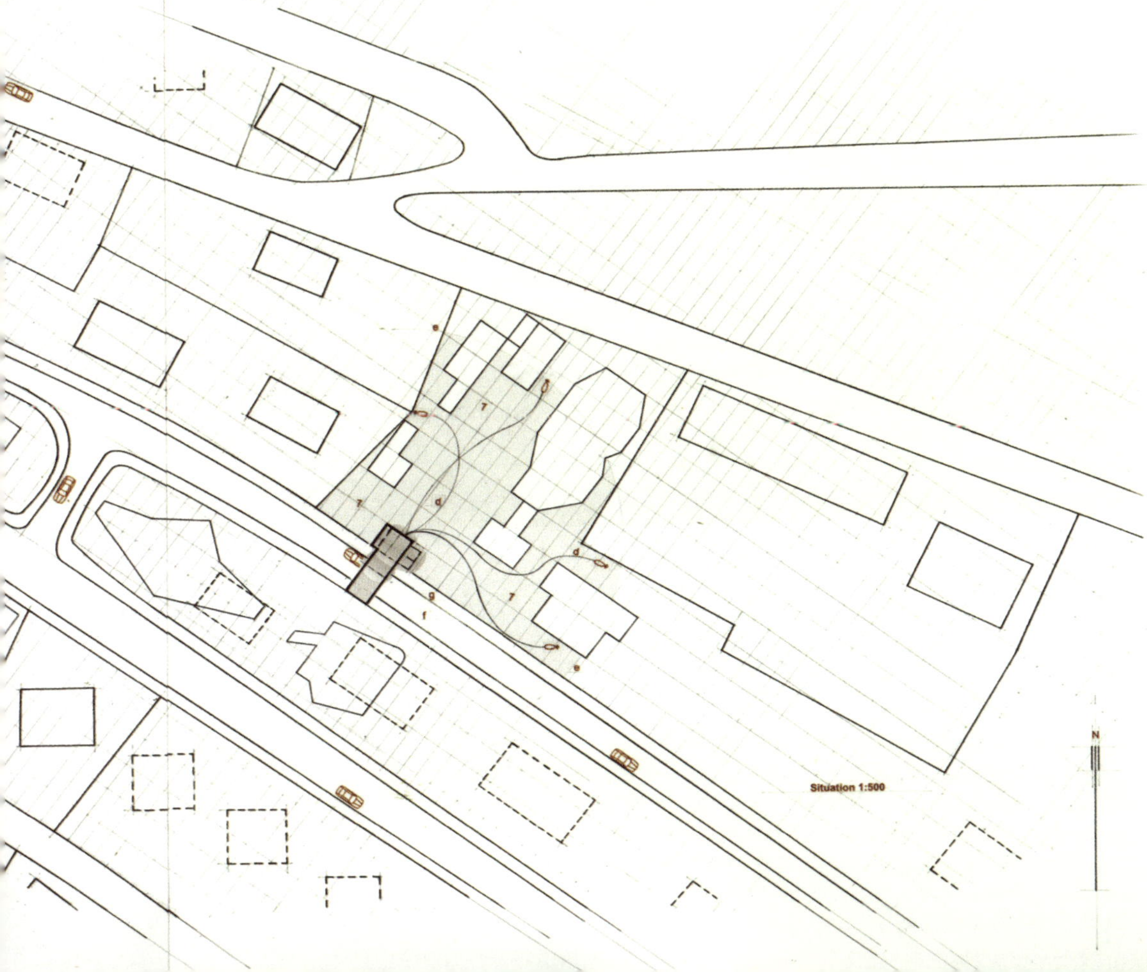

Situation 1:500

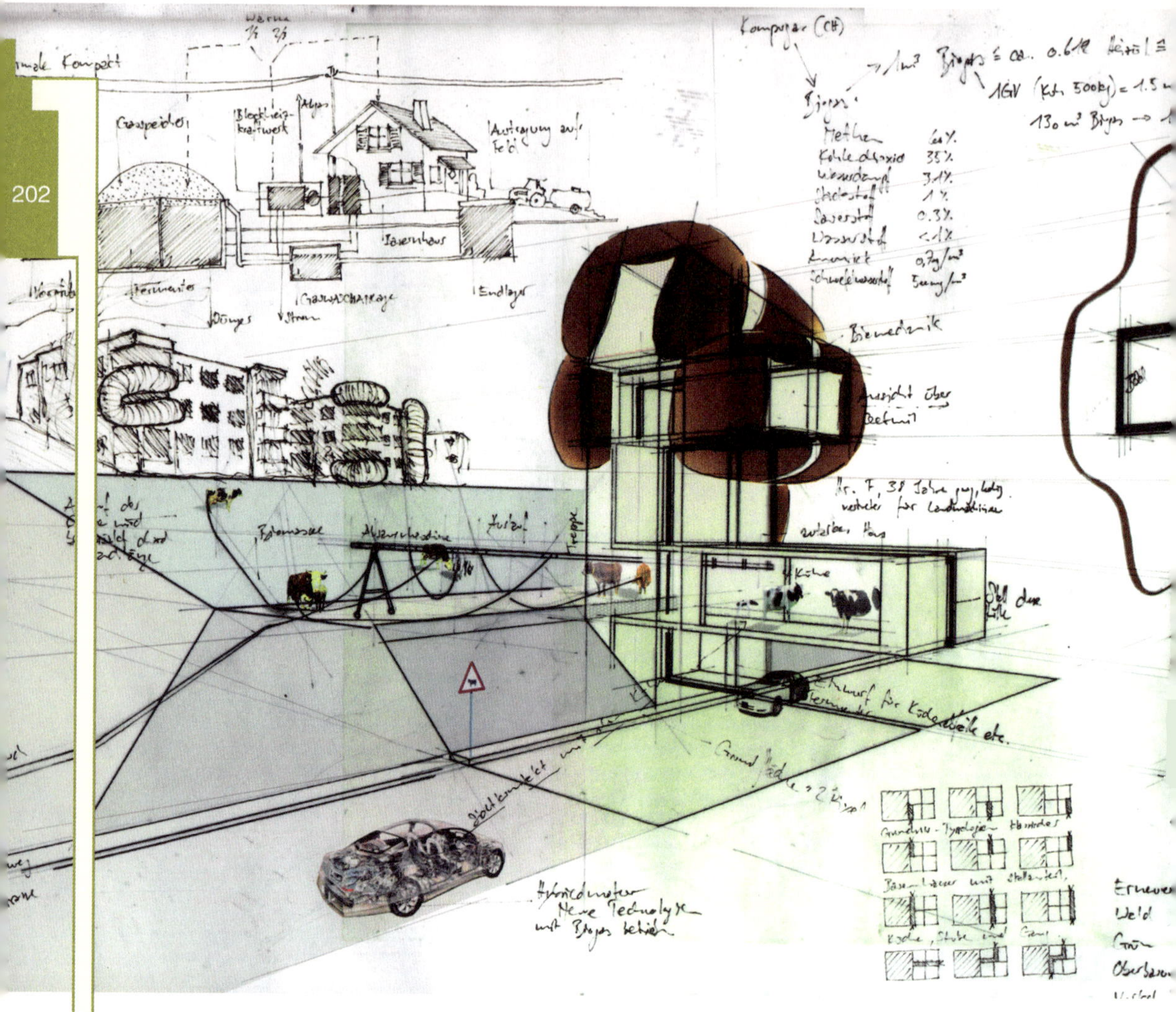

草图和分析模型被用来理解空间关系、社会关系和审美关系。

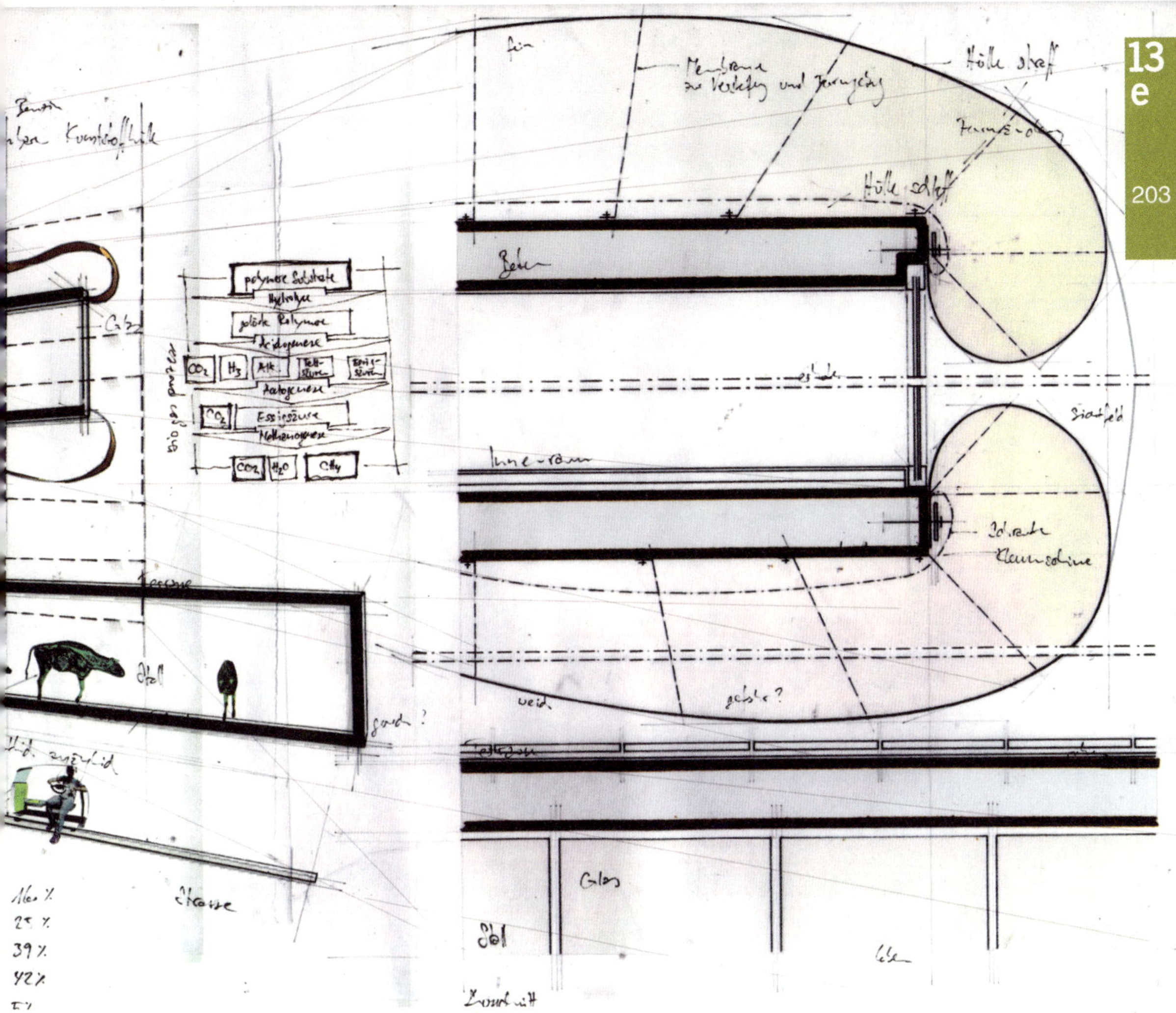
polymere Substrate
Hydrolyse
Acidogenese
Acetogenese
Essigsäure
Methanogenese
Glas
Stall

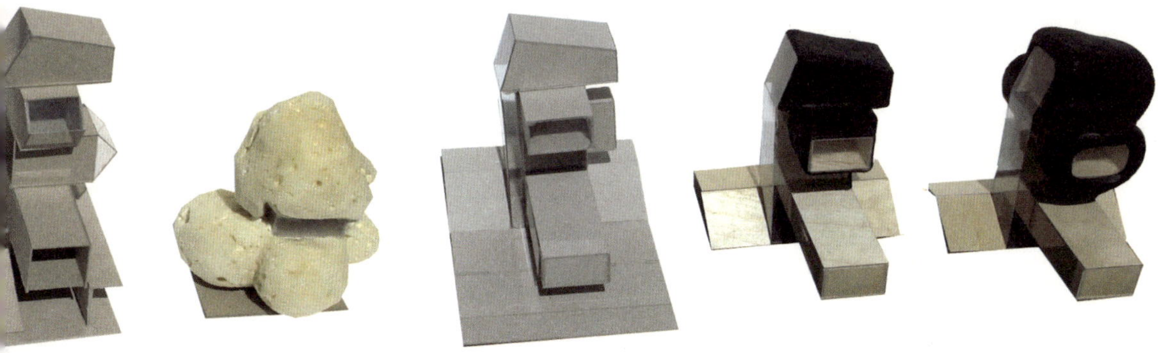

建筑物的表面依据其内部沼气量的多少膨胀或塌陷。建筑物的美观程度直接取决于所涉及的技术。外壳成为一个灵活实体，不再由建筑师决定。

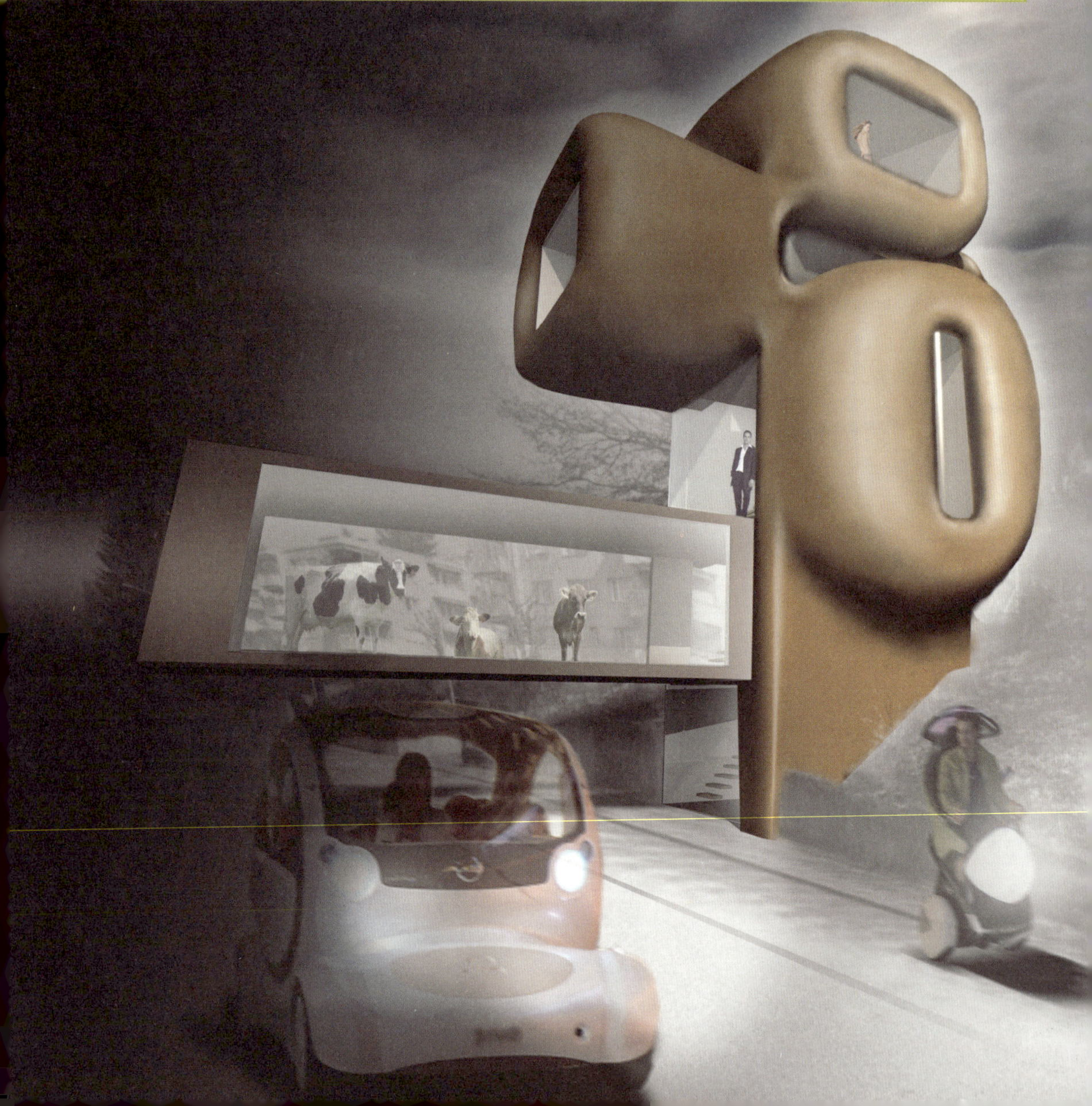

这个项目直接对新的5 m×2.5 m的标准网格做出反应。它建议预制的住宅单元应占据与停车场地同等大小的面积。这些单元可以应用于世界上任何一个城市，因为世界上每个城市都拥有停车位。这些单元可以被看成是先导组件。其建造方法直接来源于汽车生产工艺，即使用翘弯工艺。将每个单元分成两半预先制造，这两部分可以相互叠加，在运输过程中节省空间。住宅单元的形状直接由这种物流运作决定。

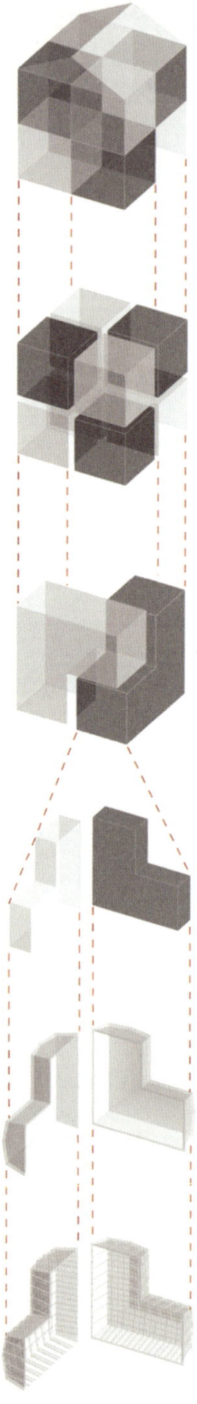

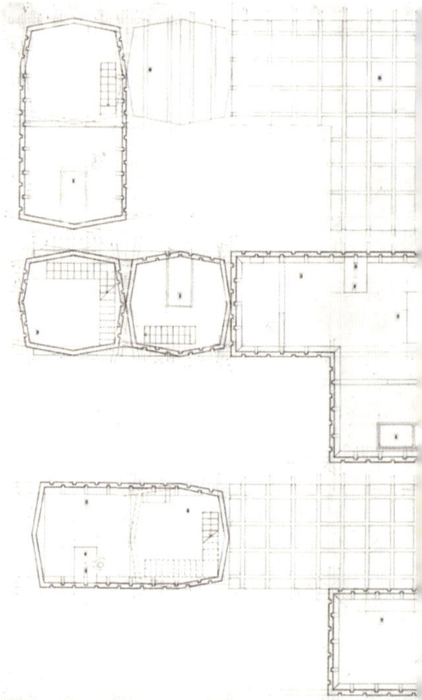

modul_(c)_ar

Palle Petersen / Jonathan Chaclan

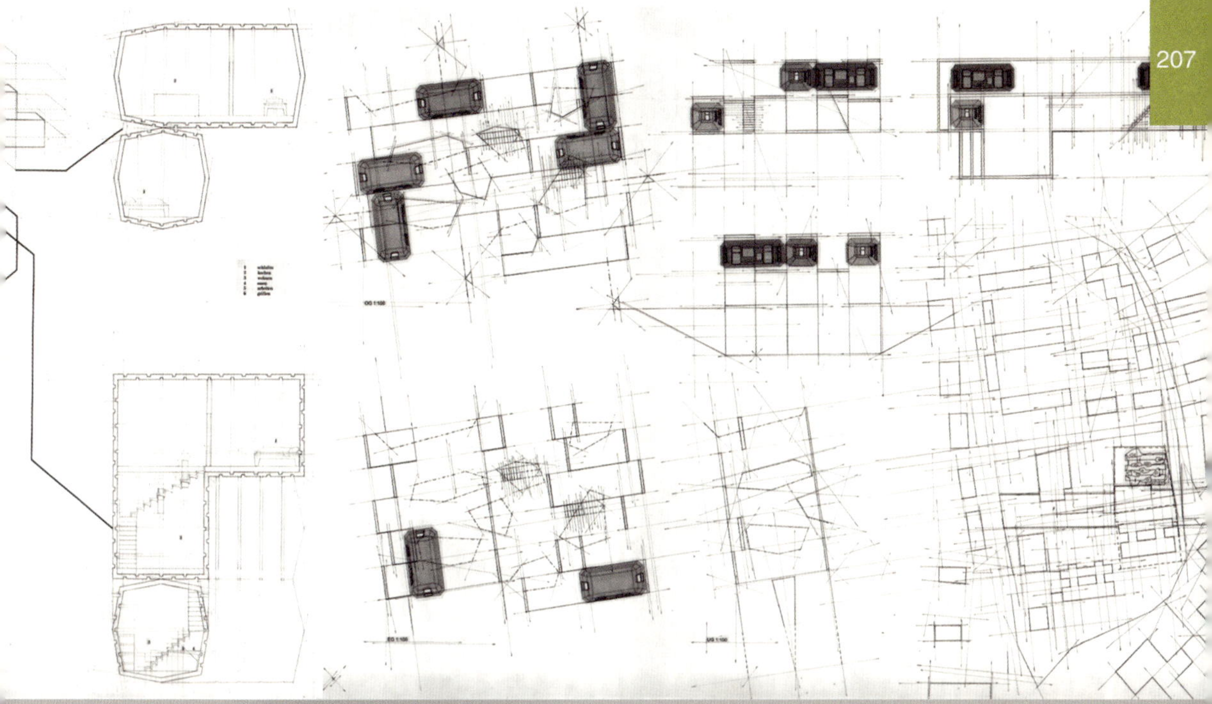

该项目突出了计划方案的时间层面。它提供了一个能够在几个阶段扩展住宅空间的结构。间隙中的空间被用做公共区域。

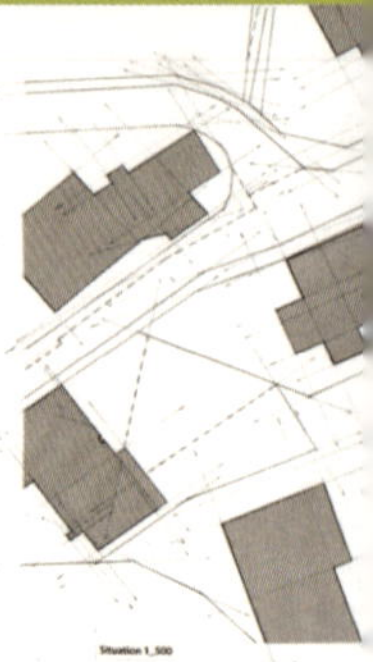

déjà vu oetwil

Micha Weber / Michel Frei

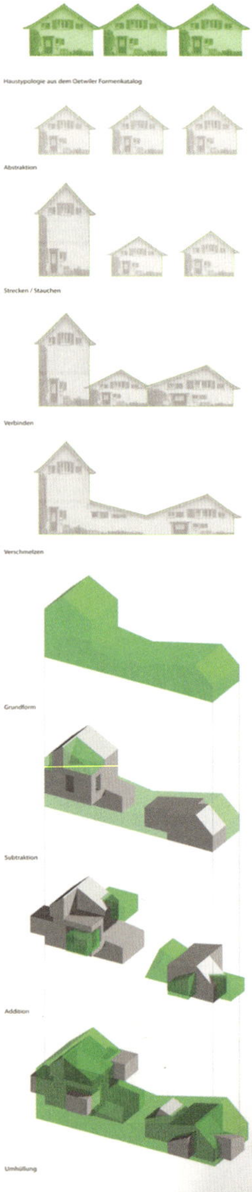

Bastelanleitung

1_Schnittmuster ausschneiden
2_entlang den gestrichelten Linien falzen
3_mit vorgesehenen Laschen verleimen

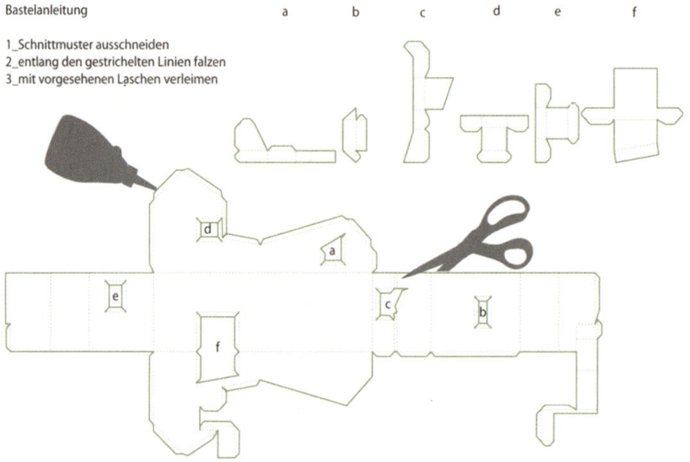

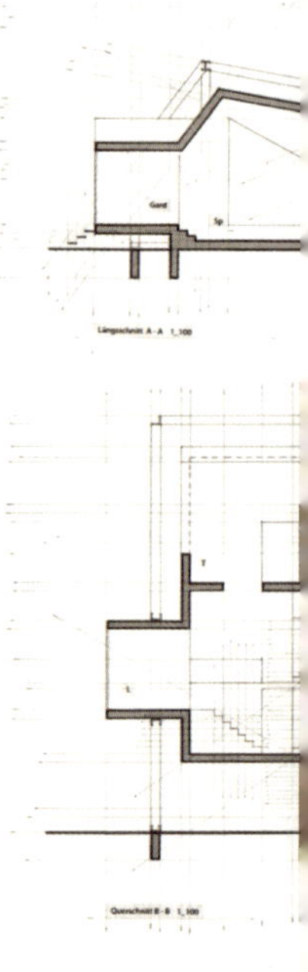

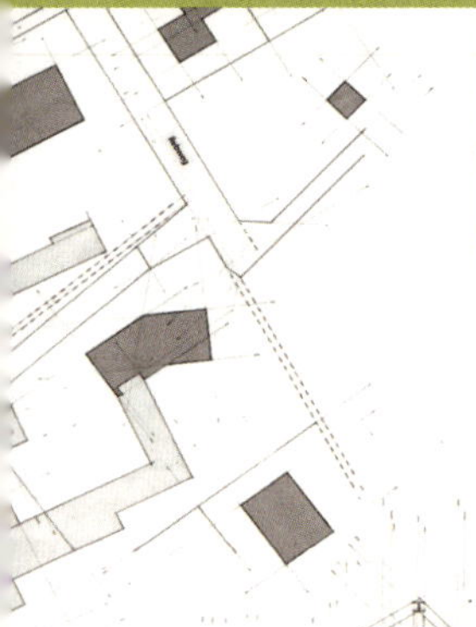

A	Arbeiten
B	Bar
Bü	Büro
Du	Dusche
Ent	Entree
Ess	Essen
G	Garten
Gard	Gard
K	Küche
KiG	Kindergarten
L	Lounge
OeP	Öffentlicher Pool
OeZ	Öffentliche Zone
S	Schlafen
Sp	Spielen
SpG	Spielgeräte
Sp/B	Spielen / Bühne
T	Terrasse
Wä	Wäsche
WC	WC
Z	Zugang

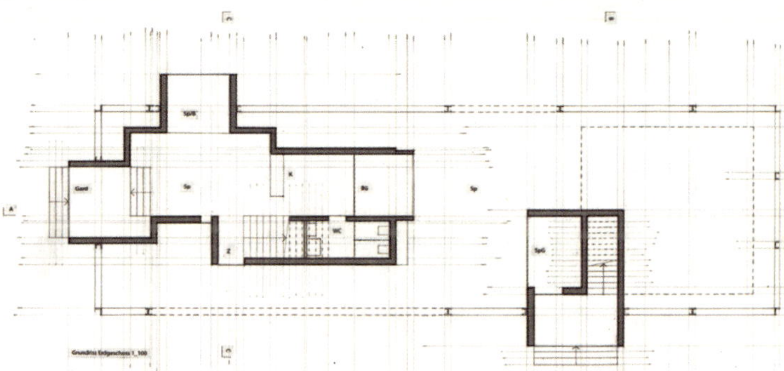

Grundriss Erdgeschoss 1_100

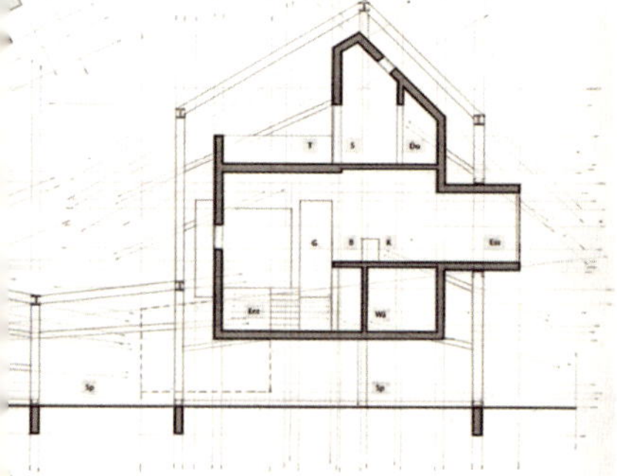

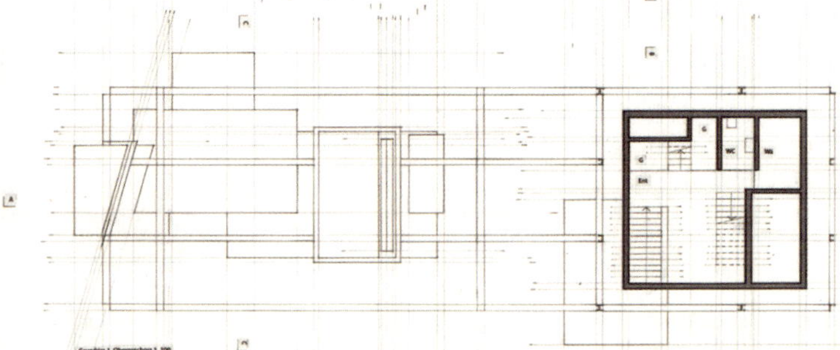

Grundriss 1_Obergeschoss 1_100

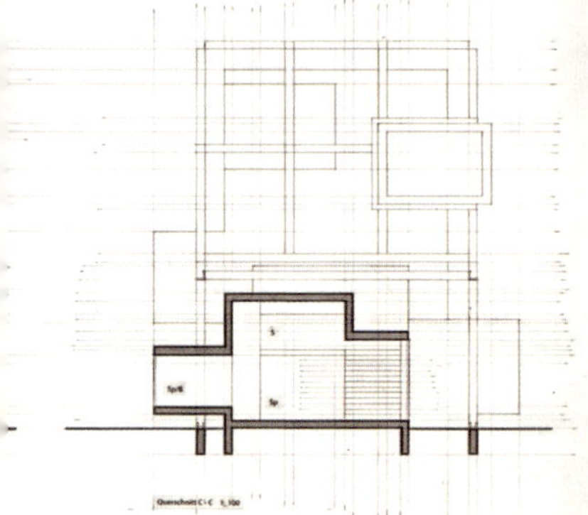

Querschnitt C-C 1_100

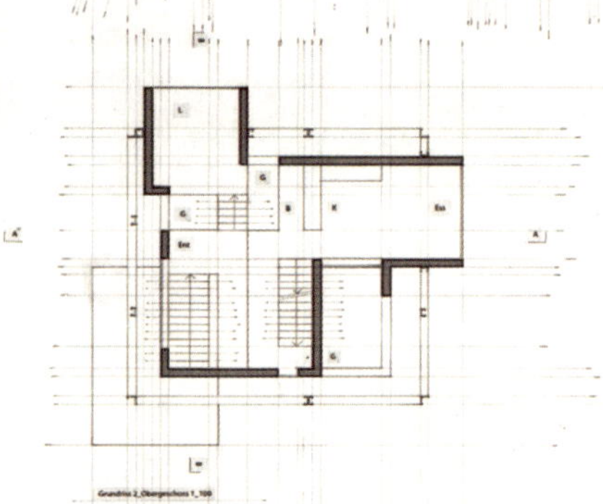

Grundriss 2_Obergeschoss 1_100

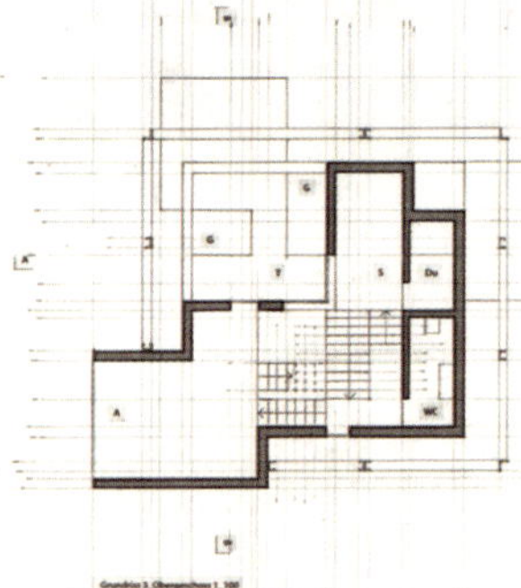

Grundriss 3_Obergeschoss 1_100

1_Phase
Kinderkrippe mit Hülle

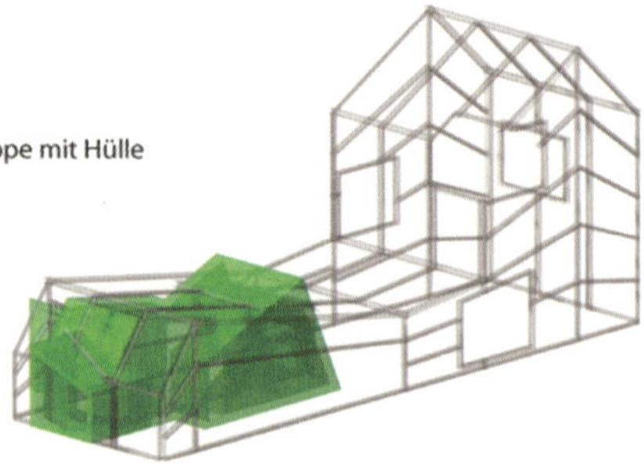

2_Phase
Erweiterung durch Wohnung im 1_OG
1_OG bleibt frei zur öffentlichen Nutzung

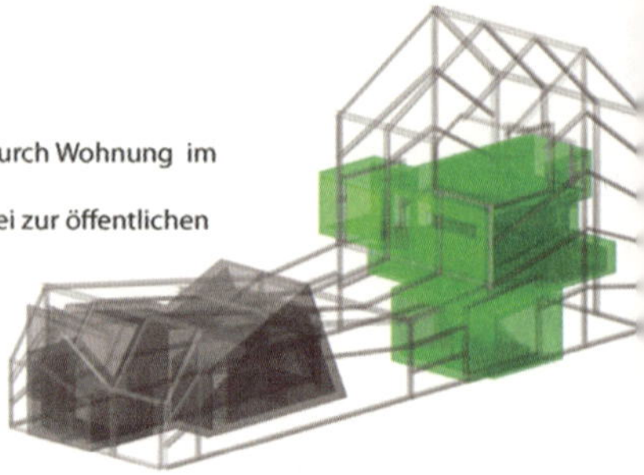

Etappierung 2008 2010

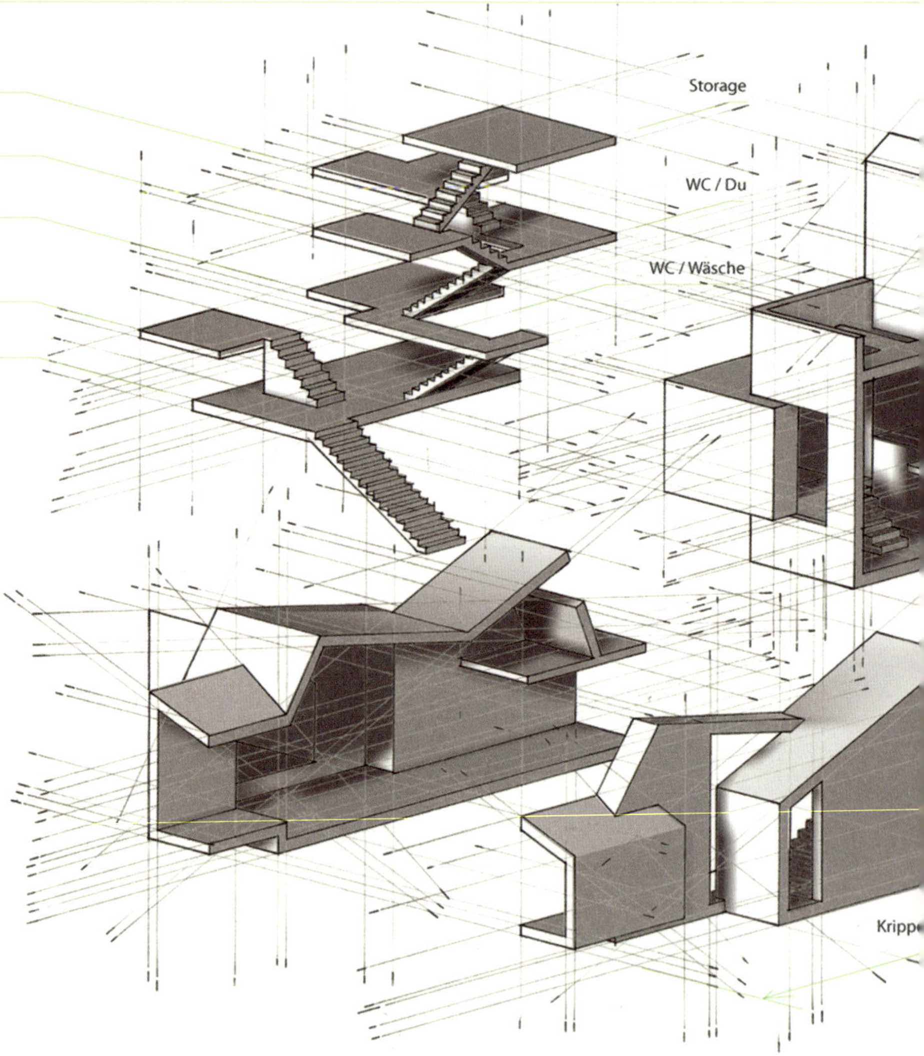

Erschliessung

Nutzung

Fassaden-
gestaltung

Hülle

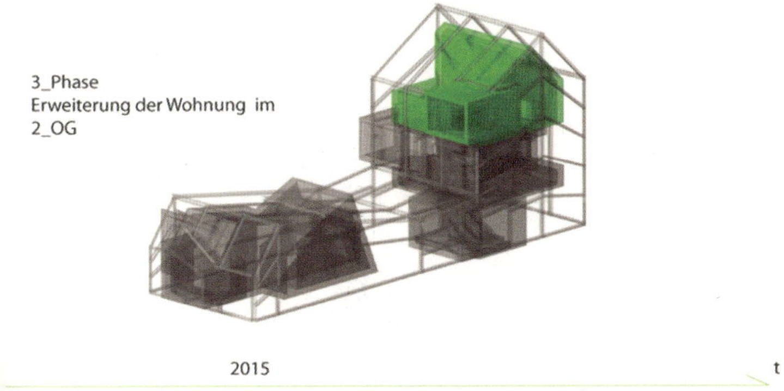

建设方案以及空间和建设要素的分解图。

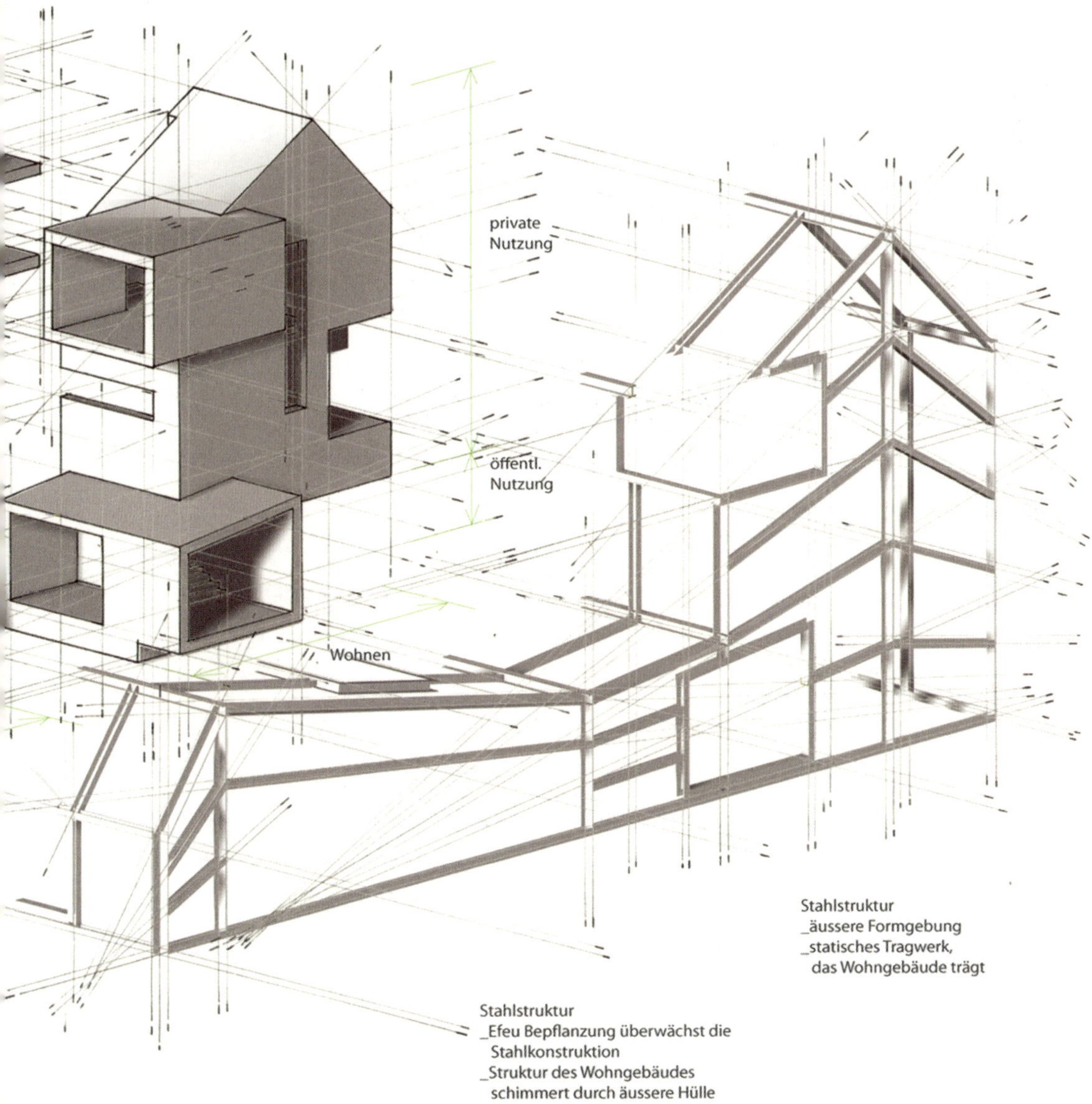

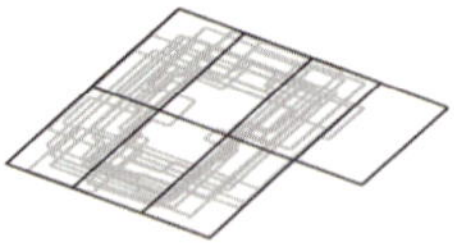

Mantellinien von verschiedenen normalen Wohnhäusern in Oetwil werden überlagert und in das Pixelgrundstück eingepasst. Das Selbe wird mit Schnitten, Fenster, Türen und Treppen gemacht.

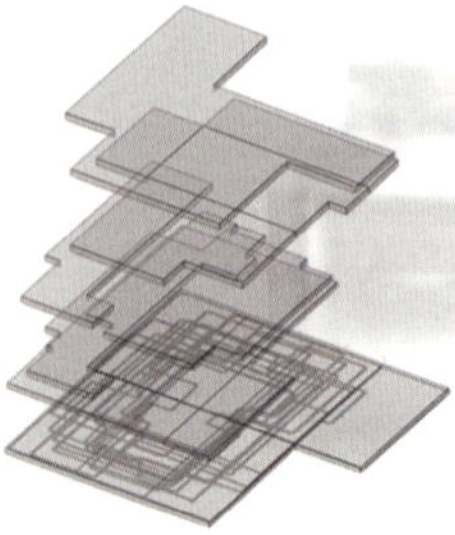

Die dadurch erhaltene Zeichnung der Mantellinien wird uminterpretiert und neue Formen für die Grundrisse der verschiedenen Stockwerke werden daraus entwickelt.

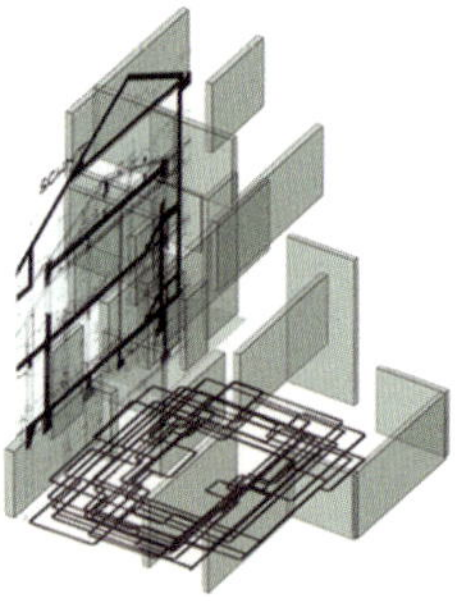

Die Wände werden mit Hilfe der Zeichnungen der Mantellinien und Querschnitten so platziert, dass bewohnbare Räume entstehen, deren Gesamtfläche der eines normalen Hauses entspricht.

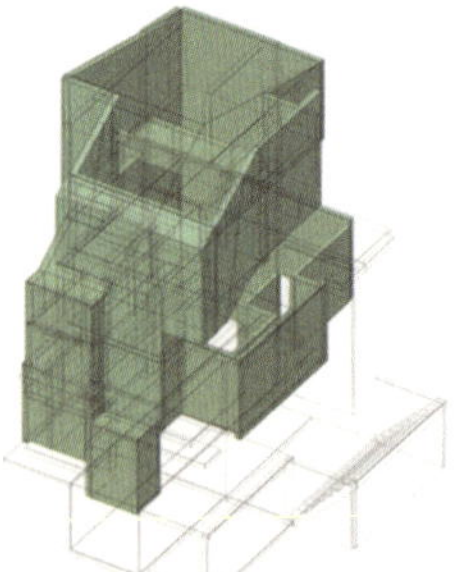

Die Hülle entsteht durch Miteinbezug der Querschnittsüberlagerungen der Dächer. Räume mit Rampen und Treppen entstehen.

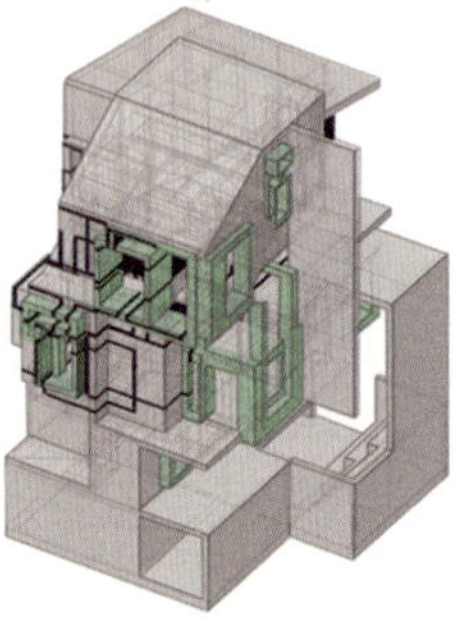

Überlagerungen von Fensterfassaden werden auf die Hülle projiziert. Die Projektionen werden als unterschiedlich tiefe Volumen verstanden, die die Hülle durchlöchern.

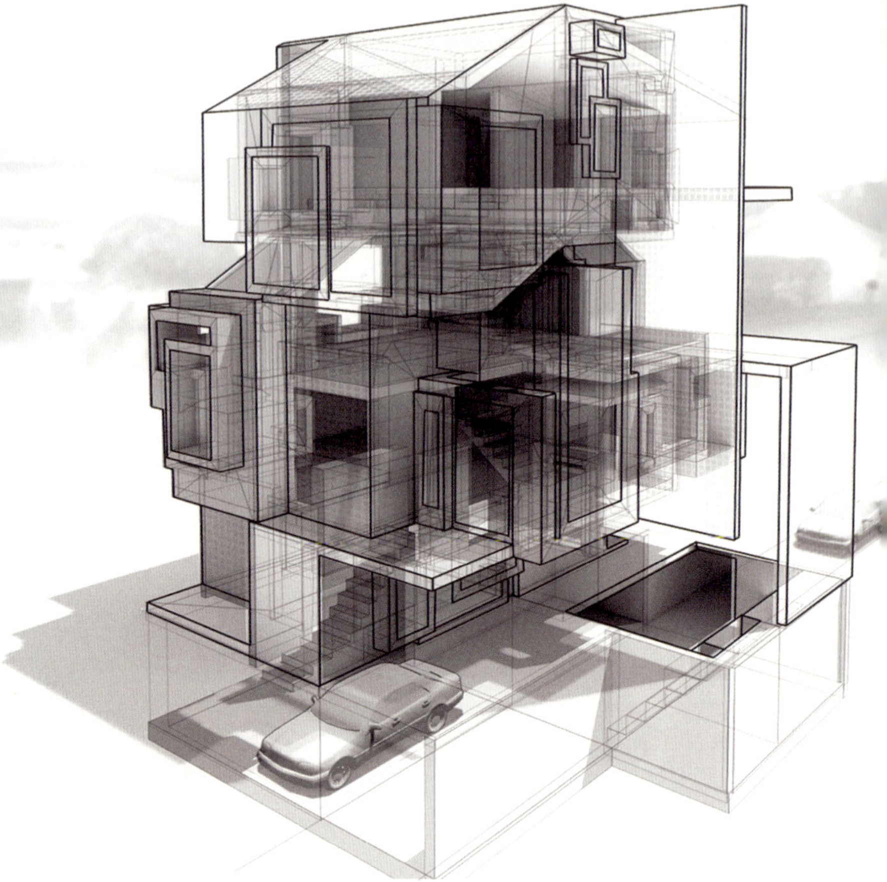

HyperNormal

Marcel Baumann / Esther Steube

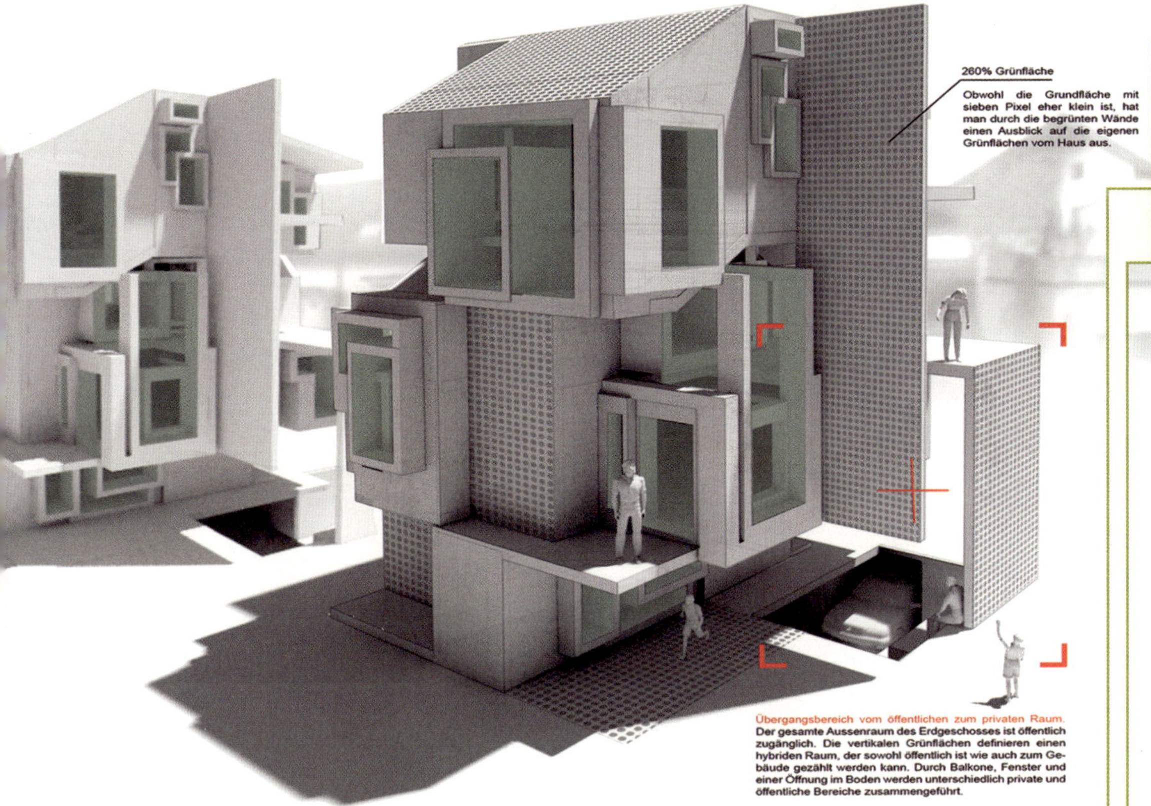

该项目将几种常态进行叠加来建立一个新的规范体系，而不是认为普通状态就是标准。该体系可以被看做是不同标准基于时间的相似之处。

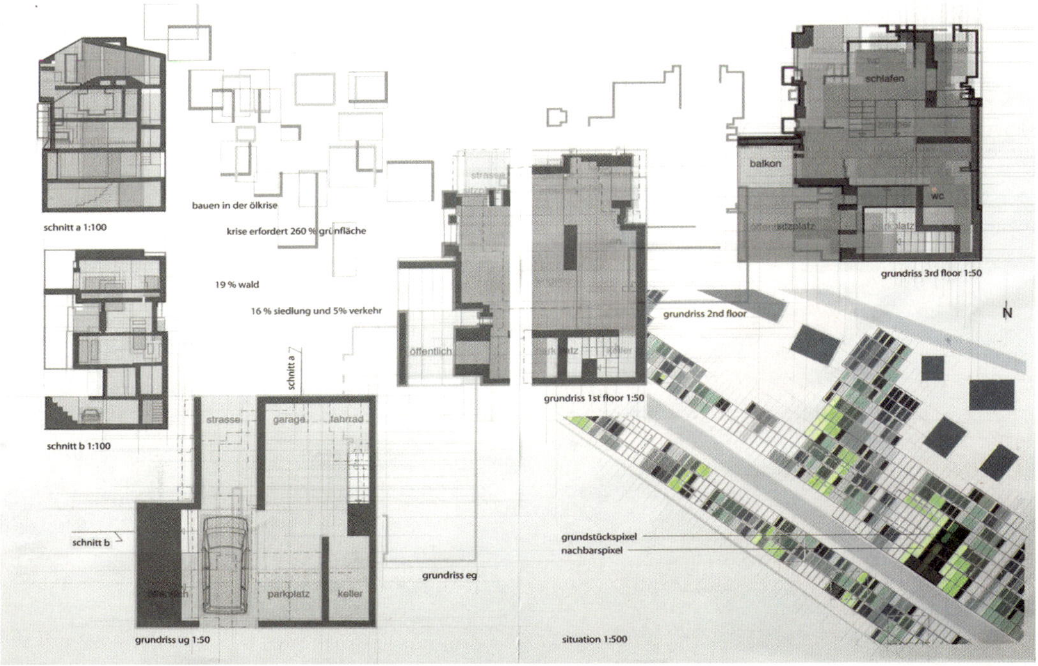

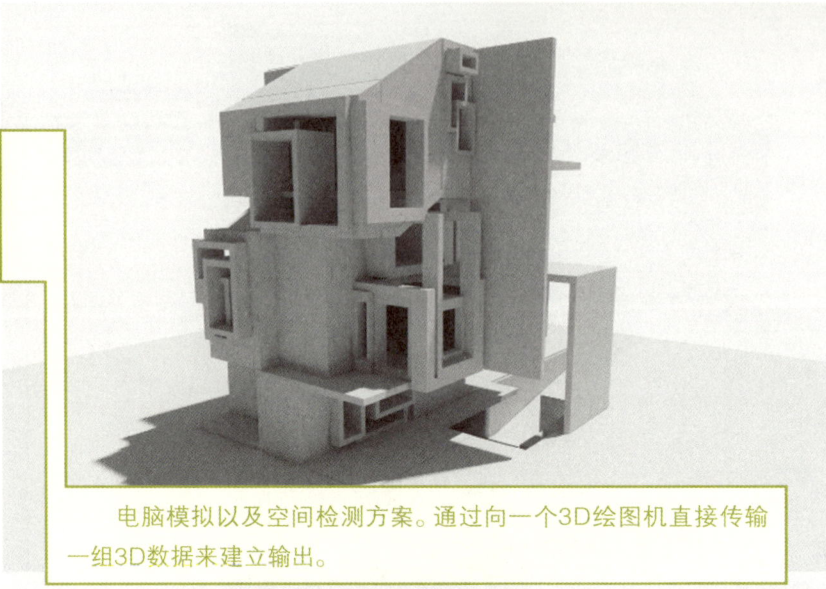

电脑模拟以及空间检测方案。通过向一个3D绘图机直接传输一组3D数据来建立输出。

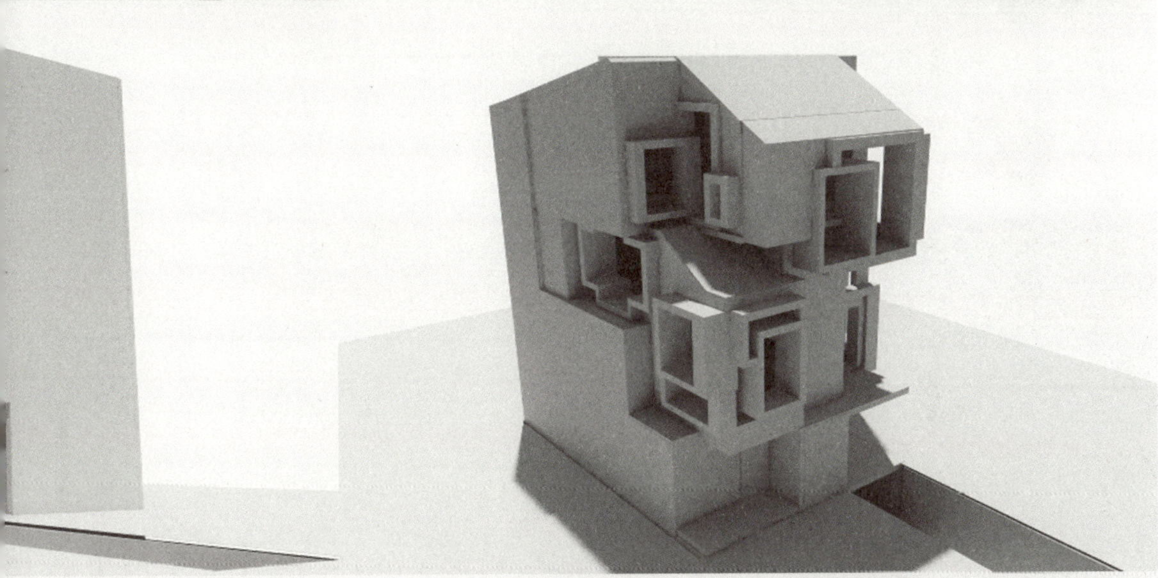

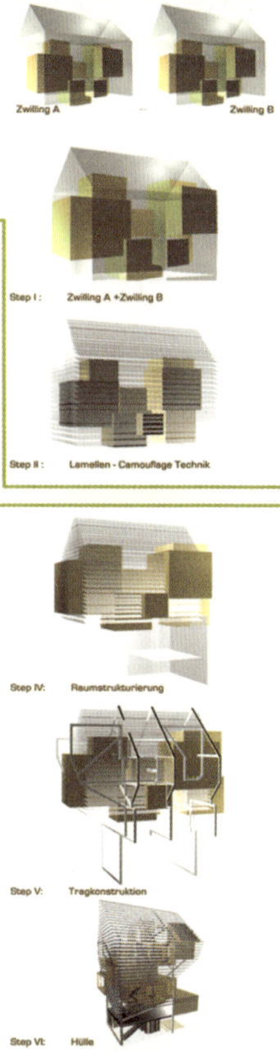

Take Two

Fojan Fahmi / Moritz Hörnle

因为要求将占地面积最小化，所以该项目设法将两个单个家庭住宅的功能综合在一个结构中，还采用了高度上限以起到监督邻居的作用。根据作者们的调查，高度上限作为一个社交和心理的因素似乎对周边地区有重要作用。

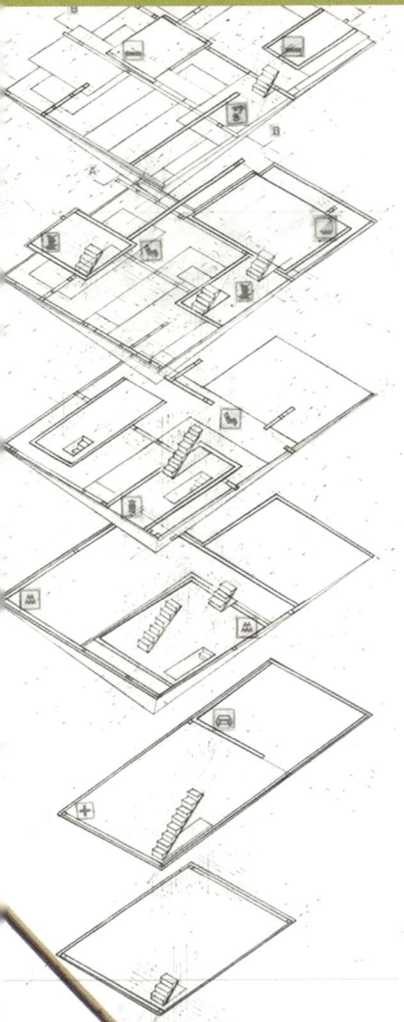

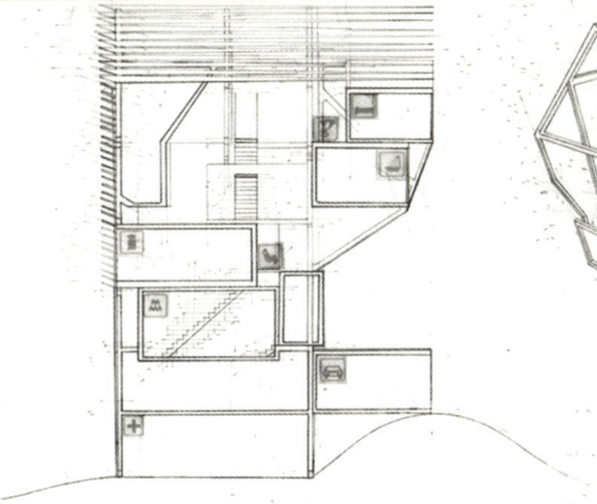

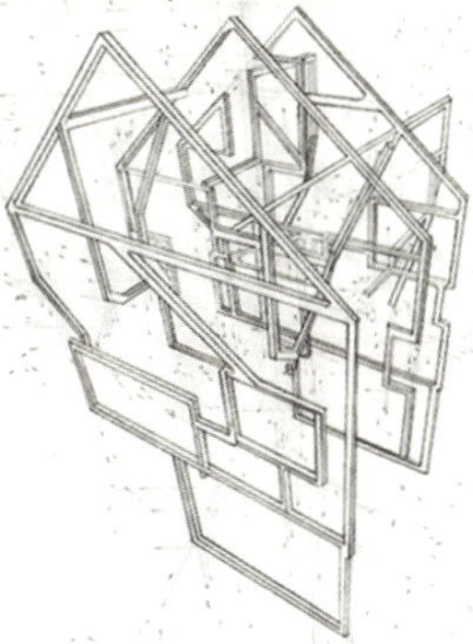

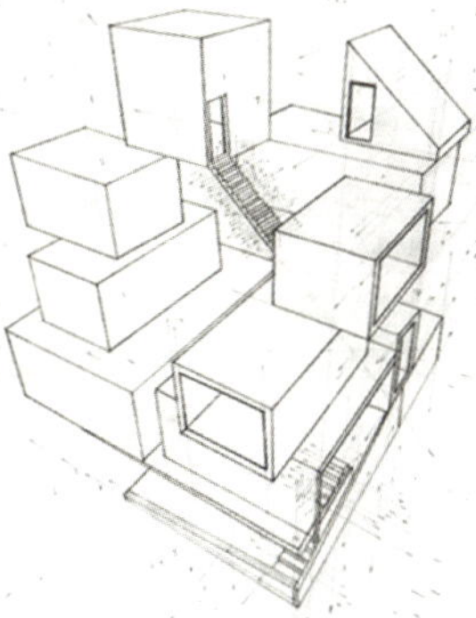
Raumkonstellation

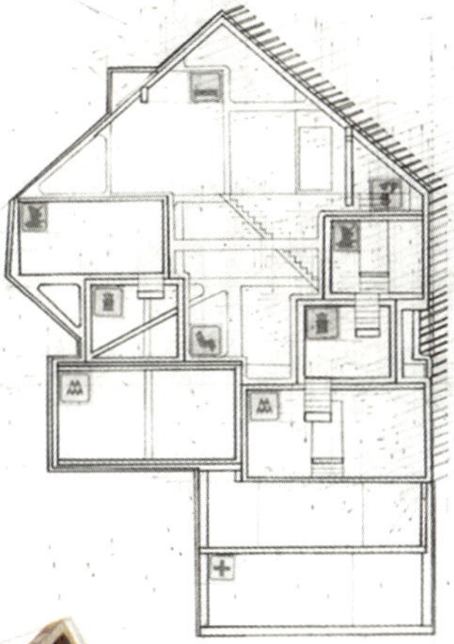

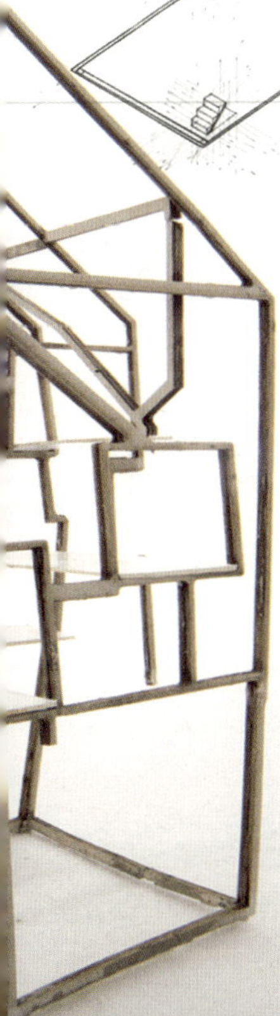

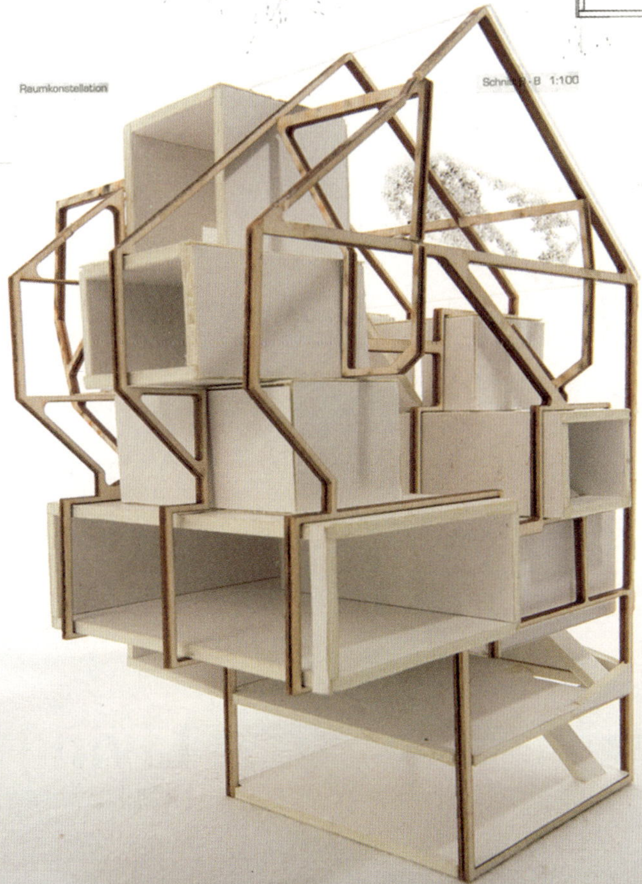

该项目从常见的诸如塑料桶、管材、钢质脚手架及其他建筑材料发展而来，而这些材料都可以从全球各地的“DIY”商店中找到，这就保证了现货供应，并意味着每个人都能负担得起。项目的形态来自于建筑物的外立面结构。该外立面由装着藻类的塑料桶构成，这些藻类吸收二氧化碳，意味着它可以通过光合作用提供电力。塑料桶结合了夜晚藻类发出的荧光被安装在一个脚手架上，这种方式扩展了公共空间内已知的体验领域，同时也提供了功能性延展。

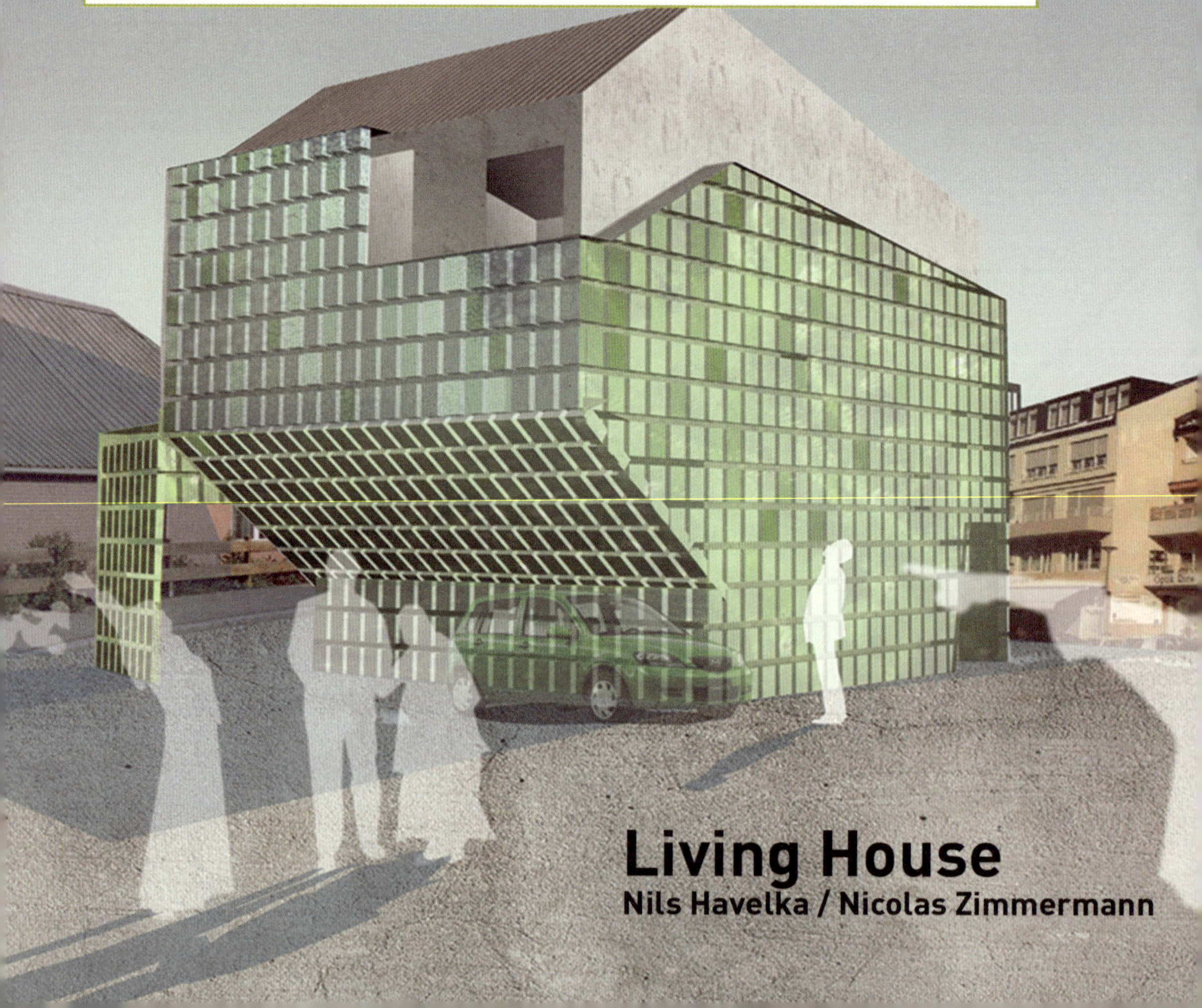

Living House

Nils Havelka / Nicolas Zimmermann

Fassadendetail 1
Stahlgerüst mit integrierten Sitzen und Erschliessung

Die Nordfassade wird als öffentlicher Raum gestaltet und enthält eingebaute Sitze, die zum verweilen einladen. Die Aussicht ermöglicht einen direkten Blick auf den Fassadenfernseher des Nachbarhauses.

Fassadendetail 2
Algenkanister

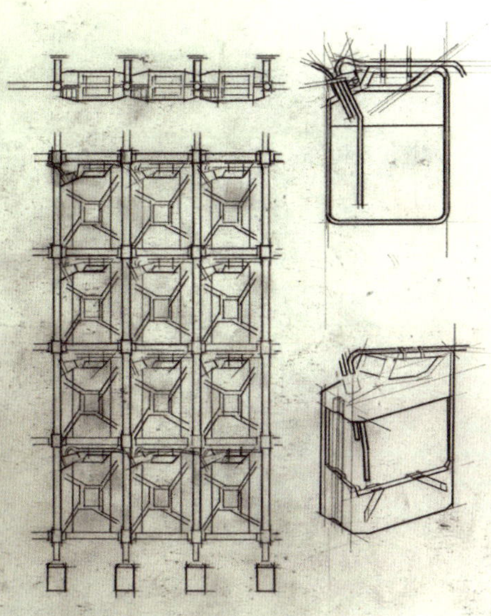

Die Gasemissionen der Heizung wird duch Schläuche in die Kanister gepumpt, wo sie zirkulieren und von den Algen gereinigt werden.

Die Hülle

Aufbau und Funk

Die Hülle des *LivingH* besteht aus einem St welches mit Algen Kanister trägt, die z zur filterung von Sch aus den Abgasen der Rapsölheizung und zur Ene giegewinnung dient; zum a deren soll sie, durch die flu riszierende Wirkung der Alge Nachts als Attraktor im Sin des öffentlichen Raums funkti niert.

An der Nordfassade wird d Hülle in ihrem Rhythmus u seiner Funktion transformiert Sie fungiert dort als öffentlich Fassade mit integrierten Sitz und erschliessung zur öffen chen Balkonlounge wo sie direkt Bezug auf die TV-Projetions- fläche des Nachbarhaus

Kern und Hülle

Privat und Öffentlich

Das Gebäude besteht aus einem Kern, der als zentralen Einschub das Treppenhaus enthält, und der Hülle, welche den Kern ummantelt.

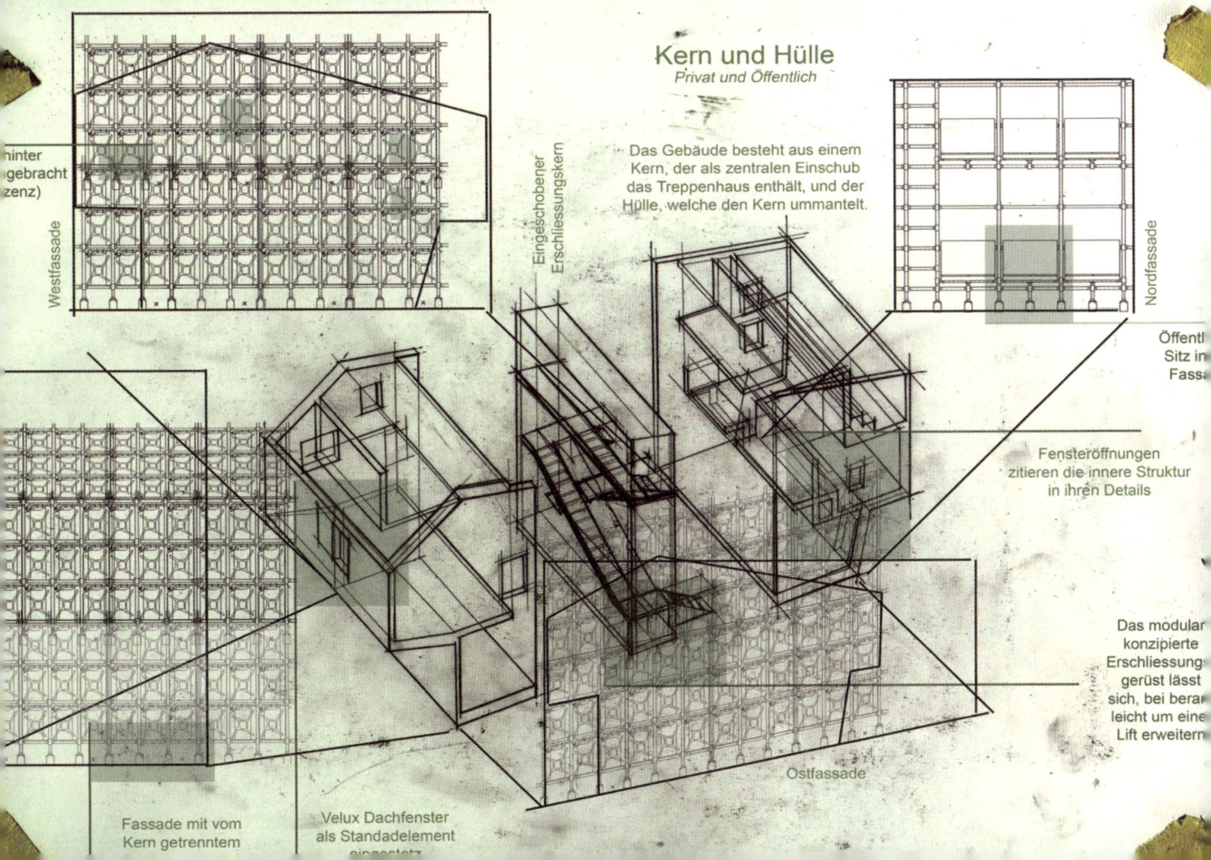

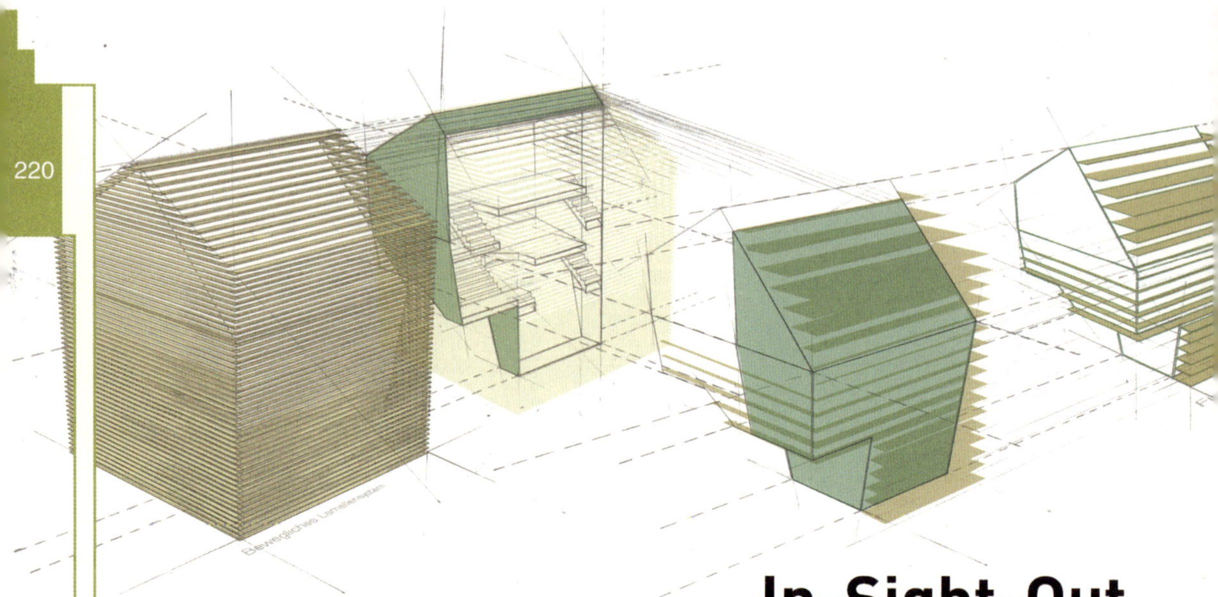

In-Sight-Out

Ariel Koechlin / Nicolas Rudin

由于地表空间价格昂贵，该项目在保持单个家庭住宅房屋周长不变的条件下实施了土地使用最小化战略。通过使用遮阳装置形成一种新型的中间空间，这种装置还可以模糊从外向内观察的视线。安装了太阳能电池的这些装置可以用来产生能量。

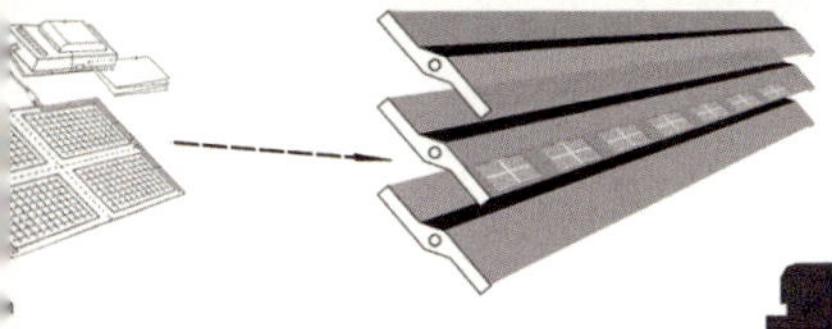

nk beweglicher Lamellen immer im

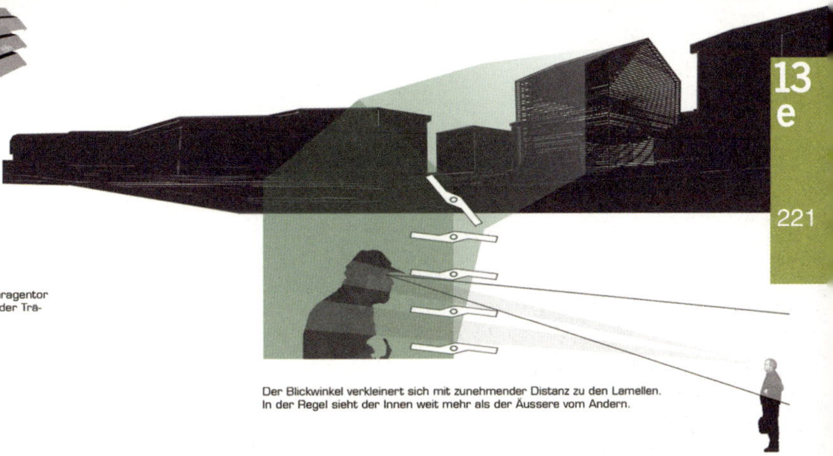

Der Blickwinkel verkleinert sich mit zunehmender Distanz zu den Lamellen.
In der Regel sieht der Innen weit mehr als der Äussere vom Andern.

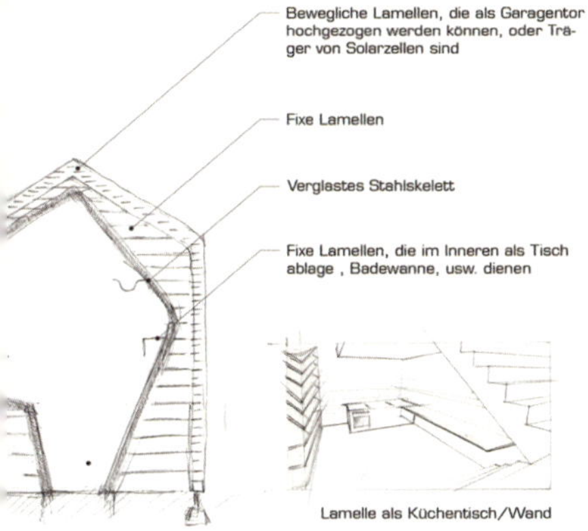

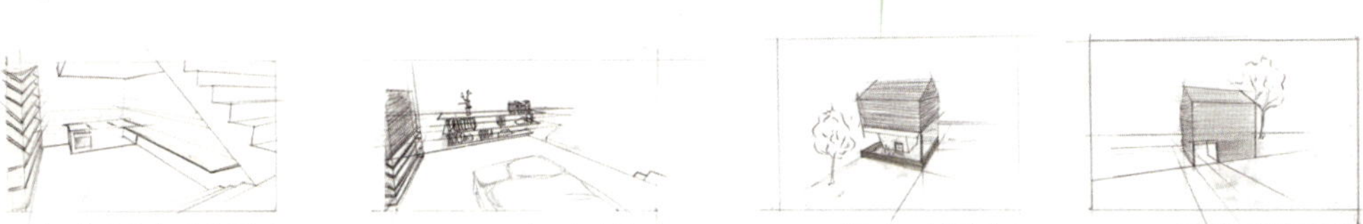

Lamelle als Küchentisch/Wand

Lamelle als Regal

Lamellen als Gartenhag

Lamellen als Garagentor

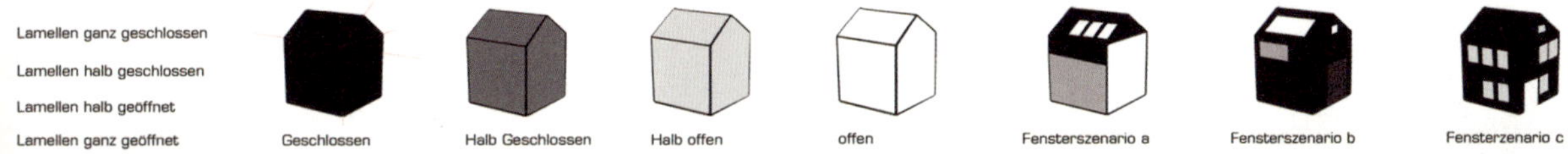

420
420
160
594
1400
701
105
A2 vertical
plans all levels 1:100
situation 1:500
hand drawing
hybrid drawing
A2 vertical
sections 1:100
hand drawing
hybrid drawing
models
title, concept, names 84x10.5
evolution drawing
computer drawing axonometric
perspectives
computer drawing
print / plot
84x40.4
10.5x70.1
postcard
A3 horizontal
hybrid drawing
computer and
hand drawn elements
print / plot reworked
A3 horizontal
architectural detail
1/1 - 1/10
model and / or drawing
160
420
420
840
LAYOUT FINAL REVIEWS

小组：Benjamin Theiler

指导教师：Benjamin Theiler
助教：Michael Hirschbichler

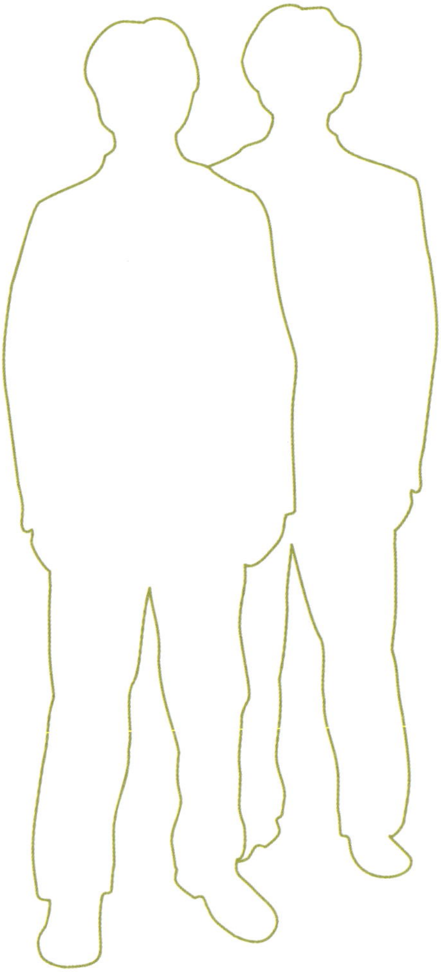

Kaspar Howald
Martin Caduff
Patrizia Roos
Noemi Engel
Mischa Trnka
Daniel Meurer
Myra Kamber
Sarah Siegrist
Olivia Bächtold
Hannah Jecker
Deborah Vetsch
Nina Ehrenbold
Malik Mantel
Steffen Hägele
Lars Inderbitzin
Michael Bienz
Toni Oberlin
Anna Ebneter
Chasper Padrutt
Andrea Buchmeier
Stefan Kindschi
Pascal Glatz
Fabiano Andina
Andrea Thöny
Anna Stoos
Dario Wohler

“城市集群化”这一命题指出应从更广阔的角度观察郊区这一主题。在初期阶段，研究的是解决空间问题的基本方法。这些方法的目的是克服郊区杂乱无章的扩张。

“AGGLOBALIZATION

“城市集群化”——“密集的郊区”对“都市扩张”城市周边地区可持续发展设计战略实验

CURRENT SITUATION
2,790 km²
6.8% of total area

Urban Sprawl 2006

© swisstopo

PROJECTION 2060
Enlargement of settlement area based on growing surface demand leading to more urban sprawl

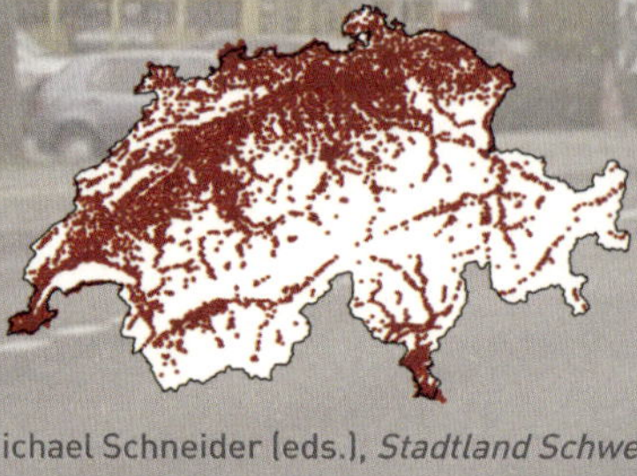

Projection Urban Sprawl 2060

Source: Angelus Eisinger and Michael Schneider (eds.), *Stadtland Schweiz*, Basel: Birkhäuser 2003.

背景

全球化进程导致城市集群的急剧发展，同时伴随有郊区无序扩张的问题。城市和郊区的差别变得越来越模糊，破坏了两个区域各自的特点，使得一片毫无特点的过渡区域在整个瑞士Mittelland地区蔓延开来。

- peripheral “denCity” vs. “urban sprawl”

瑞士在区域和功能上都紧密地交织于欧洲的心脏，是一个多核城市集群。与工作相关的行为及娱乐行为以及大部分居民日常生活中的价值观和标准证明，在今天这个城市、郊区和农村要素拼杂在一起的时代，“城市”和“乡村”这样的概念几乎无法定义三者的实质、社会和经济状况。这种之前存在的空间秩序的瓦解（也许该哀悼）成为瑞士解决聚居区发展的范例。资料来源：Angelus Eisinger and Michel Schneider (eds.), *Stadtland Schweiz*, Basel: Birkhäuser 2003.

命题

如果如图表显示的那样，到2060年时郊区无序的扩张增加一倍，那么必须要发展新的战略阻止这种趋势，或者至少提出新的方法来解决这一问题。例如，除了增加一倍“景观”地区来满足新增的居住问题外，可以设计一些规划限制。

实施

工作室探索了适合城市集群可持续发展的城市规划概念来遏制郊区蔓生。第二步，要开发以城市规划为逻辑概念的项目。

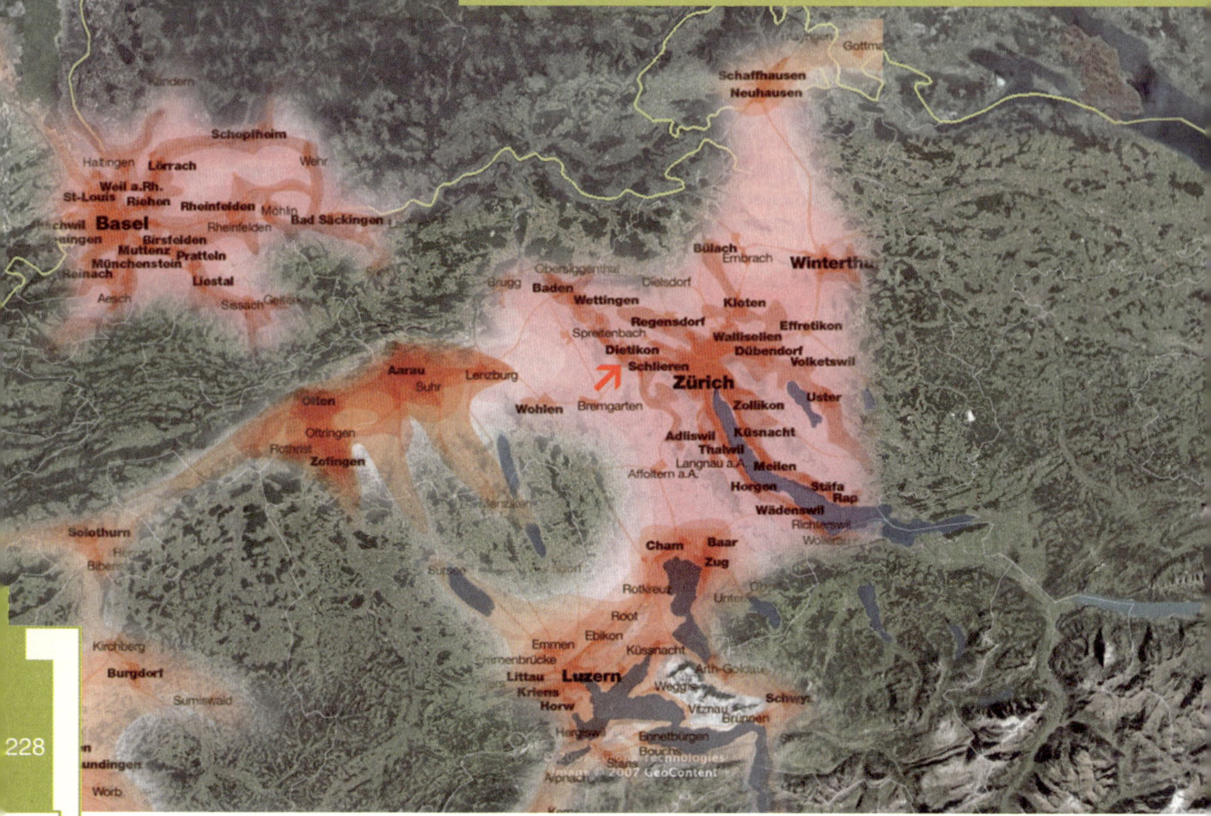

左上方：这是瑞士城市网络图，附卫星图

右上方：这是2007年时的旧的建筑中心（黄色）以及规划建设的区域（红色）

右下方：延伸开发的未来图景

资料来源：Eth Basel, Institut Der Gegenwart, *Die Schweiz, Ein Stadtebauliches Portrait*, Basel; BirkhäUser Verlag 2006 And Angelus Eisinger And Michael Schneider(Eds), *Stadtland Schweiz, Basel*; BirkhäUser 2003

在更广阔的背景下解读规划区域，图中显示出旧建筑区已经连成片，成为瑞士城市网络的一部分，被称做“Limmattal”，这是建立在线性城市的理念之上的。一个激励性方案展示了一种未来城市延伸发展的可能。

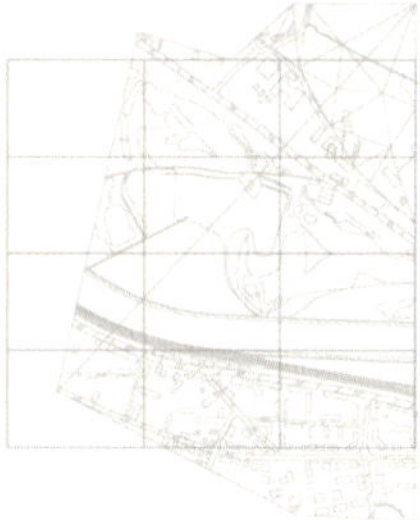

Dietikon, Switzerland

Dietikon, Switzerland

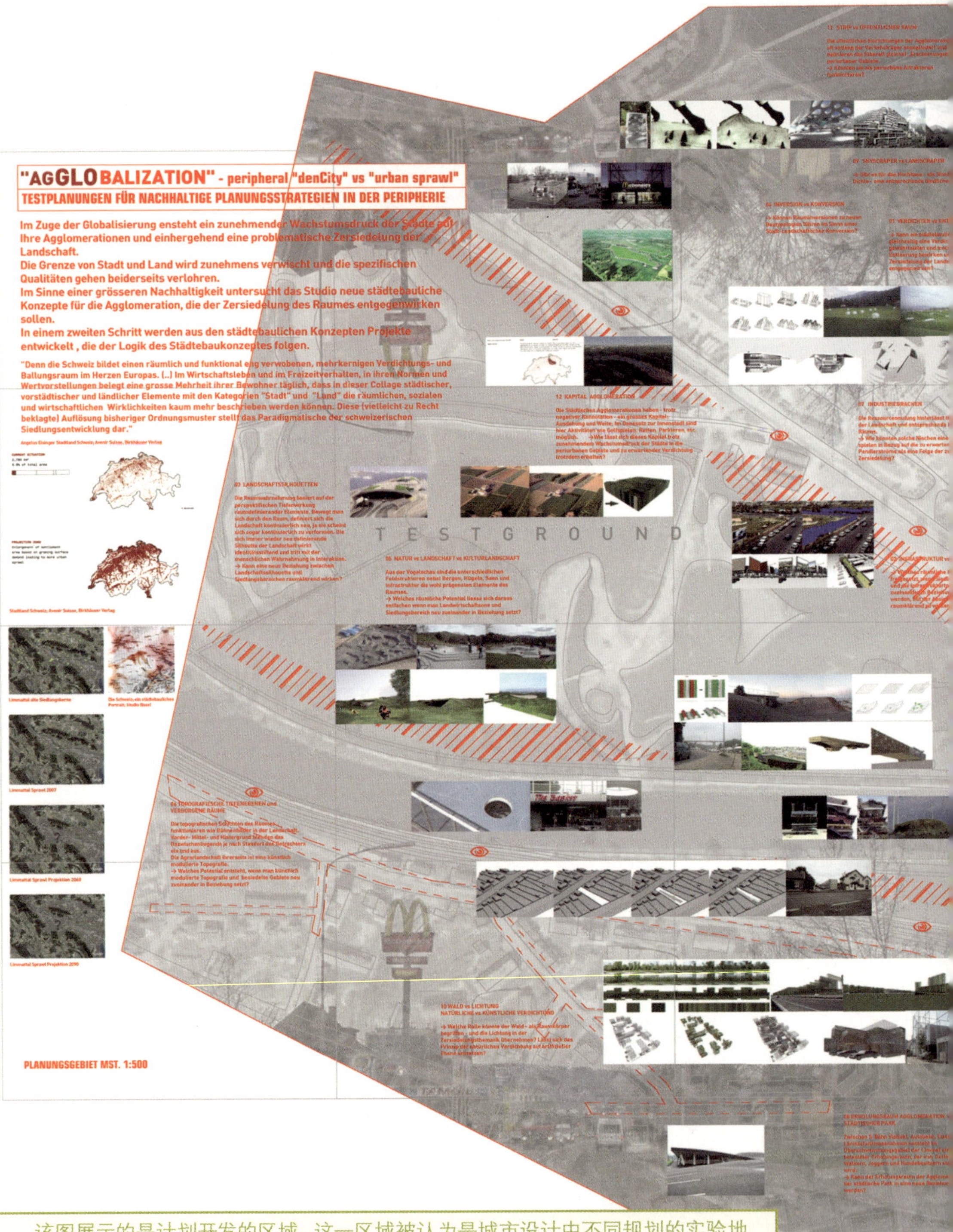

该图展示的是计划开发的区域。这一区域被认为是城市设计中不同规划的实验地，这些不同的规划在工作室里得到阐释和讨论。

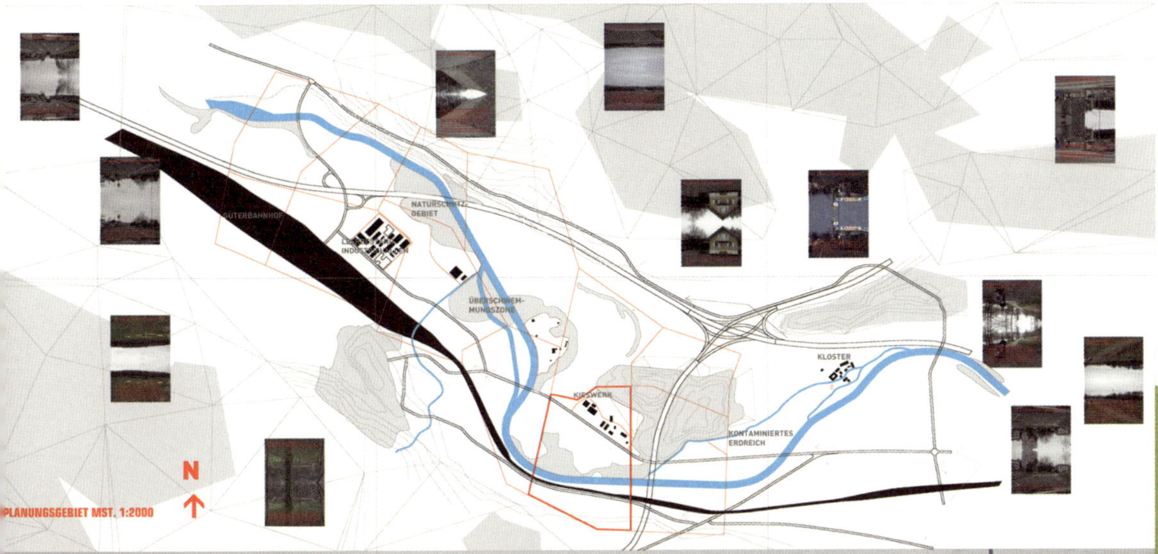
GÜTERBAHNHOF
NATURSCHUTZ-GEBIET
ÜBERSCHWEM-MUNGSZONE
KIESWERK
KLOSTER
KONTAMINIERTES ERDREICH
N
PLANUNGSGEBIET MST. 1:2000

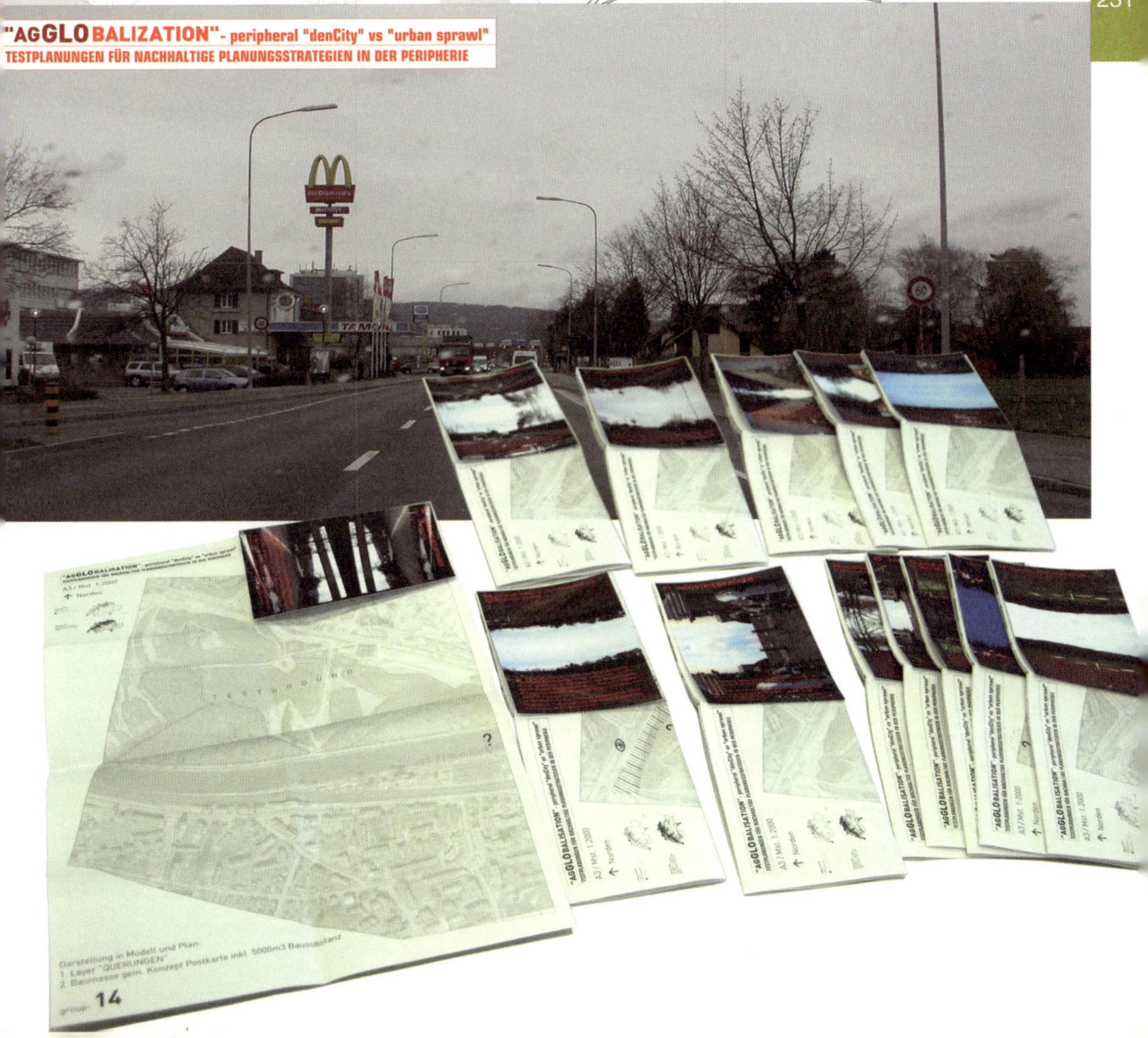
"AGGLOBALIZATION"- peripheral "denCity" vs "urban sprawl"
TESTPLANUNGEN FÜR NACHHALTIGE PLANUNGSSTRATEGIEN IN DER PERIPHERIE
McDonald's
A3 / Mst. 1:2000
Norden
Darstellung in Modell und Plan:
1. Layer "QUERUNGEN"
2. Baumasse gem. Konzept Postkarte inkl. 5000m3 Bausubstanz
group 14

空间问题——对城市规划的研究

01 紧凑vs.开阔空间

>城市规划的概念可否在保证紧凑的同时创造开阔的空间，从而打破郊区的无序扩张?

02 基础设施vs.居住区

>以清理空间为目的、在居住区和基础设施间建立起来的新的关系创造了怎样的空间潜力?

03 景观剪影

我们对空间的理解是建立在空间定义元素的透视深度效应的基础之上的。在这一空间中移动，景观不断变，重新定义自己。正是这恒久变化的剪影定义了景观本身以及它与人类感官的互动。

>景观剪影和居住区之间建立的新的关系能否起到清理空间的作用?

04 外在改变vs.内在改变

>空间的外在改变能否在建筑类型学上创造出城市和乡村内在改变的新定义?

05 自然景观vs.人造景观

鸟瞰大地时，最主要的空间元素除了大山、丘陵、湖泊和城市基础设施之外，就要数各种农田结构了。

>在农业区和居住区间建立的新的关系存在怎样的空间潜力?

06 地貌层及隐藏的空间

空间地貌好比舞台布景。前景、中央及背景根据观众的不同位置掩饰或是展现其间存在的一切。农业景本身就是一种人工雕凿的地貌。

>在人工雕凿的地貌和居住区之间建立的新的关系会带来怎样的空间潜力?

07 工业弃置土地

资源开采过后产生一块块弃置的工业用地，留给景观区一道深深的疤痕。

>人们认为通勤流是郊区无序扩张的结果，那么这些弃置地块在这一点上如何成为重要因素?

08 聚集区中的娱乐空间vs.城市公园

分布在通勤火车高架桥、高速公路、铁路线及声屏障之间的利马特河的漫滩，经常是高尔夫球手、越野走者、慢跑者和遛狗人首选的消遣娱乐之所。

>在聚居区中的娱乐空间与城市公园之间会有新的联系吗?

09 摩天大厦vs.低矮建筑

>乡村中是否有和城市高密度象征的摩天大厦类似的建筑?

10 森林vs.林间空地和自然vs.人工密度

>森林和林间空地作为空间元素，在扩张中起着怎样的作用?自然密度原则能在人工层面上实施吗?

11 沿街闹市vs.公共空间

聚集区中的公共设施经常沿着主要交通干线而建，从而定义了城市近郊区域（统一的）外观。

>这些区域能成为城市近郊的繁华地带吗?

12 聚居区的财富

尽管郊区聚居区有很多负面问题，但它有一笔重要的财富，那就是其广阔的地域，可以开展一些在城市心无法进行的活动，比如说打高尔夫球、骑马及停车等。

>在城市不断向近郊地区扩张带来密度增加的情况下，应如何维持这笔财富?

人们通过研究一系列的问题来了解计划开发区域的不同的方面，并期待获得确定的答案以揭示问题和获得解决问题的新途径。MVRDV的城市项目“超级苏黎世”是一个反扩张的例子。

Super-Zurich

Allowing greater density (based on higher FAR in building laws) in the agglomeration of Zurich in order to reduce tendencies of urban sprawl in the Swiss Mittelland: Would it be possible to foster Zurich's role as international metropolis with 2.5 million inhabitants (or more) and create sufficient critical mass for a competitive financial cluster?

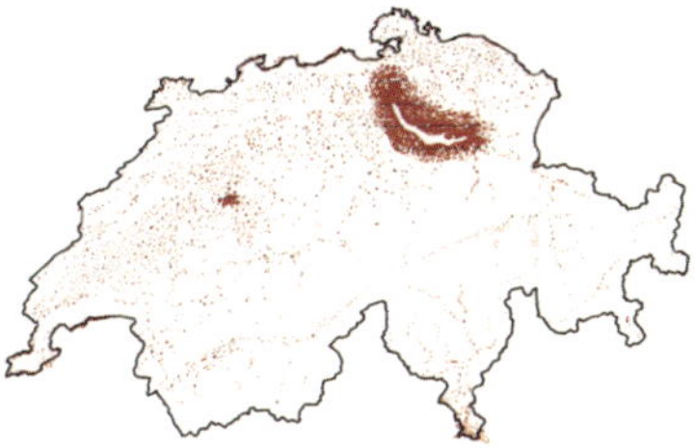

料来源：Angelus Eisinger and Michael Schneider (eds.), Stadtland Schweiz, Basel: Birkhäuser 2003.

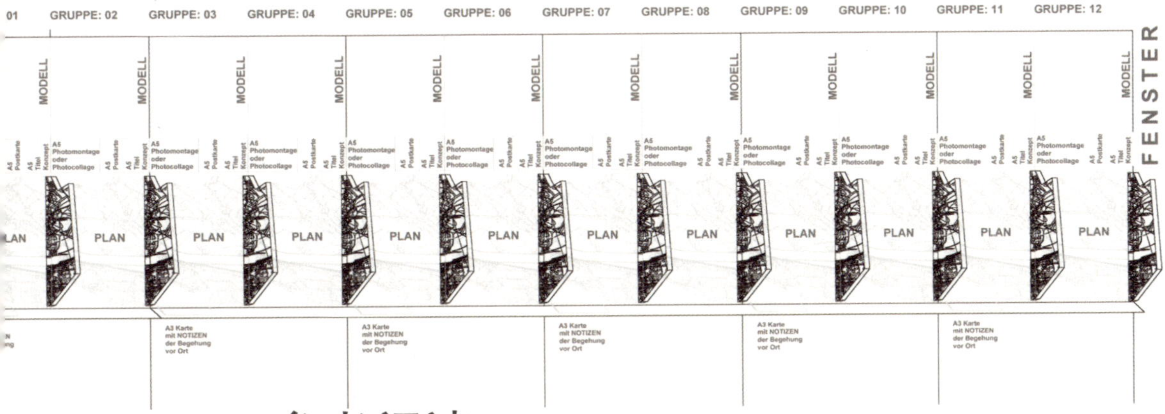

→ 参考阅读

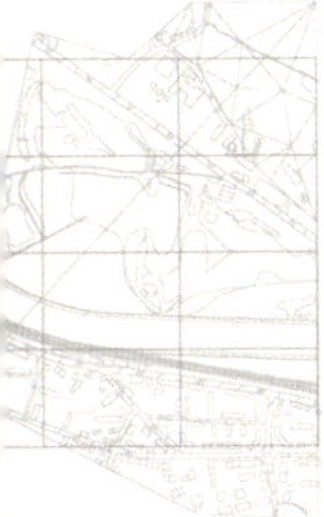

- Angelus Eisinger and Michael Schneider (eds.), "Einführung," in: *Stadtland Schweiz*, Basel: Birkhäuser 2003, pp. 6–35.
- Angelus Eisinger and Michael Schneider (eds.), "Lernen vom Limmattal," in: *Stadtland Schweiz*, Basel: Birkhäuser 2003, pp. 236–271.
- Aaron Betsky and Erik Adigard, "Sprawl," in: *Architecture must burn*, London: Thames & Hudson 1998.
- MVRDV interview by ARCH+, "Irgendwann muss man sich gegen Sprawl entscheiden," in: *ARCH+* (1999), no. 147, pp. 56–66.
- Joel Garreau, *Edge City. Life on the New Frontier*, New York: Doubleday 1991.
- Hans Frei, "Landart und Architektur. Vorschläge für den Umgang mit dem Ort," in: *NZZ* (7.12.1996), no. 286.
- Helmut Federle, "Von Kunst. Architektur," in: *tec21* (2002), no. 5, pp. 6–12.
- Kenneth Frampton, *Megaform as Urban Landscape. The 1999 Roul Lecture*, Michigan: TCAUP Publications 1999.
- John Kaliski, "Stadt der Automobilität. Ein Vergleich zwischen Europa und den USA," in: *ARCH+* (1999), no. 147, pp. 52–55.
- Kevin Lynch, Donald Appleyard and John R. Myer, chapter 1–3, *The View From the Road*, Cambridge/MA: MIT Press 1964, pp. 3–35.
- Rem Koolhaas, "The Generic City. Die Stadt ohne Eigenschaften," in: *ARCH+* (1996), no. 132, pp. 18–29.
- Rem Koolhaas, "Bigness or the Problem of Large. Bigness oder das Problem der Grösse," in: *ARCH+* (1996), no. 132, pp. 42–44.
- Umberto Eco, "Funktion und Zeichen. Semiotik der Architektur, Architektur und Kommunikation," in: *Einführung in die Semiotik*, München: Wilhelm Fink Verlag 1988, pp. 295–337, 352–356.
- Fritz Zollinger, "Bauzonenhandel könnte Land schonen," in: *tec21* (2006), no. 31–32, pp. 4–9.

现在可以通过叠加的方式来研究问题的不同层面。它们展现了相互关系、相似点和矛盾点。

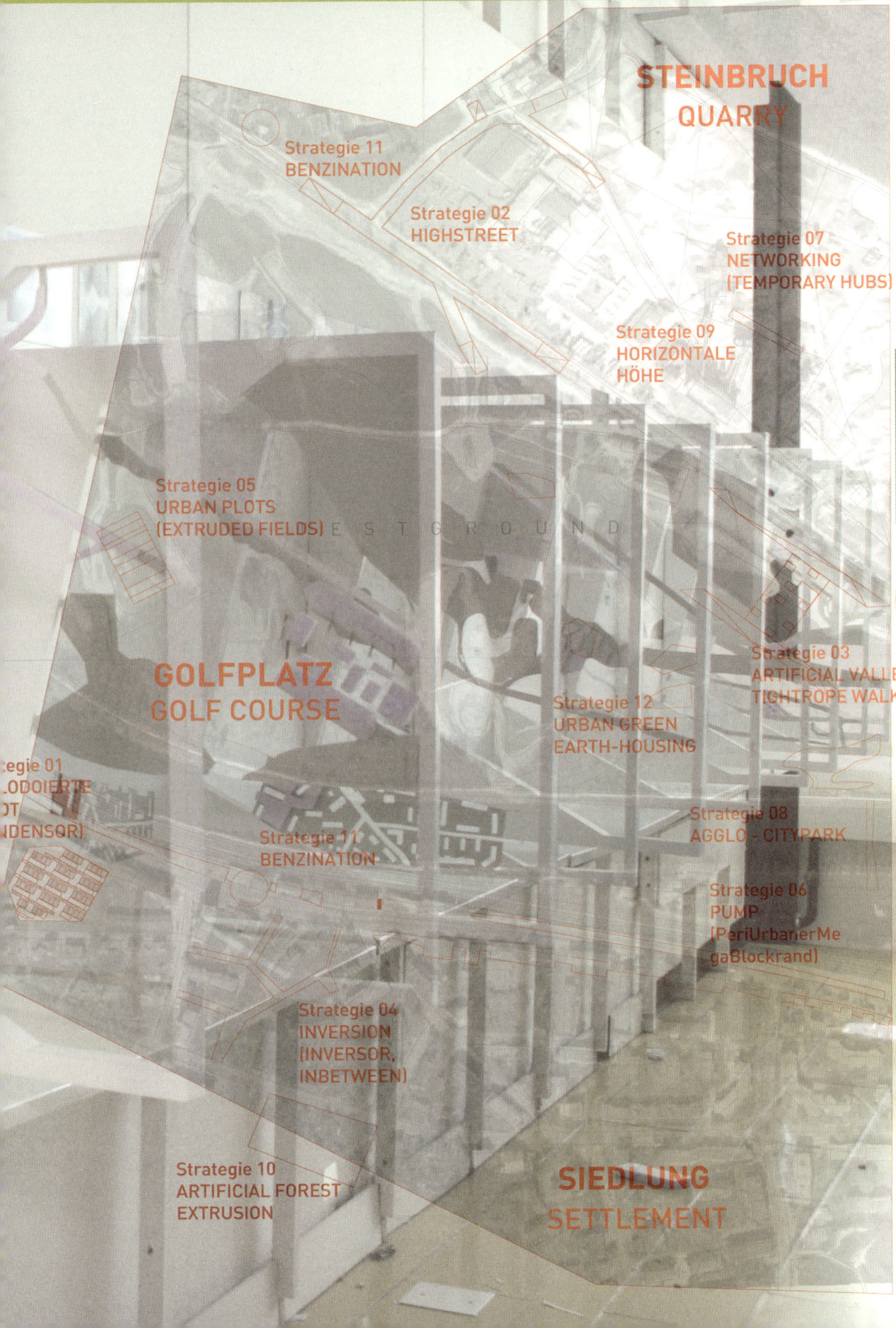
STEINBRUCH
QUARRY
Strategie 11
BENZINATION
Strategie 02
HIGHSTREET
Strategie 07
NETWORKING
(TEMPORARY HUBS)
Strategie 09
HORIZONTALE
HÖHE
Strategie 05
URBAN PLOTS
(EXTRUDED FIELDS)
E S T G R O U N D
GOLFPLATZ
GOLF COURSE
Strategie 03
ARTIFICIAL VALLEY
TIGHTROPE WALK
Strategie 12
URBAN GREEN
EARTH-HOUSING
tegie 01
LODOIERTE
OT
NDENSOR)
Strategie 11
BENZINATION
Strategie 08
AGGLO - CITYPARK
Strategie 06
PUMP
(PeriUrbanerMe
gaBlockrand)
Strategie 04
INVERSION
(INVERSOR,
INBETWEEN)
Strategie 10
ARTIFICIAL FOREST
EXTRUSION
SIEDLUNG
SETTLEMENT

学生们的城市设计项目被命名为2×2 exCityX。城市主题将在以下几页中得到阐释。

2X2

exCityX?

学生们的城市命题

我们的工作室想要影响当前的建筑区和基础设施开发，通过这种方法可以为之前毫无特点的城市X提供个性。如表格所示，如果郊区面积至2060年时增加一倍的话，那么就必须有新的策略来应对这一问题。例如，规划方面的限制需要两倍的景观区面积（2×2）。

这可能会有利于建立一个新的城市框架：ex*CityX*。

我们工作室设计这12个实验项目旨在激发和催生建设性对话。在以下几页将会对不同方法进行对比。

地图>层次化的规划展示了对这一地区的分析和建议进行的干预。

网址>http://www.agglobalisation.ch.vu/城市设计项目被公布在互联网上，访问者可以查看每个项目并且通过电子地图浏览。

小册子>小册子解释了exCityX蕴涵的主题，介绍了12种城市设计项目的建议。小册子还包含一张有电子数据和地图的CD光盘。

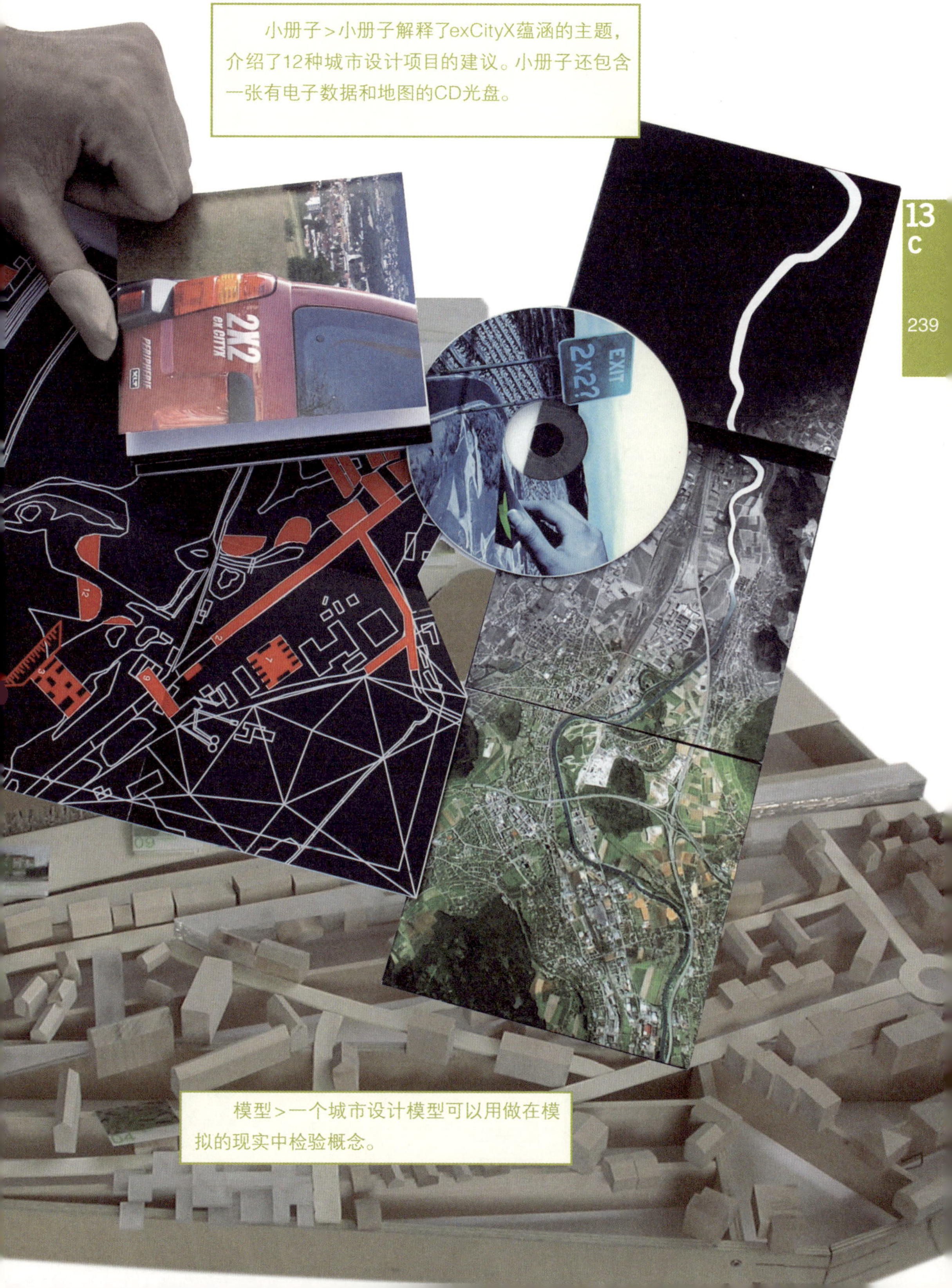

模型>一个城市设计模型可以用做在模拟的现实中检验概念。

Benjamin Theiler 小组

01

condenser

densifying vs. depleting
can densification in one area result in depletion in another?

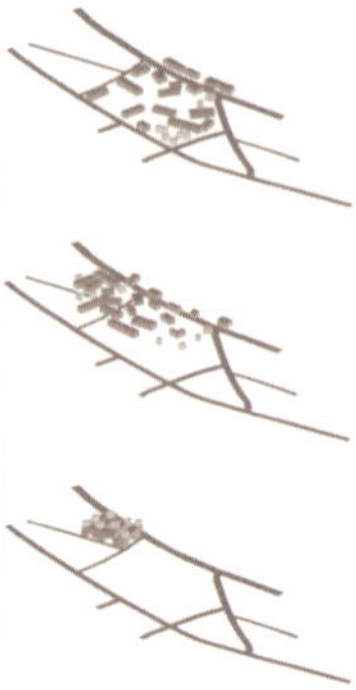

<u>Research:</u>
Der Trend der Einfamilienhäuser ist ein entscheidender Faktor für Bodenverbrauch und Zersiedelung.
1991-2002: Gesamtschweizerisch wurden ca. 1/3 aller Wohnungen als Einfamilienhäuser erstellt.
1995-1999: Der Anteil frei stehender Einfamilienhäuser liegt bei ca. 50%.
1999-2002: Erhöhung Anteil frei stehender Einfamilienhäuser auf 63%.

<u>Konzept/Planungsstrategie:</u>
Die Tendenz zu immer mehr Einfamilienhäuser und allein stehenden Bauten führt zu einem immensem Flächenverbrauch bei geringer Flächenausnützung. Würde man diese Objekte an mehreren Orten konzentrieren und in einem Gefüge verdichten, könnte man gegen die steigende Zahl Wohnungs- und Gewerbebauten den Freiraum vergrössern.

Die innere Struktur der einzelnen Kondensatoren wird anhand der Verteilung der einzelnen Nutzungszonen zugeordnet und mithilfe von Parametern organisiert. Diese sind Lichteinfall, Lärm und Erschliessung.

05

urban plot

nature vs. landscape

02

highline

infrastructure vs. settlement
what potential can be seen in clarifying the boundaries between settlements and infrastructures?

<u>Research:</u>
Die vorhandenen Infrastrukturen werden durch das ständig wachsende Verkehrsaufkommen in naher Zukunft kollabieren. Auch durch Ausbau des Strassennetzes wird der zusätzliche Verkehr nur schwer zu bewältigen sein, da Ausbauten kaum mehr möglich sind. Da ein Ausbau der Autobahn im Kompetenzbereich des Bundes liegt, versuchen die Gemeinden in Zusammenarbeit mit den Kantonen (Zürich/Aarau) das Problem in eigener Kompetenz zu lösen, indem sie Kantonsstrassen planen, die parallel zur Autobahn verlaufen sollen.

<u>Konzept/Planungsstrategie:</u>
Die Strategie „HighStreet" schlägt nun vor, die „Strasse" neu zu interpretieren: Sie soll sowohl Infrastruktur wie auch Auffangbecken zusätzlicher Siedlungsstruktur sein. Dabei wird die Strasse oberhalb der Häuser durchgeführt, wobei ein Wahrnehmungsphänomen entsteht, bei dem weder von der Strasse die Gebäude sichtbar sind, noch von den Gebäuden die Strasse.

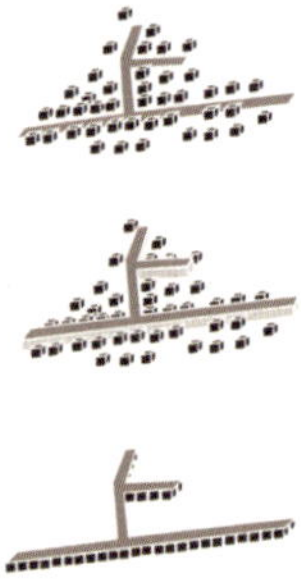

06

der p

topograph
verborgen
was für p
zwischen
und besie

03

artificial valley

landcape silhouette
how can a spatial clarification be established between settlements and landscape silhouettes?

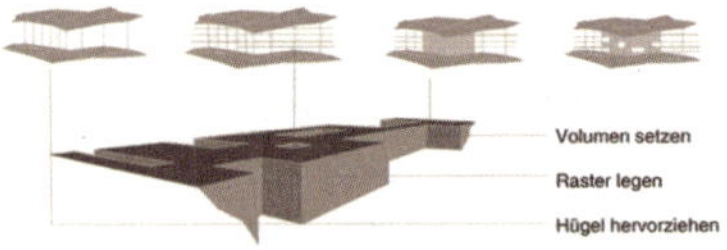

<u>Research:</u>
Aufschüttungen an Hauptverkehrsträgern dienen der Lärmabschottung und der beeinträchtigten Sicht auf das Dahinterliegende. Ausgehend von der Verdoppelung der Siedlungsfläche bis 2060 versucht das Projekt Siedlungen dort unterzubringen, wo sie von den Hauptverkehrsträgern aus nicht gesehen werden können.

<u>Konzept/Planungsstrategie: PeriUrbanerMegaBlock</u>
Durch eine künstlich geschaffene Topografie wird die architektonische Raumwirkung immer wieder neu wahrgenommen. Die neu strukturierte Siedlungsfläche fügt sich so besser in die Landschaft ein.

07

temporary

industrial wasteland
can existing spatial
for growing commut

04

inversion

inversion vs. conversion
can spatial inversions result in new building typologies and lead to a new urban landscape?

<u>Research:</u>
Die Gemeinden der Zürcher Agglomeration haben in den letzen Jahren ihr Bauland beinahe vollständig verkauft.
Um den Siedlungsdruck der Innenstädte aufnehmen zu können, bleiben ihnen zwei Möglichkeiten:
Eine Umzonung von Landwirtschaftsfläche in Bauland oder eine Verdichtung des Bestandes.

<u>Konzept/Planungsstrategie:</u>
Aufgrund unkontrolliertem Bauen ist das Land in der Vergangenheit oft weder sinnvoll noch ökonomisch genutzt worden. Wir wollen dem entgegen wirken und anstatt kostbare Neufläche zu verbrauchen, die dead interspaces zwischen bestehenden Bauten sinnvoll nutzen.

08

agglo city

periphery recreation
can a new periphera
existing city parks f

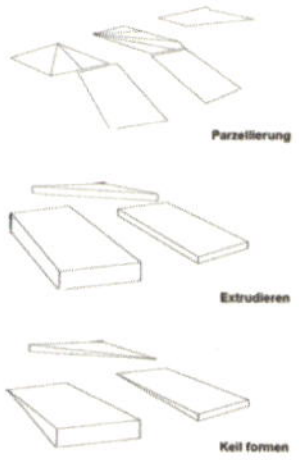

09 connection

skyscraper vs. landscraper

Research:
Die Zeit des Wirtschaftswachstums wurde auch die Zeit der Hochhäuser. Von den 50er bis in die 70er Jahre nahm die Zahl pro Jahr gebauter Hochhäuser in Zürich weitgehend parallel zu den Wachstumsraten der Wirtschaft zu. Es entstand eine enge Verbundenheit zwischen dem Hochhaus und der Vorstellung von Fortschritt und Modernisierung, wobei Hochhäuser nicht bloss Symbol des Fortschritts, sondern mit ihren technischen Errungenschaften eben selbst Teil dieses Fortschritts waren.

Konzept/Planunsstrategie:
Als Analogie zum Hochhaus suchten wir für das Areal ein ähnlich ausdrucksstarkes Synonym für die Peripherie – den Landscraper. Das untersuchte Gebiet lässt sich in die separierten Großzonen Wohnen – Erholung – Arbeiten zusammenfassen. Dies versuchen wir zu durchbrechen indem wir die drei Bereiche in die Horizontale in- und übereinander ziehen. Umso wichtiger ist es, die Landschaft als Zone mit auszuprägen, damit sich diese mit der Wohnfläche ebenfalls vergrößert. Das Überlagern der Zonen ermöglicht eine überraschende Abfolge, die einer gewachsenen Struktur ähnelt und individuelle Zwischenräume erlaubt, gegenüber einer klassischen Rasterstruktur. Städtisches Suchen, Entdecken und Erkunden in der Peripheriestruktur.

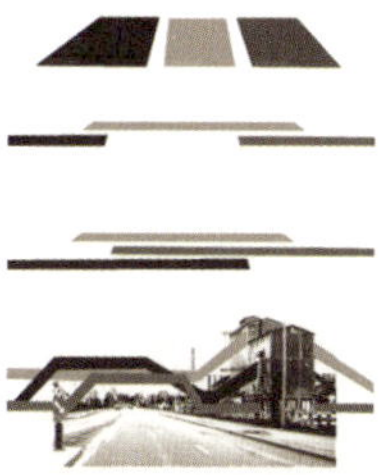

ondenser

nsifying vs. depleting
n a densification in one area
sult in a depletion in another?

Research:
The growing hunger towards single-family houses is one of the main reasons behind the urban sprawl. Between 1991 and 2002, almost one third of all building activities in Switzerland were due to those single house structures. This number grew between 1995 and 1999 to reach 50%, and 63% by 2002.

Concept:
The tendency to more and more autonomous units results in higher land use with a very low density structure. If one could concentrate those objects in highly dense areas, the public realm could be recharged. The inner structures of those condensers would need a very sensitive programmatic layout, especially in terms of light, noise and infrastructural elements.

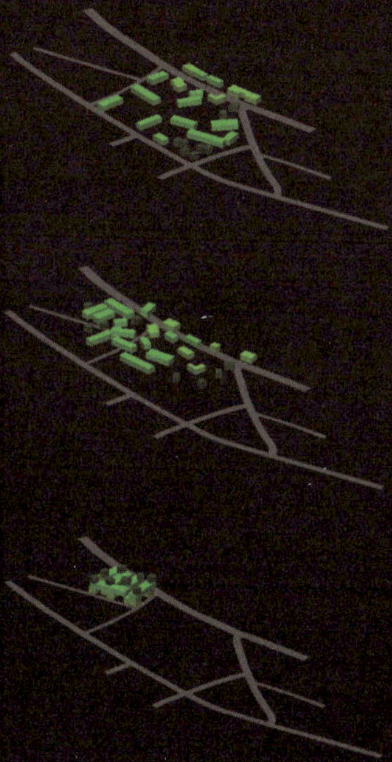

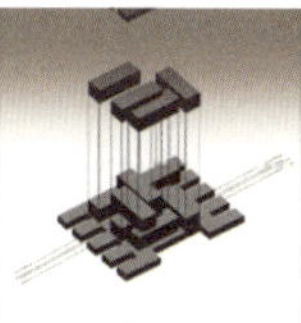

Quellen: Die eigenschaftslose Stadt, Rem Koolhaas

11 strip vs. public space

can public instituitions along the infrastructures play a role as peri-urban attractors?

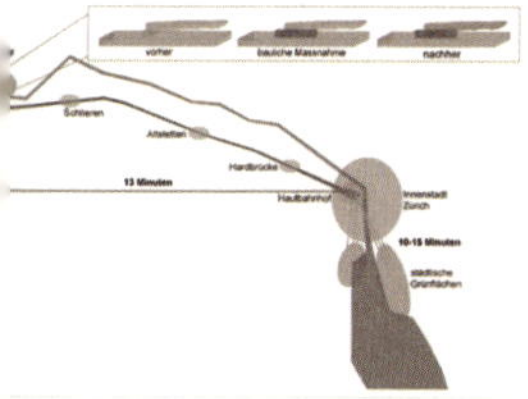

12 ug – urban green

agglomeration resource
can one protect the resources of the agglomeration?

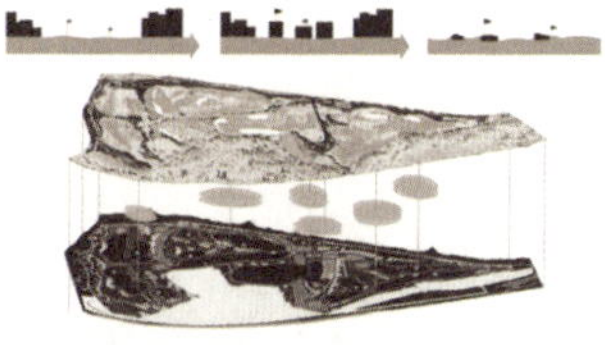

Research:
Wie Rem Koolhaas im Text "die eigenschaftslose Stadt" schreibt, wissen Golfplätze einer Stadt Identität zu verleihen. Sie seien "alles was vom anderssein übrig geblieben ist".
Der Golfkurs Unterengstringen ist eine Oase in mitten der monotonen Agglomerationsatmosphäre Dietikons. Ironischerweise bietet aber dieser grüne Fleck weder Wohnmöglichkeiten, noch eine Zufluchts- und Entspannungszone für die Anwohner der Gegend, sondern ist er eine Art Sperrgebiet für all jene, welche dieser Sportart nicht nachkommen können oder wollen.
Hinzu kommt, dass eine Verdoppelung der Siedlungsfläche bis im Jahr 2060 zu erwarten ist und somit der Golfplatz in naher Zukunft den bekannten Massenbauten Platzzumachen hat.

Konzept/Planungsstrategie:
Das Ziel des Projekts UG ist es, den Golfkurs als notwendige Abwechslung zum monotonen Peripherieflair zu respektieren, diesen aber mit dem kommerziellen Wohnen zu vereinen.
Das Golfspiel gibt seinerseits die möglichen Bauplätze, durch die "blinden Winkel" die jede Bahn wirft, für die einzelnen Häuser vor. Auf der anderen Seite dürfen die Bauten das Spiel nicht beeinflussen und sind daher als Teil des Golfplatzes, sprich als Hügel entworfen. Die so genannten Blinden Winkel sind bei einem Golfplatz am hinteren Ende des Grüns und seitlich entlang der Bahn, gegen das Out hin zu finden.

Dieses Konzept ermöglicht eine parallele Existenz der zwei sich normalerweise gegenseitig ausschliessenden Faktoren. Auf einem Neunloch-
Platz, wie er in Dietikon zu finden ist, können auf diese weise bis 18 Erdhäuser generiert werden.

这是城市项目ex*CityX*的地图。在六周的时间里，学生们从城市方案和已开发的普通城区的建筑项目中进行研究探索。以下项目将会进行细节展示：

>01.冷凝器

>02.城市周边大型建筑群（PUMB）

>03. 最小的、最大的

>04. 临时枢纽

04
03
temporary hubs
02 highstreet
minimalmaximal
projekte
verdichtungs-isobaren der bebauung inkl. projekte
verdichtungs-isobaren der bebauung
Agglo is ugly · Die Ästhetik des Hässlichen
infrastruktur
wald
gewässer
terrain

冷凝器

Andrea Thöny/Fabiano Andina

基于旨在使本地区致密化以使其他地区获得开阔空间的城市项目，这个小范围项目的中心思想是增加所谓未规划空间的密度。

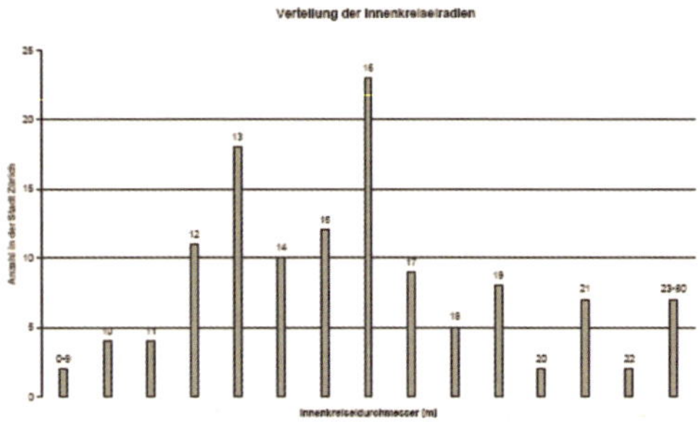

在苏黎世的Canton有127个环岛。它们的总面积为6 466 m²，这是一片还未使用的大面积城市区域。一个环岛只需要一个普通的道路交叉点，但是中心岛极具密集化潜力。

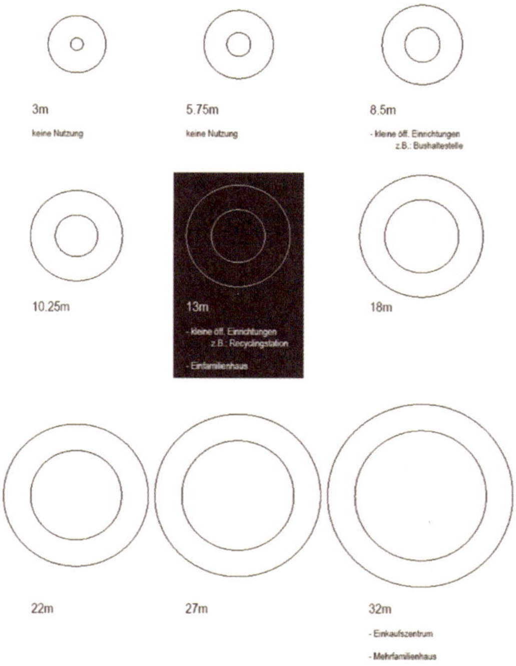

对于正在进行的项目，环岛的直径大约有10 m，但是可以根据不同规模的环路来调整直径，在未来创造出经过重建的道路枢纽网络。

Erdgeschoss Mst. 1:100
1. Obergeschoss Mst. 1:100
2. Obergeschoss Mst. 1:100
Dachgeschoss Mst. 1:100
Legende
a: Garage
b: Recyclingsta
c: Essen
d: Kochen
e: Abstellraum
f: WC
g: Wohnen
h: Bad
i: Schlafen
j: Schlafen
k: Dachterasse

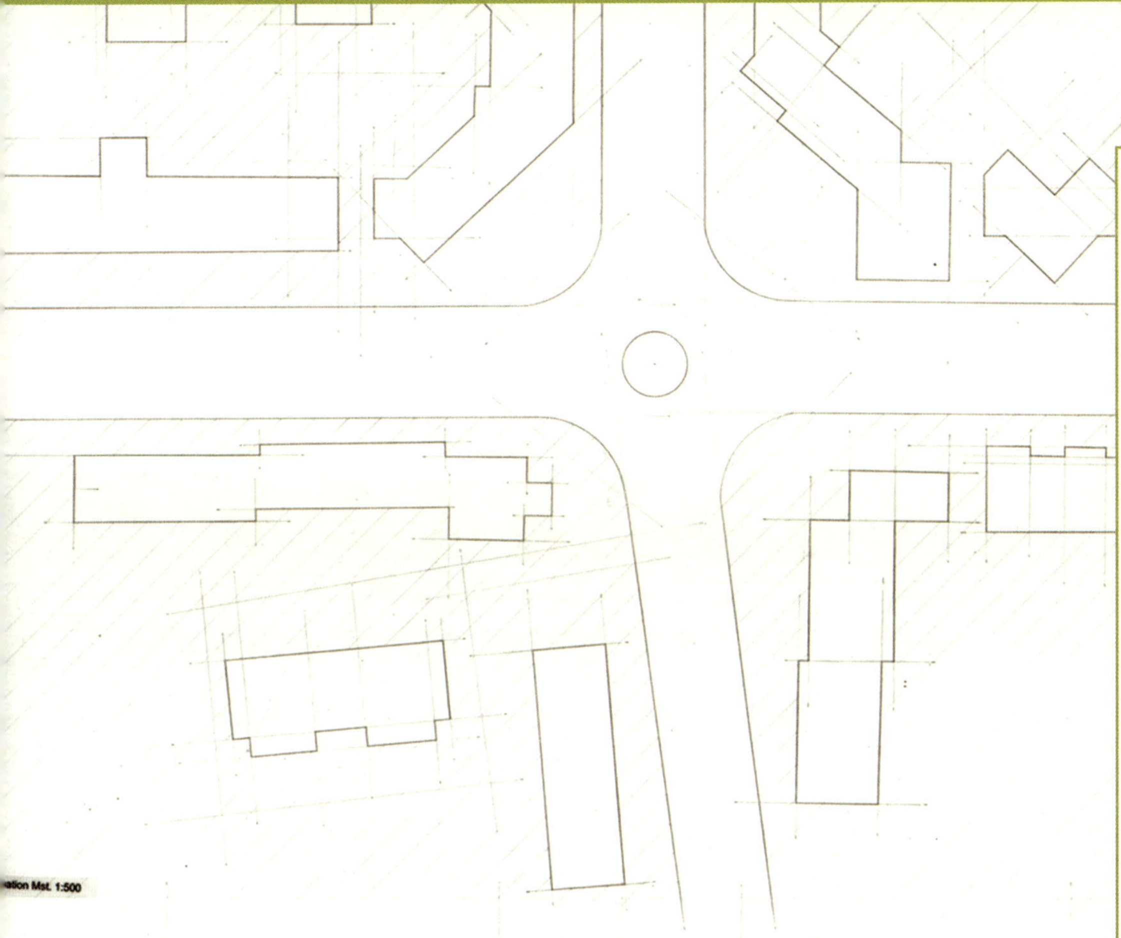

ation Mst. 1:500

这一建筑的内部结构被按照出入道路的构造来定义，内部空间贯穿整个建筑与相应的出入道路成直线，在夜晚照亮建筑外部的广告空间。

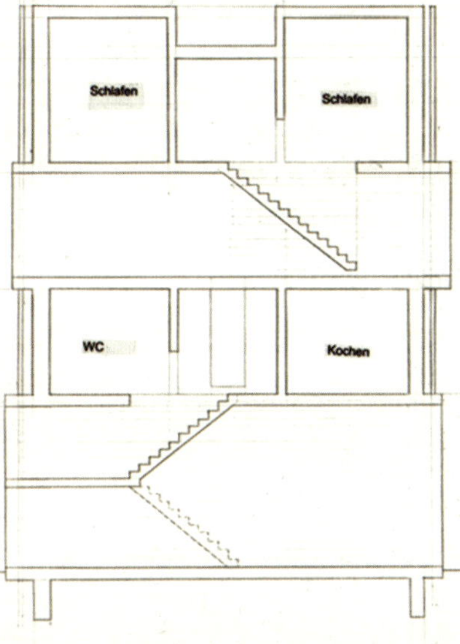

chnitt Mst. 1:100 A-A

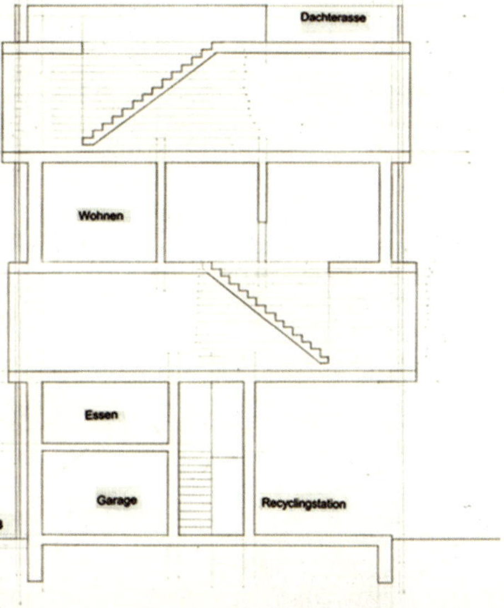

Schnitt Mst. 1:100 B-B

环岛项目可以通过建立广告空间来获得经济资助。通过4条道路上的9　m^2广告空间，中心岛上的建筑可以有10年的回报期。

此图为户外广告板的内部图片，也可用做建筑内部照明。

城市周边大型建筑群

Kaspar Howald/Martin Caduff

主干道是城市特点的体现[尤其是郊区建筑群：Kevin Lynch,《道路景观》（*The View of the Road*，1984），基于这种观点，这个项目关注主要交通道路的致密化可能，因此建立了一个两极分化的设施密度（城市基础设施的致密化创造了间隙中的开放空间）。这导致了城市轮廓线的扩展，而新兴的城市边缘成为了空间过滤器。

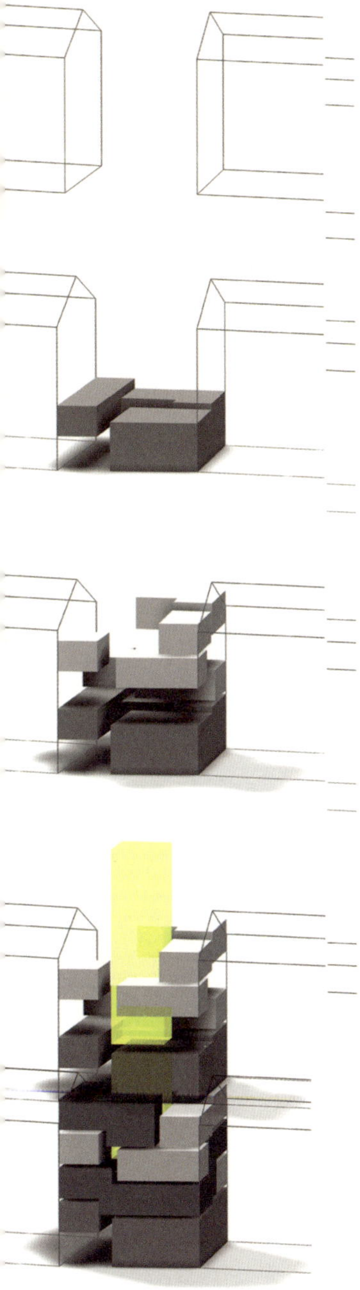

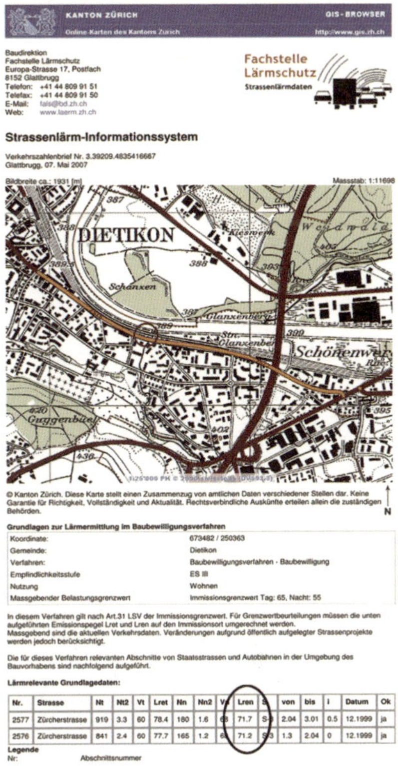
KANTON ZÜRICH
Online-Karten des Kantons Zürich
GIS-BROWSER
http://www.gis.zh.ch

Baudirektion
Fachstelle Lärmschutz
Europa-Strasse 17, Postfach
8152 Glattbrugg
Telefon: +41 44 809 91 51
Telefax: +41 44 809 91 50
E-Mail: fals@bd.zh.ch
Web: www.laerm.zh.ch

Fachstelle Lärmschutz
Strassenlärmdaten

Strassenlärm-Informationssystem

Verkehrszahlenbrief Nr. 3.39209.4835416667
Glattbrugg, 07. Mai 2007

Bildbreite ca.: 1931 [m] Massstab: 1:11698

© Kanton Zürich. Diese Karte stellt einen Zusammenzug von amtlichen Daten verschiedener Stellen dar. Keine Garantie für Richtigkeit, Vollständigkeit und Aktualität. Rechtsverbindliche Auskünfte erteilen allein die zuständigen Behörden.

Grundlagen zur Lärmermittlung im Baubewilligungsverfahren

Koordinate:	673482 / 250363
Gemeinde:	Dietikon
Verfahren:	Baubewilligungsverfahren - Baubewilligung
Empfindlichkeitsstufe	ES III
Nutzung	Wohnen
Massgebender Belastungsgrenzwert	Immissionsgrenzwert Tag: 65, Nacht: 55

In diesem Verfahren gilt nach Art.31 LSV der Immissionsgrenzwert. Für Grenzwertbeurteilungen müssen die unten aufgeführten Emissionspegel Lret und Lren auf den Immissionsort umgerechnet werden.
Massgebend sind die aktuellen Verkehrsdaten. Veränderungen aufgrund öffentlich aufgelegter Strassenprojekte werden jedoch berücksichtigt.

Die für dieses Verfahren relevanten Abschnitte von Staatsstrassen und Autobahnen in der Umgebung des Bauvorhabens sind nachfolgend aufgeführt.

Lärmrelevante Grundlagedaten:

Nr.	Strasse	Nt	Nt2	Vt	Lret	Nn	Nn2	Vn	Lren	S	von	bis	i	Datum	Ok
2577	Zürcherstrasse	919	3.3	60	78.4	180	1.6	63	71.7	S-[illegible]	2.04	3.01	0.5	12.1999	ja
2576	Zürcherstrasse	841	2.4	60	77.7	165	1.2	6[illegible]	71.2	S-3	1.3	2.04	0	12.1999	ja

Legende
Nr: Abschnittsnummer

根据城市设计的原则，此项目在两个建筑之间发展。因此靠近“PUMB”。空间结构的构成完全适应它的周围环境。

学生们尝试使用噪音污染（超越法律限制），通过制造一种基于倒置扬声器的“持续震荡”，利用扬声器中的膜片的声波振动产生电能。

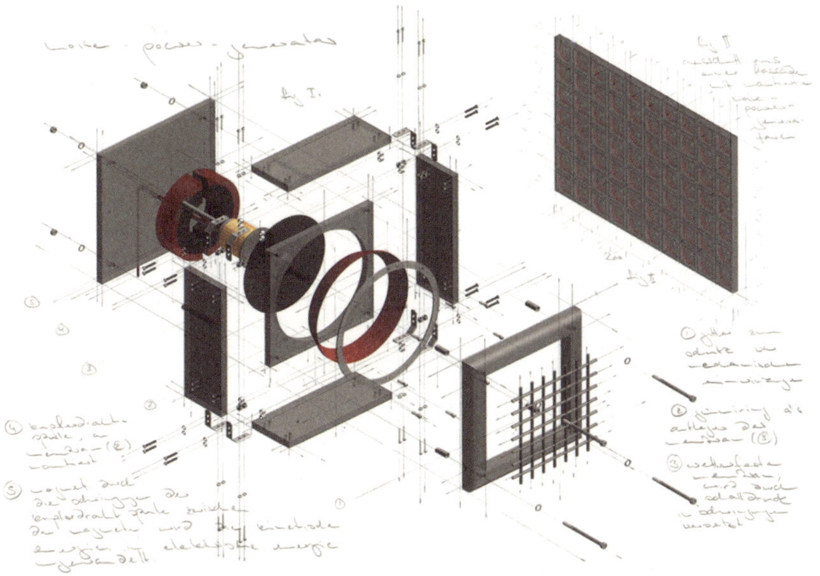

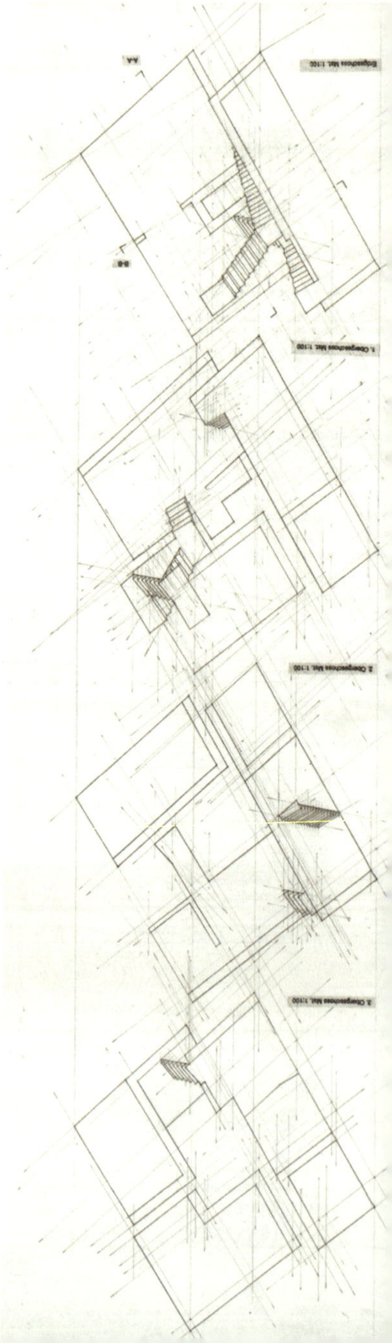

该项目建于两个已存在的结构之间，关注内部关系，即建筑中密集的私人空间和公共区域之间的协调。

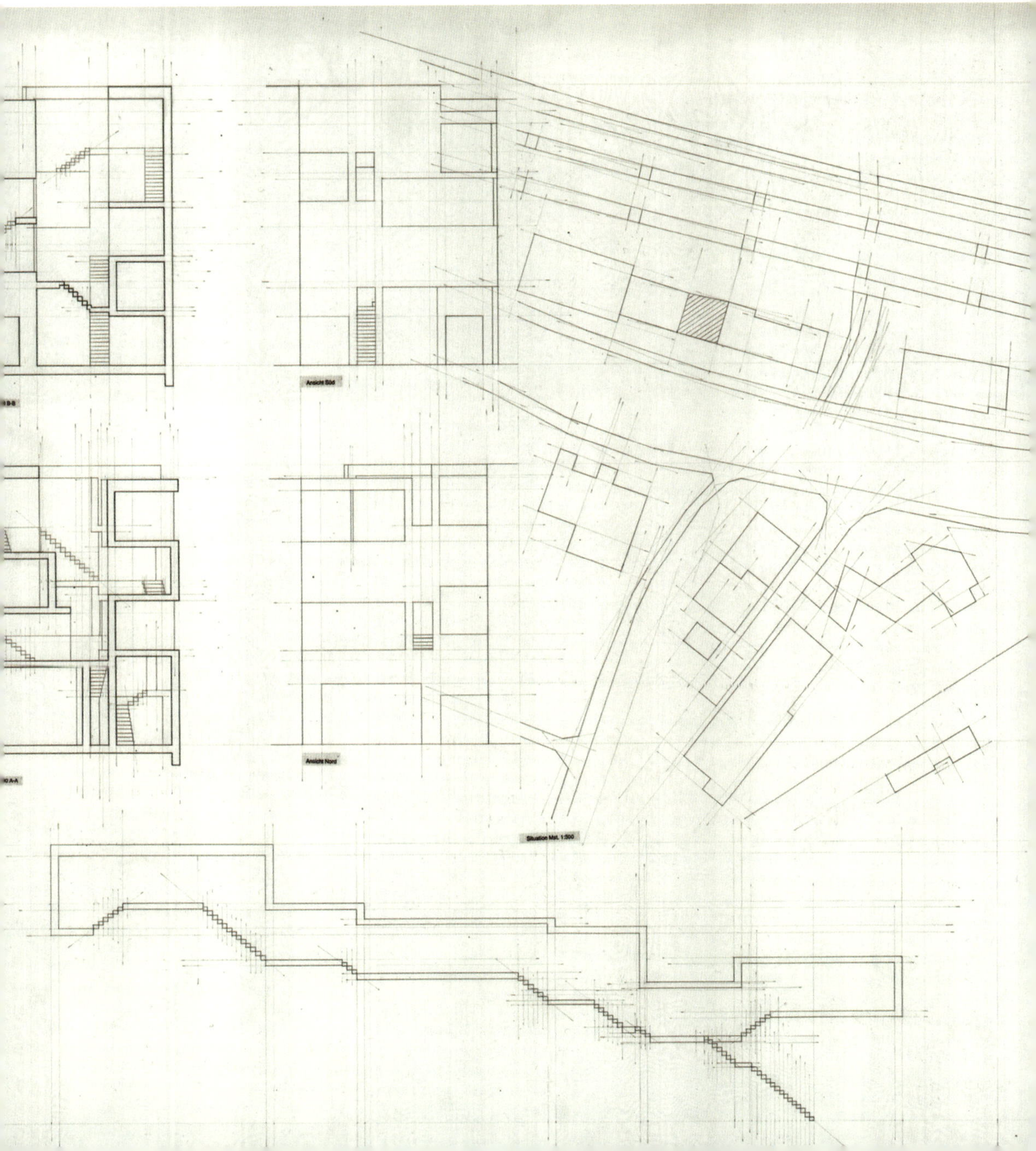

最小的、最大的

Steffen Hägele/Lars Inderbitzin

“一般城市正在从水平状态转向垂直状态……奇怪的是最贫穷的人拥有最昂贵的东西——土地；而对于那些付费的人来说只有空气是免费的。”[1]

这个项目尝试通过创造一种新的单个家庭住宅（郊区扩展的典型代表）——垂直单个家庭住宅——来获得更有效的土地使用方法。在不浪费更多土地的前提下使住宅密度增加一倍，独立的单个家庭住宅因此可以得到保留。

1 Rem Koolhaas and Bruce Mau, *S, M, L, XL*. Rotterdam: 010 Publishers 1995, p. 1253.

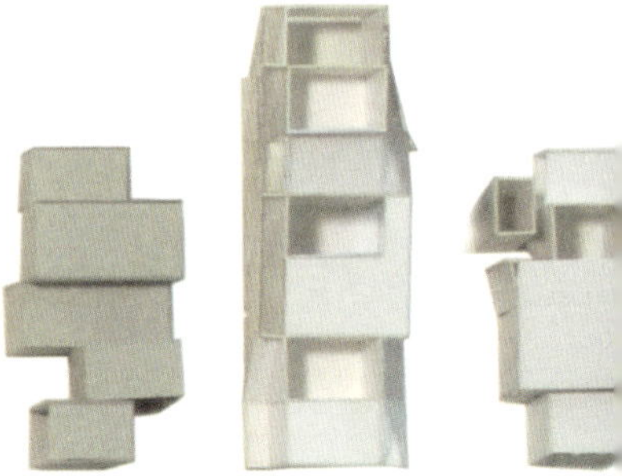

城市的外墙被设计成可持续性的结构元素。在全球变暖的过程中，昆虫的扩大再生循环会导致数量泛滥。这个工程包括带有嵌入式昆虫捕捉器的建筑外立面，在夏季防昆虫，在冬季为建筑保温。

临时枢纽

Anna Stoos/Dario Wohler

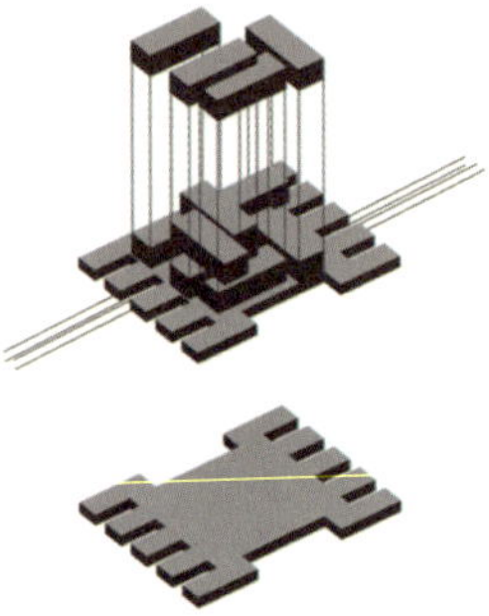

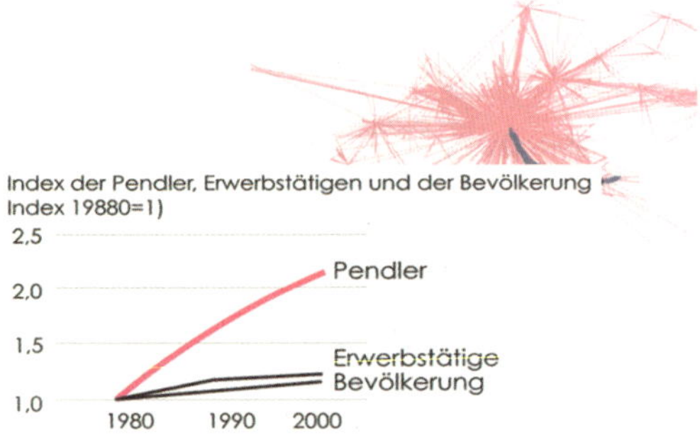

在Limmattal的社区里，个人交通工具数量到2040年会增加一倍。如果交通工具量如预计那样增长，那么已有的基础设施会面临崩溃。

重新利用棕色地带（brownfield）——在本例中是一个废弃的采石场，通过一些与现有基础结构相结合的临时住房吸收更多的通勤者。住房的数量会随着变化的需要增加或减少。

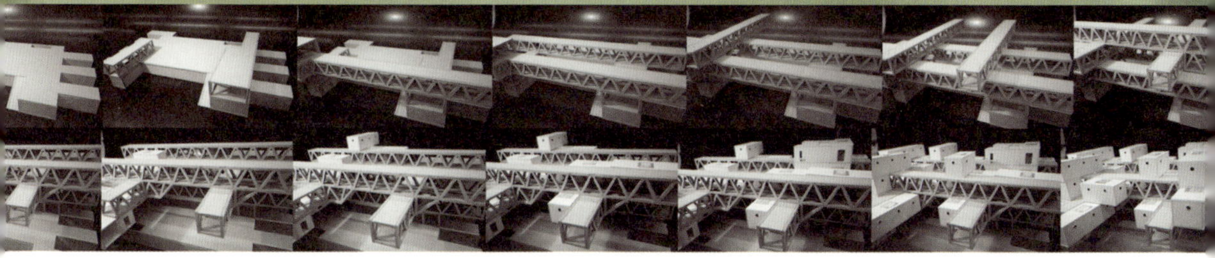

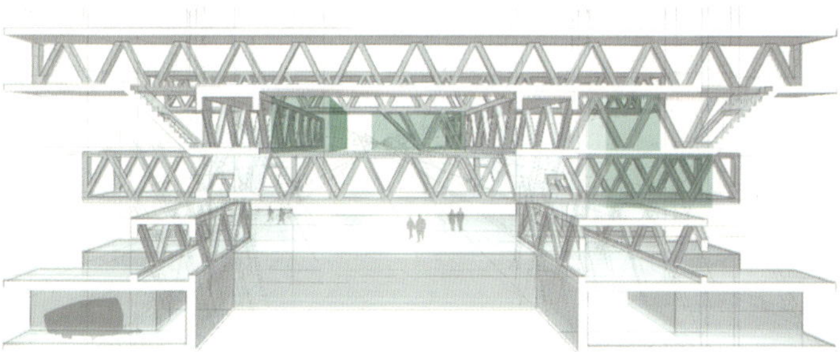

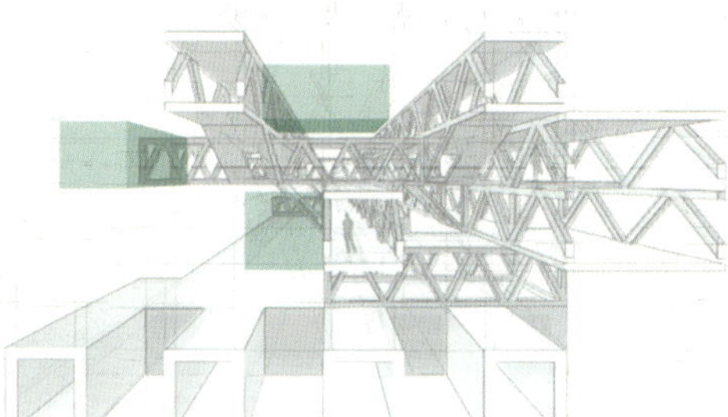

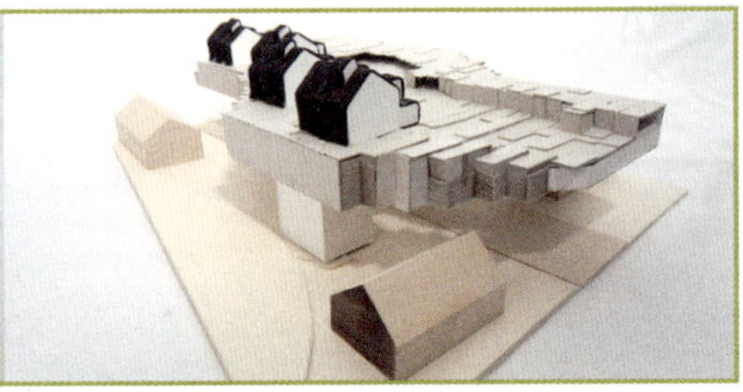

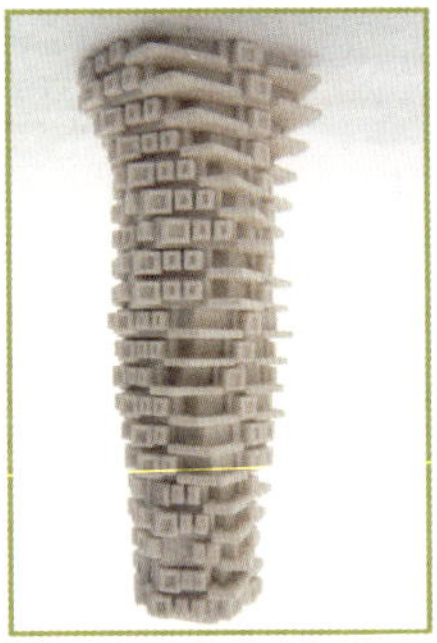

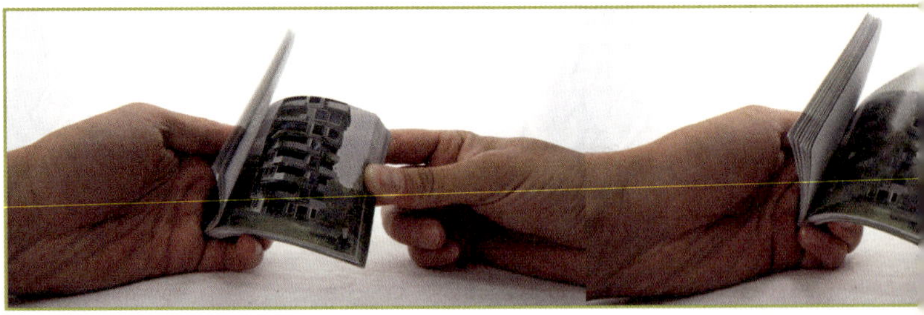

每年，有100多个项目是由一年级的学生们设计的。在前几页中只能深入展示其中的小部分。接下来会列出更多的示例。

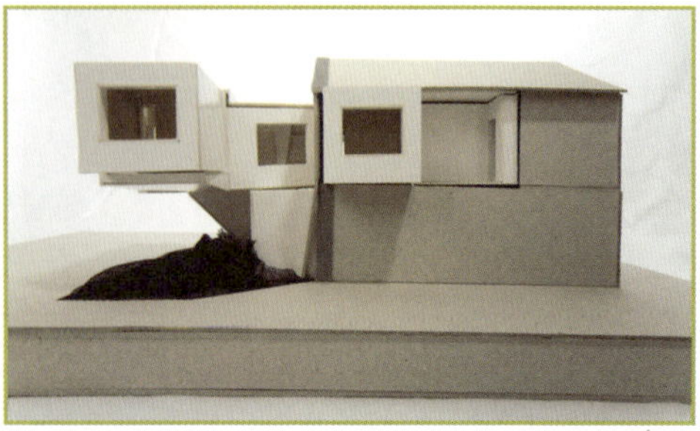

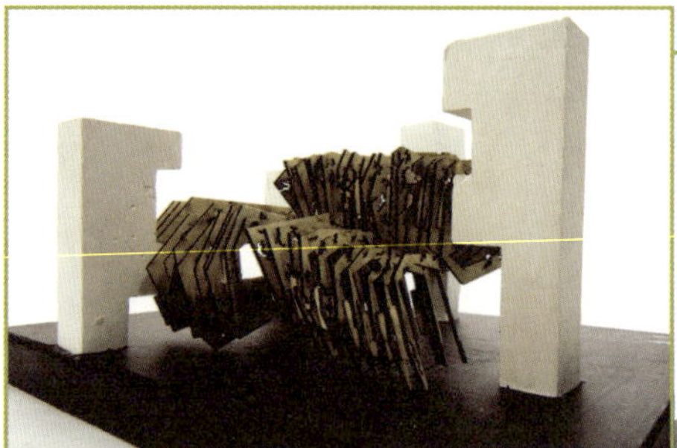

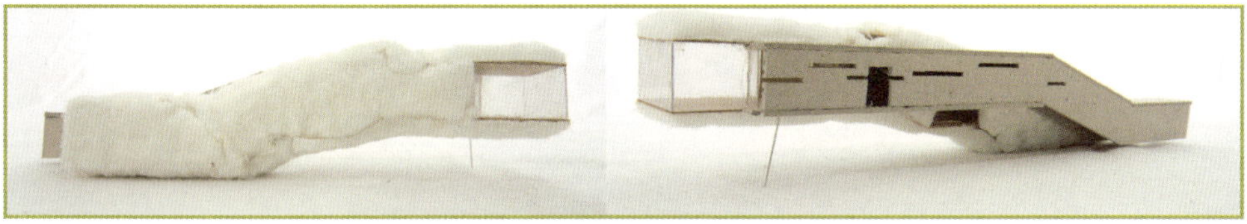

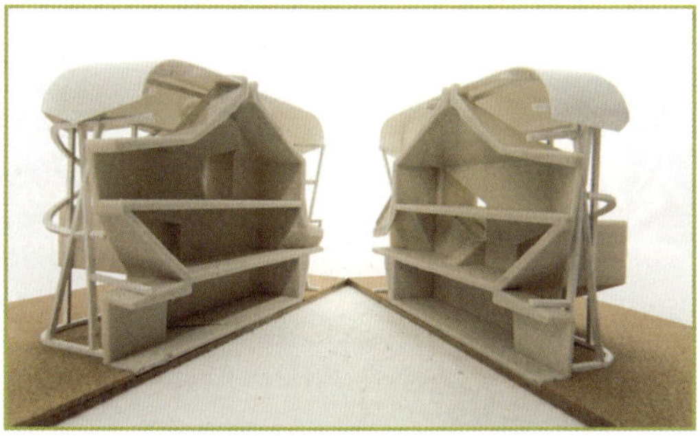

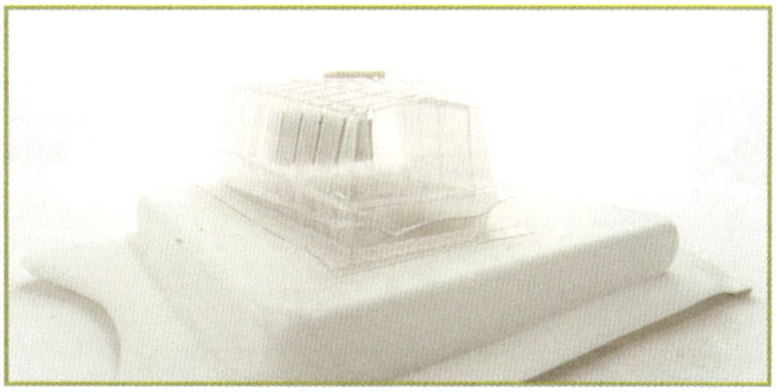

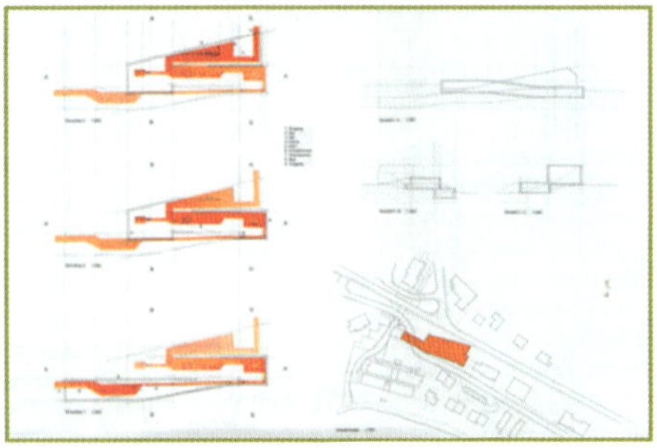

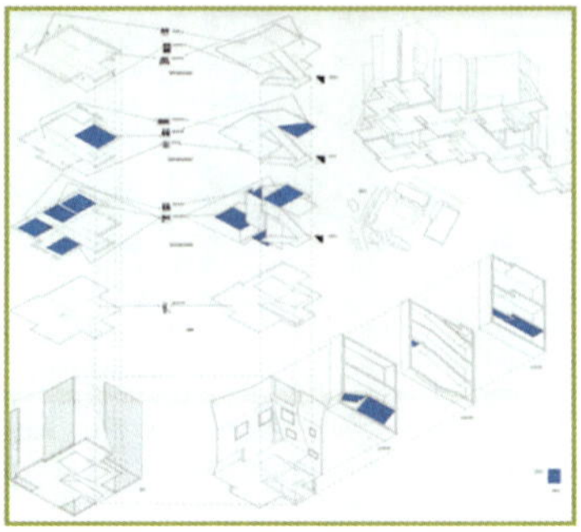

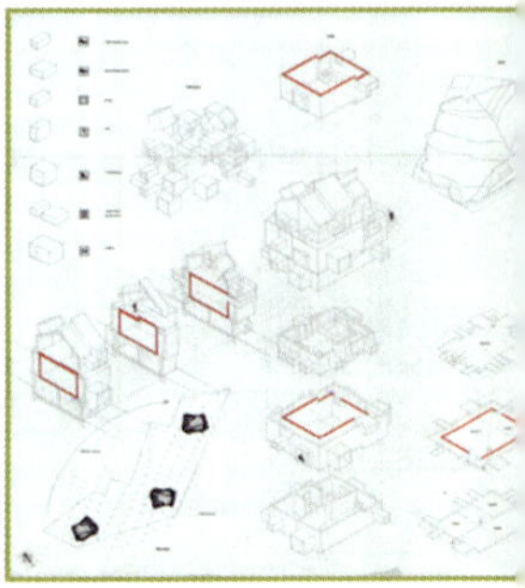

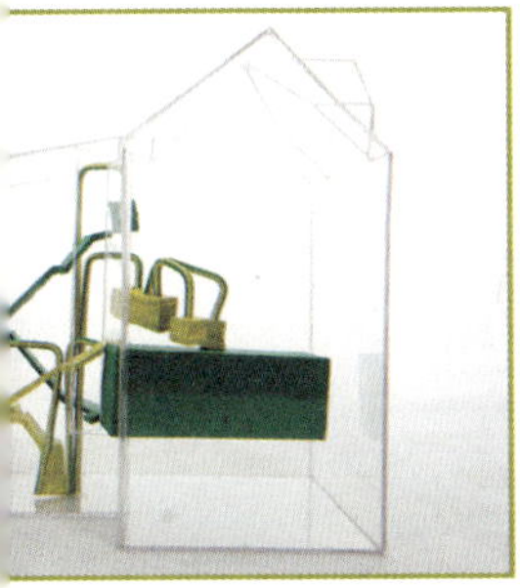

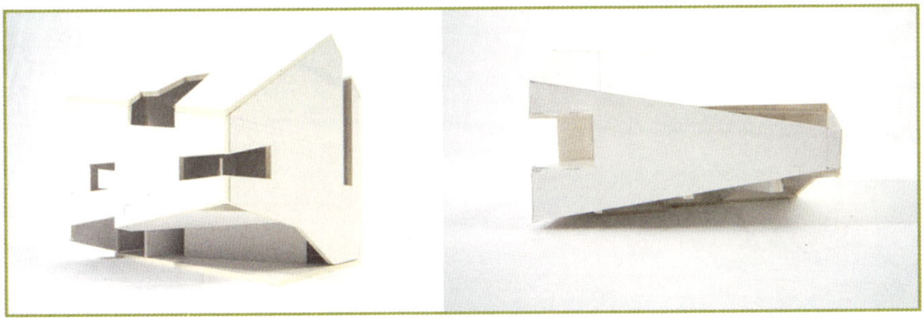

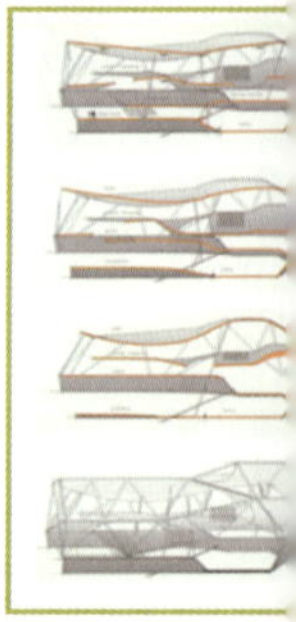

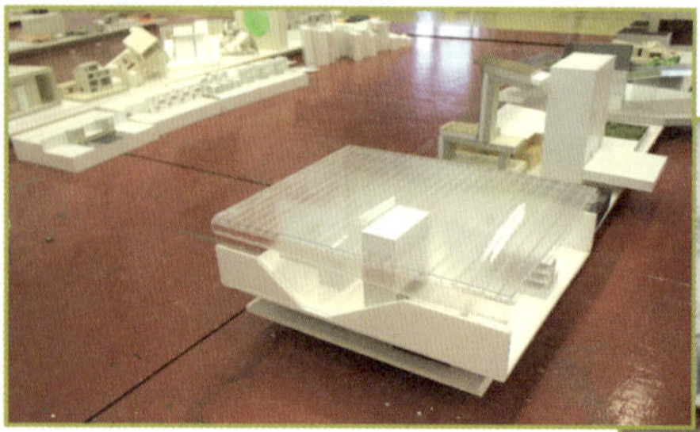

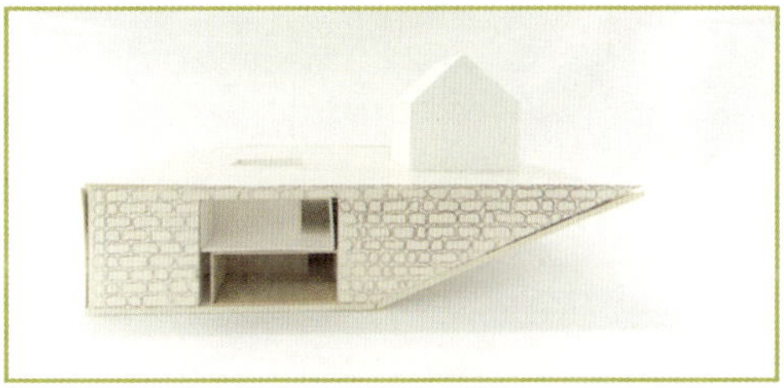

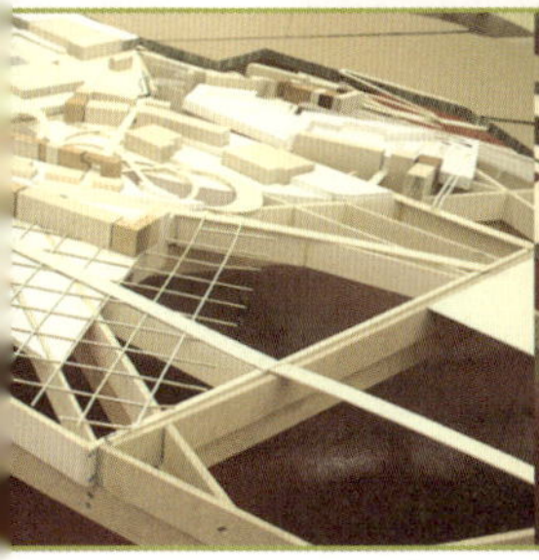

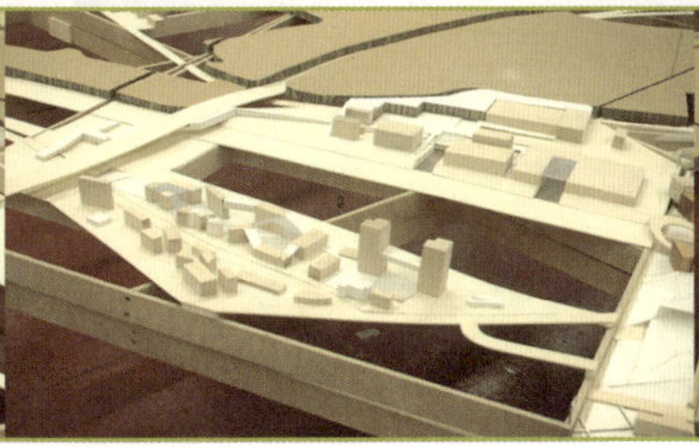

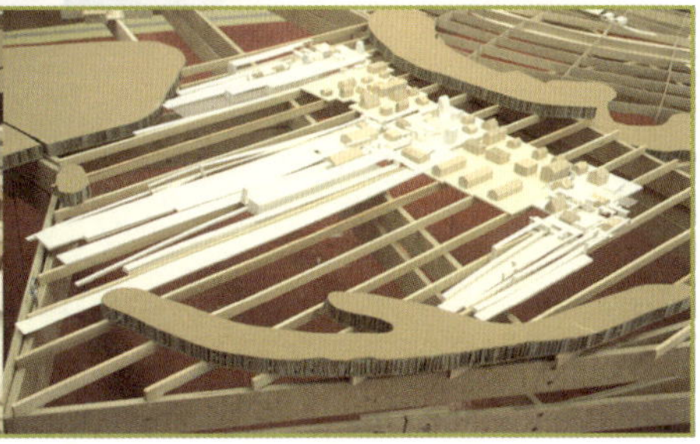

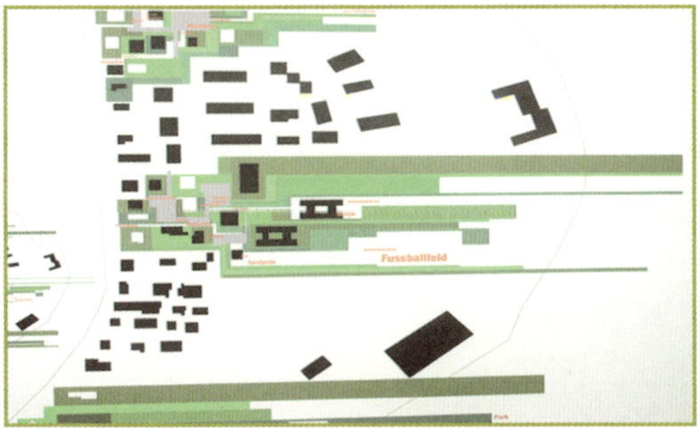
Fussballfeld
Park

灌输背离

关于建筑教育的悖论

以下是与Jürgen Mayer H.、Reto Geiser、Andreas Ruby和Mark Wasiuta之间的对话，由Dirk Hebel主持，有关瑞士苏黎世联邦理工学院建筑设计入门阶段教学的方法问题。

>第三部分

Dirk Hebel

我想要提个问题：怎样才叫“乐观的天真”呢？它在教学中又能发挥什么作用呢？来参加我们项目的学生基本上是17岁到19岁。他们还没有被严格的或通常的建筑思想所束缚。如果这种情况是积极的，那么我们如何来维持这种状况呢？

Reto Geiser

我认为天真意味着拥有巨大潜力，至少这是我在密歇根大学时候的经验。我过去教毕业生的经历虽然很有限，但我已经意识到了建筑的理念和学科界限。而这对于同学生的合作来说是一个很大的挑战。教授那些一年级的学生是一种很不错的经历，他们对于建筑没有任何清晰的概念。每周，我都会被问到一些问题，这些问题是我自己从来都没有想过的。这些问题对于我来说都是无价的，能开拓眼界的。对于我个人来说，知识已经替代了天真。我认为天真始终是积极正面的，但我不确定这是不是仅仅局限于初学者，那些高级学习者们是否也能同样保持这份天真呢？

Jürgen Mayer H.

我认为这取决于你处于学习的哪个阶段。在开始学习之前，我对Erich Mendelsohn很痴迷。在斯图加特，我看到了一张Kaufhaus Schocken作品的照片。对于我来说，那就是我认为的建筑。而其他人进来仅仅是因为他们的父母有个建筑工作室。我想这就是对建筑的痴迷程度不同。你没有办法找出很好的理由支持，而且你也知道其实每一层面的痴迷都比较幼稚。但问题是：天真如何能够转化成生产力而不是幼稚呢？尤其是当你在教学的时候。我认为对于年轻人来说，Reto的观点很重要。当然天真也很有可能没有办法转化成生产力，而且过于浪漫化也是很危险的。在联邦理工学院的环境下，这种观点需要被不断地丰富，因为很多人都会攻击这种观点。

Mark Wasiuta

我很认同这种观点，过分的浪漫化幼稚是存在风险的。当然，你希望设计室是一个允许错误和发现的地方。教师的一个职责是营造一种有趣而富挑战性的氛围。你当然希望这个空间里的观点和想法都是被你和你的学生无条件接受的，因为你自己也要在这样的氛围里工作。这跟办公室原则是一样的：面对困难，你如何保持进步呢？你如何集中精力进行思考呢？这都是很现实也很重要的问题。但称这些为天真似乎有些牵强。这有可能成为教学中的又一个陈词滥调，就像“我们学习是为了忘记”一样。这当然不是教师们的工作。

这也许仅仅是一个术语问题，或许你想维持的不是幼稚或者天真，而是另外一种没有被规范化的想法而已。而像Jürgen指出的那样：规范化是需要条件、程度和场所的，所以一种能够被保留或回归的纯粹状态是不存在的。如果规范化是最终目标，那么参与到规范化中，反思，分析就是最好的方法。当你们探讨下意识的情况下的作品、反映的节奏，甚至对于懒惰的争论时，我不确定是否要用天真这个词。允许这些情况存在只是前提，但首先，我不知道你是怎样教学的；其次，当一切进行顺利的时候，这将会成为工作中最先进的时刻，一种快速的工作，这不是天真而是更接近鼓励推测。如果你的意思是如何构思、组织一个工作室，使大家可以集思广益，而且不受条条框框的限制，那么我同意你的想法。我认为这是任何一个项目、工作室或学期的目标。

Jürgen Mayer H.

我认为你必须要教给学生自信，只有这样他们才能知道他们在天真时的重大发现。我很支持那种强烈的、狂热的、无方向的、混乱的、不确定的甚至自发的创作。但是前提是这要有根据支持，同时，要反映出实际创造了什么，并且提取出能够进行进一步论证的成分。

Andreas Ruby

我认为，这是一种智力上的成熟。我更愿意将天真定义为一种勇气，正是这种勇气能够指出那些有悖于常规的做法，而且能够捍卫这些传统教学者嗤之以鼻的观点。在幼稚绘画中，这些甚至成为了整个艺术运动的前提。我认为这很有趣，这与你提出的第一个问题有关系，如果发现了错误，你就会从创作的角度来培养天真，错误也能够转化成创作。但我认为，如果那样的话，你就需要让学生避开内部检查，否则，你所做的就是重复现状而已。很显然，不能仅仅因为与传统相悖，天真的观点就都是好的观点。这仍然是需要经过检验的，或者正像Jürgen说的，真正认真对待它才是更难的事情。

Reto Geiser ::

这应该被叫做有意识的天真，很多建筑师都是这样做的。为了能够克服那些现有规则的束缚，他们有意识地忽视一些现实，假装这些不能影响项目。然后，他们重新审视这些问题，再找出解决方案。通过这种有意识的忽略，他们能够克服那些已有知识的束缚，进行创新，从而得出意想不到的结果。

Jürgen Mayer H.::

你可以举个例子吗?

Reto Geiser ::

看一看Herzog & de Meuron的奥林匹克体育馆。当初始计划提出时候，如果从实际考虑，那么这个结构是不牢固的，很快就会塌陷。他们也可以在内部建一个结实的，类似古老天主教教堂或者寺庙建筑那样的柱子。但是很显然，这种方案很快被证实实现不了。典型的结构条件不允许出现这样的建筑。建筑师们不断地探索，终于发现了他们需要改变的地方，只有这样才能有出路。

问题直到进入设计阶段才被最终关注并解决。如果不是天真，或者叫暂时忽略，那么这个构想就不能最终实现。而我们只能不断地重复相同的事情。

Andreas Ruby ::

那么这个就是不需要理由地将天真融入设计中来突破传统限制的例子了?

Mark Wasiuta ::

但是，这并不是没有道理的，这是精准的策略。Reto的例子很好，这是一种暂时性的忽略。在面对一个要求繁多的项目时，你需要动用一切手段，这也是一种战术。

Andreas Ruby

其实这更像是头脑风暴，当没有任何主意的时候，决策过程就自然而然地到来了。

Mark Wasiuta

但是，我并不同意这种观点（笑）。我认为，我们的话题是关于如何思考并利用错误。这些都是一个特殊的过程，或设计方法的一部分。

我也对你告诉学生如何区分好的错误和不好的错误感兴趣。这比较复杂，一方面涉及到判别的问题，另一方面在程度上涉及到那些被验证过的错误。我想知道你怎样看待错误和机会，两者之间的关系是怎样的？机会项目也同样需要决策，需要裁决，但是同时决策又存在一定的随机性和妥协性。我在想，既然你同样强调机会和错误，那么第一年会有什么样的变化呢？如果有的话，你会用什么样的项目，什么样的参考文献，什么样的机会协议来教授这个观点呢？

Andreas Ruby

什么才是好的模式呢？让我们来快速检验一下：当画家Lucio Fontana偶然创作了他的新作品，之后我们称其为间隙绘画，这些绘画上有洞，有切口。那么大家会说，很显然，他原本不是这样构想的，但是他却没能表达出他最初的构思，于是他很生气，拿着刷子，将刷尾朝前，使劲向画布上戳去。然后他吃惊地站立在画作前面，发现这样竟然比最初的设想还要好。他将自己的错误进行了再创作。那么这是一个错误还是一个偶然呢？或者这仅仅是气愤管理的结果？从某种程度上看，这来自于不满足，而这种不满足最终能够创造出很不错的作品来。

Reto Geiser

我认为最关键的不是毁坏这一过程，而是反思的过程和对偶然行为的分析。最终，Fontana得出这样的结论，他强势的干预是一种创作行为。此后，对他行为的反思才是真正有意义的。如果没有这样的反思，那么这仅仅是一次发火，然后一切消失殆尽。

Andreas Ruby

但是你仍然需要将这种怒火爆发。

Jürgen Mayer H.

这是不可控的因素，很多伟大的发明都有类似的偶然性。就我个人来说，我不需要这样的发火来激励自己。对我来说最关键的时刻是反思时刻：有些无聊，但绝无暴力，这样使我不断前进。我将其称为“创造性无聊”，因为不知道下一步该怎么办。而作为建筑师，我们时常无法回避这样的问题。

Mark Wasiuta

机会通常要回归到一个体系中才能得到预想的效果——被有意地扭曲或干扰。我认为机会更多的是一种方法，而不是构想的瞬间。我更支持John Cage，而不是Fontana。

Dirk Hebel

我们最近也进行了一场关于未来课程的讨论。我们接下来的论题是什么？我们目前认为，技术和技巧必须要应用到教学前线。对于这样的一个教学框架，你的看法是什么？

Andreas Ruby

目前，技术已经从两个层面被应用到一年级的学生中。第一个是内部层面，用方法论讨论，并且将其应用到建筑项目中。第二个层面是关系到联邦理工学院技术应用的环境。这是一所技术性专业院校。之后我们该如何重新思考技术问题，比如建筑的表面、构造和供暖系统。还有，如何将非建筑的理念融入到建筑中去，以及我们如何将这种重新审视的方法应用到建筑行业中。

Mark Wasiuta

你们教师团队中的一员——Jesse LeCavalier，在他发表的文章中以“背越式跳”为例来解释新技术。这种类比主张在技术的使用和教授的时候应伴随一定的测试。我对进行建筑测试很感兴趣。这使得功效这一概念能够被重新审视，特别是我们所说的技术功效，虽然有的时候测试结果会有些意外。和Andreas一样，我希望知道你是怎样看待技术对于建筑内外的重要性的——用你的话来说，它作为规范性的一种征兆，能够识别惯例并打破它。

在这本书里，你会发现在20世纪60年代到70年代初的时候，很多建筑师都在努力使用正确的通信和媒体技术，他们用这些技术来重新审视建筑的空间和技术，以及它们的社会和政治影响。一个很好的出发点就是要问，什么样的技术能够应用到建筑中呢？哪些能够带来新的空间和组织架构的可能呢？在没有专家参与，不做出一些天真的建筑学阐述的情况下，你如何能够掌控这些技术呢？

Jürgen Mayer H.

这已不是单纯地罗列技术手段，现在我们探讨的是技术手段在不同应用领域和项目间的跨界使用及重新定义环境。

Mark Wasiuta

你需要找到一个目标，这个目标要跟单个家庭住宅一样有用。这个住宅需要有适当的规模、适当的亲和力，以便于一年级的学生思考常态、习惯以及哪个地方用得不恰当。考虑建筑技术的问题是一个很庞大的工程，你要考虑社会、物理性、数字技术等各个方面以及如何处理这些问题。这些工程有的时候要花上五年的时间，而不是一年。

上述对话发生于2007年11月24日，地点：穆勒大厦，位于Neuruppin附近的Zermutze，是Hans Scharoun于1937至1938年间设计建造的。这次讨论得到Wolfgang Wittrock、Oskar Matzel及Ferdinand Möller基金会的慷慨资助。

2006

TUESDAY MORNING
POSITIONS
CHAIR FOR ARCHITECTURE AND DESIGN
INSTITUTE FOR URBANISM, NETWORK CITY AND LANDSCAPE
PROF. DR. MARC ANGÉLIL
BENJAMIN THEILER
ON HERZOG & de MEURON
09 05 06
AKAY ZORLU
ON KAZUYO SEJIMA / SANAA
16 05 06
JESSE LECAVALIER
ON REM KOOLHAAS / OMA
30 05 06
DEANE SIMPSON
ON MVRDV: DATASCAPES
06 06 06
DIRK HEBEL
ON DILLER & SCOFIDIO
13 06 06
MARC ANGÉLIL
ON agps.architecure
20 06 06
ETH
DARCH
Faculty of Architecture
ALL LECTURES TUESDAYS AT 08:00
ETH HÖNGGERBERG HIL E4

2007

TUESDAY MORNING

POSITIONS

CHAIR FOR ARCHITECTURE AND DESIGN
INSTITUTE FOR URBANISM, NETWORK CITY AND LANDSCAPE
PROF. DR. MARC ANGÉLIL

春季学期的最后六次讲座被命名为《周二清晨的观点》。助教主持这些讲座，内容是关于一些著名的建筑设计工作室的最新作品，在实践和教学之间建立联系。学生们大概了解了当代建筑领域热议的主题、比赛及建筑项目。

ETH
DARCH
Faculty of Architecture

ALL LECTURES TUESDAYS AT 08:00
ETH HÖNGGERBERG HIL E4

教研组成员

2003/04

2004/05

2005/06

ANGÉLIL Marc

ALTOK Medine
BECKEL Inge
BENTI Dawit
BUEHRER Stephan
CABANE Philippe
CHERENET Zegeye
GERBER Andri
GYSEL Kornelia
HAUZINGER Philipp
HEBEL Dirk
HEHL Rainer
HELDT Anna-Lena
HERDT Tanja
HIMMELREICH Jørg
HIRSCHBICHLER Michael
HUBELI Roger
IMGRÜT Matthias
KALMER Marion
KOBEL Daniel
KÜNG Lukas
KURATH Stefan
KUTNER Harry-Zwi
LARSEN Julie
LECAVALIER Jesse
LEUTWYLER Dominique
LUDWIG Annina
LÜDER Christoph
MAISANO Patrick
MARTIN Michael
MATTER Martin
SAUTER Christoph
SCHMIDT Rafael
SCHURK Holger
SIMPSON Deane
SIRESS Cary
STOLLMAN Jörg
THEILER Benjamin
UZIYEL Liat
VARAS Julian
VON AH Christoph
WHITESIDE Andrew
ZORLU Akay

2006/07

2007/08

学生名单

Students 2003/04

AESCHLIMANN Albert
AGGELER Thierry
AL HARIRI Adnan
ALEMAN Rafael
ALLEMANN Arianne
ALLEMANN Philippe
ALTHERR Christian
AMOS Jeannette
ANGST Rahel
ASCHWANDEN Anna
ASCHWANDEN Gideon
AUBERT Etienne
BABEY Pascal
BAER Matthias
BARTHOLET Claudio
BASIC Ida
BAUR Sara
BAVIERA Nicola
BECEIRO Nicole
BEELI Mario
BEKAJ Samuel
BERNI Jan
BERTONE Tamara
BIANCHI Daniel
BIERI Gregor
BILAND Emanuel
BINI Chris
BISCHOF Martina
BISCHOFF Regula
BLASI Davide
BLATTER Daniel
BLAZESKA Anita
BORGES Manuela
BOSER Mirjam
BROUILLAUD Cecile
BRUNNER Roman
BRUNNER Stephanie
BUCHER Matthias
BÜHLMANN Debora
BÜHLMANN Manuela
BÜHLMANN Nina
BURGER Jürg
CARTIER Simone
CARVALHO Janine
CIMA Valentina
CLARINVAL Joseph
COLETTA Tyrone
COMINA Angelo
DALSASS David
DE BEER Géraldine
DE ZILVA Kerry
DEBATIN Jonas
DELABAYS Simon
DELLA CORTE Massimo
DIELS Jana
DIENER Sebastian
DIETSCHWEILER Pascale
D'INCÀ Adriana
DURISCH Sebastian
DUSS Lukas
DUTOIT Cem
EBERHARD Jonas
EGGER Carol
ERNST Christian
FAHRNI Sarina
FÄSSLER Andreas
FIGI Ralf
FILLER Simon
FISCHER Beat
FISCHER Urs
FLURY Susanne
FORSTER Maria
FRAVI Salome
FREI Sabrina
FREI Valeria
FRIED Tamara
FURRER Olivia
GERBER Jens
GIANINAZZI David
GIGER Christoph
GRAF Marcelle
GRASSL Jürg
GROSSMANN Marc
GRUNDER Florian
GRÜTTER Carmen
GU Yunlu
GUEX Nicolas-Denis
GUGG Michael
GUGGER Carina
GUTH Manuel
HABERMANN Mira
HÄFLIGER Tobias
HAGER Martine
HALTMEIER Liliane
HÄRTSCH Corina Elsy
HASLER Kathrin Mirjam
HÄSSIG Daniel
HAUSSENER Gregor
HEITZ Nadja
HEITZMANN Christoph
HOBI Astrid
HOFER Florian
HOFER Kaspar
HOFER Stefan
HOFMANN Pascal
HUBLER Laura-Kristiina
HUGENTOBLER Nicolas
HURSCHLER Raphaela
IMANI NEDGAD FARD Mehdi
INAUEN Rebecca
INEICHEN Nicole Simone
ISKENDERIAN ALEX SOGOYAN Alexia
ITEN Gregor
JAEGGI Rolf
JÖRG Pablo
KALLWEIT Roman
KARÁCSONY Darius-Evren
KARTOYONO Suratno
KAUFMANN Jonas
KAUFMANN Pasquale
KNECHT Piero
KOFMEL Anja
KRÄHENBÜHL Georg
KÜHNE Christoph
KÜHNE David
KUNZ Thomas
LÄSSER Katja
LEE Jin-Woo
LEKKAS Martina
LEMMENMEIER John
LOOSER Elisabeth
MANOLAKIS Theonas
MANSER Reto
MARTI Nora
MARTI Simon
MAUCH Addrich
MAYOR Aurélie
MEIER Adrian
MEIER Bettina
MEIER Cornelia
MEIER Michael
MEIER Michelle
MEIER Philippe
MEIER Samuel
METZGER Bernhard
MEYER Augusta
MITTNER Rudolf
MOJADO Nadine
MORESI Lorenzo
MOSAYEBI Ramin
MOSER Ariane
MOSER Nadja
MÜLLER Barbara
MÜLLER Cyrill
MÜLLER Frédéric
MÜLLER Lorenz
MÜLLER Samuel
MUNCACIU Sorin
NAGEL Herbert
NÄGELI Sandra
NAITO Taichi
NAVARRO Maria
NETT Nicola
NEVES Philipp
NIETLISPACH Miriam
OHASHI Karin
OHNSORG Fabienne
OLAVARRIA Juan
OPRANDI Burtel
OSKAM Didier
OSWALD Johannes
PACCIARELLI Simone
PICCAND Isabelle
PITSCH Valeria
POFFET Fabrice
PRACZYK Malgorzata
PRADER Tamara
PRATO Antonino
PÜNTENER Stefanie
RATTO BALLI Roberto
REGLI Karin
REICHENBACH Chantal
REUSCHENBACH Claus
REUTIMANN Martin
RIBEIRO Etienne
RITZI Sandra
ROGGO Stefan
ROIDER Jonathan
RÖLLI Corinne
ROSSET Hania
ROTH Larissa
RÖTHLIN Christina
RUTZ Gabriela
RYHINER Ella
SACHS Angela
SAGER Andreas
SAXENA Puja
SCHAUB Sabine
SCHEIDEGGER Nino
SCHENKEL Eveline
SCHERER Stefanie
SCHEUBER Andreas
SCHILD Pierre
SCHLATTER Christian
SCHLÜTER Patrick
SCHMID Christoph
SCHMID Lilian
SCHMID Selma
SCHNEIDER David
SCHNEIDER Michael
SCHNYDRIG Stefan
SCHÖNBORN Tanja
SCHROER Tobias
SCHUBIGER Maximilian
SCHUBIGER Tamara
SCHÜTZ Nadine
SCHWARZ Men
SELTER Jules
SIEGENTHALER Gabrielle
SNOZZI Jonas
SOPPELSA Nino
SOUFIS Georgia
STAIB Julian
STAUFFACHER Ulrich
STEIGER Andrea
STEIGER Monika
STEIN Sandra
STEPHAN Nicole
STICH Sebastian
STIEGER Lorenzo
STORCHENEGGER Daniel
STRASKY Darius
STREIT Adrian
STREULE Stephanie
STUDER Isabelle
STULZ Melanie
SULZER Christina
SUMMERMATTER Thomas
SUTTER Flavia
SUTTER Martina
THOMANN Mireille
THOMAS Nathalie
THOMET Chantal
TOMIC Biljana
TORRICO Moira

ƆURNEUR Nathan
ƦOST Laura
ƦUNZ Corina
ENETZ Rafael
ƆGEL Martina
ƆGT Lukas
ƆN DER TANN Loretta
ƆN SCHULTHESS RECHBERG
enjamin
JILLIOMENET Aline
'AGNER Nils
'ALSER Marc
'EBER Corinne
'EBER Daniela
'EBER Lenita
'EGMANN Karin
'ELTER Caroline
'ENGER Beat
'ENK Stephan
'ICHMANN Kimberley
'ICKY Raphael
'IDMER Christoph
'INZELER David
'INZENRIED Edouard
'UNDERLIN Mark
'URMITZER Tanja
'YSS Deborah
AO Yi
ERSIN Guillaume
APKA Jan
ELGER Léonie
EGLER Jonas
MMERMANN Karin
MMERMANN Pierrine
VKOVIC Milica
ÜGER Reto
ULAUF Christine
UMSTEG Samuel
WICKY Claudia
WYSSIG Boris

2004/05

BÄCHERLI Andreas
EBISCHER Corinne
EGERTER Dominik
ESCHBACHER Andreas
FTHINOS Maria
LEMAN Rafael
LLEMANN Nicolas
NDRESKA Cyrill
RCHER Laura
REGGER Marco
RNET Linda
RNI Christoph
ÄBLER Sandro
ANNIER Lukas
ÄR Michèle
ÄRLOCHER Tao
ASIC Ida
AUMGARTNER Annina
ELTEMPO Sascha

BERNASCONI Elena
BETSCHART Andrea
BLASER Olivier
BLAZESKA Anita
BOLLIER Philipp
BOSSHARD Simone
BROZ Raphael
BRUDERER Arno
BÜHLMANN Silvio
BURCKHARDT Nicolas
BURGER Seraina
BUSCHOR Mirjam
CALATRAVA Gabriel
CANTONI Giacomo
CARVALHO Janine
CATENAZZI Claudio
CHAE Ka
CHIANG Tian
CONSONNI Sergio
COSENTINO Sarah
DE BEER Géraldine
DE ZILVA Kerry-Joel
DELABAYS Simon
DIETHELM Flavio
DIETHELM Stefan
DOLDER Maxim
EBERHARD Samuel
EGGENSCHWILER Marie
EGOLF Andreas
ELMIGER Esther
ERB Samuel
ERNST Marijke
ESCHENMOSER Bettina
ETTER Simone
FABER Marc
FABIJANI Natalie
FISCHLI Daniela
FRIED Tamara
FRIEDEN Dario
FURGER Sabina
GAFFURI Maurizio
GALLAY Steve
GASS Sylvia
GAUDENTE Giuseppe
GEHRKE Jost-Tilo
GELER Andor
GEORGIEVA Denitza
GERSTER Simone
GISLER Wendelin
GOLL Nora
GRAF Cyril
GRAMBONE Daniele
GRISSMANN Johannes
GROLIMUND Andrea
GUR Eytan
GURTNER Katrin
GYÖRKE Stefan
HÄFELI Taro
HAGEN Marcel
HANAKATA Naomi
HARDEGGER Samuel
HASLER Dominique

HAVELKA Nils
HEDIGER Daniel
HELFRICH Kaspar
HERI Dominique
HERZOG Andres
HERZOG Leander
HEYCK Harry
HICKS Simone
HINTERMANN Sarah
HOFMANN Jan
HOHL Benjamin
HONEGGER Reto
HUBER Céline
HUNGERBÜHLER Thomas
HUTTER Peter
ISLER Milena
JANDOWSKY Vincent
JASCHEK Jens
JELTSCH Claudia
JENAL Seraina
JENNI David
JERMANN Lena
JUON Thomas
KÄCH Samuel
KAPPELER Kaspar
KARTOYONO Suratno
KÄSER Hans
KAUFMANN Jonas
KELLER George
KELLER Melanie
KELLER Sarah
KESSLER Florence
KILIC Ersan
KIRRMANN Lionel
KOPPS Laura
KRIEG Jonas
KRUCKER Daniel
KRUMMENACHER Georg
KRZYWDZIAK Michal
KUMLE Karl-Friedrich
LANDOLT Andreas
LANDOLT Fabian
LANG Nicola
LEHNER Stéphanie
LEIBACHER Peter
LENZ Philomena
LEVIS Olivier
LOPEZ Corinne
LUGINBÜHL Niklaus
LUKIC Andrej
LÜTOLF Daniel
MANDALLAZ Léa
MANOLAKIS Theonas
MARBACH Moritz
MARTIN Olivia
MATHYS Andrea
MAYOR Aurélie
MEHNERT Eva-Christiane
MEIER Cornelia
MEIER Nora
MEIER Samuel
MENTHA Nicolas

MEYER Andreas
MÖLK Anna
MOOG Franziska
MORGENTHALER Meret
MÜLLENER Michael
MÜLLER Adrian
MÜLLER Angela
MUNZINGER Helene
MURIALDO Stefano
NÄF Reto
NAGEL Herbert
NAGEL Rina
OBERLI Lisa
OBRIST Michael
OESCH Fabian
OPRANDI Burtel
PACCIARELLI Simone
PANCERA Marc
PESTALOZZI Luca
PETER Charlotte
PFISTER Michael
RECHSTEINER Nadja
RENZ Nicole
RESPINI Valentina
REY Samuel
RICHNER Nina
RISCH Tanja
RITZ David
ROGGER Adrian
RÖHM Marc
ROOST Armin
ROSÉ Pascal
RÖSNER Simone
RYTER Florian
SAFARIK-PSTROSS Nicola
SCHAFFHUSER Lukas
SCHÄR Jan
SCHILLER Angela
SCHIRATZKI Thomas
SCHMID Alejandro
SCHMIDHEINY Jill
SCHNEIDER Maike
SCHREGENBERGER Kiem
SCHUBIGER Maximilian
SCHWARZ Frederic
SCHWIZER Christian
SEILER Yves
SERRATORE Stefania
SIMONET Damien
SINGER Franziska
SKJERBAEK Maria
SOMMER Patrick
STARK Matthias
STEPAN Veronika
STEUBE Esther
STOCKER Marina
STÖCKLI Carolina
STÜCHELI Matthias
STUDER Esther
STUDER Sarah
STUKER Céline
STURZENEGGER Stephan

SUTTER Flavia
TANRISEVER Ilkay
TÄSCHLER Nina
THALER Matthias
THEILIG Thomas
THOMMEN Benjamin
TOBLER Samuel
TODISCO Gabriella
TÖDTLI Sabeth
TRACHSEL Carole
TRAN Le Wan
TRAUTMANN Anouk
TROXLER Fabian
TSCHUDIN Oliver
VETSCH Manuel
VILLIGER Barbara
VILLIGER Katharina
VITALI Nadia
VÖLKLE Marc
VOLLMER Matthias
VON WYL Karin
WALDER Katharina
WALTHER Jeanine
WALZER Lea
WÄSCHENFELDER Robert
WASSMANN Pascal
WETTSTEIN Jeannette
WICKY Raphael
WILD Liliana
WILD Nicola
WINKELMANN Sandra
WIPPLINGER Sarah
WOCHNER Mike
WOODS Alexander
YOUSSEF Sumaia
ZEHNDER Simon
ZENHÄUSERN Kathrin
ZWICKY Christina

2005/06

ABEGG Tobias
AFFOLTER Judith
ALCOLEA Daniel
ALTHER Philipp
AMIRI Baschir
ANDEREGG Binta
ANSART GONZALEZ Eduardo
ARCHER Laura
ARNOLD Martin
ARNOLD Roman
BACHMANN Lutz
BÄCHTOLD Olivia
BAJIC Dijana
BASIC Ida
BAUMANN Marcel
BERCHTOLD Severin
BIERI Roman
BILAND Emanuel
BILL Marc
BIRCHER Fabian
BLASER Alexandra
BLASER Marc
BLÄTTLER Carmen
BLOCH Céline
BOCKHORN Anchou
BOLLHALDER Raphael
BOLLMANN Benjamin
BONACINA Gianni
BORNHAUSER Rebecca
BORSOTTI Rosanna
BOSSART Anita
BRAUN Stefan
BREGENZER Marco
BRÜGGER Kathrin
BRUNNER David
BRUNNER Dominique
BRUNNER Silvana
BRUNO Gabriela
BÜCHEL Nils
BUCHMANN Simone
BUCHMÜLLER Nadine
BÜHLMANN Andreas
BÜRGI Alexander
BÜRGI Paul
BURKHARDT Manuel
BURRI Patrick
BÜTIKOFER Philipp
CAJÖRI Daniel
CAVIEZEL Hannah
CHAKRABORTY Shivani
CHAMPION Bettina
CIPRIANO Alberto
CONTARINI Filippo
CUNTI Jessica
DAMJANOVIC Dalibor
DEGONDA Adrian
DEMIRAL Tugba
DÉVAUD Gabriela Anne
DISERENS Emmanuel DRÖSCHER Kevin
DZALTO Sandra
EGGENSCHWILER Samuel
EIGENMANN Philipp
EISENRING Ueli
ELMIGER STREICH Judith
EPPER Jonas
FAHMI Fojan
FAUSCH Daniel
FEHLMANN Deborah
FERRARO Elisa
FIBICHER Amélie
FIERZ Dominic
FISCHER Martina
FÖHN David
FRANZ Séverine
FREY Christian
FRIEDLI Stefanie
FRIES Tobias
FUCHS Alessandro
GANDER Manuel
GAUCH Karin
GAUTSCHI Sandra
GAUTSCHI Senta
GERBER Alexandra
GERBER Bettina
GERDES Stephan
GERMANN Lukas
GIOVANE Raffaele
GISLER Michaela
GÖTZ Ursina
GOUDAKOS Ioannis
GRACIA Isabel
GRÄNICHER Nadine
GROSS Manuel
GROSSENBACHER Sandrine
GRUBER Rahel
GYGAX Urs
HABEGGER Nina
HABEGGER Patrick
HADZIABDIC Emina
HAMBURGER Nikolaus
HANGARTNER Daniel
HASPRA Philip
HAVELKA Nils
HENDRICKX Pascal
HERRMANN Florence
HERSCHE Alain
HEVI Jessica
HILTI Luis
HODEL Maja
HODEL Simon
HOFER Thomas
HÖFTER Regina
HOLLENSTEIN Theres
HUBER Christian
HUBLER Benz
HUGELSHOFER Simon
HÜRLIMANN Corinne
HÜRLIMANN Ester
HUWILER Lukas
HUWYLER Corinne
IMFELD Christina
INDERBITZIN Caterina
JÄGER Patrick
JÄGGI Marcel
JANKU Katerina
JAUN Simone
JENNY Rahel
JERABEK Klara
JERMANN Lena
JOHANSEN PILTOFT Camilla
JORISCH Philippe
JOSHI Gopal
KÄGI Mirjam
KAHROM Leyla
KÄLIN Roman
KANG Oussa
KAUFMANN Andreas
KELLER Annina
KELLER Michael
KELM Florian
KESSLER Anna-Tina
KHORSANDY ZARTOCHTI Pedram
KIESBAUER Katharina
KIM Ju
KISSLING Thomas
KISTLER Marco
KLIMA Petra Andrea
KOECHLIN Ariel
KOLLER Manuela
KOZULIC Nina
KRAMER Corinne
KRAUS Simon
KRAUTZIG Stefanie
KREYENBÜHL Céline
KRÜSI Marion
KUBY Hannah
KÜNG Tina
KUNZ Andreas
KUNZ Christian
LÄDERACH Veera
LEHMANN Claudia
LEHMANN Mick
LENGEN Beat
LEU Noël
LI Xiang
LIECHTI Thomas
LIENERT Roger
LINKE Amadeo
LUSSER Anna
MADATHILPARAMBIL Alex
MAGNONE Monica
MANIGLIO Sabrina
MANOLAKIS Theonas
MASIC Ivana
MATARÉ Doia
MÉAN Yves-Manuel
MEIER Annina
MEIER Marisa
MEIER Silvan
MEISTER Isabelle
MERZ Seraina
METTLER Jolanda
MEYER Daniela
MOHR Sabrina
MONSCH Martin
MOSBACHER Sandra
MUFF Marilen
MUFF Oliver
MÜHLEBACH Simon
MÜLLER Anja
MÜLLER Linda
NÄF Lukas
NIEDERER Silja
NIEHUS Christopher
OBERLI Lisa
OBRADOVIC Sladana
ÖZGÜR Nina
PADRUTT Isabelle
PALLY Christelle
PERRIG Kathrin
PFÄFFLI Katrin
PFAMMATTER Dario
PFISTER Michael
PIETRZKO Nathalie
PIONTEK Gregor
PRONINA Evgeniya

ADMILOVIC Robert
AFATI Mehran
AOSETA Thomas
AUBER Judith
AVENSHORST Kim
EINHARD Florian
EITERER Michael
EY Florence
CKENBACHER Florian
TTER Severin
TTMANN Katharina
OFE Christopher
JCH Andreas
JDHANI Arbenita
JDIN Nicolas
JEGG Rita
JOSS Rosmarie
ARNOWSKI Katarzyna
ASSI Sarah
AUNDERS Sarah
AVARY Sophie
CHENK Tessina
CHENKEL Isabelle
CHIESS Michael
CHIESSER Livia
CHILLACI Iris
CHMID Camil
CHÖNENBERGER Niklaus
CHRANZ Andrea
CHRIBER Cinia
CHUBIGER Maximilian
CHULER Adrian
CHUMACHER Dido
CHÜTZ Sarah
CHWARTZ Fabien
CHWARZ Christin
CHWARZ Samuel
CHWEIZER Ernst
EYDEL Harald
MITH Samuel
PEHAR Zoran
PICHTIG Tobias
TARK Christian
TAUB Patrik
TAUFFER Nino
TEIGER Paula
TEINAUER Manuela
TOCKER Lea
TOECK Ina
TÖSSEL Michael
TRAUB Sandra
TREBEL Annina
TROH Florian
TUDER Tanja
AVOR Li
HOMA Seraina
HÜRIG Marco
RENDI Samuele
REYER Lukas
ROXLER Deborah
GOLINI Philippe
ESELY Roman

VETSCH Stefan
VOGEL Luzia
VOLLMER Matthias
VOLLMERS Jana
VÖLLMY Fabrizio
VON KNOBLOCH Anna-Marie
VON SCHULTHESS RECHBERG Patrick
VORBERG Yannick
VULETIC Milena
WÄHRY Samuel
WALDBURGER Pascal
WALLIMANN Elisabeth
WALSER Christian
WALTERT Barbara
WÄLTI Jessica
WEBER Angela
WEIBEL Yves
WENK Stephan
WETTSTEIN Jeannette
WICKY Raphael
WIESENTHAL Elisabeth
WIESER Marcus
WÜST Eva
XHIHA Sharri
ZHAO Jing
ZIMMERMANN Nicolas
ZIMMERMANN Pia
ZIMMERMANN Simona
ZÜGER Sarah
ZUMSTEIN Patrik

2006/07

ABAZI Sead
ADAMINA Michael
AEBI Livia
AFFENTRANGER Remo
ALDER Matthias
ALDER Matthias
ANCHORA Danilo
ANDINA Fabiano
ANTHI Maria
AUF DER MAUR Jean-Jacques
BACCHI Nicolas
BAKKERS Catherine
BAKKERS Leila
BALLMANN Daniel
BAUR Simon
BENZ Clea
BICKEL Christine
BIEGGER Tobias
BIENZ Michael
BIERI Sarah
BIGLER Iwan
BINER Franziska
BLANC Chantal
BLUM Simone
BOLLAG Amos
BOLLI Isabel
BOLLIGER Sarah
BRANDEIS ALVARADO Noemi

BRASNIC Vedran
BREGER Tom
BREITENSTEIN Joëlle
BUCHER Lea
BUCHMEIER Andrea
BURGENER Laura
BURKART Sanja
BURKHART Lukas
BÜRKI Florian
CADUFF Martin
CAJACOB Lucian
CAJÖRI Daniel
CAMBENSY Adrian
CAMENZIND Sandro
CERMAK Dan
CHACLAN Jonathan
CHRISTEN Alessandra
CHRISTEN Regula
CLAVUOT Silvana
CONRAD Flavia
CORTESI Mirco
CRESCENTI Beatrice
DIEM Fabian
DIEP Linda
DIMITROVA Zheni
DLABAC Jan
DOMINIZAK Sévérine
DRASLAR Matej
DUNKEL Nicholas
EBNETER Anna
EHRENBOLD Nina
ENGEL Noemi
ERNI Patrick
ERNST Manuela
ERZINGER Janine
FALLEGGER Ivan
FARRAGHER Christina
FILIPPINI Zeno
FISCHER Franziska
FORRER BASAGOITIA Christian
FORSTER Elisa
FREI Michel
FRIEDLI Anna
FRIEDLI Fabio
FRIEDLI Martina
FRIEDLI Tobias
FUCHS Daniel
GIANOLA Ilaria
GILGEN Irina
GLATZ Pascal
GLIGOREVIC David
GOESER Caroline
GRABER Adriel
GRIEDER Angela
GRIGNOLI Giacomo
GÜRGEN Isik
GUT Laura
HÄCHLER Philipp
HÄGELE Steffen
HAUSER Phil
HAUSHERR Matthias
HEINZMANN Marion

HENSCHEN Jana
HESS Kathrin
HINTERMANN Sarah
HOFFMANN Tim
HOLEND Patricia
HORAT Lukas
HÖRNLE Moritz
HOUBEN Claudia
HOWALD Kaspar
HUSER Stephanie
HUSTINX Rogier
IBRAHIMI Qendrim
IMBACH Maria
INDERBITZIN Lars
INDERSCHMITTEN Matthias
ISENI Memet
JÄGGI Mischa
JEGER Andrea
JEKER Hannah
JETZER Sandra
JOOS Luc
JOVANOVIC Mela
JÜRGENSEN Jochen
KAMBER Myra
KARALIC Mela
KARRER Jennifer
KAUL Reto Andreas
KELLER Thomas
KESSLER Simon
KILS Tim-Tobias
KINDSCHI Stefan
KISELJAK Eva
KISSLING Lukas
KNUSER Matthias
KOCH Stefan
KRETZ Michèle
KREUZER Nicole
KUMMER Bianca
KÜMMERLI Aidan
KÜNZLI Olivia
LANG Thomas
LANTER Eva
LAUBER Salome
LICHTNER Gregor
LLOPIS VALAISON Marina
LOCHMATTER Andreas
LOHNER Caspar
LÖRINCZ Agnes
LÜSCHER Michael
MAMANE Keren
MANTEGAZZI Laila
MANTEL Malik
MÄRKI Faye-Ava
MÄRKI Yvette
MARTI Christian
MARTY Alexander
MATHIS Daniela
MAYER Olivia
MAYOR Aurélie
MEIER Andreas
MEIER Patrick
MEIER Silvan

MENGHINI Tanja
MERZ Christian
MEURER Daniel
MEYER Géraldine
MICHAEL Lucas
MILLER Süreya
MISEREZ Serge
MOSIMANN Andrea
MUFF Oliver
MÜHLEBACH Simon
MÜHLEBACH Simone
MÜLLER Anneke
MÜLLER Dorothee
MÜLLER Elina
MÜLLER Johannes
MÜLLER Nathanael
MÜLLER Stephan
MUNDHENKE Rahel
NACHBUR Olivia
NAGEL-GERMANN Ursula
NICK Thomas
NIEDERBERGER Isabelle
NUNZI Alessandro
NUSSBAUM Sybille
OBERLIN Anton
OCHSNER Sergio
ORSINGHER Ramona
OTH Michèle
PABST Theresa
PADRUTT Chasper
PALMIERI Pascal
PARRI Virginia
PAUER Lukas
PEREZ Muriel
PERRET Myriam
PESTALOZZI Laura
PESTONI Michela
PETERSEN Palle
PETROVIC Marko
PETROVIC Vesna
PFEIFFER Stephan
PFENNINGER Stephie
PFISTER Bettina
PITSCH Larissa
POLACH Tomas
PRESTELE Lukas
RAMOS CARNEIRO NEIDEL Séfora
RAMSEIER Gregor
RAO Rahul
REICHEN Christoph
REINHARDT Mattia
RHYNER Daria
RIEDENER Thomas
RIZZA Laura
RIZZO Dario
ROHNER Sybille
ROJAS Michelle
ROOS Christoph
ROOS Patrizia
ROSER Martina
RÖSLI Adrian
ROTHENBÜHLER Nicolas
RUEDIN Coralie
RUTZ Rowena
SAGER Philip
SALADIN Frédéric
SANDELL Charlotta
SARAVANABAVAN Sansath
SCHÄR Roger
SCHÄRER Fabian
SCHAUB Linda
SCHEFER Ruth
SCHELKER Oliver
SCHIESS Louis
SCHINDLER Severin
SCHLEH Stephanie
SCHMID Andreas
SCHMID Damian
SCHMID Tobias
SCHMUTZ Ruth
SCHNELLI Flavio
SCHÖNENBERGER Ramona
SCHÖTT Barbara
SCHRIBER Muriel
SCHÜLE Tanya
SCHWEIZER Regula
SEILER Andrea
SIEGENTHALER Fabienne
SIEGRIST Sarah
SIGG Daniela
SIMON Sarah
SIR Eric
SIUDA Adrian
SONDER Gianna
SPÄH David
SPAHR Fabian
STAERKLE Franziska
STANI Ivo
STAUFFACHER Jérémy
STEINER Pascal
STEINMANN Thomas
STOLL Giulia
STOOS Anna
STUBER Yves
STÜHLINGER Manuel
STUTZ Simone
SURER Claudia
SUTER Katrin
THÖNY Andrea
THUY Andreas
TICHELLI Melanie
TRACHSEL Simon
TRACHSLER Gian
TRIBELHORN Tania
TRNKA Michael
UCAK Manolya
URECH-SOMOGYI Rahel
VANNOTTI Françoise
VETSCH Kerstin
VLAJNIC Vladimir
VOLLENWEIDER Gregor
VOLLMERS Jana
VON RICKENBACH Mario
VONTOBEL Samuel
VONWIL Esther
VOORHOEVE Niels
WADDELL Melanie
WÄFFLER Benigna
WAMISTER Stephanie
WANNER Philippe
WASSER Reto
WEBER Alain
WEBER Angela
WEBER Micha
WEBER Moritz
WEBER Philip
WEDER Conradin
WEGMANN Livio
WELLINGER Jeanne
WERDER Vanessa
WILHELM Domenica
WILLENEGGER Eva
WILLISCH Silvan
WIRZ Balthasar
WOHLER Dario
WUNDERLICH Marc
WÜST Martina
WYSS Paloma
ZENKLUSEN Diana
ZIÖRJEN Sebastian
ZOUEV Andrei
ZUMBRUNNEN Katrin

2007/08

ABAZI Sead
ALBRECHT Susanne
ALDER Matthias
AMANI Vida
AMOAKO-ATTA Daniel
ANGST Cyril
ANNIES Rebecca
ARPAGAUS Ramon
ARVINTE Eugene
ARZ Adrian
BÄCHI Hannah
BACHMANN Natalie
BÄDER Désirée
BAI Fabio Markus
BAKKERS Leila
BANDI Yannick
BARANDUN Bigna
BARTH Sarah
BASELGIA Luisa
BAUMANN Alexander
BAUMBERGER Adrian
BAUMGARTNER Franziska
BEDEKOVIC Christopher
BEERLI Andreas
BELLUCCI Cristina
BERNASCONI Misia
BERNER Laurence
BERTSCHI Laura
BESSIRE Céline
BIGLER Iwan
BINGGELI Elias
BIRRER Paolo
BIRRER Roman Livio
BISQUOLM Mario
BITTEL Sarah
BLATTER Jonas
BLOCH Eric
BOLLAG Amos
BOLLINGER Nicole
BONNET Antoine
BOOS Dominik
BOSSHARD Alessandro
BÜCHI Susanne
BUCHS Antoinette
BURKARD Susanne
BURKHALTER Niklaus
CARDINAUX Adrian
CORTESI Christian
DA LUZ BELCHIOR Liliana
DÄSTER Manuel
DEJACO Jeremias
DELLA GOLA BIGLIOTTI Eliane
DEMIR Selin
DI PAOLA Angelo
DIANISKA Vladimir
DIETSCHI Maximilian
DING Ning
DÜR Anna
DÜRIG Guillermo
EGLI Natascha
EHRENBOLD Michelle
EHRENBOLD Tobias
EHRENSBERGER Viviane
ELSÄSSER Giulia
ELSASSER Matthias
ERDMAN Benjamin
EUGSTER Jan
EUGSTER Nuria
FAGNANI Viviana
FASAN Adelina
FEHLMANN Michael
FELBER Bruno
FERGUSON Colin
FERRARI Fabian
FISCHBACHER Adrian
FRANKE Susanne
FREI Michelle
FRISCHKNECHT Nadia
FUNKE Liliane
GANTNER Julianne
GANZ Julian
GARCÍA Roberto
GASSNER Sonja
GEHLER Carla
GEHRIG Roy
GEISSHÜSLER Alessia
GEMOLL Mario
GERBER Danilo
GIEZENDANNER Daniel
GISLER Luis
GOLDENER Patrick
GREWE-RELLMANN Christian
GROSSENBACHER Philippe

RUNER Patrice
A Anh
AAB Oliver
ACHEMI Safia
ÄFELI Sonja
ÄFLIGER Manuela
ALDIMANN Cédric
ALLER Frédéric
ALTINER Kathrin
ANIMANN Melanie
ANIMANN Rahel
ÄNNI Laura
ASLER Angela
ASLER Bernhard
ÄUSLER Stephan
EIMBERG Christof
ELFENSTEIN Martin
ENDRY Fabio
ENGARTNER Benedikt
ERZOG Nicolas
ESS Lukas
ETEY Arpad
EUSSLER Julia
ILPERTSHAUSER Flurina
IMMELBERGER David
IPP Fabian
IRSCH Elin
OFER Michael Andrea
OLENSTEIN Andrea
OLLENSTEIN Yvonne
OTTIGER Lea
UBER Shady
UG Nina
ÜSSER Lukas
.G Patrick
IDERMITTE Nicolas
ÄCKEL Debora
ÄGGI Carole
ORDI Samuel
OST Ronny
ANNE CASTEJÓN Alessandra
ASEL Vivian
AUFMANN Flavia
AUFMANN Lisa
ELLER Dominik
ESSLER Peter
ETTELHACK Henriette
ISSEL Andreas
OHLER Nicole
OLLER Stefania
OMLA Deborah
OOL Sander
ÖPPEL Sibylla
RETZ David
RON Dimitri
UGELMEIER Martin
UHN Sandra
UNZ Oliver
ÜPFER Eric
URATLI Annette
UTZ Rebecca
AJSIC Boris

LANG Valentin
LASIKOWSKI Katherine
LATTMANN Mathias
LAUENER Fabian
LEHNER Patricia
LEU Jan
LIEBETRAU Yael
LÖRINCZ Agnes
LURASCHI Giulia
LÜSCHER Michael
MAGYAR Tabea
MAHLKNECHT Hannes
MAKAROV Yury
MARTIG Andrin
MARTIN Juliane
MARTY Ivo
MASSARO Davide
MATIJASEVIC Ana
MAY Rosanna
MAZZEI Cristina
MEGEID Amir
MEIER Dario
MEIER Florian
MENG Patrick
MEROLA Jessica
MESSER Simon
METZ Christopher
MEYER Thomas
MICHELS Max
MIKELIN Marin
MILOJEVIC Ivana
MINDER Benjamin
MINDER Natascia
MINI Elisabetta
MISTELI Sandra
MLADENOVIC Aleksandra
MOMCILOVIC Aleksandra
MÖRIKOFER Lorenz
MOSER Lino
MOSHFEGH Benjamin
MOSKALENKO Maxim
MÜLLER Alexander
MÜLLER Nina
MURER Lukas
NÄF Christina
NÄF Sabina
NEMETH Annik
NIEDERBERGER Karin
NIEDERER Dominique
NOBILE Laura
NÜTZI Isabelle
OCHSNER Séverine
OESCH Philipp
OH Sascha
OTT Bianca
OTT Peter
PASHOUK Alessia
PETER Christa
PETERER Annina
PETSCH Ramon
PISANI Jan
PITTINI Tiziana

PRATI Lea
PÜNTENER Rachel
RAO Rahul
RAUCH Tinetta
REIS Irene
REMBOLD Stefanie
RENGGLI Karin
REUST Niklaus
REUST Simon
RIBAS Basile
RISI Raphael
RONCHETTI Manuela
RONCHI Fabian
ROOS Stefan
RUBIN Kevin
RUFFIEUX Hélène
RÜFLI Thomas
RYSER Jonas
SALVIONI Anna
SANDER Romana
SARASIN Charles
SCHAEFLE Philipp
SCHAFROTH Tobias
SCHEIBE Jonas
SCHELKER Oliver
SCHIESSER Philip
SCHLATTER Lukas
SCHLEGEL Simon
SCHLUMPF Chantal
SCHMID Aldo
SCHMID Simone
SCHMIDHALTER Pascal
SCHOCH Simon
SCHÜLE Tanya
SCHULTHESS Eva
SCHÜTZ Nadine
SCHWABE Nicolas
SCHWITTER Roman
SCHWYTER Petra
SCIUCHETTI Dario
SEIBANE Dimitri
SGIER Mario
SIEGRIST Björn
SIMONI Martino
SIR Eric Martin
SKARPETOWSKI Michèle
SKREIN-BUMBALLA Raoul
SOMMERLATTE Anna
SONNENMOSER Benjamin
SOUKUP Mark
STÄHLY Dominic
STANKOWSKI Daniel
STAUBER Maria
STÄUBLE Johannes
STEGER Antonia
STEINER Magdalena
STIEGER Andrea
STIRNIMANN Fabio
STROHBACH Silvan
STUDER Claudio
STUDER Meret
SUTER Christian

SZEDLAK May
TAIRI Razije
TEUSCHER Balthasar
TOMMILA Tobias
TSCHÄPPELER Isabelle
TSCHOPP Tamara
TSCHUDIN Tiziana
TYLMANN Daniel
UNHOLZ Cynthia
UTKUN Ferhat
VETSCH Manuel
VINCENTI Ramona
VONTOBEL Nadia
VONTOBEL Samuel
VONZUN Lucrezia
WÄCKERLIN Martina
WALTER Désirée
WANGLER Louis
WEBER Dominik
WEBER Florian
WEBER Moritz
WEDER Conradin
WEGMANN Corinne
WEISS Olivia
WEISS Sandro
WELTER Stefan
WERLEN Nadja
WHITEHEAD Dorothea
WIEDERKEHR Lorenz
WILDEISEN Lena
WILHELM Philipp
WILLI Florence
WINTER Matthias
WITSCHI Ursula
WOHLGEMUTH Dominic
WOLF Dominique
WOLF Sebastian
WOLFENSBERGER Simon
WRUCK Karl
WULLSCHLEGER Tobias
WÜRTH Nicole
WÜST Benjamin
WYTTENBACH Sheila
ZACHMANN Laura
ZAHNO Raymond
ZAJMI Besa
ZEMP Silvan
ZIHLMANN Stephan
ZIMMERMANN Alexandra
ZIMMERMANN Michael
ZINGG Marilena
ZISCHECK Liv
ZOBRIST Katharina
ZOTTL Peter

ETH
Eidgenössische Technische Hochschule Zürich
Swiss Federal Institute of Technology Zurich
DARCH
Faculty of Architecture
Fonds filep

Imprint

Edited by Jørg Himmelreich

Graphic Design Gundula Kalmer

Photos Dominique Wehrli and Christine Müller (Architekturbild), Kornelia Gysel, Tanja Herdt, Julie Larsen, Rafael Schmidt, Akay Zorlu

Copy Editing Jørg Himmelreich, David Koralek (ArchiTrans)

Translations into English Michelle Durham, Jørg Himmelreich, David Koralek, Jesse LeCavalier, Almuth Seebohm

Library of Congress Control Number:
2008926308 (Softcover)
2008934151 (Hardcover)

Bibliographic information published by the German National Library
The German National Library lists this publication in the Deutsche Nationalbibliografie; detailed bibliographic data are available on the Internet at http://dnb.d-nb.de.

This book is also available in a German language edition:
ISBN 978-3-7643-8831-7 (Softcover)
ISBN 978-3-7643-8918-5 (Hardcover)

Basel · Boston · Berlin
P.O. Box 133, CH-4010 Basel, Switzerland
Part of Springer Science+Business Media

Printed on acid-free paper produced from chlorine-free pulp. TCF ∞
Printed in Germany

ISBN 978-3-7643-8832-4 (Softcover)
ISBN 978-3-7643-8919-2 (Hardcover)
9 8 7 6 5 4 3 2 1

www.birkhauser.ch